高等算学分析

熊庆来 著

哈尔滨工业大学出版社
HARBIN INSTITUTE OF TECHNOLOGY PRESS

内 容 简 介

本书是我国著名数学家熊庆来先生的一本代表作,全书共分十三章,主要介绍了高等代数中的基础知识及内容,同时配以相应的习题,以供读者更好的理解.

本书适合大中学师生及数学爱好者参考阅读.

图书在版编目(CIP)数据

高等算学分析/熊庆来著. —哈尔滨:哈尔滨工业大学出版社,2021.5
ISBN 978 - 7 - 5603 - 9357 - 5

Ⅰ.①高⋯ Ⅱ.①熊⋯ Ⅲ.①数学分析 Ⅳ.①O17

中国版本图书馆 CIP 数据核字(2021)第 017859 号

策划编辑 刘培杰 张永芹
责任编辑 杜莹雪
封面设计 孙茵艾
出版发行 哈尔滨工业大学出版社
社   址 哈尔滨市南岗区复华四道街 10 号 邮编 150006
传   真 0451 - 86414749
网   址 http://hitpress.hit.edu.cn
印   刷 辽宁新华印务有限公司
开   本 1 020 mm×720 mm 1/16 印张 37 字数 305 千字
版   次 2021 年 5 月第 1 版 2021 年 5 月第 1 次印刷
书   号 ISBN 978 - 7 - 5603 - 9357 - 5
定   价 88.00 元

(如因印装质量问题影响阅读,我社负责调换)

序

　　牛端 (Issac Newton) 與萊伯尼慈 (G W. Leibniz) 二氏於十七世紀發明微積分而後,傑出之算學天才如尤拉氏 (L. Euler) 達朗伯氏 (J. D'Alembert,) 拉格朗日氏 (J. Lagrange) 拉卜來斯氏 (P. S. Laplace) 勒讓德氏 (A. M. Legendre) 伏利野氏 (J. Fourier) 等接踵而起,發揮光大,分析學逐蔚然成為算學重要之一分支.十九世紀以降,各國學者輩出,斯學進步,更見一日千里,貢獻宏富者,那威有亞貝爾氏 (N. H. Abel); 法有歌西氏 (A. Cauchy), 額爾米特氏 (C. Hermite), 普蔭加烈氏 (H. Poincaré), 若爾當氏 (C. Jordan), 亞培爾氏 (Paul Appell) 等; 德有呆士氏 (Gauss), 扎葛比氏 (C. G. J. Jacobi), 狄里克來氏 (P. G. L. Dirichlet),黎曼氏 (B. Riemann), 維世特阿斯氏 (Karl Weierstrass) 等;英有莫爾剛氏 (A. De Morgan), 開烈氏 (A. Cayley) 等;當代之分析學家尚未論及也.

　　吾國學術落後,於算學分析非特無重要貢獻,即稍涉高深之著述或翻譯亦不多觀,教學所資,端賴歐美原著,顧吾國學制與歐美迥異,欲求一適當之教本,殊非易事,近年國內大學競用辜爾薩氏所著之 Cours d' Analyse Mathématique 原本或赫德理克氏 (Hedrick) 英譯本,或吾友王君尚濟之中譯本.

辜氏爲巴黎大學名師,在分析學上之發明甚夥,其書取材豐富新穎,言理精確透澈,洵可奉爲圭臬.惜乎標準稍高,習者大都無相當根底,學理既難於領會,設題更鮮能演解,是以用力卽勤,獲益亦少,論者每以爲病.不佞嘗受辜氏教益,且先後承乏國立東南大學與國立清華大學講席,試授辜氏書者凡數載,頗知困難所在,因取辜氏書爲藍本,而旁參他籍,纂爲是編,以作實變數之分析教本,斟酌取捨,務求適合吾國學子之程度與需要.於演證嚴守辜氏之精確,於條理則取法昂貝爾氏(G. Humbert) 與窪烈布散氏(De la Vallée-Poussin) 之明晰.鵠的如此,固不敢遽言企及,然據歷年經驗,似於學子尚不無小補,用敢稍加整理,付諸手民.惟自顧謭陋,疵謬在所不免,尚冀海內碩學有以匡正之.

　　斯編付印先後承清華大學教員周君鴻經唐君培經及助教陳君省身校對印稿,甚爲感激,又承助理華君羅庚不憚煩瑣代編索引並繪圖員邵君繼與代爲繪圖,均於此深致謝意.　　　　　　　民國二十一年六月二十日

　　熊慶來序於北平國立清華大學西院

高 等 算 學 分 析

例　　言

1. 本書除以辜氏 Cours d'Analyse mathématique 爲根據外,其他尚參考下列各書:

De la Vallée-Poussin. Cours d'Analyse infinitésimale

G. Humbert, Cours d'Analyse.

R. Baire, Leçons sur les Théories générales de l'Analyse.

J. A. Serret, Cours de Calcul differentiel et integral.

W. F. Osgood, Advanced Calculus.

G. H. Hardy, Course of Pure Mathematics

E. T. Whittaker & G. N. Watson, Course of Modern Analysis

C. Jordan, Cours d'Analyse, Tom. I, II.

E. Picard, Traité d'Analyse, Tom. I.

H. Laurant, Traité d'Analyse

2. 辜氏書所有習題本書大半探入,惟因其過難,特增較易者以爲階梯.其他有興趣之題或試題之較新者亦酌量增入,且爲使讀者於各部分學理之致用均得練習計,設題務求變化.所增習題或係余向所集錄(間有數問爲余所擬試題)或探自下列諸書:

P. Aubert et G. Papelier. Exercices d'Algebre d'Analyse

1

et de Trigonomietrie

F. Frenet, Recueil d' Exercices sur le Calcul infinitesimal

E. Fabry, Problemes d'Analyse mathématique.

G. Julia, Exercices d'Analyse.

J. Edwards, A Treatise on tne Integral Calculus.

Nouvells Annales.

3. 本書習題多附答案,俾讀者演解後,得核其結果之誤否.

4. 本書譯名與科學名詞審查會所規定者未盡符合,一因迫於付印,未暇查對;一因名詞審查會所定名詞亦間有未盡善者,例如 Explicit function 與 Implicit function, 余譯爲顯函數與隱函數,似覺較陽函數與陰函數之名爲佳.

目 錄

高 等 算 學 分 析

高 等 算 學 分 析

預　篇

I. 實　數

算學分析爲注重連續性之數學,探本窮源,吾等宜首述無理數以明實數系之連續性.

溯數之生,最初不過正整數(亦曰自然數)而已.於除而整數之用有時窮,吾人乃創分數;於減而正數之用有時窮,吾人乃創負數.然數之推廣若止於此,則其用猶有時而窮也.例有非完全平方之數焉;若 a 爲如是之一數,則任一數 x 之平方非較小於 a 即較大.然則 a 之平方根爲何?欲其有意義必更創新數乃可,斯無理數之所由生.無理數出,實數之系統乃備.

1. 有理數 (Rational numbers).

正負整數與分數及零統稱爲有理數,而成爲有理數系 (system of rational numbers). 其定義及取算之法,吾等設讀者均已熟知,茲但述其重要特性如次:

1° 於相異之二有理數 a 與 b,其一數 a 當小於他數 b,而

吾等書如 $a<b$, 或 $b>a$. 若有三數 a, b, c 使 $a<b$ 及 $b<c$, 則有 $a<c$. 吾等因稱全體有理數系爲<u>序列的</u> (ordered).

2° 於相異之二有理數 a 與 b 間 $(a<b)$, 吾等恆可插入他數 $>a$ 而 $<b$, 使相續之二插入數之差可小至人之所欲. 吾等因是稱有理數系爲<u>密接</u>的 (dense).

設一軸 $X'X$ 而於其上取一原點 O, 並定一正向如 OX, 則

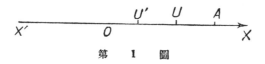

第 1 圖

凡有理數 $\dfrac{p}{q}$ 皆可由軸上一點表之. 吾等可設 $q>0$. 試取 OU 爲單位而分之爲 q 等分; 若 OU' 爲如是之一分, 則視 p 爲正或負, 而於 OX 上或 OX' 上取 OA 等於 $|p|$ 次 OU'; 所得 A 點卽表有理數 $\dfrac{p}{q}$. 此數 $\dfrac{p}{q}$ 是爲 A 點之位標. 因有理數系爲密接的, 其表示點亦密佈軸上. 但軸上之點尙有不能由有理數定之者, 例如取 OP 等於邊爲 1 之正方形之對角線, 則所得點卽不能以一有理數爲其位標也.

2. 有理數的分割; 無理數 (Sections of rational numbers; irrational numbers).

無理數定義論者頗不一致, 茲但就狄德頃德氏(Dedekind)之分割學說言之.

舉全體有理數分之爲 A 與 B 二部, 使二部皆有數, 並凡 A

部之數小於 B 部之數，是為於有理數中作一分劃 (section)，吾以 $(A|B)$ 表之.凡作一分劃，必發生次述三種情況之一：

I. 於 A 部中有一數 a 大於同部其他各數.若然，則 A 部各數 $\leqq a$，而 B 部各數 $>a$.(因 a 屬於 A 也).反之，凡 $\leqq a$ 之有理數必屬於 A，否則將屬於 B 而 $>a$ 矣.是知 A 部由 $\leqq a$ 之有理數組成，而 B 部由其餘有理數，即 $>a$ 之數組成.吾等可注意 B 部中不能同時有一最小數.

II. A 部中無最大之數，但 B 部中有一最小之數 b.仿上論之.可知 B 部由 $\geqq b$ 之有理數組成，而 A 部則由 $<b$ 之有理數組成.

以上兩種情形顯然可以實現.

III. A 部既無最大數，而 B 部亦無最小數.請先證其可能.

命 r 為非完全平方之一正有理數.試將負有理數與零及正有理數 x 之合於 $x^2<r$ 不等式者概置於 A 部；而將合於 $x^2>r$ 之正有理數 x 納於 B 部.此顯然成一分劃.吾謂 A 部中無最大數，即言任與部中一數 x，吾等恆可得其中一數 $>x$ 也.只須證明吾等可定一正數 h，使

(1) $$(x+h)^2<r.$$

書之如

$$h(2x+h)<r-x^2,$$

則見取 h 合於 $h<r$ 並合於 $h<\dfrac{r-x^2}{2x+r}$，條件 (1) 即滿足.

今更證 B 部亦無最小數, 即證 x 為 B 部任何數, 恆可定正數 h 使

$$(x-h)^2 > r,$$

即

$$2\,hx - h^2 < x^2 - r.$$

欲此不等式合, 只須 $2\,hx < x^2 - r$ 不等式合; 是則取 $h < \dfrac{x^2 - r}{2x}$ 即可.

結論之, III 種情形為可能, 按定義凡如此情形之一分割 $(A \mid B)$ 確定一<u>無理數</u> a, 大於 A 部諸數, 而小於 B 部諸數. A 稱為關於 a 之<u>下部</u> (lower class), 而 B 為關於 a 之<u>上部</u> (upper class). 同一分割確定同一數, 例如令平方小於 2 之數屬於 A 部, 而令平方大於 2 之數屬於 B 部, 則確定一無理數, 吾人以 $\sqrt{2}$ 表之.

設二無理數 a 與 a', 由分割 $(A \mid B)$ 與 $(A' \mid B')$ 而定, 若此兩分割不全同. 則 a 與 a' 異. 譬如 A' 有一數 r 不屬於 A, 則 r 將屬於 B, 而不屬於 B'. 凡 A 之數必 $< r$ 而 B' 之數則 $> r$, 可見 A 與 B' 無公有之數, A 包含於 A', 而 B' 包含於 B. 於是全體有理數可別分三等: 1°. 含於 A 因之含於 A' 者, 此等數同小於 a 與 a'. 2°. 屬於 B 及 A' 者, 此等數 $> a$ 而 $< a'$. 3°. 屬於 B' 因之亦屬於 B 者. 是等數則同大於 a 與 a'.

吾等於此謂 $a < a'$. 反之, 若 A 有一數 r 不屬於 A', 則為 $a' < a$.

設無理數 a 由分割 $(A\,|\,B)$ 而定.吾等恆可於 A 中取一數 a 及 B 中取一數 b 使 $b-a$ 等於任與之一小分數 ε. 蓋命 a_1 爲 A 中之一數,則數行

$$a_1, \quad a_1+\varepsilon \quad a_1+2\varepsilon, \quad a_1+3\varepsilon, \cdots\cdots$$

無限增進,必至入於 B 部.設首入之數爲 $b=a_1+n\varepsilon$, 則 $a=a_1+(n-1)\varepsilon$ 必屬於 A 部,而 $b-a=\varepsilon$.

a 稱爲 a 之弱差近值,而 b 爲其強差近值,其差不逾 ε.

3. 實數 (Real numbers).

全體有理數及無理數統稱爲實數.

設二實數 a 與 a' 欲 $a>a'$, 必須而只須有一有理數 $r>a$ 而 $<a'$. 若 a 與 a' 均爲有理數,則理爲已知;若其均爲無理數,則由無理數不等之定義而明.

若 a 爲有理數,而 a' 爲無理數,則可證之,如次:設 a' 由分割 $(A\,|\,B)$ 而定, a 旣小於 a'. 當屬於 A 部,但同部中必有 $>a$ 之一數 r, 而 r 因屬於 A, 當 $<a'$. 故條件爲必要.逆論之,設有一有理數 r, 使 $a<r$ 並 $r<a'$, 則 r 屬於 A 部,而 $<r$ 之有理數 a 亦必屬之,故條件亦爲充足.

若 a 爲無理數而 a' 爲有理數,則可仿上證之.

今設三實數 a, β, γ, 使 $a<\beta$ 及 $\beta<\gamma$, 吾謂 $a<\gamma$, 若 β 爲有理數,則準上理卽明.設爲無理數,則吾等恆可取二有理數 a 與 b, 使

$$a < a, \quad a < \beta, \quad \beta < b, \quad b < \gamma.$$

於是由 $a < \beta$ 及 $\beta < b$, 可知 $a < b$ 又由 $a < b$. 與 $b < \gamma$, 可知 $a < \gamma$. 繼由 $a < a$, 與 $a < \gamma$ 即可判斷 $a < \gamma$ 矣.

於此可見實數系爲序列的.

設判別之二實數 a 與 β 由上所論, 可知恆能插入一有理數, 因之可插入無窮個數, 是實數系亦爲密接的.

4. 實數之分割 (Sections of real numbers).

任以一法分全體實數爲 A, B 二部, 使:

1°. 二部皆有數.

2° 凡實數皆屬於二部之一.

3° A 部中任何數小於 B 部中任何數.

是爲作一實數分割, 由 3° 可知若一數 a 屬於 A, 則凡 $< a$ 者亦屬之若一數 β 屬於 B, 則凡 $> \beta$ 者亦屬之

狄氏定理 (Dedekind's theorem). 凡作一實數分割必得一分界數 L (有理數或無理數), 使凡小於 L 之實數屬於 A 部, 而凡大於 L 之數屬於 B 部.

證: 以 A_1 與 B_1 依次表 A 與 B 中之二部有理數, 則 $(A_1 | B_1)$ 成一有理數分割而可有三種情形如次:

I. 於 A_1 有一數 a 大於部中各數, 則 a 即爲分界數 L. 蓋 a 屬於 A_1 亦屬於 A, 則凡 $< a$ 之數亦均屬於 A. 吾今謂凡 $> a$ 之數 x 屬於 B. 若 x 爲一有理數, 則理甚明, 若爲無理數, 則於

a 與 x 間, 可 取 一 有 理 數 r, 此 數 r 屬 於 B 部, 可 知 x 亦 然.

II. 於 B_1 部 中 有 一 數 b 小 於 部 中 各 數, 可 仿 上 證 明 b 爲 分 界 數 L.

III. A_1 部 中 無 最 大 數, 而 B_1 部 中 亦 無 最 小 數, 若 是, 則 分 劃 $(A_1 \cdot | B_1)$ 確 定 一 無 理 數 a, 此 數 a 即 分 界 數 L, 試 證 之. 凡 $<a$ 之 有 理 數 屬 於 A 部, 而 $>a$ 之 有 理 數 屬 於 B 部, 理 甚 顯 然. 今 任 設 一 無 理 數 $\xi<a$, 於 ξ 與 a 間, 可 取 一 有 理 數 r, 此 數 r 屬 於 A, 是 ξ 亦 然. 同 法 可 知 凡 $>a$ 之 無 理 數 屬 於 B.

分 界 數 L, 可 屬 於 A 部, 如 第 一 種 情 形 是. 可 屬 於 B 部, 如 第 二 種 情 形 是. 在 第 三 種 情 形, 則 L 可 屬 於 A, 亦 可 屬 於 B.

例 如 取 級 數 $\Sigma \dfrac{1}{n^a}$, 若 將 使 此 級 數 爲 發 散 之 數 λ 劃 歸 A 部 而 將 使 之 成 斂 級 數 之 數 λ 劃 歸 B 部, 則 顯 然 成 一 分 劃. 所 得 分 界 數 爲 $L=1$, 屬 於 A 部.

5. 實 數 之 運 算 (Algebraical operations with real numbers).

無 理 數 之 定 義 既 明, 當 更 進 而 規 定 其 運 算 之 基 本 法 則, 吾 先 明 下 列 數 義:

一 實 數 之 對 稱 數. 一 有 理 數 之 對 稱 數 者, 乃 與 之 相 等 異 號 之 數 也, 而 在 無 理 數, 吾 人 推 廣 其 義 如 次: 設 a 由 有 理 數 分 劃 $(A | B)$ 而 定 之 一 無 理 數. 命 A' 與 B' 依 次 表 B 與 A 二 部 內 之 數 之 對 稱 數. 夫 每 有 理 數 皆 爲 他 一 有 理 數 之 對 稱 數, 而 A' 部 各 數 小 於 B' 部 各 數, 故 得 一 分 劃 $(A' | B')$, 而 確 定 一 無 理 數. 此 數 稱 爲 a 之 對 稱 數, 吾 等 以 $-a$ 表 之. 按 定 義 有: $-(-a)=a$.

正負實數; 絕對值　凡大於零之實數曰: 正實數, 而小於零之實數曰: 負實數. 任一正實數恆大於無窮個正有理數, 而任一負實數恆小於無窮個負有理數. 凡兩對稱數 a 與 $-a$ 其一必為正, 而其他為負, 正者稱為此二數之絕對值, 恆以 $|a|$ 表之.

一實數之倒數.　設 a 為異於零之一實數. 若其為有理數, 則其倒數為 $\frac{1}{a}$. 若為無理數, 則 a 分割與之同號之一切有理數為 A, B 二部. 命 A' 表 B 部數之倒數 B' 表 A 部數之倒數. 除零外, 凡一有理數均為他有理數之倒數; 是則分割 $(A'|B')$ 確定與 a 同號之一無理數, 稱為 a 之倒數, 而由 $\frac{1}{a}$ 表之.

6.　加法與減法.

設 a 與 a' 為二實數. 取四有理數 a, b, a', b' 使

$$a<a<b, \quad a'<a'<b'.$$

凡形如 $a+a'$ 之數, 小於形如 $b+b'$ 之數, 且吾等可設 a 與 b 之值近於 a 並 a' 與 b' 之值近於 a' 使 $b-a$ 及 $b'-a'$, 因之 $(b+b')-(a+a')$ 小至人之所欲.

吾謂有唯一之一實數 σ 大於 $a+a'$ 各數, 而小於 $b+b'$ 各數, 此數 σ 名為 a 與 a' 之和數, 而由 $a+a'$ 表之.

證:　設全體實數分割 $(A|B)$, 使 B 包含凡大於 $a+a'$ 之實數, 而 A 包含其他. 特別言之, $a+a'$ 各數屬於 A, 而 $b+b'$ 各數屬於 B, 因於 $a+a'$ 數中無最大者, $b+b'$ 數中亦無最小者, 則

分界數 σ 必大於 $a+a'$ 各數, 而小於 $b+b'$ 各數. 只待證明具此特性之數爲唯一者. 假定復有一數 σ', 則於 σ 及 σ' 間可取二有理數 r 與 r'. 於是 $(b+b')-(a+a')$ 將 $> r'-r$ 而不能小至人之所欲, 與所設違背矣.

此定義包有有理數而言. 吾等易明由關係

$$a+a' = a'+a$$

$$(a+a')+a'' = a+(a'+a'')$$

表示之換位律 (commutative law), 及縮合律 (associative law). 均仍眞確. 又

$$a+0 = a, \qquad a+(-a) = 0.$$

至於減法, 乃爲加法之反演. 由 a 減 a' 云者, 乃求一數使加於 a' 得 a 也. 此數名爲 a 與 a' 之差, 以 $a-a'$ 表之. 欲定此差數, 命 x 表之. 按定義有 $a'+x=a$. 若加 $-a'$ 於兩端, 則得 $x=a+(-a')$. 可知差數 $a-a'$ 可於 a 加 a' 之對稱數而得. 於是減法成爲加法矣.

7. 乘法與除法.

先設二正實數 a 與 a' 論之. 取正有理數 a, b, a', b' 合於

$$a < a < b, \qquad a' < a' < b'$$

凡形如 aa' 之數 $<$ 形如 bb' 之數, 且吾等可設 $b-a, b'-a'$ 以及 $bb'-aa'$ 小至人之所欲. 仿前可證明有唯一之正實數 $\rho > a\sigma$ 各數而 $< bb'$ 各數又乘積 aa' 與 bb' 可切近於 ρ 如人之所欲. 此

數 ρ 是爲 a 與 a' 之乘積, 而由 aa' 表之.

今若 a 與 a' 中之一爲**負**, 或二者均爲**負**, 則乘積定義可依符號規則

$$aa' = -a(-a') = (-a)(-a')$$

化歸上例.

據此定義, 可驗明關於乘法之換位, 締合, 分配等律 (commutative law, associative law, distributive law):

$$aa' = a'a,$$

$$(aa')a'' = a(a'a''),$$

$$a(a' + a'') = aa' + aa''$$

均仍眞確. 再者有

$$a \cdot \frac{1}{a} = 1, \quad a \cdot 1 = a, \quad |aa'| = |a| \cdot |a'|.$$

又凡數個實數之乘積, 只能於有一因數爲零時等於零, 而於此恆爲零.

今論除法. 此爲乘法之反演. 以 a' 除 a 者, 乃求一數 x 使與 a' 之乘積等於 a 也. 此數名爲 a' 除 a 之商數, 而由 $\frac{a}{a'}$ 或 $a : a'$ 表之. 命 x 表此商數, 則按定義有 $xa' = a$. 若 a' 異於零, 則以 $\frac{1}{a'}$ 乘此等式之兩端, 得 $x = a \frac{1}{a'}$. 然則 a' 除 a 之商數, 卽 a 與 a' 之倒數之乘積. 於是除法成爲乘法矣.

由是不難驗明初等代數上等式不等式之變化配合各規則, 於此推廣之數亦均合用.

8. 實數系之連續性及其與幾何量之關係.

吾等稱實數系爲連續的,蓋具有次二特性也:

1°. 於相異之二數間,吾等恆可插入無窮個數,使彼此相近如吾人之所欲;

2°. 若分全體實數爲 A, B 二部,使 A 部各數小於 B 部各數,則恆有一分界數 $L > A$ 部各數,而 $< B$ 部各數,且凡 $< L$ 之數屬於 A.而凡 $> L$ 之數屬於 B.

若取一有向軸 $x'x$ 如圖 1,則凡實數皆可由軸上之一點表之.反之,吾等設凡軸上之點皆由一實數爲位標定之.

實數尚可用以表其他連續量如面積,體積等之度量.於此致用,吾等係承認公理:

於每量有一數應之,反之,於每數有一量應之.

II. 數集與極限

9. 數集 (Aggregate of numbers)

合於任一條件之一類實數稱爲一<u>數集</u>,例如整數集,有理數集,小於 1 之實數集等

吾等若令每實數 a 與一直線 $x'x$ 上位標爲 a 之點相應,則於一數集,有直線上之一羣點與之相應.吾等名之爲一<u>點集</u> (set of points)

設一數集 (E).若能得一數 a 大於此集中各數,則吾等稱

(E) 圍於上 (bounded above) 而 a 名 (E) 集之一上限, 例如負數集是.

仿此, 若有一數 b 小於 (E) 中各數, 則 (E) 集稱爲圍於下 (bounded below) 而 b 爲其一下限. 例如正數集是.

圍於上下之數集曰圍集, (bounded aggregate). 例如合於 0 與 1 間之正數集是.

與圍數集相當之點集, 其點全位於有定長之一線段上.

10. 高界與低界 (Upper and lower bounds).

設 (E) 爲圍於上之一數集. 吾等可對於 (E), 劃分全體實數爲 A, B 二部如次: 設 x 爲一實數. 若 (E) 之一數或若干數 $>x$, 則置 x 於 A 部. 反之, 若 (E) 內無一數 $>x$, 則以 x 屬 B 部. (E) 集既圍於上, 自然二部均有數, 並 A 部任何數顯然小於 B 部任何數. 是爲一分劃. 命 M 表其分界數, 吾謂 M 有次二特性:

1°. (E) 內無一數 $>M$

2°. 無論正數 ε 若何小, 恆有 (E) 中之一數 $>M-\varepsilon$

證: 1°) 假如 (E) 有 $>M$ 之一數 $M+h(h>0)$, 則 $M+\dfrac{h}{2}$ 數亦 $>M$, 而將屬於 A 部; 是於分劃之意不合. 2°) $M-\varepsilon$ 屬於 A 部至少當有 (E) 之一數 $>M-\varepsilon$.

如是得之數 M, 名數集 (E) 之高界. 此數 M 可屬於 (E), 亦可不屬於 (E). 當 (E) 由一定個數之數而成, 則高界恆屬於數集, 卽爲其最大之數. 若 (E) 含有無窮個數, 則情形不定. 例如平方不逾 2 之有理數集, 其高界爲 $\sqrt{2}$, 不屬於數集. 又如平方不逾 $\sqrt{2}$ 之實數集, 其高界亦爲 $\sqrt{2}$, 但屬於數集.

有可注意者: 當 M 不屬於 (E) 時, 無論正數 ε 若何小, (E) 恆有無窮個數 $> M - \varepsilon$. 蓋 (E) 若僅有一定個數之數 $> M - \varepsilon$, 則其最大者, 卽爲 (E) 之高界, 而與所設矛盾矣.

仿上可證對於圍於下之數集 (E), 有一數 m 具次之特性:

1°. (E) 內無一數 $< m$,

2°. 任與正數 ε 恆有 (E) 之一數 $< m + \varepsilon$.

此數 m 名數集 (E) 之 低界.

11. 最大限 (The greatest limit).

設 (E) 爲含有無窮個數之圍集. 吾等可對於 (E) 作實數之分割如次:

設 x 爲一實數, 若 (E) 內有無窮個數 $> x$, 則令 x 屬於 A 部. 反之, 若 (E) 無一數或僅有一定個數之數 $> x$, 則使之屬於 B 部, 此顯然合乎分割條件. 如是而得之分界數 G 名曰 (E) 數集之 最大限.

任取一正數 ε, 由 G 之定義, 知 $G - \varepsilon$ 屬於 A 部, 而 $G + \varepsilon$ 屬於 B 部. 然則無論 ε 若何小, 恆有 (E) 之無窮個數介於 $G - \varepsilon$ 與 $G + \varepsilon$ 間, 而 (E) 內數之 $> G + \varepsilon$ 者, 爲數只有一定.

12. 聚點 (Points of accumulation)

設點集(E). 若於一點 1, 有 (E) 之無窮個點在其附近, 換言之, 無論正數 ε 如何小, 恆有 (E) 之無窮個點介於 $1-\varepsilon$ 與 $1+\varepsilon$ 二點間, 則 1 點稱爲點集 (E) 之聚點, 或限點(limiting point).

例如與全體整數相當之點集, 則無聚點; 與全體有理數相當之點集, 則每點皆爲聚點. 由 $1, \dfrac{1}{2}, \dfrac{1}{3}, \cdots\cdots, \dfrac{1}{n}, \cdots\cdots$ 等數而定之點集, 則有一聚點, 即原點 $\mathbf{O}$ 是.

維氏定理 (Weierstrass Theorem) 含有無窮個點之圍集至少有一聚點.

蓋相當數集準前節有一最大限 G; 而在 $G-\varepsilon$ 與 $G+\varepsilon$ 間有集中無窮個數, 易幾何名詞言之, 即在 $G-\varepsilon$ 與 $G+\varepsilon$ 兩點間有點集之無窮個點, 是則 G 爲一聚點.

13. 實變數(Real variables)

以一字表經過無窮個實數值之量, 是爲一實變數, 就 x 值之數集論之, 若此數集爲圍於上或圍於下, 則 x 亦稱爲圍於上或圍於下. 數集之高低界, 即稱爲 x 之高低界.

當 x 以二數 a 與 b 及其間之一切實數爲值時, 吾等稱爲 x 變於隔間 (interval) 或區域 (a, b) 內. a 與 b 稱隔間之端. 吾等恆設 $a < b$, 而 a 與 b 二數即 x 之低界與高界. 差數 $b-a$ 名隔間之幅(amplitude). 在此隔間名爲閉間, 若 x 之值如上, 惟 a 除外, 則低界爲不可達; 吾等以 $(a+0, b)$ 表隔間, 而稱之爲開間. 仿之, 若 b 除外, 則隔間以 $(a, b-0)$ 表之; 若 a 與 b 均除外, 則以

$(a+0, b-0)$ 表 之, 亦 均 爲 開 間.

14. 極 限 (Limit)

一 變 數 x 趨 於 一 極 限 a (簡 稱 限) 云 者, 謂 x 歷 經 其 值 以 使 差 數 $x-a$ 小 至 人 之 所 欲 也. 換 言 之, 任 與 小 至 所 欲 之 正 數 ε, 恆 有 $|x-a|<\varepsilon$ 也. 吾 等 表 之 如 $\lim x=a$, 或 $x \to a$.

準 此 定 義, 一 變 數 不 能 趨 於 判 然 之 二 限 a 與 $b(b>a)$, 蓋 $|x-a|$ 與 $|x-b|$ 不 能 同 小 於 $\frac{1}{2}(b-a)$ 也.

若 x 漸 變 使 其 值 卒 超 出 任 何 大 之 正 數 A, 則 吾 等 推 廣 言 之, 謂 x 以 $+\infty$ 爲 限. 又 x 漸 變 而 小 於 任 何 小 之 負 數 B, 則 謂 x 以 $-\infty$ 爲 限.

III. 貫 數 與 級 數

15. 貫 數 (Sequences).

無 窮 個 數:

(1) $$s_0, \ s_1, \ s_2, \cdots\cdots, \ s_n \cdots\cdots$$

依 一 定 規 律 相 續, 使 每 項 據 一 定 之 位 次, 是 爲 一 貫 數. 若 s_n 於 $n \to \infty$ 時 有 一 定 限 S, 則 此 貫 數 稱 爲 收 斂 的 (convergent); 反 之, 則 爲 發 散 的 (divergent).

若 無 論 n 若 何 恆 有 $s_{n+1}-s_n \geqq 0$ 則 (1) 稱 爲 增 貫 數 (increasing sequence). 反 之, 於 $s_{n+1}-s_n \leqq 0$ 時, 則 爲 減 貫 數 (decreasing seqnence).

定理. 凡增貫數,若其普通項 s_n 不能無限增大,則爲收斂的.

證: 此貫數成一圍集 (E),命 M 表其高界,則可得一整數 N 使 $n \geqq N$ 時有

$$M - \varepsilon < s_n < M + \varepsilon,$$

ε 爲任與正數;由是 $|s_n - M| < \varepsilon$, 即明 $s_n \to M$.

定理. 凡減貫數,若其普通項大於一定數,則爲收斂的.

證法仿上.

貫數斂性之普通條件由次述定理明之:

定理. 欲貫數 (1) 收斂,必須而只須於任何正數 ε. 能得一相當數 n 使 $|s_{n+p} - s_n| < \varepsilon$, 而無論正整數 p 如何大.

證: 條件爲必要者,$s_n \to S$ 可得一相當大數 n, 使

$$|s_n - S| < \frac{\varepsilon}{2}, \ |s_{n+1} - S| < \frac{\varepsilon}{2}, \cdots\cdots, |s_{n+p} - S| < \frac{\varepsilon}{2};$$

由是

$$|s_{n+p} - s_n| = |(s_{n+p} - S) - (s_n - S)| < \varepsilon.$$

條件爲充足者,依題意,任與正數 ε, 可得整數 n, 使無論 p 若何大,恆有 $|s_{n+p} - s_n| > \varepsilon$ 可見貫數 (1) 自 s_n 項起,各項均含於 $s_n - \varepsilon$ 與 $s_n + \varepsilon$ 二數間,而成一圍集,在隔間 $(s_n - \varepsilon, s_n + \varepsilon)$ 內,有數集之無窮個數,而在其外者,僅一定個數,因之,數集之最大限 S 不能 $< s_n - \varepsilon$, 亦不能 $> s_n + \varepsilon$. 然則 $|s_n - S| \leqq \varepsilon$. 於是由

$$s_{n+p} - S = (s_{n+p} - s_n) + (s_n - S)$$

知 $|s_{n+p}-S|<2\varepsilon$, 而無論 p 若何; 卽明 $s_{n+p}\to S$.

16.　級數 (Series).

設一貫數 $u_0, u_1, \cdots\cdots u_n, \cdots\cdots$. 吾等稱

(2) $$u_0+u_1+u_2+\cdots\cdots+u_n+\cdots\cdots$$

爲一<u>級數</u>. 若貫數

$$s_0=u_0, \quad s_1=u_0+u_1, \cdots\cdots, \quad s_n=u_0+u_1+\cdots\cdots+u_n, \cdots\cdots$$

爲收斂的, 則吾等亦稱級數 (2) 爲收斂的; 而貫數之限 S 稱爲級數之和:

$$S=u_0+u_1+u_2+\cdots\cdots+u_n+\cdots\cdots=\sum_{m=0}^{+\infty} u_m$$

級數之非收斂者曰發散級數.

由上所言, 討論一級數之斂散性, 卽討論一貫數之斂散性. 反之, 欲討論貫數 (1), 吾等只須討論級數:

$$s_0+(s_1-s_0)+(s_2-s_1)+\cdots\cdots+(s_n-s_{n-1})+\cdots\cdots.$$

蓋此級數前 $n+1$ 項之和, 適爲貫數 (1) 之普通項 s_n 也. 將貫數斂性之普通定理用於級數得:

<u>歌氏定理</u>(Cauchy's Theorem). **欲一級數收斂, 必須而只須任與正數 ε, 能得一相當整數 n, 使無論 p 若何大恆有**

$$|u_{n+1}+u_{n+2}+\cdots\cdots+u_{n+p}|<\varepsilon.$$

又將關於增貫數之定理應用於級數. 則得常見引用之定理如次:

<u>定理</u>. **欲一正項級數爲收斂, 必須而只須各和數 s_n 小**

於一定數

IV. 函　數

17. 函數(Functions).

設二變數 x 與 y. 若於 x 之每數值,有 y 之一數值應之;則 y 稱爲 x 之 函數 或 應數,而吾等書 $y=f(x)$.

設 x 以 (a, b) 爲隔間. 若於 (a, b) 內之每 x 值有 y 之一值相應,則吾等謂 y 確定於 (a, b) 內.

設函數 $f(x)$ 確定於 (a, b) 內,而命 (E) 表其在隔間內全體數值所成之數集,若 (E) 爲圍集,則 $f(x)$ 稱爲圍於 (a, b) 內. (E) 之高界 M 低界 m 依次稱爲 $f(x)$ 在 (a, b) 內之高界低界. 差數 $M-m$ 爲 $f(x)$ 在 (a, b) 內之 界距 (oscillation).

於此有可注意者: 一函數若對於隔間中每 x 值有一不爲無窮之值應之,似圍於是間矣. 實則未必,例如在 $(0, 1)$ 內確定若次之函數

$$f(0)=0, \quad 並於 x>0. \quad f(x)=\frac{1}{x},$$

於 x 在 $(0, 1)$ 內之各值,皆有一定之值,但非圍於是間,蓋命 A 表任何大數,只須 $0<x<\frac{1}{A}$,吾等即有 $f(x)>A$ 也.

又圍於 (a, b) 內之函數. 其值可切近 M 或 m 如吾人所欲,但未必能達. 例如由條件

$$f(0)=0 \quad 並於 \quad 0<x\leqq1, \quad f(x)=1-x$$

確定於 $(0,1)$ 間之函數 $f(x)$, 有 $M=1$ 爲高界, 但不能達.

18. 連續性(Continuity).

設 $f(x)$ 爲確定於 (a, b) 內之函數, 並命 x 爲隔間中一值, 若任與一小至所欲之正數 ε, 吾等能得一正數 η 使不等式 $|h|<\eta$ 牽涉不等式:

$$|f(x_0+h)-f(x_0)|<\varepsilon,$$

則吾等謂 $f(x)$ 於 x, 爲連續.

若 $f(x)$ 於 a 與 b 間之各數值爲連續, 並於正數 $h\to 0$ 時, 差數 $|f(a+h)-f(a)|$ 與 $|f(b-h)-f(b)|$ 均趨於零, 則吾等謂 $f(x)$ 連續於 (a, b) 內.

於平面內設二位標軸 ox, oy, 及一連續曲線 C. 若 oy 之一平行線只遇 C 於一點, 則 C 上之點 M 之緯標 y 爲其經標 x 之連續函數 $y=f(x)$. 但反之, 於連續函數, 吾等不盡能作其表示線, 數學家嘗發見一種連續函數, 於一任何小隔間內有無窮個極大極小. 對於如是之函數, 吾等自不能繪出其表示線也. 故圖表雖爲擅發函數特性之利器, 但於理論究不能認爲精確也.

19. 一致連續性.

謂 $f(x)$ 任 (a, b) 內爲一致連續者, 乃謂不等式 $|h|<\eta$ 牽涉不等式.

$$|f(x+h)-f(x)|<\varepsilon$$

而無論 x 爲 (a, b) 內任何數值也(於 x 爲 a 與 b 二數值時,上之不等式由 $|f(a+h)-f(a)|<\varepsilon.$ 與 $|f(b-h)-f(b)|<\varepsilon$ 代之,而 $b>0$). 於此, η 之值僅繫乎 ε, 而無涉於 x 稱爲一致連續之模. 顯然凡小於一連續模之數,亦爲連續模.

表面觀之,似連續於 (a, b) 內之函數,可由次之理論明其亦爲一致連續者:於每點 x 及每數 ε, 有一連續模 η, 令 x 變移於 (a, b) 內而 ε 固定,以取諸模中之最小者爲模,則上述條件卽可適合.然而此理論未爲眞確.因連續模可以零爲其不能達之低界也.

一致連續定義尙可述如次:任與正數 ε, 可定正數 η 使 x' 與 x'' 表 (a, b) 內任二數,不等式 $|x'-x''|<\eta$ 牽涉不等式

$$|f(x')-f(x'')|<\varepsilon.$$

20. 連續函數之特性.

據連續性定義吾等立可證明次列諸定理以後恆引及之.

定理 A. 設 $f(x)$ 爲 (a, b) 內之一連續函數,任與正數 ε. 隔間 (a, b) 恆可析爲多數隔間,使對於 x 在每小隔間內之任意二值 x' 與 x'' 有 $|f(x')-f(x'')|<\varepsilon$.

證:假如不然命 $c=\dfrac{a+b}{2}$ 而分 (a, b) 爲相等之二隔間 (a, c) 與 (c, b),則必有其一與 (a, b) 同性,卽不可分之爲小隔間,使合於題中所言條件也.以 (a_1, b_1) 表此隔間,而再均分之爲二隔

間 (a_1, c_1) 與 (c_1, b_1), 總有其一與 (a_1, b_1) 同性, 亦即與 (a, b) 同性, 又以 (a_2, b_2), 表之; 如是推論; 則得一貫之隔間, (a, b). (a_1, b_1), (a_2, b_2), ……, (a_n, b_n) 其任一隔間之幅爲其前者之半. 又無論若何大, 恆可於 (a_n, b_n) 內得二數 x' 與 x'' 使 $|f(x') - f(x'')| > \varepsilon$. 夫 a, a_1, a_2, ……a_n, …… 成一增貫數, 而各項皆小於 b, 則是按15節理有一限 λ 又 b, b_1, b_2, ……, b_n, …… 成一減貫數而各項大於 a, 是則亦有一限 λ'. 夫 $b_n - a_n = \dfrac{b - a}{2^n}$, 於 n 無限增大時可小至吾人之所欲, 足見 $\lambda' = \lambda$.

　　λ 屬於 (a, b) 隔間, 設其含於 a 與 b 間, 則 $f(x)$ 於 λ 爲連續, 吾可得一正數 η, 使一有 $|x - \lambda| < \eta$, 便有 $|f(x) - f(\lambda)| < \dfrac{\varepsilon}{2}$; 今取 n 之大數值使 (a_n, b_n) 含於 $(\lambda - \eta, \lambda + \eta)$ 內, 若是, 命 x', x'' 爲 (a_n, b_n) 中之二數, 則 $|f(x') - f(\lambda)| < \dfrac{\varepsilon}{2}$; $|f(x'') - f(\lambda)| < \dfrac{\varepsilon}{2}$, 因之 $|f(x) - f(x'')| < \varepsilon$ 而與上假設之理相矛盾, 故定理果合.

　　<u>系 I</u>. 凡在 (a, b) 內爲連續之函數圍於 (a, b) 內蓋設 a. x_1, x_2, ……x_{p-1}……, b 分 (a, b) 隔間爲 p 個小隔間而合於上所言條件, 則在 (a, x_1) 內有

$$|f(x)| < |f(a)| + \varepsilon;$$

而特別言之, 有 $|f(x)| < |f(a)| + \varepsilon$. 同理在 (x_1, x_2) 內有

$$|f(x)| < |f(x_1)| + \varepsilon;$$

尤有 $|f(x)| < |f(a)| + 2\varepsilon$; 特別論之, 有

$$|f(x_2)| < |f(a)| + 2\varepsilon.$$

如是類推,至最後 (x_{p-1}, b) 內有

$$|f(x)|<|f(x_{p-1})|+\varepsilon<|f(a)|+p\,\varepsilon$$

即見 $f(x)$ 在 (a, b) 內之絕對值,常小於 $|f(a)|+p\,\varepsilon$ 也.

系 II. 凡連續於 (a, b) 內之函數在 (a, b) 內一致連續.

試分 (a, b) 為 p 個小隔間,使對於 x 在每小隔間內之任意二值 x' 與 x'',有 $|f(x')-f(x'')|<\dfrac{\varepsilon}{2}$,若取小於 $x_1-a, x_2-x_1, \cdots\cdots,$ $b-x_{p-1}$ 各差數之一正數 η,而設 (a, b) 內之任意二數 x' 與 x'' 合於 $|x'-x''|<\eta$,則吾謂 $|f(x')-f(x'')|$ 即小於 ε. 蓋 x' 與 x'' 二數若同在一小隔間內,則有 $|f(x')-f(x'')|<\dfrac{\varepsilon}{2}$. 反之,$x'$ 與 x'' 亦必屬於相續之二小隔間,則亦有 $|f(x')-f(x'')|<2\dfrac{\varepsilon}{2}=\varepsilon$ 也.

定理 B. 設 $f(x)$ 為連續於 (a, b) 內之函數,若 N 為介於 $f(a)$ 與 $f(b)$ 間之任一數,則在 a 與 b 間,至少有 x 之一數值使 $f(x)=N$.

先就一特例論之:設 $f(a)$ 與 $f(b)$ 異號,例有 $f(a)<0$ 而 $f(b)>0$. 吾往證 a 與 b 間至少有 x 之一數值使 $f(x)=0$. 試注意 $f(x)$ 於 a 附近為負,而於 b 附近為正. (a, b) 內 x 之值之使 $f(x)$ 為正者,成一圍類,命 λ 為其低界 $(a<\lambda<b)$. 由低界定義,知對於 h 之一切正值有 $f(\lambda-h)\leqq0$. 夫 $f(\lambda)$ 為 $f(\lambda-h)$ 之限;是亦有 $f(\lambda)\leqq0$. 但就他方面論,吾等不能有 $f(\lambda)<0$. 蓋假設 $f(\lambda)=-m(m>0)$,則因函數 $f(x)$ 於 $x=\lambda$ 為連續,可求一正數 η 使 $|x-\lambda|<\eta$ 牽涉 $|f(x)-f(\lambda)|<m$. 由是,對於 x 含於 λ 與 $\lambda+\eta$ 間之值,$f(x)$ 為負而

λ 將非使 $f(x)>0$ 之 x 諸數值之低界矣. 然則 $f(\lambda)=0.$

今證 a 與 b 間至少有 x 之一值使 $f(x)=N.$ 設函數 $F(x)$ $=f(x)-N$, 此函數於 a 於 b 有相異之號, 據適所證明之理, 至少有 x 之一值含於 (a, b) 內, 而使 $F(x)=0.$ 是即 $f(x)=N.$

定理 C. 凡連續於一域 (a, b) 內之函數, 至少達於其高界低界各一次.

由前所證明者, 知如是之函數在 (a, b) 內有一高界 M 及一低界 $m.$ 請證 a 與 b 間至少有 x 之一值使 $f(x)=M.$

設平分 (a, b) 為 (a, c), 與 (c, b) 二隔間, 則必有其一使 $f(x)$ 於其內以 M 為高界. 命 (a_1, b_1) 表此隔間, 以代 (a, b) 而推論之, 則如上得一貫隔間 (a, b), (a_1, b_1), (a_2, b_2), ……每隔間為其前者之半, 而 $f(x)$ 在各隔間之高界皆為 $M.$ 命 λ 為 a, a_1, a_2, ……與 b, b_1, b_2, ……兩貫數之公限, 則吾謂 $f(x)=M.$ 假如不然, 而有 $f(\lambda)=M-h(h>0)$, 則可求一正數 η, 使 x 若位於 $\lambda-\eta$ 與 $\lambda+\eta$ 間, $f(x)$ 即在 $f(\lambda)-\dfrac{h}{2}$ 與 $f(\lambda)+\dfrac{h}{2}$ 間而小於 $M-\dfrac{h}{2}.$ 繼取至大之數 n 使 $|a_n-\lambda|<\eta$ 及 $|b_n-\lambda|<\eta.$ 若是, 則 a_n 與 b_n 將含於 $(\lambda-\eta, \lambda+\eta)$ 內, 而 $f(x)$ 於 (a_n, b_n) 內之高界不能等於 M 矣.

<u>注意</u>. 上所論隔間, 自然指閉間者言, 此條件至要. 例如確定於開間 $(0>x\leqq 1)$ 之函數 $f(x)=1-x$, 在是域內為連續, 但不能達於其高界 $M=1.$

21. **間斷性** (Discontinuity).

設 $y=f(x)$ 爲確定於 (a, b) 內之一函數,若此函數於 (a, b) 內之一數值 x_0 不爲連續, 則 x_0 點稱爲 $f(x)$ 之一 間斷點 (point of discontinuity). 若然, 則 $f(x_0+\varepsilon)$ 與 $f(x_0-\varepsilon)$ 二數於正數 ε 趨於零時, 至少必有其一不趨於 $f(x_0)$.

若於 $\varepsilon \to 0$ 時, $f(x_0-\varepsilon)$ 與 $f(x_0+\varepsilon)$ 各有一確定之限, 則 x_0 稱爲第一種間斷點, 而二限依次由 $f(x_0-0)$ 與 $f(x_0+0)$ 表之. 如 $f(x_0-0)=f(x_0+0)$, 則欲 x_0 爲間斷點, 必 $f(x) \neq f(x_0-0)$. 於是改換 $f(x_0)$ 之值, 可使 x_0 變爲一連續點. 反之, 若有 $f(x_0-0) \neq f(x_0+0)$, 則無論與 $f(x_0)$ 以何值, x_0 終爲間斷點. 若有

$$f(x_0) = \frac{f(x_0-0)+f(x_0+0)}{2},$$

則間斷點 x_0 稱爲有法的 (regular) 其例吾等將於由級數確定之函數中遇之.

設 $y=f(x)$ 於 (a, b) 內有一定個數之間斷點, 皆爲第一種者. 又設 (a, b) 間之極大極小爲數僅有一定, 則其圖線乃由不相連絡之若干曲線弧合成, 如 圖 2 之 $AC, C'D$, $D'B$ 所示者是. $f(c)$ 與 $f(d)$ 之值爲任意者, 若 c 與 d 係有法點, 則 CC' 與 DD' 之中點屬於圖線.

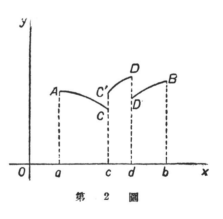

第 2 圖

例如函數 $y = \dfrac{|\sin x|}{x}$，由二支連續線合成；其一止於 $(0, -1)$ 點，其一止於 $(0, +1)$ 點.

若於 $\varepsilon \to 0$ 時，至少有 $f(x_0 - \varepsilon)$ 與 $f(x_0 + \varepsilon)$ 二數之一不趨於定限，則 x_0 爲第二種間斷點；其情形則有種種，茲舉數例以明之.

例 1.　設 $f(x) = \dfrac{1}{x-a}$. $f(a)$ 無意義. 但 $x \to a$ 則 $|x-a| \to 0$，而 $\left| \dfrac{1}{x-a} \right|$ 無限增大；因之吾等謂 $f(x)$ 於 $x = a$ 爲無窮. 在此，即與 $f(a)$ 以其他任何值，亦不能令 $f(x)$ 於 $x = a$ 變爲連續.

例 2.　$f(x) = \sin \dfrac{1}{x}$. $f(0)$ 無意義，且於 $x \to 0$ 時，$\sin \dfrac{1}{x}$ 不趨於定限，而於 -1 與 $+1$ 間循環消長不已（圖 3）. 蓋設 $|A| < 1$，則方程式 $\sin \dfrac{1}{x} = A$ 恆有無窮個根介於 0 與一正數 ε 間而無論 ε 若何小也. 無論與 $f(0)$

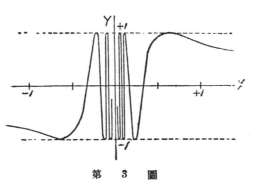

第　3　圖

以何值，0 恆爲一間斷點，此種間斷點稱爲擺斷點（point of oscillatory discontinuity）.

例 3.　$y = f(x) = \dfrac{1}{x} \sin \dfrac{1}{x}$. $f(0)$ 無意義，當 $x \to 0$，y 之值恆消長於 $\pm \dfrac{1}{x}$ 二數間，而圖線於兩雙曲線 $y = \pm \dfrac{1}{x}$ 間，作擺動狀，且

其輻無限增大(圖3') 0 亦爲一擺斷點,而不能免除.

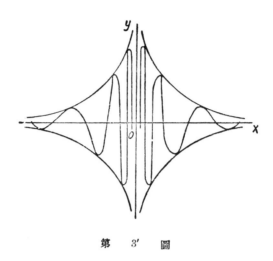

第　3'　圖

22. 單調函數(Monotone functions).

確定於(a, b)內之單調函數$f(x)$者, 乃以x_1與x_2表(a, b)內任二數值而 $(x_2-x_1)[f(x_2)-f(x_1)]$ 之號常爲一定也,若此積數常爲正或零, 則 $f(x)$名曰增函數 (increasing function). 反之, 若其常爲負或零,則名$f(x)$曰減函數 (decreasing function).

若設 $x_2 > x_1$, 則於增函數. 恆有$f(x_2)-f(x_1) \geqq 0$; 而於減函數恆有 $f(x_2)-f(x_1) \leqq 0$, 又在 (x_1, x_2) 內之單調函數若 $f(x_2)=f(x_1)$ 則其在(x_1, x_2)內之值,必爲常數.

單調函數可於其隔間(a, b)內有任若干間斷點; 但盡爲第一種者,試就增函數論之,設 x_0 爲一間斷點, 則於正數 $\varepsilon \to 0$ 時, $f(x_0-\varepsilon)$ 之值不能減, 而常 $\leqq f(b)$. 然則 $f(x_0-\varepsilon)$ 有一限

$f(x_0-0)$. 同 理 $f(x_0+\varepsilon)$ 有 一 限 $f(x_1+0)$. x_0 爲 任 何 點 常 有 $f(x_0-\varepsilon)$ $\leqq f(x_0+\varepsilon)$. 是 可 斷

$f(x_0-0)\leqq f(x_0+0)$. 若 $f(x_0-0)=f(x_0+0)$, 是 必 有 $f(x_0)=f(x_0-0)$ 而 函 數 於 x_0 爲 連 續. 但 若 $f(x_0-0)<f(x_0+0)$, 則 $f(x_0)$ 爲 其 間 之 任 一 數.

注意. 增 函 數 與 恆 增 函 數 減 函 數 與 恆 減 函 數 有 時 須 分 別 論 之. 所 謂 恆 增 或 恆 減 函 數 者, 乃 設 $x_2>x_1$ 而 恆 有 $f(x_2)>$ $f(x_1)$ 或 $f(x_2)<f(x_1)$ 者 也.

23. 圍 變 函 數 (Function of bounded variation).

設 函 數 $f(x)$ 圍 於 (a, b) 內; 以 合 於 不 等 式:

$$a<x_1<x<\cdots\cdots<x_{n-1}<b$$

之 數 $x_1, x_2,\cdots\cdots, x_{n-1}$ 分 割 (a, b) 爲 小 隔 間, 而 設

$$V=|f(x_1)-f(a)|+|f(x_2)-f(x_1)|+\cdots\cdots+|f(b)-f(x_{n-1})|$$

每 分 割 (a, b) 一 次, 即 得 一 如 是 之 一 正 數 V 名 爲 $f(x)$ 對 於 此 分 割 之 變 量 (variation) 若 由 一 切 可 能 之 分 割 而 得 之 變 量 成 一 圍 集, 則 吾 等 謂 $f(x)$ 爲 於 (a, b) 間 之 一 圍 變 函 數, 圍 集 之 高 界 V 名 爲 $f(x)$ 於 (a, b) 內 之 總 變 量 (total variation).

由 定 義 立 可 斷 定.

二 圍 變 函 數 之 和, 仍 爲 一 圍 變 函 數.

若 $f(x)$ 在 (a, b) 內 爲 圍 變 函 數, 則 在 含 於 (a, b) 隔 間 內 之 任 一 隔 間 (a_1, b_1) 內, 亦 爲 圍 變 者.

24. 定理.

凡單調函數在其隔間 (a, b) 內為圍變者.

蓋對於一增函數其變量為

$$V = [f(x_1) - f(a)] + [f(x_2) - f(x_1)] + \cdots\cdots + [f(b) - f(x_{n-1})]$$
$$= f(b) - f(a),$$

而對於一減函數, 其變量為

$$V = -[f(x_1) - f(a)] - [f(x_2) - f(x_1)] - \cdots\cdots - [f(b) - (x_{n-1})]$$
$$= f(a) - f(b);$$

概二列言之, 有 $V = |f(a) - f(b)|$ 而 V 為常數, 明所欲證.

25. 正負總變量.

於諸差數 $f(x_i) - f(x_{i-1})$ 中之為正數者, 以 p 表其和; 而其為負數者, 以 $-n$ 表其和, 則顯有

$$V = p + n, \qquad f(b) - f(a) = p - n.$$

因之,

$$V = 2p + f(a) - f(b),$$
$$V = 2n + f(b) - f(a),$$

若 $f(x)$ 為圍變函數, 則由 (a, b) 一切可能之分割而得之 p 數集與 n 數集, 亦為圍集. 此圍集之高界 P 與 N 名為 $f(x)$ 之正總變量與負總變量. 準上所論, 於 $V. P. N.$ 三數間, 有關係.

$$V = 2P + f(a) - f(b)$$
$$V = 2N + f(b) - f(a)$$

26. 定理.

凡囿變函數爲二增函數之差.

命 x 爲 a 與 b 間之一數並 $V(x)$, $P(x)$ 與 $N(x)$ 依次爲 $f(x)$ 在 (a, x) 域內之總變量及正負總變量則由上節有

$$V(x) = 2P(x) + f(a) - f(x), \quad V(x) = 2N(x) + f(x) - f(a);$$

因之得

$$f(x) = f(a) + P(x) - N(x).$$

夫 x 增大時 $P(x)$ 與 $N(x)$ 均不能減小,由定義甚明;是 $f(a) + P(x)$ 與 $N(x)$ 皆爲增函數,而明所欲證.

27. 多元函數 (Function of several variables).

設於 $x_1, x_2, \dots\dots, x_n$ 一變數之一組值,有變數 U 之一值以應之,則 U 稱爲 $x_1, x_2, \dots\dots, x_n$ 等 n 個變數之函數,是爲一 n 元函數,吾等以 $U = f(x_1, x_2, \dots\dots, x_n)$ 表之.爲便於講解計,設二元函數 $Z = f(x, y)$ 論之吾等可視此二數 x 與 y 爲平面上一點之位標面上一部分稱之爲一域 (domain),若於域中每點有 Z 之一值應之,則謂函數 Z 確定於是域內.

一域 A 可由一迴綫或稱斂口淺 (closed curve) 所限部分而成,或由數迴綫所限之部分而成,其一綫 C 在外,他一綫或數綫 C'', C'',……在內. C, C', C'',……諸綫爲域之周 (coutour) 通常視爲屬於域之本體,例以 C 論,卽於其每點 Z 皆有確定之相值應也.若是則域稱爲閉域 (closed domain); 反之,則爲開域

(open domain). 域若能以完全在其內之一折線連其內任意二點, 則名曰通域 (connected domain).

一函數 $Z=f(x, y)$ 對於一域 A 各點之值若成一圍類, 則稱圍於是域. 如前有高界低界距等名.

28. 連續性與一致連續性.

設 $M_0(x, y)$ 為 A 域中一點; 謂函數 $f(x, y)$ 於 M_0 為連續者, 乃任與正數 ε. 能得他一正數 η 使 $|h|<\eta$ 與 $|k|<\eta$ 牽涉 $|f(x_0+h, y_0+k)-f(x_0, y_0)|<\varepsilon$ 也. 以幾何理言之, 其意義若下:

設於 xy 面上, 以 M_0 點為心作一邊等於 2η 而平行於位標軸之一正方形; 當 $|h|<\eta$, $|k|<\eta$, 時, 則 $M(x_0+h, y+k)$ 點即在正方形內. 若是謂 $f(x, y)$ 對於 $x=x_0$, $y=y_0$ 為連續者, 乃謂吾人能取正方形甚小, 使其內任一點之值 $f(x, y)$ 與 $f(x_0, y_0)$ 之差, 絕對小於 ε 也.

吾人尚可以一圓代正方形, 蓋上有之條件於正方形內諸點合, 則於其內切圓諸點亦合. 反之, 此條件於一圓諸點合, 則於所包正方形諸點亦合. 於是連續性之定義可視為能以 η 應 ε 使 $\sqrt{h^2+k^2}<\eta$ 牽涉

$$|f(x_0+h, y_0+k)-f(x_0, y_0)|<\varepsilon.$$

同理吾等謂 $f(x, y)$ 於 A 域之周上一點 $M_1(x_1, y_1)$ 為連續者, 乃謂 $M(x, y)$ 表域中鄰近 M_1 之一點, 則當 M_1M 距離趨於零時, $f(x, y)$ 趨於 $f(x_1, y_1)$ 也.

一函數 $f(x, y)$ 在一域 A 內及其周上各點為連續,則稱為於此域內連續.

若任與正數 ε, 能得正數 η, 使對於 A 域內一切之點 (x, y), 不等式 $|h| < \eta$ 與 $|k| < \eta$ 均牽涉不等式:

$$|f(x+h, y+k) - f(x, y)| < \varepsilon.$$

則 $f(x, y)$ 稱為在 A 域內一致連續,此定義亦可述如次:任與正數 ε, 能得正數 η 使於 A 中任二點 $M'(x', y')$ 與 $M''(x'', y'')$ 之距離 $< \eta$ 時,即有

$$|f(x', y') - f(x'', y'')| < \varepsilon.$$

29. 連續函數之特性.

二元函數與一元函數有類似之定理:

定理. 設 $Z = f(x, y)$ 為於 A 域內之連續函數;任與正數 ε, 恆可分 A 為小域,使 Z 於每小域內任二點 (x, y), (x', y') 之值之差絕對小於 ε.

證:以經緯軸之平行綫分 A 域為小域,設相鄰二平行線之距皆為 δ, 則所得域為各邊等於 δ 而完全在 C 內之正方形, 及邊等於 δ 之正方形限於 C 內之部分. 若是,苟

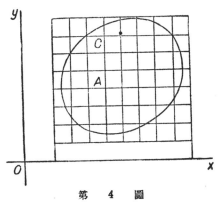

第 4 圖

定理對於 A 域不合,則至少對於小域之一 A_1 亦不合,按前法分 A_1 而推論,則得一貫之正方或正方之部分 A_1, A_1, ……… A_n ………於其每域內,定理皆不合.設 A_n 完全含於 $x=a_n$ 與 $x=b_n$ 二線及 $y=c_n$ 與 $y=d_n$ 二線間;當 n 無量增大時 a_n 與 b_n 有一公限 λ_1,並 c_n 與 d_n 有一公限 μ. 於是 A_n 域趨於限點 $M(\lambda, \mu)$ 在 A 內或在其周 C 上.於是可仿前證明;假如定理不合,則 $f(x, y)$ 不能於 (λ, μ) 點爲連續,而與所設矛盾矣.

系. 設取至相近之平行線,使 Z 於一小域內任意二點之值之差絕對小於 $\dfrac{\varepsilon}{2}$,命 η 爲相鄰二線之距,(x', y') 與 (x'', y'') 爲 C 內或其周上任二點,但設其距小於 η, 此二點同屬於 A 內之一小域,或有公尖之二小域,總之 $|f(x', y')-f(x'', y'')| <$ $2 \cdot \dfrac{\varepsilon}{2} = \varepsilon$. 然則亦爲一致連續.

由上理可如前證明凡連續於 A 內之函數圍於是域.

由分析區域法可證明:

定理. 連續於 A 內之函數達於高界 M 低界 m 至少各一次,相應之點在 A 內,或在 C 上.

設 p 爲與 $Z=m$ 相應之點,及 P 爲與 $Z=M$ 相應之點.以完全在包於 C 內之一折線連 p 於 P,而令 $Q(x, y)$ 點移行於此線上,則 Z 爲 p, Q 二點間折線長 S 之連續函數,而經過 m 與 M 間各值 μ 至少一次,因可作無窮折線達 p 與 P,足見 C 內有無窮個點使 $Z=\mu$.

注意. 凡二變數 x 與 y 之一連續函數, 自然爲每變數之連續函數, 但逆理則不必然; 例有確定如:

$$f(0, 0) = 0, \text{而於} x \neq 0, y \neq 0 \text{ 時}, f(x, y) = \frac{2xy}{x^2 + y^2}$$

之函數, 若設 y 爲常數則 $f(x, y)$ 爲 x 之連續函數; 反之亦然. 但設 x, y 均變則 $f(x, y)$ 於 $x = y = 0$ 點不爲連續, 蓋令 (x, y) 點由直線 $y = mx$ 趨於原點 0, 則 $f(x, y)$ 以 $\frac{2m}{1 + m^2}$ 爲限, 而其值因 m 而變也. 在此, 任給與 $f(0, 0)$ 以何值於原點之斷續性, 終不能免除, 理甚顯然.

又如確定如:

$$f(0, 0) = 0, \text{而於} x \neq 0, \quad y \neq 0 \text{ 時}, f(x, y) = \frac{xy}{\sqrt{x^2 + y^2}}$$

之函數, 則於 $x = y = 0$ 爲連續, 因 $|f(r, y)| < |x|$ 也.

凡上所論不難推及於二元以上之函數.

30. 連續曲線 (Continuous curves).

於上所論, 吾等隱認一平面曲線 C 分平面爲內外二部 D 與 D' 使內外二點絕不能以一折綫連之而不經過 C. 凡見於幾何學上之曲線吾等由直覺知其有此特性. 但欲作精確之理論, 吾等當與曲線以一分析的定義:

設 $f(t), \phi(t), \psi(t)$ 爲變數 t 之三個連續函數; 以

(3) $$x = f(t), \quad y = \phi(t), \quad Z = \psi(t).$$

爲位標之一切點即成空間之一連續曲線 Γ; 簡曰曲線.

設 此 三 函 數 有 一 週 期 ω 即 有

(4) $\qquad f(t+\omega)=f(t), \quad \phi(t+\omega)=\phi(t), \quad \psi(t+\omega)=\psi(t),$

只 須 使 t 在 幅 爲 ω 之 任 意 一 隔 間 $(a, a+\omega)$ 內 變, 即 得 Γ 線 各 點, 若 是 則 Γ 名 爲 一 <u>迴 綫</u> (closed curve). 吾 等 自 可 設 ω 爲 正. 今 再 設 其 爲 合 於 關 係 (4) 之 最 小 數 值. 若 於 相 異 二 數 值, t' 與 t'', 其 差 數 $t'-t''$ 不 爲 ω 之 倍 數, 而 有

(5) $\qquad f(t')=f(t''), \quad \phi(t')=\phi(t''), \quad \psi(t')=\psi(t''),$

則 Γ 線 上 相 對 待 之 點 爲 一 <u>重 點</u> (double point).

若 不 能 得 t' 與 t'' 二 數, 使 $t'-t''$ 非 ω 之 倍 數 而 又 合 於

(5) 式 則 曲 線 Γ 無 重 點.

於 上 設 $\psi(t)=0$ 即 得 關 於 平 面 曲 線 之 相 當 定 義.

若 爾 當 氏 (Jordan) 嘗 精 確 證 明 無 重 點 之 一 平 面 迴 線 C 分 平 面 爲 內 外 二 部 使 同 在 一 部 內 之 任 二 點 常 可 以 一 折 線 連 之. 而 不 經 過 C, 致 凡 連 內 外 二 點 之 連 續 線 必 過 C.[1]

此 與 幾 何 直 覺 之 理 相 符. 但 情 形 不 必 盡 如 此 分 析 的 連 續 曲 線, 其 性 狀 有 甚 奇 異 者, 貝 阿 諾 氏 (peano) 嘗 示 一 連 續 曲 線 可 塡 滿 一 正 方 形.[2] 不 過 吾 等 以 後 所 論 皆 非 如 是 之 曲 線 耳.

---

(1) 見 Jordan Cours d' Aanalyse Tome I,

(2) 見 Picard, Traité d' Aanalye, Tome I, p. 28

亦 見 Peano, Sur une Courbe qui remplit toute une aire plane (Math. Annalen, t. XXXVI).

高 等 算 學 分 析

習 題

1. 設 a 爲有理數, λ 爲無理數,證明 $a+\lambda$, $a\lambda$, $\dfrac{\lambda}{a}$ 均爲無理數:又設 a, b, c, d 爲有理數, λ 爲無理數,則 $\dfrac{a\lambda+b}{c\lambda+d}$ 爲有理數,抑爲無理數?

2. 證二有理數間恆有一個無理數,因之於其間有無窮個無理數.

3. 下列各數集之高界低界聚點最大限爲何? 試一一言之:——

(E)
$$\frac{1}{2}, \quad \frac{3}{2}, \quad \frac{1}{3}, \quad \frac{4}{3}, \quad \frac{1}{4}, \quad \frac{5}{4}, \quad \frac{1}{5}, \quad \frac{6}{5}, \cdots\cdots,$$

(F)
$$u_1=\frac{1}{2}, \quad u_2=\frac{1}{2}+\frac{1}{4}, \quad u_3=\frac{1}{2}+\frac{1}{4}+\frac{1}{8}, \cdots\cdots,$$

$$u_n=\frac{1}{2}+\frac{1}{4}+\cdots\cdots+\frac{1}{2n}, \cdots\cdots;$$

(G)
$$u=6. \quad v=-4, \quad w_n=2+\frac{1}{n} \quad 而 \quad n=4k$$

$$w_n=2-\frac{1}{2n} \qquad n=4k+1$$

$$w_n=1-\frac{1}{n^2} \qquad n=4k+2$$

$$w_n=1+\frac{1}{n^3} \qquad n=4k+3$$

k 表一正整數.

4. 設曲線 $y=\sin\dfrac{1}{x}$ 與 x 軸之一切交點爲一集; 此點集有聚點否? 同樣,設 $y=\sin\dfrac{1}{\sin\dfrac{1}{x}}$ 論之.

5. 設 (E) 爲含有無窮之圍集;試用分割隔間法證明 (E) 至少有一限點.

6. 設含無窮點之圍集 (E) 具多數限點,則此諸點又成一圍集 (E'),名 (E) 之子集 (derived set). 試證 (E) 集之最大限卽爲 (E') 之高界.

7. 試據貫數

$$u_1=\sqrt{6}, \quad u_2=\overline{6+u_1}, \cdots\cdots, \quad u_n=\sqrt{6+u_{n-1}}, \cdots\cdots;$$

證明
$$\sqrt{6+\sqrt{6+\sqrt{6+\cdots\cdots}}}$$

於根號無窮增多時有一限, 且定其值.

8. 設貫數 $s_0=1$, s_1, s_2, s_3, $\cdots\cdots$, s_n, $\cdots\cdots$ 由公式

$$2s_{n+1}=s_n+\sqrt{s^2_n+a_n} \qquad (n>1)$$

確定而 a_n 爲一正項級數之普通項

$$a_1+a_2+\cdots\cdots+a_n+\cdots\cdots$$

(1) 證

$$s_{n+1}<s_n+\frac{a_n}{4}.$$

並據是以斷定級數若爲收斂的, 則貫數亦然.

(2) 若所設貫數爲收斂的, 證明級數亦然.

9. 命 (x) 表不能大於 x 之最大整數, 而設函數 $y=x-(x)$; 證明 (1) 函數之於各整數之值爲間斷的, 而於其他之值爲連續的; (2) 其在含任一整數之隔間內之低界爲 0 而高界爲 1, 低界可達而高界不可達; (3) 繪其圖線.

10. 設一函數於 x 爲整數時爲 $y=0$, 而於 x 非整數時則由 $y=x$ 定之; 其圖線何如?

11. 設函數 $\phi(x)$; 於 x 爲有理數而等於不可約之分數 $\pm\frac{p}{q}$ 時, $\phi(x)=\frac{1}{q}$, 但於 x 爲無理數時則 $\phi(x)=0$, 試證 $\phi(x)$ 對於各無理數爲連續的, 而於各有理數爲間斷的.

12. 證二囿變函數之積, 仍爲囿變函數.

13. 若 $f(x)$ 爲一囿變函數, 則 $|f(x)|$ 亦然, 證之.

14. 一函數若於隔間 (a, b) 內連續而具有一定數之極大極小, 則在是間爲囿變函數.

15. $f(x)$ 爲一函數; 設能分 (a, b) 爲 p 個小隔間, 使於每小間內 $f(x)$ 爲單調函數, 並設此函數只具一定數之有法間斷點, 試證 $f(x)$ 爲囿變函數.

16. 欲一函數爲囿變者, 必須而卽須於各小隔間內界距之和不爲無窮.

17. 凡 x 之循環函數不能爲 x 之有理函數, 試證之.

18. 若函數 $f(x, y)$ 在一域內對於每自變數爲一致連續, 則在此域內爲二自變數之連續函數.

第 一 章

顯 函 數 之 微 分

I. 紀 數

31. 紀數 (Derivatives).

設 $y=f(x)$ 爲確定於 (a, b) 間之函數, 並 x 爲間中一點. 與 x 一增量 $\Delta x=h$, (爲負或正) 則函數之相當數量爲 $\Delta y=f(x+h)-f(x)$. 若 h 任由何種情狀趨於零時, 分數:

$$\frac{\Delta x}{\Delta y}=\frac{f(x+h)-f(x)}{h}$$

趨於確定之限, 則吾等稱此一限爲函數於 x 之 <u>紀變數</u>, 簡曰 <u>紀數</u>.[1] 而有下列種種符號表之:

$$y' \quad 卽 \quad f'(x), \qquad \text{(Lagrange)}$$
$$Dy \quad 卽 \quad Df(x), \qquad \text{(Arbogast)}$$
$$D_x y \quad 卽 \quad D_x f(x). \qquad \text{(Cauchy)}$$

若 h 由正數趨於零時 $\frac{\Delta y}{\Delta x}$ 有一限, 則此限稱爲函數之 <u>右紀數</u> 仿之, 若 h 由負數趨於零時, $\frac{\Delta y}{\Delta x}$ 有一限, 則爲 <u>左紀數</u>, 當

---

(1) Derivative 或譯作引數, 微係數, 子函數等, 譯名雖多無一恰當者, 科學名詞審查會於此名亦未確定.

左右二紀數相等,則函數於 x 有唯一紀數,有如上所言者,吾等於是簡言函數於 x 有一紀數.

若 $f(x)$ 於 (a, b) 內每點有一紀數,且於 a 有右紀數,於 b 有左紀數,則吾等稱 $f(x)$ 於 (a, b) 爲可求紀的 (derivable).

注意. 凡函數於某點若有紀數;顯然必於是點連續,但反之則不必然.例如確定如

$$f(0) = 0 \text{ 而於 } x \neq 0, \ f(x) = x \sin \frac{1}{x}.$$

之函數,於 $x = 0$ 爲連續,但於是點無紀數,因 $\dfrac{f(h) - f(0)}{h} = \sin \dfrac{1}{h}$ 無定限也.猶有甚焉者,連續函數尚可對於 x 之任何值均無紀數,特其例[1] 不常見,證理亦繁難耳.

32. 紀數之幾何意義.

設 $y = f(x)$ 爲連續於 (a, b) 內之函數;當 x 由 a 變至 b,則 (x, y) 點作一段曲線 AB. 設 M, M' 爲相鄰二點,依次以 x 及 $x + h$ 爲經標,則直線 MM',之斜率 (slope) 爲:

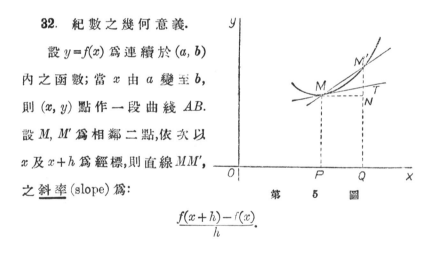

第 5 圖

$$\frac{f(x + h) - f(x)}{h}.$$

---

(1) 參考 Gaursat, Cours d' Analyse, Tom I. 及 Hobson's Theory of Functions of Real variables.

當 $h \to 0$, 則 M' 點趨近於 M, 若函數於此有一紀數, 則 MM' 直線之斜率趨於定限 y', 而 MM' 直線有一線 MT 爲限, 則所謂曲線於 M' 之 <u>切線</u> (tangent). 其方程式爲

$$Y - y = y'(X - x).$$

X 與 Y 爲活動經緯標.

推論之, 設一空間曲線.

$$x = f(t), \quad y = \phi(t), \quad z = \psi(t)$$

於其上取相鄰二點 M 與 M' 依次與參變數 t 之值 t 與 $t+h$ 相應, 直線 MM' 之方程式爲

$$\frac{X - f(t)}{f(t+h) - f(t)} = \frac{Y - \phi(t)}{\phi(t+h) - \phi(t)} = \frac{Z - \psi(t)}{\psi(t+h) - \psi(t)},$$

若以 h 除各分數之分母而令 $h \to 0$ 則 MM' 以一直線 MT 爲限, 稱爲 (C) 於 M 點之切線而由方程式

$$\frac{X - f(t)}{f'(t)} = \frac{Y - \phi(t)}{\phi'(t)} = \frac{Z - \psi(t)}{\psi'(t)}$$

定之, 三紀數係切線之 <u>定向係數</u> (direction parameters).

當 $\dfrac{\Delta y}{\Delta x}$ 於 $\Delta x \to 0$ 時, 趨於 $+\infty$ 或 $-\infty$, 吾等稱 y 之紀數爲 $+\infty$ 或 $-\infty$, 而 $y = f(x)$ 之圖線於相當點之切線平行於 y 軸, 例如 $y = x^{\frac{2}{3}}$ 於原點是.

若 $f(x)$ 於一點 x_0 有不等之左右紀數, 則圖線於是點有判然之二切線. 例如 $y = x \dfrac{e^{\frac{1}{x}}}{1 + e^{\frac{1}{x}}}$ 於 $x = 0$ 爲零. 而 $\dfrac{y}{x}$ 則視 x 之由正

數或負數趨於零有不同之二限.曲線於原點呈角狀而有二切線.

33. 高級紀數 (Derivatives of higher order).

函數 $f(x)$ 之紀數 $f'(x)$ 仍爲 (x) 之函數, 若 $f'(x)$ 有一紀數, 則吾等稱之爲 $f(x)$ 之<u>二級紀數</u> (second derivative), 而以 y'' 或 $f''(x)$ 抑 D_2y 等符號表之; 仿是, 二級紀數之紀數爲 $f(x)$ 之<u>三級級紀</u> (third derivative), 由 $y'''(x)$ 或 $f'''(x)$ 抑 D_3y 等表之. 推之, $(n-1)$ 級之紀數, 名 $f(x)$ 之 <u>n 級紀數</u> (nth derivative), 由 $y^{(n)}$ 或 $f^{(n)}(x)$ 抑 D_ny 等表之.

34. 洛氏定理 (Rolle's theorem).

<u>設函數 $f(x)$ 於 (a, b) 內爲連續, 並對於 $x=a$ 及 $x=b$ 爲零; 若 $f(x)$ 對於 x 在 a 與 b 間之每值有一紀數, 則 a 與 b 間至少有 x 之一值, 使此紀數等於零.</u>

按所設 $f(a)=f(b)=0$ 命 M 與 m 爲函數在 (a, b) 內之高界與低界; 若 $M=m=0$, 則 $f(x)$ 在 (a, b) 內恆爲零, 其紀數亦然. 否則, 於 $M>0$, 與 $m>0$ 二條件必有其一.

設 $M>0$, 則 a 與 b 間至少有一數 x_0 使 $f(x_0)=M$. 蓋命 h 爲一正數, 則下式

$$\frac{f(x_0+h)-f(x_0)}{h}$$

必爲負或零, 因之, 其限 $f'(x_0)$ 不能爲正. 然則 $f'(x_0)\leqq 0$. 今若視

$f'(x_0)$ 爲

$$\frac{f(x_0 - h) - f(x_0)}{-h}$$

之限.則見當有 $f'(x_0) \geqq 0.$ 比較兩結果,可斷 $f'(x_0) = 0.$

35. 增量公式或中值公式(Law of the mean).

設二函數 $f(x)$ 與 $\phi(x)$,於 (a, b) 內爲連續,而對於其內每值 $(a$ 與 b 可不在內) 有一紀數.

吾人可求三係數 A, B, C 使補助函數:

$$\psi(x) = A f(x) + B \phi(x) + C$$

對於 $x = a$ 與 $x = b$ 爲零.欲如此,必須且只須有

$$A f(a) + B \phi(a) + C = 0,$$
$$A f(b) + B \phi(b) + C = 0.$$

由此二式得

$$A[f(a) - f(b)] + B[\phi(a) - \phi(b)] = 0,$$

因上關係式僅確定 A, B, C 之比,吾可取

$$A = \phi(a) - \phi(b), \qquad B = f(b) - f(a).$$

並因之定 C 之值.

A, B, C 之值既若是確定,則 $\psi(x)$ 對於 $x = a$ 與 $x = b$ 爲零.又因 $f(x), \phi(x)$ 對於 x 於 a 與 b 間之各值有一紀數,則 $\psi(x)$ 當亦然,於是準前定理有 a 與 b 間之一數 c 使紀數

$$\psi'(x) = A f'(x) + B \phi'(x)$$

爲零,卽 $\quad [\phi(a) - \phi(b)] f'(c) + [f(a) - f(b)] \phi'(c) = 0.$

以 $\phi'(c)[\phi(a)-\phi(b)]$ 除式之兩端, 得

(1)
$$\frac{f(b)-f(a)}{\phi(b)-\phi(a)}=\frac{f'(c)}{\phi'(c)}.$$

設 $\phi(x)=x$. 則上式變爲

(2)
$$f(b)-f(a)=(b-a)f'(c).$$

而得中量定理:

若 $f(x)$ 爲一函數於 (a, b) 內連續而對於 x 在 a 與 b 間之每值有一唯一紀數則 a, b 有 x 之一值 c 使合於 (2) 式.

(2) 式稱爲增量公式, 亦名中值公式, 尚可寫作

$$f(x+h)-f(x)=hf'(x+\theta h). \qquad (0<\theta<1)$$

其幾何意義爲學者所熟知, 茲不述及.

(1) 式名廣義中值公式 (generalised law of the mean) 設 $f(a)=0$ 與 $\phi(a)=0$, 並易 b 爲 x, 則由 (1) 式立可推出阿比達氏定則 (Hospital's theorem):

$$\lim_{x\to a}\frac{f(x)}{\phi(x)}=\lim_{x\to a}\frac{f'(x)}{\phi'(x)}$$

里希慈氏條件 (Lipsichitz condition). 若於上所論, 更設紀數 $f'(x)$ 圍於 (a, b) 內, 即 $|f'(x)|<k$, 而 k 爲 >0 之常數, 則命 x_1, x_2 表 (a, b) 內之任意二數, 函數 $f(x)$ 合於不等式:

(3)
$$|f(x_2)-f(x_1)|<k|x_2-x_1|.$$

稱爲里氏條件

36 偏紀數 (Partial derivatives).

設二元函數 $z=f(x, y)$ 確定於一域 D 內;令二自變數中之一如 y 不變,則 z 成一唯一自變數 x 之函數,而可對此變數有紀數.若然,則吾人以 $f'_x(x, y)$ 表之.同理視 x 為常數 y 為變數,則 z 可對於 y 有一紀數,而吾等以 $f'_y(x, y)$ 表之. $f'_x(x, y)$ 與 $f'_y(x, y)$ 均稱為 $f(x, y)$ 之偏紀數.此等偏紀數仍為 x, y 之函數,亦可具有偏紀數,名為 $f(x, y)$ 之二級偏紀數,而由 $f''_{x^2}(x, y)$, $f''_{xy}(x, y)$, $f''_{xy}(x, y)$, $f''_{y^2}(x, y)$ 表之推之 $f(x, y)$ 之 $n-1$ 級偏紀數之偏紀數為 $f(x, y)$ 之 n 級偏紀數.更普通論之.設有多元函數 $U=f(x, y, z, \cdots\cdots t)$,其一 n 級紀數者,乃對於所含之數個變數,依照某次序連取 n 次偏紀數之結果也.吾往證所循次序無論若何,結果皆同,請先證

命 $z=f(x, y)$ 為二元函數,若其偏紀數 f''_{xy} 與 f''_{yx} 為連續函數則彼此相等.

證: 設

$$U=f(x+\Delta x, y+\Delta y)-f(x, y+\Delta y)-f(x+\Delta x, y)+f(x, y)$$

若命 y 為一變數而設

$$\phi(y)=f(x+\Delta x, y)-f(x, y)$$

則可書

$$U=\phi(y+\Delta y)-\phi(y)$$

準增量公式,得

$$U=\Delta y \phi'_y(y+\theta \Delta y), \qquad (0<\theta<1)$$

或以 ϕ'_y 之值代入

$$U = \Delta y [f'_y(x + \Delta x, y + \theta \Delta y) - f'_y(x, y + \theta \Delta y)].$$

再據增量公式變函數 $f'_y(u, y + \theta \Delta y)$, 得

$$U = \Delta x \, \Delta y f''_{yx}(x + \theta' \Delta x, \ y + \theta' \Delta). \qquad (0 < \theta' > 1).$$

按 $x, y, \Delta x, \Delta y$ 於 U 式內成均勢, 是交換 x, h 之作用尚可得

$$U = \Delta y \, \Delta x f'''_{xy}(x + \theta'_1 \Delta x, y + \theta_1 \Delta y),$$

其中 θ_1 及 θ'_1 爲小於 1 之正數: 然則

$$f''_{xy}(x + \theta'_1 \Delta x, y + \theta_1 \Delta y) = f''_{yx}(x = \theta' \Delta x; \ y + \theta \Delta y)$$

紀數 f''_{xy} 與 f''_{yx} 旣爲連續, 則使 $\Delta x, \Delta y$ 趨於零時, 上式之二端趨於 $f''_{xy}(x, y)$ 與 $f''_{yx}(x, y)$, 卽明所欲證.

察上所證明之理, 當函數於 x, y 外, 尚含有其他變數時亦合, 因他變數在此當視爲常數也.

今若偏紀數符號之足碼多於二, 吾謂可更換連續二數之位次而不變其結果, 譬如吾言:

$$f^{(5)}_{xyxxy} = f^{(5)}_{xxyxy}$$

蓋據上所證明之理, 設 $f'_x = \phi$, 則 $\phi''_{yx} = \phi''_{xy}$, 卽

$$f'''_{xyx} = f'''_{xxy},$$

再將此兩式兩端對於 x, y 依次取紀數卽得前式矣.

夫更換連續二數之位次若干回, 可令諸數有任何位次, 是一偏紀數之值, 與其符號諸足碼之位次無關, 而明所欲證, 於是吾人可改變偏紀數之符號, 使之但顯明對於每變數所取紀數之次數足矣. 例如三元函數 $U = f(x, y, z)$ 之 n 級偏紀數可由

$$f^{(n)}_x p_y q_z r(x,\ y,\ z). \qquad (p+q+r=n).$$

表之.

37　多元函數之增量公式.

　　設 二 元 函 數, $f(x, y)$; 試 寫 $f(x+h, y+k)-f(x,\ y)=[f(x+h,$ $y+k)-f(x, y+k)]+[f(x, y+k)-f(x, y)]$ 而 引 用 一 元 函 數 之 增 量 公 式, 則 得 關 於 二 元 函 數 之 一 增 量 公 式:

(7)　$f(x+h, y+k)-f(x, y)=hf'_x(x+\theta h, y+k)+kf'_y(x, y+\theta' k)$, θ 及 θ' 爲 小 於 一 之 正 數.

　　此 公 式 含 有 未 定 數 二 θ 與 θ', 吾 等 尙 可 得 一 公 式 僅 含 一 未 定 數. 設 補 助 函 數:

$$\phi(t)=f(x+ht, y+k)+f(x, y+kt)$$

顯 然 有

$$f(x+h, y+k)-f(x,y)=\phi(1)-\phi(0)=\phi'(\theta), \qquad (0<\theta<1)$$

卽

(8)　$f(x+h, y+k)-f(x, y)=hf'_x(x+\theta h, y+k)+kf'_y(x, y+\theta k).$

(7) 與 (8) 二 式 與 前 (2) 式 相 類, 且 顯 然 可 推 及 於 多 元 函 數.

　　若 f_x' 與 f_y' 爲 連 續, 則 公 式 尙 可 書 如

(9)　$f(x+h, y+k)-f(x, y)=h[f'_x(x, y)+\varepsilon]+k[f'_x(x, y)+\varepsilon']$. ε, ε, 隨 hk 趨 於 零.

　　<u>里 卜 希 慈 氏 條 件</u>. 設 一 函 數 $f(x, y)$ 在 由 $(x_0 \leqq x \leqq X, y_0 \leqq y \leqq Y)$ 條 件 確 定 之 域 D 內 爲 連 續, 幷 有 囿 於 域 內 之 偏 紀 數 f_x',

f'_y 設 於 D 內 任 何 點, $f'_x < H, f'_y < K,$ H 與 K 爲 二 正 數, 則 由 公 式 (7), (8) 得 不 等 式

$$|f(x_2, y_2) - f(x_1, y_1)| < H |x_2 - x_1| + K |y_2 - y_1|$$

與 前 (3) 式 相 似, (x_1, y_1) 與 $((x_2, y_2)$ 爲 D 內 任 意 二 點.

38. 曲 面 之 切 面 (Tangent plane to a surface).

命

$$(10) \qquad Z = F(x, y)$$

爲 一 曲 面 S 之 方 程 式; 設 函 數 F 於 x, y 平 面 上 一 點 (x_0, y_0) 爲 連 續, 并 有 連 續 偏 紀 數, 則 於 此 點, 有 Z 之 值 z_0 及 S 之 一 點 M_0 (x_0, y_0, z_0) 與 之 相 應, 今 取 在 S 面 上 經 過 M_0 點 之 曲 線 C 而 設

$$(11) \qquad x = f(t), \quad y = \phi(t), \quad z = \psi(t)$$

爲 其 方 程 式 論 之. $f(t), \phi(t)$ 及 $\psi(t)$ 爲 變 數 t 之 連 續 函 數, 若 t_0 爲 t 與 x_0, y_0, z_0 相 應 之 值, 則 曲 線 C 於 $M_0(x_0, y_0, z_0)$ 點 之 切 線 由 方 程 式

$$(12) \qquad \frac{X - x_0}{f'(t_0)} = \frac{Y - y_0}{\phi'(t_0)} = \frac{Z - z_0}{\psi'(t_0)}$$

表 之.

按 C 線 旣 在 S 面 上, 當 有

$$\psi(t) = F[f(t), \phi(t)],$$

而 無 論 t 若 何 皆 然; 是 此 式 兩 端 相 恆 等, 準 湊 合 函 數 (composite function) 求 紀 數 公 式 以 求 紀, 並 令 $t = t_0$ 則 得

$$(13) \qquad \psi'(t_0) = f'(t_0) F'x_0 + \phi'(t_0) F'y_0.$$

由 (12) 與 (13) 二 式 消 去 $f'(t_0)$, $\phi'(t_0)$, $\psi'(t_0)$ 則 有

(14) $$Z - Z_0 = (x - x_0)F'x_0 + (Y - y_0)F'y_0.$$

此 方 程 式 表 一 平 面, 乃 曲 面 上 過 M_0 點 諸 曲 線 於 是 點 之 切 線 軌 跡, 名 曰 曲 面 於 M_0 點 之 切 面.

II. 微 分

微 分 符 號 創 自 萊 伯 尼 慈 氏 (Leibniz) 於 分 析 上 雖 非 必 要, 但 在 公 式 中, 每 有 對 稱 性 與 普 遍 性, 爲 用 稱 簡 便 焉.

39. 微 分 (Differentials).

微 分 乃 就 無 窮 小 (infinitesimal) 立 論, 無 窮 小 者, 變 數 之 以 零 爲 限 者 也. 於 一 問 題 中, 每 有 數 個 無 窮 小, 吾 等 擇 其 一 數 以 爲 比 較 標 準, 名 曰 主 無 窮 小 (principal infinitesimal), 設 α 與 β 爲 二 無 窮 小 而 取 α 爲 主 論 之, 若 於 $\alpha \to 0$ 時 $\frac{\beta}{\alpha} \to 0$, 則 β 稱 爲 對 於 α 之 高 級 無 窮 小 (infinitesimal of higher order). 若 $\frac{\beta}{\alpha}$ 於 $\alpha \to 0$ 有 一 定 限 k, 則 β 稱 爲 對 於 α 之 初 級 無 窮 小 (infinitesimal of first order). 在 此

$$\frac{\beta}{\alpha} = k + \varepsilon$$

ε 亦 爲 一 無 窮 小, 由 是 有

$$\beta = \alpha(k + \varepsilon) = k\alpha + \alpha\varepsilon$$

$k \alpha$ 稱爲 β 之主值 (principal part). 致 $\alpha\varepsilon$ 對 α 爲一高級無窮小.
普通若於 $\alpha\to0$ 時, $\dfrac{\beta}{\alpha^n}\to k\neq0$, 則 β 爲對於 α 之 n 級無窮小, 而

$$\frac{\beta}{\alpha^n} = k + \varepsilon$$

$$\beta = k\alpha^n + \alpha^n\varepsilon$$

$k\alpha^n$ 爲 β 之主值.

斯義明, 設 $y = f(x)$ 爲連續且有紀數之函數; 今與 x 以一增
量 Δx, 而命 Δy 爲 y 相應之增量, 則按紀數定義有

$$\frac{\Delta y}{\Delta x} = f'(x) + \varepsilon.$$

ε 與 Δx 同時趨於零. 若視 Δx 爲主無窮小, 則 Δy 亦一無窮小, 其
主值爲 $f'(x)\Delta x$ (自然設須 $f'(x)\neq0$). 吾等稱此量爲 y 之微分, 而
以 dy 表之:

$$dy = f'(x)\Delta x$$

若 $f(x) = x$, 則此式變爲 $dx = \Delta x$, 卽自變數之微分等於其
增量. 吾等於是寫

$$dy = f'(x)dx.$$

由此可見 Δy 與 dx 除對於使 $f'(x)$ 爲零或無窮之 x 數值
外, 恆爲同級無窮小. 譬以極位標確定之曲線方程式 $\rho = f(\theta)$
論之, $\Delta\rho$ 與 $d\theta$ 通常爲同級無窮小.

就幾何言, 微分之意義若下: 於 $y = f(x)$ 圖線上, 取經標爲
x 與 $x+dx$ 之兩點 M 與 M' (見圖5), 在 MTN 三角形內有

$$NT = MN \tan N\hat{M}T = dx \cdot f'(x)$$

48

是微分 dy 由 NT 表之,而 Δy 則等於 NM' 因 dy 爲 Δy 之主值,其差 $\Delta y - dy$ 即 TM' 爲對於 dy 亦即對於 dx 之高級無窮小.

今論高級微分,視增量 dx 爲定量,以求初級微分 dy 之微分,並設此次所與 x 之增量仍與初次者等,則所得結果名爲 y 之二級微分 (differential of second order), 而由 d^2y 表之:

$$d^2y = d(dy) = [f''(x)dx]dx = f''(x)d^2x$$

再視 dx 爲定量並與 x 以增量 dx (與前者相等) 而求 d^2y 之微分, 則得三級微分

$$d^3y = (d^2y) = [f''(x)dx^2]dx = f_{(x)}'''dx^3;$$

如是推之, n 級微分乃 $n-1$ 級微分之微分, 而有下式

$$d^ny = f^{(n)}(x)dx^n.$$

注意. 於上見微分由紀數而定,反之,紀數亦可用微分顯之如次:

$$y' = \frac{dy}{dx}, \qquad y'' = \frac{d^2y}{dx^2}, \cdots\cdots, \qquad y^{(n)} = \frac{d^ny}{dx^n}$$

關於求紀數之每規律,均有求微分之一規律與之相應,但微分式每較簡於紀數式,如就一函數之函數論之. 設 $y = f(u)$ 而 $u = \phi(x)$, 吾等有

$$y'_x = f'(u)\phi'(x),$$

以 dx 乘兩端得

$$y'_x dx = f'(u)\phi'(x)dx,$$

$$dy = f'(u)du,$$

此公式與 u 爲自變數時之公式無異. 若用紀數符號則判爲二式,如

$$y'_x = f'(x) \quad 與 \quad y'_x = f'(u)u'_x.$$

再取一湊合函數 $y = f(u, v, w)$ 論之,吾人有

$$y'_x = u'_x f'_u + v'_x f'_v + w'_x f'_w.$$

以 dx 乘兩端得

$$y'_x dx = u'_x dx f'_u + v'_x dx f'_v + v'_x d_x f'_w$$

$$dy = f'_u du + f'_v dv + f'_w dw$$

即如

$$d(uv) = u dv + v du$$

$$d\left(\frac{u}{v}\right) = \frac{v du - u dv}{v^2}$$

此等公式仍與 u, v, w 爲自變數時者同,但對於高級微分則不然,設以函數之函數:

$y = f(u)$ 論之. 已知

$$dy = f'(u)du,$$

今欲求 $d^2 y$ 須注意 du 不應視爲定量,因 u 非自變數也. 然則須視 $f'(u)du$ 爲一湊合函數,其中 u 及 du 爲其中間函數,於是

$$d^2 y = f''(u)du^2 + f'(u)d^2 u.$$

欲求 $d^3 y$ 則須視 $d^2 y$ 爲 $u, du, d^2 u$ 三中間函數之湊合函數,若是得

$$d^3 y = f'''(u)du^3 + 3 f''(du)du\, d^2 u + f'(u)d^3 u.$$

如是類推. 因有含 $d^2 u, d^3 u \cdots\cdots$ 等量之項 $d^2 y, d^3 y \cdots\cdots$ 微分式與 u 爲自變數時異.

多元函數之偏紀數,萊氏(Leibniz)亦以相似之符號表之,如 $f(x, y, z)$ 之 n 級偏紀數,書作

$$\frac{\partial^n f}{\partial_x{}^p \partial_y{}^q \partial_z{}^r}, \qquad (p+q+r=n)$$

但此乃為一記號耳,非如關於單元函數之 $\dfrac{dy}{dx}, \dfrac{d^2y}{dx^2}, \cdots\cdots$ 均為一分數也.

40. 全微分 (Total differentials).

就三元函數 $U=f(x, y, z)$ 論之,設其具有連續之初級偏紀數.若與三自變數以增量 dx, dy, dz,則 U 相應之增量 ΔU 由下式定之

$$\Delta U = (f'_x+\varepsilon)dx + (f'_y+\varepsilon')dy + (f'_z+\varepsilon'')dz.$$

$\varepsilon, \varepsilon', \varepsilon''$, 與 dx, dy, dz 同時趨於零.

於此式中略去 $\varepsilon, \varepsilon', \varepsilon''$, 所得之結果,是為 U 之 <u>全微分</u> 而以 dU 表之

$$dU = f_x' dx + f_y' dy + f_z' dz$$

或
$$dU = \frac{\partial f}{\partial x} dx + \frac{\partial f}{\partial y} dy + \frac{\partial f}{\partial z} dz$$

積數 $\dfrac{\partial f}{\partial x} dx, \dfrac{\partial f}{\partial y} dy, \dfrac{\partial f}{\partial z} dz$, 稱為 U 之偏微分 (partial differentials).

於初級全微分,視增量 dx, dy, dz 為定量,而求其全微分,則得二級全微分,所取新增量與舊者同,按定義

$$d^2 U = d(dU) = \frac{\partial\, dU}{\partial x} dx + \frac{\partial\, dU}{\partial y} dy + \frac{\partial\, dU}{\partial z} dz;$$

展之
$$d^2U = \left(\frac{\partial^2 f}{\partial x^2}dx + \frac{\partial^2 f}{\partial x \partial y}dy + \frac{\partial^2 f}{\partial x \partial z}dz\right)dx$$

$$+ \left(\frac{\partial^2 f}{\partial x \partial y}dx + \frac{\partial^2 f}{\partial y^2}dy + \frac{\partial^2 f}{\partial y \partial z}dz\right)dy$$

$$+ \left(\frac{\partial^2 f}{\partial x \partial z}dx + \frac{\partial^2 f}{\partial y \partial z}dy + \frac{\partial^2 f}{\partial z^2}dz\right)dz$$

$$= \frac{\partial^2 f}{\partial x^2}dx^2 + \frac{\partial^2 f}{\partial y^2}dy^2 + \frac{\partial^2 f}{\partial z^2}dz^2$$

$$+ 2\frac{\partial^2 f}{\partial x \partial y}dx\,dy + 2\frac{\partial^2 f}{\partial x \partial z}dx\,dz + 2\frac{\partial^2 f}{\partial y \partial z}dy\,dz.$$

若於式中易 $\partial^2 f$ 爲 ∂f^2 則右端變爲

$$\frac{\partial f}{\partial x}dx + \frac{\partial f}{\partial y}dy + \frac{\partial f}{\partial z}dz$$

之平方之展式. 吾等以

$$d^2U = \left(\frac{\partial f}{\partial x}dx + \frac{\partial f}{\partial y}dy + \frac{\partial f}{\partial z}dz\right)^{(2)},$$

符號記之, 右端開展後, 當易 ∂f^2 爲 $\partial^2 f$.

二級全微分之全微分爲三級全微分, 推之 $(n-1)$ 級全微分之全微分爲 n 級全微分, 吾謂

$$d^nU = \left(\frac{\partial f}{\partial x}dx + \frac{\partial f}{\partial y}dy + \frac{\partial f}{\partial z}dz\right)^{(n)};$$

卽言視此式右端爲括弧所包之量之 n 次方而展開, 並易 ∂f^n 爲 $\partial^n f$ 便得 d^nU 之值. 此規律對於初級二級全微分已合, 只須假定其對於 n 級者合, 而求證對於 $n+1$ 級者亦合卽可. 按假定

$$d^n U = \Sigma A_{p,\,q,\,r} \frac{\partial^n f}{\partial x^p \partial y^q \partial z^r} dx^p dy^q dz^r,$$

其中 $p+q+r=n$, 係 $\therefore A_{p,\,q,\,r}$ 與 $(a+b+c)^n$ 之展式中 $a^p b^q c^r$ 者同,

即 $\qquad A_{p,\,q,\,r} = \dfrac{1\cdot 2\cdots\cdots n}{1\cdot 2\cdots\cdots p\cdot 1\cdot 2\cdots\cdots q\cdot 1\cdot 2\cdots\cdots q} = \dfrac{n!}{p!\,q!\,r!}$

就上式求全微分有

$$d^{n+1} U = d(d^n U) = \Sigma A_{p,\,q,\,r}\left[\frac{\partial^{n+1} f}{\partial x^{p+1}\partial y^q \partial z^r} dx^{p+1} dy^q dz^r.\right.$$

$$\left. + \frac{\partial^{n+1} f}{\partial x^p \partial y^{q+1}\partial z^r} dx^p dy^{q+1} dz^r + \frac{\partial^{n+1} f}{\partial x^p \partial y^q \partial z^{r+1}} dx^p dy^q dz^{n+1}\right];$$

今若易 $\partial^{n+1} f$ 為 ∂f^{n+1}, 則此式右端可書知

$$\Sigma A_{pqr}\frac{\partial f^n}{\partial x^p \partial y^q \partial z^r} dx^p dy^q dz^r\left(\frac{\partial f}{\partial x}dx + \frac{\partial f}{\partial y}dy + \frac{\partial f}{\partial z}dz\right),$$

或 $\qquad \left(\dfrac{\partial f}{\partial x}dx + \dfrac{\partial f}{\partial y}dy + \dfrac{\partial f}{\partial z}dy\right)^{(n)}\left(\dfrac{\partial f}{\partial x}dx + \dfrac{\partial f}{\partial y}dy + \dfrac{\partial f}{\partial z}dz\right).$

然則 $\qquad d^{n+1} U = \left(\dfrac{\partial f}{\partial x}dx + \dfrac{\partial f}{\partial y}dy + \dfrac{\partial f}{\partial z}dx\right)^{(n+1)},$

明所欲證.

注意. 一設任由一法得

(15) $\qquad\qquad dU = P\,dx + Q\,dy + R\,dz,$

P,Q,R 為 x,y,z 之函數, 按全微分定義有

$$dU = \frac{\partial U}{\partial x}dx + \frac{\partial U}{\partial y}dy + \frac{\partial U}{\partial z}dz.$$

由此二式得

$$\left(\frac{\partial U}{\partial x} - P\right)dx + \left(\frac{dU}{\partial y} - Q\right)dy + \left(\frac{\partial U}{\partial z} - R\right)dz = 0.$$

因 $dx, dy, dz,$ 爲任意之量, 應有

(16)
$$\frac{\partial U}{\partial x} = P, \; \frac{\partial U}{\partial y} = Q, \; \frac{\partial U}{\partial z} = R,$$

是(15)式與(13)三式相當, 而由此式同時得 U 之一切初級偏微分.

推論之, 設任由何法得

$$d^n U = \Sigma C_{p, \, q, \, r} dx^p dy^q dz^r$$

則係數 $C_{p, \, q, \, r}$ 等於 U 之 n 級偏紀數與一數字係數之乘積.

41.　湊合函數之微分　(Differentials of composite functions)

設 $U = F(u, v, w)$ 爲 u, v, w 之函數, 而 u, v, w 又爲 $x, y,$ 等自變數之函數, 取 U 之初級偏紀數, 有

$$\frac{\partial U}{\partial x} = \frac{\partial F}{\partial u} \frac{\partial u}{\partial x} + \frac{\partial F}{\partial v} \frac{\partial v}{\partial x} + \frac{\partial F}{\partial w} \frac{\partial w}{\partial x},$$

$$\frac{\partial U}{\partial y} = \frac{\partial F}{\partial u} \frac{\partial u}{\partial y} + \frac{\partial F}{\partial v} \frac{\partial v}{\partial y} + \frac{\partial F}{\partial w} \frac{\partial w}{\partial y},$$

以 $dx, dy,$ 依次乘此二式而加之, 則於左端得 dU, 而於右端見 $\frac{\partial F}{\partial u}, \frac{\partial F}{\partial v}, \frac{\partial F}{\partial w}$ 之係數順序等於 $du, dv, dw,$ 然則得

(17)
$$dU = \frac{\partial F}{\partial u} du + \frac{\partial F}{\partial v} dv + \frac{\partial F}{\partial w} dw$$

如是 $U = F(u, v, w)$ 之初級全微分於 u, v, w 爲他自變數之函數時, 與於其爲自變數時無異. 當 u, v, w 爲中間函數時, 無論自變數爲何, 爲若干, (17)式之形均不改, 倘自變數爲 m 個, 則此一式與 m 個紀數式相當, 是微分符號之單簡便利也.

據適所得之規則,可求 d^2U 但須注意(17)式右端含有六個中間函數 $u, v. w, du, dv, dw.$ 若是得

$$d^2 U = \frac{\partial^2 F}{\partial u^2}du^2 + \frac{\partial^2 F}{\partial u \partial v}du\, dv + \frac{\partial^2 F}{\partial u \partial w}du\, dw + \frac{\partial F}{\partial u}d^2 u$$

$$+ \frac{\partial^2 F}{\partial u \partial v}du\, dv + \frac{\partial^2 F}{\partial v^2}dv^2 + \frac{\partial^2 F}{\partial v \partial w}dv\, dw + \frac{\partial F}{\partial v}d^2 v$$

$$+ \frac{\partial^2 F}{\partial u \partial w}du\, dw + \frac{\partial^2 F}{\partial v \partial w}dv\, dw + \frac{\partial^2 F}{\partial w^2}d^2 w + \frac{\partial F}{\partial w}d^2 w,$$

約之可以前所見之符號記如下

$$d^2 U = \left(\frac{\partial F}{\partial u}du + \frac{\partial F}{\partial v}dv + \frac{\partial F}{\partial w}dw\right)^{(2)} + \frac{\partial F}{\partial u}d^2 u + \frac{\partial F}{\partial v}d^2 v + \frac{\partial F}{\partial w}d^2 w.$$

此公式較繁於 $u, v, w.$ 爲自變數時者. 蓋於彼 d^2u, d^2v, d^2w 爲零也.

同法由 d^2U 得 d^3U 而 d^2U 含有中間函數九;如是以往,全微分之式漸演漸繁. 普通 d^nU 爲 $du, dv, dw, d^2u, \cdots\cdots, d^nu, d^nv, d^nw$ 之一整函數而含 $d^nu, d^nv, d^nw.$ 之項爲

$$\frac{\partial F}{\partial u}d^nu + \frac{\partial F}{\partial v}d^nv + \frac{\partial F}{\partial w}d^nw$$

若於 d^nU 內代 $u, v, w, du, dv, dw, \cdots\cdots$ 以其對於自變之值,則得 $dx, dy,$ 之一多項式,其係數等於 U 之 n 級偏紀數與一數字之乘積,於是同時得 U 之 n 級諸偏紀數.

例如設湊合函數 $v = f(u),$ 其 $u = \phi(x, y);$ 試求 v 之一級與二級偏紀數;如直接求之,則先有

(18) $$\frac{\partial v}{\partial x} = \frac{\partial v}{\partial u}\frac{\partial u}{\partial x}, \quad \frac{\partial v}{\partial y} = \frac{\partial v}{\partial u}\frac{\partial u}{\partial y};$$

繼有

$$(19) \begin{cases} \dfrac{\partial^2 v}{\partial x^2} = \dfrac{\partial^2 v}{\partial u^2}\left(\dfrac{\partial u}{\partial x}\right)^2 + \dfrac{\partial v}{\partial u}\dfrac{\partial^2 u}{\partial x^2} \\[2mm] \dfrac{\partial^2 v}{\partial x \partial y} = \dfrac{\partial^2 v}{\partial u^2}\dfrac{\partial u}{\partial x}\dfrac{\partial u}{\partial y} + \dfrac{\partial v}{\partial u}\dfrac{\partial^2 u}{\partial x \partial y} \\[2mm] \dfrac{\partial^2 v}{\partial y^2} = \dfrac{\partial^2 v}{\partial u^2}\left(\dfrac{\partial u}{\partial y}\right)^2 + \dfrac{\partial v}{\partial u}\dfrac{\partial^2 u}{\partial y^2} \end{cases}$$

今 如代以全微分, 則 (18), (19) 五式可由次二式代之:

$$(20) \begin{cases} dv = \dfrac{\partial v}{\partial u} du \\[2mm] d^2 v = \dfrac{\partial^2 v}{\partial u^2} du^2 + \dfrac{\partial v}{\partial u} d^2 u \end{cases}$$

若代 du 以 $\dfrac{\partial u}{\partial x} dx + \dfrac{du}{\partial y} dy$, 並代 $d^2 u$ 以 $\dfrac{\partial^2 u}{\partial x^2} dx^2 + 2\dfrac{\partial^2 u}{\partial x \partial y} dx\, dy + \dfrac{\partial^2 u}{\partial y^2} dy^2$

於此二式內, 則第一式中 $dx^2, 2dx\, dy, dy^2$ 之係數即爲 v 之二級偏紀數矣.

42. 乘積之 n 級微分; 萊氏公式 (Leibniz's formula)

湊合函數之 n 級全微分, 其公式有時變簡, 例如 $U = uv$ 是吾等有

$$dU = v\, du + u\, dv, \quad d^2 U = v\, d^2 u + 2\, du\, dv + u\, d^2 v, \cdots\cdots$$

觀此等微分產生之規律, 普通顯有

$$d^n U = v d^n u + C_1\, dv\, d^{n+1} u + C_2 d^2 v d^{n-2} u + \cdots\cdots + u\, d^n v$$

$C_1, C_2, \cdots\cdots$ 爲正整數, 吾等不難逐漸證明諸係數與 $(a+b)^n$ 展式之係數同. 但簡妙莫如次法: 試注意 $C_1, C_2, \cdots\cdots, C_p, \cdots\cdots,$ 無

論 u, v 函數爲何皆同, 吾等可取 $u = e^x$, $v = e^y$ 其 x, y 爲二自變數. 於是有

$$U = e^{x+y}, \quad dU = e^{x+y}(dx + dy), \cdots, \quad d^nU = e^{x+y}(dx + dy)^n$$

$$du = e^x dx, \quad d^2u = e^x dx^2, \cdots\cdots, \quad d^nu = e^x dx^n,$$

$$dv = e^y dy, \quad d^2v = e^y dy^2, \cdots\cdots, \quad d^nv = e^x dy^n$$

以此諸值代入上列之普通公式, 而以 e^{x+y} 除之, 得

$$(dx + dy)^n = dx^n + C_1 dy\, dx^{n-1} + C_2\, dy^2\, dx^{n-2} + \cdots\cdots + dy^n.$$

因 dx 與 dy 爲任意之量, 當有

$$C_1 = \frac{n}{1}, \quad C_2 = \frac{n(n-1)}{1\cdot 2}, \cdots\cdots, \quad C_p = \frac{n(n-1)\cdots\cdots(n-p+1)}{1\cdot 2\cdots\cdots p}, \cdots\cdots$$

故

(21) $\quad d^n(uv) = v d^n u + \dfrac{n}{1} dv d^{n-1} u + \dfrac{n(n-1)}{1\cdot 2} d^2 v d^{n-2} u + \cdots\cdots + u d^n v$

是爲萊氏公式, 可以簡單符號書如

$$d^n(uv) = (du + dv)^{(n)}.$$

此公式無論有若干自變數皆合. 若 u, v 同爲一自變數 x 之函數, 則以 dx^n 除兩端, 卽得乘積 uv 之 n 級紀數.

推之, 設 m 個函數 $u, v\cdots\cdots s$ 之乘積 $U = uv\cdots\cdots ws$. 吾謂

$$d^n U = d^n(uv\cdots\cdots ws) = (du + dv + \cdots\cdots + dw + ds)^{(n)}.$$

卽言視右端爲一 n 次乘冪展開而易 du^k, dv^k, $\cdots\cdots$ 等爲 $d^k u$, $d^k v$, $\cdots\cdots$ 並以 $u, v\cdots\cdots$ 等代 du^0, dv^0, $\cdots\cdots$ 卽得 $d^n U$ 也.

公式於兩個因數之積已眞確. 假定其於 $m-1$ 個因數之積眞確而求證其於 m 個因數之積亦眞確. 命 $V = uv\cdots\cdots w$ 有

$$d^n U = d^n(uv \cdots ws) = d^n(Vs) = (dV + ds)^{(n)}$$

其展式之任一項爲 $C_k dV^k ds^{n-k}$ 而得 $d^n U$ 之一項爲 $C_k d^k V d^{n-k} s$ 按假設

$$d^k V = (du + dv + \cdots + dw)^{(k)}$$

此項可書作

$$C_k(du + dv + \cdots + dw)^{(k)} ds^{n-k},$$

舉各項加之卽得

(22) $$d^n U = (du + dv + \cdots + dw + ds)^{(n)}$$

例求 $y = (x-a)^n(x-b)^n$ 之 n 級紀數,準萊氏公式立得

$$y^{(n)} = n! \left[(x-a)^n + (C'_n)^2(x-a)^{n-1}(x-b) + (C_n^2)^2(x-a)^{n-2}(x-b)^2 \right.$$
$$\left. + \cdots + (C_n^p)^2(x-a)^{n-p}(x-b)^p + \cdots + (C_n^p)^2(x-b)^n \right]$$

若設 $a = b$, 則

$$y^{(n)} = n!(x-a)^n \left[1 + (C_n')^2 + (C_n^2)^2 + \cdots + (C_n^n)^2 \right]$$

但在此 $y = (x-a)^{2n}$ 其 n 級紀數可直接求出如:

$$y^{(n)} = 2n(2n-1) \cdots (n+1)(x-a)^n.$$

比較兩結果,則得有趣之關係:

$$1 + (C'_n)^2 + (C_n^2)^2 + \cdots + (C_n^n)^2 = \frac{2n(2n-1) \cdots (n-1)}{n!}.$$

若於 $U = F(u, v, w)$ 內 u, v, w 爲自變數 x, y, z 之一次整函數, 則 $d^n U$ 之公式亦變簡, 設

$$u = ax + by + cz + h$$
$$v = a'x + b'y + c'z + h'$$
$$w = a''x + b''y + c''z + h''$$

$a, a', a'', b, b', \cdots\cdots$ 爲常數有

$$du = adx + bdy + cdz$$

$$dv = a'dx + b'dy + c'dz$$

$$dw = a''dx + b''dy + c''dz$$

而 $n > 1$ 之各微分 $d^n u, d^n v, d^n w$ 皆爲零. 是則 $d^n U$ 之公式與 $u, v,$ w 爲自變數時之公式同, 即

$$d^n U = \left(\frac{\partial F}{\partial u} du + \frac{\partial F}{\partial v} dv + \frac{\partial F}{\partial w} dw\right)^{(n)}.$$

43. 齊函數 (Homogeneous functions).

凡合於關係:

$$\phi(tx, ty, tz) = t^m \phi(x, y, z)$$

之函數 $\phi(x, y, z)$ 曰 x, y, z 之 m 次齊函數.

暫設 x, y, z 有定值而 t 爲變數, 則命 $u = tx, v = ty, w = tz$, 可書上式如

$$\phi(u, v, w) = t^m \phi(x, y, z)$$

試取兩端之 n 級微分, 察 u, v, w 爲 t 之一次整函數, 並

$$du = x\, dt, \quad dv = y\, dt, \quad dw = z\, dt,$$

是據上節所論有

$$\left(x\frac{\partial \phi}{\partial u} + y\frac{\partial \phi}{\partial v} + z\frac{\partial \phi}{\partial w}\right)^{(n)} = m(m-1)\cdots\cdots(m-n+1)t^{m-n}\phi(x, y, z)$$

今若命 $t = 1$, 則 u, v, w 變爲 x, y, z, 而此式左端展式之任一項

$$A_{p,\,q,\,r}\frac{\partial^n \phi}{\partial u^p \partial v^q \partial w^r} x^r y^q z^r$$

變爲
$$A_{p,\,q,\,r}\frac{\partial^n\phi}{\partial x^p\partial y^q\partial z^r}x^py^qz^r.$$

然則有

(23) $$\left(x\frac{\partial\phi}{\partial x}+y\frac{\partial\phi}{\partial y}+z\frac{\partial\phi}{\partial z}\right)^{(n)}=m(m-1)\cdots\cdots(m-n+1)\phi(x,\,y,\,z)$$

設若 $n=1$, 則得尤拉氏公式:

(24) $$m\phi(x,\,y,\,z)=x\frac{\partial\phi}{\partial x}+y\frac{\partial\phi}{\partial y}+z\frac{\partial\phi}{\partial z}.$$

偏微分之簡單符號. 表示偏微分之符號於上凡見三種.拉氏 (Lagrange) 符號,萊氏 (Leibiniz) 符號及歌氏 (Cauchy)符號.但有時三者均嫌過繁,而代以較簡者.孟氏 (Monge) 對於二元函數之偏紀數符號最爲通用,因舉於下:

$$p=\frac{\partial z}{\partial x},\quad q=\frac{\partial z}{\partial y},\quad r=\frac{\partial^2 z}{\partial x^2},\quad s=\frac{\partial^2 z}{\partial x\,\partial y},\quad t=\frac{\partial^2 z}{\partial y^2}.$$

III.　由級數確定之函數

44. 確定新函數之一法.

設 $f(x,\,n)$ 爲變數 x 之函數,確定於 $(a,\,b)$ 間,而繫有正整數 n.今設 x 爲 $(a,\,b)$ 間任一值;若 $f(x,\,n)$ 之值當 $n\to\infty$ 時趨於一限,則此限亦爲 x 之一函數 $F(x)$, 而

$$F(x)=\lim_{n\to\infty}f(x,\,n),$$

或簡寫爲 $F(x)=\lim f(x,\,n).$

此函數 $F(x)$ 亦可由次級數

$$f(x, 1) + [f(x, 2) - f(x, 1)] + \cdots\cdots + [f(x, n) - f(x, n-1)] + \cdots\cdots 之$$

和定之, 因其前 n 項之和顯然等於 $f(x, n)$ 也. 反之, 設有級數

(25) $$u_0(x) + u_1(x) + \cdots\cdots + u_n(x) + \cdots\cdots$$

其各項爲 x 之函數, 而對於 (a, b) 間之 x 各值收斂, 則其和 $S(x)$

乃其前 n 項之和於 $n \to \infty$ 時之限, 然則由一函數之限定一函

數, 與由一收斂級數之和定一函數, 其理一也.

有極宜注意者: $f(x, n)$ 可無論 x 爲何, 恆爲 n 之連續函數,

但其限未必因之爲連續函數, 亦即言一收斂級數各項皆爲

x 之連續函數, 其和未必爲一連續函數. 例如

(26) $$f(x, n) = x^n, \qquad 0 \le x \le 1.$$

此函數於 $(0, 1)$ 內無論 n 若何恆連續, 若 $x < 1$ 則 $\lim\limits_{n \to \infty} x^n = 0$ 而

於 $x = 1$ 則有 $\lim\limits_{n \to \infty} x^n = 1$. 可知於 $(0, 1)$ 內收斂之級數

(27) $$x + x(x-1) + \cdots\cdots x^n(x-1) + \cdots\cdots$$

其和於 $x = 1$ 爲間斷的. 又如

(28) $$f(x, n) = \frac{1 - x^n}{1 + x^n}, \qquad x \ge 0$$

若 $x < 1$, 其限等於 $+1$, 而於 $x > 1$, 則等於 -1, 又於 $x = 1$ 則爲

零. 然則歛級數

(29) $$F(x) = \frac{1-x}{1+x} + \left(\frac{1-x^2}{1+x^2} - \frac{1-x}{1+x}\right) + \cdots\cdots + \left(\frac{1-x^n}{1+x^n} - \frac{1-x^{n-1}}{1+x^{n-1}}\right) + \cdots\cdots$$

之和於 $x = 1$ 不爲連續, 而有

$$F(1+0) = -1, \quad F(1-0) = 1, \quad F(1) = 0$$

45. 一 致 收 歛 性 (Uniform convergence).

設 $f(x, n)$ 確 定 於 (a, b) 內, 當 $n \to \infty$ 時 趨 於 一 限 $F(x)$. 若 於 每 正 數 ε, 能 應 以 一 整 數 N, 使 $n \geqq N$ 不 等 式 牽 涉

$$| F(x) - f(x, n) | < \varepsilon$$

不 等 式, 而 此 不 等 式 對 於 x 在 (a, b) 間 之 各 值 皆 合, 則 吾 等 謂 $f(x, n)$ 一 致 趨 於 $F(x)$, 或 一 致 歛 於 $F(x)$.

就 級 數 論, 則 此 定 義 之 意 義 如 次: 設

(30) $$F(x) = u_0(x) + u_1(x) + \cdots\cdots + u_n(x) + \cdots\cdots$$

對 於 (a, b) 內 之 各 x 數 值 爲 收 歛; 命 s_n 爲 其 前 $n+1$ 項 之 和, 並 $R_n(x)$ 爲 其 餘 項 之 和

$$R_n(x) = u_{n+1}(x) + u_{n+2}(x) + \cdots\cdots,$$

謂 級 數 (25) 在 (a, b) 隔 間 內 爲 一 致 收 斂 者. 乃 於 每 正 數 ε, 能 應 以 一 整 數 N, 使 不 等 式 $n \geqq N$ 涉 及 不 等 式 $| R_n(x) | < \varepsilon$, 而 無 論 x 在 (a, b) 內 之 數 值 爲 何 皆 然 也.

於 此 定 義 有 當 注 意 者: 凡 與 ε 相 應 之 數 N, 對 於 x 在 (a, b) 內 之 諸 x 值 當 相 同, 爲 至 要 之 條 件. 蓋 對 於 隔 間 中 之 每 值, 自 可 得 一 整 數 N, 使 $n \geqq N$ 牽 涉 $| R_n(x) | < \varepsilon$. 若 就 (a, b) 內 一 切 之 x 值 言, 則 條 件 恆 能 滿 足 否? 不 可 預 知 矣. 欲 明 此 情 形 之 不 必 然, 試 舉 級 數 (27) 爲 例. 設 爲 $0 \leqq x < 1$ 察 $| R_n(x) | = x^n$ 欲 此 級 數 一 致 收 斂, 須 有 一 整 數 N, 使 對 於 不 等 式

$$0 \leqq x < 1, \quad n \geqq N,$$

規 定 之 各 x 及 n 數 值, 有 不 等 式 $x^n < \varepsilon$, 特 別 言 之, 應 有 $x^n < \varepsilon$,

因之應有 $x < \varepsilon^{\frac{1}{n}}$. 若設 $\varepsilon < 1$, 則無論 N 若何大, 恆有數介於 $\varepsilon^{\frac{1}{n}}$ 與 1 之間可為 x 之值. 如是, 上之條件終不滿足. 再以

$$f(x, n) = n\, x e^{-nx^2}$$

論之. 此式於 $n \to \infty$ 時之限為 $F(x)$. 吾謂 $f(x, n)$ 式在凡含有 $x = 0$ 數值之隔間 (a, b) 內, 不能一致歛於其限. 誠然, 例取 $(0, 1)$ 為隔間, 對於 $x = \dfrac{1}{n}$, 則 $f(x, n)$ 變於 $e^{-\frac{1}{n}}$. 若設 $\varepsilon < e^{-1}$, 則此式不能小於 ε.

定理. **凡各項為 x 在 (a, b) 內之連續函數之級數, 若在是間一致收歛, 則其限亦為 x 之連續函數.**

證: 命 x_0 為 a 與 b 間之一數, 並 $x_0 + h$ 為其相鄰之數, 亦在 (a, b) 內; 取一大數 n, 使對於隔間中諸 x 數值有

$$|R_n(x)| < \frac{\varepsilon}{3},$$

其中

$$R_n(x) = u_{n+1}(x) + u_{n+2}(x) + \cdots\cdots,$$

而 ε 為任與之一正數, 可小至所欲, 今以 $f(x)$ 表級數之和, 並 $\phi(x)$ 表其前 $n+1$ 項之和, 則

$$f(x) = \phi(x) + R_n(x).$$

由等式:

$$f(x_0) = \phi(x_0) + R_n(x_0),$$

$$f(x_0 + h) = \phi(x_0 + h) + R_n(x_0 + h)$$

相減得

$$f(x_0 + h) - f(x_0) = [\phi(x_0 + h) - \phi(x_0)] + R_n(x_0 + h) - R_n(x_0).$$

夫 n 之值如上規定, 有

$$|R_n(x_0)|<\frac{\varepsilon}{3}, \ |R_n(x_0+h)|<\frac{\varepsilon}{3},$$

又級數諸項既爲 x 之連續函數,則 $\phi(x)$ 亦然,而吾等可求一數 η 使 $|h|<\eta$ 牽涉

$$|\phi(x_0+h)-\phi(x_0)|<\frac{\varepsilon}{3},$$

然則 $\qquad\qquad |f(x_0+h)-f(x_0)|<3\frac{\varepsilon}{3}<\varepsilon.$

即明 $f(x)$ 於 $x=x_0$ 爲連續也.

注意. I. 欲知一級數是否在其隔間內爲一致收斂,似爲困難問題,但據下述定理,往往可以解決之.設有級數

(31) $\qquad\qquad u_0(x)+u_1(x)+\cdots\cdots+u_n(x)+\cdots\cdots,$

其各項爲 x 在 (a, b) 隔間內之連續函數,再設有收斂級數

(32) $\qquad\qquad v_0+v_1+\cdots\cdots+v_n+\cdots\cdots,$

其各項爲常數,且悉爲正.今若無論 n 如何對於 (a, b) 內各 x 數值有 $|u_n|<v_n$, 則第一級數(31)於此隔間內一致收斂.蓋對於 x 於 a 與 b 間各數值,顯然有

$$|u_{n+1}(x)+u_{n+2}(x)+\cdots\cdots|<v_{n+1}+v_{n+2}+\cdots\cdots$$

於是但須取 N 數值之大足使 $n\geqq N$ 牽涉 $v_{n+1}+v_{n+2}+\cdots\cdots<\varepsilon,$ 即見對於 x 在 (a, b) 內之各數值, $n\geqq N$ 牽涉 $|R(x)|<\varepsilon$ 矣.

例如級數

$$v_0+v_1\sin x+\cdots\cdots+v_n\sin nx+\cdots\cdots,$$

於任何隔間內爲一致收斂.

注意 II.　一致收斂級數之定義,亦可言之如次: 一級數於 (a, b) 間內一致收斂者,乃任與正數 ε, 能得一大數 N, 使對 x 在 (a, b) 內之任何數值,有

$$(33) \qquad |\Sigma_N{}^p| = |u_{N+1} + u_{N+2} + \cdots\cdots + u_{N+p}| < \varepsilon$$

而無論 p 為任何正整數也.

蓋一級數如按前之定義為一致收斂,則吾等可求一數 N, 使無論 p 為何

$$|R_N| < \frac{\varepsilon}{2}, \qquad |R_{N+p}| < \frac{\varepsilon}{2},$$

因之尤有 $\qquad |R_{N+p} - R_N| < \varepsilon.$

故合於 (33) 條件

反之,一級數於新定義之條件充足,則吾等可求一數 N, 使無論整數 p, q 若何,有

$$|\Sigma_N{}^p| < \frac{\varepsilon}{2}, \quad 及 \quad |\Sigma_N{}^{p+q}| < \frac{\varepsilon}{2};$$

因之有

$$|\Sigma_N{}^{p+q} - \Sigma_N{}^p| = |u_{N+p+1} + \cdots\cdots + u_{N+p+q}| < \varepsilon.$$

即無論 p 為何, $|R_{N+p}| < \varepsilon$, 而合於舊定義條件.

注意 III.　45 節定理亦可言之如下:

連續函數 $f(x, n)$ 在 (a, b) 間一致趨於一限 $F(x)$, 則此 $F(x)$ 限為在此隔間內之一連續函數.

蓋 $F(x)$ 可以各項為連續函數之一致收斂級數表之也.

46.　級數函數之紀數.

各項為連續而有紀數之收斂級數,其諸項紀數所成之級數,不必為收斂者.例如級數 $\Sigma \dfrac{1}{n^2}\sin(n^2x)$ 在任何隔間為一致收斂,但其諸項紀數所成之級數為發散者,因其普通項不趨於零也.級數有紀數之情形,由下定理明之.

定理. 若各項為連續函數之級數斂於 (a, b) 隔間內,且若其諸項紀數所成級數,在是間一致收斂,則後一級數為前一級數之和之紀數.

證: 設

$$(34) \qquad F(x) = u_0(x) + u_1(x) + \cdots + u_n(x) + \cdots$$

為在 (a, b) 內之斂級數,其每項在是間為連續函數,且有一紀數,更設其諸項紀數所成之級數:

$$(35) \qquad \Phi(x) = u'_0(x) + u'_1(x) + \cdots + u'_n(x) + \cdots$$

為一致斂於 (a, b) 內,定理之意即 $F'(x) = \Phi(x)$, 或差數

$$\delta = \frac{F(x+h) - F(x)}{h} - \Phi(x)$$

隨 h 趨於零也.

命　　$S_n(x) = u_0(x) + \cdots + u_n(x), \quad s_n(x) = u_0'(x) + \cdots + u'_n(x)$

$$\Psi_{p, n}(x) = u_{n+1}(x) + \cdots + u_{n+p}(x),$$

$$\psi_{n, p}(x) = u'_{n+1}(x) + \cdots + u'_{n+p}(x);$$

無論 n, p 為何,有

$$S_{n+p}(x) = S_n(x) + \Psi_{n, p}(x), \qquad s_{n+p}(x) = s_n(x) + \psi_{n, p}(x),$$

$$S_n'(x) = s_n(x), \quad \Psi'_{n, p}(x) = \psi_{n, p}(x)$$

級數(35)旣一致收斂,吾等可取大數 n 使無論整數 p 爲何而對於 x 在 (a, b) 內一切數值有 $|\psi_{n, p}(x)| < \dfrac{\varepsilon}{3}$.

由
$$S_{n+p}(x+h) = S_n(x+h) + \Psi_{n, p}(x+h).$$

$$S_{n+p}(x) = S_n(x) + \Psi_{n, p}(x),$$

二式相減,並準中值公式變 $\Psi_{n, p}(x+h) - \Psi_{n, p}(x)$,則得

$$S_{n+p}(x+h) - S_{n+p}(x) = S_n(x+h) - S_n(x) + h\,\psi_{n, p}(x+\theta h).$$

設 n 有一定之值而令 p 無限加大,則上式左端趨於 $F(x+h) - F(x)$;又 $\Psi_{n, p}(x+\theta h)$ 常絕對小於 $\dfrac{\varepsilon}{3}$,其限當亦然,以是可寫

$$\frac{F(x+h) - F(x)}{h} = \frac{S_n(x+h) - S_n(x)}{h} + \frac{\varepsilon}{3}\,\rho(x, h),$$

$\rho(x, h)$ 爲絕對值小於 1 之一函數,而 δ 之值可寫作:

$$\delta = \left[\frac{S_n(x+h) - S_n(x)}{h} - s_n(x)\right] + \left[s_n(x) - \Phi(x)\right] + \frac{\varepsilon}{3}\,\rho(x, b)$$

n 之值如上選定,則 $|s_n(x) - \Phi(x)| < \dfrac{\varepsilon}{3}$. 再者,因 $s_n(x)$ 爲 $S_n(x)$ 之紀數,可得一正數 η,使 $|h| < \eta$ 牽涉

$$\left|\frac{S_n(x+h) - S_n(x)}{h} - s_n(x)\right| < \frac{\varepsilon}{3},$$

然則於 $|h| < \eta$ 有 $|\delta| < \varepsilon$,即明所欲證.

吾人可注意題中並不設級數(34)一致收斂,亦不設紀數 $u_0'(x), u_1'(x), \cdots\cdots$ 爲連續函數. 又此定理尚可言之如下:

__若函數 $f(x, n)$ 在 (a, b) 內連續而有紀數 $f'(x, n)$,且於 $n = +\infty$__

時趨於一限 $F(x)$, 又若紀數 $f'(x, n)$ 在隔間內一致趨於一限 $\Phi(x)$. 則有 $F'(x)=\Phi(x)$.

蓋 $F(x)$ 與 $\Phi(x)$ 可由二斂級數表之,其第二級數爲一致收斂,並係由第一級數各項紀數合成者也.

上所論者不難推及於多元函數.

習 題

1. 試論次列各函數於 $x=0$ 點是否連續幷有無紀數:

(a) $f(0)=0$ 而於 $x \neq 0$, $\quad f(x)=\dfrac{\sin\dfrac{1}{x}}{\log x^2}$,

(b) $f(0)=0$ 而於 $x \neq 0$, $\quad f(x)=\dfrac{x\sin\dfrac{1}{x}}{\log x^2}$,

(c) $f(0)=0$ 而於 $x \neq 0$, $\quad f(x)=x \arctan\dfrac{1}{x}$,

2. 求定 $\lambda_1, \lambda_2, \cdots\cdots, \lambda_{m-1}$ 使

$$y=\left(\frac{1}{x^m}+\frac{\lambda_1}{x^{m-1}}+\frac{\lambda_2}{x^{m-2}}+\cdots\cdots+\frac{\lambda_{m-2}}{x}\right)e^x$$

之紀數呈 $\left(\dfrac{a}{x}+\dfrac{b}{x^{m-1}}\right)e^x$ 形狀.

3. 以符號 $\log_2 x, \log_3 x, \cdots\cdots, \log_n x$ 依次表 $\log(\log x), \log(\log_2 x), \cdots\cdots, \log(\log_{n-1} x)$; 試求 $\log_n x$ 之紀數.

4. 求下函數之紀數:

$$y=e^{e^{\cdot^{\cdot^{\cdot e^{e^x}}}}}$$

5. 貫數 $u_1=\sqrt[p]{x^q\sqrt{x}}$, $\quad u_2=\sqrt[p]{x^q\sqrt{xu_1}}, \cdots\cdots, \quad u_n=\sqrt[p]{x^q\sqrt{xu_{n-1}}}$ 於 $n\to\infty$ 時有一限 $u(x)$; 試求其紀數 $u'(x)$

6. 若命 P 與 Q 表 x 之兩個多項式使有關係:

$$\sqrt{1-P^2}=Q\sqrt{1-x^2},$$

則以 n 表整數有

$$\frac{dP}{\sqrt{1-P^2}}=\frac{n\,dx}{\sqrt{1-x^2}}$$

7. 證明函數 $y=e^{-x}\cos x$ 與 $z=(x+\sqrt{x^2-1})^n$ 依次適合於關係:

$$\frac{d^4y}{dx^4}+4y=0,$$

$$(x^2-1)\frac{d^2z}{dx^2}+x\frac{dz}{dx}-n^2z=0.$$

8. 有函數及其紀數 $f'(x)$; 若命

$$u=[f'(x)]^{-\frac{1}{2}}, \qquad v=f(x)[f'(x)]^{-\frac{1}{2}},$$

則

$$\frac{1}{u}\frac{d^2u}{dx^2}=\frac{1}{v}\frac{d^2v}{dx^2}$$

試證之.

9. 求適合於關係

$$(1-x^2)f''(x)-xf'(x)+n^2f(x)=0$$

之各多項式.於其中取 x^n 之係數為 2^{n-1} 者以 X_n 表之.試證:

$$X_n-2xX_{n-1}+X_{n-2}=0$$

10. 於中值公式

$$f(x+h)=f(x)+hf'(x+\theta h), \quad (0<\theta<1)$$

中設 x 為常數而令 $h\to0$; 試證 $\theta\to\frac{1}{2}$.

11. 欲中值公式中之 θ 與 x 無涉,則 $f(x)$ 當如何?

12. 設函數 $f(x)$, $\phi(x)$, $\psi(x)$ 在 $(x, x+h)$ 內為連續而有紀數,求證:

$$\begin{vmatrix} f(x+h) & \phi(x+h) & \psi(x+h) \\ f(x) & f(x) & \psi(x) \\ f'(x+\theta h) & \phi'(x+\phi h) & \psi'(x+\phi h) \end{vmatrix}=0, \quad (0<\theta<1)$$

並由是推出中值公式及廣義中值公式.

13. 求下列各函數之 n 級紀數.

$$y = \cos^2 x,$$

$$y = \cos^p x, \quad p \text{ 爲一正整數,}$$

$$y = e^{ax}\cos(bx+c),$$

$$y = e^{x\cos a}\cos(x\sin a),$$

$$y = \log x,$$

$$y = x^p \log x,$$

$$y = \frac{1}{a^2 - b^2 x^2},$$

$$y = \frac{1}{a^2 + b^2 x^2},$$

$$y = \operatorname{arc\,tan} \frac{x\sin a}{1 - x\cos a}.$$

14. 證 $y = \phi(x')$ 之 n 級紀數可書如

$$y^{(n)} = (2x)^n \phi^{(n)}(x^2) + n(n-1)(2n)^{n-2}\phi^{(n-1)}(x^2) + \cdots\cdots$$

$$+ \frac{n(n-1)\cdots\cdots(n-2p+1)}{p!}(2n)^{n-2p}\phi^{(n-p)}(x^2) + \cdots\cdots,$$

式中 p 自 0 變至 $< \dfrac{n}{2}$ 之最大整數.繼將此結果致用於函數: $e-x^2$, $\operatorname{arc\,sin} x$ 及 $\operatorname{arc\,tan} x$.

15. 證勒氏多項式 (Legendre's polynomial)

$$X_n = \frac{1}{2.4\cdots\cdots2n}\frac{d^n}{dx^n}(x^2-2)^n$$

適合於微分方程式

$$\left(1-x^2\right)\frac{d^2 X_n}{dx^2} - 2x\frac{dX_n}{dx} + n(n+1)X_n = 0;$$

於是求定多項式之係數.

16. 證公式: $\qquad \dfrac{d^n}{dx^n}\left(x^{n-1}e^{\frac{1}{x}}\right) = (-1)^n \dfrac{e^{\frac{1}{x}}}{x^{n+1}}.$ $\qquad$ (Halphen).

17. 求下列各函數之全微分及偏紀數

(a) $\quad u = \operatorname{arc\,sin}\sqrt{\dfrac{x^2-y^2}{x^2+y^2}},$

(b) $\quad u = \sqrt{x^2 + y^2 + z^2}$,

(c) $\quad u = z^{\frac{x}{y}}$

18. 求 $u = f(ax+by+c)$ 之 偏 紀 數 $\dfrac{\partial^{m+n} u}{\partial x^m \partial y^n}$,並 致 用 於 $e^{ax+by+c}$, $\log(ax+by+c)$, $\cos(ax+by+c)$,與 $\sin(ax+by+c)$.

19. 求 $u = \arctan \dfrac{y}{x}$ 之 n 級 全 微 分.

20. 求 $u = e^{ax} f(y)$ 之 n 級 全 微 分,並 引 用 結 果 於 $u = e^{ax} \cos by$.

21. 證 x, y, z 之 函 數

$$V = \frac{1}{\sqrt{(x-a)^2 + (y-b)^2 + (x-c)^2}}$$

適 合 於 方 程 式
$$\frac{\partial^2 V}{\partial x^2} + \frac{\partial^2 V}{\partial^2 x} + \frac{\partial^2 V}{\partial^2 x} = 0.$$

22. 設 $V = f(r)$ 而 $r = \sqrt{x^2 + y^2 + z^2}$ 試 求,

$$\Delta = \frac{\partial^2 v}{\partial x^2} + \frac{\partial^2 v}{\partial y^2} + \frac{\partial^2 v}{\partial z^2}$$

並 定 $f(r)$ 使 $\Delta = 0$.

23. 證 明 函 數 $z = x \phi\left(\dfrac{v}{x}\right) + \psi\left(\dfrac{v}{x}\right)$ 無 論 ϕ 與 ψ 爲 何,恆 適 合 於 $rx^2 + 2sxy + ty^2 = 0$.

24. 證 明 $z = x \phi(x+y) + y \psi(x+y)$ 無 論 ϕ 與 ψ 若 何,恆 適 合 於 $r - 2s + t = 0$.

25. 證 明 $z = f[x + \phi(y)]$ 合 於 $ps = qr$ 而 無 論 f 與 ϕ 若 何.

第 二 章

隱 函 數　函 數 行 列 式
自 變 數 之 更 換

I. 隱 函 數

46. 存 在 定 理 (Existence theorem).

由 未 解 決 之 方 程 式 或 方 程 組 確 定 之 函 數 曰 隱 函 數 (implicit functions). 吾 等 欲 論 者, 首 爲 其 存 在 問 題. 今 擧 辜 爾 薩 氏 (Goursat) 法 述 之.

先 證 關 於 一 特 例 之 定 理:

定理. 設 函 數 $f(x, y, z)$ 合 於 條 件:

1° 於 (x_0, y_0, z_0) 點 附 近 爲 連 續, 且 有 連 續 偏 紀 數 $f_z'(x, y, z)$,

2° $f(x_0, y_0, z_0) = 0$ 及 $f_z'(x_0, y_0, z_0) = 0$,

則 方 程 式:

$$(1) \qquad z = z_0 + f(x, y, z)$$

有 一 根, 而 僅 有 一 根 $z = \phi(x, y)$, 其 值 當 x, y 依 次 趨 於 x_0, y_0 時, 趨 於 z_0, 是 乃 於 (x_0, y_0) 點 附 近 之 一 連 續 函 數.

證: 函 數 $f(x, y, z)$ 與 $f_z'(x, y, z)$ 既 對 於 $x = x_0, y = y_0, z = z_0$ 爲 零, 並 於 其 附 近 爲 連 續, 則 吾 等 可 取 三 正 數 a, b, c 使 在 確 定 如:

$$x_0-a\leqq x\leqq x_0+a, \quad y_0-b\leqq y\leqq y+b, \quad z_0-c\leqq z\leqq z_0+c$$

之域 D 內, $f(x, y, z)$ 與 $f'(x, y, z)$ 均爲連續, 且有

(2) $$|f_z'(x, y, z)|<k<1.$$

斯意明, 以次命

$$z_1=z_0+f(x, y, z_0), \quad z_2=z_0+f(x, y, z_1)\cdots\cdots,$$

普通

(3) $$z_n=z_0+f(x, y, z_{n-1}), \quad (n=1, 2, \cdots\cdots, \infty)$$

　　請證者 $|x-x_0|$ 與 $|y-y_0|$ 小之至, 則各差數 z_n-z_0 可絕對小於 c, 而 n 可無限增加, 試命 z 爲 z_0-c 與 z_0+c 間之數, 則可寫

$$f(x, y, z)=f(x, y, z_0)+f(x, y, z)-f(x, y, z_0);$$

據中值公式及 (2) 式於是有

(4) $$|f(x, y, z)|<|f(x, y, z_0)|+k|z-z_0|.$$

　　今取一正數 h 至大等於 a, b 二數中之小者, 而使 x 與 y 在由

$$x_0-h\leqq x\leqq x_0+h, \quad y_0-h\leqq y\leqq y_0+h$$

條件規定之域 D' 內, 有 $|f(x, y, z_0)|<(1-k)c$, 則由 (4) 式有

$$|f(x, y, z)|<(1-k)c+kc=c.$$

準此可見 $z_1-z_0, z_2-z_0, \cdots\cdots, z_n-z_0, \cdots\cdots$ 諸差數誠絕對小於 c. 然則得一貫之函數 $z_1, z_2, z_n\cdots\cdots$ 由 (3) 式規定, 概含於 z_0-c 與 z_0+c 之間, 並於 D' 內爲連續.

　　吾謂函數 $z_n(x, y)$ 於 $n\to\infty$ 時趨於一限, 蓋由

$$z_n=z_0+f(x, y, z_{n-1}), \quad z_{n-1}=z_0+f(x, y, z_{n-2}),$$

及 (2) 式有
$$|z_n - z_{n-1}| < k \, |z_{n-1} - z_{n-2}|,$$

因之
$$|z_n - z_{n-1}| < k^{n-1}|z_1 - z_0| < k^{n-1}(1-k)c.$$

然則級數:

(5)
$$z_0 + (z_1 - z_0) + (z_2 - z_1) + \cdots + (z_n - z_{n-1}) + \cdots$$

在 D' 內一致收斂, 其和爲在 D' 內連續之一函數 $Z(x, y)$.

此函數 Z 合於方程式 (1), 因 $n \to \infty$ 時, (3) 式變爲

(6)
$$Z = z_0 + f(x, y, Z)$$

也. 再者, 對於 $x = x_0$, $y = y_0$, 函數 $z_1, z_2, \cdots z_n \cdots$ 皆變爲 z_0. 然則 $Z(x_0, y_0) = z_0$, 而 $Z(x, y)$ 合於所言之各條件.

今吾謂此爲合於所云諸條件唯一之根, 精切言之, 卽謂當 (x, y) 點在 D' 內時, 方程式 (1) 於 Z 之外無其他含於 $z_0 - c$ 與 $z_0 + c$ 間之根.

證: 假若不然, 而別有一根 Z_1, 則由
$$Z_1 = z_0 + f(x, y, Z_1), \quad z_n = z_0 + f(x, y, z_{n-1})$$

二式得
$$Z_1 - z_n = f(x, y, Z_1) - f(x, y, z_{n-1})$$
$$|Z_1 - z_n| < k \, |Z_1 - z_{n-1}|.$$

於是亦有 $|Z_1 - z_n| < k^{n-1}|Z_1 - z_1|$. 此見於 $n \to 0$ 時 $|Z_1 - z_n|$ 趨於零, 而 Z_1 與 Z 無異.

注意上之理論, 非獨證明 $Z(x, y)$ 根之存在, 且示吾人以一求之之法, 又按 $|z_1 - z_0| < (1-k)c$ 則 $|z_n - z_{n-1}| < (1-k)ck^{n-1}$ 是可判斷若於級數 (5) 取自 z_0 項至 $(z_n - z_{n-1})$ 項之和以代其和, 則其差誤絕對小於 ck^n

47. 普通定理.

設 $F(x, y, z)$ 爲 x, y, z 之一函數而合於次之條件:

1°) 在 x_0, y_0, z_0 值鄰近爲連續而具有一連續偏紀數 $F_z'(x, y, z)$,

2°) $F(x_0, y_0, z_0) = 0$ 而 $F_z'(x_0, y_0, z_0) \neq 0$:

若是, 則方程式

(7) $$F(x, y, z) = 0$$

有一根 $Z(x, y)$ 但僅有一根, 其值於 x, y 依次趨於 x_0, y_0 時趨於 z_0; 此爲於 (x_0, y_0) 點附近之一連續函數

證: 命 $m = F_z'(x_0, y_0, z_0)$; 按所設 $m \neq 0$, (7) 可書如

(8) $$z = z_0 + \left[z - z_0 - \frac{1}{m} F(x, y, z) \right],$$

即 $$z = z_0 + f(x, y, z),$$

其中 $$f(x, y, z) = z - z_0 - \frac{1}{m} F(x, y, z),$$

於是準前定理即明所欲證矣. 此定理顯與自變數之多寡無關.

48. 拓展 (Analytic continuation).

以 $M_0(x_0, y_0)$ 爲心, $2h$ 爲邊長, 作正方形 R, 使其邊平行於位標軸, 則適所證明存在之根 $Z(x, y)$ 於 R 內爲連續, 且由題理在 R 內 $|f_z'(x, y, z)|$ 常小於一數 $k < 1$, 但此根僅確定於 R 內, 而吾人只得隱函數之一部分. 欲求定此函數於 R 之外, 可

以分析拓展法逐漸推定之如次：命 L 爲由 (x_0, y_0) 點至 R 外一點 (x, y) 之路線，而設想 x 與 y 之值同時變易，使 (x, y) 點行於 L 上．若自 (x_0, y_0) 點以 z 之值 z_0 起算，則在未出 R 域時，是根有一確定之值，設 $M_1(x_1, y_1)$ 爲 L 線上在 R 境內之一點，並 z_1 爲 z 於是點之值，則定理之條件對於 $x = x_1$，$y = y_1$，$z = z_1$ 亦合，則是別有一域 R_1 以 M_1 爲心，於其內，方程式之根爲確定，而對於 $x = x_1$，$y = y_1$ 等於 z_1，此新域

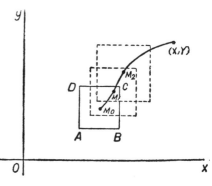

R_1 通常含有 R 外之點，更於 R 外 R_1 內取 L 之一點 M_2，可本上理而得一新域 R_2，可如此類推，以至遇 x，y，z 數值之使 $F'_z(x, y, z) = 0$ 者爲止．

49. 隱函數之紀數.

　　上述定理之證明，未嘗設偏紀數 F'_x 與 F'_y 之存在．吾人易知是等紀數之有，誠非必要，譬如命 $\phi(x)$ 爲一無紀數之連續函數，對於 $x = a$ 以正數 b 爲值，則方程式 $y^2 = \phi(x)$ 有二根，於 $x \to a$ 時各趨於 $\pm\sqrt{b}$．二根皆爲連續函數，但若函數 $F(x, y, z)$ 有連續偏紀數 F'_x 與 F'_y，則所定隱函數具有初級偏紀數，請證之：設 y 不變而與 x 以增量 Δx．命 Δz 爲 z 之相當增量，則有

$$F(x+\Delta x,\ y,\ z+\Delta z)-F(x,\ y,\ z)$$

$$=\Delta x F_x'(x+\theta\Delta x,\ y,\ z+\Delta z)+\Delta z F_z'(x,\ y,\ z+\theta\Delta z)=0,$$

由 是 得
$$\frac{\Delta z}{\Delta x}=-\frac{F_x'(x+\theta\Delta x,\ y,\ z+\Delta z)}{F_z'(x,\ y,\ z+\theta'\Delta z)}.$$

當 Δx 趨 於 零, Δz 亦 然, 因 z 爲 x 之 連 續 函 數 也. 則 是 上 式 右 端 趨 於 一 限, 而 z 有 對 於 x 之 一 偏 紀 數:

$$\frac{\partial z}{\partial x}=-\frac{F'_x}{F'_z}$$

同 理 有
$$\frac{\partial z}{\partial y}=-\frac{F'_y}{F'_z}$$

50. 於 曲 面 之 應 用.

若 視 $x,\ y,\ z$ 爲 空 間 一 點 之 位 標, 則 方 程 式:

(9)
$$F(x,\ y,\ z)=0$$

表 一 曲 面 S. 設 $A(x_0,\ y_0,\ z_0)$ 爲 S 上 一 點; 若 F 及 其 初 級 偏 紀 數 在 $x_0,\ y_0,\ z_0$ 值 附 近 爲 連 續, 並 此 三 偏 紀 數 於 A 點 不 同 時 爲 零, 則 S 於 A 有 一 切 面. 例 如 $F_z'(x_0,\ y_0,\ z_0)\neq 0$, 則 據 存 在 定 理, 曲 面 之 方 程 式 於 A 附 近 可 書 作

$$z=\phi(x,\ y)$$

$\phi(x,\ y)$ 爲 一 連 續 函 數, 而 於 A 點 之 切 面 之 方 程 式 爲:

$$Z-z_0=\left(\frac{\partial z}{\partial x}\right)_0(X-x_0)+\left(\frac{\partial z}{\partial y}\right)_0(Y-y_0)$$

式 中 $\left(\frac{\partial z}{\partial x}\right)_0$ 與 $\left(\frac{\partial z}{\partial x}\right)_0$ 表 $\frac{\partial z}{\partial x}$ 與 $\frac{\partial z}{\partial y}$ 於 A 點 之 值. 若 代 $\frac{\partial z}{\partial x}$ 與 $\frac{\partial z}{\partial y}$ 以 其 由 上 公 式 確 定 之 值, 則 切 面 方 程 式 變 爲

(10) $\qquad \left(\dfrac{\partial F}{\partial x}\right)_0 (X-x_0)+\left(\dfrac{\partial F}{\partial y}\right)_0 (Y-y_0)+\left(\dfrac{\partial F}{\partial z}\right)_0 (Z-z_0)=0.$

$\left(\dfrac{\partial F}{\partial x}\right)_0$……爲 $\dfrac{\partial F}{\partial x}$,……於 A 點之值,今若 $\left(\dfrac{\partial F}{\partial z}\right)_0=0$ 而 $\left(\dfrac{\partial F}{\partial x}\right)_0 \neq 0$, 則視 y 與 z 爲自變數,而 x 爲其函數,仍得方程式 (10) 以表 A 點之切面.

若 $\left(\dfrac{\partial F}{\partial x}\right)_0=\left(\dfrac{\partial F}{\partial y}\right)_0=\left(\dfrac{\partial F}{\partial z}\right)_0=0.$ 則 A 爲一異點 (singular point). 若然則曲面上過 A 點之曲線其切線通常成一錐面而非一平面.

仿上平面曲線 $F(x, y)=0$ 於一點 (x_0, y_0) 之切線由方程式

$$(X-x_0)\left(\dfrac{\partial F}{\partial x}\right)_0+(Y-y_0)\left(\dfrac{\partial F}{\partial y}\right)_0=0$$

表之.

51. 高級紀數.

於初級紀數公式:

$$\dfrac{\partial z}{\partial x}=-\dfrac{F'_x}{F'_z}, \qquad \dfrac{\partial z}{\partial y}=-\dfrac{F'_y}{F'_z}$$

中,吾人可視右端爲複函數,z 爲其中間函數,於是可按複函數求紀數法,以求隱函數之高級紀數.此等紀數之存在,繫乎 $F(x, y, z)$ 之高級偏紀數之存在.

實際求紀以據次述定理演算較易:<u>當一變數之數個函數合於 $F=0$ 關係.則其紀數合乎令 F 之紀數等於零所得之關係; F 之紀數由求湊合函數之紀數法得之</u>.蓋若於 F 內代

諸變數以其對於自變數之值而恆等於零,則其紀數亦然也.
此定理於 $F=0$ 所連絡之諸函數係乎多元變數時亦合.

　　例如於方程式:

$$F(x, y) = 0$$

確定之隱函數 y, 有

$$\frac{\partial F}{\partial x} + \frac{\partial F}{\partial y} y' = 0$$

$$\frac{\partial^2 F}{\partial x^2} + 2 \frac{\partial^2 F}{\partial x \partial y} y' + \frac{\partial^2 F}{\partial y^2} y'^2 + \frac{\partial F}{\partial y} y'' = 0,$$

$$\frac{\partial^3 F}{\partial x^3} + 3 \frac{\partial^3 F}{\partial x^2 \partial y} y' + 3 \frac{\partial^3 F}{\partial x \partial y^2} y'^2 + 3 \frac{\partial^2 F}{\partial x \partial y} y''$$
$$+ \frac{\partial^3 F}{\partial y^3} y'^3 + 3 \frac{\partial^2 F}{\partial y^2} y' y'' + \frac{\partial F}{\partial y} y''' = 0.$$

由是漸次得 y', y'', y''', ⋯⋯

　　再設由方程式:

(11) $$F(x, y, z) = 0$$

規定之隱函數 x, 其初級偏紀數由

(12) $$\frac{\partial F}{\partial x} + \frac{\partial F}{\partial z} \frac{\partial z}{\partial x} = 0, \quad \frac{\partial F}{\partial y} + \frac{\partial F}{\partial z} \frac{\partial z}{\partial y} = 0$$

關係而得.欲求二級偏紀數,只須將方程式(12)對於 x 與 y 求
紀數.如是得相異之式三:

(13) $$\begin{cases} \dfrac{\partial^2 F}{\partial x^2} + 2 \dfrac{\partial^2 F}{\partial x \partial z} \dfrac{\partial z}{\partial x} + \dfrac{\partial^2 F}{\partial z^2} \left(\dfrac{\partial z}{\partial x}\right)^2 + \dfrac{\partial F}{\partial z} \dfrac{\partial^2 z}{\partial x^2} = 0 \\[2mm] \dfrac{\partial^2 F}{\partial x \partial y} + \dfrac{\partial^2 F}{\partial x \partial z} \dfrac{\partial z}{\partial y} + \dfrac{\partial^2 F}{\partial y \partial z} \dfrac{\partial z}{\partial x} + \dfrac{\partial^2 F}{\partial z^2} \dfrac{\partial z}{\partial x} \dfrac{\partial z}{\partial y} + \dfrac{\partial F}{\partial z} \dfrac{\partial^2 z}{\partial x \partial y} = 0 \\[2mm] \dfrac{\partial^2 F}{\partial y^2} + 2 \dfrac{\partial^2 F}{\partial y \partial z} \dfrac{\partial z}{\partial y} + \dfrac{\partial^2 F}{\partial z^2} \left(\dfrac{\partial z}{\partial y}\right)^2 + \dfrac{\partial F}{\partial z} \dfrac{\partial^2 z}{\partial y^2} = 0 \end{cases}$$

同法可求三級及更高級紀數.

52. **由全微分求偏紀數法.**

據次之定理,可由全微分同時求出等級之各偏紀數: 若多數自變數 x, y, z, t⋯⋯之數個函數 u, v, w⋯⋯合於關係式 $F=0$, 則有 $dF=0$, 欲證之,設有 $F(u, v, w)$, 其 u, v, w 為自變數 $x, y,$ 之函數. 此三函數之偏紀數合於

$$\frac{\partial F}{\partial u}\frac{\partial u}{\partial x}+\frac{\partial F}{\partial v}\frac{\partial v}{\partial x}+\frac{\partial v}{\partial w}\frac{\partial w}{\partial x}=0,$$

$$\frac{\partial F}{\partial u}\frac{\partial u}{\partial y}+\frac{\partial F}{\partial v}\frac{\partial v}{\partial y}+\frac{\partial F}{\partial w}\frac{\partial w}{\partial y}=0,$$

以 $dx, dy,$ 順次乘此二式而加之,則得

$$\frac{\partial F}{\partial u}du+\frac{\partial F}{\partial v}dv+\frac{\partial F}{\partial w}dw=dF=0.$$

此式與自變數之多寡無關,欲得二級微分之關係,則更用上理於 $dF=0$ 式,但須視 dF 為 u, v, w, du, dv, dw 等之函數. 如是類推.

試再取 $F(x, y, z)=0$ 論之. 設 x, y 為自變數,有

$$\frac{\partial F}{\partial x}dx+\frac{\partial F}{\partial y}dy+\frac{\partial F}{\partial z}dz=0,$$

$$\left(\frac{\partial F}{\partial x}dx+\frac{\partial F}{\partial y}dy+\frac{\partial F}{\partial z}dz+\right)^{(2)}+\frac{\partial F}{\partial z}d^2z=0,$$

第一式可代 (12) 兩式而定 z 之初級偏紀數;第二式可代 (13) 三式而定 z 之二級偏紀數.

例如

$$x^2 + y^2 + z^2 = a^2$$

確定 z 爲 x 與 y 之 函數. 吾等有

$$xdx + ydy + zdz = 0,$$

$$dx^2 + dy^2 + dz^2 + zd^2z = 0,$$

而得全微分

$$dz = -\frac{x}{z}dx^2 - \frac{y}{z}dy,$$

$$d^2z = -\frac{x^2 + z^2}{z^3}dx - \frac{xy}{z^3}dxdy - \frac{y^2 + z^2}{z^3}dy^3.$$

由是立得第一二級偏紀數:

$$p = -\frac{x}{z}, \qquad q = -\frac{y}{z}$$

$$r = -\frac{x^2 + z^2}{z^3}, \quad s = -\frac{xy}{z^3}, \quad t = -\frac{y^2 + z^2}{z^3}.$$

53. 方程組 (Simultaneous equations).

欲討論聯立方程式所確定之一組隱函數, 吾人仍可用 64 節所用之遞近法演之.

<u>定理</u>. 設 $n+p$ 個變數 $x_j y_k$ 之 p 個函數:

$$f_1(x_1, \cdots\cdots_1 x_n; y_1, \cdots\cdots y_p), \cdots\cdots, f_p(x_1, \cdots\cdots, x_n; y_1, \cdots\cdots y_p)$$

於 $x_j{}^0$, $y_k{}^0$ 值附近爲連續, 並有連續偏紀數 $\dfrac{\partial f_j}{\partial y_k}$, 若此 p 個函數 f_j 以及 p^2 個偏紀數 $\dfrac{\partial f_j}{\partial y_k}$ 對於此組數值爲零, 則

(14) $$y_1 = y^0{}_1 + f_1, \; y_2 = y^0{}_2 + f_2, \cdots\cdots, \; y_p = y^0{}_p + f_p,$$

p 個方程式有一組根:

$$y_1 = \phi(x_1, x_2, \cdots\cdots, x_n), \cdots\cdots, y_p = \phi(x_1, z_2, \cdots\cdots, x_n),$$

於 $x_1, x_2, \cdots\cdots, x_n$ 順次趨於 $x^0{}_1, x^0{}_2, \cdots\cdots x^0{}_n$ 時以次趨於 $y^0{}_1, y^0{}_2$ $\cdots\cdots, y^0{}_n$, 而在此組值附近為連續函數.

　　證: 為使講解計, 取簡單之方程組:

(15) $$u = f(x, y; u, v), \qquad v = \phi(x, y; u, v)$$

論之; 且設 $x_0 = y_0 = u_0 = v_0 = 0$, 蓋吾等恆可更換變數, 使此適合也. 於是題設變為 $f, \phi, \dfrac{\partial f}{\partial u}, \dfrac{\partial f}{\partial v}, \dfrac{\partial \phi}{\partial u}, \dfrac{\partial \phi}{\partial v}$, 對於 $x = y = 0$ 為零, 且於其附近為連續. 試取 a, b, c 三正數, 使此上六數在

$$|x| \leqq a, \quad |y| \leqq b, \quad |u| \leqq c,$$

域內為連續, 並於其內有

(16) $$\left|\frac{\partial f}{\partial u}\right| < k, \left|\frac{\partial f}{\partial v}\right| < k, \left|\frac{\partial \phi}{\partial u}\right| < k, \left|\frac{\partial \phi}{\partial v}\right| < k$$

k 為小於 $\frac{1}{2}$ 之正數, 仿前設

$$u_1 = f(x, y, 0, 0), \qquad v_1 = \phi(x, y; 0, 0),$$
$$u_2 = f(x, y; u_1, v_1), \qquad v_2 = \phi(x, y; u_1, v_1),$$
$$\cdots\cdots\cdots\cdots\cdots\cdots\cdots\cdots\cdots\cdots,$$

普通設

(17) $$u_n = f(x, y; u_{n-1}, v_{n-1}), \qquad v_n = \phi(x, y, u_{n-1}, v_{n-1}),$$

其 u_{n-1} 之值絕對小於 c, 則用中值公式於 $u_n - u_1$ 及 $v_n - v_1$, 並準 (16) 式, 得

$$|u_n| < |f(x, y; 0, 0)| + 2kc,$$

$$|v_n| < |\phi(x, y; 0, 0)| + 2kc,$$

今取正數 h 至大等於 a, b 中之最小者,且使於 $|x| < h, |y| < h$ 時 $|f(x, y; 0.0)|$ 與 $|\phi(x, y; 0, 0)|$ 小於 $(1-2k) c$. 當 (x, y) 點在此新域 D' 內,可漸見 u_i, v_i 連續而絕對小於 c.

吾謂當 n 無限增大時函數 u_n 與 v_n 趨於 $U(x, y)$ 與 $V(x, y)$. 誠然,試取級數

$$(18) \quad \begin{cases} u_1 + (u_2 - u_1) + \cdots\cdots + (u_n - u_{n-1}) + \cdots\cdots, \\ v_1 + (v_2 - v_1) + \cdots\cdots + (v_n - v_{n-1}) + \cdots\cdots \end{cases}$$

論之. 由 (17) 有

$$u_n - u_{n-1} = f(x, y; u_{n-1}, v_{n-1}) - f(x, y; u_{n-2}, v_{n-2}),$$

而按 (16) 有

$$|u_n - u_{n-1}| < K|u_{n-1} - u_{n-2}| + K|v_{n-1} - v_{n-2}|.$$

同理

$$|v_n - v_{n-1}| < K|u_{n-1} - u_{n-2}| + K|v_{n-1} - v_{n-2}|.$$

以 H_n 表 $|u_n - u_{n-1}|$ 與 $|v_n - v_{n-1}|$ 中之大者,則有

$$H_n < 2kH_{n-1};$$

因之 $H_n < (2k)^{n-1}H_1 < (2k)^{n-1}(1-2k)C.$

然則級數 (18) 於 D' 內一致收斂,而表二連續函數 $U(x, y)$ 與 $V(x, y)$. 此函數 U 與 V 合於 (15) 式. 因 $n \to \infty$ 時,方程式 (17) 變為

$$u = f(x, y; U, V), \qquad v = \phi(x, y; U, V).$$

也. 吾人可如前證明此為方程組 (15) 唯一之一組根.

54. 普通定理.

今設方程組

$$F_1(x_1, x_2, \cdots\cdots, x_n; y_1, \cdots\cdots, y_p) = 0, \quad F_2 = 0, \cdots\cdots, \quad F_p = 0,$$

其左端皆於 $x^0_1, x^0_2, \cdots\cdots, x^0_n; y^0_1, \cdots\cdots y^0_p$ 數值附近爲連續,並有

連續偏紀數 $\dfrac{\partial F_i}{\partial y_k}$ 而對此組值有

$$F_1 = 0, \quad F_2 = 0, \cdots\cdots, \quad F_p = 0;$$

若行列式

$$J = \begin{vmatrix} \dfrac{\partial F_1}{\partial y_1} & \dfrac{\partial F_1}{\partial y_2} \cdots\cdots \dfrac{\partial F_1}{\partial y_p} \\[2mm] \dfrac{\partial F_2}{\partial y_1} & \dfrac{\partial F_2}{\partial y_2} \cdots\cdots \dfrac{\partial F_2}{\partial y_p} \\[2mm] \cdots\cdots\cdots\cdots\cdots\cdots\cdots \\[2mm] \dfrac{\partial F_p}{\partial y_1} & \dfrac{\partial F_p}{\partial y_2} \cdots\cdots \dfrac{\partial F_p}{\partial y_p} \end{vmatrix}$$

對於 $x^0_1, x^0_2 \cdots\cdots x^0_n; y^0_1, y^0_2, \cdots\cdots, y^0_p$ 不爲零,則此組方程有唯

一之一組根具下形

$$y_1 = \phi_1(x_1, x_2, \cdots\cdots, x_p), \cdots\cdots, y_p = \phi_p(x_1, x_2 \cdots\cdots, x_n),$$

$\phi_1, \phi_2, \cdots\cdots, \phi_n$ 爲 $x_1, x_2, \cdots\cdots x_n$ 之連續函數,而於自變數趨近

$x^0_1, x^0_2, \cdots\cdots, x^0_n$ 時趨於 $y^0_1, \cdots\cdots y^0_n$.

證: 爲簡便計,設已曾換變數使原始數值 x^0_i, y^0_i 概易爲

零. 命 a_{ik} 表 $\dfrac{\partial F_i}{\partial y_k}$ 對於此等原數值之值,則按所設

$$J_0 = \begin{vmatrix} a_{11} & a_{12}\cdots\cdots a_{1p} \\ a_{21} & a_{22}\cdots\cdots a_{2p} \\ \cdots\cdots\cdots\cdots\cdots\cdots \\ a_{p1} & a_{p2}\cdots\cdots a_{pp} \end{vmatrix} \neq 0.$$

方程組(19)顯然與下方程組相當:

$$(20) \begin{cases} a_{11}y_1 + a_{12}y_2 + \cdots\cdots + a_{1p}y_p = a_{11}y_1 + \cdots\cdots + a_{1p}y_p - F_1 = \phi_1, \\ a_{21}y_1 + a_{22}y_2 + \cdots\cdots + a_{2p}y_p = a_{21}y_1 + \cdots\cdots + a_{2p}y_p - F_2 = \phi_2, \\ \cdots\cdots\cdots\cdots\cdots\cdots\cdots\cdots\cdots\cdots\cdots\cdots\cdots\cdots\cdots\cdots\cdots\cdots \\ a_{p1}y_1 + a_{p2}y_2 + \cdots\cdots + a_{pp}y_p = a_{p1}y_1 + \cdots\cdots + a_{pp}y_p - F_p = \phi_p; \end{cases}$$

右端函數 $\phi_1, \phi_2 \cdots\cdots \phi_p$ 及其偏紀數 $\dfrac{\partial \phi_i}{\partial y_k}$ 對於 $x=0$ 等於零. 因 $J_0 \neq 0$ 吾人可將方程組(20)就 $y_1, y_2, \cdots\cdots, y_p$ 解出, 而於是有形 爲(14)式之一組函數定理以明.

定義. 此行列式 J 稱爲 $F_1, F_2, \cdots\cdots, F_p$ 等 p 個函數對於 $y_1, y_2, \cdots\cdots, y_p$ 等 p 個變數之扎氏式(Jacobian), 或函數行列式, 而以 $\dfrac{\partial(F_1, F_2, \cdots\cdots, F_p)}{\partial(y_1, y_2, \cdots\cdots, y_p)}$ 表之.

55. 隱函數之紀數.

若函數 F_j 具有連續偏紀數 $\dfrac{\partial F_j}{\partial x_i}$, 則方程式(19)所規定之 隱函數, 尚有對於 x_i 之初級偏紀數, 例取二聯立方程式:

$$(21) \qquad F_1(x, y, z; u, v) = 0, \qquad F_2(x, y, z; u, v) = 0.$$

令 y, z 不變, 而與 x 以增量 Δx, 並設 $\Delta u, \Delta v$ 爲 u, v 之相應增量,

則方程式(21)可寫作

$$\Delta x\left(\frac{\partial F_1}{\partial x}+\varepsilon\right)+\Delta u\left(\frac{\partial F_1}{\partial u}+\varepsilon'\right)+\Delta v\left(\frac{\partial F_1}{\partial v}+\varepsilon''\right)=0,$$

$$\Delta x\left(\frac{\partial F_2}{\partial x}+\eta\right)+\Delta u\left(\frac{\partial F_2}{\partial u}+\eta'\right)+\Delta v\left(\frac{\partial F_2}{\partial v}+\eta''\right)=0.$$

$\varepsilon, \varepsilon', \varepsilon'', \eta, \eta', \eta''$, 隨 $\Delta x, \Delta u, \Delta v$ 趨於零. 由是得

$$\frac{\Delta u}{\Delta x}=-\frac{\left(\frac{\partial F_1}{\partial x}+\varepsilon\right)\left(\frac{\partial F_2}{\partial v}+\eta''\right)-\left(\frac{\partial F_1}{\partial v}+\varepsilon''\right)\left(\frac{\partial F_2}{\partial u}+\eta''\right)}{\left(\frac{\partial F_1}{\partial u}+\varepsilon'\right)\left(\frac{\partial F_2}{\partial v}+\eta''\right)-\left(\frac{\partial F_1}{\partial v}+\varepsilon''\right)\left(\frac{\partial F_2}{\partial u}+\eta'\right)}.$$

當 Δx 趨於零時, Δu 與 Δv 亦然; 因之, $\varepsilon, \varepsilon', \varepsilon'', \eta, \eta', \eta''$ 皆趨於零. 然則 $\frac{\Delta u}{\Delta x}$ 有一限, 即明 u 有對於 x 之一偏紀數

$$\frac{\partial u}{\partial x}=-\frac{\dfrac{\partial F_1}{\partial x}\dfrac{\partial F_2}{\partial v}-\dfrac{\partial F_1}{\partial v}\dfrac{\partial F_2}{\partial x}}{\dfrac{\partial F_1}{\partial u}\dfrac{\partial F_2}{\partial v}-\dfrac{\partial F_1}{\partial v}\dfrac{\partial F_2}{\partial u}}.$$

同理可明 $\frac{\Delta v}{\Delta x}$ 趨於一限 $\frac{\partial v}{\partial x}$, 而由相似之公式定之. 實際運算, 此二偏紀數可由

$$\frac{\partial F_1}{\partial x}+\frac{\partial F_1}{\partial u}\,\frac{\partial u}{\partial x}+\frac{\partial F_1}{\partial v}\,\frac{\partial v}{\partial x}=0,$$

$$\frac{\partial F_2}{\partial x}+\frac{\partial F_2}{\partial u}\,\frac{\partial u}{\partial x}+\frac{\partial F_2}{\partial v}\,\frac{\partial v}{\partial x}=0.$$

二式求出. 同法得對於 y, z 之偏紀數.

致高級紀數求法, 則與唯一方程之例同. 尚有可注意者: 若有數個自變數, 則可求全微分以推出偏紀數. 例如 (21) 式所定之二元函數 u, v, 其初級全微分 du 及 dv 可由方程式

$$\frac{\partial F_1}{\partial x}dx+\frac{\partial F_1}{\partial y}dy+\frac{\partial F_1}{\partial z}dz+\frac{\partial F_1}{\partial u}du+\frac{\partial F_1}{\partial v}dv=0$$

$$\frac{\partial F_2}{\partial x}dx+\frac{\partial F_2}{\partial y}dy+\frac{\partial F_2}{\partial z}dz+\frac{\partial F_2}{\partial u}du+\frac{\partial F_2}{\partial v}dv=0$$

而得, 繼由

$$\left(\frac{\partial F_1}{\partial x}dx+\cdots\cdots+\frac{\partial F_1}{\partial v}dv\right)^{(2)}+\frac{\partial F_1}{\partial u}d^2u+\frac{\partial F_1}{\partial v}d^2v=0,$$

$$\left(\frac{\partial F_2}{\partial x}dx+\cdots\cdots+\frac{\partial F_2}{\partial v}dv\right)^{(2)}+\frac{\partial F_2}{\partial u}d^2u+\frac{\partial F_2}{\partial v}d^2v=0,$$

得 d^2v; 如是類推. 在含 $d^n u$ 與 $d^n v$ 之二方程內, 此二微分之係數所成之行列式等於札氏式 $\dfrac{D(F_1, F_2)}{D(u, v)}$. 而此式按題設原異於零.

56. 反演 (Inversion).

設自變數 $x_1, x_2\cdots\cdots, x_n$ 之 n 個函數 $u_1, u_2,\cdots\cdots, u_n$ 使札氏式 $\dfrac{\partial(u_1, u_2,\cdots\cdots, u_n)}{\partial(x_1, x_2,\cdots\cdots, x_n)}\neq0$, 則方程組

(23) $\qquad u_1=\phi_1(x_1, x_2,\cdots\cdots, x_n),\cdots\cdots, \qquad u_n=\phi_n(x_1, x_2,\cdots\cdots, x_n)$

亦確定 $x_1, x_2,\cdots\cdots, x_n$ 為 $u_1, u_2,\cdots\cdots u_n$ 之 n 個函數. 蓋如 $x^0_1, x^0_2,\cdots\cdots, x^0_n$ 為不使扎氏式為零之一組值, 則命 $u^0_1, u^0_2,\cdots\cdots, u^0_n$ 為 $u_1, u_2,\cdots\cdots, u_n$ 之相當值, 準普通定理便有一組函數

$$x_1=\psi_1(u_1, u_2,\cdots\cdots, u_n)\cdots\cdots, \qquad x_n=\psi_n(u_1, u_2,\cdots\cdots, u_n)$$

合於 (23) 而於 $u_1,=u^0_1,\cdots\cdots, u_n=u^0_n$ 時, 依次以 $x^0_1,\cdots\cdots, x^0_n$ 為值, 是為 $\phi_1,\cdots\cdots, \phi_n$ 之 <u>反函數</u> (inverses), 而演算手續稱曰 <u>反演</u>.

欲得反函數之紀數,只須引用普通求微分法.例如

$$u = f(x, y), \qquad v = \phi(x, y).$$

吾等有

$$du = \frac{\partial f}{\partial x}dx + \frac{\partial f}{\partial y}dy, \qquad dv = \frac{\partial \phi}{\partial x}dx + \frac{\partial \phi}{\partial y}dy;$$

就此二式解出 dx 與 dy 即反函數之微分

$$dx = \frac{\dfrac{\partial \phi}{\partial y}du - \dfrac{\partial f}{\partial y}dv}{\dfrac{\partial f}{\partial x}\dfrac{\partial \phi}{\partial y} - \dfrac{\partial f}{\partial y}\dfrac{\partial \phi}{\partial x}}, \qquad dy = \frac{-\dfrac{\partial \phi}{\partial x}du + \dfrac{\partial f}{\partial x}\partial v}{\dfrac{\partial f}{\partial x}\dfrac{\partial \phi}{\partial y} - \dfrac{\partial f}{\partial y}\dfrac{\partial \phi}{\partial x}}.$$

於是得公式

$$\frac{\partial x}{\partial u} = \frac{\dfrac{\partial \phi}{\partial y}}{\dfrac{\partial f}{\partial x}\dfrac{\partial \phi}{\partial y} - \dfrac{\partial f}{\partial y}\dfrac{\partial \phi}{\partial x}}, \qquad \frac{\partial x}{\partial v} = \frac{-\dfrac{\partial f}{\partial y}}{\dfrac{\partial f}{\partial x}\dfrac{\partial \phi}{\partial y} - \dfrac{\partial f}{\partial y}\dfrac{\partial \phi}{\partial x}}.$$

$$\frac{\partial y}{\partial u} = \frac{-\dfrac{\partial \phi}{\partial x}}{\dfrac{\partial f}{\partial x}\dfrac{\partial \phi}{\partial y} - \dfrac{\partial f}{\partial y}\dfrac{\partial \phi}{\partial x}}, \qquad \frac{\partial y}{\partial v} = \frac{\dfrac{\partial f}{\partial x}}{\dfrac{\partial f}{\partial x}\dfrac{\partial \phi}{\partial y} - \dfrac{\partial f}{\partial y}\dfrac{\partial \phi}{\partial x}}.$$

57. 空間線之切線.

設一曲線 C 由聯立二方程式:

(24)
$$\begin{cases} F_1(x, y, z) = 0 \\ F_2(x, y, z) = 0 \end{cases}$$

表之. 取線上一點 $M_0(x_0, y_0, z_0)$ 使

$$\frac{\partial(F_1, F_2)}{\partial(y, z)}, \qquad \frac{\partial(F_1, F_2)}{\partial(z, x)}, \qquad \frac{\partial(F_1, F_2)}{\partial(x, y)}$$

三扎氏式至少有其一不於此點爲零;如係 $\left[\dfrac{\partial(F_1, F_2)}{\partial(y, z)}\right]_0 \neq 0$, 則自 (24) 式得

$$y = \phi(x), \qquad z = \psi(x)$$

ϕ 與 ψ 爲 x 之連續函數,於 $x = x_0$ 順次變爲 y_0 與 z_0. 若是曲線 C 於 M_0 點之切線由

$$\frac{X - x_0}{1} = \frac{Y - y_0}{\phi'(x_0)} = \frac{Z - z_0}{\psi'(x_0)}$$

表之. 紀數 $\phi'(x)$ 與 $\psi'(x)$ 則由次列二方程式定之

$$\frac{\partial F_1}{\partial x} + \frac{\partial F_1}{\partial y}\phi'(x) + \frac{\partial F_1}{\partial z}\psi'(x) = 0,$$

$$\frac{\partial F_2}{\partial x} + \frac{\partial F_2}{\partial y}\phi'(x) + \frac{\partial F_2}{\partial z}\psi'(x) = 0.$$

若於此二式中令 $x = x_0,\, y = y_0,\, z = z_0$ 並以 $\dfrac{Y - y_0}{X - x_0},\, \dfrac{Z - z_0}{X - x_0}$ 依次代 $\phi'(x_0),\, \psi'(x_0)$, 則切線方程式尚可書作

$$(25) \quad \begin{cases} \left(\dfrac{\partial F_1}{\partial x}\right)_0 (X - x_0) + \left(\dfrac{\partial F_1}{\partial y}\right)_0 (Y - y_0) + \left(\dfrac{\partial F_1}{\partial z}\right)_0 (Z - z_0) = 0, \\[2mm] \left(\dfrac{\partial F_2}{\partial x}\right)_0 (X - x_0) + \left(\dfrac{\partial F_2}{\partial y}\right)_0 (Y - y_0) + \left(\dfrac{\partial F_2}{\partial z}\right)_0 (Z - z_0) = 0. \end{cases}$$

或

$$(26) \quad \frac{X - x_0}{\left[\dfrac{\partial(F_1, F_2)}{\partial(y, z)}\right]_0} = \frac{Y - y_0}{\left[\dfrac{\partial(F_1, F_2)}{\partial(z, x)}\right]_0} = \frac{Z - z_0}{\left[\dfrac{\partial(F_1, F_2)}{\partial(x, y)}\right]_0}.$$

所得結果於幾何上之情形甚易說明: 方程式 (24) 表示二曲面 S_1, S_2, 其交線即 C. 方程式 (25) 則表示此二曲面於 M_0 點之二切面,以使 C 於 M_0 之切線爲此二切面之交線.

若三個扎氏式皆於 M_0 點等於零,則所得公式不復合理,於此情形,(25) 兩方程式變爲一式而 S_1, S_2 相切於 M_0 點,通常此二曲面之交線由過 M_0 之數分支合成.

II. 函數行列式

58. 特性.

函數行列式,或扎氏式之名已見於前,且已顯其重要; 今更進而論之. 扎氏式於多元函數上之作用,頗類紀數之於單元函數者,吾等於隱函數理所窺見者,其一端也. 茲更舉述其他特性於次.

I. 欲單元函數 $f(x)$ 爲常數,必須而即須紀數 $f'(x) \equiv 0$. 今於多元函數,則有類似之定理如:

定理. 命 $u_1, u_2, \cdots\cdots, u_n$ 爲 n 個自變數 $x_1, x_2, \cdots\cdots, x_n$ 之 n 個函數;欲於此 n 個函數間,有一與 $x_1, x_2, \cdots\cdots, x_n$ 諸變數無涉之關係,必須而即須扎氏式 $\dfrac{\partial(u_1, u_2, \cdots\cdots, u_n)}{\partial(x_1, x_2, \cdots\cdots, x_n)}$ 恆等於零.

證: 1° 條件爲必須者. 爲簡便計,試取三個自變數之三個函數:

(27) $\qquad X = f_1(x_1, y_1, z)$, $\quad Y = f_2(x, y, z)$, $\quad Z = f_3(x, y, z)$.

而設其爲連續並有連續偏紀數論之. 假設扎氏式

$$\frac{\partial(f_1, f_2, f_3)}{\partial(x, y, z)}$$

非恆等於零;如特別對於 $x = a_0$, $y = y_0$, $z = z_0$, 異於零而命 X_0,

Y_0, Z_0 爲 X, Y, Z 相應之值,則吾等據 54 節定理,可求得一正數 h 使對於合

(28)
$$X_0 - h \leqq X \leqq X_0 + h,$$
$$Y_0 - h \leqq y \leqq Y_0 + h,$$
$$Z_0 - h \leqq Z \leqq Z_0 + h$$

條件之一組數值 X, Y, Z, 有合於(27)之一組數值 x, y, z 以應之. 若是,函數 f_1, f_2, f_3 之值在區域(28)內爲任意者,而於其間不能有所言關係.

注意. 同理可證明欲於 X, Y 間有一關係,必須 $\dfrac{\partial(X, Y)}{\partial(x, y)}$, $\dfrac{\partial(X, Y)}{\partial(y, z)}$, $\dfrac{\partial(X, Y)}{\partial(z, x)}$ 三札氏式恆等於零; 推廣言之,欲含 $n+p$ 個自變數 $x_1, x_2, \cdots\cdots, x_{n+p}$ 之 n 個函數 $u_1, u_2, \cdots\cdots, u_n$ 間有一關係,必須下列各札氏式恆等於零:

$$\frac{\partial(u_1, u_2, \cdots\cdots, u_n)}{\partial\, x_{a_1}, x_{a_2}, \cdots\cdots, x_{a_n})}$$

式中 $a_1, a_2, \cdots\cdots, a_n$ 爲前 $n+p$ 個正整數中之任 n 個數.

2°. 條件爲卽須者, 試就一組含四個自變數之四個函數

(29)
$$\begin{cases} X = f_1(x, y, z, t), \\ Y = f_2(x, y, z, t), \\ Z = f_3(x, y, z, t) \\ T = f_4(x, y, z, t) \end{cases}$$

論之. 設

$$J \equiv \frac{\partial(f_1, f_2, f_3, f_4)}{\partial(x, y, z, t)} \equiv \begin{vmatrix} \dfrac{\partial f_1}{\partial x} & \dfrac{\partial f_1}{\partial y} & \dfrac{\partial f_1}{\partial z} & \dfrac{\partial f_1}{\partial t} \\[2mm] \dfrac{\partial f_2}{\partial x} & \dfrac{\partial f_2}{\partial y} & \dfrac{\partial f_2}{\partial z} & \dfrac{\partial f_2}{\partial t} \\[2mm] \dfrac{\partial f_3}{\partial x} & \dfrac{\partial f_3}{\partial y} & \dfrac{\partial f_3}{\partial z} & \dfrac{\partial f_3}{\partial t} \\[2mm] \dfrac{\partial f_4}{\partial x} & \dfrac{\partial f_4}{\partial y} & \dfrac{\partial f_4}{\partial z} & \dfrac{\partial f_4}{\partial t} \end{vmatrix} \equiv 0.$$

先設此行列式之初級 子式 (minors) 至少有其一不恆等於零

如爲 $\delta = \dfrac{\partial(f_1, f_2, f_3)}{\partial(x, y, z)}$, 則由 (29) 前三式得

(30)　　$x = \phi_1(X, Y, Z, t), \ y = \phi_2(X, Y, Z, t), \ z = \phi_3(X, Y, Z, t).$

以之代於第四式則有

(31)　　　　　$T = f_4(\phi_1, \phi_2, \phi_3, t) = F(X, Y, Z, t).$

　吾謂此函數 F 不含變數 t, 卽云 $\dfrac{\partial F}{\partial t} \equiv 0.$ 蓋

(32)　　　$\dfrac{\partial F}{\partial t} = \dfrac{\partial f_4}{\partial x}\dfrac{\partial \phi_1}{\partial t} + \dfrac{\partial f_4}{\partial y}\dfrac{\partial \phi_2}{\partial t} + \dfrac{\partial f_4}{\partial z}\dfrac{\partial \phi_3}{\partial t} + \dfrac{\partial f_4}{\partial t};$

又紀數 $\dfrac{\partial \phi_1}{\partial t} \ \dfrac{\partial \phi_2}{\partial t} \ \dfrac{\partial \phi_3}{\partial t}$ 由

(33)　$\begin{cases} \dfrac{\partial f_1}{\partial x}\dfrac{\partial \phi_1}{\partial t} + \dfrac{\partial f_1}{\partial y}\dfrac{\partial f_1}{\partial t} + \dfrac{\partial f_1}{\partial z}\dfrac{\partial \phi_1}{\partial t} + \dfrac{\partial f_1}{\partial t} = 0 \\[3mm] \dfrac{\partial f_2}{\partial x}\dfrac{\partial \phi_2}{\partial t} + \dfrac{\partial f_2}{\partial y}\dfrac{\partial \phi_2}{\partial t} + \dfrac{\partial f_2}{\partial z}\dfrac{\partial \phi_2}{\partial t} + \dfrac{\partial f_2}{\partial t} = 0 \\[3mm] \dfrac{\partial f_3}{\partial x}\dfrac{\partial \phi_3}{\partial t} + \dfrac{\partial f_3}{\partial y}\dfrac{\partial \phi_3}{\partial t} + \dfrac{\partial f_3}{\partial z}\dfrac{\partial \phi_3}{\partial t} + \dfrac{\partial f_3}{\partial} = 0 \end{cases}$

三式而定. 察 (32) 與 (33) 四式合成一組對於 $\dfrac{\partial \phi_1}{\partial t}, \dfrac{\partial \phi_2}{\partial t}, \dfrac{\partial \phi_3}{\partial t}, \dfrac{\partial \phi_4}{\partial t}$

之一次方程式; 由此易得 $\dfrac{\partial F}{\partial t}$ 之值如次: 於行列式 J 內以 $\dfrac{\partial \phi_1}{\partial t}$

乘第一行 $\dfrac{\partial \phi_2}{\partial t}$ 乘第二行, $\dfrac{\partial \phi_3}{\partial t}$ 乘第三行而加於第四行, 則準

(32) 得 $J = \delta \dfrac{\partial F}{\partial t}$. 夫 J 等於零, 而 δ 異於零, 是則 $\dfrac{\partial F}{\partial t}$ 當等於零, 明

所欲證; 而於 X, Y, Z, T 四函數間, 有一形爲

$$T = F(X, Y, Z)$$

之關係.

　　吾等可注意於此四函數間, 不能另有一與 x, y, z, t 無涉

之關係. 否則, 將得一 X, Y, Z 三函數間之一關係, 而 δ 爲零矣.

　　今設 J 之第一級子式盡恆等於零, 而二級子式中至少有

其一非恆等於零, 譬爲 $\delta' = \dfrac{\partial(f_1, f_2)}{\partial(x, y)}$, 則由 (29) 前二式得

$$x = \phi_1(X, Y, z, t) \qquad y = \phi_2(X, Y, z, t);$$

因之

$$Z = f_3(x, y, z, t) = F_1(X, Y, z, t), \qquad T = F_2(X, Y, z, t).$$

吾謂此二式不含 z 與 t, 譬如可證 $\dfrac{\partial F}{\partial t} = 0$. 自

$$\frac{\partial F_1}{\partial t} = \frac{\partial f_3}{\partial x}\,\frac{\partial \phi_1}{\partial t} + \frac{\partial f_3}{\partial y}\,\frac{\partial \phi_2}{\partial t} + \frac{\partial f_3}{\partial t},$$

$$0 = \frac{\partial f_1}{\partial x}\,\frac{\partial \phi_1}{\partial t} + \frac{\partial f_1}{\partial y}\,\frac{\partial \phi_2}{\partial t} + \frac{\partial f_1}{\partial t},$$

$$0 = \frac{\partial f_2}{\partial x}\,\frac{\partial \phi_1}{\partial t} + \frac{\partial f_2}{\partial y}\,\frac{\partial \phi_2}{\partial t} + \frac{\partial f_2}{\partial t}$$

三式可如前得

$$\frac{\partial(f_1, f_2, f_3)}{\partial(x, y, t)} = \delta' \frac{\partial F_1}{\partial t},$$

卽見 $\frac{\partial F_1}{\partial t} = 0$ 也. 同理可明 $\frac{\partial F_1}{\partial z} = 0$, $\frac{\partial F_2}{\partial z} = 0$, $\frac{\partial F_2}{\partial t} = 0$, 是則於 X,

Y, Z, T 四函數間,有相異之關係二:

$$Z = F_1(X, Y), \qquad T = F_2(X, Y);$$

此外則無,否則將得 X, Y 間之一關係而 $\frac{\partial(X, Y)}{\partial(x, y)} = 0$ 矣.

又若 J 之第二級子式盡爲零,但 X, Y, Z, T 四函數不盡爲常數,則同理可明其中三數各爲第四數之函數.

上之理論顯然合於通例,而吾人可言:**凡含 n 個自變數 $x_1, x_2, \cdots\cdots, x_n$ 之 n 個函數 $F_1, F_2, \cdots\cdots, F_n$, 若其札氏式爲零,並含有 $n-r+1$ 行之各子式亦然,但含有 $n-r$ 行者至少有其一異於零,則於此 n 數函間,適有 r 個相異之關係,其中 r 可寫爲其餘 $n-r$ 個之函數,但於此 $n-r$ 個間則絕無關係.**

仿上可證明次理:

定理. 欲於含 $n+p$ 個自變數之 n 個函數間有一與自變無涉之關係,必須並卽須此 n 個函數對於任意 n 個自變數之札氏式概等於零.

應用. 此定理頗重要,引及之處甚多. 茲舉一例以示其用. 命 $f(x)$ 表以 $\frac{1}{x}$ 爲紀數並 $f(1) = 0$ 之一函數,而設

$$u = f(x) + f(y), \qquad v = xy.$$

於此

94

$$\frac{\partial(u, y)}{\partial(x, y)} = \begin{vmatrix} \dfrac{1}{x}, & \dfrac{1}{y} \\[2mm] y & x \end{vmatrix} = 0.$$

準上述定理,當有 $u = \phi(v)$, 即

$$f(x) + f(y) = \phi(xy).$$

欲定 ϕ, 只須令 $y = 1$. 於是有 $f(x) = \phi(x)$. 而

$$f(x) + f(y) = f(xy).$$

是乃對數函數之基本特性. 可知此特性若未前知. 則將由札氏式理闡明焉.

  II. 對於函數的函數之紀數公式,札氏式亦有類似之公式. 命 $F_1, F_2, \cdots\cdots, F_n$ 爲一組含 n 個變數 $u_1, u_2, \cdots\cdots, u_n$, 之 n 個函數,而 $u_1, u_2, \cdots\cdots, u_n$ 又爲含 $x_1, x_2, \cdots\cdots, x_n$ n 個自變數函數之函數則有公式:

(34) $\dfrac{\partial(F_1, F_2, \cdots\cdots, F_n)}{\partial(x_1, x_2, \cdots\cdots, x_n)} = \dfrac{\partial(F_1, F_2, \cdots\cdots, F_n)}{\partial(u_1, u_2, \cdots\cdots, u_n)} \cdot \dfrac{\partial(u_1, u_2, \cdots\cdots, u_n)}{\partial(x_1, x_2, \cdots\cdots, x_n)}$

證：公式右端可書作:

$$\begin{vmatrix} \dfrac{\partial F_1}{\partial u_1} & \dfrac{\partial F_1}{\partial u_2} \cdots\cdots \dfrac{\partial F_1}{\partial u_n} \\ \cdots\cdots\cdots\cdots\cdots\cdots \\ \dfrac{\partial F_n}{\partial u_1} & \dfrac{\partial F_n}{\partial u_2} \cdots\cdots \dfrac{\partial F_n}{\partial u_n} \end{vmatrix} \times \begin{vmatrix} \dfrac{\partial u_1}{\partial x_1} & \dfrac{\partial u_2}{\partial x_1} \cdots\cdots \dfrac{\partial u_n}{\partial x_1} \\ \cdots\cdots\cdots\cdots\cdots\cdots \\ \dfrac{\partial u_1}{\partial x_n} & \dfrac{\partial u_2}{\partial x_n} \cdots\cdots \dfrac{\partial u_n}{\partial x_n} \end{vmatrix}$$

其積式之第一元等於

$$\frac{\partial F_1}{\partial u_1} \frac{\partial u_1}{\partial x_1} + \frac{\partial F_1}{\partial u_2} \frac{\partial u_2}{\partial x_1} + \cdots\cdots + \frac{\partial F}{\partial u_n} \frac{\partial u_n}{\partial x_1},$$

即 $\dfrac{\partial F_1}{\partial x_1}$；而於他元，其理亦同．明所欲證．

　III．　湊合函數之紀數公式亦可推及於札氏式．例有 x，y, z 三變數之函數 u, v 而 x, y, z 又爲 ξ, η 二自變數之函數，則有

$$\frac{\partial(u, v)}{\partial(\xi, \eta)} = \frac{\partial(u, v)}{\partial(x, y)} \frac{\partial(x, y)}{\partial(\xi, \eta)} + \frac{\partial(u, v)}{\partial(y, z)} \frac{\partial(y, z)}{\partial(\xi, \eta)} + \frac{\partial(x, y)}{\partial(z, x)} \frac{\partial(z, x)}{\partial(\xi, \eta)}.$$

此式不難證明，並易推廣．

III.　變 數 之 更 換

於分析上問題，每須更換變數；倘式中含有紀數，則吾等應能以函數對新變數之紀數，表顯其對舊變數之紀數．欲解此問題，按理只須根據湊合函數與隱函數之求紀規則演之．但實際運算，亦有準繩．茲舉問題之重要者分述之．

　59.　題問 I.

　設函數 $y = f(x)$ 而取新變數 t，由 $x = \phi(t)$ 關係連於舊變數 x；求 y 對於 t 之諸級紀數表顯 y 對於 x 之諸級紀數．

以 $\phi(t)$ 代 x 有 $y = f[\phi(t)]$，而

$$\frac{dv}{dt} = \frac{dy}{dx} \cdot \phi'(t).$$

由此得

(34)
$$y'_x = \frac{y'_t}{\phi'(t)} = \frac{dy}{dt} : \frac{dx}{dt}.$$

是則欲得 y 對於 x 之紀數，可取 y 對於 t 之紀數，而以 x 對於

t 之紀數除之.

二級紀數則可就 (34) 式依此規則求之. 如是得

$$y''_{x^2} = \frac{\dfrac{d}{dt}(y'x)}{\phi'(t)} = \frac{y''_{t^2}\phi'(t) - y'_t\phi''(t)}{[\phi'(t)]^3}.$$

同法可求三級紀數; 推之可求 n 級紀數. 吾等可注意 $y_{x^n}^{(n)}$ 顯然由 $\phi'(t), \phi''(t), \cdots\cdots \phi^{(n)}(t)$ 及 $y'_t{}^1, y''_t{}^2, \cdots\cdots y_t^{(n)}{}^n$ 表之.

上列結果尤可書爲形較對稱之式如次: 命 dx, dy, d^2y, $\cdots\cdots$ 表 x, y 對於 t 之微分, 則有

(35)
$$\begin{cases} y'_x = \dfrac{dy}{dx}, \\[2mm] y''_{x^2} = \dfrac{dx\,d^2y - dy\,d^2x}{dx^3} \end{cases}$$

例如曲線 $y = F(x)$ 於一點 (x, y) 之弧半徑爲 $R = (1+y'^2)^{\frac{3}{2}} /$ $|y''|$; 今若曲線之方程式爲

$$x = f(t), \qquad y = \phi(t),$$

則準公式 (35), 得

$$R = \frac{(dx^2 + dy^2)^{\frac{3}{2}}}{|\,dx\,d^2y - dy\,d^2x\,|}.$$

60. 問題 II.

設函數 $y = F(x)$. 命

(37)
$$x = f(t, u), \qquad y = \phi(t, u),$$

則原式變爲 $u = \phi(t)$; 試求 $\dfrac{dy}{dx}, \dfrac{d^2y}{dx^2}, \cdots\cdots$ 對於 t, u, 及 $\dfrac{du}{dt}, \cdots\cdots$ 之值.

此題可化歸前題解決,蓋設想以 $\phi(t)$ 代 u 於 (37), 而後視 x 與 y 爲 t 之湊合函數,則情形卽與上同. 於是有

$$\frac{dy}{dx} = \frac{dy}{dt} : \frac{dx}{dt} = \frac{\frac{\partial\phi}{\partial t} + \frac{\partial\phi}{\partial u}\frac{du}{dt}}{\frac{\partial f}{\partial t} + \frac{\partial f}{\partial u}\frac{du}{dt}};$$

繼有

$$\frac{d^2y}{dx^2} = \frac{d}{dt}\left(\frac{dy}{dx}\right) : \frac{dx}{dt}$$

$$= \frac{\left(\frac{\partial f}{\partial t} + \frac{\partial f}{\partial u}\frac{\partial u}{\partial t}\right)\left[\frac{\partial^2\phi}{\partial t^2} + 2\frac{\partial^2\phi}{\partial u\partial t}\frac{du}{dt} + \cdots\cdots\right] - \left(\frac{\partial\phi}{\partial t} + \cdots\cdots\right)\left[\frac{\partial^2 f}{\partial t^2} + \cdots\cdots\right]}{\left(\frac{\partial f}{\partial t} + \frac{\partial f}{\partial u}\frac{du}{dt}\right)^3}.$$

普通 $\frac{d^n y}{dx^n}$ 由 t, u 及 $\frac{du}{dt}$, $\frac{d^2u}{dt^2}$, $\cdots\cdots$, $\frac{d^n u}{dt^n}$ 表之.

例有一曲線於極位標以 $\rho = f(\theta)$ 爲方程式; 命 x, y 表一點之正交位標,則有

$$x = \rho\cos\theta, \qquad y = \rho\sin\theta,$$

若取 θ 爲自變數,則由此二式得

$$dx = \cos\theta\, d\rho - \rho\sin\theta\, d\theta,$$

$$dy = \sin\theta\, d\rho + \rho\cos\theta\, d\theta,$$

$$d^2x = \cos\theta\, d^2\rho - 2\sin\theta\, d\theta\, d\rho - \rho\cos\theta\, d\theta^2,$$

$$d^2y = \sin\theta\, d\theta\, d^2\rho - 2\cos\theta\, d\theta\, d\rho - \rho\sin\theta\, d\theta^2;$$

因之

$$dx^2 + dy^2 = d\rho^2 + \rho^2 d\theta^2.$$

$$dx\, d^2y - dy\, d^2x = 2d\theta\, d\rho^2 - \rho\, d\theta\, d^2\rho + \rho^2 d\theta^3$$

而弧半徑之公式變爲:

$$(38) \qquad R = \pm \frac{(\rho^2 + \rho'^2)^{\frac{3}{2}}}{\rho^2 + 2\rho'^2 - \rho\rho''}.$$

61. 平曲線之變易 (Transformation of place curves).

設於平面上每點 m, 吾等準一作圖法規定他一點 M 與之相應. 若命 x, y 爲 m 之經緯標並 X, Y 爲 M 者, 則有二關係如

$$(39) \qquad X = f(x, y), \qquad Y = \phi(x, y),$$

此二式確定一種所謂之 <u>點性變易</u> (point transformation); 幾何上之投射變易 (projective transformation), 反演 (inversion) 等卽其例也. 當 m 作一曲線 c 時, M 別作一曲線 C, 其性狀由 c 之性狀及變易之類別而定. 命 $y', y'', \cdots\cdots$ 表 y 對於 x 之諸級紀數, 而 $X', Y'', \cdots\cdots$ 表 Y 對於 X 者, 則欲討論曲線 C, 須能以 x, y, y', y'', 表示 $\cdots\cdots Y', Y'', \cdots\cdots$. 此適上所討論者也. 吾人有

$$Y' = \frac{\dfrac{dY}{dx}}{\dfrac{dX}{dx}} = \frac{\dfrac{\partial \phi}{\partial x} + \dfrac{\partial \phi}{\partial y}y'}{\dfrac{\partial f}{\partial x} + \dfrac{\partial f}{\partial y}y'}$$

$$Y'' = \frac{\dfrac{dY'}{dx}}{\dfrac{dX}{dx}} = \frac{\left(\dfrac{\partial f}{\partial x} + \dfrac{\partial f}{\partial y}y'\right)\left(\dfrac{\partial^2 \phi}{\partial x^2} + \cdots\cdots\right) - \left(\dfrac{\partial \phi}{\partial x} + \dfrac{\partial \phi}{\partial y}y'\right)\left(\dfrac{\partial^2 f}{\partial x^2} + \cdots\cdots\right)}{\left(\dfrac{\partial f}{\partial x} + \dfrac{\partial f}{\partial y}y'\right)^3}$$

吾等可注意 Y' 僅含有 x, y, y'; 然則若取相切於 (x, y) 點之二曲線 c 與 c', 而同施以 (39) 之變易, 則化成之二曲線 C 與 C', 亦將互切於相當點 (X, Y). 據此則欲定 C 於某點之切線, 吾

人得代 C 以他一線 C'; 僅須 C' 切 C 於是點即可. 請舉一例: 公式

$$(40) \qquad X = \frac{h^2 x}{x^2 + y^2}, \qquad Y = \frac{h^2 y}{x^2 + y^2}.$$

確定之變易爲一反演, 或一<u>互徑變易</u> (transformation of reciprocal radii) 以原點爲其極. 設 m 爲曲線 c 之一點, 並 M 爲 C 之相當點. 欲定 C 於 M 之切線吾人可以 c 於 M 點之切線 mt 代 c 以定之. 按幾何理, 知 mt 直線由反演而成之形爲過 Q 與 M 二點之圓, 其心 A 位於 mt 之 ot 垂線上. 於是引 AM 於 M 之垂線, 即得所求切線 MT, 而 MT 與 mt 成<u>逆平行</u> (antiparallel).

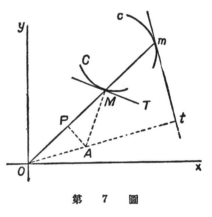

第 7 圖

62. 切性變易 (Contact transformations).

上節所論變易, 可以化相切之二線爲相切之二線, 然有此特性之變易, 不限於此也. 茲往論其他更普通者, 設對於 c 之一點 m, 吾人以一作圖法定一點 M. 假令 M 點之位置不僅因 m 之位置而定, 且與 m 點之切線有關, 則變易公式將呈下形

$$(41) \qquad X = f(x, y, y') \qquad Y = \phi(x, y, y'),$$

而變成之曲線,其切線斜率爲:

$$\frac{dY}{dX} = \frac{\frac{\partial\phi}{\partial x} + \frac{\partial\phi}{\partial y}y' + \frac{\partial\phi}{\partial y'}y''}{\frac{\partial f}{\partial x} + \frac{\partial f}{\partial y}y' + \frac{\partial f}{\partial y'}y''},$$

普通 Y' 含有 x, y, y', y'', 四變數, 若對於相切於 (x, y) 之二曲線 c 與 c' 作 (41) 之變易, 則得二曲線 C 與 C'. 斯二線有一公點 (X, Y), 但通常不於是點相切; 因 Y'' 對於 C 與 C' 二線不必有相等之值也. 欲 C 與 C' 常相切, 必須而即須 Y' 不含 y'', 即有

$$\frac{\partial f}{\partial y'}\left(\frac{\partial\phi}{\partial x} + \frac{\partial\phi}{\partial y}y'\right) = \frac{\partial\phi}{\partial y'}\left(\frac{\partial f}{\partial x} + \frac{\partial f}{\partial y}y'\right).$$

凡合於此條件之變易, 是爲**切性變易.**

例如**勒氏變易** (Legendre's transformation):

$$X = y' \qquad Y = xy' - y,$$

即係一切性變易. 蓋由上式得 Y' 之值爲

$$Y' = \frac{dy}{dx} = \frac{xy''}{y''} = x$$

確與 y'' 無關. 又由前二式有

$$x = Y', \qquad y = XY', \qquad y' = X.$$

可見此變易爲有逆性者.

63. 問題 III.

設二元函數 $U = f(x, y)$; 取新自變數 u, v 而由

$$x = \phi(u, v) \qquad y = \phi(u, v)$$

關係連於舊者, 試求以 u, v 及 $\dfrac{\partial U}{\partial u}, \dfrac{\partial U}{\partial v}$ 表 $\dfrac{\partial U}{\partial x}, \dfrac{\partial U}{\partial y}$,

設想在 U 內, x, y 由其對於 u, v 之值代入, 則按湊合函數求紀數法, 得

$$\frac{\partial U}{\partial u} = \frac{\partial U}{\partial x}\frac{\partial \phi}{\partial u} + \frac{\partial U}{\partial y}\frac{\partial \psi}{\partial u},$$

$$\frac{\partial U}{\partial v} = \frac{\partial U}{\partial y}\frac{\partial \phi}{\partial v} + \frac{\partial U}{\partial y}\frac{\partial \psi}{\partial v}.$$

吾等可由此二式解出 $\dfrac{\partial U}{\partial u}, \dfrac{\partial U}{\partial y}$. 蓋 $\dfrac{\partial(\phi, \psi)}{\partial(u, v)}$ 當異於零, 否則變易無意義矣. 然則

$$(42) \quad \begin{cases} \dfrac{\partial U}{\partial x} = A\dfrac{\partial U}{\partial u} + B\dfrac{\partial U}{\partial v} \\[2mm] \dfrac{\partial U}{\partial y} = C\dfrac{\partial U}{\partial u} + B\dfrac{\partial U}{\partial v} \end{cases}$$

$(A, B, C, D$ 爲 u, v 之函數$)$ 而對於初級紀數之問題以決.

欲求二級紀數, 只須將 (42) 二式所示之法轉用於初級紀數卽得. 如是有

$$\frac{\partial^2 U}{\partial x^2} = \frac{\partial}{\partial x}\Big(\frac{\partial U}{\partial x}\Big) = \frac{\partial}{\partial x}\Big(A\frac{\partial U}{\partial u} + B\frac{\partial U}{\partial v}\Big)$$

$$= A\frac{\partial}{\partial u}\Big(A\frac{\partial U}{\partial u} + B\frac{\partial U}{\partial v}\Big) + B\frac{\partial}{\partial v}\Big(A\frac{\partial U}{\partial u} + B\frac{\partial U}{\partial v}\Big)$$

$$= A\Big(A\frac{\partial^2 U}{\partial u^2} + B\frac{\partial^2 U}{\partial u\partial v} + \frac{\partial A}{\partial u}\frac{\partial U}{\partial u} + \frac{\partial B}{\partial u}\frac{\partial U}{\partial v}\Big)$$

$$+ B\Big(A\frac{\partial^2 U}{\partial u\partial v} + B\frac{\partial^2 U}{\partial v^2} + \frac{\partial A}{\partial v}\frac{\partial U}{\partial u} + \frac{\partial B}{\partial v}\frac{\partial U}{\partial v}\Big).$$

同法得 $\dfrac{\partial^2 U}{\partial x\partial y}$ 與 $\dfrac{\partial^2 U}{\partial y^2}$ 以及更高級之紀數. 於運算中, 凡 $\dfrac{\partial}{\partial x}$ 及

$\dfrac{\partial}{\partial y}$ 手續順次由

$$A\frac{\partial}{\partial u}+B\frac{\partial}{\partial v}, \qquad C\frac{\partial}{\partial u}+D\frac{\partial}{\partial y},$$

手續代之, 而問題終為求係數 A, B, C, D.

例 1. 設有方程式

(43) $$a\frac{\partial^2 U}{\partial x^2}+2b\frac{\partial^2 U}{\partial x\partial y}+c\frac{\partial^2 U}{\partial y^2}=0,$$

式中 a, b, c 為常數; 試易變數以使其形至簡. 若有 $a=c=0$, 則方程式已簡甚, 無須再變. 然則當設 a 或 c 異於零; 譬有 $c\neq 0$ 試取新變數:

$$u=x+\alpha y, \qquad v=x+\beta y,$$

α, β 為未定常數, 吾人有

$$\frac{\partial U}{\partial x}=\frac{\partial U}{\partial u}+\frac{\partial U}{\partial v},$$

$$\frac{\partial U}{\partial y}=\alpha\frac{\partial U}{\partial u}+\beta\frac{\partial U}{\partial v}.$$

則是 $A=B=1,\ C=\alpha,\ D=\beta$. 更依普通算法有

$$\frac{\partial^2 U}{\partial x^2}=\frac{\partial^2 U}{\partial u^2}+2\frac{\partial^2 U}{\partial u\partial v}+\frac{\partial^2 U}{\partial v^2},$$

$$\frac{\partial^2 U}{\partial x\partial y}=\alpha\frac{\partial^2 U}{\partial u^2}+(\alpha+\beta)\frac{\partial^2 U}{\partial u\partial v}+\beta\frac{\partial^2 U}{\partial v^2},$$

$$\frac{\partial^2 U}{\partial y^2}=\frac{\alpha^2\partial^2 U}{\partial u^2}+2\alpha\beta\frac{\partial^2 U}{\partial u\partial v}+\beta\frac{\partial^2 U}{\partial v^2}.$$

以此諸值代入方程式則得

$$(a + 2ba + c\,a^2)\frac{\partial^2 U}{\partial u^2} + 2\left[a + b(a+\beta) + c\,a\beta)\right]\frac{\partial^2 U}{\partial u \partial v}$$

$$+ (a + 2b\,\beta + c\,\beta^2)\frac{\partial^2 U}{\partial v^2} = 0.$$

茲分三種情形論之:

1°). $b^2 - ac > 0$. 取方程式

$$a + 2br + cr^2 = 0$$

之二根爲 a, β, 則方程式 (43) 變爲

$$\frac{\partial^2 U}{\partial u \partial v} = 0.$$

此式可寫作 $\frac{\partial}{\partial v}\left(\frac{\partial U}{\partial u}\right) = 0$, 是知 $\frac{\partial U}{\partial u}$ 僅爲 u 之函數如 $f(u)$ 今以 $F(u)$ 表 u 之一函數而設其紀數 $F'(u)$, 則差數 $U - F(u)$ 對於 u 之紀數爲零, 是此差數當不含 u 而有 $U = F(u) + \Phi(v)$. 反之此式合於上式明甚. 於是可斷凡合於 (43) 方程式之函數 U 呈下形

$$U = F(x + a\,y) + \Phi(x + \beta\,y).$$

2°). $b^2 - ac = 0$. 取 a 等於 $a + 2br + cr^2 = 0$ 之重根並 β 異於 a, 則 $\frac{\partial^2 U}{\partial u \partial v}$ 之係數爲零, 因其等於 $a + b\,a + \beta(b + c\,a)$ 也. 然則方程式變爲

$$\frac{\partial^2 U}{\partial v^2} = 0.$$

由此可知 U 應爲 v 之線性 (linear) 函數 $U = vf(u) + \phi(u)$, 其 $f(u)$ 與 $\phi(u)$ 爲任意函數. 恢復舊變數, 則

$$U = (x + \beta\,y)f(x + a\,y) + \phi(x + a\,y).$$

此可書作

$$U = [x + \alpha\, y + (\beta - \alpha)y]\, f(x + \alpha\, y) + \phi(x + \alpha\, y),$$

$$U = y F(x + \alpha\, y) + \Phi(x + \alpha\, y).$$

3°).　$b^2 - ac < 0$. 吾等可定 α, β 以使

$$a + 2b\,\alpha + c\,\alpha^2 = a + 2b\,\beta + c\,\beta^2.$$

$$a + b(\alpha + \beta) + c\,\alpha\beta = 0,$$

即　　　　　　$\alpha + \beta = -\dfrac{2b}{c}, \qquad \alpha\beta = \dfrac{2b^2 - ac}{c^2}.$

以 α, β 爲根之方程式

$$r^2 + \frac{2b}{c}r + \frac{2b^2 - ac}{c^2} = 0$$

果有二實根. 所設方程式 (43) 於是變爲

$$\Delta U = \frac{\partial^2 U}{\partial u^2} + \frac{\partial^2 U}{\partial v^2} = 0.$$

此方程式 $\Delta_2 U = 0$ 名曰 <u>拉卜來氏方程式</u> (Laplace's equation).

例 2.　命 x, y, z 爲三自變數而設

$$(44) \qquad \begin{cases} x = au + bv + cw \\ y = a'u + b'v + c'w, \\ z = a''u + b''v + c''w, \end{cases}$$

$a, b, \cdots\cdots$ 爲常數. 若有

$$x^2 + y^2 + z^2 = u^2 + v^2 + w^2,$$

則 (44) 確定一所謂之 <u>正交代換</u> (orthogonal substitution). 吾等知欲滿足此條件, 必須而卽須有關係

$$a^2 + a'^2 + a''^2 = \Sigma\, a^2 = 1, \quad \Sigma\, b^2 = 1, \quad \Sigma\, c^2 = 1,$$

$$ab + a'b' + a''b'' = \Sigma\, ab = 0, \quad \Sigma\, bc = 0, \quad \Sigma\, ca = 0,$$

或與之相當之關係

(45)
$$\begin{cases} a^2+b^2+c^2=\Sigma\, a^2=1, \quad \Sigma\, a'^2=1, \quad \Sigma\, a''^2=1, \\ aa'+bb'+cc'=\Sigma\, aa'=0, \quad \Sigma\, a'a''=0, \quad \Sigma\, a''a=0. \end{cases}$$

吾往施正交代換(44)於次列二量:

$$\left(\frac{\partial V}{\partial x}\right)^2+\left(\frac{\partial V}{\partial y}\right)^2+\left(\frac{\partial V}{\partial z}\right)^2,\; \frac{\partial^2 V}{\partial x^2}+\frac{\partial^2 V}{\partial y^2}+\frac{\partial^2 V}{\partial z^2}$$

<u>拉梅氏</u>(Lamé)稱此二量為函數 V 之<u>初級與二級微分參量</u>
(differential parameters)而依次以 $\Delta(V),\,\Delta_2(V)$ 表之. 吾等有

$$\frac{\partial V}{\partial u}=a\frac{\partial V}{\partial x}+a'\frac{\partial V}{\partial y}+a''\frac{\partial V}{\partial z},$$

$$\frac{\partial V}{\partial v}=b\frac{\partial V}{\partial x}+b'\frac{\partial V}{\partial y}+b''\frac{\partial V}{\partial z},$$

$$\frac{\partial V}{\partial w}=c\frac{\partial V}{\partial x}+c'\frac{\partial V}{\partial y}+c''\frac{\partial V}{\partial z};$$

$$\frac{\partial^2 V}{\partial u^2}=a\left(a\frac{\partial^2 V}{\partial x^2}+a'\frac{\partial^2 V}{\partial x\partial y}+a''\frac{\partial^2 V}{\partial x\partial z}\right)$$

$$+a'\left(a\frac{\partial^2 V}{\partial x\partial y}+a'\frac{\partial^2 V}{\partial y^2}+a''\frac{\partial^2 V}{\partial x\partial z}\right)$$

$$+a''\left(a\frac{\partial^2 V}{\partial x\partial z}+a'\frac{\partial^2 V}{\partial y^2}+a''\frac{\partial^2 V}{\partial z^2}\right)$$

$$=a^2\frac{\partial^2 V}{\partial x^2}+a'^2\frac{\partial^2 V}{\partial y^2}+a''^2\frac{\partial^2 V}{\partial z^2}$$

$$+2aa'\frac{\partial^2 V}{\partial x\partial y}+2a'a''\frac{\partial^2 V}{\partial y\partial z}+2a''a\frac{\partial^2 V}{\partial z\partial x},$$

$$\frac{\partial^2 V}{\partial v^2}=b^2\frac{\partial^2 V}{\partial x^2}+b'^2\frac{\partial^2 V}{\partial y^2}+b''^2\frac{\partial^2 V}{\partial z^2}$$

$$+ 2bb'\frac{\partial^2 V}{\partial x \partial y} + 2b'b''\frac{\partial^2 V}{\partial y \partial z} + 2b''b\frac{\partial^2 V}{\partial z \partial x},$$

$$\frac{\partial^2 V}{\partial w^2} = c^2 \frac{\partial^2 V}{\partial x^2} + c'^2 \frac{\partial^2 V}{\partial y^2} + c''^2 \frac{\partial^2 V}{\partial z^2}$$

$$+ 2cc'\frac{\partial^2 V}{\partial x \partial y} + 2c'c''\frac{\partial^2 V}{\partial y \partial z} + 2c''c\frac{\partial^2 V}{\partial z \partial x}.$$

於是將前三式平方加之且注意關係(45). 則得

$$\left(\frac{\partial V}{\partial u}\right)^2 + \left(\frac{\partial V}{\partial v}\right)^2 + \left(\frac{\partial V}{\partial w}\right)^2 = \left(\frac{\partial V}{\partial x}\right)^2 + \left(\frac{\partial V}{\partial y}\right)^2 + \left(\frac{\partial V}{\partial z}\right)^2,$$

又後三式相加得

$$\frac{\partial^2 V}{\partial u^2} + \frac{\partial^2 V}{\partial v^2} + \frac{\partial^2 V}{\partial w^2} + \frac{\partial^2 V}{\partial x^2} + \frac{\partial^2 V}{\partial y^2} + \frac{\partial^2 V}{\partial z^2}.$$

可見微分參量不因正交代換而改其形. 因是此二量於分析上有重要關係焉.

例 3. 時或演算手續可以機巧之法稍變簡單,如欲以

(46) $\qquad x = \rho \sin \theta \cos \psi, \quad y = \rho \sin \theta \sin \psi, \quad z = \rho \cos \theta.$

化 $\Delta_1(V)$ 與 $\Delta_2(V)$, 吾等可注意作變易(46)與賡續作:

$$x = r \cos \psi, \qquad y = r \sin \psi, \qquad z = z$$

及 $\qquad r = \rho \cos \theta, \qquad \psi = \psi, \qquad z = \rho \cos \theta$

二變易同

由第一變易有

$$\frac{\partial V}{\partial r} = \frac{\partial V}{\partial x} \cos \psi + \frac{\partial V}{\partial y} \sin \psi,$$

$$\frac{\partial V}{\partial \psi} = -\frac{\partial V}{\partial x} r \sin \psi + \frac{\partial V}{\partial y} r \cos \psi,$$

$$\frac{\partial^2 V}{\partial r^2} = \frac{\partial^2 V}{\partial x^2}\cos^2\psi + 2\frac{\partial^2 V}{\partial x\partial y}\cos\psi\sin\psi + \frac{\partial^2 V}{\partial y^2}\cos^2\psi,$$

$$\frac{\partial_2 V}{\partial\psi^2} = \frac{\partial^2 V}{\partial x^2}r^2\sin^2\psi - 2\frac{\partial^2 V}{\partial x\partial y}r^2\sin\psi\cos\psi + \frac{\partial^2 V}{\partial y^2}r^2\cos^2\psi$$

$$-\frac{\partial V}{\partial x}r\cos\psi - \frac{\partial V}{\partial y}r\sin\psi.$$

由是得

$$\left(\frac{\partial V}{\partial r}\right)^2 + \frac{1}{r^2}\left(\frac{\partial V}{\partial\psi}\right)^2 = \left(\frac{\partial V}{\partial x}\right)^2 + \left(\frac{\partial V}{\partial y}\right)^2,$$

$$\frac{\partial^2 V}{\partial r^2} + \frac{1}{r^2}\frac{\partial^2 V}{\partial\psi^2} + \frac{1}{r}\frac{\partial V}{\partial r} = \frac{\partial^2 V}{\partial x^2} + \frac{\partial^2 V}{\partial y^2},$$

而 $\frac{\partial V}{\partial z}$ 與 $\frac{\partial^2 V}{\partial z^2}$ 自未更改, 可知微分參量變爲

(47) $$\left(\frac{\partial V}{\partial r}\right)^2 + \frac{1}{r^2}\left(\frac{\partial V}{\partial\psi}\right)^2 + \left(\frac{\partial V}{\partial z}\right)^2$$

及

(48) $$\frac{\partial^2 V}{\partial r^2} + \frac{1}{r^2}\frac{\partial^2 V}{\partial\psi^2} + \frac{1}{r}\frac{\partial V}{\partial r} + \frac{\partial^2 V}{\partial z^2}.$$

繼施以第二變易

$$z = \rho\cos\theta, \qquad r = \rho\sin\theta, \qquad \psi = \psi,$$

則化

$$\left(\frac{\partial V}{\partial r}\right)^2 + \left(\frac{\partial V}{\partial z}\right)^2, \qquad \frac{\partial^2 V}{\partial r^2} + \frac{\partial^2 V}{\partial z^2}$$

爲 $$\left(\frac{\partial V}{\partial\rho}\right)^2 + \frac{1}{\rho^2}\left(\frac{\partial V}{\partial\rho}\right)^2, \qquad \frac{\partial^2 V}{\partial\rho^2} + \frac{1}{\rho^2}\frac{\partial^2 V}{\partial\rho^2} + \frac{1}{\rho}\frac{\partial V}{\partial\rho}$$

而 $\frac{\partial V}{\partial\psi}$ 與 $\frac{\partial^2 V}{\partial\psi^2}$ 不改.

再者, 吾等有

$$\frac{\partial V}{\partial\rho} = \frac{\partial V}{\partial z}\cos\theta + \frac{\partial V}{\partial r}\sin\theta,$$

$$\frac{\partial V}{\partial \theta} = -\frac{\partial V}{\partial z}\rho \sin\theta + \frac{\partial V}{\partial r}\rho \cos\theta,$$

而消去 $\dfrac{\partial V}{\partial z}$ 得

$$\frac{\partial V}{\partial r} = \sin\theta\,\frac{\partial V}{\partial \rho} + \frac{\cos\theta}{\rho}\,\frac{\partial V}{\partial \theta}.$$

於是將此等值代於(47)(48), 即有最後結果爲

$$(49)\quad\begin{cases}\Delta_1(V) = \left(\dfrac{\partial V}{\partial \rho}\right)^2 + \dfrac{1}{\rho^2}\left(\dfrac{\partial V}{\partial \theta}\right)^2 + \dfrac{1}{\rho^2\sin^2\theta}\left(\dfrac{\partial V}{\partial \psi}\right)^2, \\[3mm] \Delta_2(V) = \dfrac{\partial^2 V}{\partial \rho^2} + \dfrac{1}{\rho^2}\dfrac{\partial^2 V}{\partial \theta^2} + \dfrac{1}{\rho^2\sin^2\theta}\dfrac{\partial^2 V}{\partial \psi^2} + \dfrac{2}{\rho}\dfrac{\partial V}{\partial \rho} + \dfrac{\cot\theta}{\rho^2}\dfrac{\partial V}{\partial \theta}.\end{cases}$$

64. 別法.

當函數爲未知時, 上法最爲適用. 但於少數問題, 則以如次御算較佳.

設二元函數 $z = f(x, y)$, 並設 x, y, z 由二助變數 u, v 表之, 則吾等於 dx, dy, dz 間有

$$(50)\qquad\qquad dz = \frac{\partial f}{\partial x}dx + \frac{\partial f}{\partial y}dy.$$

此式與

$$\frac{\partial z}{\partial u} = \frac{\partial f}{\partial x}\frac{\partial x}{\partial u} + \frac{\partial f}{\partial y}\frac{\partial y}{\partial u},$$

$$\frac{\partial z}{\partial v} = \frac{\partial f}{\partial x}\frac{\partial x}{\partial v} + \frac{\partial f}{\partial y}\frac{\partial y}{\partial v}$$

二式相當. 由此可提出 $\dfrac{\partial f}{\partial x}$ 與 $\dfrac{\partial f}{\partial v}$ 對於 u, v, $\dfrac{\partial z}{\partial u}$, $\dfrac{\partial z}{\partial v}$ 之值亦如上法. 但欲求高級紀數, 吾等仍先求出微分關係如(50); 例如欲求 $\dfrac{\partial^2 f}{\partial x^2}$, $\dfrac{\partial^2 f}{\partial u\partial y}$, 則書

$$d\left(\frac{\partial f}{\partial x}\right) = \frac{\partial^2 f}{\partial x^2}dx + \frac{\partial^2 f}{\partial u \partial y}\,dy.$$

此與下二式當

$$\frac{\partial}{\partial u}\left(\frac{\partial f}{\partial x}\right) = \frac{\partial^2 f}{\partial x^2}\frac{\partial x}{\partial x} + \frac{\partial^2 f}{\partial x \partial y}\,\frac{\partial y}{\partial u},$$

$$\frac{\partial}{\partial v}\left(\frac{\partial f}{\partial x}\right) = \frac{\partial^2 f}{\partial x^2}\frac{\partial x}{\partial v} + \frac{\partial^2 f}{\partial x \partial y}\,\frac{\partial y}{\partial v},$$

式中設 $\dfrac{\partial f}{\partial x}$ 由適所得之值代入. 仿此由

$$d\left(\frac{\partial f}{\partial y}\right) = \frac{\partial^2 f}{\partial x \partial y}dx + \frac{\partial^2 f}{\partial y^2}dy$$

式可求 $\dfrac{\partial^2 f}{\partial x \partial y}$ 與 $\dfrac{\partial^2 f}{\partial y^2}$. 如是而得 $\dfrac{\partial^2 f}{\partial x \partial y}$ 之兩值自應相等.

應用於曲面. 設曲面 S, 其各點之位標由參變數 u, v 之函數

(51) $\qquad x = f(u, v), \qquad y = \phi(u, v), \qquad z = \psi(u, v)$

表之. 於此三式中消去 u, v, 即得 S 之尋常方程式. 但吾等欲不假此手續而直就(51)三式論之; 且消去手續, 於實際上時或不可能也, 察 $\dfrac{\partial(f, \phi)}{\partial(u, v)}, \dfrac{\partial(\phi, \psi)}{\partial(u, v)}, \dfrac{\partial(\phi, \psi)}{\partial(u, v)}$ 三式不能盡等於零; 否則, 消去 u, v 將於 x, y, z 間得判然之二關係; 於是 (x, y, z) 點之軌跡將為一曲線, 而非一曲面矣. 今設

$$\frac{\partial(f, \phi)}{\partial(u, v)} \neq 0.$$

若是吾人可設想由(51)前二式提出 u, v 以代於第三式, 而得曲面方程式 $z = F(x, y)$. 欲討論曲面上某點鄰近之情形, 吾等於是應求偏紀數 $p, q, r, s, t, \cdots\cdots$. 由關係

$$dz = pdx + qdy$$

得 p 與 q, 此式析爲次之二式

$$(52) \quad \begin{cases} \dfrac{\partial \psi}{\partial u} = p\dfrac{\partial f}{\partial u} + q\dfrac{\partial \phi}{\partial u}, \\[3mm] \dfrac{\partial \psi}{\partial v} = p\dfrac{\partial f}{\partial v} + q\dfrac{\partial \phi}{\partial v}. \end{cases}$$

解之卽得 p, q. 以其值代入

$$Z - z = p(X - x) + q(Y - y),$$

則得切面方程式

$$(53) \quad (X - x)\frac{\partial(y, z)}{\partial(u, v)} + (Y - y)\frac{\partial(z, x)}{\partial(u, v)} + (Z - z)\frac{\partial(x, y)}{\partial(u, v)} = 0.$$

旣得 $p = f_1(u, v)$, $q = f_2(u, v)$, 則由

$$dp = rdx + sdy,$$

$$dq = sdx + tdy$$

可得 r, s, t; 如是類推.

65. 問題 IV

設有

$$(54) \quad x = f(u, v, w), \quad y = \phi(u, v, w), \quad z = \psi(u, v, w);$$

於 x, y, z 間之每關係, 此三式規定 u, v, w 間一關係以應之. 試求以 u, v, w 及 w 對 u, v 之偏紀數表顯 z 對 x, y 之偏紀數.

此問題可歸入前題解決. 蓋設 w 由其對於 u, v 之值代之, 則 (54) 式卽表 x, y, z 爲二輔變數 u, v 之函數. 於是視 f, ϕ, ψ

爲 u, v 之湊合函數而 w 爲其中間函數, 卽可引用前法. 例如 p, q 乃由次二式而定

$$\frac{\partial \psi}{\partial u}+\frac{\partial \psi}{\partial w}\frac{\partial w}{\partial u}=p\Big(\frac{\partial f}{\partial u}+\frac{\partial f}{\partial w}\frac{\partial w}{\partial u}\Big)+q\Big(\frac{\partial \phi}{\partial u}+\frac{\partial \phi}{\partial w}\frac{\partial w}{\partial u}\Big),$$

$$\frac{\partial \psi}{\partial v}+\frac{\partial \psi}{\partial w}\frac{\partial w}{\partial v}=p\Big(\frac{\partial f}{\partial v}+\frac{\partial f}{\partial w}\frac{\partial w}{\partial v}\Big)+q\Big(\frac{\partial \phi}{\partial v}+\frac{\partial \phi}{\partial w}\frac{\partial w}{\partial v}\Big).$$

同法可求高級紀數.

以何幾理言之題意如次: 於空間一點 $m(x, y, z)$, 吾等可以一作圖法使他點 $M(x, y, z)$ 與之相應. 當 m 點作一曲面 S 時, M 點作一曲面 Σ. 吾等乃欲自 S 之特性推求 Σ 者.

規定變易之公式呈下形

$$X=f(x, y, z), \qquad Y=\phi(x, y, z), \qquad Z=\psi(x, y, z);$$

命

$$z=F(x, y), \qquad Z=\Phi(x, y)$$

依次爲 S, Σ 之方程式, 問題卽用 x, y, z 及 $F(x, y)$ 之偏紀數 $p, q, r, s, t, \dots$ 表 $\Phi(x, y)$ 之偏紀數 $P, Q, R, S, T, \dots$. 此正上節所論者.

紀數 P, Q 只含 x, y, z, p, q; 是則此種變易換相切之二曲面爲相切之二曲面. 然此究非具有如是特性之普通變易也. 於下更見他例.

66. 勒氏變易 (Legendre's transformation).

命 $z=f(x, y,)$ 爲一曲面 S 之方程式; 於 S 上一點 $m(x, y, z)$, 令一點 $M(X, Y, Z)$ 與之相應, 而相應情形由次式規定之:

$$X = p, \qquad Y = q, \qquad z = px + qy - z.$$

命 $Z = \Phi(X, Y)$ 為 M 點所作曲面之方程式；若設想代 z, p, q 以

$f, \dfrac{\partial f}{\partial x}, \dfrac{\partial f}{\partial y}$, 則 M 之位標 X, Y, Z 由 x, y 二變數之函數表之.

以 P, Q, R, S, T 表 $\Phi(XY)$ 之偏紀數, 則由關係得

$$dz = Pdx + Qdy$$

得
$$pd + qdy + xdp + ydq - dz = Pdp + Qdq$$

或
$$xdp + ydq = Pdp + Qdq,$$

設對於所取之曲面 S, p 與 q 與不互為函數, 則有

$$P = x, \qquad Q = y.$$

欲得 R, S, T, 則可仿上由關係式

$$dP = Rdx + Sdy,$$

$$dQ = Sdx + Tdy$$

求之. 以 X, Y, P, Q 之值代入, 則斯二式變為

$$dy = R(rdx + sdy) + S(sdx + tdy),$$

$$dy = S(rdx + sdy) + T(sdx + tdy).$$

由此得

$$Rr + Ss = 1, \qquad Rs + St = 0,$$

$$Sr + Ts = 0, \qquad Ss + Tt = 1.$$

因之

$$R = \frac{t}{rt - s^2}, \qquad C = \frac{s}{rt - s^2}, \qquad T = \frac{r}{rt - s^2}$$

由上列四式, 又可得

$$x = P, \qquad y = Q, \qquad z = PX + QY - Z,$$

$$p = X, \qquad q = Y,$$

$$r = \frac{T}{RT - S^2}, \qquad s = \frac{S}{RT - S^2}, \qquad t = \frac{R}{RT - S^2},$$

足見此變易為有逆性者 (involutory). 又因 X, Y, Z, P, Q 只含 $x, y, z, p, q,$ 可知此變易為一切性變易.

67 安培氏變易 (Ampere's transformation).

仍用孟氏偏紀數符號而命

$$X = x, \qquad Y = q, \qquad Z = qy - z;$$

關係 $dZ = PdX + Qdy$ 於此變為

$$qdy + ydq - dz = Pdx + Qdq,$$

或
$$ydq - pdx = Pdx + Qdq;$$

於是有

$$P = -p, \qquad Q = y,$$

而
$$x = X, \qquad y = Q, \qquad z = QY - Z$$

$$p = -P, \qquad q = Y,$$

可見安氏變易仍為切性的有逆性的. 繼由

$$dP = RdX + SdY$$

得
$$-rdx - sdy = Rdx + S(sdx + tdy)$$

即
$$R + Ss = -r, \qquad St = -s,$$

$$R = \frac{s^2 - rt}{t}, \qquad S = -\frac{s}{t};$$

又由
$$dQ = SdX + TdY$$

可 求 得 $$T = \frac{1}{t}.$$

而 反 之

$$r = \frac{S^2 - RT}{T}, \qquad s = -\frac{S}{T}, \qquad t = \frac{1}{T}.$$

習 題

1. 求次列各隱函數之紀數:

(a) $y^m = (a^2 - x^2)^2$

(b) $\log \sqrt{x^2 + y^2} = \text{Arc} \tan \dfrac{y}{x}$,

(c) $e^{\frac{y}{x}} [\sec(x-y)]^{\frac{1}{2}} = 0.$

2. 求次列各方程組所確定之隱函數 y, z 之紀數:

(a) $\begin{cases} x + y + z = a, \\ x^2 + y^2 + z^2 = b^2; \end{cases}$

(b) $\begin{cases} \sin^2 x - \cos y \sin z = 0, \\ 2y - x \tan z = 0. \end{cases}$

3. 設

$\begin{cases} ue^v + vx = y \sin u, \\ u \cos u = x^2 + y^2; \end{cases}$

求 $\dfrac{\partial v}{\partial y}.$

4. 設

$\begin{cases} x = u + v + w, \\ y = u^2 + v^2 + w^2, \\ z = u^3 + v^3 + w^3 \end{cases}$

確定三自變數 x, y, z 之函數 u, v, w; 試求其偏紀數.

5. 設 y 爲二自變數 x 與 a 之隱函數確定如

$$y = a + x\phi(y)$$

試證

$$\frac{\partial}{\partial x}\left[\psi(y)\frac{\partial y}{\partial a}\right] = \frac{\partial}{\partial a}\left[\psi(y)\phi(y)\frac{\partial y}{\partial a}\right]$$

$\psi(y)$ 爲 y 之任意函數.

6. 拉氏公式 (Lagrange's formula). 如上設 $y = a + x\phi(y)$ 並命 u 爲 y 之任一函數,則有公式

$$\frac{\partial^n u}{\partial x^n} = \frac{\partial^{n-1}}{\partial a^{n-1}}\left[\phi(y)^n\frac{\partial u}{\partial a}\right]. \qquad\qquad \text{(Laplace)}.$$

7. 設

$$u_1 = \frac{x_1}{\sqrt{1 - x_1^2 - x_2^2 - \cdots\cdots x_n^2}}, \cdots\cdots, u_n = \frac{x_n}{\sqrt{1 - x_1^2 - \cdots\cdots - x_n^2}},$$

則有

$$\frac{\partial(u_1, u_2, \cdots\cdots, u_n)}{\partial(x_1, x_2, \cdots\cdots, x_n)} = \frac{1}{(1 - x_1^2 - x_2^2 - \cdots\cdots x_n^2)^{1 + \frac{n}{2}}}.$$

8. 設

$$x_1 = \cos\theta_1,$$

$$x_2 = \sin\theta_1\cos\theta_2,$$

$$x_3 = \sin\theta_1\sin\theta_2\cos\theta_3,$$

$$\cdots\cdots\cdots\cdots\cdots\cdots\cdots\cdots,$$

$$x_n = \sin\theta_1\sin\theta_2\cdots\cdots\sin\theta_{n-1}\cos\theta_n,$$

則有

$$\frac{\partial(x_1, x_1, \cdots\cdots, x_n)}{\partial(\theta_1, \theta_2, \cdots\cdots\theta_n)} = (-1)^n\sin^n\theta_1\sin\theta^{n-1}\theta_2\cdots\cdots\sin^2\theta_{n-1}\sin\theta_n,$$

9. 設

$$x = a\rho\sin\theta\cos\psi, \qquad y = b\rho\sin\theta\sin\psi, \qquad z = c\rho\cos\theta,$$

則有

$$\frac{\partial(x, y, z)}{\partial(\rho, \theta, \psi)} = abc\rho\sin\theta,$$

10. 設函數由下式確定

$$z = az + yf(a) + \phi(a),$$

$$0 = x + uf'(\alpha) + \phi'(\alpha),$$

(α 爲參變數)；試直接驗其合於

$$rt - s^2 = 0$$

而無論 $f(\alpha)$ 與 $f(\alpha)$ 爲何.

11. 設隱函數 $z = f(x, y)$ 確定如

$$y = x\phi(z) + \psi(z);$$

試證其合於

$$rq^2 - 2pqs + tp^2 = 0$$

而無論 ϕ 與 ψ 若何.

12. 若 $x = f(u, v)$, $y = \phi(u, v)$ 合於條件

$$\frac{\partial f}{\partial u} = \frac{\partial \phi}{\partial v}, \qquad \frac{\partial f}{\partial v} = -\frac{\partial \phi}{\partial u},$$

則有恆等式

$$\frac{\partial^2 V}{\partial u^2} + \frac{\partial^2 V}{\partial v^2} = \left(\frac{\partial^2 V}{\partial x^2} + \frac{\partial^2 V}{\partial y^2}\right)\left[\left(\frac{\partial f}{\partial u}\right)^2 + \left(\frac{\partial f}{\partial v}\right)^2\right].$$

13. 若 $V(x, y, z)$ 合於方程式

$$\Delta_2 V = \frac{\partial^2 V}{\partial x^2} + \frac{\partial^2 V}{\partial y^2} + \frac{\partial^2 V}{\partial z^2} = 0,$$

試證函數

$$\frac{1}{r} V\left(k^2 \frac{x}{r^2}, \ k^2 \frac{y}{r^2}, \ k^2 \frac{z}{r^2}\right)$$

亦合於此方程式, 其中 k 爲常數, 並 $r^2 = x^2 + y^2 + z^2$.　　　　　　(Lord Kelvin)

14. 命 $x = \sqrt{1 - t^2}$ 以變方程式

$$(x - x^3)\frac{d^2 y}{dx^2} + (1 - 3x^2)\frac{dy}{dx} - xy = 0.$$

15. 命 $x = uv, y = \dfrac{1}{v}$ 以變

$$\frac{\partial^2 z}{\partial x^2} + 2xy^2 \frac{\partial z}{\partial x} + (y - y^3)\frac{\partial z}{\partial y} + x^2 y^2 z = 0.$$

16. 於曲面 S 上每點 M, 引其法線 MN, N 爲法線與一定面 P 相遇之點；繼於 P 於 N 點之垂線上取 $Nm = NM$. 試求 m 所作曲面之切面.

試明變易爲切性的, 並論其反變易.

17. 於曲面 S 各點 M 之法線上, 取 Mm 等於定量 1; 試求 m 所作曲面之切面, 並討論如前題.

18. 哈爾芬氏不變量 (Halphen's dffferential invariants). 若於方程式

$$9\left(\frac{d^2y}{dx^2}\right)^2 \frac{d^5y}{dx^5} - 45\frac{d^2y}{dx^2}\frac{d^3y}{dx^3}\frac{d^4y}{dx^4} + 40\left(\frac{d^3y}{dx^3}\right)^3 = 0$$

作一投射性變易 (Projective transformation).

$$x = \frac{ax + by + c}{a''x + b''y + c''} \qquad y = \frac{a'x + b'y + c'}{a''x + b''y + c''}$$

則其形不改. 試證之.

19. 設有微分式

$$P(x, y, z)dx + Q(x, y, z)dy + R(x, y, z)dz,$$

若作變易

$$x = f(u, v, w), \qquad y = \phi(u, v, w), \qquad z = \psi(u, v, w),$$

則斯式化爲

$$P_1(u, v, w)du + Q_1(u, v, w)dv + R_1(u, v, w)dw.$$

試證有恆等式

$$H_1 = \frac{\partial(x, y, z)}{\partial(u, v, w)} H,$$

其中

$$H = P\left(\frac{\partial Q}{\partial z} - \frac{\partial R}{\partial y}\right) + Q\left(\frac{\partial R}{\partial x} - \frac{\partial P}{\partial z}\right) + R\left(\frac{\partial P}{\partial y} - \frac{\partial Q}{\partial x}\right),$$

$$H_1 = P_1\left(\frac{\partial Q_1}{\partial w} - \frac{\partial R_1}{\partial v}\right) + Q_1\left(\frac{\partial R_1}{\partial u} - \frac{\partial P_1}{\partial w}\right) + R_1\left(\frac{\partial P_1}{\partial v} - \frac{\partial Q_1}{\partial u}\right).$$

20 雙線性協變量 (Bilinear covariants). 設線性微分式

$$\theta_d = X_1dx_1 + X_2dx_2 + \cdots\cdots + X_ndx_n,$$

其中 $X_1, X_2, \cdots\cdots, X_n$ 爲 $x_1, x_2, \cdots\cdots, x_n$ 之函數, 並設

$$H = \sum_{i=1}^{u} \sum_{k=1}^{n} a_{ik} dx_i \delta x_k.$$

其中 $a_{ik} = \dfrac{\partial X_i}{\partial x_k} - \dfrac{\partial X_k}{\partial x_i}$ 而 d 與 δ 表示兩組微分. 今若作變數代換

$$x_i = \phi_i(y_1, y_2, \cdots\cdots, y_n), \qquad (i = 1, 2, \cdots\cdots, n),$$

則 θ_d 變爲同形之式

$$\theta'_d = Y_1 dy_1 + Y_2 dy_2 + \cdots\cdots + Y_n dy_n,$$

$Y_1, Y_2, \cdots\cdots, Y_n$ 爲 $y_1, y_2, \cdots\cdots, y_n$ 之函數, 今若命

$$a'_{ik} = \dfrac{\partial Y_i}{\partial y_k} - \dfrac{\partial X_k}{\partial y_i},$$

$$H' = \sum_i \sum_k a'_{ik} \, dy_i \, \delta y_k,$$

則有恆等式 $H = H'$, 只須 dx_i 與 δx_k 依次代以

$$\dfrac{\partial \phi_i}{\partial y_1} dy_1 + \dfrac{\partial \phi_i}{\partial y_2} dy_2 + \cdots\cdots + \dfrac{\partial \phi_i}{\partial y_n} dy_n.$$

$$\dfrac{\partial \phi_k}{\partial y_1} \delta y_1 + \dfrac{\partial \phi_k}{\partial y_2} \delta y_2 + \cdots\cdots + \dfrac{\partial \phi_k}{\partial y_n} \delta y_n.$$

H 稱爲 θ_d 之**雙線性協變量**.

第 三 章

泰樂氏級數及其應用

極大與極小

I. 泰氏公式及泰氏級數

68. 泰氏公式 (Taylor's series with a remainder).

設 $f(x)$ 爲一 n 次多項式,則易知

$$f(a+h) = f(a) + hf'(a) + \frac{h^2}{2!}f''(a) + \cdots\cdots + \frac{h^n}{n!}f^{(n)}(a).$$

今設 $f(x)$ 爲任一函數,但於 (a, b) 隔間內爲連續,並於其內有由 1 級至 n 級之各連續紀數,且復有 $n+1$ 級紀數 (可不連續). 試求形如

$$(1) \qquad f(a+h) = f(a) + hf'(a) + \frac{h^2}{2!}f''(a) + \cdots\cdots + \frac{h^n}{n!}f^{(n)}(a) + R_n$$

之一公式.問題即爲定 R_n;吾令 $R_n = \frac{h^p}{n! \, p} A$ 以定 A,而 p 爲一正整數;上式於是變爲

$$(2) \qquad f(a+h) = f(a) + hf'(a) + \frac{h^2}{2!}f''(a) + \cdots\cdots + \frac{h^n}{n!}f^{(a)}(a) + \frac{h^n}{n! \, p} A.$$

設補助函數

$$\phi(x) = f(a+h) - f(x) - \frac{a+h-x}{1}f'(x) - \cdots\cdots - \frac{(a+h-x)^n}{n!}f^{(n)}(x)$$
$$- \frac{(a+h-x)p}{n! \, p} A.$$

此函數於 $x = a+h$ 顯爲零,準 (2) 知其於 $x = a$ 亦爲零,又於

$(a, a+h)$ 隔 間 內 爲 連 續 而 有 紀 數

$$\phi'(x) = \frac{(a+h-x)^{p-1}}{n!}[A - (a+h-h-x)^{n-p+1} f^{(n+1)}(x)];$$

然 則 按 洛 氏 定 理, 當 有 $\phi'(a+\theta h) = 0$, 卽

$$\frac{(1-\theta)^{p-1} h^{p-1}}{n!}[A - (1-\theta)^{n-p+1} h^{n+p+1} f^{n+1}(a+\theta h)] = 0, (0 < \theta < 1)$$

由 是 得 $A = (1-\theta)^{n-p+1} h^{n-p+1} f^{(n+1)}(a+\theta h)$, 而

$$(3) \qquad R_n = \frac{(1-\theta)^{n-p+1} h^{n+1}}{n! \, p} f^{(n+1)}(a+\theta h).$$

(p 爲 任 意 正 整 數) 公 式 (1) 以 定. 是 爲 泰 樂 公 氏 式, 或 名 泰 氏 有 尾 級 數; R_n 爲 其 尾 量 (Remainder). 尾 量 書 如 (3) 名 爲 石 勒 米 翁 氏 尾 量 (Schloemilch's remainder). 令 $p = n+1$, 則 得 拉 氏 尾 量 (Lag' range's remainder);

$$(4) \qquad R_n = \frac{h^{n+1}}{(n+1)!} f^{(n+1)}(a+\theta h);$$

又 令 $p = 1$, 則 得 歌 氏 尾 氏 量 (Couchy's remainder)

$$(5) \qquad R_n = \frac{(1-\theta)^n h^{n+1}}{n!} f^{(n+1)}(a+\theta h).$$

猶 可 注 意 者, 若 $f^{(n+1)}(x)$ 於 $x = a$ 爲 連 續, 則 尾 量 尙 可 書 如

$$(6) \qquad R_n = \frac{h^{n+1}}{(n+1)!}[f^{(n+1)}(a) + \varepsilon],$$

ε 隨 h 趨 於 零.

視 h 爲 無 窮 小, 則 (2) 式 右 端 第 二 項 以 後 均 爲 無 窮 小, 其 級 以 次 增 高. 若 吾 等 取 前 $n+1$ 項 之 和 爲 $f(a+h)$ 之 值, 則 所 犯 舛 差 適 爲 R_n. 如 $|f^{(n+1)}(x)|$ 於 a 附 近 $(a-\eta, a+\eta)$ 內 以 M 爲 一 大 限, 則 於 $|h| < \eta$,

$$|R_n| \leq \frac{|h|^{n+1}}{(n+1)!} M.$$

69. *展式之純一性.*

據上所論, 若 $f^{(n)}(a)$ 爲有窮, 則可依 h 冪增進之次序展 $f(a+h)$ 爲形如

$$A_0 + A_1 h + A_2 h^2 + \cdots + A_n h^n + Q h^{n+1}$$

之式. 其中 A_i 與 h 無涉 P 與 h 有關, 但於 $h \to 0$ 不爲無窮, 吾謂如此之展式無論由何法得之, 其相當係數彼此相等. 換言之, 展式爲純一的. 蓋假定另有

$$B_0 + E_1 h + B_2 h^2 + \cdots + B_n h^n + Q h^{n+1},$$

則

$$A_0 + A_1 h + A_2 h^2 + \cdots + P h^{n+1} \equiv B_0 + B_1 h + B_2 h^2 + \cdots Q h^{n+1}.$$

令 $h \to 0$ 並注意 P 與 Q 不爲無窮, 則見 $A_0 = B_0$; 於是將上式兩端首項删去而除以 h, 然後令 $h \to 0$, 則得 $A_1 = B_1$; 推之可見 $A_2 = B_2, \cdots A_n = B_n, P = Q$.

70. *泰氏公式之他種形狀及馬氏公式* (Maclaurin's series).

於 (2) 式易 h 爲 $x-a$, 則得

(7) $\quad f(x) = f(a) + \dfrac{x-a}{1} f'(a) \dfrac{(x-a)^2}{2!} f''(a) + \cdots + \dfrac{(x-a)^n}{n!} f^{(n)}(a) + R_n,$

R_n 之值於 (3), (4), (5) 或 (6) 內易 h 爲 $x-a$ 而得.

再於 (7) 設 $a = 0$, 則得

(8) $\quad f(x) = f(0) + \dfrac{x}{1} f'(0) + \dfrac{x^2}{2!} f'(0) + \cdots + \dfrac{x^n}{n!} f^{(n)}(0) + R_n;$

是爲馬氏公式. 其尾量之石氏形爲

$$R_n = \frac{(1-\theta)^{n+1} - p x^{n+1}}{n! \, p} \cdot p^{(n+1)}(\theta x);$$

拉氏形 與 歌氏形 爲

$$R_n = \frac{x^{n+1}}{(n+1)!} f^{(n+1)}(\theta x), \quad R_n = \frac{(1-\theta)^n x^{n+1}}{n!} f^{(n+1)}(\theta x).$$

究之, 馬氏公式不過泰氏公式之一特例耳.

71. 未定係數法, 函數的函數之展式.

往往吾等所欲, 但爲泰氏公式中相連屬項構成之規律, 而於末項之形狀無足輕重. 若是, 則注意泰氏公式之純一性而用無定係數法演算, 易得所求. 例有函數的函數 $y = f(u)$, 而 $u = \phi(x)$; 設如已知展式

(9) $$f(u+k) - f(u) = a_1 k + a_2 k^2 + \cdots\cdots + a_n k^n + A\, k^{n+1},$$

(10) $$k = \phi(x+h) - \phi(x) = b_1 h + b_2 h^2 + \cdots\cdots + b_n h^n + B h^{n+1}.$$

則以由 (10) 確定之 k 值代入 (9), 卽有

(11) $$\Delta y = f[\phi(x+h)] - f[(x)] + a_1(b_1 h + b_2 h^2 + \cdots\cdots)$$
$$+ a_2(b_1 h + b_2 h^2 + \cdots\cdots)^2$$
$$+ a_3(b_1 h + b_2 h^2 + \cdots\cdots)^3$$
$$+ \cdots\cdots\cdots\cdots\cdots\cdots ;$$

於是只須依 h 之冪按增勢列之, 以至含 h^n 之項, 卽得 Δy 之展式不過尾項 $A_1 h^{n+1}$ 中之 A_1 爲 h, A 與 B 之一多項式耳.

72. 不定式 (Indeterminate forms).

設函數 $f(x)$ 與 $\phi(x)$ 於 $x = 0$ 均爲零, 吾等欲定

$$\lim_{h \to 0} \frac{f(a+h)}{\phi(a+h)}$$

若泰氏公式(1)可用於 $f(x)$ 及 $\phi(x)$, 則問題立決.蓋就普通情形設

$$f'(a)=0, \quad f''(a)=0, \cdots\cdots, \quad f^{(p-1)}(a)=0, \quad f^{(p)}(a)\neq0,$$

$$\phi'(a)=0, \quad \phi''a=0, \cdots\cdots, \quad \phi^{(q-1)}(a)=0, \quad \phi^{(q)}(a)\neq0,$$

則有

$$\frac{f(a+h)}{\phi(a+h)} = h^{p-q} \quad \frac{q!}{p!} \frac{f^{(p)}(a)+\varepsilon}{\phi^{(q)}(a)+\varepsilon'},$$

$\varepsilon, \varepsilon'$ 為二無窮小,若 $p>q$, 則此分數以零為限;若 $p<q$, 則趨於無窮;若 $p=q$, 則其限為 $\frac{f^{(p)}(a)}{\phi^{(q)}(a)}$.

　　此種不定式時或於定曲線之切線問題遇之.設曲線 (C)

$$x = f(t), \quad y = \phi(t), \quad z = \psi(t),$$

及其上一點 M_0.命 t_0 為確定 M_0 之 t 值,則 (C) 於 M_0 之切線方程式為

$$\frac{X-f(t_0)}{f'(t_0)} = \frac{Y-\phi(t_0)}{\phi'(t_0)} = \frac{Z-\psi(t_0)}{\psi'(t_0)}.$$

若 $f'(t_0), \phi'(t_0), \psi'(t_0)$ 均等於零,則此等方程式變為恆等式矣.於是欲決定切線之有無,吾等宜追溯其定義論之.命 M 為 M_0 鄰近之一點,由 t 之值 t_0+h 而定; M_0M 割線之方程式為

$$\frac{X-f(t_0)}{f(t_0+h)-f(t)} = \frac{Y-\phi(t_0)}{\phi(t_0+h)-\phi(t_0)} = \frac{Z-\psi(t_0)}{\psi(t_0+h)-\psi(t_0)}.$$

就普通情形設 $f(t), \phi(t), \psi(t)$ 之紀數由初級以至 $p-1$ 級者均於 $t=t_0$ 為零,但 n 級者至少有一不為零,例如 $f^{(p)}(t_0)\neq0$, 則以 n^p 除上式各端並準泰氏公式得

$$\frac{X-f'(t_0)}{f^{(p)}(t_0)+\varepsilon} = \frac{Y-\phi(t_0)}{\phi^{(p)}(t_0)+\varepsilon'} = \frac{Z-\psi(t_0)}{\psi^{(p)}(t_0)+\varepsilon''},$$

$\varepsilon, \varepsilon', \varepsilon''$ 均 隨 h 趨 於 零. 然 則 令 $h \to 0$, 則 $M_0 M$ 趨 於 一 位 置 $M_0 T$,

由 確 定 之 方 程 式

(12)
$$\frac{X - f(t_0)}{f^{(p)}(t_0)} = \frac{Y - \phi(t_0)}{\phi^{(p)}(t_0)} = \frac{Z - \psi(t_0)}{\psi^{(p)}(t_0)}$$

表 之.

如 是 之 點 通 常 爲 一 異 點, 曲 線 於 其 處 有 特 殊 之 形 狀. 例

如 曲 線 $\qquad x = t^2, \qquad y = t^3;$

於 原 點 有 $\frac{dx}{dt} = \frac{dy}{dt} = 0$, 切 線 爲 x 軸, 而 曲 線 於 此 有 一 <u>第 一 種 回</u>

<u>折 點</u> (cusp of the first kind).

73. n 級 紀 數 之 一 求 法.

依 h 冪 展 $f(x+h)$ 與 求 $f^{(n)}(x)$ 爲 相 當 問 題. 若 知 展 式, 則 立

得 $f^{(n)}(x)$. 蓋 即 式 中 $h^n/n!$ 之 係 數 也. 例 如 求 $f(x) = e^{ax^2}$ 之 n 級 紀

數. 吾 等 有

$$f(x+h) - f(x) = e^{a(x+h)^2} - e^{ax^2} = e^{ax^2}(e^{ah(2x+h)} - 1)$$

$$= e^{ax^2}\Big[1 + \frac{ah(2x+h)}{1} + \frac{a^2 h^2 (2x+h)^2}{2!} + \cdots\cdots$$

$$+ \frac{a^{n-1} h^{n-1}(2x+h)^{n-1}}{(n-1)!} + \frac{a^n h^n (2x+h)^n}{n!} + \cdots\cdots - 1\Big].$$

定 $h^n/n!$ 之 係 數 即 得

$$f^{(n)}(x) = \frac{d^n}{dx^n} e^{ax^2} = e^{ax^2}\Big[(2x)^n a^n + \frac{n(n-1)}{1}(2x)^{n-2} a^{n-1}$$

$$+ \frac{n(n-1)(n-2)(n-3)}{1 \cdot 2}(2x) x^{n-4} a^{n-2} + \cdots\cdots\Big]$$

茲 再 就 函 數 的 函 數 $y = f(u)$, 而 $u = \phi(x)$ 論 之. 吾 等 已 於 71

節 得 $f[\phi(x+h)]$ 之 展 式; 今 取 其 h^n 之 係 數 而 乘 以 $n!$, 即 得 $D x^n y$

此係數可書如

$$\sum_{p=1}^{n} aH_{p,p}$$

H_p 表 $(b_1h + b_2h^2 + \cdots\cdots)p$ 內 h^n 之係數.即有

$$H_p = \sum \frac{p!}{\alpha!\,\beta!\,\lambda!\,\cdots\cdots\gamma!}(b_1)^\alpha(b_2)^\beta(b_3)^\gamma\cdots\cdots(b_r)^\lambda,$$

Σ 所示和數包括凡合於條件

$$\alpha + \beta + \gamma + \cdots\cdots + \lambda = p$$

及

$$\alpha + 2\beta + 3\gamma + \cdots\cdots + \gamma\lambda = n$$

之一切正整數組 $\alpha, \beta, \gamma, \cdots\cdots\lambda$.

於是代 a 與 b 等以紀數符號,則得 法阿狄不呂諾氏公式 (Faa di Bruno's Formula):

$$Dx^n y = \sum_{p=1}^{n} f^{(p)}(u), P_p,$$

$$P_p = \frac{n!}{p!}H_p = \sum \frac{n!}{\alpha!\,\beta!\,\cdots\cdots\lambda!}\left(\frac{D^2u}{1!}\right)^\alpha\left(\frac{D^2u}{2!}\right)^\beta\cdots\cdots\left(\frac{D^2u}{r!}\right)^\gamma.$$

P_p 爲 $Du, D^2u, \cdots\cdots$ 之多項式,其次爲 p,其衝爲 n (卽言每項中紀數乘冠數之和恆爲 n 也).

74. 泰氏級數 (Taylor's series).

若於泰氏公式 (1), $f(x)$ 之紀數可逐級推求無止境,則可令 $n \to 8$; 如是苟 R_n 於 $n \to \infty$ 之限爲零,則有公式

$$(13) \quad f(a+h) = f(a) + \frac{h}{1}f'(a) + \frac{h^2}{2!}f''(a) + \cdots\cdots + \frac{h^n}{n!}f^{(n)}(a) + \cdots\cdots,$$

表明 $f(a+h)$ 爲右端斂級數之和.此公式是爲 泰氏級數 (Taylor's series).若設 $a = 0$ 且易 h 爲 x,則可得 馬氏級數 (Maclaurin's series).

(14) $\qquad f(x)=f(0)+\dfrac{x}{1}f'(0)+\dfrac{x^2}{2!}f''(0)+\cdots\cdots+\dfrac{x^n}{n!}f^{(n)}(0)+\cdots\cdots.$

但吾等僅能於特種情況可證明 R_n 趨於零. 例如若 x 自 a 變至 $a+h$ 時各紀數之絕對值恆小於定數 M, 則由拉氏尾量知

$$|R_n|<M\dfrac{|h|^{n+1}}{(n+1)!}.$$

右端爲一斂級之普通項; 因之可知 $R_n\to 0$, 而泰氏級數可引用. 如函數 $e^x, \sin x, \cos x$ 等均顯然合於此種情形, 而 x 可在任何隔間內. 是則引用馬氏級數得

(15) $\qquad e^x=1+\dfrac{x}{1}+\dfrac{x^2}{2!}+\cdots\cdots+\dfrac{x^n}{n!}+\cdots\cdots,$

x 可爲任何正負數. 同法得

(16) $\qquad \sin x=\dfrac{x}{1}-\dfrac{x^3}{3!}+\dfrac{x^5}{5!}-\cdots\cdots+(-1)^n\dfrac{x^{2n+1}}{(2n+1)!}+\cdots\cdots;$

(17) $\qquad \cos x=1-\dfrac{x^2}{2!}+\dfrac{x^5}{4!}-\cdots\cdots+(+1)^n\dfrac{x^{2n}}{2n!}+\cdots\cdots,$

x 爲任何正負數.

又命 a 爲一正數, 而注意 $a^x=e^x\log x$, 則有

(18) $\qquad a^x=1+\dfrac{x\log a}{1}+\dfrac{(x\log a)^2}{2!}+\cdots\cdots+\dfrac{(x\log a)^n}{n!}+\cdots\cdots.$

注意. 就馬氏公式言之 (於泰氏公式情形亦同), 若 $R_n\to 0$, 則級數

(19) $\qquad f(0)+\dfrac{x}{1}f'(0)+\dfrac{x^2}{2!}f''(0)+\cdots\cdots+\dfrac{x^n}{n!}f^{(n)}(0)+\cdots\cdots$

必收斂. 通常因討論 R_n 不易, 每先判決 (19) 之斂散性, 倘爲發散, 便可中止討論. 因在此情形 R_n 必不趨近於零也.

逆理則不眞. 級數 (10) 雖爲收斂, 但可不表所自出之函數 $f(x)$. 請就歇氏所舉之一例言之. 設 $\phi(x)=e^{-\frac{1}{x^2}}$; 吾等有

$$\phi(x) = \frac{2}{x^2} e^{-\frac{1}{x^2}}, \quad \phi''(x) = \frac{4-6x^2}{x^6} e^{-\frac{1}{x^2}}, \cdots\cdots, \quad \phi^{(n)}(x) = \frac{P(x)}{x^m} e^{-\frac{1}{x^2}}$$

$P(x)$ 爲一多項式. 此等紀數於 $x \to 0$, 均 $\to 0$. 蓋命 $x = \frac{1}{y}$, 有

$$\lim_{x \to 0} \frac{1}{x^m} e^{-\frac{1}{x^2}} = \lim_{y \to \infty} \frac{y^m}{e^{y^2}}.$$

今取可展爲馬氏公式之一函數 $f(x)$, 而設函數 $F(x) + e^{-\frac{1}{x^2}}$, 則

$$F(0) = f(0), \quad F'(0) = f'(0), \cdots\cdots, \quad F^{(n)}(0) = f^{(n)}(0), \cdots\cdots,$$

所得級數與由 $f(x)$ 展出者全同. 故所表非 $F(x)$ 本身, 乃他一函數 $f(x)$.

75. $\log(1+x)$ 之展式.

函數 $\log(1+x)$ 於 $x > -1$ 爲連續, 其諸級紀數

$$f'(x) = \frac{1}{1+x}, \quad f''(x) = \frac{-1}{(1+x)^2}, \quad f'''(x) = \frac{1\cdot2}{(1+x)^3}, \cdots\cdots$$

$$f^{(n)}(x) = (-1)^{n-1} \frac{(n-1)!}{(1+x)^n}$$

亦均於 $x > -1$ 爲連續; 試求展爲馬氏級數. 吾等有

$$\log(1+x) = x - \frac{x^2}{2} + \frac{x^3}{3} + \cdots\cdots + (-1)^n \frac{x^n}{n} + R_n.$$

欲 $R_n \to 0$, 必須級數

$$x - \frac{x^2}{2} + \frac{x^3}{3} - \cdots\cdots + (-1)^{n-1} \frac{x^n}{n} + \cdots\cdots$$

收斂. 此僅於 $-1 < x \leqq +1$ 爲然; 試在隔間內論 R_n 趨於 0 否. 於 $|x| > 1$, 可用歌氏尾量形書

$$R_n = \frac{x^{n+1}(1-\theta)^n}{n!} \frac{(-1)^n n!}{(1+\theta)x^{n+1}} = (-1)^n \frac{x^{n+1}(1-\theta)^n}{(1+\theta x)^{n+1}}$$

$$= (-1)^n x^{n+1}\left(\frac{1-\theta}{1-\theta x}\right)^n \frac{1}{1+\theta x}.$$

旣設 $|x|<1$, 則 $x^{n+1}\to 0$; 分數 $\dfrac{1-\theta}{1+\theta x}$ 無論 x 爲正或負均 <1; 又

末一因數 $\dfrac{1}{1+\theta x}<\dfrac{1}{1-|x|}$ 爲有窮數. 可見於 $n\to\infty$ 時 $R_n\to 0$. 但

就形如是之尾量, R_n 於 $x=1$ 時之限何如不能判斷. 若書爲拉

氏形 $\qquad R_n=(-1)^n \dfrac{1}{n+1}\ \dfrac{1}{(1+\theta)^{n+1}},$

則顯然見其趨於零. 然則於 x 介乎 -1 與 $+1$ 之間, 有

(20) $\qquad \log(1+x)=\dfrac{x}{1}-\dfrac{x^2}{2}+\dfrac{x^3}{3}-\cdots\cdots+(-1)^{n-1}\dfrac{x^n}{n}+\cdots\cdots,$

此公式於 $x=1$ 仍成立而變爲

(21) $\qquad \log 2 = 1-\dfrac{1}{2}+\dfrac{1}{3}-\cdots\cdots+(-1)^{n-1}\dfrac{1}{n}+\cdots\cdots.$

76. **數字對數之求法.**

設 n, h 爲二正數有

$$\log(n+h)-\log n = \log\left(1+\frac{h}{n}\right).$$

然則只須 $h<n$, 命 $x=\dfrac{h}{n}$ 卽可據公式 (20) 展 $\log\left(1+\dfrac{h}{n}\right)$ 爲 $\dfrac{h}{n}$ 冪

之級數. 但此級數收斂太緩, 不便於用. 實際運算乃另求一級

數如次: 於 (20) 換 x 爲 $-x$ 得

(22) $\qquad \log(1-x)=-\dfrac{x}{1}-\dfrac{x^2}{2}-\dfrac{x^3}{3}-\cdots\cdots-\dfrac{x^n}{n}-\cdots\cdots,$

以此與 (20) 相減, 則有

(23) $\qquad \log\dfrac{1+x}{1-x}=2\left[\dfrac{x}{1}+\dfrac{x^3}{3}+\dfrac{x^5}{5}+\cdots\cdots\right].$

命 $\qquad \dfrac{1+x}{1-x}=1+\dfrac{h}{n},\quad$ 卽 $\quad x=\dfrac{h}{2n+h}$

而 特 別 取 $h=1$, 則 得

(24) $\qquad \log(n+1) - \log n = 2\left[\dfrac{1}{2n+1} + \dfrac{1}{3(2n+1)^3} + \dfrac{1}{5(2n+1)^5} + \cdots\cdots\right].$

此 級 數 收 斂 甚 速, 於 n 大 時 尤 甚; 即 用 以 入 算 者 也.

僅 取 級 數 前 p 項 爲 其 值, 所 犯 舛 差 小 於

$$\frac{2}{(2n+1)(2n+1)^{2p+1}}\left[1 + \frac{1}{(2n+1)^2} + \frac{1}{(2n+1)^4} + \cdots\cdots\right].$$

因 之 小 於

$$\frac{1}{2n(n+1)(2p+1)(2n+1)^{2p-1}}.$$

欲 得 通 俗 對 數, 只 須 再 求 對 數 模 $M = \dfrac{1}{\text{Log } 10}$. 吾 等 有

$$\log 2 = 2\left[\frac{1}{3} + \frac{1}{3\cdot 3^3} + \frac{1}{5\cdot 5^5} + \cdots\cdots\right]$$

及 $\qquad \log 5 = 2\log 2 + 2\left[\dfrac{1}{9} + \dfrac{1}{3\cdot 9^3} + \dfrac{1}{5\cdot 9^5} + \cdots\cdots\right];$

於 是 得 $\log 10$, 其 倒 數 即 爲 M. 而

(25) $\qquad \log(n+1) = -\log n + 2M\left[\dfrac{1}{2n+1} + \dfrac{1}{3(2n+1)^3} + \cdots\cdots\right].$

77. 尤 拉 氏 常 數 (Euler's constant).

吾 等 知 調 和 級 數 爲 發 散 者, 其 前 n 項 之 和

$$\sigma_n = 1 + \frac{1}{2} + \frac{1}{3} + \cdots\cdots + \frac{1}{n}$$

隨 n 趨 於 無 窮. 但 $\sigma_n - \log n$ 則 有 定 限; 茲 往 明 之. 吾 等 有

$$\log(n+1) - \log n = \log\frac{n+1}{n} = \log\left(1 + \frac{1}{n}\right)$$

$$= \frac{1}{n} - \frac{1}{2n^2} + \frac{1}{3n^3} - \cdots\cdots$$

命 a_n 表 小 於 $\frac{1}{2}$ 之 一 正 數,則 可 書

$$\log(n+1) - \log n = \frac{1}{n} - \frac{a_n}{n^2}.$$

於 是 以 次 與 n 以 $1, 2, \cdots\cdots, n-1$ 等 數 值 而 加 其 結 果,則 有

$$\log n = 1 + \frac{1}{2} + \frac{1}{3} + \cdots\cdots + \frac{1}{n-1} - \left(a_1 + \frac{a^2}{2^2} + \cdots\cdots + \frac{a_{n-1}}{(n-1)^2}\right),$$

或 $\qquad \sigma_n - \log n = \left(a_1 + \frac{a_2}{2^2} + \cdots\cdots + \frac{a_{n-1}}{(n-1)^2}\right) + \frac{1}{n}.$

當 $n \to \infty$. 括 弧 中 數 顯 然 成 一 斂 級 數,而 差 數 $a_n - \log n$ 以 此 級 數 之 和 爲 限,名 曰 尤 氏 常 數,而 恆 以 C 表 之. 取 二 十 位 小 數,其 值 爲 $C = 0.57721566490153286060$.

78. 二 項 式 展 式 (Binomial theorem).

函 數 $(1+x)^m$ 於 $1+x > 0$ 時 無 論 m 若 何 恆 確 定 而 連 續,且 有 各 級 連 續 紀 數:

$$f'(x) = m(1+x)^{m-1},$$
$$f''(x) = m(m-1)(1+x)^{m-2},$$
$$\cdots\cdots\cdots\cdots\cdots\cdots\cdots\cdots$$
$$f^{(n)}(x) = m(m-1)\cdots\cdots(m-n+1)(1+x)^{m-n}.$$

準 馬 氏 公 式 有

$$(1+x)^m = 1 + \frac{m(m-1)}{1\cdot2}x^2 + \cdots\cdots + \frac{m(m-1)\cdots\cdots(m-n+1)}{1\cdot2\cdots\cdots n}x^n + R_n.$$

欲 R_n 於 $n \to \infty$ 時 爲 零,必 須 普 通 項 爲

$$u_n = \frac{m(m-1)\cdots\cdots(m-n+1)}{1\cdot2\cdots\cdots n}x^n$$

之級數收斂,察 $\lim\limits_{n\to\infty}\dfrac{u_n+1}{u_n}=-x$, 可斷級數 Σu_n 於 $|x|>1$ 爲發散, 而於 $|x|<1$ 爲收斂.於是當就隔間 $(-1,\ +1)$ 內以論尾量,其歌氏形爲:

$$R_n=\frac{m(m-1)\cdots\cdots(m-n)}{1\cdot2\cdots\cdots n}x^{n+1}\Big(\frac{1-\theta}{1+\theta x}\Big)^n(1+\theta x)^{m-1}$$

按因數

$$\frac{m(m-1)\cdots\cdots(m-n)}{1\cdot2\cdots\cdots n}x^{n+1}$$

當趨於零,而 $\dfrac{1-\theta}{1+\theta x}<1$ 又 $(1+\theta x)^{n-1}$ 顯然小於一定數;可見 $\lim\limits_{n\to\infty}R_n=0$. 然則於 $-1<x<+1$, 有

(26)
$$(1+x)^m=1+\frac{m}{1}x+\frac{m(m-1)}{1\cdot2}x^2+\cdots\cdots$$

$$+\frac{m(m-1)\cdots\cdots(m-n-1)}{1\cdot2\cdots\cdots n}x^n+\cdots\cdots.$$

若 m 爲正整數,則展式至某項即止,而得初等代數上之公式.

　　對於 $x=\pm1$ 一層,討論較難,後再論及.

　　同法設 x 介乎 -1 與 $+1$ 間,可求得

$$\arcsin x=x+\frac{1}{2}\frac{x^3}{3}+\frac{1\cdot3}{2\cdot4}\frac{x^5}{5}+\cdots\cdots+\frac{1\cdot3\cdots\cdots(2n-1)}{2\cdot4\cdots\cdots2n}\frac{x^{2n+1}}{2n+1}+\cdots\cdots,$$

$$\arctan x=x-\frac{x^3}{3}+\frac{x^5}{5}-\cdots\cdots+(-1)^n\frac{x^{2n+1}}{2n+1}+\cdots\cdots.$$

　　但除以上數例及其他少數之例外,尾量之討論,甚屬困難,因紀數通常逐漸變繁也.

　　79 多元函數之泰氏公式.

　　爲簡便計,設三元函數 $U=f(x,\ y,\ z)$ 論之.設與 $x,\ y,\ z$ 以增

量 h, k, l, 而 求 函 數 相 當 增 量 ΔU 對 於 此 等 增 量 之 冪 之 一 展 式; 暫 視 x, y, z, h, k, l 爲 常 數, 而 命

$$\phi(t) = f(x + ht, y + kt, z + lt),$$

t 爲 一 補 助 變 數, 引 用 馬 氏 公 式 於 $\phi(t)$, 則 有

$$(27) \qquad \phi(t) = \phi(0) + \frac{t}{1}\phi'(0) + \frac{t^2}{2!}\phi''(0) + \cdots + \frac{t^n}{n!}\phi^{(n)}(0)$$

$$+ \frac{t^{n+1}}{(n+1)!}\phi^{(n+1)}(\theta t);$$

式 中 $0 < \theta < 1$. 欲 求 $\phi(t)$ 之 紀 數, 試 令

$$u = x + ht, \quad v = y + kt, \quad w = x + lt;$$

如 是 則 $\phi(t) = f(u, v, w)$ 爲 一 湊 合 函 數, 其 中 間 函 數 u, v, w 爲 t 之 一 次 式. 吾 等 有

$$d^m f = \left(\frac{\partial f}{\partial u}du + \frac{\partial f}{\partial v}dv + \frac{\partial f}{\partial w}dw\right)^{(m)}$$

$$= \left(\frac{\partial f}{\partial u}h + \frac{\partial f}{\partial v}k + \frac{\partial f}{\partial w}l\right)^{(m)}dt^m,$$

而
$$\phi^{(m)}(t) = \left(h\frac{\partial f}{\partial u} + k\frac{\partial f}{\partial v} + l\frac{\partial f}{\partial w}\right)^{(m)}.$$

命 $t = 0$, 則 有

$$\phi^{(m)}(0) = \left(h\frac{\partial f}{\partial x} + k\frac{\partial f}{\partial y} + l\frac{\partial f}{\partial z}\right)^{(m)}.$$

又 換 t 爲 θt, 則 得

$$\phi^{(n+1)}(\theta t) = \left(h\frac{\partial f}{\partial x} + k\frac{\partial f}{\partial y} + l\frac{\partial f}{\partial z}\right)^{(n+1)} x + \theta ht, y + \theta kt, z + \theta lt,$$

右 端 展 開 後 當 易 x, y, z, 爲 $x + \theta ht, y + \theta ht, z + ht$.

於 是 於 (27) 令 $t = l$ 即 得 泰 氏 公 式

(28) $\quad f(x+h, y+k, z+l) = f(x, y, z) + \left(h\dfrac{\partial f}{\partial x} + k\dfrac{\partial f}{\partial y} + l\dfrac{\partial f}{\partial z}\right) + \cdots\cdots$

$$+ \frac{1}{n!}\left(h\frac{\partial f}{\partial x} + k\frac{\partial f}{\partial y} + l\frac{\partial f}{\partial z}\right)^{(n)} + R_n,$$

尾量爲

$$R_n = \left(h\frac{\partial f}{\partial x} + k\frac{\partial f}{\partial y} + l\frac{\partial f}{\partial z}\right)^{(n+1)} x+\theta h, y+\theta h, z+\theta l, \qquad (0<\theta<1)$$

此公式之成立,係設 $f(x, y, z)$ 可求紀數至 $n+1$ 級,且 n 級以前之偏紀數當連續,但 $n+1$ 級者則不論.

在此 x, y, z 旣爲自變數, 則易 $h, k, l,$ 爲 $dx, dy, dz,$ 尙可書

(29) $$\Delta U = d\,U + \frac{d^2 U}{2} + \cdots\cdots + \frac{d^n U}{n}$$

$$+ \left[\frac{d^{n+1} U}{(n+1)!}\right] x+\theta\,dx, y+\theta\,dy, z+\theta\,dz.$$

又於 (28) 令 $x=y=z=0,$ 則得馬氏公式

(30) $\quad f(h, k, l) = f(0, 0, 0) + \left(h\dfrac{\partial f}{\partial x} + k\dfrac{\partial f}{\partial y} + l\dfrac{\partial f}{\partial z}\right)0, 0, 0 + \cdots\cdots$

$$+ \frac{1}{n!}\left(h\frac{\partial f}{\partial x} + k\frac{\partial f}{\partial y} + l\frac{\partial f}{\partial z}\right)^{(n)} 0, 0, 0$$

$$+ \frac{1}{(n+1)!}\left(h\frac{\partial f}{\partial x} + k\frac{\partial f}{\partial y} + l\frac{\partial f}{\partial z}\right)^{(n+1)} \theta\,x, \theta\,y, \theta\,z,$$

此公展 $f(h, k, l)$ 爲 h, k, l 齊次式之一和數.

在 (28),(29),(30), 若於 $t\to\infty$ 時尾量 R_n 爲零,則 $f(x+h, y+k, z+l)$ 或 ΔU 或 $f(h, k, l)$ 可展爲一級數,特通常討論 R_n 殊不易耳.

80. 無定形 (Indeterminate forms).

公式 (28) 或 (30) 可用以求無定形之限.例設函數 $f(x, y)$ 與 $\phi(x, y)$ 均於 $x = a, y = b$ 爲零,而其由初級以至某級之各偏紀數於 (a, b) 附近爲連續者. 試求 $f(x, y)/\phi(x, y)$ 於 $x \to a$ 及 $y \to b$ 時之限.

先設 $\dfrac{\partial f}{\partial a}, \dfrac{\partial f}{\partial b}, \dfrac{\partial \phi}{\partial a}, \dfrac{\partial \phi}{\partial b}$ 不盡爲零,若是可書

$$\frac{f(a+h, b+k)}{\phi(a+h, b+k)} = \frac{h\left(\dfrac{\partial f}{\partial a} + \varepsilon\right) + k\left(\dfrac{\partial f}{\partial b} + \varepsilon'\right)}{h\left(\dfrac{\partial \phi}{\partial a} + \varepsilon_1\right) + k\left(\dfrac{\partial \phi}{\partial b} + \varepsilon'_1\right)}$$

$\varepsilon, \varepsilon', \varepsilon_1, \varepsilon'_1$, 隨 h, k 趨於零,但 x, y 之趨於 a, b, 其路徑有種種,試設 (x, y) 點沿一曲線 C 趨近 (a, b) 點,則 $\dfrac{k}{h}$ 可有一定限 m, 卽 C 於 (a, b) 之切線斜率 (slope). 是以 h 除上式末端分子分母,則見

$$\lim_{\substack{x \to a \\ y \to b}} \frac{f(x, y)}{\phi(x, y)} = \frac{\dfrac{\partial f}{\partial a} + m\dfrac{\partial f}{\partial b}}{\dfrac{\partial \phi}{\partial a} + m\dfrac{\partial \phi}{\partial b}}.$$

此限視 m 爲轉移,卽隨路徑而不同,欲其與路徑無涉,須有

$$\frac{\partial f}{\partial a}\frac{\partial \phi}{\partial b} - \frac{\partial f}{\partial b}\frac{\partial \phi}{\partial a} = 0.$$

今若 $\dfrac{\partial f}{\partial a}, \dfrac{\partial f}{\partial b}, \dfrac{\partial \phi}{\partial a}, \dfrac{\partial \phi}{\partial b}$ 盡爲零,則取展式至第二項論之,並如是類推.

II. 極大與極小

81. 單元函數之極大極小 (Maxima and Minima).

設於 (a, b) 內連續之函數 $y = f(x)$, 並 x_0 爲 a 與 b 間之一點. 若

吾等能得一至小正數 η 使 $|h|<\eta$ 時,差數 $\Delta y = f(x_0 + h) - f(x_0)$ 有定號,則吾等謂 $f(x)$ 於 x 之值爲一極值 (extremum). 於 $\Delta y > 0$,則 $f(x_0)$ 較其鄰近之值小,因稱爲極小;反之,於 $\Delta y < 0$ 時則爲極大.

若 $f(x)$ 於 x_0 有一紀數 (唯一的),則此紀數當然爲零蓋號相反之兩分數

$$\frac{f(x_0 + h) - f(x_0)}{h}, \quad \frac{f(x_0 - h) - f(x_0)}{h}$$

當於 $h \to 0$ 時以 $f'(x_0)$ 爲限也.反之,設 x_0 爲 $f'(x) = 0$ 之一根位於 a 與 b 間;試論 $f(x_0)$ 爲極值否,紀數 $f''(x), f'''(x)$……亦可於 $x = x_0$ 爲零.設首異於零者爲 $f^{(n)}(x)$,並設此紀數在 $x = x_0$ 附近爲連續,則由泰氏公式有

$$\Delta y = f(x_0 + h) - f(x_0) = \frac{h^n}{n!} f^{(n)}(x_0 + \theta h),$$

或 $$\Delta y = f(x_0 + h) - f(x_0) = \frac{h^n}{n!} [f^{(n)}(x_0) + \varepsilon].$$

ε 與 h 同爲無窮小,命 η 爲一正數使 x 在 $x_0 - \eta$ 與 $x_0 + \eta$ 間時 $|\varepsilon| < f^{(n)}(x_0)$;對於此等 x 數值,$f^{(n)}(x_0) + \varepsilon$ 與 $f^{(n)}(x_0)$ 同號;因之 Δy 與 $h^n f^{(n)}(x_0)$ 同號.然則若 n 爲偶數,則 Δy 無論 h 爲正或負恆與 $f^{(n)}(x_0)$ 同號.若此號爲正,則函數爲極小,反之則爲極大.若 n 爲奇數,則 Δy 隨 h 改號,函數無極大亦無極小.結論之,欲函數於 $x = x_0$ 爲極大或極小,必須首異於零之紀數爲偶數;於是得定則如次:

定則. 欲求函數 $f(x)$ 之極值,先求出 $f'(x)$ 之根.設 x_0 爲其一根,則以之陸續代於 $f''(x), f'''(x)$……內,至結果不爲零者而

136

止.如 $f''(x_0)=0,\cdots\cdots f^{(n-1)}(x_0)=0,\ f^{(n)}(x_0)\neq0$, 則 可 斷 定:

1° 若 n 爲 偶 數, 則 $f(x)$ 於 $f^{(n)}(x_0)<0$ 爲 極 大, 而 於 $f^{(n)}(x_0)>0$ 爲 極 小.

2° 若 n 爲 奇 數, 則 無 極 大 亦 無 極 小.

注意. 往 往 不 待 求 出 $f''(x),\ f'''(x),\cdots\cdots$ 已 可 決 定 問 題 有 一 極 大, 或 一 極 小. 又 有 時 欲 知 $f(x)$ 於 x_0 爲 極 大 或 極 小, 直 接 就 其 於 x_0 附 近 之 消 長 情 形 論 之 亦 甚 易.

例 I. 求 $y=x^m(a-x)^n$ 之 極 大 極 小, 式 中 a 爲 正 數, m 及 n 爲 正 整 數.

吾 等 有

$$\frac{dy}{dx}=x^{m-1}(a-x)^{n-1}[ma-(m-n)x]$$

此 紀 數 於 $x=\dfrac{ma}{m+n}$ 爲 零, 且 當 x 增 進 時, 由 正 變 爲 負 以 經 過 此 值, 是 y 於 此 爲 極 大.

若 設 $m>1$ 及 $n>1$, 則 $\dfrac{dy}{dx}$ 亦 於 $x=0$ 及 $x=a$ 爲 零, 但 須 m 或 n 爲 偶 數, 紀 數 方 改 號. 果 爾, 則 $\dfrac{dy}{dx}$ 由 負 變 爲 正, 而 y 爲 極 小.

例 2. (Fermat's problem). 設 兩 境 域 以 一 平 面 P 爲 界. 求 一 動 點 在 最 短 時 間, 由 此 域 一 點 A 至 彼 域 一 點 B 所 循 路 線. 動 點 在 先 後 兩 境 域 之 速 率, 依 次 爲 u, v, 均 係 定 量.

因 動 點 行 經 路 程 與 時 間 成 正 比, 可 知 所 求 路 線 由 兩 段 直 線 合 成. 又 此 折 線 同 在 過 A, B 而 與 P 正 交 之 平 面 $ACDB$ 內 (C, D 爲 此 平 面 與 P 之 交 線), 蓋 設 M 爲 在 P 上 而 在 $ACDB$ 外 之一點,則自 M 引 MN 垂於 CD, 顯見 AN 與 NB 依 次 小 於 AM 與 MB. 因之 由 ANB 所用之時,較由 AMB 爲 短 也.

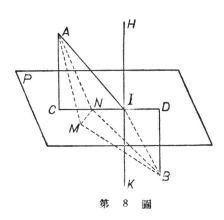

第 8 圖

今由 A, B 引 P 之 垂 線 AC, BD, 而 命 $AC=a$, $BD=b$, $CD=d$, 又 命 x 爲 自 C 至 CD 上 任 一 點 I 之 距. 若 是 有

$$AI=\sqrt{x^2+a^2}, \qquad BI=\sqrt{(c-x)^2+b^2},$$

而 動 點 由 AIB 路 線 所 需 時 間 爲

$$t=\frac{\sqrt{x^2+a^2}}{u}+\frac{\sqrt{(c-x)^2+b^2}}{v}.$$

此 卽 待 求 極 小 之 函 數.

問 題 顯 無 極 大. 令 t 之 紀 數 等 於 零, 得

$$\frac{1}{u}\frac{x}{\sqrt{x^2+a^2}}-\frac{1}{v}\frac{c-x}{\sqrt{(c-x)^2+b^2}}=0,$$

或 $$(v^2-u^2)x^2(c-x)^2+b^2v^2x^2-a^2u^2(c-x)^2=0.$$

此 爲 一 四 次 方 程 式, 但 吾 等 可 不 解 此 式, 而 由 幾 何 理 得 所 求 之 折 線. 試 引 HIK 直 線 垂 於 P, 而 命 $A\hat{I}H=i$, $B\hat{I}K=r$, 則 有

$$\sin i = \frac{C\,I}{A\,I} = \frac{x}{\sqrt{x^2 + a^2}},$$

$$\sin r = \frac{D\,I}{B\,I} = \frac{c - x}{\sqrt{(c-x)^2 + b^2}},$$

於是表示極小之條件變爲

$$\frac{\sin i}{\sin r} = \frac{u}{v},$$

而 AIB 折線以定.

例 3. 求一定點 $P(x_0, y_0)$ 與一曲線 (C) 之距離之極大極小

命 $M(x, y)$ 爲 (C) 上之一點, 即須求函數

$$u = (x - x_0)^2 + (y - y_0)^2$$

之極大極小. 求紀有

$$\frac{1}{2}\frac{du}{dx} = (x - x_0) + (y - y_0)\frac{dy}{dx},$$

$$\frac{1}{2}\frac{d^2 u}{dx^2} = \left(1 + \frac{dy^2}{dx^2}\right) + (y - y_0)\frac{d^2 y}{dx^2},$$

而得條件

$$(x - x_0) + (y - y_0)\frac{dy}{dx} = 0.$$

或

$$\frac{y - y_0}{x - x_0}\frac{dy}{dx} = -1.$$

此式表示 PM 爲 C 之法線, PM 爲極大或極小視 $\dfrac{d^2 u}{dx^2}$ 之爲負或正而定. 若 $\dfrac{d^2 u}{dx^2} = 0$, 則須就高級紀數論之.

設既作 PM 線後令 P 點於 C 上移動, 則可得一位置 $\omega(\xi, \eta)$

使

$$1 + \left(\frac{dy}{dx}\right)^2 + (y - \eta)\frac{d^2 y}{dx^2} = 0,$$

而有
$$\frac{1}{2}\frac{d^2u}{dx^2}=\left[1+\left(\frac{dy}{dx}\right)^2\right]\left(\frac{y_0-\eta}{y-\eta}\right).$$

可見 PM 爲極大或極小,視 $y_0-\eta$ 與 $y-\eta$ 號相異與否而定;卽於 P 位於 ω 與 M 間時爲極小,而反之爲極大也. ω 點乃 (C) 於 M 之弧心 (center of curvature).

82. 二元函數之極大極小. 取 $z=f(x,y)$ 而設其在迴線 (C) 所範圍之區域 A 內爲連續.命 (x_0,y_0) 爲 A 內一點,若吾等能得一正數 η 使 $|h|<\eta$ 與 $|k|<\eta$ 兩不等式牽涉

$$\Delta z=f(x_0+h,y_0+k)-f(x_0,y_0)\geqq 0$$

不等式,則 $f(x,y)$ 於 (x_0,y_0) 爲極小.仿之由 $\Delta z\leqq 0$ 定極大之義.

欲 $f(x,y)$ 於 $x=x_0,y=y_0$ 爲極大或極小,必須 Δz 對於 $|h|<\eta$, $|k|<\eta$ 保存一定之號.特別言之,設 $k=0$,則

$$f(x_0+h,y_0)-f(x_0,y_0)$$

應有定號.即言 $f(x,y_0)$ 視作唯一變數 x 之函數,當於 $x=x_0$ 爲極大或極小.然則紀數 $\frac{\partial f}{\partial x}$ 應對於 $x=x_0,y=y_0$ 爲零.同理可明 $\frac{\partial f}{\partial y}$ 亦對於此組值爲零.若是苟 $\frac{\partial f}{\partial x},\frac{\partial f}{\partial y}$ 爲連續,則 x,y 數值之令 $f(x,y)$ 爲極大或極小者,必爲聯立方程式:

(31)
$$\frac{\partial f}{\partial x}=0,\quad \frac{\partial f}{\partial y}=0$$

之解.今命 $x=x_0,y=y_0$ 爲其一解.設 $f(x,y)$ 之二級偏紀數於 x_0,y_0 附近爲連續,而對於 $x=x_0,y=y_0$ 不爲零;並設有三級偏紀數;若是由泰氏公式有

$$(32) \qquad \Delta z = f(x_0+h, y_0+k) - f(x_0, y_0)$$

$$= \frac{1}{2}\left[h^2 \frac{\partial^2 f}{\partial x_0^2} + 2hk \frac{\partial f}{\partial x_0 \partial y_0} + k^2 \frac{\partial f}{\partial y_0^2} \right]$$

$$+ \frac{1}{6}\left[h \frac{\partial f}{\partial y} + k \frac{\partial f}{\partial y} \right]^{(3)} x_0 + \theta h, \; y_0 + \theta k$$

當 h, k 之值近乎零時此式末端顯然與第一括弧所包之三項式同號.

　　就幾何言之,欲函數於 (x_0, y_0) 點有一極大或極小,必須而只須能以 (x_0, y_0) 點爲作一至小正方 R,使 (x_0+h, y_0+k) 爲 R 內之點,Δz 有一定之號.苟能如此,則吾人亦能以 (x_0, y_0) 爲心作一至小圓,使 (x_0+h, y_0+k) 在 R 內 Δ,保留一定之號.反之亦然.命 (C) 表以 (x_0, y_0) 點爲心之一圓,r 爲其半徑,則設

$$h = \rho \cos \phi, \qquad k = \rho \sin \phi$$

而令 ϕ 自 0 變至 2π,並 ρ 自 0 變至 r,即得 (C) 內各點.代此二數值於 Δz 內,得

$$(33) \quad \Delta z = \frac{\rho^2}{2}\left(\cos^2\phi \frac{\partial^2 f}{\partial x_0^2} + 2\cos\phi\sin\phi \frac{\partial^2 f}{\partial x_0 \partial y_0} + \sin^2\phi \frac{\partial^2 f}{\partial y_0^2} \right) + \frac{\rho^3}{6} H.$$

H 爲一函數.在 (x_0, y_0) 附近有確定之值.吾人可取 ρ 至小使 Δz 與三項式:

$$T = \cos^2\phi \frac{\partial^2 f}{\partial x_0^2} + 2\cos\phi\sin\phi \frac{\partial^2 f}{\partial x_0 \partial y_0} + \sin^2\phi \frac{\partial^2 f}{\partial y_0^2}$$

或
$$T = \cos^2\phi \left(\frac{\partial^2 f}{\partial x_0^2} + 2\frac{\partial^2 f}{\partial x_0 \partial y_0} \tan\phi + \frac{\partial^2 f}{\partial y_0^2} \tan^2\phi \right)$$

同號,於是當分三種情況論之:

1° $\left(\dfrac{\partial^2 f}{\partial x_0 \partial y_0}\right)^2 - \dfrac{\partial^2 f}{\partial x_0{}^2}\dfrac{\partial^2 f}{\partial y_0{}^2} > 0$, 三項式 T 之號視 $\tan\phi$ 之值

爲轉移,而 Δz 爲定號.吾等可斷 $f(x, y)$ 於 (x_0, y_0) 非極值.

2° $\left(\dfrac{\partial^2 f}{\partial x_0 \partial y_0}\right)^2 - \dfrac{\partial^2 f}{\partial x_0{}^2}\dfrac{\partial^2 f}{\partial y_0{}^2} < 0$. T 與 $\dfrac{\partial^2 f}{\partial y_0{}^2}$ 同號,而對於 ϕ 之任

何值不爲零,然則若 $\dfrac{\partial^2 f}{\partial y_0{}^2} < 0$,函數爲極大;反之,若 $\dfrac{\partial^2 f}{\partial y_0{}^2} > 0$,則爲

極小.

3° $\left(\dfrac{\partial^2 f}{\partial x_0 \partial y_0}\right)^2 - \dfrac{\partial^2 f}{\partial x_0{}^2}\dfrac{\partial^2 f}{\partial y_0{}^2} = 0$. 在此 T 對於 $\tan\phi$ 之一值爲

零.於相應之 ϕ 值 ϕ_1,Δz 乃與含 ρ^3 之項同號.於是更應討論此

號爲何,若其與三項式對於其他 ϕ 數值之號同,則是一極大

或極小;反之則非極值.

例 1. 求次函數之極大極小

$$z = x^4 + y^4 - 2x^2 + 4xy - 2y^2.$$

解方程組

$$\begin{cases} \dfrac{\partial z}{\partial x} = 4(x^3 - x + y) = 0, \\[2mm] \dfrac{\partial z}{\partial y} = 4(y^3 + x - y) = 0, \end{cases}$$

得三組實根

$$\begin{cases} x = 0, \\ y = 0; \end{cases} \qquad \begin{cases} x = \sqrt{2}, \\ y = -\sqrt{2}; \end{cases} \qquad \begin{cases} x = -\sqrt{2} \\ y = \sqrt{2}, \end{cases}$$

在此

$$\delta = \left(\dfrac{\partial^2 z}{\partial x \partial y}\right)^2 - \dfrac{\partial^2 z}{\partial x^2}\dfrac{\partial^2 z}{\partial y^2} = 16[1 - (3x^2 - 1)(3y^2 - 1)].$$

於 $x = \pm\sqrt{2},\, y = \pm\sqrt{2}$,均有 $\delta = 16(1 - 5^2) < 0$,而

$$\frac{\partial^2 z}{\partial y^2} = 4(3y^2 - 1) = 20 > 0.$$

可知函數於$(\sqrt{2}, -\sqrt{2})$及$(-\sqrt{2}, \sqrt{2})$二點均為極小.

至於$x = y = 0$, 吾等有 $\delta = 0$, 問題不能即決. 試直接就函數之增量

$$\Delta z = h^4 + k^4 - 2h^2 + 4hk - 2k^2 = -2(h-k)^2 + h^4 + k^4$$

論之. 於 h, k 甚小時, 普通 Δz 顯為負: 但若 h 與 k 向零趨近時恆彼此相等, 則 Δz 為正. 可知 Δz 無定號而 z 於此點非極值. 或命 $h = \rho \cos \phi, k = \rho \sin \phi$ 有

$$\Delta z = -2\rho^2 (\cos\phi - \sin\phi)^2 + \rho^4 (\cos^4\phi + \sin^4\phi);$$

當 $\cos\phi - \sin\phi$ 異於零時, 但須 ρ 甚小, Δ 恆為負; 然於 $\cos\phi - \sin\phi = 0$ 時, 則變為正. 亦可知函數於 $x = 0, y = 0$ 不為極值.

例 2. 求兩曲線 (C) 與 (C') 間之最短距.

命 $M(x, y, z)$ 為 (C) 上一點, $M'(x'y'z')$ 為 (C') 上一點, 則問題為求函數

(36) $$u = (x-x')^2 + (y-y')^2 + (z-z')^2$$

之極小, 於此有兩自變數, 設為 x 與 x'. 若是 y 與 z 為 x 之函數而 y' 與 z' 為 x' 之函數, 求紀有

$$\begin{cases} \dfrac{1}{2}\dfrac{\partial u}{\partial x} = (x-x') + (y-y')\dfrac{dy}{dx} + (z-z')\dfrac{dz}{dx}, \\ \dfrac{1}{2}\dfrac{\partial u}{\partial x'} = -(x-x') - (y-y')\dfrac{dy'}{dx'} - (z-z')\dfrac{dz'}{dx'}, \end{cases}$$

及

$$\begin{cases} \dfrac{1}{2}\dfrac{\partial^2 u}{\partial x^2}=\left[1+\left(\dfrac{dy}{dx}\right)^2+\left(\dfrac{dz}{dx}\right)^2\right]+(y-y')\dfrac{d^2y}{dx^2}+(z-z')\dfrac{d^2z}{dx^2}, \\[2mm] \dfrac{1}{2}\dfrac{\partial^2 u}{\partial x'^2}=\left[1+\left(\dfrac{dy'}{dx'}\right)^2+\left(\dfrac{dz'}{dx'}\right)^2\right]-(y-y')\dfrac{d^2y'}{dx'^2}-(z-z')\dfrac{d^2z'}{dx'^2} \\[2mm] \dfrac{1}{2}\dfrac{\partial^2 u}{\partial x\partial x'}=-\left(1+\dfrac{dy}{dx}\dfrac{dy'}{dx'}+\dfrac{dz}{dx}\dfrac{dz'}{dx'}\right). \end{cases}$$

極大極小之條件爲

$$(37)\qquad \begin{cases} (x-x')+(y-y')\dfrac{dy}{dx}+(z-z')\dfrac{dz}{dx}=0, \\[2mm] (x-x')+(y-y')\dfrac{dy'}{dx'}+(z-z')\dfrac{dz'}{dx'}=0. \end{cases}$$

$\dfrac{dy}{dx},\dfrac{dz}{dx},\dfrac{dy'}{dx'},\dfrac{dz'}{dx'}$ 等由曲線 (C) 與 (C') 之方程式而得.於是有六方程式以定 x,y,z,x',y',z' 六數,但欲確定有極大或極小.須

$$(38)\qquad \frac{\partial^2 u}{\partial x^2}\frac{\partial^2 u}{\partial x'^2}-\left(\frac{\partial^2 u}{\partial x\partial x'}\right)^2>0.$$

若此條件滿足,而 $\dfrac{\partial^2 u}{\partial x^2}$ 與 $\dfrac{\partial^2 u}{\partial x'^2}$ 同爲負,則爲極小.反之爲極大.

關係 (37) 乃表明直線 MM' 爲 (C) 與 (C') 兩曲線之公共法線.

特別論之,設所論爲二直線:

$$x=az+p,\qquad\qquad y=bz+q,$$

及
$$x'=a'z'+p',\qquad\qquad y'=b'z'+q',$$

則有

$$\frac{dy}{dx}=\frac{b}{a},\ \frac{dz}{dx}=\frac{1}{a},\ \frac{dy'}{dx'}=\frac{b'}{a'},\ \frac{dz'}{dx'}=\frac{1}{a'},$$

$$\frac{d^2u}{dx^2} = \frac{d^2z}{dx^2} = \frac{d^2y'}{dx'^2} = \frac{d^2z'}{dx'^2} = 0.$$

吾等可驗明 (38) 條件已合,並知有一極小.在此,(37) 二式變爲

$$a(x-x') + b(y-y') + (z-z') = 0,$$

$$a'(x-x') + b'(y-y') + (z-z') = 0.$$

吾等可代以次三式中任二式

$$(a'-a)(x-x') + (b'-b)(y-y') = 0,$$

$$(ba'-ab')(x-x') - (b'-b)(z-z') = 0,$$

$$(ba'-ab')(y-y') + (a'-a)(z-z') = 0.$$

但由直線方程式有

$$(b'-b)(x-x') - (a'-a)(y-y') + (ba'-ab')(z-z')$$

$$= (a'-a)(q'-q) - (b'-b)(p'-p).$$

若將上四式平方相加,則得

$$[(a'-a)^2 + (b'-b)^2 + (ab'-ba')^2]u$$

$$= [(a'-a)(q'-q) - (b'-b)(p'-p)]^2.$$

而有二直線最短距之公式:

$$d = \sqrt{u} = \frac{(a'-a)(q'-q) - (b'-b)(p'-p)}{\sqrt{(a'-a)^2 + (b'-b)^2 + (ab'-ba')^2}}$$

83. 多元函數之極大極小.

設 $u = f(x, y, \dots, t)$. 仿二元函數論之,知令函數爲極大極小之 $x, y, \dots, t$ 值當爲方程組

(34)
$$\frac{\partial f}{\partial x} = 0, \qquad \frac{\partial f}{\partial y} = 0, \dots, \qquad \frac{\partial f}{e\,t} = 0$$

之解(設 $\dfrac{\partial f}{\partial x}, \dfrac{\partial f}{\partial y}, \cdots\cdots, \dfrac{\partial f}{\partial z}$ 爲連續). 命 $x_0, y_0, \cdots\cdots, t_0$ 爲其一解, 則由

(準泰氏公式).

$$(35) \qquad \Delta u = f(x_0+h, y_0+k, \cdots\cdots t_0+l) - f(x_0, y_0, \cdots\cdots, t_0)$$

$$= \frac{1}{2}\left(h\frac{\partial f}{\partial x_0} + k\frac{\partial f}{\partial y_0} + \cdots\cdots + l\frac{\partial f}{\partial t_0}\right)^{(2)}$$

$$+ \frac{1}{6}\left(h\frac{\partial f}{\partial x} + k\frac{\partial f}{\partial y} + \cdots\cdots + l\frac{\partial f}{\partial t}\right)^{(3)}x_0+\theta h, \cdots\cdots, t_0+\theta l$$

討論 Δu 之號, 可決定函數於是點爲極大極小與否.

　吾等尙可注意關係 (34) 與 $df \equiv 0$ 同; 而討論 Δu 之號, 於是可準公式 (29) 書

$$\Delta u = \frac{d^2 u}{2!} + \left[\frac{d^3 u}{3!}\right]x_0+\theta h, y_0+\theta k, \cdots\cdots, t_0+\theta l$$

論之.

　例. 求函數

$$u = x^\alpha\, y^\beta\, z^\gamma \cdots\cdots t^\lambda\, (a-x-y-z-\cdots\cdots-t)^\mu$$

之極大. 式中 a 爲已知正數, $\alpha, \beta, \gamma, \cdots\cdots \lambda, \mu$ 爲正整數.

　取對數微分有

$$\frac{du}{u} = \alpha\frac{dx}{x} + \beta\frac{dy}{y} + \cdots\cdots + \lambda\frac{dt}{t} - \mu\frac{dx+dy+\cdots\cdots dt}{a-x-y-\cdots\cdots-t}$$

$$\frac{d^2 u}{u} - \left(\frac{du}{u}\right)^2 = -\alpha\left(\frac{dx}{x}\right)^2 - \cdots\cdots - \mu\frac{(dx+dy+\cdots\cdots+dt)^2}{(a-x-y-\cdots\cdots-t)^2}$$

方程式 $du=0$ 對於 $x=y=\cdots\cdots=t=0$ 顯然滿足. 相應之 u 值或爲極大, 或爲極小, 易於辨明. 茲置而不論. 此外由 $du=0$ 有

$$\frac{a}{x} = \frac{\beta}{y} = \cdots\cdots = \frac{\lambda}{t} = \frac{\mu}{a-x-y-\cdots\cdots-t},$$

而得

$$\frac{x}{a} = \frac{y}{\beta} = \frac{z}{\gamma} = \cdots\cdots = \frac{t}{\lambda} = \frac{a}{a+\beta+\gamma+\cdots\cdots+\lambda+\mu},$$

$$u = \left(\frac{a}{a+\beta+\gamma+\cdots\cdots+\mu}\right)^{a+\beta+\cdots\cdots+\lambda+\mu} a^a \beta^\beta \cdots\cdots\lambda^\lambda \mu^\mu.$$

又準上公式

$$d^2u < 0$$

可見 u 於此爲一極大.

84. 初級紀數不連續時情形.

單元或多元函數之極大極小,如上所論.乃設初級紀數或偏紀數爲連續者.倘此等紀數於某點爲間斷的,則在含是點之一確定區域內函數於是點之值可爲極大或極小者,而其紀數不必爲零.試就單元函數 $f(x)$ 論之,若 $f'(x)$ 經是點改號, $f(x)$ 即於是點爲極大或極小,如圖所示之 M_1 與 M_2 點是也.例有 $y = x^{\frac{2}{3}}$;其紀數 $y' = \frac{2}{3}x^{-\frac{1}{3}}$ 於 $x=0$ 爲無窮,而經是點由負變爲正.可知 y

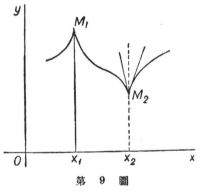

第 9 圖

於原點爲極小.於二元函數情形亦正彷彿,一有趣之例爲求平面上一點 M 與三定點 A, B, C 之距離之和 $MA + MB + MC$ 之

極小. (1)

85. 幾何法.

有時極大極小之條件, 可由幾何法得之. 如於函數 $u=f(x, y, z)$, 吾等應書

$$\frac{\partial f}{\partial x}=0, \quad \frac{\partial f}{\partial y}=0, \quad \frac{\partial f}{\partial z}=0.$$

察 $\frac{\partial f}{\partial x} dx$ 係令 y, z 固定, 而 x 變所得 Δu 之主量. 仿之 $\frac{\partial f}{\partial y} dy$, 與 $\frac{\partial f}{\partial z} dz$ 乃依次令 y, z 獨變所得 Δu 之主量. 然則若能直接由幾何求出此三量; 則令其等於零, 即得所求條件; 抑能求出全微分 du, 則 $du \equiv 0$ 亦為所求條件矣. 茲舉例明之.

例 1. 求外切於一迴線而有極大或極小面積之三角形.

外切於一迴線之三角形與三自變數有關. 例如此三切線與一定軸所成之三角是也. 任令二邊固定, 而其餘一邊變移則三角形之面積增量之主值不難求出. 令此等增量主值等於零, 即得三角形面積增量為極大極小之條件. 如圖, 三角式面積增量為

$BIB' - CIC'$ 即

$\tfrac{1}{2}(IB \cdot IB' - IC \cdot IC')\sin d\,\theta,$

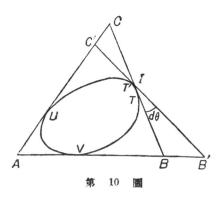

第 10 圖

(1) 見 Goursat-Hedrick.—Mathematical Analysis, Vol. 1, p. 130.

當 $B'C'$ 趨近 BC 時,I 點趨近切點 T,而 IB' 與 IC' 依次趨近 TB 與 TC. 可知增量 $BIB'-CIC'$ 之主值為

$$\frac{1}{2}(\overline{TB^2}-\overline{TC^2})\,d\theta.$$

令其為零,得 $TB=TC$; 即明切點 T 為 BC 之中點. 同理切點 U,V 亦應為 AC,AB 之中點. 是知當外切於一迴線之三角形有極大或極小面積時,其切點均為相當邊之中點.

例 2. 於一曲面 S 上求一點 M,使其與空間 n 定點 P_1,P_2,……,P_n 之距離之平方之和為極大或極小.

命 M' 為 S 上鄰近 M 之任一點,吾等應表示由 M 變至之 M',$\Sigma\overline{P_iM^2}$ 之微分為零.吾等取 MM' 為標準無窮小, 易知 $M\hat{P_i}M'$ 為一初級無窮小,又引 $MQ\perp P_iM'$ 則 P_iM 與 P_iQ 為相當量即略去高級無窮小 P_iM 與 P_iQ 相等也; 因之 $d(P_iM)$ 與 QM' 或與 $MM'\cos\theta$ 相當.據此 $\Sigma\overline{P_iM^2}$ 之微分為

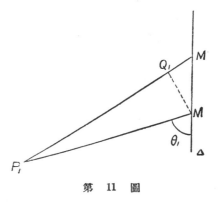

第 11 圖

$$2\Sigma P_iM d(P_iM),\ 或\ 2MM'\Sigma P_iM\cos\theta_1.$$

欲 $\Sigma\overline{P_iM^2}$ 為極值,須此微分為零;即

$$MP_1\cos\theta_1+MP_2\cos\theta_2+\cdots\cdots+MP_n\cos\theta_n=0.$$

此式表明 $\overrightarrow{MP_1},\overrightarrow{MP_2},\cdots\cdots,\overrightarrow{MP_n}n$ 個矢節於 S 在 M 點之切面內任一軸 $M\Delta$ 上之射影,其和為零.由是可斷定 S 於 M 點之法線

MN 必 過 $P_1, P_2, \ldots\ldots, P_n$ 諸 點 之 重 心 G. 蓋 取 M 爲 原 點, 切 面 爲 xy 面, 並 此 面 之 垂 線 爲 z 軸, 而 命 x_i, y_i, z_i 爲 Pi 之 位 標, 則 投 射 諸 節 於 ox 及 oy 上, 有 $\Sigma x_i = 0$ 及 $\Sigma y_i = 0$ 而 G 點 誠 位 z 軸 上 也. 然 則 欲 求 之 點 M, 乃 是 自 $P_1, P_2, \ldots\ldots, P_n$ 諸 點 之 重 心 引 於 (S) 之 法 線 足 點.

86. **連 繫 的 極 大 極 小; 拉 氏 乘 數 法** (Lagrange's multipliers).

往 往 數 個 變 數 由 數 個 關 係 連 絡 之, 而 吾 人 取 此 數 變 數 之 一 函 數 而 求 其 極 大 或 極 小. 例 有 四 元 函 數 $U = f(x, y, u, v)$ 而 於 四 變 數 間 有 關 係 式.

$$(39) \qquad f_1(x, y, u, v) = 0, \qquad f_2(x, y, u, v) = 0.$$

今 取 x, y 爲 自 變 數, u 與 v 爲 x, y 之 二 函 數. 則 其 值 可 由 (39) 確 定. 欲 U 爲 極 大 或 極 小 之 條 件 爲:

$$\frac{\partial f}{\partial x} + \frac{\partial f}{\partial u}\frac{\partial u}{\partial x} + \frac{\partial f}{\partial v}\frac{\partial v}{\partial x} = 0,$$

$$\frac{\partial f}{\partial y} + \frac{\partial f}{\partial u}\frac{\partial u}{\partial y} + \frac{\partial f}{\partial v}\frac{\partial v}{\partial y} = 0,$$

其 偏 紀 數 $\dfrac{\partial u}{\partial x}, \dfrac{\partial v}{\partial x}, \dfrac{\partial u}{\partial y}, \dfrac{\partial v}{\partial y}$ 由 次 之 關 係 而 定:

$$\frac{\partial f_1}{\partial x} + \frac{\partial f_1}{\partial u}\frac{\partial u}{\partial x} + \frac{\partial f_1}{\partial v}\frac{\partial v}{\partial y} = 0,$$

$$\frac{\partial f_1}{\partial y} + \frac{\partial f_1}{\partial u}\frac{\partial u}{\partial y} + \frac{\partial f_1}{\partial v}\frac{\partial v}{\partial y} = 0,$$

$$\frac{\partial f_2}{\partial x} + \frac{\partial f_2}{\partial u}\frac{\partial u}{\partial x} + \frac{\partial f_2}{\partial v}\frac{\partial v}{\partial x} = 0,$$

$$\frac{\partial f_2}{\partial y}+\frac{\partial f_2}{\partial u}\frac{\partial u}{\partial y}+\frac{\partial f_2}{\partial v}\frac{\partial v}{\partial y}=0,$$

消去 $\frac{\partial u}{\partial x},\frac{\partial u}{\partial y},\frac{\partial v}{\partial x},\frac{\partial v}{\partial y}$, 則得

(40) $$\frac{\partial(f,f_1,f_2)}{\partial(x,\ u,\ v)}=0,\qquad \frac{\partial(f,f_1,f_2)}{\partial(y,\ u,\ v)}=0$$

二式, 與 (39) 式聯合則確定與一極大或極小相應之 x,y,u,v 數值. 察 (40) 二方程式係表示吾人可得二數 λ 與 μ, 使有

(41) $$\begin{cases}\dfrac{\partial f}{\partial x}+\lambda\dfrac{\partial f_1}{\partial x}+\eta\dfrac{\partial f_2}{\partial x}=0,\\[2mm]\dfrac{\partial f}{\partial y}+\lambda\dfrac{\partial f_1}{\partial y}+\eta\dfrac{\partial f_2}{\partial y}=0,\\[2mm]\dfrac{\partial f}{\partial u}+\lambda\dfrac{\partial f_2}{\partial u}+\eta\dfrac{\partial f_2}{\partial u}=0,\\[2mm]\dfrac{\partial f}{\partial v}+\lambda\dfrac{\partial f_1}{\partial v}+\eta\dfrac{\partial f_2}{\partial v}=0.\end{cases}$$

然則可以 (41) 四式代 (40) 二式, λ 與 μ 視爲補助未知數.

此理論顯然合於通例, 而吾人得次述定則:

已與 n 元函數 $f(x_1,x_2,\cdots\cdots,x_n)$ 其變數由判別之 p 個關係

$f_1(x_1,x_2,\cdots\cdots,x_n)=0,\ f_2(x_1,x_2,\cdots\cdots,x_n)=0,\cdots\cdots,f_p(x_1,x_2,\cdots\cdots,x_n)=0$

聯絡之. 欲爲令 $f(x_1,x_2,\cdots\cdots,x_n)$ 爲極值之 $x_1,x_2,\cdots\cdots,x_n$ 數值, 須

取 $$f+\lambda_1 f_1+\lambda_2 f_2+\cdots\cdots+\lambda_p f_p$$

(視 $\lambda_1,\lambda_2,\cdots\cdots\lambda_p$ 爲常數) 之各偏紀數而等之於零, 以解所得方程組.

例. 求有心二次曲面.

(42) $\qquad A_2{}^2 + A'y^2 + A''Z^2 + 2Byz + 2B'zx + 2B''xy + 1 = 0$

之軸長.

此曲面以 O 爲心,問題成爲求函數

(43) $\qquad u = r^2 = x^2 + y^2 + z^2$

之極大極小,而於 x, y, z 間有關係(42).按適所言之法則,當寫

(44) $\qquad \begin{cases} x + \lambda(Ax + B''y + B'z) = 0, \\ y + \lambda(B''x + A'y + Bz) = 0, \\ z + \lambda(B'x + By + A''z) = 0, \end{cases}$

此三式及(42)式確定合於極大極小之 λ, x, y, z 數值.若於 (42),(43),(44) 五式間消去 λ, x, y, z 即得含半軸平方 r^2 之方程式.欲實行消去手續,可以 x, y, z 依次乘(44)三式而加之.則準 (42),得

$$r^2 - \lambda = 0.$$

於是(44)變爲

$$(1 + Ar^2)x + B''r^2y + B'r^2z = 6,$$
$$B''r^2x + (1 + A'r^2)y + Br^2z = 0,$$
$$B'r^2x + Br^2y + (1 + A''r^2)z = 0.$$

而吾等立有

$$\begin{vmatrix} 1 + Ar^2 & B''r^2 & B'r^2 \\ B''r^2 & (1 + A'r^2) & Br^2 \\ B'r^2 & Br^2 & (1 + A''r^2) \end{vmatrix} = 0,$$

此爲 r^2 之方程式,結果適合乎吾等所期待者.

習 題

1. 取泰氏公式

$$f(x+h)=f(x)+hf'(x)+\frac{h^2}{2}f''(x)+\cdots\cdots+\frac{h^n}{n!}f^{(n)}(x+\theta h).$$

設 x 不變而 $h\to 0$, 試證 $\theta\to\dfrac{1}{n+1}$ 並求 θ 對 h 之升冪展式之起始數項.

2. 若上題公式中 θ 與 x 無涉, 則或者 $f(x)$ 為 $n+1$ 次之一多項式而 $\theta=\dfrac{1}{n+1}$ 或者 $f(x)$ 呈次形

$$f(x)=A_0+A_1x^2+\cdots\cdots+A_nx^n+A_{n+1}l^{ax},$$

而

$$\theta=\frac{1}{ah}\log\left[\frac{n!}{a^nh^n}\left(e^{ah}-1-\frac{ah}{1}-\frac{a^2h^2}{2!}-\cdots\cdots-\frac{a^{n+1}h^{n+1}}{(n-1)!}\right)\right].$$

試證之.

3. 設函數 $f_1(x)$, $f_2(x)$,......, $f_{n+2}(x)$ 於隔間 $(x, x+h)$ 內連續而有前 n 級各紀數.試證

$$\begin{vmatrix} f_1(x+h) & f_2(x+h) & \cdots\cdots & f_{n+2}(x+h) \\ f_1(x) & f_2(x) & \cdots\cdots & f_{n+2}(x) \\ f'_1(x) & f'_2(x) & \cdots\cdots & f'_{n+2}(x) \\ \cdots\cdots\cdots\cdots\cdots\cdots\cdots\cdots\cdots \\ f_1^{(n-1)}(x) & f_2^{(n-1)}(x) & \cdots\cdots & f^{(n-1)}_{n+2}(x) \\ f_1^{(p)}(x+\theta h) & f_2^{(p)}(x+\theta h) & \cdots\cdots & f_{n+2}^{(p)}(x+\theta h) \end{vmatrix}=0,$$

θ 為介於 10 與 1 間之一數, p 為 $\leqq n$ 之任一正整數.

在此公式內, 命 $f_1(x)=f(x)$, $f_2(x)=x^n$, $f_3(x)=x^{n-1}$,......, $f_{n+2}(x)=1$, 則得泰氏公式.

又命 $f_1(x)=f(x)$, $f_2(x)=\phi(x)$, $f_3(x)=x^{n-1}$, $f_4(x)=x^{n-2}$,......, $f_{n+2}(x)=1$, 則得

$$\frac{f(x+h)-f(x)-h f'(x)-\cdots\cdots-\dfrac{h^{n-1}}{(n-1)!}f^{(n-1)}(x)}{\phi(x+h)-\phi(x)-h\phi'(x)-\cdots\cdots-\dfrac{h^{n-1}}{(n-1)!}\phi^{(n-1)}(x)}=\frac{f^{(n)}(x+\theta h)}{\phi^{(n)}(x+\theta h)}.$$

4. 據馬氏級數展

153

$$y = \frac{\sin m(\text{arc cos } z)}{\sqrt{1-z^2}}$$

(*m* 爲一正整數)並自是推出次公式:

若 *m* 爲偶數,有

$$\frac{\sin mx}{\sin x} = (-1)^{\frac{m}{2}-1} m \left[\cos x + \frac{2^2-m^2}{3!} \cos^3 x + \frac{(2^2-m^2)(4^2-m^2)}{5!} \cos^5 x + \cdots \right]$$

若 *m* 爲奇數有

$$\frac{\sin mx}{\sin x} = (-1)^{\frac{m-1}{2}} \left[1 + \frac{1^2-m^2}{2!} \cos^2 x + \frac{(1^2-m^2)(3^2-m^2)}{4!} \cos^4 x + \cdots \right]$$

5. 求定 α, β 使無窮小 $\log \frac{1+x}{1-x} - \frac{x(1+ax^2)}{1+\beta x^2}$ 爲所可能之最高級.

6. 求 $X = \dfrac{1 + \frac{1}{2} + \frac{1}{3} + \cdots + \frac{1}{n}}{\log n}$ 於 $n \to \infty$ 時之限.

7. 命 $\sigma_n = 1 + \frac{1}{2} + \frac{1}{3} + \cdots + \frac{1}{n}$, 試證 $\log(n+1) < \sigma_n < 1 + \log n$

8. 設 $u_n = \overset{n}{\underset{1}{\Sigma}} \log n - \left(n + \frac{1}{2}\right) \log n + n,\ v_n = u_{n+1} - u_n,$

求示級數 Σv_n 爲收斂者,並因之判斷 u_n 於 $n \to \infty$ 有一限.

9. 借泰氏公式求次列各函數之 **n** 級紀數:

(*a*) $\ y = e^{\frac{2}{x}}$,

(*b*) $\ y = f(e^x)$,

(*c*) $\ y = f(\log x)$.

10. 據關係 $x^{n+a} = x^n x^a = x^n e^{a \log x}$ 求公式

$$\frac{1}{n!} \frac{d^n}{dx^n} (x \log x)^n = 1 + S_1 \log x + \frac{S_2}{2} (\log x)^2 + \cdots + \frac{S_n}{n!} (\log x)^n,$$ S_p 表 $1, 2, 3, \cdots, n$ 等數

中每 *p* 個乘積之和. (Murphy).

11. 求次列各函數之極大極小:

(a)　$z = x^3 + y^3 - 9xy + 27$,

(b)　$z = xy(x + y - 1)$,

(c)　$z = 2x^2y^2 - 3x^2y - 4xy^2 + 5$,

(d)　$z = xe^y + x \sin y$.

12. 求次函數之極大極小 $u = \dfrac{xyz}{(a+x)(x+y)(y+z)(z+b)}$.

13. 求次列二隱函數 y 之極大極小:

(a)　$y^2 - 2mxy + x^2 - a^2 = 0$,

(b)　$\cos(y - x) = 2 \sin y + \cos x$.

14. 求次函數 z 之極大極小 $a(x^3 + y^3 + z^3) = xyz(x + y + z)$.

15. 求次列各函數之極大極小

(a)　$z = xy$, 而於自變數間有 $x^3 + y^3 - 3axy = 0$:

(b)　$u = (x+1)(y+1)(z+1)$, $a^x b^y c^z = k$;

(c)　$\begin{cases} u = x_1 x_2 x_3 x_4 \left(\dfrac{1}{x_1} + \dfrac{1}{x_2} + \dfrac{1}{x_3} + \dfrac{1}{x_4} \right), \\ \Sigma x_i = 313, \dfrac{x_1}{2} = \dfrac{x_2}{3} = \dfrac{x_3}{4}. \end{cases}$

16. 設一三角形, 於其平面上求一點使其與三頂點距離之和爲極小.

17. 取內接於一橢面之正平行六面體, 而求其極大體積.

18. 取有心二次曲面, 而以一平面過心剖之; 試求截痕 (section) 之軸.

19. 試分一量 a 爲 n 分 $x, y, \cdots, t$ 使函數 $u = x^\alpha y^\beta \cdots t^\lambda$ 爲極值 $(\alpha, \beta, \cdots \lambda$ 均係正數$)$.

20. 設曲面 $\qquad (x^2 + y^2 + z^2)^2 = a^2x^2 + b^2y^2 + c^2z^2$

(稱爲彈性曲面 surface of elasticity) 而以過其心之一平面剖之; 求自心至截痕周之距離之極大極小.

21. 求空間一圓與一直線之最短距離.

第 四 章

無 定 積 分

I. 普通求積分法

87. 原函數, 無定積分 (Primitive function, indefinite integrals).

已與一函數, 試求以之爲紀數之函數, 斯積分問題之所由起. 故積分法, 初卽微分法之反演也. 任設函數 $f(x)$, 是否恆有一函數以 $f(x)$ 爲紀數, 或以 $f(x)\,dx$ 爲微分, 曰凡在 $f(x)$ 之連續隔間內皆然. 吾人可由一幾何法證明之, 如普通積分學上所論者是. 但此法雖能促積分學之進步, 而論理未可認爲精確. 故近代學者, 別求一純粹之分析法焉. 吾等將於定積分篇中述及之. 茲暫承認是理.

凡以 $f(x)$ 爲紀數, 或 $f(x)\,dx$ 爲微分之函數, 均稱爲 $f(x)$ 之原函數, 或稱爲 $f(x)\,dx$ 之積分. (尋常亦稱之爲 $f(x)$ 之積分, 然非原義也.)

若 $F(x)$ 爲 $f(x)$ 之一原函數, 則吾等易知凡以 $f(x)$ 爲紀數之函數, 由 $F(x)+C$ 表之, C 爲一泛定之常數. 吾等稱之爲積分常數. 函數 $F(x)+C$ 統稱爲 $f(x)\,dx$ 之無定積分, 而由符號

$$\int f(x)\,dx$$

表之.

88. 無定積分求法.

由微分結果,吾等立得次列諸簡單公式(爲免繁累計,積分常數均略去,引用時自應加入).

$$\int x^n\,dx = \frac{1}{n+1}x^{n+1}\;(n \neq -1) \qquad \int \frac{dx}{x} = \log|x|$$

$$\int \frac{dx}{x^2+a^2} = \frac{1}{a}\arctan\frac{x}{a}, \qquad \int \frac{dx}{x^2-a^2} = \frac{1}{2a}\log\left|\frac{x-a}{x+a}\right|,$$

$$\int \frac{dx}{\sqrt{a^2-x^2}} = \arcsin\frac{x}{a}, \qquad \int \frac{dx}{\sqrt{a+x^2}} = \log\,(x+\sqrt{a+x^2})$$

$$\int \frac{dx}{x\sqrt{x^2-a^2}} = \frac{1}{a}\operatorname{arc\,sec}\frac{x}{a} \qquad \int e^x\,dx = e^x,$$

$$\int a^x\,dx = \frac{a^x}{\log a}, \qquad \int \cos x\,dx = \sin x,$$

$$\int \sin x\,dx = -\cos x \qquad \int \frac{dx}{\cos^2 x} = \tan x,$$

$$\int \frac{dx}{\sin^2 x} = -\cot x \qquad \int \tan x\,dx = -\log|\cos x|,$$

$$\int \cot x\,dx = \log|\sin x|, \qquad \int \operatorname{ch} x\,dx = \operatorname{sh} x,$$

$$\int \operatorname{sh} x\,dx = \operatorname{ch} x, \qquad \int \frac{dx}{\operatorname{ch}^2 x} = \operatorname{th} x,$$

$$\int \frac{dx}{\operatorname{sh}^2 x} = -\frac{1}{\operatorname{th} x} \qquad \int \operatorname{th} x\,dx = \log \operatorname{ch} x,$$

$$\int \frac{dx}{\operatorname{th} x} = \log |\operatorname{sh} x|, \qquad \int \frac{f'(x)}{f(x)} \, dx = \log |f(x)|$$

對於較繁之積分,吾等則求化之使由此等簡單積分表出. 茲略述化法主要者於次:

1° 分解求積分 (Integration by decomposition). 若

$$f(x) = f_1(x) + f_2(x) + \cdots\cdots f_p(x)$$

則有

(1) $$\int f(x) \, dx = \int f_1(x) \, dx + \int f_2(x) \, dx + \cdots\cdots \int f_p(x) \, dx,$$

理甚顯然.

例如

$$\int \frac{dx}{\sin^2 x \cos^2 x} = \int \frac{(\sin^2 x + \cos^2 x) \, dx}{\sin^2 x \cos^2 x}$$

$$= \int \frac{dx}{\cos^2 x} + \int \frac{dx}{\sin^2 x} = \tan x - \cot x + C.$$

2° 部分求積法 (Integration by parts). 設 u, v 為 x 之函數

則

$$(uv)' = uv' + vu',$$

而有

$$uv = \int uv' dx + \int vu' dx,$$

即

$$\int uv' dx = uv - \int vu' dx$$

亦可書如

(2) $$\int u \, dv = uv - \int v \, du.$$

是求 $u \, dv$ 之積分變為求 $v \, du$ 者. 例如求 $I = \int \sqrt{1-x^2} \, dx$; 命

$u = \sqrt{1-x^2}$ 及 $v = x$,

則
$$I = x\sqrt{3-x^2} + \int \frac{x^2}{\sqrt{1-x^2}}\,dx$$

於是只須書 $x^2 = 1-(1-x^2)$ 即得

$$I = x\sqrt{1-x^2} + \int \frac{dx}{\sqrt{1-x^2}} - I$$

而
$$2I = x\sqrt{1-x^2} + \text{arc sin } x + C.$$

推廣　公式 (2) 尚可推廣. 命 $v^{(n)}$ 表函數 v 之 n 級紀數有

$$\int uv^{(n)}dx = uv^{(n-1)} - \int u'v^{(n-1)}dx,$$

$$\int u'v^{(n-1)}dx = u'v^{(n-2)} - \int u''v^{(n-2)}dx,$$

$$\cdots\cdots\cdots\cdots\cdots\cdots\cdots\cdots\cdots\cdots$$

$$\int u^{(n-1)}v'dx = u^{(n-1)}v - \int u^{(n)}v\,dx,$$

相加即得公式

(3)
$$\int uv^{(n)}dx = uv^{(n-1)} - u'v^{(n-2)} + u''v^{(n-3)} - \cdots\cdots$$

$$+ (-1)^{n-1}u^{(n-1)}v + (-1)^n\int u^{(n)}v\,dx.$$

例設 $u = x^m, v^{(m)} = e^x$, 吾等有

$$\int x^m e^x dx = e^x[x^m - mx^{m-1} + m(m-1)x^{m-2} - \cdots\cdots$$

$$+ (-1)^{m-1}m(m-1)\cdots\cdots 3\cdot 2x + (-1)^m m!] + C.$$

3°　換變數求積法 (In'egration by substitution) 設積分

$$\int f(x)\,dx$$

命 $x=\phi(t)$, 並設 $\phi(t)$ 連續而有紀數 $\phi'(t)$, 吾等知 $dx=\phi'(t)\,dt$ 而

$$f(x)\,dx=f[\phi(t)]\phi'(t)\,dx.$$

按積分定義立有

$$\int f(x)\,dx=\int f[\phi(t)]\phi'(t)\,dt.$$

蓋兩端之微分既相等, 則所差不過一常數而積分號中實包含此泛定常數也. 如是新得之積分可較原設者易求. 例有

$$I=\int \text{arc sin } x\,dx.$$

命 $\text{arc sin } x=t$ 即 $x=\sin t,\ dx=\cos t\,dt$, 則

$$I=\int t\cos t\,dt,$$

再用部分法, 即有

$$I=t\sin t-\int \sin t\,dt=t\sin t+\cos t+C;$$

復以舊變數代入便得

$$I=x\,\text{arc sin } x+\sqrt{1-x^2}+C.$$

II 代 數 的 函 數 之 積 分

89 有 理 函 數 (Rational Functions).

凡 x 之有理函數 $f(x)$ 恆可書爲

$$f(x)=E(x)+\frac{P(x)}{Q(x)}$$

$E(x)$, $P(x)$, $Q(x)$, 均爲多項式, 而 $P(x)$ 之次數低於 $Q(x)$ 者. 且二者之間無公因數. 若是

$$\int f(x)\, dx = \int E(x)\, dx + \int \frac{P(x)}{Q(x)}\, dx$$

右端第一積分立可求得. 故只須就第二積分論之. 吾等知 $\dfrac{P(x)}{Q(x)}$ 可化爲如

$$\frac{A}{(x-a)^m}, \qquad \frac{Mx+N}{[(x-a)^2+\beta^2]^n}$$

形之簡單分數之和. a 爲 $Q(x)$ 之一實根, 而 $a+\beta i$ 爲其一虛根. 問題變爲求積分

$$\int \frac{A\, dx}{(x-a)^m} \quad 與 \quad \int \frac{Mx+N}{[(x-a)^2+\beta^2]^n} dx, \quad (m \geqq 1, \ n \geqq 1).$$

於第一種積分立有

$$\int \frac{A\, dx}{x-a} = A \log|x-a|, \quad 及 \int \frac{A\, dx}{(x-a)^m} = \frac{-A}{(m-1)(x-a)^{m-1}}, \quad (m > 1).$$

待討論者, 僅爲第二種. 爲簡便計, 命

$$x = a + \beta t, \qquad dx = \beta\, dt$$

以化之, 得

$$\frac{1}{\beta^{2n-1}} \int \frac{Ma+N+M\beta t}{(1+t^3)^n}\, dt.$$

於是復判爲二種如

$$\int \frac{t\, dt}{(1+t^2)^n}, \qquad \int \frac{dt}{(1+t^2)^n};$$

其前者於 $n>1$ 爲

$$\int \frac{t\,dt}{(1+t^2)^n} = -\frac{1}{2(n-1)(1+t^2)^{n-1}} = -\frac{\beta^{2n-2}}{2(n-1)[(x-a)^2+\beta^2]^{n-1}},$$

而於 $n=1$ 爲

$$\int \frac{t\,dt}{1+t^2} = \tfrac{1}{2}\log(1+t^2) = \tfrac{1}{2}\log\frac{(x-a)^2+\beta^2}{\beta^2}.$$

今以 I_n 表後者論之，吾等立有

$$I_1 = \int \frac{dt}{1+t^2} = \text{arc tan } t = \text{arc tan}\frac{x-a}{\beta}.$$

於 $n>1$，則可書

$$I_n = \int \frac{dt}{(1+t^2)^n} = \int \frac{1+t^2-t^2}{(1+t^2)^n}\,dt = \int \frac{dt}{(1+t^2)^{n-1}} - \int \frac{t\,dt}{(1+t^2)^n}$$

於末一積分命 $u=t,\,dv=\dfrac{t\,dt}{(1+t^2)^n}$ 而準部分求積公式有

$$\int \frac{t^2\,dt}{(1+t^2)^n} = -\frac{1}{2(n-1)(1+t^2)^{n-1}} + \frac{1}{2(n-1)}\int \frac{dt}{(1+t^2)^{n-1}},$$

代入上式，且注意 $I_{n-1} = \int \dfrac{dt}{(1+t^2)^{n-1}}$，則得

$$I_n = \frac{2n-3}{2n-2} I_{n-1} + \frac{1}{2(n-1)(1+t^2)^{n-1}}.$$

賡續用此公式，則 I 之足碼將遞減以達於1，而問題以決.

例求 $\qquad I = \displaystyle\int \frac{x^4(x^2-3)}{(x^2-1)^3}\,dx.$

積分號下之函數可書如

$$f(x) = \frac{(x^2-1)^3 - 3x^2+1}{(x^2-1)^3} = 1 - \frac{3x^2-1}{(x^2-1)^3},$$

而

(4) $\dfrac{3x^2-1}{(x^2-1)^3}=\dfrac{A}{(x-1)^3}+\dfrac{B}{(x-1)^2}+\dfrac{C}{x-1}+\dfrac{A'}{(x+1)^3}+\dfrac{B'}{(x-1)^2}+\dfrac{C'}{x-1}.$

欲定 A, B, C，命 $x-1=t$，而將前端分數依 t 之增冪勢展之．此分數於是變爲

(5) $\dfrac{3(1+t)^2-1}{t^3(2+t)^3}=\dfrac{2+6t+3t^2}{t^3(8+12t+6t^2+\cdots\cdots)}=\dfrac{1}{4t^3}+\dfrac{3}{8t^2}-\dfrac{3}{8t}+\cdots\cdots.$

可見 [1] $A=\frac{1}{4}$, $B=\frac{3}{8}$, $C=-\frac{3}{8}$ 而

$\dfrac{3x^2-1}{(x^2-1)^3}=\dfrac{1}{4(x-1)^3}+\dfrac{3}{8(x-1)^2}-\dfrac{3}{8(x-1)}+\dfrac{A'}{(x+1)^3}+\dfrac{B'}{(x+1)^2}+\dfrac{C'}{x+1}.$

同法可定 A', B', C'，但簡妙莫如次法：注意於上式易 x 爲 $-x$，其左端不變；是右端當與原式右式恆等，即 $A'=B'=\frac{3}{8}$, $C'=\frac{3}{8}$.

於是 $\quad I=\displaystyle\int dx+\frac{1}{4}\int\frac{dx}{(x-1)^3}+\frac{3}{8}\int\frac{dx}{(x-1)^2}-\frac{3}{8}\int\frac{dx}{x-1}$

$\qquad\qquad\qquad -\dfrac{1}{4}\displaystyle\int\frac{dx}{(x+1)^3}+\frac{3}{8}\int\frac{dx}{(x+1)^2}+\frac{3}{8}\int\frac{dx}{x+1}.$

---

(1) 蓋若是由 (4), (5) 有恆等式

$\dfrac{1}{4(x-1)^3}+\dfrac{3}{8(x-1)^2}-\dfrac{3}{8(x-1)}+\phi(x)=\dfrac{A}{(x-1)^3}+\dfrac{B}{(x-1)^2}+\dfrac{C}{x-1}+\psi(x),$

$\phi(x)$ 與 $\psi(x)$ 於 $x=1$ 有定值，以 $(x-1)^3$ 乘兩端而命 $x=1$，則見 $A=\dfrac{1}{4}$；繼將兩端首項消去而以 $(x-1)^2$ 乘，即得 $B=\dfrac{3}{8}$；更消去兩端第二項而以 $x-1$ 乘，即得 $C=-\dfrac{3}{8}$. 普通可仿此論斷．凡將有理函數 $\dfrac{F(x)}{\Phi(x)}$ 展之，如

$\dfrac{F(x)}{\Phi(x)}=\dfrac{A_a}{(x-a)^a}+\dfrac{A_{a-1}}{(x-a)^{a-1}}+\cdots\cdots+\dfrac{A_1}{x-a}+\psi(x),$

(a 爲 $\Phi(x)$ 之 a 級根) 則右端前 a 項即 $\dfrac{F(x)}{\Phi(x)}$ 之簡單分數式中關於 a 根之部分.

積之而稍化其結果得

$$I = x - \frac{3x}{4(x^2-1)} - \frac{x}{2(x^2-1)^2} + \frac{3}{8}\log\frac{x+1}{x-1} + C.$$

注意. 上所述爲普通法.應用每嫌冗長.於特別問題,往往可得其他較簡妙者以御算.例若待求積分之函數 $f(x)$ 呈次形

$$f(x) = \frac{1}{x}\Phi(x^m),$$

則可命 $x^m = t$ 以化之.又若

$$f(x) = \frac{P(x)}{(x^2-1)^n}$$

而 $P(x)$ 爲一多項式,則可命 $x = \frac{z+1}{z-1}$ 以化之.若是有

$$\int\frac{P(x)\,dx}{(x^2-1)^n} = -\frac{1}{2^{2n-1}}\int P\left(\frac{z+1}{z-1}\right)(z-1)^{2n-2}\frac{dz}{z^n}.$$

設如 $P(x)$ 之次數小於 $2n-2$,則 $P\left(\frac{z+1}{z-1}\right)(z-1)^{2n-2}$ 成 z 之多項式而積分極易求出.

90. 額米特氏法 (Hermite's method).

上述之普通法於化分數爲簡單分數時,必須知分母之根,額氏法,乃僅由加乘除等基本手續以化簡積分,而原函數之代數的部分卽因之求出.所餘者,僅超然函數部分而已.

設欲求積分之有理函數爲 $f(x) = \frac{F(x)}{\Phi(x)}$,其 $F(x)$ 與 $\Phi(x)$ 無公因數.準方程式論等根理,吾等可書

$$\Phi(x) = X_1\,X_2{}^2\,X_3{}^3\cdots\cdots X_p{}^p$$

$X_1, X_2, \cdots\cdots, X_p$ 爲無等根之多項式. 且彼此無公因, 由是可析爲偏分數式

(6) $$\frac{F(x)}{\Phi(x)} = \frac{A_1}{X_1} + \frac{A_2}{X_2^2} + \cdots\cdots + \frac{A_p}{X_p^p},$$

其中 A_i 爲與 X_i 無公因之多項式. 蓋據最大公約數理, 若 X 與 Y 爲二無公因之多項式, 並 Z 爲他一多項式, 則吾等恆可得二多項式 A 與 B, 使

$$BX + AY = Z.$$

故於本題可有

$$BX_1 + AX_2^2 \cdots\cdots X_p^p = F(x),$$

而 $$\frac{F(x)}{\Phi(x)} = \frac{A}{X_1} + \frac{B}{X_2^2 \cdots\cdots X_p^p}.$$

因 $F(x)$ 與 $\Phi(x)$ 無公因, 是 A 與 X_1 及 B 與 $X_2^2 \cdots\cdots X_p^p$ 當亦然, 於是同法可施於 $\dfrac{B}{X_2^2 \cdots\cdots X_p^p}$; 遞推卽得 (6).

由是問題變爲討論形如

$$\int \frac{A\,dx}{[\psi(x)]^n}$$

之積分, $\psi(x)$ 與其紀數 $\psi'(x)$ 無公因, 吾等可據上所引及之理定二多項式 B 與 C, 使

(7) $$B\psi + C\psi' = A;$$

因之 $$\int \frac{A\,dx}{\psi^n} = \int \frac{B\psi + C\psi'}{\psi^n}dx = \int \frac{B\,dx}{\psi^{n-1}} + \int C\frac{\psi'\,dx}{\psi^n},$$

而由部分求積法有

$$\int C \frac{\psi' \, dx}{\psi^n} = -\frac{C}{(n-1)\psi^{n-1}} + \frac{1}{n-1}\int \frac{C'}{\psi^{n-1}} \, d\boldsymbol{x}.$$

故
$$\int \frac{A \, dx}{\psi^n} = -\frac{C}{(n-1)\psi^{n-1}} + \int \frac{A_1 \, dx}{\psi^{n-1}},$$

A_1 爲一多項式. 若 $n>2$, 吾等可以同法化末端積分, 如此類推, 終至 ψ 之指數爲 1 而止. 然則

$$\int \frac{A \, dx}{\psi^n} = R(x) + \int \frac{G(x)}{\psi(x)} \, dx,$$

式中 $R(x)$ 爲有理函數, 而 $G(x)$ 爲一多項式, 其次數恆可設其小於 $\psi(x)$ 者, 欲求最後積分, 則須知 $\psi(x)$ 之根矣. 析 $\dfrac{G(x)}{\psi(x)}$ 爲簡單分數, 則得形如

$$\frac{\lambda}{x-a} \quad \text{與} \quad \frac{\mu x+\nu}{(x-a)^2+\beta^2},$$

之項之和, 其各項積分咸由對數函數及正切反函數表之.

　　可特別注意者: 若積分自身爲一有理函數, 則由額氏化簡法迴得結果. 例有

$$I = \int \frac{5x^3+3x-1}{(x^3+3x+1)^3} \, dx.$$

吾等易得恆等式

$$5x^3-3x-1 = 6x(x^2+1) - (x^3+3x+1).$$

據此則
$$I = \int \frac{6x(x^2+1) \, dx}{(x^3+3x+1)^3} \int \frac{dx}{(x^3+3x+1)^2};$$

而命 $u=x$, $v = -x/(x^3+3x+1)^2$, 部分積之有

$$\int \frac{6x(x^2+1)}{(x^3+3x+1)^3} \, dx = \frac{-x}{(x^3+3x+1)^2} + \int \frac{dx}{(x^3+3x+1)^2},$$

代入上式即得 $\qquad I = \dfrac{-x}{(x^3+3x+1)^2} + C.$

91. x 與 $\sqrt[p]{\dfrac{ax+b}{ax+\beta}}$ 之有理函數之積分.

設

(7) $\qquad \displaystyle\int f\left[x, \left(\frac{ax+b}{ax+\beta}\right)^{\frac{m}{\mu}} \left(\frac{ax+b}{ax+\beta}\right)^{\frac{n}{\nu}}, \cdots\cdots, \left(\frac{ax+b}{ax+\beta}\right)^{\frac{r}{\rho}} \right] dx$

f 爲 $x, \left(\dfrac{ax+b}{ax+\beta}\right)^{\frac{m}{\mu}}, \cdots\cdots\left(\dfrac{ax+b}{ax+\beta}\right)^{\frac{n}{\nu}}$ 之一有理函數 $m, \mu, n, \nu, \cdots\cdots, r, \rho$

爲整數或正或負.

　　吾等可換變數使欲積之函數變爲有理函數. 如 λ 爲 μ,
$\cdots\cdots, \rho$ 等絕對值之最小公倍數, 則命

$$\frac{ax+b}{ax+\beta} = t^\lambda$$

因之 $\qquad x = \dfrac{\beta t^\lambda - b}{a - at^\lambda}. \qquad dx = \lambda \dfrac{\beta - ba}{(a - at^\lambda)^2} t^{\lambda-1}\, dt$

積分 (7) 即變爲

$$\lambda(a\beta - ba) \int f\left(\frac{\beta t^\lambda + b}{a - at^\lambda}, \ t^{\frac{\lambda m}{\mu}}, \cdots\cdots, \ t^{\frac{\lambda r}{\rho}}\right) \frac{t^{\lambda-1}}{(a - at^\lambda)^2}\, dt$$

$\lambda, \dfrac{\lambda m}{\mu}, \cdots\cdots \dfrac{\lambda r}{\rho}$ 咸爲整數. 積分號下之函數變爲有理函數.

　　特別於次二種積分

$$\int f(x, \sqrt{ax+b})\, dx, \qquad \int f\left(x, \sqrt{\frac{ax+b}{ax+\beta}}\right) dx.$$

只須命 $\qquad ax+b=t^2$ 或 $\dfrac{ax+b}{ax+\beta}=t^2$

化之.

例有 $\qquad I=\dfrac{1}{6}\displaystyle\int\dfrac{x-x^{\frac{1}{2}}}{x-x^{\frac{2}{3}}}\,dx.$

命 $x=t^6,\ dx=6t^5\,dt$, 則

$$I=\int\frac{t^3-1}{t^2-1}t^4\,dt=\int\frac{t^2+t+1}{t+1}t^4\,dt$$

$$=\int t^5\,dt+\int\frac{dt}{t+1}+\int(t^3-t^2+t-1)\,dt$$

$$=\frac{1}{6}t^6+\log|t+1|+\frac{1}{4}t^4-\frac{1}{3}t^3+\frac{1}{2}t-t+C.$$

92. x 與 $\sqrt{ax^2+bx+c}$ 之有理函數之積分.

設

$$(8)\qquad\qquad\int f(x,y)dx,$$

其中 f 爲 x 與 y 之有理函數, 而

$$(9)\qquad\qquad y=\sqrt{ax^2+bx+c}.$$

吾謂可換變數以化之爲一有理函數之積分. 欲達此目的, 只須能表 x, y 爲一參變數之有理函數如:

$$x=\phi(t),\qquad y=\psi(t).$$

蓋 $dx=\phi(t)dt,$

$$\int f(x,y)\,dx=\int f[\phi(t),\,\psi(t)]\phi'(t)\,dt.$$

末端積分號下之函數顯爲有理者.故問題變爲表 x, y 以 t 之有理式.若注意曲線 (9) 爲一錐線 (C), 則知問題恆爲可能. 因以過 C 上一定點 A 之直線 AP 割之, 則 AP 與 (C) 之第二交點 P, 其位標 x, y 顯爲 AP 之斜率 t 之有理函數也. 於特別問題, 吾等可擇 A 點以使得式單簡.

如 $ax^2 + bx + c = 0$ 有二實根 α, β, 則吾可取 $(\alpha, 0)$ 點爲 A 定點, 而命
$$y = t(x - \alpha)$$
此活動直線割曲線 $y^2 = a(x - \alpha)(x - \beta)$ 之點由方程式
$$t^2(x - \alpha)^2 = a(x - \alpha)(x - \beta)$$
定之. 刪去與定點相應之因數 $(x - \alpha)$, 則有
$$\frac{x - \beta}{x - \alpha} = \frac{t^2}{a}.$$

由是得

(10)
$$x = \frac{\beta - \frac{a}{a}t^2}{1 - \frac{1}{a}v^2}, \qquad y = \frac{\beta - \alpha}{1 - \frac{1}{a}t^2}t.$$

吾等於此尚可取 $\theta = \dfrac{t}{\sqrt{\pm a}}$ 爲參變數, 而無損於有理性. 若是即係命

(11)
$$\frac{x - \beta}{x - \alpha} = \pm \theta^2.$$

吾等復可取曲線與 y 軸之一交點爲定點 A; 如取 $(0, \sqrt{c})$, 即設

(12)
$$y - \sqrt{c} = tx.$$

今若方程式 $ax + bx + c = 0$ 無實根, 必有 $a > 0$. 不然, 前端三項式將 < 0 矣. 於此錐線爲一雙弧線, 以平行於其一幾近線 (asymptote) 之活動直線

(13)
$$y = x\sqrt{a} + t$$

割之, 則僅有一交點, 其位標爲 t 之有理式

$$x = \frac{c - t^2}{2t\sqrt{a} - 2b}. \qquad y = t + \sqrt{a}\,\frac{c - t^2}{2t\sqrt{a} - 2b}.$$

注意. 通常於引用上法之先, 命 $x = z + h$, 以使三項式不含 z 項, 可較便利.

例. 求
$$I = \int \frac{dx}{(x + 1)\sqrt{x^2 + x + 1}}.$$

曲線 $y^2 = x^2 + x + 1$ 爲一雙弧線, 直線

$$y = x + t$$

與其一幾近線平行, 而僅遇之於一點, 其位標爲

$$x = \frac{t^2 - 1}{1 - 2t}, \qquad y = \frac{-t^2 + t - 1}{1 - 2t}.$$

於是
$$dx = 2\frac{-t^2 + t - 1}{(1 - 2t)^2}\,dt.$$

$$I = \int \frac{dx}{(x + 1)\,y} = \int \frac{2dt}{t(t - 2)} = \log\frac{t - 2}{t} + C.$$

復以 t 對於 x 之值 $t = y - x = \sqrt{x^2 + x + 1} - x$ 代入, 則得

$$I = \log\left|1 - \frac{2}{\sqrt{x^2 + x + 1} - x}\right| + C = \log\frac{1 - x - 2\sqrt{x^2 + x + 1}}{x + 1} + C.$$

上所述爲普通法.有時反以不化除根號爲便.例如求積

分
$$\int \frac{dx}{\sqrt{ax^2+2bx+c}}.$$

若 $a>0$, 則可書

$$\sqrt{ax^2+2bx+c} = \sqrt{a}\sqrt{\left(x+\frac{b}{a}\right)^2+\frac{ac-b^2}{a^2}},$$

而視 $ac-b>0$ 或 <0, 命

$$ax+b=t\sqrt{ac-b^2}, \text{ 或 } ax+b=t\sqrt{b^2-ac}.$$

此普通微積分書所論及者.

93. x, $\sqrt{ax+b}$ 及 $\sqrt{a'x+b'}$ 之有理函數之積分.

設
$$\int f(x, \sqrt{ax+b}, \sqrt{a'x+b'})\,dx;$$

f 爲 x 及兩根數之有理函數.

先命 $ax+b=z^2$, 此積分變爲

$$\int f\left(\frac{z^2-b}{a}, z, \sqrt{\frac{a'}{a}(z^2-b)+b'}\right)\frac{2z\,dz}{a}.$$

而被積函數成爲 z 及 $\sqrt{AZ^2+C}$ 形根數之有理函數.是可以

上述之任一法廣續化之.

吾等亦可如次御算:試注意被積函數之形恆可書如

$$f = \frac{A+B\sqrt{ax+b}+C\sqrt{a'x+b'}+D\sqrt{ax+b}\sqrt{a'x+b'}}{A_1+B_1\sqrt{ax+b}+C_1\sqrt{a'x+b'}+D_1\sqrt{ax+b}\sqrt{a'x+b'}},$$

$A, B, \cdots\cdots, D$ 均爲 x 之多項式.若將分母化爲有理數,則

171

$$f = \frac{M + N\sqrt{ax+b} + P\sqrt{a'x+b'} + Q\sqrt{(ax+b)(a'+b')}}{R}$$

M, N, P, Q, R 為 x 之多項式. 問題於是變為求下列四積分

$$\int \frac{M}{R}\,dx, \qquad \int \frac{N}{R}\sqrt{ax+b}\,dx, \qquad \int \frac{P}{R}\sqrt{a'x+b'}\,dx,$$

$$\int \frac{Q}{R}\sqrt{(ax+b)(a'x+b')}\,.$$

求法均為吾等所已知者.

例. 求 $\qquad\qquad I = \int \frac{\sqrt{x+3}}{1-\sqrt{x}}\,dx.$

可書之如

$$I = \int \frac{\sqrt{x+3}\,(1+\sqrt{x})}{1-x}\,dx = \int \frac{\sqrt{x+3}}{1-x}\,dx + \int \frac{\sqrt{x(x+3)}}{1-x}\,dx.$$

命 $x+3 = z^2$, 則

$$\int \frac{\sqrt{x+3}}{1-x}\,dx = -2\int \frac{z^2\,dz}{z^2-4} = -2z + \log\frac{z+2}{z-2}$$

$$= -2\sqrt{x+3} + \log\frac{\sqrt{x+3}+2}{\sqrt{x+3}-2}.$$

又如命 $\qquad \dfrac{x+3}{x} = t^2$, 即 $x = \dfrac{3}{t^2-1}$, $\qquad dx = \dfrac{-6t}{(t^2-1)^2}\,dt$,

則 $\qquad\qquad \int \dfrac{\sqrt{x(x+3)}}{1-x}\,dx = -18\int \dfrac{t^2\,dt}{(t^2-4)(t^2-1)^2}.$

於是只須將被積函數化為簡單分數積之.

94. 亞貝爾氏積分, 有理曲綫 (Abelian integral; unicursal curves).

設一代數的曲線

(14) $$F(x, y) = 0,$$

並命 $R(x, y)$ 爲 x, y 之一有理函數. 若於 $R(x, y)$ 內代 y 以其由 (14) 確定之值, 則結果僅含變數 x, 而積分

(15) $$\int R(x, y)\, dx$$

稱爲繫於曲線 (14) 之亞氏積分.

若 $R(x, y)$ 爲任一函數, 則積分成一超然函數; 但在 $F(x, y) = 0$ 爲一有理曲綫時, 則積分甚易化爲有理函數之積分. 蓋按定義曲線之位標可顯爲一參變數 t 之有理函數

$$x = f(t), \qquad y = \phi(t).$$

而原設積分可化爲有理函數之積分

(16) $$\int R[f(t), \phi(t)]\, f'(t)\, dt$$

也. 例有積分

$$I = \int \frac{dx}{(x^3 - x^2)^{\frac{2}{3}}}.$$

若設

$$y = (x^3 - x^2)^{\frac{1}{3}} \text{ 或 } y^3 = x^3 - x^2,$$

則

$$I = \int \frac{dx}{y^2},$$

而 $y^3 = x^3 - x^2$ 爲有理曲線, 只須命 $y = tx$, 即得

$$x = \frac{1}{1 - t^3}, \qquad y = \frac{t}{1 - t^3},$$

x, y 均顯爲 t 之有理式. 於是有

$$I = \int \frac{3t^3 dt}{(1 - t^3)^2} - \frac{(1 - t^3)^3}{t^2} = 3\int dt = 3t$$

即 $$I = 3^3 \sqrt{\frac{x-1}{x}} + C.$$

於解析幾何上[1]證明凡不可分解之 n 次有理曲線有 $\frac{(n-1)(n-2)}{2}$ 個重點. 反之亦然. 欲得 x, y 對於一參變數之值, 法如次: 命 C_n 表所云之 n 次曲線. 試取一族 $n-2$ 次之曲線, 而令其經過此 C_n 之 $\delta = \frac{(n-1)(n-2)}{2}$ 重點, 並 C_n 上其他 $n-3$ 個單點. 因 $$\frac{(n-1)(n-2)}{2} + n-3 = \frac{(n-2)(n+1)}{2} - 1,$$

而確定 $n-2$ 次之一曲線, 須 $\frac{(n-2)(n+1)}{2}$ 點, 可見上所得誠爲一族曲線 C_{n-2}, 其方程式形如 $$P(x, y) + tQ(x, y) = 0,$$

t 爲一活數. 每曲線 C_{n-2} 與 C_n 相交於 $n(n-2)$ 點, 其中有 δ 重點及 $n-3$ 單點與 t 無涉. 按 $$2\delta + n-3 = (n-1)(n-2) + n-3 = n(n-2) - 1,$$

是知僅餘一交點隨 t 變移. 此點之位標由係數爲 t 之多項式之一次方程式而得. 即明是點經緯位標爲 t 之有理函數也.

若 $n = 2$, 則 $\delta = 0$; 可見凡二次曲線皆爲有理曲線. 若 $n = 3$, 則 $\delta = 1$; 可見三次曲線之爲有理曲線者有一重點. 將原點移至重點, 則曲線方程式呈次形

(17) $$\phi_3(x, y) + \phi_2(x, y) = 0,$$

---

(1) 可參攷 G. Salmon.—Traité de geometrie analytique (courbes planes) Section II, p. 32.

ϕ_2 表一二次齊式, ϕ_3 表一三次齊式過重點之一直線 $y=tx$ 僅遇曲線於一點, 其位標爲

(18)
$$x=\frac{\phi_2(1,\ t)}{\phi_3(1,\ t)}, \qquad y=-\frac{t\phi_2(1,\ t)}{\phi_3(1,\ t)}.$$

若 $n=4$, 則 $\delta=3$ 是四次有理曲線有 3 個重點. 欲求曲線上一點位標之值, 當取一族二次曲線經過其三重點, 及他一單點.

例. 例設四次曲線 (Lemniscate)

(19)
$$(x^2+y^2)^2=a^2(x^2-y^2)$$

論之. 此曲線顯以原點爲重點, 又改用齊位標, X, Y, Z 更見 $X^2+Y^2=0$ 與 $Z=0$ 二方程所定之兩點卽<u>無窮處圓</u>點 (Circular points **at infinity**) 亦爲二重點. 然則是一有理曲線. 欲得其參變方程式, 按上理應作過此三重點及一單點之二次曲線. 但過某單點之條件, 亦可以其他條件代之, 如令此二次曲線與原設曲線相切於某點是. 今取過原點而於是點與原設曲線相切之圓族

(20)
$$x^2+y^2=t(x-y).$$

由 (19),(20) 有 $\qquad t^2(x-y)^2=a^2(x^2-y^2),$

或 $\qquad\qquad\qquad t^2(x-y)=a^2(x+y).$

於是得 $\qquad x=\dfrac{a^2t(t^2+a^2)}{t^4+a^4}, \qquad y=\dfrac{a^2t(t^2-a^2)}{t^4+a^4},$

此結果尙可由一較簡之法得之. 以 $y=\lambda x$ 直線割曲線, 則

得二交點 $\qquad x = \dfrac{\pm a\sqrt{1-\lambda^2}}{1+\lambda^2}, \qquad y = \lambda x$

於是只須命 $\dfrac{1-\lambda}{1+\lambda} = \left(\dfrac{a}{t}\right)^2$, 即可消去根號.

注意. 高級異點 (singular points) 可與若干重點相當, 例如一 n 次曲線, 若有一 $n-1$ 級複點 (multiple point) 則爲有理曲線.

95. 二項式微分之積分 (Integrals of binomial differentials).

此卽積分 $\qquad \displaystyle\int x^m (ax^n + b)^p \, dx$

m, n, p 均爲有理數.

命 $ax^n = bt$ 卽

$$x = \left(\dfrac{b}{a} t\right)^{\frac{1}{n}}, \qquad dx = \dfrac{1}{n} \left(\dfrac{b}{a}\right)^{\frac{1}{n}} t^{\frac{1}{n} - 1} dt$$

化之, 則變爲求形如

$$\int t^q (1+t)^p \, dt$$

之積分, 其中 q 爲一有理數. 於是若 p 爲整數, 而 $q = \dfrac{\lambda}{\mu}$, 則命 $t = z^\mu$ 卽可化爲有理函數之積分; 若 q 爲整數, 則情形亦同, 又 $p+q$ 爲整數, 而 $p = \dfrac{\lambda}{\mu}$, 則書

$$t^q (1+t)^p = t^{p+q} \left(\dfrac{1+t}{t}\right)^p,$$

而命 $\qquad\qquad\qquad \dfrac{1+t}{t} = z^\mu$

化之,亦卽變爲有理函數積分.歸納之,可見積分於次三種情況爲可積.

1°) p 爲整數;

2°) q 爲整數, 卽 $\dfrac{m+1}{n}-1$ 爲整數,亦卽 $\dfrac{m+1}{n}$ 爲整數;

3°) $p+n$ 爲整數, 卽 $p+\dfrac{m+1}{n}$ 爲整數.

據柴比輙伏氏(Tchebicheff) 所論,二項式微分可化爲有理者盡於此矣.

例. 求
$$I=\int\frac{dx}{x^3\sqrt{1+x^4}}.$$

於此 $\dfrac{m+1}{n}+p=-1$, 是合於第 3° 種情況, 先命 $x^4=t$ 得

$$I=\frac{1}{4}\int\frac{dt}{t^{\frac{2}{3}}(1+t)^{\frac{1}{2}}}=\frac{1}{4}\int\frac{dt}{t^2\left(\dfrac{1+t}{t}\right)^{\frac{1}{2}}};$$

繼設 $1+t=tz^2$, 卽

$$t=\frac{1}{z^2-1},\qquad dt=\frac{-2z}{(z^2-1)^2}\,dz,$$

便得
$$I=-\frac{1}{2}\int dz=-\frac{z}{2}+C=-\frac{\sqrt{1+x^2}}{2x^2}+C.$$

III. 超然函數之積分

含指函數對數函數反圓函數等之微分,其可求出積分者,亦有多種.如在簡單之例

$$\int R(e^x)e^x\,dx,\qquad \int R(\log x)\frac{dx}{x},\qquad \int R(\arctan x)\frac{dx}{1+x^2},$$

R 表一有理函數, 則依序命 $e^x = t$, $\log x = t$, arc tan $x = t$, 均 卽 化爲有理函數之積分矣. 茲更舉其他較繁之例論之.

96. sin x 與 cos x 之有理函數之積分.

設有
$$\int f(\sin x, \cos x)\, dx,$$

f 表 sin x 及 cos x 之一有理函數. 命 $\tan \dfrac{x}{2} = t$, 因之命

$$\sin x = \frac{2t}{1+t^2}, \qquad \cos x = \frac{1-t^2}{1+t^2}, \qquad dx = \frac{2dt}{1+t^2},$$

則恆可化 $f\, dx$ 爲含 t 之有理微分. 但此法雖恆可適用, 而手續往往繁長. 次述諸法若適用, 則每較簡便.

1°) f 爲 cos x 之奇函數; 卽云易 cos x 爲 $-\cos x$ 而 sin x 不變, (亦卽易 x 爲 $\pi - x$), f 僅變號而不改其值, 若是則命

$$\sin x = t.$$

卽可化 $f\, dx$ 爲含 t 之有理微分. 蓋 $\dfrac{f}{\cos x}$ 不改號, 是必僅與 $\cos^2 x$ 有關, 而爲 sin x 之一有理函數 $R(\sin x)$

$$f = R(\sin x)\cos x.$$

是則
$$f\, dx = R(t)\, dt.$$

2°). 若 f 爲 sin x 之奇函數, (卽 f 於 x 改號時值不變而改號) 則可命 cos $x = t$ 化之, 情形與上彷彿.

3°). 若同時易 sin x 爲 $-\sin x$, 並易 cos x 爲 $-\cos x$ 而 f 不變, 卽若 f 以 π 爲週期, 則可令

$$\tan x = t$$

化之. 蓋以 $\cos x \tan x$ 代 $\sin x$, 則 f 變為 $\cos x$ 及 $\tan x$ 之一函數, 其號不因 $\cos x$ 而改. 是必僅與 $\cos^2 x$ 有關, 而為 $\tan x$ 之一有

理函數

$$f\,dx = R(\tan x)\,dx = R(t)\frac{dt}{1+t^2}.$$

例 1. 求 $\qquad \displaystyle\int \frac{dx}{\sin x}$ 與 $\displaystyle\int \frac{dx}{\cos x}.$

由普通法令 $\tan\dfrac{x}{2} = t$, 有

$$\int \frac{dx}{\sin x} = \int \frac{dt}{t} = \log|t| + C = \log\left|\tan\frac{x}{2}\right| + C.$$

又易 x 為 $x + \dfrac{\pi}{2}$ 為

$$\int \frac{dx}{\cos x} = \log\left|\tan\left(\frac{\pi}{4} + \frac{x}{2}\right)\right| + C.$$

例 2. 求 $\qquad I = \displaystyle\int \frac{dx}{\cos^2 x + a \sin^2 x}.$

被積函數顯以 π 為週期; 命 $\tan x = t$, 得

$$I = \frac{dt}{1+at^2}.$$

若 $a > 0$, 則 $I = \dfrac{1}{\sqrt{a}}\mathrm{arc}\ \tan(\sqrt{a}\,t) + C = \dfrac{1}{\sqrt{a}}\mathrm{arc}\ \tan(\sqrt{a}\,\tan x) + C;$

若 $a < 0$, 則 $I = \dfrac{1}{2\sqrt{-a}}\log\left(C\,\dfrac{1 + \sqrt{-a}\,t}{1 - \sqrt{-a}\,t}\right.$

$$= \frac{1}{2\sqrt{-a}}\log\left(C\,\frac{1 + \sqrt{-a}\,\tan x}{1 - \sqrt{-a}\,\tan x}\right);$$

若 $a = 0$, 則 $I = \tan x + C.$

97. $\sin^m x \cos^n x$ 之積分.

此種積分於次述情況中極易求出:

1°) 若 $m = 2p+1$ 而 p 爲正整數, 則設 $\cos x = t$, 得

$$\int \sin^m x \cos^n x \, dx = -\int (1-t^2)^p t^n dt.$$

2°) 若 $n = 2p+1$, 而 p 爲正整數, 則命 $\sin x = t$, 得

$$\int \sin^m x \cos^n x \, dx = \int t^m (1-t^2)^p dt.$$

3°) 若 $m+n = -2p$ 而 p 爲正整數, 則命 $\tan x = t$, 或 $\cot x = u$,

$$\int \sin^m x \cos^n x \, dx = \int t^m (1+t^2)^{p-1} dt = -\int u^p (1+u^2)^{p-1} du..$$

4°) 若 $n = 0$, $m = -(2p+1)$, 則命 $\tan\dfrac{x}{2} = t$,

$$\int \frac{dx}{\sin^{2p+1} x} = \frac{1}{2^2 p} \int \frac{(1+t^2)^2 p}{t^{2p+1}} = \frac{1}{2^{2p}} \int \left(t + \frac{1}{t}\right)^{2p} \frac{dt}{t}.$$

可見均化爲可積出之二項微分之積分.

5°) $m+n = 0$ (m 若爲整數), 則由 3° 之變換有

$$\int \tan^m x \, dx = \int \frac{t^m \, dt}{1+t^2} = -\int \frac{u^2 du}{1+u^2}.$$

吾等可注意當 m 與 n 均爲整數時, 此乃 96 節所論積分之一特例.

<u>化簡公式</u>. 吾等可書

$$I_{m,\,n} = \int \sin^m x \cos^n x \, dx = \int \sin^{m-1} x (\cos^n x \sin x \, dx).$$

準部分積分法,則有

$$(21) \qquad I_{m,\,n} = -\frac{\sin^{m-1} x \cos^{n+1} x}{n+1} + \frac{m-1}{n+1} \int \sin^{m-2} x \cos^{n+2} x\, dx,$$

以 $1-\sin^2 x$ 代 $\cos^2 x$, 則得公式

$$(22) \qquad I_{m,\,n} = -\frac{\sin^{m-1} x \cos^{n+1} x}{m+n} + \frac{m-1}{m+n} I_{m-2,\,n}.$$

仿之,可得

$$(23) \qquad I_{m,\,n} = \frac{\sin^{m+1} x \cos^{n-1} x}{m+1} + \frac{m-1}{m+1} \int \sin^{m+2} x \cos^{n-2} x\, dx;$$

$$(24) \qquad I_{m,\,n} = \frac{\sin^{m+1} x \cos^{n-1} x}{m+1} + \frac{n-1}{m+n} I_{m,\,n-2}.$$

又於 (22) 換 m 爲 $m+2$, 於 (24) 換 n 爲 $n+2$ 而就右端積分解之,則得公式

$$(25) \qquad I_{m,\,n} = \frac{\sin^{m+1} x \cos^{n+1} x}{m+1} + \frac{m+n+2}{m+1} I_{m+2,\,n},$$

$$(26) \qquad I_{m,\,n} = \frac{\sin^{n+1} x \cos^{n+1} x}{n+1} + \frac{m+n+2}{n+1} I_{m,\,n+2}.$$

當 m, n 爲整數時,公式 (22),(24),(25),(26) 可湊合應用以使二指數減爲 -1 或 0 或 1. 至是或已得結果,或貽一最易求之積分.

又於 m 與 n 號相反時,公式 (21),(23) 亦甚便應用.

98. 一多項式 $P(x)$ 與 e^{ax}, $\cos ax$ 或 $\sin ax$ 之乘積之積分.

設 $P(x)$ 爲 n 次,則準 88 節部分求積之普通公式立得

(27) $\displaystyle\int P(x)e^{ax}\,dx=\left[P(x)-\frac{1}{a}P'(x)+\frac{1}{a^2}P''(x)-\cdots\cdots+(-1)^n\right.$

$$\left.\frac{1}{a^2}P^{(n)}\right]\frac{e^{ax}}{a}+C.$$

同法得

(28) $\displaystyle\int P(x)\cos ax\,dx=\left[P(x)-\frac{1}{a^2}P''(x)+\frac{1}{a^4}P^{(4)}(x)-\cdots\cdots\right]\frac{\sin ax}{a}$

$$+\left[\frac{1}{a}P'(x)-\frac{1}{a^3}P'''(x)+\frac{1}{a^5}P^{(5)}(x)-\cdots\cdots\right]\frac{\cos ax}{a}+C.$$

(29) $\displaystyle\int P(x)\sin ax\,dx=\left[\frac{1}{a}P'(x)+\frac{1}{a^3}P'''(x)+\frac{1}{a^5}P^{(5)}(x)+\cdots\cdots\right]\frac{\sin ax}{a}$

$$-\left[P(x)-\frac{1}{a^2}P''(x)+\frac{1}{a^4}P^{(4)}(x)-\cdots\cdots\right]\frac{\cos ax}{a}+C$$

括鈎內未寫出之項至多至含 $P^{(n)}$ 之項爲止.

例如 $\displaystyle\int x^2\cos x\,dx=(x^2-2)\sin x+2x\cos x+C.$

99. $x,\ e^{ax},\cdots\cdots\cos ax,\ \sin ax$ 之多項式之積分.

即設

(30) $\displaystyle\int P(x,\ e^{ax},\cdots\cdots,\ \cos ax,\ \sin ax)\,dx.$

據尤拉氏公式

$$\cos ax=\frac{e^{aix}+e^{-aix}}{2},\qquad \sin ax=\frac{e^{aix}-e^{-aix}}{2i},$$

化 $\cos ax,\ \sin ax$ 則變爲求形如

$$I_p=\int x^p e^{kx}\,dx$$

之積分.由部分法易得結果.

特例. 若 P 僅含指函數及圓函數,則分離諸項變爲形如次之兩種積分

$$\int e^{ax} \cos bx \, dx, \qquad \int e^{ax} \sin bx \, dx,$$

甚易直接求之.蓋注意

$$d(e^{ax} \cos bx) = e^{ax}(a \cos bx - b \sin bx) \, dx,$$

$$d(e^{ax} \sin bx) = e^{ax}(b \cos bx + a \sin bx) \, dx;$$

則有

$$bd(e^{ax} \sin bx) + ad(e^{ax} \cos bx) = (a^2 + b^2)e^{ax} \cos bx \, dx,$$

$$ad(e^{ax} \sin bx) - bd(e^{ax} \cos bx) = (a^2 + b^2)e^{ax} \sin bx \, dx.$$

積之便得

$$(31) \qquad \int e^{ax} \cos bx \, dx = \frac{e^{ax}(a \sin bx + a \cos bx)}{a^2 + b^2} + C,$$

$$(32) \qquad \int e^{ax} \sin bx \, dx = \frac{e^{ax}(a \sin bx - b \cos bx)}{a^2 + b^2} + C.$$

注意. 積分

$$\int E(x, \log x) \, dx, \qquad \int E(x, \arcsin x) \, dx, \qquad \int (x, \arccos x) \, dx$$

可化歸上例,只須依次命

$$\log x = z, \qquad \arcsin x = z, \qquad \arccos x = z$$

化之.例如

$$I = \int (\arcsin x)^2 \, dx = \int z^2 \cos z \, dz$$

$$= (z^2 - 2) \sin z + 2z \cos z + C$$

$$= x(\arcsin x)^2 - 2x + 2(\arcsin x)\sqrt{1 - x^2} + C.$$

IV. 超 然 積 分 之 簡 化

無定積分 $\int f(x)\,dx$ 除上所論列者外,通常不能以一定個數之基本函數 (elementary functions) 表之,而成一新超然函數.於是有甚要者:爲討論對於特別一類函數 $f(x)$ 之積分,須新增若干超然函數於基本函數,方足表顯類中一切函數的積分.換言之,爲討論所設積分可化歸於其中若干個. 此項討論,是爲無定積分之簡化 (reduction). 茲就重要者論之.

100. 橢圓積分及廣義橢圓積分 (Elliptic integrals and hyperelliptic integrals).

命 X 爲次數大於 2 之 x 之一多項式,並 $f(x, \sqrt{X})$ 爲 x 及 $\sqrt{X}$ 之一有理函數,而設積分

$$(33) \qquad \int f(x, \sqrt{X})\,dx.$$

若 X 爲三次或四次多項式,則此積分稱爲<u>橢圓積分</u>而於 X 之次數大於 4 時,則此積分稱爲<u>廣義橢圓積分</u>.

吾人可常設 X 只有單根,蓋 X 若有一重根 a,則可置因數 $(x-a)$ 於根號外;若有一三級複根則可置 $(x-a)^2$ 於根號外,而於其下只餘 $(x-a)$ 因數;如是類推.

若多項式 X 爲 $2p$ 次,吾人可以有理的變數代換使之變爲 $2p-1$ 次.

證: 命 $a_1, a_2, \cdots\cdots, a_{2p}$ 爲 X 之根, 有

$$\sqrt{X} = \sqrt{A(x-a_1)(x-a_2)\cdots\cdots(x-a_{2p})}.$$

作變數代換 $\qquad t = \dfrac{1}{x-a_1}$ 或 $x = a_1 + \dfrac{1}{t}$,

得 $\qquad \sqrt{X} = \sqrt{\dfrac{A}{t}\left(a_1 - a_2 + \dfrac{1}{t}\right)\cdots\cdots\left(a_1 - a_{2p} + \dfrac{1}{t}\right)}$

$$= \frac{1}{t^p}\sqrt{A[(a_1-a_2)t+1]\cdots\cdots[(a_1-a_{2p})t+1]}$$

根號下含 t 之多項式爲 $2p-1$ 次, 以 T 表之, 則得

$$\int f(x, \sqrt{X})\,dx = \int f\left(a_1 + \frac{1}{t}, \ \frac{1}{t^p}\sqrt{T}\right)\frac{dt}{t^2} = \int \phi(t, \sqrt{T})\,dt$$

ϕ 爲 t 與 $\sqrt{T}$ 之有理函數; 明所欲證.

101. 廣義橢圓積分之簡化.

吾等分二步化之.

第一步. x 與 $\sqrt{X}$ 之一多項式, 顯然可書作 $M + N\sqrt{X}$, 其中 M 與 N 爲 x 之多項式, 而 x 與 $\sqrt{X}$ 之一有理函數, 因之

可書作 $\qquad f(x, \sqrt{X}) = \dfrac{M + N\sqrt{X}}{P + Q\sqrt{X}}$,

或 $\qquad f(x, \sqrt{X}) = \dfrac{(M+N\sqrt{X})(P-Q\sqrt{X})}{P^2 - Q^2 X} = \dfrac{A + B\sqrt{X}}{C}$,

A, B, C 爲 x 之多項式. 於是積分變爲

$$\int f(x, \sqrt{X})\,dx = \int \frac{A}{C}dx + \int \frac{B}{C}\sqrt{X}\,dx.$$

右端首項爲 x 之一有理函數積分,只須討論 $\int \dfrac{B}{C}\sqrt{X}\,dx$ 或

(34) $$\int \frac{D}{C\sqrt{X}}\,dx.$$

D 亦爲 x 之多項式.

現若析有理函數 $\dfrac{D}{C}$ 爲簡單分數,則積分將變爲具下二形狀之積分之一和數

(35) $$\int x^m \frac{dx}{\sqrt{X}}, \qquad \int \frac{dx}{(x-a)^\lambda \sqrt{X}}.$$

m 爲任一整數.

第二步. 先就積分

$$I_m = \int x^m \frac{dx}{\sqrt{X}}$$

論之.試取恆等式

(36) $$\frac{d}{dx}(x^h\sqrt{X}) = hx^{h-1}\sqrt{X} + \frac{1}{2}x^h \frac{X'}{\sqrt{X}} = \frac{hx^{h-1}X + \frac{1}{2}x^h X'}{\sqrt{X}},$$

式中 h 爲任意正整數或零.命 n 爲多項式 X 之次數,則 (36) 式末項之分子爲一 $n+h-1$ 次多項式,其 x^{n+h-1} 項之係數總不爲零.因設 $\qquad X = A_0 x^n + A_1 x^{n-1} + \cdots\cdots$

有 $\qquad \dfrac{1}{2}x^h X' + hx^{h-1}X = A_0\left(\dfrac{1}{2}n + h\right)x^{n+h-1} + \cdots\cdots$

而 $\dfrac{1}{2}n + h$ 常爲正也.於是 (36) 式可書作

$$\frac{d}{dx}(x^h\sqrt{X}) = a\frac{x^{n+h-1}}{\sqrt{X}} + \beta\frac{x^{n+h-2}}{\sqrt{X}} + \cdots\cdots + \frac{\lambda}{\sqrt{X}},$$

$a, \beta, \cdots\cdots, \lambda$ 爲定數而 $a \neq 0$. 求兩端之積分, 則有

$$x^p \sqrt{X} = a I_{n+h-1} + \beta I_{n+h-2} + \cdots\cdots + \lambda I_0.$$

此式表 I_{n+h-1}, 爲 $I_{n+h-2}, I_{n+h-3}, \cdots\cdots I_0$ 之函數 $(h \geqq 0)$.

令 $h = 0, 1, 2, \cdots\cdots$ 則由此知 $I_{n-1}, I_n, I_{n+1}, \cdots\cdots$ 可以 $I_{n-2}, I_{n-3},$
$\cdots\cdots, I_0$ 表之. 換言之, 積分 I 可化歸於其中 $n-1$ 個: $I_0, \cdots\cdots I_{n-2}$

現取 (35) 第二積分

$$I_\lambda = \int \frac{dx}{(x-a)^\lambda \sqrt{X}}$$

論之. 設恆等式

(37) $\quad \dfrac{d}{dx}\left[\dfrac{\sqrt{X}}{(x-a)^h}\right] = \dfrac{X'}{2(x-a)^h \sqrt{X}} - h\dfrac{\sqrt{X}}{(x-a)^{h+1}} = \dfrac{\frac{1}{2}(x-a)X' - hX}{(x-a)^{h+1}\sqrt{X}},$

式中設 $h \geqq 1$, 末端分子爲一 n 次多項式 $\phi(x)$, 可書作

$$\phi(x) = \phi(a) + (x-a)\phi'(a) + \cdots\cdots + \frac{(x-a)^n}{n!}\phi^{(n)}(a)$$

若 a 非 X 之根, 則 $\phi(a) \neq 0$. 蓋

$$\phi(x) = \frac{1}{2}(x-a)X' - hX, \qquad \phi(a) = -hX(a).$$

然則若 a 非 X 之根, 則 (37) 式可書爲

(38) $\quad \dfrac{d}{dx}\left[\dfrac{\sqrt{X}}{(x-a)^h}\right] = \dfrac{\phi(a)}{(x-a)^{h+1}\sqrt{X}} + \dfrac{\phi'(a)}{(x-a)^h \sqrt{X}} + \cdots\cdots + \dfrac{\psi(x)}{\sqrt{X}}$

$\psi(x)$ 爲 x 之整式, 只於 $n > h+1$ 時存在. 求兩端積分得

$$\frac{\sqrt{X}}{(x-a)^h} = \phi(a)J_{h+1} + \phi'(a)J_h + \cdots\cdots$$

右端未寫出之諸項含有積分 $J_{h-1}, \ldots\ldots J_1$ 並可含有積分 I(若 $h+1\leqq n$). 此關係可借以表 J_2 為 J_1 及 I 之函數, J_3 為 J_1 及 I 之函數等, 換言之, 若 a 非 X 之根. 則諸積分 J_n 可化歸於積分 J_1 及諸積分 I.

今設 a 為 X 之根, 於此 $\phi(a)=0$, 但 $\phi'(a)\neq0$. 因

$$\phi'(x)=\frac{1}{2}X'+\frac{1}{2}(x-a)X'-hX',$$

$$\phi'(a)=\left(\frac{1}{2}-h\right)X'(a)$$

而 $\frac{1}{2}-h\neq0$ 並 (X 既只具有單根) $X'(a)\neq0$ 也.

於是(37)式可書作

$$\frac{d}{dx}\left[\frac{\sqrt{X}}{(x-a)^h}\right]=\frac{\phi'(a)}{(x-a)^h\sqrt{X}}+\frac{\frac{1}{2}\phi''(a)}{(x-a)^{h-1}\sqrt{X}}+\cdots\cdots+\frac{\psi(x)}{\sqrt{X}}.$$

求積分得
$$\frac{\sqrt{X}}{(x-a)^n}=\phi'(a)J_h+\cdots\cdots$$

未寫出諸項含有積分 J 之足碼低於 h 者, 亦可含有積分 I(若 $h+1\leqq n$).

於此關係中逐次令 $h=1, 2, \cdots\cdots$ 可表 $J_1, J_2, \cdots\cdots$ 為積分 I 之函數, 然則若 a 為 X 之根, 積分 J 可化歸於積分 I.

結論之, 若設 $n=2p+1$, 則積分 $\int f(x, \sqrt{X})dx$ 可化歸於 $2p+1$ 個超然積分:

(39) $\quad I_0=\int\frac{dx}{\sqrt{X}}, \quad I_1=\int\frac{x\,dx}{\sqrt{X}}, \cdots\cdots, \quad I_{2p-1}=\int\frac{x^{2p-1}dx}{\sqrt{X}},$

$$J_1(x, a) = \int \frac{dx}{(x-a)\sqrt{X}}.$$

其中 a 不爲 X 之根, 若爲其根, 則 $J_1(x, a)$ 可由 $I_0, I_1, \cdots\cdots, I_{2p-1}$ 表之.

注意. 時或簡化以後, 積分 I 及 J 可完全消去; 而原設積分乃由基本函數表出, 若是則所設積分爲一僞廣義橢圓積分 (pseudo-hyperelliptic integral) 或僞橢圓積分 (pseudo-elliptic integral).

102. 橢圓積分之簡化.

於橢圓積分, 上述化簡之法自完全適用. 若 X 爲三次, 則準上述之理, 橢圓積分由次列三個超然函數表之:

(40) $$I_0 = \int \frac{dx}{\sqrt{X}}, \quad I_1 = \int \frac{x \, dx}{\sqrt{X}}, \quad J_1 = \int \frac{dx}{(x-a)\sqrt{X}}.$$

此三函數依次名爲第一種第二種及第三種橢圓積分. (elliptic integrales of first kind, second kind and third kind).

若 X 爲四次, 則準 93 節所論只須知其一根 a 即可命 $y = 1/(x-a)$ 變化積分使新積分所含根號下之多項式 Y 爲三次式. 但於 X 僅有虛根時, 此法將帶入虛數的計算而不適用. 吾等可以他法演之如次:

先設 X 爲重方式, 即不含奇次項如

$$X = Ax^4 + Bx^2 + C$$

並設欲化之積分爲

$$\int \frac{P(x)}{Q(x)\sqrt{X}} \, dx,$$

P 與 Q 爲 x 之多項式, 以 $Q(-x)$ 乘積分號下分數之上下, 則此積分可書如

$$\int \frac{E(x^2) + x F(x^2)}{G(x^2)} \cdot \frac{dx}{\sqrt{Ax^4 + Bx^2 + C}},$$

E, F, G 皆爲 x^2 之多項式. 命 $x^2 = y$, 則

$$\int \frac{P \, dx}{Q \sqrt{X}} = \frac{1}{2} \int \frac{E(y) \, dy}{G(y) \sqrt{y(Ay^2 + By + C)}} + \frac{1}{2} \int \frac{F(y) \, dy}{Q(y) \sqrt{Ay^2 + By + C}}.$$

右端第二積分可由基本函數表之; 第一積分則爲橢圓積分, 其根號下係一三次多項式, 化簡手續以畢.

今若 X 爲任意四次式, 則可析之爲兩個實係數之二次式之積如:

$$X = (ax^2 + 2bx + c)(a'x^2 + 2b'x + c'),$$

(於 X 之係數爲實數時此恆爲可能). 當 X 之四根 $\alpha, \beta, \alpha', \beta'$ 皆爲實數時吾等令最大二數 α, β 爲第一因式; 若有二根爲配複數, 則以是二數同爲一因式之根. 於是吾等可作一有理的實的變數替換以使結果中之根號下爲一重方形. 試分兩種情況論之:

1°) 設 $ab - ba' = 0$. 書

$$X = \frac{a'}{a}(ax^2 + 2bx + c)\left(ax^2 + 2bx + \frac{ac'}{a'}\right)$$

而命 $y = x + b/a$, 即有

(41)
$$X = aa'\left(y^2 + \frac{c}{a} - \frac{b^2}{a^2}\right)\left(y^2 + \frac{c'}{a'} - \frac{b^2}{a^2}\right).$$

爲一重方形.

2°) 設 $ab' - ba' \neq 0$. 命 。

(42)
$$x = \frac{\lambda y + \mu}{y + 1}, \qquad dx = \frac{\lambda - \mu}{(y+1)^2} dy,$$

(λ, μ 爲常數), 則得

$$\sqrt{X} = \frac{1}{(y+1)^2}\sqrt{[a(\lambda y + \mu)^2 + 2b(y+1)(\lambda y + \mu) + c(y+1)^2][a'(\lambda y + \mu)^2 + \cdots]}.$$

若選 λ, μ 使各雙鈎內 y 之係數爲零, 則根號下多項式便成 y 之重方形, 如是當有

$$a\lambda\mu + b(\lambda + \mu) + c = 0,$$

$$a'\lambda\mu + b'(\lambda + \mu) + c' = 0$$

$ab' - ba'$ 旣異於零, 則由此兩方程式得 $\lambda\mu$ 及 $\lambda + \mu$ 之值, 而由一二次方程式得 λ 與 μ 者. 吾謂此二數值爲判別的實的. 蓋

$$\lambda + \mu = \frac{ca' - ac'}{ab' - ba'}, \qquad \lambda\mu = \frac{bc' - ab'}{ab' - ba'};$$

欲 λ 與 μ 爲實的判別的, 必須而卽須

$$\Delta = (ca' - ac')^2 - 4(bc' - cb')(ab' - ba') > 0.$$

夫 $\Delta = 0$, 乃

$$ax^2 + 2bx + c = 0, \qquad a'x^2 + 2b'x + c' = 0$$

二方程式有公根之條件. 準消去法若 α, β 爲第一式之根 α',

β' 爲第二式之根, 則有

$$\Delta = a^2 a'^2 (\alpha - \alpha')(\alpha - \beta')(\beta - \alpha')(\beta - \beta').$$

按前所設, 吾等由此易知無論 $\alpha, \beta, \alpha', \beta'$ 爲實或虛, Δ 恆爲正.
故恆可作有理的實的變數替換 (42), 使

(43) $$\sqrt{X} = \frac{1}{(y+1)^2} \sqrt{(qy^2 + r)(q'y^2 + r')},$$

末端根號下爲一重方式並 q, r, q', r' 均爲實數.

然則 X 爲任何四次式, 吾等恆可有

(44) $$\int \frac{P(x)}{Q(x)\sqrt{X}} dx = \int \frac{P_1(y)}{Q_1(y)} \cdot \frac{dy}{\sqrt{(qy^2 + r)(q'y^2 + r')}},$$

P_1, Q_1 爲 y 之多項式, 於是只須命 $y^2 = z$ 或 $y^2 = \frac{1}{z}$ 化之, 即可使根號下變爲一三次式.

注意. 由 (41) 及 (43) 知由適所述之化法所得最後結果中根號下之三次式, 其三根均爲實數. 在橢圓函數上, 以求得有此特性之結果爲宜. 今若所有積分之根號下爲有兩個配虛根之三次式, 則吾等可先命 $x = \frac{1}{y}$ 使化歸四次式之例, 再以上法演之.

例. 試將積分

$$\int \frac{dx}{\sqrt{x^4 + 1}}$$

以實的有理的變數替換化之, 使新橢圓積分中根號下之多項式爲有實根之三次式.

命 $x^2 = y$ 之替換法於此不宜, 因將於根號下得 $y(y^2 + 1)$ 式,

其根有二個爲虛數也. 然則宜書

$$x^4+1=(x^2+1)^2-2x^2=(x^2+x\sqrt{2}+1)(x^2-x\sqrt{2}+1).$$

命
$$x=\frac{ay+\beta}{y+1}$$

並求定 a 與 β, 使

$$(ay+\beta)^2+\sqrt{2}(ay+\beta)(y+1)+(y+1)^2,$$

$$(ay+\beta)^2-\sqrt{2}(ay+\beta)(y+1)+(y+1)^2$$

二式中含 y 之項消滅. 如是應有

$$2a\beta+\sqrt{2}(a+\beta)+2=0,$$

$$2a\beta-\sqrt{2}(a+\beta)+2=0;$$

因得
$$a+\beta=0, \qquad a\beta=-1.$$

吾取 $a=1, \beta=-1$, 因之

$$x=\frac{y-1}{y+1}, \qquad dx=\frac{2dy}{(y+1)^2}.$$

原有積分於是變爲

$$2\int\frac{dy}{\sqrt{[y^2(2+\sqrt{2})+2-\sqrt{2}][y^2(2-\sqrt{2})+2+\sqrt{2}]}}$$

現設 $y^2=z$ 卽

$$y=\sqrt{z}, \qquad dy=\frac{1}{2}\frac{dz}{\sqrt{z}},$$

則得
$$\int\frac{dz}{\sqrt{z[(2+\sqrt{2})+2-\sqrt{2}][z(2-\sqrt{2})+2+\sqrt{2}]}}.$$

合於所求之形.

103. 勒氏橢圓積分本形 (Legendre's normal forms).

勒氏首先對於橢圓積分爲具體之討論. 然未化多項式 X 爲三次式, 而化之如

(45) $$X = (1-x^2)(1-k^2x^2).$$

此形可由重方形 $(qy^2+r)(q'y^2+r')$ 化出. 如於 $q<0$, $r>0$, $q'<0$, $r'>0$ 時 [1] 若 $\dfrac{q}{r} > \dfrac{q'}{r'}$ 則命 $y = x\sqrt{-\dfrac{r}{q}}$ 化之卽得. 於此 $k^2 = \dfrac{q'}{r'} : \dfrac{q}{r}$ 而 k 介於 0 與 1 之間. 助變數 k 名爲橢圓積分之<u>模</u> (modulus)

如是吾人可將橢圓積分化歸於下列四個超然積分

(46) $$\int \frac{dx}{\sqrt{X}}, \quad \int \frac{x\,dx}{\sqrt{X}}, \quad \int \frac{x^2\,dx}{\sqrt{X}}, \quad \int \frac{dx}{(x-a)\sqrt{X}},$$

此四個應可約爲三個, 誠然: 如設 $x^2 = t$, 則第二個變爲

$$\frac{1}{2} \int \frac{dt}{\sqrt{(1-t)(1-k^2t)}}$$

而可由基本函數表之.

再者

$$\int \frac{x^2\,dx}{\sqrt{(1-x^2)(1-k^2x^2)}} = \int \frac{\dfrac{1}{k^2} - \dfrac{1}{k^2}(1-k^2x^2)}{\sqrt{(1-x^2)(1-k^2x^2)}}\,dx$$

$$= \frac{1}{k^2} \int \frac{dx}{\sqrt{(1-x^2)(1-k^2x^2)}} = \frac{1}{k^2} \int \frac{\sqrt{(1-k^2x^2)}}{\sqrt{1-x^2}}\,dx.$$

---

[1] 他種情形可化歸於此, 見後習題 16.

又 $\displaystyle\int \frac{dx}{(x-a)\sqrt{(1-x^2)(1-k^2x^2)}} = \int \frac{x\,dx}{(x^2-a^2)\sqrt{(1-x^2)(1-k^2x^2)}}$

$$+ \int \frac{a\,dx}{(x^2-a^2)\sqrt{(1-x^2)(1-k^2x^2)}}.$$

末 端 第 一 積 分 可 由 基 本 函 數 表 之, 而 第 二 積 分 尙 可 命 $m = -1/a^2$, 而 書 如

$$-\frac{1}{a} \int \frac{dx}{(1+mx^2)\sqrt{(1-x^2)(1-k^2x^2)}}$$

如 是 橢 圓 積 分 化 歸 於 次 列 三 超 然 積 分

$$(47) \quad \begin{cases} \displaystyle\int \frac{dx}{\sqrt{(1-x^2)(1-k^2x^2)}}, \quad \int \frac{\sqrt{1-k^2x^2}}{\sqrt{1-x^2}}\,dx, \\[3mm] \displaystyle\int \frac{dx}{(1+mx^2)\sqrt{(1-x^2)(1-k^2x^2)}}, \end{cases}$$

依 次 爲 勒 氏 形 之 第 一 二 三 種 橢 圓 積 分.

又 命 $x = \sin\phi$ 則 變 爲

$$(48) \quad \begin{cases} \displaystyle\int \frac{d\phi}{\sqrt{1-k^2\sin^2\phi}}, \quad \int \sqrt{1-k^2\sin^2\phi}\,d\phi, \\[3mm] \displaystyle\int \frac{d\phi}{(1+m\sin^2\phi)\sqrt{1-k^2\sin^2\phi}}. \end{cases}$$

104. X 爲 二 次 時 之 情 形.

若 X 爲 二 次 多 項 式 並 $f(x, \sqrt{X})$ 爲 x 與 $\sqrt{X}$ 之 有 理 函 數, 則 吾 等 知 積 分

$$\int f(x, \sqrt{X})\,dx$$

可如何由基本函數表之.但引用上述之簡化法,手續每較簡便.蓋由是法所設積分將化歸於如次之兩積分:

$$1_0 = \int \frac{dx}{\sqrt{ax^2+2bx+c}} \quad \text{及} \quad J_1 = \int \frac{dx}{(x-a)\sqrt{ax^2+2bx+c}}.$$

命 $x+\dfrac{b}{a}=y$, 則 I_0 變爲

$$I_0 = \int \frac{dy}{\sqrt{ay^2+c-\dfrac{b^2}{a}}}.$$

於是視 a 爲正或負,吾等立得其值爲:

$$\frac{1}{\sqrt{a}}\log\left(y+\sqrt{y^2+\frac{ac-b^2}{a^2}}\right) \quad \text{或} \quad \frac{1}{\sqrt{-a}}\arcsin\frac{y}{\sqrt{\dfrac{ac-b^2}{-a^2}}}.$$

欲求 J_1 可命 $x-a=\dfrac{1}{t}$, 如是得

$$J_1 = \int \frac{dt}{\sqrt{a(at+1)^2+2bt(at+1)+ct^2}},$$

形狀與 I_0 同.

105. 對數積分.

設欲化簡超然積分

(49) $$\int e^{mx}\frac{P(x)}{Q(x)}\,dx,$$

P 與 Q 爲 x 之多項式, m 爲一常數. 若析 $\dfrac{P(x)}{Q(x)}$ 爲偏分數, 則此積分成下二種積分之和數

$$I_n = \int x^n e^{mx}\, dx, \text{ 與 } J_p = \int \frac{e^{mx}}{(x-a)^p}\, dx.$$

積 分 I_n 可 以 基 本 函 數 表 之. 致 J_p 則 可 化 之 如 次: 準 部 分 求 積 法 有

$$\int \frac{e^{mx}}{(x-a)^p}\, dx = -\frac{1}{p-1}\,\frac{1}{(x-a)^{p-1}} + \frac{m}{p-1}\int \frac{e^{mx}}{(x-a)^{p-1}}\, dx.$$

於 是 將 J_p 化 歸 J_{p-1}, 連 用 斯 法 若 干 次, 可 將 $J_p, J_{p-1}, \cdots\cdots J_2$ 化 歸 J_1

$$J_1 = \int \frac{e^{mx}}{x-a}\, dx.$$

吾 等 可 再 設 $m(x-a) = t$ 化 J_1

$$J_1 = \int \frac{e^{ma+t}}{t}\, dt = e^{ma}\int \frac{e^t}{t}\, dt.$$

然 則 凡 形 爲 (49) 之 積 分 皆 可 以 基 本 函 數 及 新 超 然 函 數 $\int \frac{e^t}{t}\, dt$ 表 之.

若 命 $e^t = z$, 則

(50) $$\int \frac{e^t}{t}\, dt = \int \frac{dz}{\log z}.$$

此 積 分 曰 對 數 積 分 (logarithmic integral)

習 題

1. 求 下 列 各 積 分.

(a) $\int \dfrac{dx}{1 + \cos^2 x}$

(b) $\int \dfrac{dx}{\sin^3 x \cos^3 x}$

(c) $\int \arcsin x \dfrac{x\, dx}{\sqrt{1-x^2}}$,

(d) $\int x \tan^2 x\, dx$

(e) $\int \frac{1+\sin x}{1+\cos x}e^x\,dx$ (f) $\int \frac{x^2 \arctan x\,dx}{1+x^2}$

2. 求有理函數之積分

$$\int \frac{x^6\,dx}{(x^2-1)^3}, \qquad \int \frac{(2x^4+1)\,dx}{x^3(x^2+x+1)}, \qquad \int \frac{x^2\,dx}{(x^2+1)^3},$$

3. 欲積分 $\qquad \int \frac{(x-a)(x-b)}{(x-a')^2(x-b')^2}dx,$ $(a'\neq b')$

爲 x 之代數函數, 於 a, b, a', b' 間應有若何關係? 試求之.

4. 有函數 $\qquad f(x)=\dfrac{x^2+6(a+1)x+9a+8}{ax^4+6\,ax^3+(1+9\,a)x^2+6\,x+9},$

試求四多項式 M, N, P, Q 使

$$f(x)=\frac{M}{P}+\frac{d}{dx}\left(\frac{N}{Q}\right),$$

而 P 式僅有單根; 於是求積分 $\int f(x)dx$, 並定 a 使結果爲代數式. 〔Licence Lille, 1900〕

5. 求

(a) $\int \dfrac{dx}{\sqrt[3]{1+x}-\sqrt{1+x}},$ (b) $\int \dfrac{\sqrt{x}}{\sqrt{(1-x)^3}}\,dx,$

(c) $\int \dfrac{dx}{\sqrt{x}+\sqrt{x+1}+\sqrt{x(x+1)}}$ (d) $\int \dfrac{dx}{(1+x)\sqrt{1+x-x^2}},$

6. 求積分 $\int y\,dx$, x 與 y 間有次列關係之一—

$$x^3-y^3+2y^2-y=0,$$

$$(x^2-a^2)^2-ay^2(2y+3a)=0,$$

$$x^2y^2-xy(x+y)+x^2-y^2=0.$$

7. 求積分 $\qquad \int \dfrac{x\,dx}{\sqrt{1-x^3}}, \qquad \int \dfrac{x^4\,dx}{\sqrt{(1-x^2)^3}}.$

8. 命 $I_{p,\ q}=\int t^q(t+1)^p dt$ 而求立公式

$$(p+q+1)I_{p,\ q}=t^{q+1}(t+1)^p+pI_{p-1,\ q},$$

$$(p-1)I_{-p,\ q}=t^{q+1}-(2+q-p)I_{-p+1,q}.$$

及關於化小指數 q 之類似公式.

9. 化簡
$$I_n=\int\frac{dx}{(x^2+1)^n},\qquad J_n=\int\frac{dx}{(ax^2+bx+c)^n}$$

10. 求公式
$$\int\sin^{n-1}x\cos(n+1)x\,dx=\frac{\sin^nx\cos nx}{n}+C,$$
$$\int\sin^{n-1}x\sin(n+1)x\,dx=\frac{\sin^nx\sin nx}{n}+C,$$
$$\int\cos^{n-1}x\cos(n+1)x\,dx=\frac{\cos^nx\sin nx}{n}+C,$$
$$\int\cos^{n-1}x\sin(n+1)x\,dx=-\frac{\cos^nx\cos nx}{n}+C.$$

11. 化簡
$$I_n=\int\tan^nx\,dx.$$

12. 試引用見於廣義橢圓積分之簡化法以求積分
$$\int\frac{\sqrt{1-x^2}}{(1+x)^2}\,dx$$

13. 求僞橢圓積分
$$\int\frac{1-x^2}{(1+x)^2\sqrt{1+x^4}}\,dx.$$

14. 證明若 $b^2=ac$ 則積分
$$I=\int\frac{b-x}{b+x}\frac{dx}{\sqrt{x(x+a)(x+c)}}$$
可由基本函數表之.

15. 化次列積分爲橢圓積分
$$\int\frac{R(x)\,dx}{\sqrt{a(1+x^6)+bx(1+x^4)+cx^2(1+x^2)+dx^3}}$$
$R(x)$ 表一有理函數.

16. 試於 y^2 及 x^2 間作一線性關係以求化
$$\int\frac{dy}{\sqrt{\pm(y^2+a^2)(y^2-b^2)}}\ \text{及}\ \int\frac{dy}{\sqrt{-(a^2-y^2)(b^2-y)^2}}$$
$(a,b$ 爲實數) 爲勒氏形:
$$\int\frac{dx}{\sqrt{(1-x^2)(1-k^2x^2)}}$$

第 五 章

定 積 分

I. 定積分之定義　特性及原函數

定積分之定義在初等微積分上, 普通由幾何理明之. 吾等知欲積分學有確實之基礎, 必須自分析方面立論乃可. 以下所述爲黎曼氏(Riemann)定義. 此定義雖純爲分析的, 但昔之幾何的定義實爲其導線也.

105. 和數 S 與 s.

取 $f(x)$ 爲圍於 (a, b) 隔間內之一函數, 連續或否. 設 $a < b$, 而以順小大次序列寫之一行數 $x_1, x_2, \cdots\cdots, x_{n-1}$ 區分 (a, b) 爲小隔間; 命 δ_i 爲 (x_{i-1}, x_i) 隔間之幅, M_i 與 m_i 依次爲 $f(x)$ 在此隔間之高界與低界而作和數

$$S = \Sigma\, M_i(x_i - x_{i-1}) = \Sigma\, M_i \delta_i,$$

$$s = \Sigma\, m_i(x_i - x_{i-1}) = \Sigma\, m_i \delta_i.$$

（內設 $x_0 = a$, $x_n = b$）.

每分 (a, b) 一次, 卽得如是之兩和數 S 與 s, 而 $S > s$. 若 m 爲 $f(x)$ 於 (a, b) 間之低界, 則因 $M_i \geqq m$ 可知凡 S 大於 $m(b-a)$, 而數集 S 有一低界 I. 同理數集 s 有一高界 I', 吾往證 $I \geqq I'$. 欲明此

理, 只須證:

由任意二種分隔間法而得之大小和數 S, s 及 $S's'$ 合於不等式 $s < S'$ 與 $s' < S$.

爲便解說計, 請先明次義: 若區分隔間 (a, b) 如

$$a, x_1, x_2, \cdots\cdots, x_{n-1}, b,$$

繼更區分之, 如

$$a, x'_1, x'_2, \cdots\cdots, x'_{h-1}x_1, x'_h \cdots\cdots, x'_{k-1}x_2, x'_{k-1}\cdots\cdots, x'l_{-1}, b,$$

則吾等稱後之區分, 繼承前者. 命 S, s 與 Σ, σ 依次爲關於此兩區分之大小和數; 吾等易知 $\Sigma \leqq S$ 與 $\sigma \geqq s$. 蓋命 M'_1, m', 依次爲 $f(x)$ 在 (a, x'_1) 間之高低界, M'_2, m'_2 爲其在 (x'_1, x'_2) 間者, $\cdots\cdots$, M'_h 爲其在 (x'_{h-1}, x_1) 間者, 則 Σ 和數中來自 (a, x_1) 之部分爲

$$M'_1(x'_1-a) + M'_2(x'_2-x'_1) + \cdots\cdots + M'_h(x_1-x'_{h-1}),$$

而顯然 $\leqq M_1(x_1-a)$. 仿之 Σ 來自 (x_1, x_2) 之部分 $\leqq M_2(x_2-x_1)$, 推之可見 $\Sigma \leqq S$. 同法可證 $\sigma \geqq s$.

現取任意二種區分論之. 命 S, s 及 S', s' 爲所得和數. 若取此兩區分之諸分點爲一種分點, 則得繼承前二者之一區分. 於是命 Σ, σ 爲其相關和數, 則

$$\Sigma \leqq S, \qquad \sigma \geqq S,$$

$$\Sigma \leqq S', \qquad \sigma \geqq s',$$

因 $\Sigma > \sigma$ 可見 $s' < S, s < S'$, 明所欲證.

106. 達爾補氏 (Darboux) 定理.

當 n 無限增大以使 $\delta_i = x_i - x_{i-1}$ 趨於零, 則 S 與 s 依次趨於 I 與 I' (1)

取 S 證之. I 既為諸和數 S 之低界, 則可得一種分點

$$a < a_1 < a_2 < \cdots\cdots < a_{p-1} < b$$

使其相應大和數 $\Sigma < I + \dfrac{\varepsilon}{2}$. 今取小於

$$a_1 - a, \quad a_2 - a_1, \cdots\cdots, \quad b - a_{p-1}$$

各差數之一正數 η, 並一行分點

$$a = x_0 < x_1 < x_2 < \cdots\cdots < x_{n-1} < x_n = b$$

使 $x_i - x_{i-1} < \eta$; 命 S 為其相應大和數. 吾往證若 η 小之至, 則 $S < I + \varepsilon$.

試按大小順序列 x_i 與 a_k 而以為 (a, b) 間分點; 此區分繼承於前二者, 若 S' 為其相應大和數, 則有 $S' \leqq S$, $S' \leqq \Sigma$; 因之 $S' < I + \dfrac{\varepsilon}{2}$. 試求 $S - S'$ 之一大限.

察 (x_{i-1}, x_i) 等小隔間或含 $a_1, a_2, \cdots\cdots a_{p-1}$ 之一點, 或無. 其含之者為數至多, 不過 $p-1$ 個. 故可書

$$S - S' = \Sigma [M(x_{i-1}, x_i)(x_i - x_{i-1})$$
$$- M(x_{i-1}, a_k)(a_k - x_{i-1}) - M(a_k, x_i)(x_i - a_k)],$$

式中 $M(x', x'')$ 表 $f(x)$ 於 (x', x'') 隔間內之高界, Σ 包括含 a 之各 (x_{i-1}, x_i) 隔間. 今命 H 為 $|f(x)|$ 在 (a, b) 隔間內之高界, 則吾等顯有 $S - S' < 2(p-1)H\eta$; 因可寫

---

(1) 達氏於論文 Mémoire sur les fonctions discontinues (Annales de l'Ecole normale, 1875) 中, 曾將黎氏之定積分學說重加討論, 使所立定義更臻確切.

$$S - S' = \Sigma[M(x_{i-1}, x_i) - M(x_{i-1}, a_k)](a_k - x_{i-1})$$
$$+ \Sigma[M(x_{i-1}, x_i) - M(a_k\, x_i)](x_i - a_k)$$

也 於是尤有

$$S < I + \frac{\varepsilon}{2} + 2(p - I)H\eta$$

若 $\eta < \dfrac{\varepsilon}{4(p-1)H}$, 則 $S < I + \varepsilon$, 即明欲證.

定義. 達氏稱 I 為 $f(x)$ 在 (a, b) 隔間之高積分 (upper integral) 而 I' 為其**低積分** (lower integral), 依次由符號

$$\int_a^{-b} f(x)\, dx \quad 與 \quad \int_{-a}^b f(x)\, dx$$

表之。

107. **可積函數** (Integrable functions).

圍於 (a, b) 間之函數 $f(x)$, 若其 $I = I'$ 則按黎氏意稱為可積於是間.

吾等可注意若 $f(x)$ 於 (a, b) 間為可積者, 則其 $S - s$ 必以零為限; 反之亦然因 $S - s \to I - I'$ 也. 據此定義可證次列諸定理:

I. **凡連續函數為可積者.** 證: 命 ω 為 $f(x)$ 在各小隔間內界距之一大限, 則有 $S - s \leqq (b-a)\,\omega$. 按 20 節定理 A. 吾人可分 (a, b) 為甚小隔間, 使函數在每間內之界距均小於 $\dfrac{\varepsilon}{b-a}$. 是則取 $\omega = \dfrac{\varepsilon}{b-a}$, 即見 $S - s$ 將小於 ε.

II. **凡單調函數為可積者.** 譬以增函數 $f(x)$ 論之. 對於 $(a, x_1, x_2, \cdots\cdots, x_{n-1}, b)$ 區分, 吾等有

$$f(a) \leqq f(x_1) \leqq f(x_2) \leqq \cdots\cdots \leqq f(x_{n-1}) \leqq f(b),$$

$$S = \Sigma\, f(x_i)\delta_i,$$

$$s = \Sigma\, f(x_{i-1})\delta_i.$$

若諸差數 δ_i 盡小於 η, 則

$$S - s < \eta[f(b) - f(a)];$$

由是只須 $\eta < \dfrac{\varepsilon}{f(b) - f(a)}$, 即有 $S - s < \varepsilon$ 矣.

III. 命 $a_1, a_2 \cdots\cdots a_n$ 爲 a 與 b 間之一行增進數;若囲函數 $f(x)$ 在 $(a, a_1), (a_1, a_2), \cdots\cdots, (a_p b)$ 之每隔間爲可積者, 則在 (a, b) 亦爲可積者. 蓋區分每小隔間 (a_{i-1}, a_i) 以使其相當大小和數之差 $S - s$ 各小於 ε, 則對於 (a, b) 之相當差數小於 $p\varepsilon$.

IV. 在一隔間內具有若干間斷點之囲函數,苟諸間斷點可以一定個數之隔間範圍之,且諸隔間之和又小於任與正數,則函數爲可積者. 證. 命 ε 爲任一正數,H 爲 $|f(x)|$ 之一大限,若令範圍間斷點之隔間之和小於 $\dfrac{\varepsilon}{4H}$, 則 $S - s$ 中來自此諸隔間之部分顯然小於 $\dfrac{\varepsilon}{2}$, 又在其餘隔間 $f(x)$ 爲連續,吾人可區分之,使 $S - s$ 相關之部分小於 $\dfrac{\varepsilon}{2}$, 然則 $S - s < \varepsilon$. 特別言之,囲函數於 (a, b) 內只具一定數之間斷點,則在此隔爲可積者.

V. 若 $f(x)$ 爲可積函數, 則 $Cf(x)$ 亦然, C 爲任何常數. 由定義即明.

VI. 若 $f_1(x)$ 與 $f_2(x)$ 二函數爲可積者,則其和 $f_1(x) + f_2(x)$ 亦然. 命 $S, s, S', s', \Sigma, \sigma$ 依次爲此三函數關於同隔間之某種區分之數,易明 $\Sigma - \sigma = S - s + S' - s'$.

特別言之, 囿變函數爲可積者. 因可以二單調函數表之也.

VII. 二可積函數之乘積爲可積者. 證:先設 $f_1(x)$ 與 $f_2(x)$ 爲正; 命 $M_i, m_i, M'_i, m'_i, M''_i, m''_i$, 爲 $f_1(x), f_2(x)$, 及 $f_1(x) \times f_2(x)$ 三函數在 (x_{i-1}, x_i) 之高低界, 又 S, s, S', s', S'', s'' 爲其對於 (a, b) 之一種區分之和數,則吾人顯有 $M''_i \leqq M_i M'_i$ 與 $m''_i \geqq m_i m'_i$; 因之

$$M''_i - m''_i \leqq M_i M'_i - m_i m'_i = M_i(M'_i - m'_i) + m'_i(M_i - m_i).$$

於是尤有

$$M''_i - m''_i \leqq M(M'_i - m'_i) + M'(M_i - m_i),$$

M 與 M' 爲 $f_1(x)$ 與 $f_2(x)$ 在 (a, b) 內之高界, 以 $x_i - x_{i-1}$ 乘此不等式而舉諸同類式加之, 得

$$S'' - s'' < M(S' - s') + M'(S - s).$$

然則 $S'' - s''$ 趨於零.

今若 $f_1(x)$ 與 $f_2(x)$ 之號爲任意者,則恆可各加以常數 C_1, C_2 使 $f_1(x) + C_1, f_2(x) + C_2$ 均爲正, 而有

$$[f_1(x) + C_1][f_2(x) + C_2] = f_1(x)f_2(x) + C_1 f_2(x) + C_2 f_1(x).$$

顯見 $f_1(x)f_2(x)$ 爲可積者.

綜合此上諸定理, 可見若 $f_1, f_2, \cdots\cdots f_p$ 爲可積函數, 則凡 $f_1, f_2, \cdots\cdots, f_p$ 之多項式皆爲可積函數.

108. 定積分 (Definite integrals)

設 $f(x)$ 爲在 (a, b) 內之可積函數; 和數 S 與 s 之公限 I, 卽高積分與低積分之公值稱爲 $f(x)$ 在 (a, b) 隔間之定積分而

表之如

$$\int_a^b f(x)\, dx$$

於積分定義中,吾人倘可代 S, s 以更普通之式:設如前分 (a, b) 爲

$$a,\, x_1,\, x_2,\, \cdots\cdots,\, x_{i-1},\, x_i \cdots\cdots,\, x_{n-1}\, b$$

而於每小隔間 (x_{i-1}, x_i) 內任取一數 ξ_i, 則和數:

(2) $$\Sigma\, f(\xi_i)\delta_i$$

顯然介於 S 與 s 間,若函數爲可積者,則此和數亦必以 I 爲限. 乘積 $f(\xi_i)\delta_i$ 稱爲積分之一<u>元素</u> (element).

更進一層,若於每小隔間繫一數 ζ_i, 而設諸 ζ_i 隨諸 δ_i 一致趨於零, 則和數

$$T = \Sigma\,[\, f(x_{i-1}) + \zeta_i\,]\delta_i$$

亦以 $\int_a^b f(x)\, dx$ 爲極限. 蓋按所設可取正數 η 使 $|\delta_i| < \eta$ 牽涉 $|\zeta_i| < \varepsilon$, 而 ε 與 i 無關;若吾等取 η 甚小, 使同時有

$$\left| \Sigma\, f(x_i)\delta_i - \int_a^b f(x)\, dx \right| < \varepsilon,$$

則書 $$T - \int_a^b f(x)\, dx = \left[\Sigma\, f(x_{i-1})\delta_i - \int_a^b f(x)\, dx \right] + \Sigma\,\zeta_i\delta_i,$$

即見 $$\left| T - \int_a^b f(x)\, dx \right| < \varepsilon + \varepsilon(b-a)$$

矣.

例. 求和數 $S_n = \dfrac{1}{n} + \dfrac{1}{n+1} + \cdots\cdots + \dfrac{1}{2n-1}$ 於 $n \to \infty$ 時之限.

$$S_n = \frac{1}{n} \sum_{i=0}^{n-1} \frac{1}{1 + \dfrac{i}{n}};$$

設函數 $f(x) = \dfrac{1}{1+x}$ 並取隔間 $(0, 1)$ 而分之為 n 個相等小隔間 (x_{i-1}, x_i), 則 S_n 適為和數

$$\sum_{i=1}^{n} f(x_{i-1}) \delta_i;$$

可知 S_n 於 $n \to \infty$ 時以次之積分為限

$$S = \int_0^1 \frac{dx}{1+x}.$$

109. 定積分之特性.

前設 $a < b$, 今若易 b 為 a, 則 $x_i - x_{i-1}$ 諸差數號皆與前相反; 因之 S 與 s 亦改號, 是則

$$\int_a^b f(x)\,dx = -\int_b^a f(x)\,dx.$$

又 $$\int_a^b f(x)\,dx = \int_a^c f(x)\,dx + \int_c^b f(x)\,dx.$$

蓋若 c 位於 a 與 b 間, 此公式顯然真確. 反之, 如 b 介於 a 與 c 間, 則只須函數於 (a, c) 內為可積者, 斯式亦合. 蓋

$$\int_a^c f(x)\,dx = \int_a^b f(x)\,dx + \int_b^c f(x)\,dx$$

$$= \int_a^b f(x)\,dx - \int_c^b f(x)\,dx$$

也. 推之有

$$\int_a^b f(x)\,dx = \int_a^c f(x)\,dx + \int_c^d f(x)\,dx + \cdots\cdots + \int_e^b f(x)\,dx.$$

再若 $f(x) = A\phi(x) + B\psi(x)$, 而 A 與 B 為常數, 則

$$\int_a^b f(x)\,dx = A\int_a^b \phi(x)\,dx + B\int_a^b \psi(x)\,dx.$$

推之,於任若干項之和亦然.

110. 第一中值公式 (First law of the mean).

請先注意次理:設有 $f(x),\phi(x)$ 二函數皆於 (a,b) 內爲可積者,並 $f(x)\leqq\phi(x)$;若 $a<b$,則 $\int_a^b f(x)\,dx$ 之任一元素至大等於 $\int_a^b \phi(x)\,dx$ 之相當元素,因之

$$\int_a^b f(x)\,dx \leqq \int_a^b \phi(x)\,dx.$$

若二函數爲連續者,則欲此積分相等,必須常有 $f(x)=\phi(x)$;若設 $b<a$,則上之不等式當反向.

今設欲求積分之函數爲 $f(x)\phi(x)$,而 $\phi(x)$ 保存一定之號. 譬就 $a<b,\phi(x)>0$ 論之.命 M,m 爲 $f(x)$ 在 (a,b) 之高低界,則由不等式

$$m\leqq f(x)\leqq M$$

得
$$m\phi(x)\leqq f(x)\phi(x)\leqq M\phi(x),$$

而因之有

$$m\int_a^b \phi(x)\,dx \leqq \int_a^b f(x)\phi(x)\,dx \leqq M\int_a^b \phi(x)\,dx.$$

於是得

(4) $$\int_a^b f(x)\phi(x)\,dx = \mu\int_a^b \phi(x)\,dx.$$

μ 爲介於 M 與 m 間之一數是爲<u>第一中值公式</u>

此式無論 a, b 若何皆可, 只須 $\phi(x)$ 有定號. 若 $f(x)$ 爲連續,則有 (a, b) 內之一值 ξ 使 $f(\xi)=\mu$ 而公式可書作

$$(5) \qquad \int_a^b f(x)\, dx = f(\xi) \int_a^b \phi(x)\, dx.$$

特別言之, 若設 $\phi(x)=1$, 則按定義有 $\int_b^a dx = b - a$. 而中值公式簡化爲

$$(6) \qquad \int_a^b f(x)\, dx = (b-a) f(\xi).$$

111. 第二中值公式 (Second law of the mean).

波氏 (Bonnet) 根據下引得之.

<u>亞貝爾氏引</u> (Abel's Lemma). 命 $\varepsilon_0, \varepsilon_1, \cdots\cdots, \varepsilon_p$ 爲一行漸減之正數, 並 $u_0, u_1, \cdots\cdots, u_p$ 爲一行任意正負數, 均爲 $p+1$ 個; 若和數:

$$s_0 = u_0, \quad s_1 = u_0 + u_1, \cdots\cdots, \quad s_p = u_0 + u_1 + \cdots\cdots + u_p$$

均介於二常數 A 與 B 間, 則和數

$$S = \varepsilon_0 u_0 + \varepsilon_1 u_1 + \cdots\cdots + \varepsilon_p u_p$$

介於 $A\varepsilon_0$ 與 $B\varepsilon_0$ 間.

證: 吾人可寫

$$u_0 = s_0, \ u_1 = s_1 - s_0, \cdots\cdots u_p = s_p - s_{p-1},$$

因之

$$S = s_0(\varepsilon_0 - \varepsilon_1) + s_1(\varepsilon_1 - \varepsilon_2) + \cdots\cdots + s_{p-1}(\varepsilon_{p-1} - \varepsilon_p) + s_p \varepsilon_p$$

按 $\varepsilon_0 - \varepsilon_1, \varepsilon_2 - \varepsilon_1, \cdots\cdots, \varepsilon_{p-1} - \varepsilon_p$ 諸差數皆爲正, 是代 $s_0, s_1, \cdots\cdots, s_p$ 以其大限 A 當得

$$S < A(\varepsilon_0 - \varepsilon_1 + \varepsilon_1 - \varepsilon_2 + \cdots\cdots + \varepsilon_{p-1} - \varepsilon_p + \varepsilon_p) = A\varepsilon_0.$$

同理有 $S < B\varepsilon_0$.

歸入本題設 $f(x)$ 與 $\phi(x)$ 爲二可積函數,其中 $\phi(x)$ 恆爲正,且當 x 自 a 變至 b 時其值逐漸減小,按積分 $I = \displaystyle\int_a^b f(x)\phi(x)\,dx$ 可視爲和數:

$$\Sigma f(x_{i-1})\phi(x_{i-1})\delta_i$$

之限,若命 M_i, m_i 爲 $f(x)$ 在 (x_{i-1}, x_i) 之高低界,則此和數介於

$$T = \Sigma M_i \phi(x_{i-1})\delta_i$$

與

$$t = \Sigma m_i \phi(x_{i-1})\delta_i$$

間. 又因 $f(x)$ 爲可積者,差數

$$T - t < \phi(a)\Sigma(M_i - m_i)\delta_i$$

趨於零. 則是所設積分爲 T 與 t 之公限;亦即爲和數 $T' = \Sigma\mu_i \phi(x_{i-1})\delta_i$ 之限,式中 μ_i 爲 M_i 與 m_i 間任一數. 今準第一中值公式取 μ_i 合於

$$\mu_i \delta_i = \mu_i(x_i - x_{i-1}) = \int_{x_i}^{x_i} f(x)\,dx.$$

按所設 $\phi(a), \phi(x_i), \cdots\cdots$ 爲一行逐漸減小之正數,又 c 爲 (a, b) 間之任一點時積分 $\displaystyle\int_a^c f(x)\,dx$ 顯爲 c 之連續函數. 故若命 A 與 B 爲此積分於 c 自 a 變至 b 時之極小與極大,則準亞氏引知和數 T' 介於 $A\phi(a)$ 與 $B\phi(a)$ 之間而有公式

$$(7) \qquad \int_a^b f(x)\phi(x)\,dx = \phi(a)\int_a^\xi f(x)\,dx \qquad (a < \xi < b),$$

是爲第二中值公式.

若函數 $\phi(x)$ 爲減函數, 但於 a 與 b 間不恆爲正, 則命 $\phi(x)$ $=\phi(b)+\psi(x)$, 函數 $\psi(x)$ 卽爲正的遞減的. 而有

$$\int_a^b f(x)\psi(x)\,dx = [\phi(a)-\phi(b)]\int_a^\xi f(x)\,dx.$$

於是得較普通之公式

$$\int_a^b f(x)\phi(x)\,dx = \int_a^b f(x)\phi(b)\,dx + [\phi(a)\phi(b)]\int_a^\xi f(x)\,dx,$$

或

(8) $$\int_a^b f(x)\phi(x)\,dx = \phi(a)\int_a^\xi f(x)\,dx + \phi(b)\int_\xi^b f(x)\,dx.$$

於 $\phi(x)$ 爲增函數時, 亦有類似之公式.

112. 原函數 (Primitive functions).

於此吾等可解答第四章所言之問題矣. 設積分限之一譬如 a 爲常數, 而他限爲變數 x, 則積分爲此限之函數. 而吾人可書

$$F(x) = \int_a^x f(t)\,dt.$$

或直書作 $\int_a^x f(x)\,dx$ $F(x)$ 顯然爲 x 之連續函數. 吾謂若 $f(x)$ 爲連續, 則 $F(x)$ 以 $f(x)$ 爲紀數, 請證之:

$$F(x+h) - F(x) = \int_x^{x+h} f(t)\,dt.$$

準中値公式 (6) 有

$$F(x+h) - F(x) = hf(\xi),$$

ξ 介於 x 與 $x+h$ 間, 當 h 趨於零時, $f(\xi)$ 以 $f(x)$ 爲限. 然則 $F(x)$

以 $f(x)$ 爲紀數, 而定理以明.

其他同以 $f(x)$ 爲紀數之函數, 則加一常數 C 於 $F(x)$ 得之. 於是有定積分與無定積分間之關係, 如

$$\int f(x)\,dx = \int_a^x f(x)\,dx + C.$$

反之, 若任由一法得 $F(x)$, 則可書

$$\int_a^x f(x)\,dx = F(x) + C.$$

欲定 C, 只須注意等式左端於 $x=a$ 爲零. 然則 $C = -F(a)$, 於是得

(9) $$\int_a^x f(x)\,dx = F(x) - F(a) = \Big[F(x) \Big]_a^x.$$

爲求定積分之基本公式.

注意 I. 公式 (9) 乃設 $f(x)$ 爲連續而得. 若引用時, 不注意及此, 可得無理之結果. 例如於 $f(x) = \dfrac{1}{x^2}$ 得

$$\int_a^b \frac{dx}{x^2} = \frac{1}{a} - \frac{1}{b}.$$

等式之左端只能於 a 與 b 同號時有意義, 而其右端則恆有定值.

注意 II. 於 (9) 式猶須注意者. 若原函數有數支派之值, 則宜擇其適當之支派用之. 如於 $f(x) = \dfrac{1}{1+x^2}$, 按 (9) 有

$$\int_a^b \frac{a\,dx}{1+x^2} = \arctan b - \arctan a.$$

左端有一確當之意; 而右端則有無窮個之值. 但此齟齬可以

免除, 只須取

$$F(x) = \int_0^x \frac{dx}{1+x^2}$$

論 之 函 數 在 任 何 隔 間 爲 連 續, 而 於 $x=0$ 爲 零. 若 以 arc tan x

表 $-\frac{\pi}{2}$ 與 $+\frac{\pi}{2}$ 間 之 弧, 則 此 二 函 數 有 公 同 之 紀 數, 且 皆 於

$x=0$ 爲 零, 而 吾 人 可 書

$$\int_a^b \frac{dx}{1+x^2} = \int_0^b \frac{dx}{1+x^2} - \int_0^a \frac{dx}{1+x^2} = \text{arc tan } b - \text{arc tan } a,$$

其 arc tan 之 值 含 於 $-\frac{\pi}{2}$ 與 $+\frac{\pi}{2}$ 間.

同 理 可 明

$$\int_a^b \frac{dx}{\sqrt{1-x^2}} = \text{arc sin } b - \text{arc sin } c.$$

式 中 a, b 之 值 介 於 -1 與 $+1$ 間, 並 arc sin 爲 $-\frac{\pi}{2}$ 與 $+\frac{\pi}{2}$ 之 弧.

II.　定 積 分 之 幾 何 應 用

113.　平 面 積 定 義 (Area of a curve).

欲 致 用 積 分 於 面 積, 當 與 面 積 以 一 分 析 的 定 義, 而 任 意 迴 線 之 面 積, 可 由 多 邊 域 面 積 定 之, 多 邊 域 者, 平 面 上 由 一 迴 折 線 或 多 數 無 公 點 之 迴 折 線 所 範 圍 之 部 分 也. 其 面 積 定 義 見 於 幾 何 學, 今 設 無 重 點 之 平 面 迴 線 C 論 之. 是 線 分 平 面 爲 內 外 兩 部, 其 內 部 成 一 域 D, 謂 D 有 一 面 積, 乃 卽 認 可 次 理:

1.　有 唯 一 之 數 大 於 D 內 任 何 多 邊 形 之 面 積, 而 小 於 包

含 D 之任何多邊形面積.

命 P 表含 D 之一多邊域, p 表含於 D 之一多邊域, 並 A, a 依次表其面積. 無論 P, p 若何, 顯有 $A > a$. 然則 A 數集有一低界 A, 而 a 數集有一高界 A'. 吾人必有 $A > A'$ 若 $A = A'$, 則 D 域有一面積, 或稱為 可求方者 (法文 quarrable) 而以公值 A 為 D 之面積. 此顯然為合於條件 (1) 之唯一數.

欲 D 域為可求方者, 必須而卽須任與正數 ε, 能得含 D 之一多邊域 P, 與一含於 D 之一多邊域 p. 使二者面積之差 $A - a$ 小於 ε.

此條件為必需者, 由定義而知. 且為充足者. 因 $A - a > A - A'$ 也. 由是又知若 D 為可求方而以 A 為面積者, 則必可得二多邊域 P, p 使 $A - A', A - a$ 各小於 ε, 前之條件尙可述之如下:

欲 D 為可平方者, 必須而卽須其周線 C 可含於面積小於任何數之一多邊域內.

蓋凡包含 C 之多邊域可視為含 D 之一域與含於 D 之一域之差也.

連 C 之二點以位於 D 內之一曲線 C', 則分 D 為二域 D_1 與 D_2. 若 D_1 與 D_2 為可求方者, 則 D 亦然.

證: 命 P_1, p_1 為二多邊域, 一含 D_1 而一含於 D_1; A_1, a_1 為其面積; 又命 P_2, p_2, A_2, a_2 表對於 D_2 之相當件. 由 p_1 與 p_2 合成之多邊域, 顯然含於 D; 是則 $a_1, + a_2 < A'$. 仿之 $A_1 + A_2 > A$. 由是 $A - A' < (A_1 - a_1) + (A_2 - a_2)$. 而 $A_1 - a_1$ 與 $A_2 - a_2$ 可小至人之所欲,

故 $A=A'$. 而由不等式 $a_1+a_2<A<A_1+A_2$ 知 D 之面積等於 D_1 與 D_2 者之和, 反之若 D 與 D_1 爲可平方者, 則 D_2 亦然. 蓋可範圍 D 與 D_1 之邊以面積小於任何數之多邊域, 因之 D_2 亦然也. 故 D_2 爲可平方者. 旣如此, 則準本題前節知 D_2 面積爲 D 者與 D_1 者之差.

　　推論之, 設 D 由多數折線範圍而成. 若可分爲數個可求方之域之和或差. 則 D 爲可求方者, 而其面積等於諸分域之面積之和或差.

114. 平面積求法.

　　吾等但就尋常遇見之曲線所限之域論之. 此種區域易明其爲可求方者.

　　1°) 正位標所定面積. 命 $f(x)$ 於 (a, b) 內爲連續, 而由一段曲線 AB 表之 (圖 12). 吾等暫設 $a<b$, 並在 (a, b) 內 $f(x)>0$, 試以 D 表 $aABb$ 區域而論其面積. 取數行:

$$a=y_0<x_1<x_2<\cdots\cdots$$
$$<x_{n-1}<x_n=b$$

分 (a, b) 隔間而命 m_i 與 M_i 爲 $f(x)$ 於 (x_{n-i}, x_i) 內之極小極大值. 試以每 $x_{i-1}x_i$ 線段爲底作 $x_{i-1}m_im'x_i$ 及 $x_{i-1}M'M_ix_i$ 等矩形, 則得兩類矩形, 前者合成

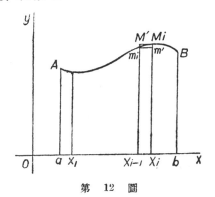

第 12 圖

含於 D 之一多邊域, 而後者則成含 D 之一多邊域, 其面積依次爲:

$$s = \Sigma m_i(x_i - x_{i-1}),$$

$$S = \Sigma M_i(x_i - x_{i-1})$$

s 之高界與 S 之低界相等, 故 D 爲可求方者. 而其面積由定積分 $\int_a^b f(x)\, dx$ 表之. 於上乃設 $a < b, f(x) > 0$. 今著與面積以一相當正負號, 則 $aABb$ 面積恆可由 $\int_a^b f(x)\, dx$ 表之, 正負號規定如次: 當 $a < b, f(x) > 0$ 卽區域 D 位於 ox 之上 aA 線之右時, 則取正號; 若 $a < b, f(x) < 0$ 卽區域乃位於 aA 之右, 但在 ox 下, 則取負號; 又於 $a > b$, 則取正號或負號, 視 $f(x)$ 之爲負或正而定.

繼更取圖 13 所設之域 D 卽 $AA'm_2BB'm_1A$ 論之, Am_1B 與 $A'm_2B'$ 爲位於 aA 與 bB 二直線間不相交之曲線, 且與 oy 軸平行之任一線僅割每曲線於一點. 設 $y_1 = \theta_1(x)$ 與 $y_2 = \theta_2(x)$ 依次爲 Am_1B 與 $A'm_2B'$ 二曲線之方程式; D 爲 Am_1BbaA 與 Am_2BbaA 二域之差. 此二域爲可求方者, 可見 D 亦然. 而其面積爲

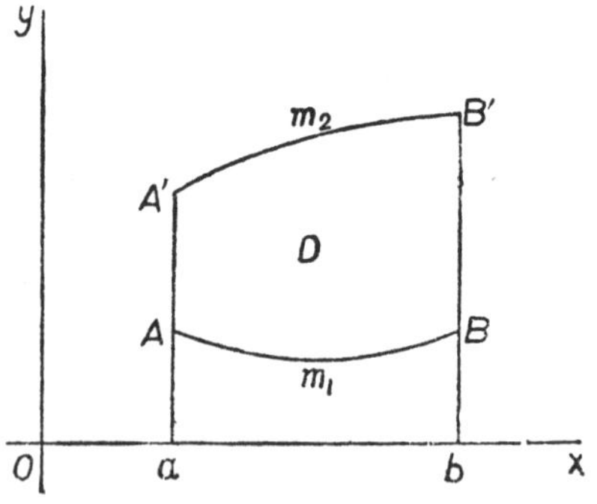

第 13 圖

$$\int_a^b \phi_2(x)\, dx \quad 與 \quad \int_a^b \phi_1(x)\, dx$$

二積分之差.

若經軸與緯軸非正交而成 θ 角,則須以 $\sin\theta$ 乘上式右端.

$2°$) 極位標所定面積　取圖 14 所示之域 D 卽 OAB 論之.

命 $\rho=f(\omega)$ 爲 AB 弧之方程式,OA 與 OB 二射徑由 ω_0 與 Ω 二角

定之.吾等設此二射徑間之
任一射徑僅遇曲線弧 AB 於
一點.今以介於 ω_0 與 Ω 之角
$\omega_1,\ \omega_2,\ \cdots\cdots\omega_{n-1}$ 所定之射徑
分 AOB 角爲小角;命 OM_i 與
OM_{i+1} 爲二相鄰射徑,其位置
由 ω_i 與 ω_{i+1} 角而定.又命 ρ'_i
與 ρ''_i 爲 $f(\omega)$ 在 $(\omega_i,\ \omega_{i+1})$ 隔間

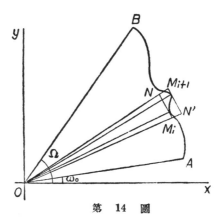

第 14 圖

之極小與極大.於是可作兩類等腰三角形,一如 OM_iN,一如
ONM_{i+1}. 前者合成含於 D 域之一多邊域,而後者合成含有 D
域之一多邊域,其面積以次爲

$$\frac{1}{2}\Sigma\rho'^2_i\sin(\omega_{i+1}-\omega_i),\quad 與\quad \frac{1}{2}\Sigma\rho''^2_i\sin(\omega_{i+1}-\omega_i),$$

而同以 $\dfrac{1}{2}\displaystyle\int_{\omega_0}^{\Omega}\rho^2\,d\omega$ 爲限.蓋如前一量可書作

$$\frac{1}{2}\Sigma\rho'^2_i(1-\varepsilon)(\omega_{i+1}-\omega_i),$$

ε_i 隨 $(\omega_{i+1}-\omega_i)$ 一致趨於零,然則 D 之面積等於

(11) $$A=\frac{1}{2}\int_{\omega_0}^{\Omega}\rho^2\,d\omega.$$

$\frac{1}{2}\rho^2 d\omega$ 爲極位標之 **面積元素**.

注意 設 $y=f(x)$ 於 (a, b) 間由曲線 $ACC'B$ 表之 (圖 15); C 爲一間斷點. 若命 A 表 $AaACC'Bba$ 域之面積, 則顯有

$$A = \int_a^c f(x) \, dx + \int_c^b f(x) \, dx$$

$$= \int_a^b f(x) \, dx.$$

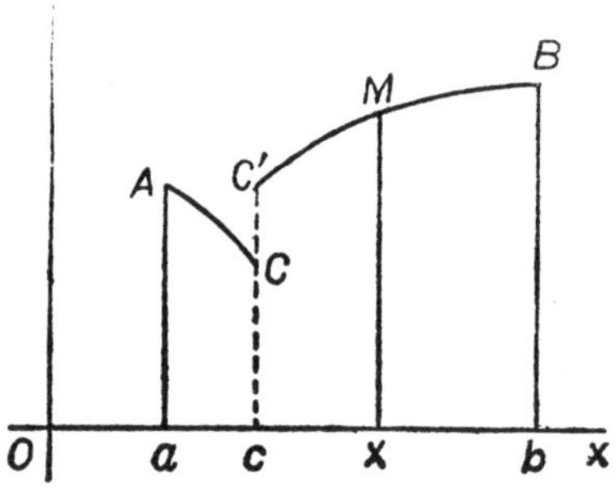

若令 xM 直線由 aA 變移至 bB 則

$$F(x) = \int_a^X f(x) \, dx$$

第 15 圖

表 A 於 aA 與 xM 二線間之部分, 而爲 x 之連續函數, 且於 $f(x)$ 爲連續之點以 $f(x)$ 爲紀數, 但於其間斷點 C 則否. 蓋

$$F(c+h) - F(c) = \int_c^{c+h} f(x) \, dx = h f(c+\theta h). \qquad (0 < h < 1)$$

而 $\dfrac{F(c+h) - F(c)}{h}$ 因 h 爲正或負以 $f(c+0)$ 或 $f(c-0)$ 爲限也. 此見若 $f(x)$ 僅爲可積而非連續, 則 $F(x) = \int_a^X f(x) \, dx$ 未必以之爲紀數.

115. 曲線弧之長 (Length of a curvilinear arc).

設曲線之一弧 AB (圖 16). 由 A 至 B 依次於其間取 P_1, P_2, ..., P_{n-1} 等點, 而作折線 $AP_1P_2\cdots\cdots P_{n-1}B$. 若此折線之長 l 於 $n \to \infty$ 並各邊均趨於零時有一限 s, 則吾等謂曲線弧爲 **可度**

長者(法文 recufiable)而以 s 爲

其長.

設曲線由方程式

(12)　$x=f(t),\ v=\phi(t),\ z=\psi(t)$ 定

之, t 於 A 於 B 之值依次爲 a, b

吾往證:

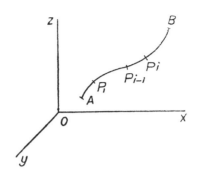

第 16 圖

若 $f(t),\ \phi(t),\ \psi(t)$ 於 (a, t) 內

爲連續, 並有連續紀數, 則 AB 弧爲可度長者.

命 x_i, y_i, z_i 爲 P_i 點位標, t_i 爲 t 於此點之值, 則折線 $P_{i-1}P_i$ 邊

之長爲

$$C_i = \sqrt{(x_i - x_{i-1})^2 + (y_i - y_{i-1})^2 + (z_i - z_{i-1})^2},$$

準中量公式可書作

$$C_i = (t_i - t_{i-1})\sqrt{f'^2(\tau_i) + \phi'^2(\tau_i') + \psi'^2(\tau_i'')},$$

$\tau_i, \tau_i', \tau_i''$ 爲 t_{i-1} 與 t_i 間之數. 若 $t_i - t_{i-1}$ 小之至, 則差數

$$\Delta = \sqrt{f'^2(\tau_i) + \phi'^2(\tau_i') + \psi'^2(\tau_i'')} - \sqrt{f'^2(t_{i-1}) + \phi'^2(t_{i-1}) + \psi'^2(t_{i-1})}$$

$$= \frac{[f'(\tau_i) + f'(t_{i-1})][f'(\tau_i) - f'(t_{i-1})] + \cdots\cdots}{\sqrt{f'^2(\tau_i) + \phi'^2(\tau_i') + \psi'^2(\tau_i'')} + \sqrt{f'^2(t_{i-1}) + \phi'^2(t_{i-1}) + \psi'^2(t_{i-1})}};$$

之絕對值可至小而注意

$$|f'(\tau_i)| + |f'(t_{i-1})| \leqq \sqrt{f'^2(\tau_i) + \cdots\cdots} + \sqrt{f'^2(t_{i-1}) + \cdots\cdots}$$

因之

$$\left| \frac{f'(\tau_i) + f'(t_{i-1})}{\sqrt{f'^2(\tau_i) + \cdots\cdots} + \sqrt{f'^2(t_{i-1}) + \cdots\cdots}} \right| \leqq 1,$$

則有

$$|\Delta| \leqq |f'(\tau_i) - f'(t_{i-1})| + |\phi'(\tau_i') - \phi'(\tau_{i-1})| + |\psi'(\tau_i'') - \psi'(t_{i-1})|.$$

夫 $f'(t), \phi'(t), \psi'(t)$ 均設爲連續函數,是可得一正數 η, 使 $t_i - t_{i-1}$
$< \eta$ 時,上式右端每項小於 $\dfrac{\varepsilon}{3}$; 因之 $|\Delta| < \varepsilon$, 於是吾等可書

$$C_i = (t_i - t_{i-1})[\sqrt{f^2(t_{i-1}) + \phi'^2(t_{i-1}) + \psi'^2(t_{i-1})} + \varepsilon_i],$$

ε_i 絕對小於 ε, 而隨 $t_i - t_{i-1}$ 一致趨於零. 因之折線長 $L = \Sigma C_i$
以積分

(13)
$$s = \int_a^b \sqrt{f'^2(t) + \phi'^2(t) + \phi'^2(t)}\, dt$$

爲限.

　　視 B 爲可變移之點而代 b 以 t, 則有

$$\frac{ds}{dt} = \sqrt{f'(t) + \phi'(t) + \psi'^2(t)}.$$

而得公式

(14)
$$ds^2 = dx^2 + dy^2 + dz^2.$$

　　欲換爲圓柱位標,只須設

$$x = r\cos\psi. \qquad y = r\sin\psi, \qquad z = z.$$

若是 $dx^2 + dy^2$ 變爲 $dr^2 + r^2 d\psi^2$, 而公式 (14) 變爲

(15)
$$ds = dr^2 + r^2 d\psi + dz^2.$$

　　又由圓柱位標換爲極位標,只須命

$$r = \rho\sin\theta \qquad z = \rho\cos\theta$$

而公式 (15) 變爲

(16)
$$ds^2 = d\rho^2 + \rho^2 d\theta^2 + \rho^2\sin^2\theta\, d\psi^2.$$

　　<u>定理</u>.　無窮小弧與所含弦爲相當無窮小.

證:設 $M_0 M_1$ 弧其兩端與 t_0, t_1 參變數相應($t_0 < t_1$),是弧等於

$$s = \int_{t_0}^{t_1} \sqrt{f'^2(t) + \phi'^2(t) + \psi'^2(t)}\, dt$$

準中量公式

$$s = (t_1 - t_0) \sqrt{f'^2(\theta) + \psi'^2(\theta) + \psi'^2(\theta)}$$

θ 介於 t_0 與 t_1 間;又於 $M_0 M_1$ 弦 C 有

$$c = (t_1 - t_0) \sqrt{f'^2(\tau) + \phi'^2(\tau') + \psi'^2(\tau'')}$$

τ, τ', τ'', 三數亦均介於 t_0 與 t_1 間. 如前所論, 可知此呈根號之二量, 其差可小於 ε, 只須 $f'(t), \phi'(t)$ 與 $\psi'(t)$ 三函數之界距小於 $\dfrac{\varepsilon}{2}$ 即可. 然則

$$s - C < \varepsilon(t_1 - t_0),$$

或
$$1 - \frac{C}{s} < \frac{\varepsilon}{\sqrt{f'^2(\theta) + \phi'^2(\theta) + \psi'^2(\theta)}}.$$

若 $M_0 M_1$ 弧變爲無窮小, 則 $t_1 - t_0$ 趨於零, 而 ε 亦然. 因之 $1 - \dfrac{C}{s}$ 趨於零, 即明欲證.

例. 求輪轉線 (cycloid)

$$x = R(u - \sin u) \qquad y = R(1 - \cos u)$$

之弧長, 於此有

$$ds = \sqrt{dx^2 + dy^2} = a\sqrt{(1 - \cos u)^2 + \sin^2 u}\, du.$$

化之, 得

$$ds = 2a\, \sin\frac{u}{2} du.$$

如欲求線弧一鉤之全長, 只須令 u 由 0 變至 2π, 而得

$$s = \int_0^{2\pi} 2a \sin \frac{u}{2} du = 4a \left[-\cos \frac{u}{2} \right]_0^{2\pi} = 8a.$$

116. 若爾當 (Jordan) 氏定理.

上節所述曲線可度長之條件僅爲充足的而非必要的；在尋常應用問題中,此條件大都滿足.然理論上自以得一必要且充足之條件爲可貴.若氏定理卽確定如是之條件也.其詞爲:

欲方程式 (12) 所表曲線之弧 AB 爲可度長者,必須而卽須 $f(t)$, $\phi(t)$ 與 $\psi(t)$ 於 (a, b) 內爲連續的囿變函數.

證:內接於 AB 曲線弧之折線 $AP_1P_2 \cdots\cdots P_{n-1}B$ 其長爲

$$l = \Sigma \sqrt{[f(t_i) - f(t_{i-1})]^2 + [\phi(t) - \phi(t_{i-1})]^2 + [\psi(t_i) - \psi(t_{i-1})]^2}.$$

若令 $t_i - t_{i-1} \to 0$ 而 $n \to \infty$ 時 l 有一定限 s,則 l 爲囿的,且因 $\Sigma |f(t_i) - f(t_{i-1})| < l$,可知 $f(t)$ 爲囿變函數;同理 $\phi(t)$ 與 $\psi(t)$ 亦然.故所云條件爲必要者.

現求證條件爲充足者.吾等顯有

$$l \le \Sigma |f(t_i) - f(t_{i-1})| + \Sigma |\phi(t_i) - \phi(t_{i-1})| + \Sigma |\psi(t_i) - \psi(t_{i-1})|.$$

旣設 $f(t)$, $\phi(t)$ 及 $\psi(t)$ 爲囿變函數,則一切內接折線之長 l 成一囿集.命 s 爲其高界,吾等不難用 106 節證 $s \to 1$ 之法證明於各差數 $t_i - t_{i-1} \to 0$ 時 l 以 s 爲限.蓋任與正數 ε,恆可得一數行

$$a = a_0 < a_1 < a_2 < \cdots\cdots < a_p = b$$

使所定內接折線之長 λ 大於 $s - \dfrac{\varepsilon}{2}$.繼設任意數行

$$a = t^0 < t_1 < t_2 < \cdots\cdots < t_n = b$$

使隔間 $t_i - t_{i-1}$ 概小於正數 η, 而 η 又小於 $a_1 - a$, $a_2 - a_1$,……, $b - a_{p-1}$ 諸差數中之最小者. 命 l 爲所定內接折線之長; 於是取 a_k 及 t_i 諸數依增進次序列爲一行, 而命 l' 表所定內接折線之長. l' 當 $\geqq l$ 與 $\geqq \lambda$, 因之 $l' > s - \dfrac{\varepsilon}{2}$. 今注意多邊線 l' 之異於 l 者, 乃 l 之一邊可由與此邊成一三角形之二線段代之; 如 (t_{i-1}, t_i) 若含有 a_k, 則 $t_{i-1}t_i$ 邊由 $t_{i-1}a_k$ 及 $a_k t_i$ 二邊代之. l 如是之邊至多有 $p-1$ 個. f, ϕ, ψ 既爲連續, 吾等可取 η 小之至, 使 $|t_i - t_{i-1}| < \eta$ 牽涉

$$\sqrt{[f(t_i) - f(t_{i-1})]^2 + [\phi(t_i) - \phi(t_{i-1})]^2 + \cdots\cdots} < \frac{\varepsilon}{4(p-1)}.$$

於是 $l' - l < \dfrac{\varepsilon}{2}$, 而準 $l' > s - \dfrac{\varepsilon}{2}$ 即見 $s - l < \varepsilon$, 明所欲證.

117. 定向餘弦.

於討論曲線, 吾人往往取弧長 s 爲自變數; 若是則於線上當定一向爲弧之正向, 取一點 A 爲弧之原點. 任一弧 AM 之長 s 爲正或負, 視自 A 至 M 之向爲正或負而異. 今於 M 點引曲線之半切線 MT, 使 MT 之向與弧之正向同, 而命 α, β, γ 爲 MT 與 ox, oy, oz 所成之角, 則有

$$\frac{\cos \alpha}{dx} = \frac{\cos \beta}{dy} = \frac{\cos \gamma}{dz} = \pm \frac{1}{\sqrt{dx^2 + dy^2 + dz^4}} = \pm \frac{1}{ds}.$$

欲知正負號之棄取, 設 MT 與 ox 成一銳角, 若是則 x 與 s 同時增大, 應取正號. 今如 α 爲鈍角, 則當 s 增時, x 減小; $\dfrac{dx}{ds}$ 爲負, 仍

應取正號. 然無論如何 恆有

(17) $\qquad \cos \alpha = \dfrac{dx}{ds}, \qquad \cos \beta = \dfrac{dy}{ds}, \qquad \cos \gamma = \dfrac{dz}{ds}$

118. 線段之變移.

設直線段 MM_1 其端作二曲線 C 與 C_1, 於此線上依次取原點 A 與 A_1, 並一正向; 命

$s = \widehat{AM}, \ s_1 = \widehat{A_1 M_1}, \ l = \overline{MM}, \ \theta = (MM_1, \ MT), \ \theta_1 = (M_1 M, \ M_1 T_1)$, 而往求 $\theta, \theta_1, ds, ds_1, de$ 間之一關係.

命 x, y, z 與 x_1, y_1, z_1 依次
為 M 與 M_1 之位標; α, β, γ 為
MT 與位標軸所成角, 並 α_1,
β_1, γ_1 為 $M_1 T_1$ 者, 則有

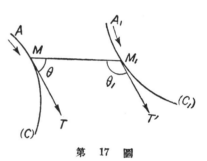

第 17 圖

$l^2 = (x - x_1)^2 + (y - y_1)^2 + (z - z_1)^2.$

由是得

$l \, dl = (x - x_1)(dx - dx_1) + (y - y_1)(dy - dy_1) + (z - z_1)(dz - dz_1).$

準公式 (17) 可變作

$$dl = \left(\frac{x - x_1}{l} \cos \alpha + \frac{y - y_1}{l} \cos \beta + \frac{z - z_1}{l} \cos \gamma \right) ds$$

$$+ \left(\frac{x_1 - x}{l} \cos \alpha + \frac{y_1 - y}{l} \cos \beta_1 + \frac{z_1 - z}{l} \cos \gamma \right) ds_1$$

但 $\dfrac{x - x_1}{l}, \dfrac{y - y_1}{l}, \dfrac{z - z_1}{l}$ 為 $M_1 M$ 之定向於弦, 而 ds 之係數為 $-\cos \theta$.

同理 ds_1 之係數為 $-\cos \theta_1$. 於是有關係

(18) $\qquad dl = -ds \cos \theta - ds_1 \cos \theta_1.$

格氏 (Graves) 定理. 設 E 與 E' 爲同焦點之二橢圓. 若由外形 E' 上一點 P 引內形 E 之二切線 PM 與 PN, 則當 P 移動於 E' 上時, 差數 $PM+PN-\widehat{MN}$ 不變.

證: 設

$$s=AM, \quad s'=AN, \quad \sigma=A'P,$$

$$l=MP, \quad l'=NP.$$

又若命 $\theta=(PN, PT)$ 角, 則由

幾何理知 (PM, PT) 角等於

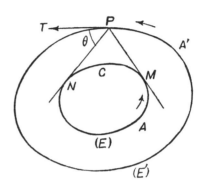

第 18 圖

$\pi-\theta$; 於是據公式 (18) 有

$$dl = -ds + d\,\sigma\cos\theta,$$

$$dl' = ds' - d\,\sigma\cos\theta;$$

相加得

$$d(l+l')=d(s'-s)=d\,\widehat{MON},$$

卽明欲證.

同法可證:

沙氏 (Chasles) 定理. 設一橢圓 E 與同焦點之一雙弧線 H; 命 A 表其交點之一而 P 爲過 A 點之弧上之一點. 若自 M 引二切線 PM 及 PN 於 E, 則 $\widehat{AM}-\widehat{AN}=\widehat{PM}-\widehat{PN}$

III. 定積分之求法

定積分通常由 10 節基本公式求之, 卽係先求無定積分. 然有時以直接用次述之法爲便.

119. 變數更換法.

設 $f(x)$ 爲 (x) 於 (a, b) 間之連續函數;若命 $x = \phi(t)$, 而設 1°, $\phi(t)$ 於 t 自 a 變至 β 時順同一方向由 a 連續變至 b; 2°, $\phi(t)$ 於 (a, β) 間有連續紀數 $\phi'(t)$, 則 $f[\phi(t)]$ 於 (a, β) 間亦連續, 而吾等有公式

$$(19) \qquad \int_a^b f(x)\, dx = \int_a^\beta f[\phi(t)] \phi'(t)\, dt.$$

證: 設 t 之函數

$$F(t) = \int_{\phi(a)}^{\phi(t)} f(x)\, dx \quad 及 \quad \Phi(t) = \int_a^t f[\phi(t)] \phi'(t)\, dt,$$

吾等立有

$$\frac{d\Phi}{dt} = f[\phi(t)] \phi'(t);$$

並準函數的函數求紀公式, 亦有

$$\frac{dF}{dt} = f[\phi(t)] \phi'(t).$$

然則 F 與 Φ 之差爲一常數. 但於 $t = a$ 二者均爲零; 故相等. 令 $t = \beta$ 便得

$$(20) \qquad \int_{\phi(a)}^{\phi(\beta)} f(x)\, dx = \int_a^\beta f[\Phi(t)] \Phi(t)\, dt,$$

即 (19) 式.

上述條件非盡爲必要者, 若 $\phi(t)$ 爲連續, 而 $f[\phi(t)]$ 與 $\phi'(t)$ 圍於 (a, β) 間, 且有一定個數之間斷點, 則公式 (19) 仍成立. 欲證之, 可分 (a, β) 爲數個隔間, 使每小間有一端爲間斷點, 而其內及他端皆屬連續點. 譬 (τ, τ') 爲如是之一隔間; τ' 爲一間

斷點,則公式

$$\int_{\phi(\tau)}^{\phi(\tau'-\varepsilon)} f(x)\,dx = \int_{\tau}^{\tau'-\varepsilon} f[\phi(t)]\phi'(t)\,dt$$

無論正數 ε 如何小,均合理. 是令 $\varepsilon \to 0$ 亦成立. 舉關於各小隔間之類似式加之,卽得公式 (20),亦卽 (19).

注意. 於 t 或 $\phi(t)$ 或 $\phi'(t)$ 有數個值與 x 或 t 之一值相應時,吾等宜有適當之選擇;否則由上公式可得無理之結果. 例有 $\int_{-1}^{+1} dx$. 若設 $x = t^{\frac{2}{3}}$ 而逕用公式 (19),則得

$$\int_{-1}^{+1} dx = \frac{3}{2}\int_{1}^{1} \sqrt{t}\,dt = 0.$$

結果顯然不合. 其錯由於書 $dx = \frac{3}{2}\sqrt{t}\,dt$ 時,在根號前未擇適當之號也. 夫 x 由 -1 增進以達於 $+1$, dx 當爲正. 是吾等應於 $\sqrt{t}$ 前取 $\pm$ 使 dx 恆爲正. 按 x 自 -1 變至 0 時, t 乃由 -1 變至 0,因之 dt 爲負,是取

$$dx = -\frac{3}{2}\sqrt{t}\,dt.$$

方可. 反之, x 自 0 變至 1 時, t 則由 0 變至 1,而 dt 爲正,應取

$$dx = +\frac{3}{2}\sqrt{t}\,dt.$$

於是正確之關係爲

$$\int_{-1}^{+1} dx = \int_{-1}^{0} dx + \int_{0}^{1} dx = -\int_{1}^{0} \frac{3}{2}\sqrt{t}\,dt + \int_{0}^{1} \frac{3}{2}\sqrt{t}\,dt = 3$$

$$\int_{0}^{1} \sqrt{t}\,dt = \left[2t^{\frac{3}{2}}\right]_{0}^{t} = 2.$$

120. 部 分 求 積 法

設 u, v 爲 二 函 數 於 (a, b) 內 爲 連 續, 且 有 連 續 紀 數 u', v', 則 將 關 係

$$(uv)' = uv' + vu'$$

之 兩 端 取 定 積 分 有

$$\int_a^b (uv)' dx = \int_a^b uv' dx + \int_a^b vu' \, dx$$

或

(21) $$\int_a^b u \, dv = \Big[uv \Big]_a^b - \int_a^b v \, du,$$

是 爲 定 積 分 部 分 求 積 公 式.

推 廣 之, 命 $u', u'', \cdots\cdots, u^{(n+1)}$ 及 $v', v'' \cdots\cdots, v^{(n+1)}$ 依 次 爲 u 與 v 二 函 數 之 諸 級 紀 數, 易 得 公 式:

(22) $$\int_a^b u v^{(n+1)} dx = \Big[uv^{(n)} - u'v^{(n-1)} + u''v^{(n-2)} + \cdots\cdots$$

$$+ (+1)^n u^{(n)} v \Big]_a^b + (-1)^{n+1} \int_a^b u^{(n+1)} v \, dx.$$

121. 泰 氏 公 式.

泰 氏 公 式 可 據 公 式 (22) 命 u 爲 $(b-x)^n$, 及 v 爲 $f(x)$ 求 出. 蓋

$$\int_a^b (b-x)^n f^{(n+1)}(x) dx = \Big[(b-x)^n f^{(n)}(x)$$

$$+ n(b-x)^{n-1} f^{(n-1)}(x) + \cdots\cdots + n!(b-x)f(x) + n! \, f(x) \Big]_a^b.$$

由 是 有

(23) $$f(b) = (a) + \frac{b-a}{1} f(a) + \frac{(b-a)^2}{2!} + \cdots\cdots + \frac{(b-a)^n}{n!} f^{(n)}(a)$$

$$+ \frac{1}{n!} \int_a^b F^{(n+1)}(x)(b-x)^n dx.$$

設 $f^{(n+1)}(x)$ 於 (a, b) 間爲連續, 並注意 $(b-x)^n$ 於其間有定號, 則據中值公式

$$\int_a^b f^{(n+1)}(x)(b-x)^n dx = f^{(n+1)}(\xi) \int_a^b (b-x)^n dx$$

$$= \frac{1}{n+1}(b-a)^{n+1} f^{(n+1)}(\xi), (a < \xi < b),$$

以之代於 (23), 卽得泰氏公式, 尾量呈拉氏形.

122. 勒氏多項式 (Legendre's polynomials).

變數 x 之 n 次多項式

(24) $$X_n = \frac{1}{2 \cdot 4 \cdots\cdots 2n} \cdot \frac{d^n}{dx^n}(x^2-1)^n$$

稱爲勒氏多項式, 吾等可借公式 (22) 論其特性之數點。

I. 設 U 爲任意之一多項式, 其次數 $\leqq n$, 則

$$\int_{-1}^{+1} U X_{n+1} \, dx = 0.$$

蓋命 $v = (x^2-1)^{n+1}$ 則有

$$v' = 2(n+1)(x^2-1)x^n, \; v'' = 2^2(n+1)n(x^2-1)^{n-1}[(x^2-1)+2nx], \cdots\cdots$$

顯然自 v' 以至 $v^{(n)}$ 均有因數 x^2-1, 對於 $x = \pm 1$ 爲零. 於是準公式 (22) 卽明欲證

II. 反之, 若 F 爲 $n+1$ 次多項式, 且合於

$$\int_{-1}^{+1} U F \, dx = 0,$$

而 U 係次數 $\leqq n$ 之一多項式, 則 F 爲勒氏多項式. 蓋命 λ 表任

一常數,有

$$\int_{-1}^{+1} U(F - \lambda\, X_{n+1})\, dx = 0.$$

今定 λ 使 $F - \lambda X_{n+1}$ 爲 n 次式. U 旣可爲任意之一 n 次式,可設其等於 $F - \lambda X_{n+1}$,而吾等有

$$\int_{-1}^{+1} U^2 dx = \int_{-1}^{+1} (F - \lambda\, X_{n+1})^2\, dx = 0.$$

但正數之和不爲零,是必有

$$F = \lambda\, X_{n+1},$$

λ 爲一常數;明所欲證.

    III. <u>由上可判斷</u>

(25)
$$\int_{-1}^{+1} X_n X_p\, dx = 0. \qquad (n \neq p).$$

勒氏多項式 X_n 因此關係稱爲<u>正交</u>的 (Orthagonal).

123. $\sin^m x$ 與 $\cos^m x$ 於 $\left(0, \dfrac{\pi}{2}\right)$ 間的積分;瓦理斯氏公式 (Wallis formula).

命

(26)
$$I_m = \int_0^{\frac{\pi}{2}} \sin^m x\, dx,$$

m 爲正整數. 由部分求積法有

$$I_m = \left[-\sin^{m-1} x \cos x \right]_0^{\frac{\pi}{2}} + (m-1)\int_0^{\frac{\pi}{2}} \sin^{m-2} x \cos^2 x\, dx;$$

以 $1 - \sin^2 x$ 代 $\cos^2 x$,則得關係

$$I_m = (m-1)I_{m-2} - (m-1)I_m,$$

即
$$I_m = \frac{m-1}{m} I_{m-2}.$$

於是宜分兩種情況論之：

1°). $m = 2n+1$.

$$I_{2n+1} = \frac{2n}{2n+1} I_{2n-1}, \quad I_{2n-1} = \frac{2n-2}{2n-1} I_{2n-3}, \cdots\cdots, \quad I_3 = \frac{2}{3} I_1.$$

因之得

$$I_{2n+1} = \frac{2\cdot4\cdot6\cdots\cdots 2n}{3\cdot5\cdot7\cdots\cdots(2n+1)} I_1.$$

但
$$I_1 = \int_0^{\frac{\pi}{2}} \sin x \, dx = \left[-\cos x \right]_0^{\frac{\pi}{2}} = 1,$$

是則有公式

(27)
$$I_{2n+1} = \int_0^{\frac{\pi}{2}} \sin^{2n+1} x \, dx = \frac{2\cdot4\cdot6\cdots\cdots 2n}{3\cdot5\cdot7\cdots\cdots(2n+1)}.$$

2°). $m = 2n$.

$$I_{2n} = \frac{2n-1}{2n} I_{2n-2}, \quad I_{2n-2} = \frac{2n-3}{2n-2} I_{2n-4}, \cdots\cdots, I_2 = \frac{1}{2} I_0.$$

於是注意 $I_0 = \frac{\pi}{2}$，則得公式

(28)
$$I_{2n} = \int_0^{\frac{\pi}{2}} \sin^{2n} x \, dx = \frac{1\cdot3\cdot5\cdots\cdots(2n-1)}{2\cdot4\cdot6\cdots\cdots 2n} \cdot \frac{\pi}{2}.$$

關於 $\cos^m x$ 之公式與上同. 蓋命 $x = \frac{\pi}{2} - y$，則有

$$\int_0^{\frac{\pi}{2}} \cos^m x \, dx = -\int_{\frac{\pi}{2}}^0 \sin^m y \, dy = \int_0^{\frac{\pi}{2}} \sin^m y \, dy$$

也.

今取 (28)(27) 二式相除, 則有

$$\frac{I_{2n}}{I_{2n+1}} = \frac{1\cdot3\cdot3\cdot5\cdots\cdots(2n-1)(2n+1)}{2\cdot2\cdot4\cdot4\cdots\cdots2n\cdot2n} \cdot \frac{\pi}{2}.$$

吾謂此式前端於 $n\to\infty$ 時以 1 爲限. 蓋吾等顯然有

$$I_{2n} > I_{2n+1} > I_{2n+2},$$

而

$$\lim_{n\to\infty} \frac{I_{2n}}{I_{2n+2}} = \lim_{n\to\infty} \frac{2n+2}{2n+1} = 1$$

也. 於是得瓦氏公式

(29)
$$\frac{\pi}{2} = \frac{2}{1}\frac{2}{3} \cdot \frac{4}{3}\frac{4}{5}\cdots\cdots\frac{2n}{2n-1}\frac{2n}{2n+1}\cdots\cdots.$$

IV. 級數之積分及求積分之差近法

124. 級數之積分

吾等於 46 節曾論及各項爲 x 之函數之級數於確定之條件下可逐項求微分; 今吾等更論其可逐項求積分之情形.

定理. 凡各項爲連續函數之一致斂級數可逐項求積分.

證: 命

(30)
$$f(x) = u_0(x) + u_1(x) + \cdots\cdots + u_n(x) + u_{n+1}(x) + \cdots\cdots$$

爲一致斂於 (a, b) 間之一級數. 其各項於其內爲連續. 任與正數 ε, 吾等可取一正整數 N 使 $n \geqq N$ 牽涉

$$|R_n(x)| = |u_{n+1}(x) + u_{n+2}(x) + \cdots\cdots| < \varepsilon.$$

書 (30) 式如

$$f(x) = u_0(x) + u_1(x) + \cdots\cdots + u_n(x) + R_n(x).$$

並 設 $v_i = \int_a^b u_i(x)\,dx$, 則 有

(31) $$\int_a^b f(x)\,dx = v_0 + v_1 + \cdots\cdots + v_n + \int_a^b R_n(x)\,dx$$

此 式 顯 示 $\int_a^b f(x)\,dx$ 與 級 數 $\sum_{i=0}^{+\infty} v_i$ 前 $n+1$ 項 之 和 之 差 於 $n \geqq N$ 時 絕 對 小 $\varepsilon(b-a)$; 換 言 之, 此 級 數 爲 收 歛, 而 以 $\int_a^b f(x)\,dx$ 爲 其 和, 卽 得:

(32) $$\int_a^b f(x)\,dx = \int_a^b u_0(x)\,dx + \int_a^b u_1(x)\,dx + \cdots\cdots + \int_a^b u_n(x)\,dx + \cdots\cdots$$

而 明 所 欲 證.

此 定 理 尙 可 述 如 次:若 一 連 續 函 數 $f(x, n)$ 一 致 趨 於 一 限 $f(x)$, 則 有

$$\int_a^b f(x)\,dx = \lim_{n=\infty} \left[\int_a^b f(x, n)\,dx \right],$$

或

(33) $$\int_a^b \left[\lim_{n=\infty} f(x, n) \right] dx = \lim_{n=\infty} \left[\int_a^b f(x, n)\,dx \right].$$

卽 表 示 積 分 號 與 極 限 號 可 互 換 也.

但 $f(x, n)$ 若 非 一 致 趨 於 $f(x)$, 則 公 式 (33) 可 不 確, 例 設

$$f(x, n) = nx e^{-nx^2},$$

而 取 $a = 1, b = 1$ 論 之. 於 此 $f(x) = \lim_{n=\infty} [nx e^{-nx^2}] = 0$. (33) 式 之 左 端 爲 零, 而 其 右 端 則 等 於

$$\lim_{n=\infty} \left(\int_0^1 nx e^{-nx^2} dx \right) = \lim_{n=\infty} \left(-\frac{e^{-nx^2}}{2} \right)_0^1 = \lim_{n=\infty} \left(\frac{1-\varepsilon^{-n}}{2} \right) = \frac{1}{2}.$$

例 1. 吾人有

$$\frac{e^{x-1}}{x} = 1 + \frac{x}{2!} + \frac{x^2}{3!} + \cdots\cdots + \frac{x^{n-1}}{n!} + \cdots\cdots$$

右端級數在 $(-R, +R)$ 內爲一致收歛而無論 R 若何大, 因其項絕對值小於級數

$$1 + \frac{R}{2!} + \frac{R^2}{3!} + \cdots\cdots + \frac{R^{n-1}}{n!} + \cdots\cdots$$

之相當項也. 然則無論 x 若何, 皆可逐項自 0 至 x 求積分, 而得

$$\int_0^x \frac{e^x-1}{x}\, dx = \frac{x}{1} + \frac{1}{2}\frac{x^2}{2!} + \cdots\cdots + \frac{1}{n}\frac{x^n}{n!} + \cdots\cdots.$$

例 2. 橢圓

$$x = a\cos\theta \qquad y = b\sin\theta$$

之周長等於定積分

$$s = 4a\int_0^{\frac{\pi}{2}} \sqrt{1 - e^2\cos^2\theta}\cdot d\theta,$$

或命 $\phi = \frac{\pi}{2} - \theta$,

$$s = 4a\int_0^{\frac{\pi}{2}} \sqrt{1 - e^2\sin^2\phi}\cdot d\phi,$$

其中 $2a$ 爲橢圓大軸之長, e 爲離心率. 此係一橢圓積分, 吾等不能以一定個基本函數表之, 但吾等不難以一級數表其結果, 而自是可求定一差近值. 試注意 $e^2\sin^2\phi$ 之值恆介於 0 與 1 間; 準二項式公式可書

$$\sqrt{1 - e^2\sin^2\phi} = 1 - \frac{1}{2}e^2\sin^2\phi - \frac{1}{2\cdot4}e^4\sin^4\phi - \cdots\cdots$$

$$-\frac{1\cdot3\cdot5\cdots\cdots(2n-3)}{2\cdot4\cdot6\cdots\cdots2n}\,e^{2n}\sin^{2n}\phi-\cdots\cdots$$

右端級數其項絕對值小於

$$1+\frac{1}{2}\,e^2+\frac{1}{2\cdot4}\,e^4+\cdots\cdots+\frac{1\cdot3\cdot5\cdots\cdots(2n-3)}{2\cdot4\cdot6\cdots\cdots2n}\,e^{2n}+\cdots\cdots$$

之相當項,是為一致收歛.然則可逐項求積分.按

$$\int_0^{\frac{\pi}{2}}\sin^{2n}\phi\,d\phi==\frac{1\cdot3\cdot5\cdots\cdots(2n-1)}{2\cdot4\cdot6\cdots\cdots2n}\,\frac{\pi}{2},$$

是有

$$(34)\quad\int_0^{\frac{\pi}{2}}\sqrt{1-e^2\sin\phi\,d\phi}=\frac{\pi}{2}\Big\{1-\frac{1}{4}\,e^2-\frac{3}{64}\,e^4-\frac{5}{256}\,e^6-\cdots\cdots$$

$$-\Big[\frac{1\cdot3\cdot5\cdots\cdots(2n-3)^2}{2\cdot4\cdot6\cdots\cdots2n}\Big](2n-1)e^{2n}-\cdots\cdots\Big\}.$$

若 e 甚小,則取前數項即得積分一甚近之值.

125. *定積分之差近值求法,梯形法.*

吾等適見定積分可由級數積分法而得其差近值.但是法不能恆便於用.茲更述他法.於實際問題,吾等可用積分器如 integrators, planimeters 等以得積分之差近值;差近程度雖不高,而手續則甚便捷.此等儀器之構造及應用見於專書,茲不論及.吾欲述者,乃純粹之計算法.其最簡明者首為梯形法:

設欲求差近值之積分為 $\int_a^b f(x)\,dx$. 試取

$$a=x_0<x_1<\cdots\cdots<x_{n-1}<x_n=b,$$

而於曲線 $y = f(x)$ 上取以此等數為經標之點 $A, M_1, \dots\dots, M_{n-1}$, B. 若諸點彼此甚近,則折線 $AM_1M_2\dots\dots B$ 與曲線甚相近. 於是吾等可以折線下之面積為所設積分之差近值,即

$$(35) \qquad (x_1 - a)\frac{f(a) + f(x_1)}{2} + (x_2 - x_1)\frac{f(x_1) + f(x_2)}{2} + \dots\dots.$$

126 插 置 法 (Interpolation).

　　試 代 曲 線

(C) $\qquad\qquad\qquad y = f(x)$

以 n 級拋性線

(P) $\qquad\qquad y = \phi(x) = a_0 + a_1 x + x_2 x^2 + \dots\dots + a_n x^n$

而令 (P) 經過 (C) 上之 $n+1$ 點 $A_0, A_1, \dots\dots, A_n$, 其中 A_0 即 A, A_n 即 B.

　　命 $(x_0, y_0), (x_1, y_1), \dots\dots, (x_n, y_n)$ 為此等點之位標,則多項式 $\phi(x)$ 由拉氏 (Lagrange) 插置公式確定如

$$\phi(x) = y_0 X_0 + y_1 X_1 + \dots\dots + y_i X_i + \dots\dots + y_n X_n,$$

其中

$$X_i = \frac{(x - x_0)\dots\dots(x - x_{i-1})(x - x_{i+1})\dots\dots(x - x_n)}{(x_i - x_0)\dots\dots(x_i - x_{i-1})(x_i - x_{i+1})\dots\dots(x_i - x_n)}$$

為一 n 次多項式,於 $x_0, x_1, \dots\dots, x_{i-1}, x_{i+1}, \dots\dots, x_n$ 等值均等於零,獨於 x_i 等於 1. 吾等於是以

$$\int_a^b \phi(x)\, dx = \sum_{i=0}^n y_i \int_a^b X_i\, dx$$

為所設積分之差近值,而問題變為求積分

(36)
$$I_i = \int_a^b X_i \, dx$$

$$= \int_a^b \frac{(x-x_0)\cdots\cdots(x-x_{i-1})(x-x_{i+1})\cdots\cdots(x-x_n)}{(x_i-x_0)\cdots\cdots(x_i-x_{i-1})(x_i-x_{i+1})\cdots\cdots(x_i-x_n)} \, dx$$

其 值 與 $f(x)$ 無 涉, 只 須 已 知 隔 間 (a, b) 並 選 定 中 間 點 $x_1,\cdots\cdots$ x_{n-1} 便 可 求 出.

127. 柯特氏法 (Cotes method).

於 上 法 中 吾 等 不 必 就 每 種 特 殊 情 況 求 I_i, 借 一 換 變 數 法 可 將 演 算 一 次 做 就 以 爲 普 遍 之 應 用. **試** 設

$$x_0 = a + (b-a)\theta_0, \ x_1 = a + (b-a)\theta_1,\cdots\cdots, \ x_n = a + (b-a)\theta_n$$

$(\theta_0, \theta_1,\cdots\cdots, \theta_n$ 爲 自 0 增 至 1 之 一 行 數), 並 命

$$x = a + (b-a)t$$

(37)
$$\int_a^b \phi(x) \, dx = (b-a)(k_0 y_0 + k_1 y_1 + \cdots\cdots + k_n y_n),$$

其 中

(38)
$$K_i = \int_0^1 \frac{(t-\theta_0)\cdots\cdots(t-\theta_{i-1})(t-\theta_{i+1})\cdots\cdots(t-\theta_n)}{(\theta_i-\theta_0)\cdots\cdots(\theta_i-\theta_{i-1})(\theta_i-\theta_{i+1})\cdots\cdots(\theta_{i-n})} \, dt$$

若 無 論 $f(x)$ 若 何 吾 等 恆 按 定 比 分 (a, b) 爲 小 隔 間, 則 $\theta_0, \theta_1,$ $\cdots\cdots, \theta_n$ 等 數, 因 之 積 分 K_i 即 均 與 $f(x)$ 無 涉 矣.

柯 特 氏 乃 分 (a, b) 爲 相 等 之 小 隔 間. 若 取 $n = 2$, 則 應 取 $\theta_0 = 0, \theta_1 = \frac{1}{2}, \theta_2 = 1$ 而 積 分 之 差 近 值 爲

(39)
$$I = \frac{b-a}{6}(y_0 + 4y_1 + y_2),$$

若 取 $n = 3$, 則 求 得

(40) $$I = \frac{b-a}{8}(y_0 + 3y_1 + 3y_2 + y_3),$$

又 於 $n = 4$, 則

(41) $$I = \frac{b-a}{90}(7y_0 + 32y_1 + 12y_2 + 32y_3 + 7y_4).$$

128. 辛卜森氏法 (Simpson's method).

辛氏先分 (a, b) 爲 n 等分使問題成爲求 n 個弧梯形; 繼引用柯氏法而命 $n = 2$ 以求每小梯形之一差近值, 然後取此等值之和以爲所設積分之值. 若命 $y'_1, y_2, \cdots\cdots, y'_n$ 表曲線於 $\frac{x_1 + x_2}{2}, \cdots\cdots, \frac{x_{n-1} + b}{2}$ 點之緯標, 則

(42) $$I = \frac{(b-a)}{6n}[(y_0 + 4y'_1 + y_1) + (y_1 + 4y'_2 + y_2) + \cdots]$$
$$= \frac{(b-a)}{6n}[y_0 + 2y_1 + 2y_2 + \cdots + 2y_{n-1} + y_n + 4y'_1 + 4y'_2 + \cdots + 4y'_n]$$

習 題

1. 試據積分定義求次列各和數於 $n \to \infty$ 時之限

(a) $\dfrac{n}{n^2+1} + \dfrac{n}{n^2+2^2} + \cdots\cdots \dfrac{n}{n^2+(n-1)^2}$,

(b) $\dfrac{\sqrt{1} + \sqrt{2} + \cdots\cdots + \sqrt{n}}{n\sqrt{n}}$,

2. 將上題推廣而設 $\sum\limits_{p=0}^{n} \phi(p, n)$, 函數 $\phi(p, n)$ 爲對於 p 與 n 之一 1 級齊次式. 試求此和數於 $n \to \infty$ 時之限。

3. 設一曲線弧 AB 以 $y = f(x)$ 爲方程式, A, B 二點之經標以次爲 a, b. 今分 (a, b) 爲 n 等分, 而取曲線弧於諸分點之緯標之算術中數 (Arithmetic mean). 試求此中數於 $n \to \infty$ 時所趨近之限.

4. 將一圓之直徑分爲 n 等分,而求於積分點之緯標之算術中數所趨近之限.

5. 自橢圓之一焦點引 n 射徑使相鄰二線所成之角均爲 $\frac{2\pi}{n}$,試求諸射徑之算術中量所趨近之限.

6. 證

$$\int_0^\pi \frac{x\Phi(\sin x)}{1+\cos^2 x}dx=\frac{\pi}{2}\int_0^\pi \frac{\Phi(\sin x)}{1+\cos^2 x}dx.$$

7. 據 $(1-x)^m$ 之展式求關係

$$1+\frac{1}{2}+\frac{1}{3}+\cdots\cdots+\frac{1}{m}=C^1{}_m-\frac{1}{2}C^2{}_m+\frac{1}{3}C^3{}_m-+\cdots\cdots(-1)^{m-1}\frac{1}{m}C^m{}_m$$

8. 設 $f(x)$ 與 $\phi(x)$ 爲在 (a, b) 內之二可積函數. 求證什瓦慈氏 (Schwarz) 不等式

$$\left(\int_a^b f\,\phi\,dx\right)^2 \leqq \int_a^b f^2 dx.\int_a^b \phi^2\,dx,$$

此不等式僅可於 $\dfrac{f}{\phi}$ 爲常數時變爲相等.

吾等可注意積分 $\int_a^b [a\,f(x)+\beta\phi(x)]^2 dx$ 爲 a, β 之一正的二次式以證之.

3. 證積分

$$\int_0^\pi \frac{\sin x\,dx}{\sqrt{1-2\,a\cos x+a^2}}$$

於正數 $a<1$ 時等於 2,而於 $a>1$ 時等於 $\dfrac{2}{a}$.

10. 命 $y=\dfrac{1-x^2}{2(a-x)}$ 以改變積分

$$I_n=\int_{-1}^{+1} \frac{(1-x^2)^n}{(a-x)^{n+1}}\,dx$$

而示知 I_n, I_{n-1}, I_{n-2} 間有一線性 (Linear) 關係並求 I_3.

11. 設有二平曲線 C, C';吾等使其切線相平行之點 (x, y) 與 (x', y') 相應.命 p, q 爲二常數,則經緯標爲 $x_1=px+qx'$, $y_1=py+qy'$ 之點,別作一曲線 C_1;試證於三曲線之弧間有

$$s_1=\pm ps\pm qs'.$$

12. 求拋物線 $y^2 = 2px$ 及其外展線 (evolute)

$$y^2 = \frac{8(x-p)^3}{27p}$$

所範圍之面積.　　　　　　　　　　　　答：$\frac{88}{15}p^2\sqrt{2}$.

13. 求曲線 $y = \sqrt{1-x^2} + \arccos x$ 與 x 軸及 $x = -1$ 直線所範圍之面積.

答：$\frac{3\pi}{2}$.

14. 直線 $y = x$ 劃分方程式列於下之橢圓面積爲二部 A 與 B；試求 $\frac{A}{B}$ 之值.

$$x^2 + 3y^2 = 6y.$$　　答：$\frac{A}{B} = \frac{4\pi - 3\sqrt{3}}{8\pi + 3\sqrt{3}}$.

15. 求曲線 $x^4 + y^4 - a^2xy = 0$ 之一圈內之面積.　　答：$\frac{\pi a^2}{8}$.

16. 試求曲線

$$x = a(1 + \cos^2 t) \sin t.$$

$$x = a \sin^2 t \cos t$$

之長.　　　　　　　答：$4a\left[\arccos\frac{1}{\sqrt{3}} + \sqrt{2} - \frac{\pi}{4}\right]$.

17. 求次式所表曲線之弧長

$$4(x^2 + y^2) - a^2 = 3a^{\frac{4}{3}}y^{\frac{2}{3}}.$$　　答：$6a$.

18. 試證橢圓 $\frac{x^2}{a^2} + \frac{y^2}{b^2} = 1$ 之周長介於 $\pi(a+b)$ 及 $\pi\sqrt{2a^2 + 2b^2}$ 之間.

19. 求曲線使其弧自原點至 $M(x, y)$ 點之長爲 $s = \sqrt{y^2 - a^2}$

答：Catenary.

20. 設過原點之一曲線 C；於其上取一點 M_1 以 x_1 爲經標，並作其切線 M_1T. 試證限於 C 與 M_1T 及 ox 間之面積等於

$$\frac{1}{2}\int_0^{x_1} y^2\left(\frac{dx}{dy}\right)^2 \frac{dy^2}{dx^2}\, dx.$$

第 六 章

定 積 分 意 義 之 推 廣

由 定 積 分 確 定 之 函 數

I. 廣 義 積 分

前章所論係設 $f(x)$ 爲囿函數,並積分限 a, b 爲定數.但此限制時或可以免除,而積分之意義因以推廣.

129. 無窮積分 (Infinite integrals).

設 $f(x)$ 可積於 (a, b) 內,而無論 b 如何大.若積分 $\int_a^b f(x)\,dx$ 於 $b \to +\infty$ 時有一定限, 則吾人稱此定限爲一<u>無窮積分</u>, 而以 $\int_a^{+\infty} f(x)\,dx$ 表之. 時或吾人亦先設符號 $\int_a^{+\infty} f(x)\,dx$, 而於 $\int_a^b f(x)\,dx$ 有一限時稱之爲有意義或爲收斂 (convergent). 仿之若 $\int_a^b f(x)\,dx$ 於 $a \to -\infty$ 時有一定限, 則由 $\int_{-\infty}^b f(x)\,dx$ 表之;若 於 $a \to -\infty$ 及 $b \to +\infty$ 均有定限,則得無窮積分 $\int_{-\infty}^{+\infty} f(x)\,dx.$

若求得 $f(x)$ 之一原函數, 則無窮積分有意義否, 極易判斷. 例有

(1) $\qquad \int_a^b \dfrac{dx}{x^\lambda} = \dfrac{1}{1-\lambda}\left(\dfrac{1}{b^{\lambda-1}} - \dfrac{1}{a^{\lambda-1}} \right)$, $\lambda > 0$ 且 $\lambda - 1 \neq 0$.

如 $\lambda > 1$, 則於 $b \to +\infty$ 時 $b^{1-\lambda} \to 0$, 因之上式右端趨於定限, 而有

$$\int_0^{+\infty} \dfrac{dx}{x^\lambda} = \dfrac{1}{(\lambda-1)a^{\lambda-1}}.$$

今若 $\lambda < 1$, 則 (1) 式右端趨於 ∞ 而無窮積分無意義. 於 $\lambda = 1$ 時, 情形亦同. 蓋有

$$\int_a^b \dfrac{dx}{x} = \log b - \log a$$

也.

130. 收歛條件.

欲 $\int_a^{+\infty} f(x)\,dx$ <u>爲收歛者, 必須且只須任與正數 ε, 能得一</u> <u>至大數 X, 使不等式 $x'' > x' > X$ 牽涉不等式</u>

(2) $\qquad \left| \int_{x'}^{x''} f(x)\,dx \right| < \varepsilon.$

1° 條件爲必須者. 蓋

$$\int_{x'}^{x''} f(x)\,dx = \int_a^{x''} f(x)\,dx - \int_a^{x'} f(x)\,dx.$$

當 x', x'' 無限增大, 右端兩積分有公同之限, 是則若 X 大之至, 則對於 $x'' > x' > X$, 此二積分之差可絕對 $< \varepsilon$.

2° 條件爲充足者. 試命 n 爲一正整數, 而設

$$S_n = \int_a^{a+n} f(x)\,dx = \int_a^{a+1} f(x)\,dx + \int_{a+1}^{a+2} f(x)\,dx + \cdots\cdots + \int_{a+n-1}^{a+1} f(x)\,dx,$$

$$S_{n+p} - S_n = \int_a^{a+n+p} f(x)\,dx - \int_a^{a+n} f(x)\,dx = \int_{a+n}^{a+n+p} f(x)\,dx.$$

按所設令 $a+n > X$, 則

$$\left| \int_{a+n}^{a+n+p} f(x)\,dx \right| < \varepsilon, \quad 即 \quad \left| S_{n+p} - S_n \right| < \varepsilon.$$

於是準歌氏級數定理, S_n 有一限 S.

今取大於 $a+n$ 之任一數 ξ, 可書

$$\left| \int_a^{\xi} f(x)\,dx - S \right| \leqq \left| \int_a^{a+n} f(x)\,dx - S \right| + \left| \int_{a+n}^{\xi} f(x)\,dx \right|.$$

若 X 甚大, 則於 $\xi > a+n > X$, 上式右端每項均可 $< \dfrac{\xi}{2}$, 而左端因之 $< \xi$; 明所欲證.

<u>絕對收歛性</u> (Absolute convergence). 若 $\int_a^{+\infty} |f(x)|\,dx$ 爲收歛, 則 $\int_a^{+\infty} f(x)\,dx$. 亦然. 蓋設 $x'' > x'$ 有

$$\left| \int_{x'}^{x''} f(x)\,dx \right| \leqq \int_{x'}^{x''} |f(x)|\,dx$$

也. 若是, 則 $\int_a^{+\infty} f(x)\,dx$ 稱爲 <u>絕對收歛</u>. 當注意者, 收歛之無窮積分未必絕對收歛; 若然, 則稱爲半收歛.

131. 判斷歛性之定則.

無窮積分之收歛性, 亦與級數彷彿, 不易由普通條件判決之, 當有賴於特別法則. 茲擧述重要者於次:

I. <u>比較定則</u> (Comparison test). 設有 $|f(x)| \leqq \phi(x)$, 而

$\phi(x)$ 爲一正函數;若 $\int_x^{+\infty} \phi(x)\,dx$ 爲收歛,則 $\int_a^{+\infty} f(x)\,dx$ 爲絕對收

歛,理甚顯明.例如 $\int_0^{+\infty} \frac{\sin x}{\sqrt{x^4+1}}\,dx$ 爲絕對收歛,因

$$\left| \frac{\sin x}{\sqrt{x^4+1}} \right| < \frac{1}{x^2}$$

而吾等知 $\int_0^{+\infty} \frac{dx}{x^2}$ 爲收歛也.

II. 若 $f(x)$ 呈 $x^{-\lambda}\phi(x)$ 形,並 $\phi(x)$ 於 x 增進時終爲圍函

數,則

1°) 於 $\lambda>1$, 積分 $\int_a^{+\infty} f(x)\,dx$ 爲收歛;

2°) 於 $\lambda\leqq 1$. 並對於 $x>X$ 函數 $f(x)$ 有定號,積分亦爲收歛.

證: 設 $x''>x'>X$ 並與 M 爲 $\phi(x)$ 在 $(X, +\infty)$ 間之低界與高

界 則準第一中值公式有

(3) $$\int_{x'}^{x''} x^{-\lambda}\phi(x)\,dx = \int_{x'}^{x''} x^{-\lambda}\,dx, \qquad (m<\mu<M).$$

按所設 μ 不爲無窮,亦不能爲零;若 $\lambda>1$, 則 $\int_a^{+\infty} x^{-\lambda}\,dx$ 收歛,而

$\int_{x'}^{x''} x^{-\lambda}\,dx$ 趨於零.可見所設積分收歛.反之,若 $\lambda\leqq 1$, 則取 $x''=x'^2$,

卽見 $\int_{x'}^{x''} x^{-\lambda}\,dx$ 隨 x' 趨於無窮,故原設積分非收歛者.

今若 $\lambda\leqq 1$, 而於 x 甚大時 $f(x)$ 無定號,則 m 與 M 號必相反.

於 (3) 式右端雖知 $\int_{x'}^{x''} x^{-\lambda}\,dx$ 趨於無窮,但 μ 若何不可知,故不

能決定.

例如 $\int_0^{+\infty}\dfrac{\cos x\,dx}{1+x^2}$ 爲收斂. 因取 $\phi(x)=\dfrac{x^2\cos x}{1+x^2}$, 其絕對值恆

小於 1 而 $\lambda=2$ 也. 又如 $\int_0^{+\infty}\dfrac{\sin x}{x}dx$, 則不能由此法則判斷, 因

$m=-1$, $M=1$, $\lambda=1$ 也.

由上所言立可推出次之定則 若能得一正數 λ 使 $x^\lambda f(x)$

於 $x\to+\infty$ 時趨於一限 $1 \neq 0$, 則 1°), $\lambda>1$ 時, 積分爲收斂. 2°),

$\lambda<1$ 時, 積分爲發散. 蓋在此 m, M 皆與 1 同號也.

例如 $f(x)$ 爲一有理分數 $\dfrac{P(x)}{Q(x)}$, 欲 $\int_a^{+\infty}\dfrac{P(x)}{Q(x)}dx$ 收斂, 則必

$P(x)$ 較 $Q(x)$ 至少低二次.

III. 應用第一中值公式. 適所論者, 尚可推廣而直以

中值公式爲判斷之工具. 設 $f(x)=\phi(x)\psi(x)$, 幷設吾等能得一

相當大數 X, 使於 $x>X$ 時, $\phi(x)$ 爲圍函數, 而 $\psi(x)$ 恆爲正. 若是

有
$$\int_{x'}^{x''}f(x)\,dx=\mu\int_{x'}^{x''}\psi(x)\,dx \qquad (x''>x'>X)$$

μ 爲有窮數. 若 $\int_{x'}^{x''}\psi(x)dx$ 趨於零, 則上式左端亦然, 而

$\int_a^{+\infty}f(x)\,dx$ 爲收斂.

IV. 應用第二中值公式; 查提氏定則 (Chartier's test). 設

$f(x)=\phi(x)\psi(x)$, 並 x 自某大數值 X 增進以 $\to+\infty$ 時, $\psi(x)$ 之

值逐漸減小. 引用第二中值公式於 $x''>x'>X$, 則有

(4)
$$\int_{x'}^{x''}\phi(x)\psi(x)\,dx=\psi(x')\int_{x'}^{\xi}\phi(x)\,dx \qquad (x'<\xi<x'')$$

於是若 $\lim\limits_{x \to +\infty} \psi(x) = 0$, 無論 x', x'' 如何大 $\left| \int_{x'}^{x''} \Phi(x)\,dx \right|$ 恆小於

一定數, 則上式左端趨於零, 而 $\int_a^{+\infty} f(x)\,dx$ 爲收歛. 又注意

$$\int_x^{\xi} \Phi(x)\,dx = \int_a^{\xi} \Phi(x)\,dx - \int_a^{x'} \psi(x)\,dx,$$

結果尚可述如次:

設 $\psi(x)$ 於 (x) 自某大數值 X 趨於無窮時漸減以趨於 零, 而 $\left| \int_a^x \Phi(x)\,dx \right|$ 無論 x 如何大恆小於一定數 A, 則 $\int_a^{+\infty} \phi(x)\psi(x)\,dx$ 爲收歛. 是爲查提氏定則.

例如 $\int_0^{+\infty} \dfrac{\sin x}{x}\,dx$. 取 $\phi(x) = \sin x$, $\psi(x) = \dfrac{1}{x}$, 而注意

$$\left| \int_0^x \sin x\,dx \right| < 2,$$

卽知其爲收歛.

V. 化爲級數法. 無窮積分之收歛性與級數正同, 故 有時可借級數以判斷. 茲舉

$$I = \int_0^{+\infty} \frac{\sin x}{x^n}\,dx, \qquad\qquad (0 < n \leqq 1)$$

爲例以明之, 曲綫 $y = \dfrac{\sin x}{x^n}$ 與正弦曲綫彷彿, 纏繞 ox 軸而與之 相遇於 $x = 0,\ \pi,\ 2\pi,\ \cdots\cdots,\ p\pi\cdots\cdots$ 點. 惟波弧漸往漸平.

命 $a_0,\ a_1,\ a_2,\ \cdots\cdots,\ a_p$ 爲弧與 ox 軸所範圍之面積絕對值, 則有 $\qquad I = a_0 - a_1 + a_2 - \cdots\cdots + (-1)^p a_p + \cdots\cdots$

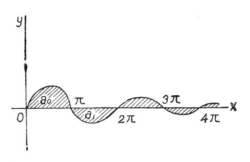

第 19 圖

試辨此級數於更號級數之條件滿足否.按

$$a_p = \int_{p\pi}^{(p+1)\pi} \frac{|\sin x|}{x^n}\, dx = \int_0^\pi \frac{\sin x}{(p\pi+x)^n}\, dx,$$

而 $\dfrac{|\sin x|}{[(p+1)\pi+x]^n} < \dfrac{|\sin x|}{(p\pi+x)^n}.$ 可知 $a_{p+1} < a_p$, 又 $a_p < \dfrac{\pi}{(p\pi)^n}$ 於 $p \to \infty$ 時趨於零,條件果滿足,級數爲收斂.因之積分亦然.

於此例圖線 $y = f(x)$ 纏繞 x 軸之波弧漸往漸與是軸貼近,而積分之有意義,似甚顯明.但情形不必恆如此.例如伏氏 (Fresnel) 積分

$$\int_6^\infty \sin x^2\, dx$$

亦可用上法明其爲收斂者.然曲線 $y = \sin x^2$ 無論 x 如何增大恆消長於 -1 與 $+1$ 間,不過其波長則漸減以趨於零.蓋 $\sin x^2$ 於 $x = \sqrt{n\pi}$ 等於零,而其一弧之底長爲

$$\sqrt{(n+1)\pi} - \sqrt{n\pi} = \frac{\pi}{\sqrt{(n+1)\pi} + \sqrt{n\pi}}$$

於 $n \to \infty$ 時趨於零也.尤有甚焉者:圖線 $y = f(x)$ 之波弧可逐

漸擺開不已, 而 $f(x)$ 之無窮積分仍可不失爲收斂.

以上所論, 均關於積分 $\int_a^{+\infty} f(x)\,dx$. 於 $\int_{-\infty}^b f(x)\,dx$, 情形自亦彷彿. 至於 $\int_{-\infty}^{+\infty} f(x)\,dx$. 只須分爲兩積分論之.

132. 積分 $\int_0^{+\infty} e^{-x^2}\,dx$.

此積分於分析上及幾率上甚重要. 茲往明其爲收斂, 且求其值. 注意 $e^{-x^2} < e^{-x}$ 並

$$\int_0^{+\infty} e^{-x}\,dx = \left[-e^{-x}\right]_0^{+\infty} = 1,$$

立知此積分爲收斂. 欲求其值, 先證不等式

(5) $$(1-x^2)^n < e^{-nx^2} < \frac{1}{(1+x^2)^n}.$$

函數 $(1+u)e^{-u}$ 於 u 由 $-\infty$ 變至 $+\infty$ 時, 由 $-\infty$ 增至 1; 繼自 1 漸減以趨於 0, 而以 1 爲極大. 故若代 u 以 $\pm x^2$, 則得

$$(1+x^2)e^{-x^2} < 1 \ \ \text{及} \ \ (1-x^2)e^{x^2} < 1.$$

由是有 $$1-x^2 < e^{-x^2} < \frac{1}{1+x^2};$$

故有不等式 (5).

今若以 $x\sqrt{n}$ 代 x, 則見

$$I = \int_0^{+\infty} e^{-x^2}\,dx = \sqrt{n}\int_0^{+\infty} e^{-nx^2}\,dx > \sqrt{n}\int_0^1 e^{-nx^2}\,dx,$$

而有 $$I < \sqrt{n}\int_0^{+\infty} \frac{dx}{(1+x^2)^n} \ \ \text{及} \ \ I > \sqrt{n}\int_0^1 (1-x^2)^n\,dx.$$

但命 $x = \tan\theta$, 有

$$\int_0^{+\infty} \frac{dx}{(1+x^2)^n} = \int_0^{\frac{\pi}{2}} \cos^{2n-2}\theta\, d\theta = \frac{1\cdot3\cdot5\cdots(2n-3)}{2\cdot4\cdot6\cdots(2n-2)}\cdot\frac{\pi}{2}.$$

又命 $x = \sin\theta$, 有

$$\int_0^1 (1-x^2)^n\, dx = \int_0^{\frac{\pi}{2}} \cos^{2n+1}\theta\, d\theta = \frac{2\cdot4\cdot5\cdots2n}{3\cdot5\cdot7\cdots(2n+1)}.$$

然則 $\quad \sqrt{n}\,\dfrac{2\cdot4\cdot6\cdots2n}{3\cdot5\cdot7\cdots(2n+1)} < 1 < \sqrt{n}\,\dfrac{1\cdot3\cdot5\cdots(2n-3)}{2\cdot4\cdot6\cdots(2n-2)}\,\dfrac{\pi}{2}.$

此不等式尚可書作

(6) $\qquad \dfrac{n}{2n+1}\left[\dfrac{2\cdot4\cdots2n}{3\cdot5\cdots(2n-1)}\,\dfrac{1}{\sqrt{n}}\right] < 1 < \dfrac{\pi}{2}$

$$\times \frac{2n}{2n-1}\left[\frac{1\cdot3\cdots(2n-1)}{2\cdot4\cdots2n}\,\sqrt{n}\right].$$

若令 $n\to\infty$, 則左右兩括鈎內之量,據瓦里氏公式依次趨於 $\sqrt{\pi}$, 及 $\dfrac{1}{\sqrt{\pi}}$, 可見 (6) 之兩端趨於公共之限 $\dfrac{\sqrt{\pi}}{2}$, 而有

$$\int_0^{+\infty} e^{-x^2}dx = \frac{\sqrt{\pi}}{2}.$$

133. 瑕積分 (Improper integrals).

今就 $f(x)$ 於 (a, b) 間可變爲無窮之情形論之. 先設 $f(x)$ 圍於幷可積於 $(a+\delta, b)$ 間,但於 $x=a$ 爲 ∞;若無論正數 δ 如何小,積分 $\int_{a+\delta}^b f(x)dx$ 均有一確定之值,且於 $\delta\to+0$ 時趨於一限,則吾人稱此限爲一瑕積分,仍由符號 $\int_a^b f(x)dx$ 表之.時或

先設瑕積分之符號 $\int_a^b f(x)\,dx$ 而於適所言之情形適合時, 稱之爲有意義或收斂.

仿之, 以 δ 表一甚小之正數, 若 $f(x)$ 於 $(a, b-\delta)$ 間爲囿的並爲可積的, 但於 $x=b$ 爲 ∞, 則按定義

$$\int_a^b f(x)\,dx = \lim_{\delta' \to 0} \int_a^{b-\delta} f(x)\,dx.$$

又如 $f(x)$ 於 a 與 b 間之一值 c 變爲 ∞, 而於他值無問題, 則令 δ, δ' 爲二甚小正變數有

$$\int_a^b f(x)\,dx = \lim_{\delta \to 0} \int_a^{c-\delta} f(x)\,dx + \lim_{\delta' \to 0} \int_{c+\delta'}^b f(x)\,dx.$$

如是類推. 以下吾但就 $f(x)$ 於 $x=a$ 爲 ∞ 之瑕積分論之. 對於他種情形, 自亦彷彿.

若已知 $f(x)$ 之一原函數 $P(x)$, 則由

$$\int_{a+\delta}^b f(x)\,dx = F(b) - F(a+\xi).$$

立可判斷瑕積分 $\int_a^b f(x)\,dx$ 有意義與否. 例如於 $\lambda \neq 1$ 有

$$\int_{a+\delta}^b \frac{dx}{(x-a)^\lambda} = \frac{1}{1-\lambda}\left[\frac{1}{(b-a)^{\lambda-1}} - \frac{1}{\delta^{\lambda-1}}\right],$$

並於 $\lambda = 1$ 有

$$\int_{a+\delta}^b \frac{dx}{x-a} = \log(b-a) - \log\delta = \log\frac{b-a}{\delta}.$$

可知 $\lambda < 1$ 時, 瑕積分 $\int_a^b \frac{dx}{(x-a)^\lambda}$ 爲收斂, 而有

$$\int_a^b \frac{dx}{(x-a)^\lambda} = \frac{1}{1-\lambda}\ \frac{1}{(b-a)^{\lambda-1}}.$$

於 $\lambda \geqq 1$ 時, 則無意義.

134. 收斂之普通條件.

欲積分 $\int_{a+\delta}^b f(x)\,dx$ 於 $\delta \to +0$ 時有一限, 必須而只須任與正數 ξ, 能得一正數 η 使 $\delta' < \delta'' < \eta$ 牽涉.

$$\left| \int_{a+\delta'}^{a+\delta''} f(x)\,dx \right| < \xi.$$

條件爲必須的, 理甚易明. 其爲充足的, 只須令 $\delta_1, \delta_2, \cdots\cdots, \delta_n$ 爲一行漸減而趨於 0 之正數而借級數

$$\int_{a+\delta_1}^b f(x)\,dx + \int_{a+\delta_2}^{a+\delta_1} f(x)\,dx + \cdots\cdots + \int_{a+\delta_n}^{a+\delta_{n-1}} f(x)\,dx + \cdots\cdots$$

仿 129 節論之.

若積分 $\int_a^b |f(x)|\,dx$ 爲收斂, 據此易知 $\int_a^b f(x)$ 亦然; 且因之稱爲絕對收斂.

135. 收斂定則.

仿無窮積分論之, 可得類似之定則.

如設 $f(x) = \dfrac{\psi(x)}{(x-a)^\lambda}$, $\lambda > 0$, 而 $\psi(x)$ 於 a 點附近含於二定數 m 與 M 間, 則有

$$\int_{a+\delta}^{a+\delta'} f(x)\,dx = \mu \int_{a+\delta}^{a+\delta'} \frac{dx}{(x-a)^\lambda}, \qquad (m < \mu < M)$$

而可斷 1°), $\lambda < 1$ 時, 瑕積分 $\int_a^b f(x)dx$ 爲收斂; 2°), $\lambda \geqq 1$, 並 m 與 M 同號, 則非收斂; 3°), $\lambda \geqq 1$ 但 m 與 M 不同號, 則不能決定.

倘吾等能得一數 λ 使 $(x-a)^\lambda f(x)$ 於 $x \to a+0$ 時有異於零之限, 則可斷定 $\lambda < 1$ 時, 積分爲收斂, 反之則否.

例 1. 設有

$$\int_0^1 \frac{dx}{\sqrt{x(1-x)}}.$$

積分號下之函數 $f(x)$ 於 $x=0$ 及 $x=-1$ 爲無窮, 但取 $\lambda = \frac{1}{2}$, 則 $x^\lambda f(x)$ 及 $(1-x)^\lambda f(x)$ 均有定限. 是知積分爲收斂. 推之, 命 $P(x)$ 及 $Q(x)$ 表二多項式, 若 a 爲 $Q(x)$ 之一單根, 則 $\frac{P(x)}{\sqrt{Q(x)}}$ 之定積分於 a 附近有意義.

例 2. 設積分

$$\int_0^1 \frac{\log x}{x^n}dx, \qquad\qquad (0 < n < 1).$$

被積函數於 $x=0$ 爲無窮. 命 ξ 爲 0 與 $1-n$ 間之一數, 則

$$x^{n+\xi} f(x) = x^\xi \log x.$$

於 $x \to 0$ 時, 此乘積趨於零. 然則吾等可求得一正數 a 使 x 自 0 變至 a 時, $x^{n+\xi} f(x)$ 小於任與正數 A. 因 $n+\xi$ 小於 1, 可知積分有意義.

136. 公式之推廣.

前章所述之公式

(7) $$\int_a^b f(x)dx = F(b) - F(a)$$

於相當條件下可致用於廣義積分.

    I. 若 $f(x)$ 及 $F(x)$ 對於 $x>a$ 之一切數值爲連續, 且 $F(x)$ 於 $x \to +\infty$ 有確定之限, 則公式顯然合理, 而有

$$\int_a^{+\infty} f(x)\,dx = F(+\infty) - F(a).$$

因 $$\int_a^{+\infty} f(x)\,dx = \lim_{x \to +\infty} \int_a^x f(x)\,dx = \lim_{x \to +\infty} \Big[F(x) - F(a) \Big]$$

也. $$= F(+\infty) - F(a).$$

    II. 若 $f(x)$ 於 a, b 或於其間一定數之點變爲無窮(於其餘之點均爲連續), 則只須原函數 $F(x)$ 在 (a, b) 全隔間爲連續, 公式 (7) 卽合理. 蓋如 c 爲 a 與 b 間之一間斷點 (而無其他間斷點), 則有

(8) $$\int_a^b f(x)\,dx = \lim_{\delta \to 0} \int_a^{c-\delta} f(x)\,dx + \lim_{\delta' \to \infty} \int_{c+\delta'}^b f(x)\,dx$$

$$= \lim_{\delta \to 0} F(c-\delta) - F(a) + F(b) - \lim_{\delta' \to 0} F(c+\delta')$$

旣設 $F(x)$ 於 c 爲連續, 當有

$$\lim_{\delta \to 0} F(c-\delta) = \lim_{\delta \to 0} F(c+\delta')$$

故仍得公式 (7).

    例設 $$\int_{-1}^{+1} x^{-\frac{1}{3}}\,dx.$$

$f(x) = x^{-\frac{1}{3}}$ 於 $x=0$ 爲間斷, 但其原函數 $F(x) = \dfrac{3}{2} x^{\frac{2}{3}}$, 於是點爲

連續; 故公式 (7) 可引用而得

$$\int_{-1}^{+1} x^{-\frac{1}{3}} dx = \frac{3}{2}\left[x^{\frac{2}{3}}\right]_{-1}^{+1} = 0$$

反之, 若取 $f(x) = x^{-2}$, 則原函數 $F(x) = \dfrac{1}{x}$ 於 $x=0$ 間斷, 引用公式 (7) 則得無理之結果

$$\int_{-1}^{+1}\frac{dx}{x^2} = -\left(\frac{1}{x}\right)_{-1}^{+1} = -2.$$

今設 $F(x)$ 於 (a, b) 間一定數之點為間斷, 但設僅有第一種間斷點, 如 c 為如是之一點, 則命 Δ 表差數 $F(c+0) - F(c-0)$ 即 $F(x)$ 於 c 之間斷度, 由 (8) 得公式

$$(9) \qquad \int_a^b f(x)\, dx = F(a) - F(a) - \Sigma\Delta,$$

$\Sigma\Delta$ 表 $F(x)$ 於 (a, b) 內諸間斷度之和.

例有積分 $\qquad \displaystyle\int_a^b \frac{f'(x)}{1 + f^2(x)}\, dx,$

其內函數 $f(x)$ 於 (a, b) 間一定個數之點可變為無窮, 而於其他之點皆為連續. 吾等易知一原函數為 $F(x) = \arctan f(x)$, 為明切計, 設弧之值介於 $-\dfrac{\pi}{2}$ 與 $\dfrac{\pi}{2}$ 之間. 若 $f(x)$ 於 (a, b) 間不變為無窮, 則 $F(x)$ 為連續, 而準公式 (7) 有

$$\int_a^b \frac{f'(x)}{1 + f^2(x)}\, dx = \arctan f(b) - \arctan f(a).$$

今若 $f(x)$ 於 (a, b) 間之點變為無窮而改號, 則須引用公式 (9); 譬如 $f(x)$ 於 $x = c$ 自 $+\infty$ 躍至 $-\infty$, 則有 $F(c-0) = \dfrac{\pi}{2}$,

$F(c+0) = -\dfrac{\pi}{2}$, 而 $\Delta = -\pi$. 反之, 如 $f(x)$ 於 $x = c$ 自 $-\infty$ 躍 至 $+\infty$,

則 $\Delta = \pi$, 又 若 $f(x)$ 變 爲 無窮 而 不 改 號, 則 $\Delta = 0$. 如 是 若 $f(x)$ 於

(a, b) 間 自 $+\infty$ 躍 至 $-\infty$ 凡 k 次, 而 自 $-\infty$ 躍 至 $+\infty$ 凡 k' 次,

則 間 斷 度 之 和 爲 $\Sigma\Delta = -(k-k')\pi$. 此 數 $k-k'$ 稱 爲 $f(x)$ 於 (a, b)

間 之 間 斷 碼 (index), 而 由 $I_a^b[f(x)]$ 表 之. 然 則 準 公 式 (9) 得

$$\int_a^b \frac{f'(x)}{1+f'(x)}\,dx = \arctan f(b) - \arctan f(a) + \pi I_a^b[f(x)].$$

其 他 換 變 數 及 部 分 求 積 等 公 式, 均 可 同 法 推 論.

137. 互餘完全橢圓積分 (Complementary complete elliptic integrals).

取 第 一 種 橢 圓 積 分

$$\int_0^x \frac{dx}{\sqrt{(1-x^2)(1-k^2x^2)}} \qquad\qquad (k^2 < 1)$$

論 之. 當 x 介 於 -1 與 $+1$ 間, 微 分 $\dfrac{dx}{\sqrt{(1-x^2)(1-k^2x^2)}}$ 恆 爲 正. 令

x 自 0 變 至 1, 則 得 勒 讓 德 氏 所 謂 之 完 全 積 分 (complete

integral).

$$(10) \qquad\qquad K = \int_0^1 \frac{dx}{\sqrt{(1-x^2)(1-k^2x^2)}},$$

被 積 函 數 於 $x=1$ 爲 無 窮, 但 準 134 節 法 則, 吾 等 立 知 此 積 分

有 意 義.

今 若 x 介 於 1 與 $\dfrac{1}{k}$ 之 間, 或 -1 與 $-\dfrac{1}{k}$ 之 間, 則 微 分

$$\frac{dx}{\sqrt{(1-x^2)(1-k^2x^2)}}$$ 為虛數,而等於

$$\frac{dx}{\sqrt{(x^2-1)(1-k^2x^2)}}$$

與 $\sqrt{-1}$ 之積. 删去 $\sqrt{-1}$ 而自 1 至 $\frac{1}{k}$ 取積分得

$$K' = \int_1^{\frac{1}{k}} \frac{dx}{\sqrt{(x^2-1)(1-k^2x^2)}}.$$

現欲論列者,吾等可更換變數使此積分之限化為 0 與 1. 試取

$$k'^2 = 1 - k^2, \quad 即 \quad k^2 + k'^2 = 1$$

而命

$$x = \frac{1}{k}\sqrt{1-k'^2t^2} \qquad dx = -\frac{k'^2t\, dt}{k\sqrt{1-k'^2t^2}}$$

則得

(11) $$K' = \int_0^1 \frac{dt}{\sqrt{(1-t^2)(1-k'^2t^2)}}$$

勒氏稱積分 K 與 K' 為二互餘 <u>完全橢圓積分</u>

138. 積分 $\displaystyle\int_0^{\frac{\pi}{2}} \log(\sin x)\, dx$.

此積分不時遇見;其被積函數於 $x=0$ 為無窮,但吾等易知積分為收斂者. 且不難求其值,茲往論之.

吾等有

$$\int_0^{\pi} \log(\sin x)\, dx = \int_0^{\frac{\pi}{2}} \log(\sin x)\, dx + \int_{\frac{\pi}{2}}^{\pi} \log(\sin x)\, dx.$$

命 $x = \pi - y$, 則見

$$\int_{\frac{\pi}{2}}^{\pi} \log(\sin x)dx = \int_0^{\frac{\pi}{2}} \log(\sin x)\, dy.$$

而
$$\int_0^{\pi} \log(\sin x)\, dx = 2\int_0^{\frac{\pi}{2}} \log(\sin x)\, dx;$$

又 由 $\sin x = 2\sin\dfrac{x}{2}\cos\dfrac{x}{2}$ 關 係, 有

$$\int_0^{\pi} \log(\sin x)\, dx = \pi \log 2 + \int_0^{\pi} \log\left(\sin\frac{x}{2}\right)dx + \int_0^{\pi} \log\left(\cos\frac{\pi}{2}\right) dx$$

$$= \pi \log 2 + 2\int_0^{\frac{\pi}{2}} \log(\sin x)\, dx + 2\int_0^{\frac{\pi}{2}} \log(\cos x)\, dx.$$

命 $x = \dfrac{\pi}{2} - z$ 可 見 末 端 兩 積 分 彼 此 相 等. 於 是 比 較 此 上 所 得 兩 結 果, 便 有

$$\int_0^{\frac{\pi}{2}} \log(\sin x)\, dx = -\frac{\pi}{2}\log 2.$$

II. 線 積 分

139. 線 積 分 之 定 義 (Line integrals).

此 亦 定 積 分 推 廣 之 一 種. 在 分 析 學 上 及 物 理 學 上 甚 爲 重 要, 設 一 曲 線 C

(12) $$x = f(t), \qquad y = \phi(t),$$

並 一 函 數 $P(x, y)$, 沿 C 之 一 弧 AB 爲 連 續, A 與 B 由 $t = a$ 及 $t = b$ 而 定 $(a < b)$. 試 分 (a, b) 如

$$a = t_0 < t_1 < t_2 \cdots\cdots < t_{n-1} < t_n = b,$$

而於 (t_{i-1}, t_i) 內任取一數 θ_i; 命 x_i 與 y_i 爲 C 上與 t_i 相應之點之位標, ξ_i 與 η_i 爲其與 θ_i 相應者, 而作和數

$$(13) \qquad \sum_{i=1}^{n} P\left(\xi_i, \eta_i\right)\left(x_i - x_{i-1}\right).$$

當 $n \to \infty$ 俾 $t_i - t_{i-1}$ 各差數均趨於零時, 此和數趨於一限, 是爲 $\underline{P(x, y)}$ 沿 $\underline{AB}$ 弧的線積分, 而書如 $\displaystyle\int_{AB} P(x, y)\,dx.$

欲證明此限之存在, 先設 $x = f(t)$ 於 (a, b) 間爲單調函數. 譬如當 t 自 a 變至 b 時, x 由 x_0 增至 X. 若是 AB 弧僅能與 oy 之一平行線相遇於一點, 若其方程式書如 $y = g(x)$, 則 $g(x)$ 於 (x_0, X) 隔間爲連續; 以 $g(x)$ 代 y 於 $P(x, y)$ 內仍得一連續函數

$$P[x, g(x)] = \overline{P}(x),$$

於是和數 (13) 可書如

$$\Sigma \overline{P}(\xi)\left(x_i - x_{i-1}\right),$$

而知其果有一限, 即尋常積分

$$\int_{x_0}^{X} \overline{P}(x)\,dx = \int_{x_0}^{X} P[x, g(x)]\,dx.$$

然則

$$(14) \qquad \int_{AB} P(x, y)\,dx = \int_{x_0}^{X} P[x, g(x)].$$

今若曲線如圖 20 所示, 於 C, D 等點 $x = f(t)$ 爲極大或極小, 則分 AB 弧爲 AC, CD, DB 等弧, 每弧卽合於上所言條件. 因之沿每弧之線積分意義以明. 吾等於是可書

$$\int_{ACDB} P(x, y)\,dx = \int_{AC} P(x, y)\,dx + \int_{CD} P(x, y)\,dx + \int_{DB} P(x, y)\,dx.$$

但有須注意者,於求右端三積分時,當以確定所屬弧之 $y=g(x)$ 值代入.

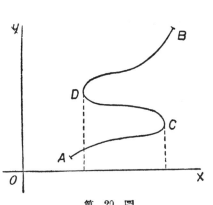

第 20 圖

若函數 $f(t)$ 在某隔間內有定值,則 C 上相當弧成平行於 oy 之一直線段,而沿是段線之積分由定義知其為零.

又按定義可知

$$\int_{AB} P(x, y)\, dx = -\int_{BA} P(x, y)\, dx.$$

仿上可定線積分 $\int_{AB} Q\, dy$ 以與 $\int_{AB} P\, dx$ 相加,則得線積分

$$\int_{AB} P\, dx + Q\, dy.$$

140. 線積分之變數替換公式.

取線積分
$$\int_{AB} P\, dx + Q\, dy$$

而設有關係 (12),且設 $f(t), \phi(t)$ 在 (a, b) 內有連續紀數. 若是
$$x_i - x_{i-1} = f'(\theta_i)(t_i - t_{i-1}), \qquad (t_{i-1} < \theta_i < t_i);$$
並命 ξ_i, η_i 為 x, y 與 θ_i 相當之值,則

$$\sum P(\xi_i, \eta_i)(x_i - x_{i-1}) = \sum P[f(\theta_i), \phi(\theta_i)] f'(\theta_i)(t_i - t_{i-1});$$

因之
$$\int_{AB} P(x,y)\,dx = \int_a^b P[f(t),\phi(t)]f'(t)\,dt.$$

同法得
$$\int_{AB} Q(x,y)\,dy = \int_{AB}^b Q[f(t),\phi(t)]f'(t)\,dt.$$

相加得

(15)
$$\int_{AB} P\,dx + Y\,dy = \int_a^b [Pf'(t) + Q\phi'(t)]\,dt$$

爲線積分之換變數公式.

141. 於迴線面積之應用

先就 114 節圖 14 迴線 $Am_1BB'm_2A'A$ 所範圍之面積論之.

於彼得
$$A = \int_a^b \phi_2(x)\,dx - \int_a^b \phi_1(x)\,dx.$$

按線積分意義,即

$$A = \int_{A'm_2B'} y\,dx - \int_{Am_1B} y\,dx = -\int_{B'm_2A'} y\,dx - \int_{Am_1B} y\,dx.$$

若注意 $\int_{A'A} y\,dx$ 與 $\int_{B'B} y\,dx$ 均爲零,則

$$A = -\int_{Am_1BB'm_2A'A} y\,dx$$

吾人於迴線上定一正向如次:設一人立平面上沿迴線 C 行走,使所限面積常在其左,則其進行之向爲正向;反之爲負向. 如是則有

(16)
$$A = -\int_C y\,dx,$$

積分沿迴線正向而定.

適所論之迴線與 oy 之一平行線僅能遇於兩點.今取任意迴線 C, 苟能借一定數之補助線段,使成為若干迴線,而諸迴線均合於此條件,則公式仍真確.如左圖 21 所示之迴線 $ABCA$, 只須引 MN 及 PQ 補助線段,即得僅

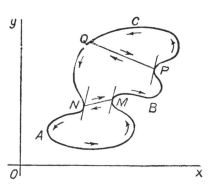

第 21 圖

與 oy 平行線遇於兩點之三迴線, $AMNA$, $MEPQN$, $PCQP$. 於是可引用公式(16)於每小迴線.舉結果加之,即得原迴線(C)所範圍之面積公式,結果仍為

$$A = -\int_C y\,dx.$$

蓋沿每補助線均須取線積分二次,向相反而結果相消也.

同法可證

(17) $$A = \int x\,dy.$$

將(16)與(17)二式加之,得較對稱之公式

(18) $$A = \frac{1}{2}\int_C x\,dy - y\,dx,$$

積分依正向取定.

若換為極位標

$$x = \rho\cos\theta, \qquad y = \rho\sin\theta,$$

則因 $x\,dy - y\,dx = \rho^2\,d\theta$ 得公式

(19)
$$A = \frac{1}{2}\int_C \rho^2\,d\theta.$$

苟迴線係如 114 節圖 14 所示者, 則

$$A = \frac{1}{2}\int_{AB} \rho^2\,d\theta.$$

蓋沿 OA 與 OB 二線段之線積分等於零也.

例 1. 橢圓 $\qquad x = a\cos t, \qquad y = b\sin t$

之面積爲 $\qquad A = \dfrac{1}{2}\displaystyle\int_0^{2\pi} ab(\cos^2 t + \sin^2 t)\,dt = \pi\,ab.$

例 2. 設雙紐線 (lemniscate)

$$\rho^2 = a^2\cos 2\theta;$$

求其含於軸及由 θ 角 $\left(\theta < \dfrac{\pi}{2}\right)$ 確定之徑線間之面積, 則有

$$A = \frac{a^2}{2}\int_0^\theta \cos 2\,d\theta = \frac{a^2}{4}\sin 2\theta.$$

若取 $\theta = \dfrac{\pi}{4}$, 則得雙紐線半瓣之面積 $\dfrac{a^2}{4}$, 而全線所範圍之面積等於 a^2.

注意. 吾等尚可表面面 A 以其他形狀之線積分. 試仍就 113 節圖 13 所示之迴線 $Am_1BB'm_2A'$ 論之, 於曲線上每點 M 向外引半法線 MN, 而命 $\alpha,\ \beta$ 爲 MN 依次與 ox, oy 所成之角; 此二角均可自 o 變至 π. 沿 Am_1B 弧 β 爲鈍角, 可知 $dx = -ds\cos\beta$, 而

$$\int_{Am_1B} y\,dx = -\int y\cos\beta\,ds:$$

致 沿 $B'm_2A'$ 則 β 爲 銳 角, 並 dx 爲 負, 若 吾 等 恆 設 ds 爲 正, 則 仍 有 $dx = -ds \cos \beta$. 於 是 可 見 迴 線 所 範 圍 之 面 積 可 由

$$\int y \cos \beta \, ds.$$

表 之. 仿 之 可 知 迴 線 面 積 亦 等 於

$$\int x \cos \alpha \, ds.$$

此 等 公 式 可 推 廣 用 於 由 任 意 迴 線 所 範 圍 之 面 積. 只 須 除 一 定 個 數 之 角 點 外, 曲 線 每 點 皆 具 有 一 切 線 即 可. 若 圍 線 果 具 有 角 點, 則 宜 截 爲 數 弧 使 沿 每 弧 $\cos \alpha$ 與 $\cos \beta$ 爲 s 之 連 續 函 數.

III. 由 積 分 確 定 之 函 數

142. 連 續 性.

設 有 積 分

(20) $$I(\alpha) = \int_a^b f(x, \alpha) \, dx,$$

a 與 b 或 爲 常 數, 或 爲 α 之 函 數. 吾 等 往 論 如 是 確 定 之 函 數 $I(\alpha)$ 之 特 性.

$1°)$ 先 設 a 與 b 爲 常 數. 與 α 以 增 量 $\Delta\alpha$, 則 I 之 相 當 增 量 爲

$$\Delta I = \int_a^b [f(x, \alpha + \Delta\alpha) - f(x, \alpha)] dx.$$

若 $f(x, \alpha)$ 在 區 域 $a \leqq x \leqq b$, $\alpha_0 \leqq \alpha \leqq \alpha_1$ 內 爲 x 及 α 一 並 之 連 續 函 數, 則 ΔI 隨 $\Delta\alpha$ 趨 於 零. 蓋 如 是, 則 $f(x, \alpha)$ 爲 一 致 連 續; 任 與 正

數 ξ, 吾 等 可 定 一 正 數 η, 使 $|\Delta a| < \eta$ 牽 涉

$$|f(x, a+\Delta a) - f(x, a)| < \xi$$

而 無 論 x 爲 在 (a, b) 間 之 何 值. 因 之 $|\Delta I| < \xi(b-a)$, 而 可 小 至 人 之 所 欲 也

2°) 繼 設 a 與 b 爲 a 之 連 續 函 數, 吾 謂 於 上 述 條 件 之 下, $I(a)$ 仍 爲 連 續, 蓋 於 此

$$\Delta I = \int_b^{b+\Delta b} f(x, a+\Delta a)\, dx - \int_a^{a+\Delta a} f(x, a+\Delta a)\, dx$$

$$+ \int_a^b [f(x, a+\Delta a) - f(x, a)]\, dx$$

Δa, Δb 依 次 爲 a, b 與 Δa 相 當 之 增 量, 此 式 右 端 之 末 項 可 絕 對 小 至 人 之 所 欲, 已 如 上 述. 若 命 H 表 $|f(x, a)|$ 在 所 定 區 域 內 之 極 大 值, 則 其 前 二 項 絕 對 小 於 $H(|\Delta b| + |\Delta a|)$, 亦 可 小 至 人 之 所 欲; 因 之 ΔI 亦 然.

143. 積 分 號 下 求 紀 法 (Differentiation under the sign of integration).

今 更 進 而 定 $I(a)$ 之 紀 數. 吾 等 仍 分 二 層 論 之.

1°) a, b 爲 常 數. 若 $f(x, a)$ 在 $a \leqq x \leqq b$, $a_0 \leqq a \leqq a_1$ 域 內 爲 x 及 a 一 並 之 連 續 函 數, 並 有 偏 紀 數 $f'_a(x, a)$, 且 此 偏 紀 數 亦 於 是 域 對 於 x 與 a 一 並 連 續, 則 有 公 式

$$(21) \qquad \frac{dI}{da} = \int_a^b f'_a(x, a)\, dx.$$

證:吾等有

$$(22) \qquad \frac{I(a+\Delta a)-I(a)}{\Delta a}=\int_a^b \frac{f(x,a+\Delta a)-f(x,a)}{\Delta a}\,dx$$

$$=\int_a^b f'_a(x,\,a+\theta\Delta a)\,dx,$$

並由是有

$$(23) \qquad \left|\frac{\Delta I}{\Delta a}-\int_a^b f'_a(x,a)\,dx\right| \leqq \int_a^b |f'_a(x,\,a+\theta\Delta a)-f'_a(x,a)|\,dx$$

$f'_a(x,a)$ 既在所定區域內爲一致連續,則任與一正數 ξ, 吾等可得一正數 η, 使 $|\Delta a|<\eta$ 牽涉

$$|f'_a(x,\,a+\theta\Delta a)-f'_a(x,a)|<\xi,$$

而無論 x 爲在 (a,b) 內之何值.可見 (23) 式右端 $<\xi(b-a)$, 而明 $\frac{\Delta I}{\Delta a}$ 以 $\int_a^b f'_a(x,a)\,dx$ 爲限,即得公式 (21),**稱爲積分號下求微分公式**,亦即得定則:

萊氏 (Leibniz) 定則. 於 a, b **爲常數時,積分** $\int_a^b f(x,a)\,dx$ **對於 a 之紀數只須於積分號下代函數 $f(x,a)$ 以其紀數即得.**

2°) a, b 爲 a 之連續函數,且有紀數;若 $f(x,a)$ 仍滿足前層條件,則有公式

$$(24) \qquad \frac{dI}{da}=\int_a^b f'_a(x,a)\,dx+f(b,a)\frac{db}{da}-f(a,a)\frac{da}{da}.$$

蓋視 $I(a)$ 爲 a 之湊合函數,(中間函數爲 a, b 及 $\int$ 號下之函數)

立有

$$\frac{dI}{da}=\frac{\partial I}{\partial a}+\frac{\partial I}{\partial b}\frac{db}{da}+\frac{\partial I}{\partial a}\frac{da}{da}$$

即公式 (24)

注意. 積分號下求微分之公式, 自可推用於線積分. 蓋線積分可化為尋常積分之和也. 例有

$$I(a) = \int_{AB} P(x, y, a)\, dx + Q(x, y, a)\, dy.$$

若 AB 弧不因 a 而變, 則有

(25)
$$\frac{dI}{da} = \int P'_a(x, y, a)\, dx + Q'_a(x, y, a)\, dy.$$

144. 積分號下求積分法.

設 $f(x, y)$ 為 x 與 y 一並之連續函數, 連續區域設為由條件 $a \leqq x \leqq b$ 與 $c \leqq y \leqq d$ 確定之矩形 R. 如是則積分 $\int_c^d f(x, y)\, dy$ 為 x 於 (a, b) 間之連續函數. 吾等可求其積分而有

$$\int_a^b dx \int_c^b f(x, y)\, dy.$$

同理取函數 $\int_a^b f(x, y)\, dx$ 自 c 至 d 之積分, 則有

$$\int_c^d dy \int_a^b f(x, y)\, dx.$$

吾謂

(26)
$$\int_a^b dx \int_c^d f(x, y)\, dy = \int_c^d dy \int_a^b f(x, y)\, dx;$$

證: 代 b 以介於 a 與 b 間之變數 t, 則上式可書如

(27)
$$\int_a^t dx \int_c^d f(x, y)\, dy = \int_c^d dy \int_a^t f(x, y)\, dx;$$

兩端均為 t 之函數, 且於 $t=a$ 時均為零. 是則能證明其紀數相等即足. 若命

$$F(x) = \int_c^d f(x, y)\, dy, \qquad \Phi(t,\ y) = \int_a^t f(x,\ y)\, dx,$$

則 (27) 可 書 爲

$$\int_a F(x)\, d\ = \int_c^d \Phi(t,\ y)\, dy,$$

而 見 兩 端 之 紀 數 $F(t)$ 與 $\int_a^d \dfrac{\partial \Phi}{\partial t}\, dy$ 同 等 於 $\int_c^d f(t,\ y)\, dy$, 明 所 欲 證. (27) 式 稱 爲 **積分號下求積分公式**.

145. 廣 義 積 分 確 定 之 函 數; 一 致 收 斂 性 (Uniform convergence).

於 含 有 參 變 數 之 廣 義 積 分. 吾 等 首 宜 論 述 者, 爲 一 致 收 斂 性.

設 有 收 斂 之 無 窮 積 分

(28) $$I(a) = \int_a^{+\infty} f(x, a)\, dx,$$

a 可 爲 (a_0, a_1) 隔 間 內 任 何 數; 謂 此 積 分 對 於 $a_0 \leqq a \leqq a_1$ 爲 一 致 收 斂 云 者, 乃 任 與 正 數 ε, 吾 等 可 得 一 大 數 X, 使 不 等 式 $x'' > x' > X$ 牽 涉 不 等 式

$$\left| \int_{x'}^{x''} f(x, a)\, dx \right| < \varepsilon \ \text{或} \ \left| \int_{x'}^{+\infty} f(x, a)\, dx \right| < \varepsilon,$$

而 無 論 a 爲 在 (a_0, a_1) 間 之 值 爲 何 也.

仿 之, 設 收 斂 之 瑕 積 分

(29) $$I(a) = \int_a^b f(x, a)\, dx \qquad (a < b),$$

$f(x, \alpha)$ 設於 $x=a$ 變爲無窮而於他處爲有窮;謂積分對於 α 在隔間 (α_0, α_1) 內爲——致收歛云者,乃任與正數 ε, 吾等能得他一正數 η 以使對於 $<\eta$ 之正數 δ' 與 $\delta''(\delta'<\delta'')$ 有不等式:

$$\left| \int_{a+\delta'}^{a+\delta''} f(x, \alpha)\,dx \right| < \varepsilon \quad \text{或} \quad \left| \int_a^{a+\delta''} f(x, \alpha\,dx \right| < \varepsilon$$

而無論 α 爲在 (α_0, α_1) 內之任何值也.

於一致收斂之廣義積分,若其被積函數 $f(x, \alpha)$ 爲 x 與 α 之一並連續函數,則所確定之函數爲連續的.譬如無窮積分 (28) 若爲一致收斂,且 $f(x, \alpha)$ 在

(D) $\qquad\qquad\qquad x>a$ 及 $a_0 \leqq \alpha \leqq a_1$

區域內爲一並連續,則是積分所確定之函數 $I(\alpha)$ 在 (α_0, α_1) 內爲連續.蓋按所設可知

$$J(\alpha, n) = \int_a^{a+n} f(x, \alpha)\,dx \qquad (n \text{ 爲一正整數})$$

爲 α 之連續函數,且於 $n \to +\infty$ 時一致趨於 $I(\alpha)$ 也.

146. 積分號下求微分與求積分之公式.

試就無窮積分論之.取積分 (28) 而設其於 (α_0, α_1) 內爲一致收斂,並設 $f(x, \alpha)$ 在 (D) 域內一並連續;更設積分

(30) $\qquad\qquad I_1(\alpha) = \int_a^{+\infty} f'_\alpha(x, \alpha)\,dx$

有意義,並亦在內 (α_0, α_1) 內爲一致收斂;若是則函數

$$J_1(\alpha, n) = \int_a^{a+n} f'_\alpha(x, \alpha)\,dx$$

於 $n \to +\infty$ 時一致趨於其限 $I_1(a)$. 夫 $f'_a(x, a)$ 若為 x_1 與 a 一並之連續函數,則無論 n 若何大,恆有 $\dfrac{dJ}{da} = J_1$. 是則達於限有 $\dfrac{dI}{da} = I_1$, 即

$$(31) \qquad \frac{dI}{da} = \int_a^{+\infty} f'_a(x, a)\, dx,$$

結論之,於 $\displaystyle\int_a^{+\infty} f(x, a)\,dx$, 若次述條件滿足,吾等可於積分號下求紀:

1°) $f(x, a)$ 於 $x > a$ 及 $a_0 \leqq a \leqq a_1$ 為 x 與 a 一並之連續函數;

2°) $\displaystyle\int_a^{+\infty} f(x, a)\,dx$ 在 (a_0, a_1) 內一致收斂;

3°) $\displaystyle\int_a^{+\infty} f'_a(x, a)\,dx$ 亦在內一致收斂,並 $f'_a(x, a)$ 在 $(a_1 + 8)$ 與 (a_0, a) 為 x 與 a 一並之連續函數.

但此等條件究非必要者. 必要條件不易確定,通常即就此情形論之.

仿此論之,若瑕積分 (28) 於 (a_0, a_1) 內一致收斂,並 $\displaystyle\int_a^b f'_a(x, a)\,dx$ 亦然,且 $f(x, a)$ 與 $f'_a(x, a)$ 又於 $a \leqq x \leqq b$ 及 $a_0 \leqq a \leqq a_1$ 皆為一並連續,則萊氏積分號下求紀公式仍適用.

注意. 若引用萊氏定則,而不注意條件,可得無理之結果. 例如由

$$\int_0^{+\infty} \frac{\sin(ax)}{x}\, dx$$

求紀則得 $\displaystyle\int_0^{+\infty} \cos(ax)\,dx$, 結果無意義. 而原積分正確之紀數乃為 0. 由命 $ax = y$ 換變數知之

積分號下取積分之公式,亦可推及於無窮積分;試命 $f(x,a)$ 爲 x 與 a 二變數對於 $x \geqq a$, $a \leqq a \geqq a_1$ 之連續函數,吾謂:

若積分 $\displaystyle\int_0^{+\infty} f(x,a)\,dx$ 在 (a_0,a_1) 爲一致收斂,則有

$$(33) \qquad \int_a^{+\infty} dx \int_{a_0}^{a_1} f(x,a)\,dx = \int_{a_0}^{a_1} dx \int_a^{+\infty} f(x,a)\,dx.$$

證:命 x 爲大於 a 之一數,準公式(26)有

$$(34) \qquad \int_a^{x} dx \int_{a_0}^{a_1} f(x,a)\,da = \int_{a_0}^{a_1} dx \int_a^{x} f(x,a)\,dx.$$

當 x 趨於無窮,此式右端以

$$\int_{a_0}^{a_1} dx \int_a^{+\infty} f(x,a)\,dx$$

爲限.蓋斯二式之差等於

$$\int_{a_0}^{a_1} dx \int_x^{+\infty} f(x,a)\,dx.$$

只須 x 大之至,此差數卽絕對小於 $\varepsilon|a_1 - a_0|$. 然則(33)式左端亦趨於一限,而由符號

$$\int_a^{+\infty} dx \int_{a_0}^{a_1} f(x,a)\,da$$

表之;等寫此二限,卽得公式(32).

147. 應用.

含有參變數之定積分,其值有時可根據所確定之函數之特性求出;而積分號下求紀公式尤往往可作求定積分之工具;積分號下求積分公式時或亦可引用.茲舉例明之.

例 1. 求次列積分之值.

$$F(a) = \int_0^\pi \log(1 - 2a\cos x + a^2)\, dx.$$

此積分除 $|a| = 1$ 外, 皆有定值; 若視之爲 a 之函數, 吾等易知其數特性如次:

1°) $F(-a) = F(a)$. 蓋命 $x = \pi - y$,

$$F(-a) = \int_0^\pi \log(1 + 2a\cos x + a^2)\, dx$$

$$= \int^\pi \log(1 - 2a\cos y + a^2)\, dy = F(a).$$

2°). $F(a^2) = 2F(a)$. 蓋可書

$$2F(a) = F(a) + F(-a),$$

$$2F(a) = \int_0^\pi [\log(1 - 2a\cos x + a^2) + \log(1 + 2a\cos x + a^2)]\, dx$$

$$= \int_0^\pi \log(1 - 2a^2\cos 2x + a^4)\, dx.$$

命 $2x = y$, 得

$$2F(a) = \frac{1}{2}\int_0^\pi \log(1 - 2a^2\cos y + a^4)\, dy$$

$$+ \frac{1}{2}\int_\pi^{2\pi} \log(1 - 2a^2\cos y + a^4)\, dy;$$

再設 $y = 2\pi - z$, 則末之積分

$$\int_\pi^{2\pi} \log(1 - 2a^2\cos y + a^4)\, dy = \int_0^\pi \log(1 - 2a^2\cos z + a^4)\, dz.$$

是 故 $\qquad 2F(a) = \frac{1}{2}F(a^2) + \frac{1}{2}F(a^2) = F(a^2).$

吾等於是有

$$F(a) = \frac{1}{2}F(a^2) = \frac{1}{4}F(a^4) = \cdots\cdots = \frac{1}{2^n}F(a^{2^n}).$$

若 $|a|<1$, 則 a^{2^n} 於 $n\to\infty$ 以零爲限, 而 $F(a^{2^n})$ 亦然. 於此

$$F(a) = 0. \qquad\qquad (\,|\,a\,|<1).$$

今若 $|a|>1$, 則命 $a = \dfrac{1}{\beta}$, 有

$$F(a) = \int_0^\pi \log\Big(1-\frac{2\cos x}{\beta}+\frac{1}{\beta^2}\Big)dx = \int_0^\pi \log(1-2\beta\cos x+\beta^2)dx$$
$$-\pi\log\beta^2.$$

因 $|\beta|<0$, 由是得

$$F(a) = -\pi\log\beta^2 = \pi\log a^2.$$

例 2. 設有積分

$$I(a) = \int_0^{+\infty} e^{-ax}\frac{\sin a}{x}\,dx \qquad\qquad (a\geqq 0).$$

$f(x,\,a) = \dfrac{\sin x}{x}e^{-ax}$ 顯爲 x 與 a 一並之連續函數; 吾謂此積分爲一致收斂. 蓋準第二中值公式可寫

$$\int_{x'}^{x''} e^{-ax}\frac{\sin x}{x}\,dx = \frac{e^{-ax'}}{x'}\int_x^\xi \sin x\,dx,$$

式中 $x'<\xi<x''$. 由是

$$\Big|\int_{x'}^{x''} e^{-ax}\frac{\sin x}{x}\,dx\,\Big| < \frac{2}{x'}.$$

若 $x' > \dfrac{2}{\xi}$, 則此不等式左端卽小於 ξ, 而無論 a 若何 (但 $a\geqq 0$). 然則 $I(a)$ 對 $a\geqq 0$ 爲連續.

272

又 $f'_a = e^{-ax}\sin x$ 亦顯爲 x, a 之連續函數,並 $\int_0^{+\infty} e^{-ax}\sin x\, dx$ 於 $a > k > 0$ 爲一致收歛.蓋

$$\left| \int_{x'}^{+\infty} e^{-ax}\sin x\, dx \right| < \int_{x'}^{+\infty} e^{-ax}\, dx = \frac{1}{a} e^{-ax'}$$

只須取 x' 甚大,使 $ke^{kx'} > \dfrac{1}{\varepsilon}$ 即可使上式前端於 $a > k$ 時小於

ε. 然則有
$$F'(a) = -\int_0^{+\infty} e^{-ax}\sin x\, dx.$$

於此無定積分易於求得,而有

$$F'(a) = \left[\frac{e^{-ax}(\cos x + a\sin x)}{1+a^2} \right]_0^{+\infty} = \frac{-1}{1+a^2}.$$

由是
$$F(x) = C - \text{arc tg } a.$$

察 $a \to +\infty$ 時積分 $F(a)$ 趨於零,而得 $C = \dfrac{\pi}{2}$. 則是

(35)
$$\int_0^{+\infty} e^{-ax}\frac{\sin x}{x}\, dx = \text{arc} \tan\frac{1}{a}.$$

此公式只對於 a 之一切正值成立.但察 $F(a)$ 函數於 $a = 0$ 亦連續.令 a 趨於零,則於限得

(36)
$$\int_0^{+\infty} \frac{\sin x}{x}\, dx = \frac{\pi}{2}.$$

例 3. 取公式
$$\int_0^{+\infty} e^{-x^2}dx = \frac{\sqrt{\pi}}{2}$$

而設 $x = y\sqrt{a}$ (a 爲正數),得

(37)
$$\int_0^{+\infty} e^{-ay^2}dy = \frac{\sqrt{\pi}}{2}a^{-\frac{1}{2}}$$

吾人易知由此式對於 a 取紀數而得之一切積分皆對 $a>k>0$ 為一致收斂,於是由上式可得一羣積分之值如下:

$$(38)\quad\begin{cases}\displaystyle\int_0^{+\infty}y^2e^{-ay^2}\,dy=\frac{\sqrt{\pi}}{2^2}a^{-\frac{3}{2}}\\[2mm]\displaystyle\int_0^{+\infty}y^4e^{-ay^2}\,dy=\frac{1\cdot3}{2^3}\sqrt{\pi}\,a^{-\frac{3}{2}}\\[1mm]\cdots\cdots\cdots\cdots\cdots\cdots\cdots\cdots\cdots\cdots\cdots\cdots\\[1mm]\displaystyle\int^{+\infty}y^{2n}e^{-ay^2}\,dy\frac{1\cdot3\cdot5\cdots\cdots(2n-1)}{2^{n+1}}\sqrt{\pi}\,a^{-\frac{2n+1}{2}}\end{cases}$$

例 4. 於積分號下取積分公式之應用,試取函數 x^y. 此函數當 x 自 0 變至 1 幷於 y 自正數 a 變至正數 b 時為兩變數之連續函數;然則準公式 (26) 有

$$\int_0^1 dx\int_a^b x^y\,dy=\int_a^b dy\int_0^1 x^y\,dx.$$

但 $\displaystyle\int_0^1 x^y\,dx=\left(\frac{x^{y+1}}{y+1}\right)_0^1=\frac{1}{y+1}.$ 因之上式右端等於

$$\int_a^b\frac{dy}{y+1}=\log\Big(\frac{b+1}{a+1}\Big).$$

再者,$\displaystyle\int_a^b x^y\,dy=\left(\frac{x^y}{\log x}\right)_a^b=\frac{x^b-x^a}{\log x}$,於是得

$$(39)\qquad\int_0^1\frac{x^b-x^a}{\log x}\,dx=\log\Big(\frac{b+1}{a+1}\Big).$$

習 題

1. 求證貝特昂 (Bertrand) 氏定則:無定積分

$$\int_a^{+\infty}\frac{dx}{x(\log x)^\lambda},\quad\int_a^{+\infty}\frac{dx}{x\log(\log_2 x)^\lambda},\quad\int_a^{+\infty}\frac{dx}{x\log x\log_2 x(\log_3 x)^\lambda},\cdots\cdots,(\lambda>0)$$

於 $\lambda>1$ 時 收 斂 而 於 $\lambda\leqq1$ 時 發 散, $\log_2 x$, $\log_3 x$, $\cdots\cdots$ 依 次 表 $\log(\log x)$, $\log(\log_2 x)$, $\cdots\cdots$, a 爲 一 相 當 大 之 正 數.

2. 試 明 下 列 各 無 窮 積 分 爲 收 斂 者:

$$\int_0^{+\infty} \frac{\sin(x^3-x)}{x}\, dx, \quad \int_0^{+\infty} \frac{x}{(1+x)^3} \log x\, dx, \quad \int_0^{+\infty} \frac{x^x}{e^{x^2}+e^x}\, dx.$$

3. 試 論 下 列 二 積 分 之 收 斂 性:

$$\int_0^{\infty} \frac{dx}{1+x^4 \sin^2 x}, \quad \int_0^{+\infty} xe^{-x^6} \sin^2 x\, dx.$$

4. 論 下 列 積 分 之 斂 散 性:

$$\int_0^{\frac{\pi}{2}} \frac{dx}{\cos^3 x}, \quad \int_0^1 \frac{dx}{\log x}$$

5. 試 明 積 分 $\quad\displaystyle\int_0^{+\infty} \frac{dx}{(1+x^2)(\sin^2 x)^{\frac{1}{3}}}$

有 意 義. (清 華 遷 送 留 美 專 科 生 試 題 1929)

6. 求 積 分 $\quad\displaystyle I_2 = \int_0^{+\infty} \frac{\sin^2 x}{x^2}\, dx,$

並 推 廣 設 $\quad\displaystyle J_p = \int_0^{+\infty} \frac{F(\sin x, \cos x)}{x^p}\, dx,$

(式 中 F 爲 一 多 項 式 而 p 爲 一 正 整 數) 而 求 證 當 其 有 意 義 並 被 積 函 數 爲 偶 函 數 時 (卽 分 子 函 數 與 p 同 爲 偶 的 或 奇 的), 吾 等 可 求 得 其 值. 特 別 試 引 用 所 得 表 示 其 值 之 公 式 於

$$I_2 = \int_0^{+\infty} \frac{\sin^3 x}{x^3}\, dx, \quad I_4 = \int_0^{+\infty} \frac{\sin^4 x}{x^4}\, dx. \qquad \text{(G. Julia)}.$$

答: 視 p 爲 偶 或 奇 F 可 書 如 $\displaystyle\sum_{k=0}^{m} A_k \cos kx$ 或 $\displaystyle\sum_{k=0}^{m} B_k \sin kx,$

$$J_p = \frac{1}{(p-1)!}\, \frac{\pi}{2}(-1)^{\frac{p}{2}} \sum A_k k, \, ^{p-1} \text{ 或 } J_p = \frac{1}{(p-1)!}\, \frac{\pi}{2}(-1)^{\frac{p-1}{2}} \sum B_k k^{p-1}$$

7 求 積 分 $\quad\displaystyle\int_{-\infty}^{+\infty} U_m U_n e^{-x^2}\, dx$

之 值, 式 中 U_n 係 見 於 e^{-x^2} 之 n 級 紀 數 式 中 之 多 項 式:

$$\frac{d^n}{dx^n}e^{-x^2}=e^{-x^2}U_n.$$

答: 0 或 $2 \cdot 4 \cdots 2n \sqrt{\pi}$

8. 據公式

$$\sin\frac{\pi}{n}\sin\frac{2\pi}{n}\cdots\sin\frac{(n-1)\pi}{n}=\frac{n}{2^{n-1}}$$

求 $\int_0^{\pi}\log(\sin x)dx$ 之值.

9. 求積分

$$\int_0^{+\infty}\left(\frac{\arctan x}{x}\right)^2 dx.$$

答: $\pi\log 2$.

10. 設曲線

(C)

$$\rho^2=a^2\log\frac{\tan\omega}{\tan a},$$

$$0<a<\frac{\pi}{2},$$

並由 $\omega=a$ 及 $\omega=\frac{\pi}{2}$ 所定之射徑 OA 與 OB; 試證範圍於 OA, OB 及 (C) 內之面積有定值. (Licence, Paris, 1877)

11. 求曲線 $\quad x=a(1+\cos^2 t)\sin t, \qquad y=a\sin^2 t\cos t$

所限之面積. 答: $\frac{\pi a^2}{8}$.

12. 設曲線 $\quad x=\frac{1-t^2}{1+t^2}, \qquad y=\frac{t(1-t^2)}{1+t^2};$

於其上取 A, B 二點依次由 t 之值:

$$t_1=\tan a, \qquad t_2=\tan\beta, \quad \left(-\frac{\pi}{2}<a<-\frac{\pi}{4},\ \frac{\pi}{2}<\beta<\frac{\pi}{2}\right)$$

定之. 試求弧三角形 AOB 之面積. (Licence Besancon, 1907)

答: $\beta-a+\sin(\beta-a)\cos(\beta-a)-\left[\frac{\cos^2 a+\cos^2\beta}{\cos a\cos\beta}\cdot\right]$

13. 有迴線 (C) 於其一點 M 之切線上取 M 兩旁之二點 P 與 P'. 使 $MP=MP'$, MP 之長依任一規律而變. 試證 P, P' 二點所刻畫之兩迴線其面積相等, 並特別討論 MP 爲定量時之情況.

14. 設 (C) 爲一凸迴線; 於其每點法線上向外取一點 P, 使 MP 之長爲定量 l, 試證含於 (C) 及 P 之軌跡間之面積等於 $sl+\pi l^2$, s 表 (C) 線之長.

15. 設 (C) 爲一迴線, 取一點 A 使其對於 (C) 之切影跡 (Pedal) 之面積爲定量; 試明 A 點之軌跡爲一圓, 其心有一固定位置. (可表 C 以其切方程論之)

16. 設 (C) 爲一迴線, (C_1) 爲其關於一點 A 之切影跡, 而 C_2 爲 A 於 (C)

法線上之正射影軌跡.試證於此三曲線之面積間有關係 $A=A_1-A_2$.

17. 求積分 $$\int_{-1}^{+1}\frac{\sin a}{1-2\,x\cos a+x^2}.$$ (Hermite)

答：於 $0<a<\pi$ 為 $\dfrac{\pi}{2}$, 於 $\pi<a<2\pi$ 為 $-\dfrac{\pi}{2}$,……

18. 討論次列各積分之一致收斂性

(a) $\displaystyle\int_{0}^{+\infty}\frac{\cos a\,x}{1+x^2}\,dx,$ (b) $\displaystyle\int_{0}^{+\infty}\frac{\sin a\,x}{x}\,dx,$

(c) $\displaystyle\int_{0}^{+\infty}\frac{\cos x\sin ax}{x}\,dx,$ (d) $\displaystyle\int_{0}^{+\infty}x\sin(x^3-ax)\,dx.$

19. 求次列積分之值

$$\int_{0}^{\frac{\pi}{2}}\log\frac{1+a\sin\theta}{1-a\sin\theta}\cdot\frac{d\theta}{\sin\theta}\qquad(0<a<1).$$

答：$\pi\arcsin a.$

20. 用積分號下取微分法求次積分之值

$$\int_{0}^{+\infty}\frac{1-e^{-x^2}}{x^2}\,dx.$$ 答：$\sqrt{\pi}$

21. 證 $$\int_{0}^{+\infty}e^{-x^2-\frac{a^2}{x^2}}\,dx=\frac{\sqrt{\pi}}{2}e^{-2a}.$$

22. 試由前題推出

$$\int_{0}^{+\infty}e^{-a-\frac{k^2}{a}}\frac{da}{\sqrt{a}}=\sqrt{\pi}\,e^{-2k}.$$

23. 據 $\displaystyle\int_{0}^{+\infty}e^{-a^2-t^2}a\,dt$ 用積分號下取積分法以定 $\displaystyle\int_{0}^{+\infty}e^{-x^2}dx$ 之值.

24. 證函數 $P(x)=\displaystyle\int_{0}^{+\infty}\frac{e^{-tx}}{1+t^2}\,dt,$ $Q(x)=\displaystyle\int_{0}^{+\infty}\frac{\sin t}{t+x}\,dt,$ $(x\geqq0)$

均為微分方程式 $$\frac{d^2y}{dx^2}+y=\frac{1}{x}$$

之解,並由是明其相等. (Licence, Paris, 1888)

25. 求次積分之值 $$\int_{0}^{+\infty}e^{-\frac{a^2}{2}}\cos\frac{x^2}{2a^2}\,da.$$ (Licence, Lille 1886)

答：$\sqrt{\dfrac{\pi}{2}}e^{\frac{x}{\sqrt{2}}}\cos\dfrac{x}{\sqrt{2}}.$

26. 設 x 之二函數 u 與 v 由二積分確定如

$$u=\int_0^{+\infty} \frac{e^{-z}\sin zx}{\sqrt{z}} dz, \qquad v=\int_0^{+\infty} \frac{e^{-z}\cos zx}{\sqrt{z}} dz;$$

試明 u 與 v 適合於二個一級齊線性微分方程式，繼解此方程組而求出 u 與 v 之值．

Licence, Lille, 1901)

答： $u=\sqrt{\pi\dfrac{\sqrt{1+x^2}-1}{2(1+x^2)}}, \qquad v=\sqrt{\pi\dfrac{\sqrt{1+x^2}+1}{2(1+x^2)}}.$

第 七 章

重 積 分

I. 定義,求法及格林氏公式.

148. 關於二元函數之和數 S 與 s.

設 D 為平面上之一有限通域,並 $f(x, y)$ 為於 D 內之囿函數(包括周界).如是 D 為可求方的而有一面積 A. 設任由一法分 D 為 n 個可求方的小域 $d_1, d_2, \cdots\cdots, d_n$ 依次以 $a_1, a_2, \cdots\cdots, a_n$ 為其面積,則命 M_i, m_i 為 $f(x, y)$ 在 d_i 內之高低界,可作和數

$$S = \sum_1^n M_i a_i, \qquad s = \sum_1^n m_i a_i$$

變換分域方法,則得兩數集 S 與 s. 若注意 $A = \Sigma a_i$ 並命 M, m 為 $f(x, y)$ 在 D 內之高低界,則顯然有 $S > mA$; 然則 S 有一低界 I. 同理 s 小於 MA 而有一高界 I'. 吾人可如 105 節證明 $I \geqq I'$,且亦可由次理推出:

定理. 當 $n \to \infty$ 以使各小域 d_i 由各方趨於零時和數 S 與 s 依次趨於 I 與 I'.

一平面域 D 由各方趨於零者,乃能得半徑可小至所欲之一圓以範圍之也.

試證 S 以 I 爲限,吾人可設 $f(x, y)$ 於 D 內爲正.蓋恆可得一常數 C, 使

$$F(x, y) = C + f(x, y) > 0,$$

而 f 與 F 之相當和數 S 與 S' 相差爲定數 CA; 定理若於 F 然,則於 f 亦然也.

命 ε 爲任意正數; I 既爲 S 之低界,則能得一法分 D 爲 d_1, $d_2, \cdots\cdots d_n$ 使相關和數 $S < 1 + \dfrac{\varepsilon}{2}$, 命 L 總表 D 之周線 L' 及分 D 爲 d_i 等所作線;又以 a_i 表 d_i 面積,並 γ_i 表其周線.今於 d_i 域內作一迴線 γ_i' 使與 γ_i 無公點,但令與之逼近以至 γ_i 與 γ_i' 間面積小於 $\dfrac{a_i}{n}$, 其 η 爲任一正數.將此手續施之於 d_i 各域.而命 L' 總表諸 γ_i' 線,則 L 分 D 域爲二域,其一 D' 由限於 γ_i' 諸線內之 d_i' 諸域合成,而其一 D'' 爲其餘部分.若 A' 與 A'' 表此二域之面積,則有 $A = A' + A''$ 且據作 γ_i 線方法可知 $A - A' = A'' < \eta$.

今命 λ 爲 L 與 L' 之最短距離,而試以任一法分 D 爲小域,使其各方均小於 λ, 若令 S' 表相關大和數,則此和數可視作二部分,其一來自與 L 無公點之小域,其他則來自與 L 有公點之小域,前者顯然小於 S, 而後者則因區域含於 D'' 內小於 $M\eta$. 然則

$$S' < S + M\eta < I + \dfrac{\varepsilon}{2} + M\eta.$$

若取 $\eta < \dfrac{\varepsilon}{2M}$, 則 $S' < I + \varepsilon$. 明所欲證.

同法可證 s 以 I' 爲限.

149. **重積分.**

若 $I = I'$, 則函數 $f(x, y)$ 稱爲可積於 D 域,而 S 與 s 之公限

I 名爲 f(x, y) 展布於 D 域的重積分 (double integral extended over D)，由符號

$$\iint_D f(x, y)\, d\boldsymbol{A} \text{ 或 } \iint_D f(x, y)\, dx\, dy$$

表之, D 稱爲積分域 (field of integration).

吾等易明：欲一函數 $f(x, y)$ 可積於 D 域,必須而卽須當各小區域由各方趨於零時,差數 $S-s$ 趨於零; 亦可言必須而卽須任與正數 ε, 能得一法分 D 爲小域使有 $S-s < \varepsilon$.

仿單元函數論之,甚易證明次列各定理：

凡連續函數 $f(x, y)$ 爲可積的

多數可積函數,其和與其積亦皆爲可積的

若 $f(x, y)$ 可積於 D 域,則必可積於 D 域所包含之各域 D' 又若分 D 爲 $D_1, D_2, \cdots\cdots D_p$ 等域, 則在 D 域之重積分等於在 $D_1, D_2, \cdots\cdots D_p$ 等域之重積分之和.

茲舉次之定理證之：

設一函數 $f(x, y)$ 圍於 D 域,幷在 D 內有無窮個間斷點; 若此無窮點能含於一域 δ 內,而 δ 之面積又能小至人之所欲,則此函數於 D 內爲可積的.

例設 $f(x, y)$ 在 D 內一曲線 L 上爲間斷,於其餘各點皆爲連續論之.若是 L 分 D 爲 D_1 與 D_2 二域; $f(x, y)$ 在 D_1 內與一連續函數 $f_1(x, y)$ 等,而在 D_2 內又與他一連續函數 $f_2(x, y)$ 等.至於沿 L 線 $f(x, y)$ 則非連續,吾人僅設其爲圍函數. 而不問其

他.試於 L 兩旁引 L' 與 L'' 二線,使含於其間之面積小於 $\dfrac{\varepsilon}{2(M-m)}$,其 ε 任意正數. L' 與 L'' 分 D 爲 D',D'',D''' 三域如圖. $S-s$ 中來自 D''' 之部分小於 $\dfrac{\varepsilon}{2}$;又因 $f(x,y)$ 連續於 D' 域與 D'' 域,則 $S-s$ 中來自 D' 與 D'' 之部分亦可小於

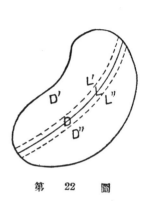

第 22 圖

$\dfrac{\varepsilon}{2}.$ 然則 $S-s<\varepsilon$,而 $f(x,y)$ 誠可積於 D 域.

再者,吾謂在 D 域的重積分,等於在 D',D'',D''' 各域的重積分之和.蓋於 L',L'' 趨近於 L 時,在 D''' 域的重積分趨於零,而在 D 域的重積分等於在 D' 與 D'' 二域的重積分之和之限也.

注意. 據適所論述者,$f(x,y)$ 在 D 域之重積分與 $f(x,y)$ 沿 L 之值無關,由是推廣論之,可知一函數 $f(x,y)$ 若可積於 D 域,吾人得任意更換其在若干點之值,只須函數不失爲圍的卽可.又 $f(x,y)$ 改換數值之點,可有無窮個,只須此無窮個點能含於一可小至所欲之域內卽可.換言之,於求 S 之限 I 時,吾人可刪去 S 中來自若干小域之部分,但須此等小域之和趨於零卽可.

重積分之另一定義. 命 (ξ_i,η_i) 爲 d_i 域內或其邊上之任一點,則和數 $\Sigma f(\xi_i,\eta_i)\alpha_i$ 顯然介於 S 與 s 間,是亦以重積分爲限.

150. **第一中值公式.**

命 $f(x, y)$ 與 $\phi(x, y)$ 爲二可積函數,其 $\phi(x, y)$ 在 D 域內有一定之號,譬如恆爲正.若 M 與 m 爲 $f(x, y)$ 在 D 內之高低界,則顯然有

$$\Sigma M\phi(\xi_i, \eta)a_i > \Sigma f(\xi_i, \eta_i)\phi(\xi_i, \eta_i)a_i > \Sigma m\phi(\xi_i, \eta_i)a_i,$$

達於限,即得中值公式:

(1) $$\iint_D f(x, y)\phi(x, y)\, dx\, dy = \mu \iint_D \phi(x, y)\, dx\, dy$$

μ 爲 M 與 m 間之一數,若 $f(x, y)$ 爲連續,則有位於 C 內之一點 (ξ, η) 使 $f(\xi, \eta) = \mu$, 而有公式

(2) $$\iint_D f(x, y)\phi(x, y)\, dx\, dy = f(\xi, \eta) \iint_D \phi(x, y)\, dx\, dy$$

特別設 $\phi(x, y) = 1$, 則有

(3) $$\iint_D f(x, y)\, dx\, dy = A f(\xi, \eta).$$

因 $\iint_D dx\, dy$ 顯然等於 A 也.

151. **重積分之求法:特例.**

重積分可化爲二單積分以求其值.試先就一特例論之. 設 $f(x, y)$ 爲 x 與 y 之連續函數,並積分域爲直線 $x = x_0$, $x = X$, $y = y_0$, $y = Y$ 等所定矩形 R (圖 23).今以直線

$$x = x_i \qquad (i = 1, 2, \cdots\cdots, n),$$
$$y = y_k \qquad (k = 1, 2, \cdots\cdots, m)$$

分 R 爲小矩形 R_{ik}, 則重積分爲

$$S=\sum_{i=1}^{m} \sum_{k=1}^{m} f(\xi_{ik}, \eta_{ik})(x_i - x_{i-1})(y_k - y_{k-1})$$

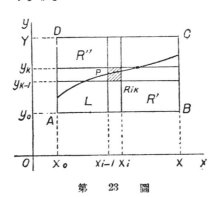

第 23 圖

之限,(ξ_{ik}, η_{ik}) 爲 R_{ik} 矩形內或其邊上之任一點.

試求此限,$(\xi_{ik}\ \eta_{ik})$ 既未確定,吾等可擇其便利於運算者. 設函數 $f(x)$ 連續於 (a, b) 間,並以 $x_1, x_2, \cdots\cdots x_{n-1}$ 分 (a, b) 爲小隔間,則吾等可於每小隔間 (x_{i-1}, x_i) 內選一數 ξ_i, 使

(4) $\displaystyle\int_a^b f(x)\,dx = f(\xi_1)(x_1 - a) + f(\xi_2)(x_2 - x_1) + \cdots\cdots + f(\xi_n)(b - x_{n-1}).$

蓋準中值公式可有 $\displaystyle\int_{x_{i-1}}^{x_i} f(x)\,dx = f(\xi_i)(x_i - x_{i-1})$ 也.

如是和數 S 中來自 $x = x_{i-1}, x = x_i$ 二直線間之諸矩形之部分爲

$$(x_i - x_{i-1})[f(\xi_{i1}, \eta_{i1})(y_1 - y_0) + f(\xi_{i2}, \eta_{i2})(y_2 - y_1) + \cdots\cdots$$
$$+ f(\xi_{ik}, \eta_{ik})(y_k - y_{k-1}) + \cdots\cdots].$$

今取 $\xi_{i1} = \xi_{i2} = \cdots\cdots = \xi_{im} = x_{i-1}$, 則可視 x_{i-1} 爲常數而取 η_{ik}, $\eta_{i2}, \cdots\cdots$, 使　　$f(x_{i-1}, \eta_{i2})(y - y_0) + f(x_{i-1}, \eta_{i2})(y_0 - y_1) + \cdots\cdots$

等於 $\int_{y_0}^{Y} f(x_{i-1}, y)\, dy$. 若將此手續施之於與 oy 平行之各排矩

形,則可書

(5) $\quad S = \Phi(x_0)(x_1 - x_0) + \Phi(x_1)(x_2 - x_1) + \cdots\cdots + \Phi(x_{i-1})(x_i - x_{i-1}) + \cdots\cdots$

式中命 $\Phi(x) = \int_{y_0}^{Y} f(x, y)\, dy$.

既設 $f(x, y)$ 爲 x 與 y 之連續函數,則 $\Phi(x)$ 亦爲 x 之連續函

數.於是當各差數 $x_i - x_{i-1}$ 趨於零時,由 (5) 式可知 S 以

$$\int_{x_0}^{X} \Phi(x)\, dx$$

爲限.然則得公式

(6) $\qquad \iint_R f(x, y)\, dx\, dy = \int_{x_0}^{X} dx \int_{y_0}^{Y} f(x, y)\, dy.$

此式表明欲得重積分之值,可先視 x 爲常數而 y 爲變數,將

$f(x, y)$ 自 y_0 至 Y 求積分;繼將所得結果(此結果爲唯一變數 x

之函數)自 x_0 至 X 積之.

若於求 S 先取矩形之含於 $y = y_{k-1}, y = y_k$ 二直線間者論

之,則得

(7) $\qquad \iint_R f(x, y)\, dx\, dy = \int_{y_0}^{Y} dy \int_{x_0}^{X} f(x, y)\, dx$

比較兩式復得積分號下取積分公式

$$\int_{x_0}^{X} da \int_{y_0}^{Y} f(x, y)\, dy = \int_{y_0}^{Y} dy \int_{x_0}^{X} f(x, y)\, dx.$$

在此證法中,亦如前設 x_0, X, y_0, Y 爲定數,並 $f(x, y)$ 在此等限

間爲連續.

今若 $f(x, y)$ 於 R 內沿一曲線 L（或數曲線）失其連續性,但恆爲圍的,則仍爲可積.吾謂公式(6)仍正確,茲往論之.設 L 連 AD 之一點於 BC 之一點,而以 $y_1 = \phi(x)$ 爲方程式.曲線 L 分 R 爲 R' 與 R'' 二部,在 R 內 $f(x, y)$ 爲一連續函數 $f_1(x, y)$,而在 R'' 內爲他一連續函數 $f_2(x, y)$.今分 R 爲小域如前,而設直線 $x = x_{i-1}$ 遇 L 於一點 P.假定此點之緯標 $\phi(x_{i-1})$ 介於 y_{k-1} 與 y_k 間（圖 23）.取 $y = \phi(x_{i-1})$ 直線分矩形 R_{ik} 爲二,則仿前論之.可知積分來自 $x = x_{i-1}$ 及 $x = x_i$ 二平行線間之部分,可書如

$$(x_i - x_{i-1})\left[\int_{y_0}^{\phi(x_{i-1})} f_1(x_{i-1}, y)dy + \int_{\phi(x_{i-1})}^{Y} f_2(x_{i-1}, y)\, dy\right].$$

繼是演論,情形仍與上同.若命

$$\int_{y_0}^{Y} f(x, y)\, dy = \int_{y_0}^{\phi(x)} f_1(x, y)dx + \int_{\phi(x)}^{Y} f_2(x, y)dy$$

則仍得公式(6).倘有多數之間斷曲線,亦可仿此論之.

152.　重積分之求法:通例.

現取較普通之一域 D 由 $x = a$ 與 $x = b$, $(a < b)$ 二直線及 $y_1 = \phi_1(x)$ 與 $y_2 = \phi_2(x)$ 二曲線弧範圍而成,但設 oy 之一平行線僅能遇每曲線於一點（圖 24）.設 $f(x, y)$ 在 D 內及其周線 C 上爲連續;試求

$$\iint_D f(x, y)\, dx\, dy$$

任引 ox 之平行線 $y=y_0$ 與 $y=Y$ 與 $x=a, x=b$ 二線成一包含 D 域之矩形 $R,$ 此矩形由 D, R', R'' 三域合成. 若設補助函數 $F(x, y)$ 合於條件:

第 24 圖

　　1°) 在 D 內及 C 上,

$$F(x, y) = f(x, y);$$

　　2°) 在 R' 及 R'' 內,　　$F(x, y) = 0,$

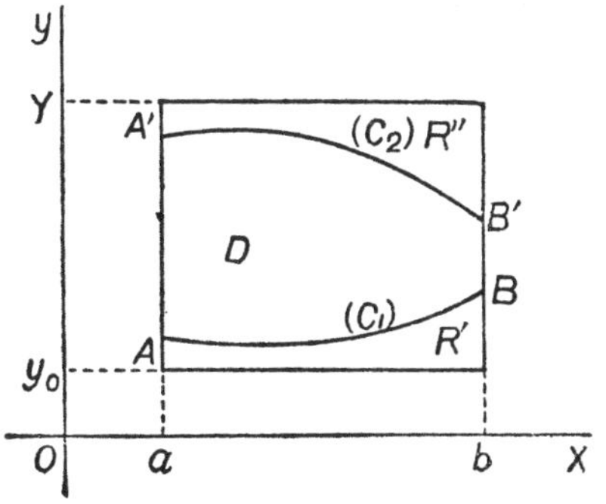

則顯有

$$\iint_D f(x, y)\, dx\, dy = \iint_D F(x, y)\, dx\, dy.$$

但 (6) 式合用於 $F(x, y),$ 故吾等有

$$\iint_R F(x, y)\, dx\, dy = \int_a^b dx \int_{y_0}^Y F(x, y)\, dy,$$

且由 $F(x, y)$ 之定義有

$$\int_y^Y F(x, y)\, dy = \int_{y_1}^{y_2} f(x, y)\, dy;$$

是則

(7) $$\iint_R f(x, y)\, dx\, dy = \int_a^b dx \int_{y_1}^{y_2} f(x, y)\, dy,$$

而求重積分變爲求二單積分, 於 $\int_{y_1}^{y_2} f(x, y)\, dy$ 內應視 x 爲常數, 但 y_1 與 y_2 則爲 x 之函數.

　　若 x 軸之一平行線只遇區域周線於二點, 則吾等自亦可

交換 x 與 y 之作用論之.

今若 D 之周線與 oy 或 ox 之平行線有多數交點,則吾等可分爲多數區域使各合於上述條件而求之,然後就各域分別求積分而加其結果,卽得所求.

例. 以 D 表橢圓 $\dfrac{x^2}{a^2}+\dfrac{y^2}{b^2}=1$ 在 xoy 角內之部分而求重積分 $\displaystyle\iint_D xy\,dx\,dy$. 準公式 (7) 有

$$I=\iint_D xy\,dx\,dy=\int_0^a dx\int_0^{\frac{b}{a}\sqrt{a^2-x^2}} xy\,dx.$$

而

$$\int_0^{\frac{b}{a}\sqrt{a^2-x^2}} xy\,dy=\left(\frac{xy^2}{2}\right)_0^{\frac{b}{a}\sqrt{a^2-x^2}}\doteq\frac{x}{2}\,\frac{b^2}{a^2}(a^2-x^2),$$

故

$$I=\frac{b^2}{2a^2}\int_0^a x(a^2-x^2)\,dx=\frac{a^2b^2}{8}.$$

153. 格林氏公式 (Green's formula).

設一域 D 如圖 24 并重積分 $\displaystyle\iint_D \frac{\partial P}{\partial y}\,dx\,dy$, P 爲 x 與 y 之已知函數. 先就 y 求之,有

$$\iint_D \frac{\partial P}{\partial y}\,dx\,dy=\int_a^b dx\int_{y_1}^{y_2}\frac{\partial P}{\partial y}\,dy$$

$$=\int_a^b \left[P(x,y_2)-P(x,y_1)\right]dx$$

$$=-\int_a^b P(x,y_1)\,dx-\int_b^a P(x,y_2)\,dx$$

末端兩積分之和顯然等於 $P(x, y)$ 依正向沿 D 之周線 C 之線積分:於是得公式

(8)
$$\iint_D \frac{\partial P}{\partial y}\,dx\,dy = -\int_C P\,dx,$$

若迴線 C 之形狀較繁複,則只須能引助線分之為若干如上之迴線,公式顯仍可用.

仿上論之,有

(9)
$$\iint \frac{\partial Q}{\partial x}\,dx\,dy = \int_C Q\,dy.$$

舉 (8) 與 (7) 二式加之,卽得格氏公式

(10)
$$\int_C P\,dx + Q\,dy = \iint_D \left(\frac{\partial Q}{\partial x} - \frac{\partial P}{\partial y}\right)dx\,dy,$$

線積分係沿正向而取.

命 $P = -y$ 及 $Q = x$,則復得關於 D 域面積 A 之公式

$$\int_C x\,dy - y\,dx = \iint_D 2\,dx\,dy = 2\,A.$$

II. 變 數 之 替 換

154. 兩域之對應.

設有二平面 P 與 P_1,疊合或否,依次於其上取同轉向之位標制 xy 與 uv,均為正交者,命 $M(x, y)$ 與 $M_1(u, v)$ 依次為 P 與 P_1 之一點,則關係

(11)
$$x = f(u, v), \qquad y = f(u, v)$$

規定 M 與 M_1 間之一種對應情形.吾等設:

1°) 於 P_1 之一域 A_1, 關係 (11) 規定 P 上之一域 A 與之相應,使對於 A_1 或其周線 C_1 之每一點,有 A 或其周線 C 之一點應之;反之亦然,即成一點點對應 (point-to-point correspondence) 也.

2°) $f(u, v)$ 與 $\phi(u, v)$ 在 A_1 內爲連續,並有連續偏紀數,且扎氏式 $J(u, v) = \dfrac{\partial(f_1\phi)}{\partial(u,v)}$ 在 A_1 內保存一定之號.

如所設,則當 M_1 點刻畫 C_1 時,M 點便刻畫 C. 若二點進行之向同,則吾等謂對應爲順的 (direct); 反之,則爲逆的 (inverse).

定理. 由 (11) 確定之對應爲順的或逆的,視 J 爲正或負而定.

證: 爲簡便計,A 域之面積即以 A 字表之.吾等有

$$A = \int_C x \, dy,$$

積分係依 C 之正向而取.準 (11)

$$(12) \quad A = \varepsilon \int_{C_1} f(u, v) \, d\,\phi(u, v) = \varepsilon \int_{C_1} f(u, v) \left[\frac{\partial \phi}{\partial u} du + \frac{\partial \phi}{\partial v} dv \right], (\varepsilon = \pm 1)$$

積分亦設爲依 C_1 之正向而取.若對應爲順的,則吾等自應取 $\varepsilon = +1$; 反之, 則當取 $\varepsilon = -1$.

今命 $P(u, v) = f(u, v) \dfrac{\partial \phi}{\partial u}$ 與 $Q(u, v) = f(u, v) \dfrac{\partial \phi}{\partial v}$, 則 (12) 變爲

$$A = \varepsilon \int_{C_1} P \, du + Q \, dv.$$

準格林公式得

$$A = \varepsilon \iint \left(\frac{\partial Q}{\partial u} - \frac{\partial P}{\partial v} \right) du\, dv.$$

若更設 ϕ 有二級偏紀數 $\dfrac{\partial^2 \phi}{\partial u \, \partial v}$, 則

$$\frac{\partial Q}{\partial u} - \frac{\partial P}{\partial v} = \frac{\partial f}{\partial u}\frac{\partial \phi}{\partial v} - \frac{\partial f}{\partial v}\frac{\partial \phi}{\partial u} = J,$$

而

(13) $\qquad A = \varepsilon \iint_{A_1} J(u,\, \boldsymbol{v})\, du\, dv = \varepsilon \iint_{A_1} \dfrac{\partial(f,\, \phi)}{\partial(u,\, \boldsymbol{v})} du\, dv, (\varepsilon = \pm 1)$

由此觀之, 若札氏式爲正, 吾人當取 $\varepsilon = +1$, 而對應爲順的; 若其爲負, 則當取 $\varepsilon = -1$, 而對應爲逆的, 定理以明.

　　引用中值公式於 (13), 則得一重要公式

(14) $\qquad A = A_1 \,|\, J(\xi,\, \eta) \,| = A_1 \left| \dfrac{D(f,\, \phi)}{D(\xi,\, \eta)} \right|,$

$(\xi,\, \eta)$ 爲 A_1 域中之一點.

155. 重積分變數替換公式:

　　<u>法一</u>. 今取連續於 A 域內之函數 $F(x,\, y)$, 並任意分 A_1 爲小域 $a_1, a_2, \cdots\cdots, a_n$; 按所設必有一相當之法分 A 爲小域 $a_1, a_2, \cdots\cdots, a_n$, 使 a_i 與 a_i 相應. 若吾等以同一字母表區域及面積, 則據公式 (14) 有

$$a_i = a_i \,|\, J(\xi_i,\, \eta_i) \,|,$$

$(\xi_i,\, \eta_i)$ 爲 a_i 域中之一點, 對於此點 a_i 內有一點

$$x_i = f(\xi_i,\, \eta_i), \qquad y_i = \phi(\xi_i,\, \eta_i)$$

應之. 命 $\Phi(u,\, v) = F[f(u,\, v),\, \phi(u,\, v)]$, 則可書

$$\sum_{i=1}^{n} F(x_i, y_i)a_i = \sum_{i=1}^{n} \Phi(\xi_i, \eta_i)\,|J(\xi_i, \eta_i)|\,a_i;$$

達於限, 得公式

$$(15) \qquad \iint_A F(x, y)\,dx\,dy = \iint_{A_1} F[f(u, v), \phi(u, v)]\,|J(u, v)|\,du\,dv,$$

表明 x, y 由其對於新變數之值代入, 而 $dx\,dy$ 則以 $|J|\,du\,dx$ 代之.

　　通常求新積分不必繪出 A_1 域之周線 C_1; 蓋欲定積分限, 吾等可視 u, v 為一曲線位標制論之: 設 u 與 v 之一為活動常數, 則關係 (11) 確定一族曲線. 按吾等對於關係 (11) 之假設, 可知於 A 之每點, $u=$ const. 與 $v=$ const. 二族曲線中各有一線過之, 而只限於一線. 今設每曲線 $v=$ const. 只遇 C 於二點 M_1, M_2, 與 u

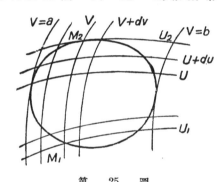

第　25　圖

之值 u_1, u_2, (假定 $u_1 < u_2$) 依次相當, 並所有曲線 $v=$ const. 概位於 $v=a$ 與 $v=b\ (a<b)$ 之間有如圖所示者, 則先令 v 為定數, 而就 u 求積分, 當令 u 由 u_1 變至 u_2, 所得結果再於 (a, b) 間就 v 積之, 卽

$$\int_a^b dv \int_{u_1}^{u_2} F[f(u, v), \phi(u, v)]\,|J(u, v)|\,du.$$

如是, 作變數替換 (11), 乃卽以 $u=$ const. $v=$ const. 兩族曲線

分 A 爲小域也. 於 $u, v+du$ 二線及 $v, v+dv$ 二線間之小域, 在 vu 面上有以 du 及 dv 爲邊之矩形應之; 命 ΔA 表此小域之面積, 則準公式 (14) 有

$$\Delta A = |J(\xi, \eta)|\, du\, dv = \left\{|J(u, v)| + \varepsilon\right\} du\, dv,$$

其中 $u < \xi < u+du$, $v < \eta \leqq v+dv$, 又關於諸小域之 ε 隨 $du\, dv$ 一致趨於零, 在求積分時可略去. $dA = |J(u, v)|\, du\, dv$ 名爲位標制 uv 中之 面積元素 (element of area).

　　注二. 茲所欲述之法, 甚易推用於多重積分, 故贅及之. 先注意者公式 (15) 於任意二種替換

(16) $$x = f(X, Y), \qquad y = \phi(X, Y)$$

與

(17) $$X = f_1(u, v), \qquad Y = \phi_1(u, v)$$

眞確, 則據札氏式特性

$$\frac{\partial(x, y)}{\partial(u, v)} = \frac{\partial(x, y)}{\partial(X, Y)} \cdot \frac{\partial(X, Y)}{\partial(u, x)},$$

可知其於此二替換廣續而成之替換亦眞確. 又若公式對於與 $A_1, B_1, \cdots\cdots, L_1$ 諸域相應之域 $A, B, \cdots\cdots, L$ 眞, 則於 $A+B+\cdots\cdots +L$ 域亦眞.

　　請先證公式 (15) 對於特別替換

(18) $$x = g(X, Y), \qquad y = Y$$

爲眞確: 關係 (18) 於 xy 平面及 XY 平面上規定相應之二域 A 與 A_1, 依次以 C 及 C_1 爲周線. 吾等設其爲點點相應, 並可設 ox

之一平行線僅能遇 C 於兩點(蓋若不然,則可分數區域論之).

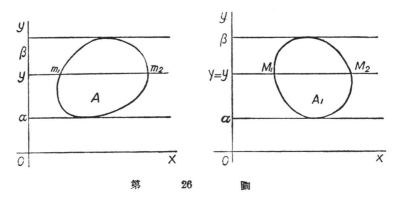

第　26　圖

若是,則 ox 之一平行線亦僅遇 C_1 於兩點,如圖 26 所示.但有應區別者:若 $\dfrac{\partial g}{\partial X}>0$, 則 x 隨 X 增大,圖中 M_1, M_2 二點依次與 m_1, m_2 二點相應.反之,若 $\dfrac{\partial g}{\partial X}<0$, 則 m_1, m_2 之相當點乃依次為 M_2, M_1.

　　茲就 $\dfrac{\partial g}{\partial X}>0$ 論之.命 x_1, x_2 及 X_1, X_2 順序為 m_1, m_2 及 M_1, M_2 之經標,則據單積分換變數公式有

$$\int_{x_1}^{x_2} F(x, y)\,dz = \int_{x_1}^{x_2} F[g(X, Y), Y]\frac{\partial g}{\partial X}\,dX,$$

其中 y 與 Y 視作常數.由是

$$\int_{a}^{\beta} dy \int_{x_1}^{x_2} F(x, y)\,dx = \int_{a}^{\beta} dY \int_{X_1}^{X_2} F[g(X, Y), Y]\frac{\partial g}{\partial X}\,dX.$$

因於此 $J=\dfrac{\partial g}{\partial X}$, 故可書

$$\int_{a}^{\beta} dy \int_{x_1}^{x_2} F(x, y)\,dx = \int_{a}^{\beta} dY \int_{X_1}^{X_2} F[g(X, Y), Y]\,|J|\,dX$$

即 $$\iint_A F(x, y)\, dx\, dy = \iint_{A_1} F[g(X, Y), Y] \,|\, J\,|\, dY\, d\boldsymbol{X}.$$

於 $\dfrac{\partial g}{\partial X} < 0$, 公式亦可同法證明.

又若設替換關係

(19) $$x = X, \qquad y = \psi(X, Y),$$

則仿上論之,得公式

$$\iint_A F(x, y)\, dx\, dy = \iint_{A_1} F[X, \psi(X, Y)] \,|\, J\,|\, dY\, d\boldsymbol{X}$$

即明公式(15)於替換(17)亦眞確.

今取普通替換

(20) $$x = f(u, v), \qquad y = \phi(u, v)$$

論之.命

(21) $$X = u, \qquad Y = \phi(u, v)$$

並自 $Y = \phi(X, v)$ 解出 $v = \pi(X, Y)$ 以代於 (20) 前式,則得

(22) $$x = f[X, \pi(X, Y)] = f_1(X, Y), \quad y = Y.$$

可見替換(20)與(22)及(21)相繼而成之替換相當,即與形如(18),(19)之兩種替換相當也.若關係(20)於 xy 平面上及 uv 平面上確定相當之二域 A 與 A',則在 XY 平面上亦有一域 A_1 與之相應.設此三域均分別點點相應(不然可分爲小區域),則吾等知公式(15)於替換(20)及(21)均已眞確,是可判斷於替換(20)亦眞確矣:

III.　重積分之幾何應用

156.　體積定義.

　　設有閉面 (closed surface) Σ 分空間爲內外二域 D 與 D', 使 D 域中任二點可以完全位於 D 內之一折線連之,而連內外二點之折線必穿過曲面 Σ. 茲往言 D 域體積之意義.

　　凡區域以一定數之平面多邊域爲疆界者,曰<u>多面域</u>(法文 domaine polyedrale). 多面域可自一定數之凸曲面體合成, 其體積定義見於幾何學.今設二多面域,其一 P 包含 D, 其一 p 含於 D; 命 V_P, V_p 依次表其體積.吾人恆有 $V_P < V_p$, 是則 V_P 有一低界 V. 仿之, V_p 有一高界 V', 而 $V' \leqq V$. 若有 $V = V'$, 則吾人謂 D 域有一體積等於 V. 吾等可如對於平面域證明:

　　欲 D 有一體積,必須而卽須任與正數 ε. 能得二域 P 與 p 其一含 D 而其一含於 D. 使 $V_p - V_p < \varepsilon$.

　　若一域 D 能分爲 n 域 $D_1, D_2 \ldots\ldots, D_n$ 其體積依次爲 $V_1, V_2, \ldots\ldots V_n$, 則 D 有體積

$$V = V_1 + V_2 + \cdots\cdots + V_n.$$

　　若取三正交平面之平行面分空間爲小立方, 則位於 D 內諸立方域體積之和, 當其邊 ρ 趨於零時以 D 之體積爲限. 致侵佔疆界之諸立方域,其體積之和趨於零.

　　今設與 oz 平行之一柱面及一曲面

(S) $$z = f(x, y),$$

而取限於 xy 平面及此二曲面間之域 D 論之.吾等設柱面與 xy 面之交線 C 為一無重點之迴線,而在柱面內與 oz 平行之線僅遇 S 於一點,若是命 A 表 C 所範圍之平面域,則 $f(x, y)$ 在 A 內為連續,吾等更設 $f(x, y) \geqq 0$.

試以 ox, oy 之平行線分 A 為小域,則此等小域一部分為完整矩形 R_i,他部分為殘缺矩形 R'_i(被 C 線所割裂者).命 M_i, m_i 為 $f(x, y)$ 在 R_i 內之高低界,並 M 為其在 D 內之高界,則以 R_i 為底 m_i 為高之棱柱顯然合成含於 D 之一多面域 p;又以 R_i 為底 M_i 為高以及 R'_i 為底 M 為高之棱柱合成包含 D 之一多面域 P.命 δ 表諸 R'_i 域面積之和;ω 表諸界距 $M_i - m_i$ 之高界,則知 P 與 p 體積之差 $V_P - V_p < M\delta + A\omega$.當矩形小之至,此差數可小至所欲,即明 D 有一體積 V,而

$$V = \int \int_A f(x, y)\, dx\, dy.$$

蓋此重積分常介於 V_p 與 V_P 間也.

若閉面可被 oz 之一平行線穿於兩點,則限於其內之域可視作兩個如上所言之域之差,其體積乃兩個重積分之差.推之,凡任意閉面若只能被 oz 之任一平行線穿於一定數之點,則可分之為一定數之閉面,使其每面只遇 oz 之一平行線於兩點.因之限於是閉面之體積,等於多數重積分之和.

157. 體積求法.

復就上所論之特別域論之.設迴線 C 之形如圖 24 之 AC_1

$BB'C_2A'A.$ 若是 D 之體積爲

$$V=\int_a^b dx\int_{y_1}^{y_2}f(x, y)\,dy$$

察 $\int_{y_1}^{y_2}f(xy)\,dy$ 表 yz 面之一平行面割 D 之痕之面積 A, 是則有

(23) $$V=\int_a^b A\,dx.$$

此公式易推及於體積之限於 $x=a, x=b$ $(a<b)$ 二平行面及任意曲面者.

若知 A 對於 x 之值, 則求一次積分卽得 V, 例如求一轉成面 S (Surface of revolution) 及與其轉軸 ox 正交之二平面所限之體積是. 蓋以平行於 yz 之一平面剖之則得一圓. 若命 $z=f(x)$ 表 S 在 xz 面內之母線, 則此圓之半徑爲 $f(x)$, 而體積爲

$$V=\pi\int_a^b f^2(x)\,dx.$$

例. 試求橢體

(E) $$\frac{x^2}{a^2}+\frac{y^2}{b^2}+\frac{z^2}{c^2}-1=0$$

限於 $x=x_0, x=X$ 二平面內之體積. 凡 yz 平面之平行面剖 D 之痕爲一橢圓, 其半軸等於 $b\sqrt{1-\frac{x^2}{a^2}}$ 與 $c\sqrt{1-\frac{x^2}{a^2}}$. 然則吾等立有

$$V=\int_x^X \pi\,bc\left(1-\frac{x^2}{a^2}\right)dx$$

$$=\pi\,bc\left(X-x_0-\frac{X^3-x^3_0}{3a^2}\right).$$

欲得橢體之完全體積, 只須取 $x_0 = -a$, $X = a$; 若是得 $\frac{3}{4}\pi abc$.

158. 直紋面 (Ruled surface) 所限之體積.

若 A 爲 x 之一二次整式, 則 V 可由兩端剖面及中央剖面之面積 B, B', b 並兩端之距 h 表之. 蓋取中央剖面爲 yz 面, 則

有
$$V = \int_{-a}^{+a} (lx^2 + 2mx + n)\, dx = 2l\frac{a^3}{3} + 2na;$$

繼由
$$h = 2a,\ b = n,\ B = la^2 + 2ma + n,\ B' = la^2 - 2ma + n$$

得
$$n = b,\ a = \frac{b}{2},\ 2la^2 = B + B' - 2b,$$

而吾等便有公式

(24)
$$V = \frac{b}{6}[B + B' + 4b].$$

也. 茲舉一重要之例於次: 設一可變移之直線

(D)
$$y = ax + p, \qquad z = bx + q,$$

式中 a, b, p, q 爲一參變數 t 之函數; 並設 t 自 t_0 增至 T 時, 此等函數最後之值仍與起始者同. 若是則 D 織成一直紋面 S. 試求 S 及平行於 yz 之二平面所限之體積. yz 之任一平行面剖 δ 之截痕面積爲

$$A = \int_{t_0}^{T} (ax + p)(b'x + q')\, dt,$$

式中 b', q' 表 b, q 對於 t 之紀數, 此公式尚可書如

$$A = x^2 \int_{t_0}^{T} a\, b'dt + x \int_{t_0}^{T} (aq' + pb')\, dt + \int_{t_0}^{T} pq'\, dt.$$

右端積分顯然不含 x. 故可引用公式(24)以求 V.

159. 曲面積(Area of a curved surface).

於一曲面上設一無異點之區域 S, 由周線 Γ 範圍之. 設想任由一法分析 S 爲小域 s_i, 由迴線 γ_i 範圍之, 繼取 s_i 中一點 m_i, 而作 S 於 m_i 之切面 T, 並設 γ_i 於 T 面上之射影爲一曲線 γ'_i, 範圍一平面域 σ_i(卽 s_i 於 T 上之射影). 當小域 s_i 之數無限加多, 以使每小域由各方趨於零時, 則和數 $\Sigma\sigma_i$ 趨於一限. 此限按定義是爲曲面域 S 之面積.

設曲面之方程式爲

$$(25) \qquad x=f(u, v) \quad y=\phi(u, v), \quad z=\psi(u, v);$$

於曲面域 S, 平面 u, v 上有限於一迴線 C 之域 A 與之相應. 設其爲點點相應, 並設 f, ϕ, ψ 及其偏紀數均於 A 內爲連續論之. 試分 A 爲小域 a_i 以 C_i 爲其周線; 吾等可有一相當之法分 S 爲小域 s_i, 使 a_i 與 s_i 相應, 因與 s_i 相應, 並因之與 σ_i 相應. 吾往求 σ_i 與 a_i 二者面積之比.

命 $m_i(x_i, y_i, z_i)$ 爲 s_i 域之一點與 a_i 域之一點 (u_i, v_i) 相應, 並 $\alpha_i, \beta_i, \gamma_i$ 爲 S 於 m_i 之法線之定向餘弦, 則 S 於 m_i 之切面方程式爲

$$\alpha_i(X-x_i)+\beta_i(Y-y_i)+\gamma_i(Z-z_i)=0.$$

今於此切面上取二正交軸 $m_i X$ 與 $m_i Y$; 命 $\alpha'_i, \beta'_i, \gamma'_i$ 與 $\alpha''_i, \beta''_i, \gamma''_i$ 依次爲其定向餘弦, 使與曲面之法線成三正交軸, 與 $oxyz$ 三軸同轉向.

命 $M(x, y, z)$ 爲 s_i 上任一點,則其投於切面上之射影於 $X m_i Y$ 面內,以

$$X = a_i'(x - x_i) + \beta_i'(y - y_i) + \gamma_i'(z - z_i)$$

$$Y = a_i''(x - x_i) + \beta_i''(y - y_i) + \gamma_i''(z - z_i)$$

爲位標,由是有

$$\frac{\partial(X, Y)}{\partial(u, v)} = a_i \frac{\partial(y, z)}{\partial(u, v)} + \beta_i \frac{\partial(z, x)}{\partial(u, v)} + \gamma_i \frac{\partial(x, y)}{\partial(u, v)}.$$

準公式 (14),得

$$\sigma_i = a_i \left| a_i \frac{\partial(y, z)}{\partial(u_i', v_i')} + \beta_i \frac{\partial(z, x)}{\partial(u_i', u_i')} + \gamma_i \frac{\partial(x, y)}{\partial(u_i', v_i')} \right|$$

(u_i', v_i') 爲 a_i 內之一點.若此域甚小,則 (u_i', v_i') 甚近於 (u_i, v_i) 而可寫

$$\frac{\partial(y, z)}{\partial(u_i', v_i')} = \frac{\partial(y, x)}{\partial(u_i, v_i)} + \delta_i, \frac{\partial(z, x)}{\partial(u_i', v_i')} = \frac{\partial(x, y)}{\partial(u_i, v_i)} + \delta_i, \cdots\cdots,$$

$$\Sigma \sigma_i = \Sigma a_i \left| a_i \frac{\partial(y, z)}{\partial(u_i, v_i)} + \beta_i \frac{\partial(z, x)}{\partial(u_i, v_i)} + \gamma_i \frac{\partial(x, y)}{\partial(u_i, v_i)} \right|$$

$$+ \theta \Sigma a_i \left| a_i \delta_i + \beta_i \delta_i' + \gamma_i \delta_i'' \right|.$$

式中 θ 之絕對值不能大於 1. 因 f, ϕ, ψ, 之偏紀數既連續於 A 內,可設 a_i 甚小,使 $\delta_i, \delta_i', \delta_i''$ 各小於任一正數 η, 則是命 A 爲 A 域之面積,上式末項絕對小於 $3\eta A$, 而

$$\lim \Sigma \sigma_i = \int \int \left| a \frac{\partial(y, z)}{\partial(u, v)} + \beta \frac{\partial(z, x)}{\partial(u, v)} + \gamma \frac{\partial(x, y)}{\partial(u, v)} \right| du\, dv,$$

a, β, γ 爲 (u, v) 點法線之定向餘弦.試求此等餘弦之值.按切面方程式爲

$$(X-x)\frac{\partial (y,\ z)}{\partial (u,\ v)}+(Y-y)\frac{\partial (z,\ x)}{\partial (u,\ v)}+(Z-z)\frac{\partial (x,\ y)}{\partial (u,\ v)}=0.$$

然則

$$\frac{\alpha}{\frac{\partial (y,\ z)}{\partial (u,\ v)}}=\frac{\beta}{\frac{\partial (z,\ x)}{\partial (u,\ v)}}=\frac{\gamma}{\frac{\partial (x,\ y)}{\partial (u,\ v)}}=\frac{\pm 1}{\sqrt{\left[\frac{\partial (y,\ z)}{\partial (u,\ v)}\right]^2+\cdots\cdots}}.$$

於末項取正號得

$$\alpha\frac{\partial (y,\ z)}{\partial (u,\ v)}+\beta\frac{\partial (z,\ x)}{\partial (u,\ v)}+\gamma\frac{\partial (x,\ y)}{\partial (u,\ v)}$$

$$=\sqrt{\left[\frac{\partial (y,\ z)}{\partial (u,\ v)}\right]^2+\left[\frac{\partial (z,\ x)}{\partial (u,\ v)}\right]^2+\left[\frac{\partial (x,\ y)}{\partial (u,\ v)}\right]^2}$$

準恆等式 $\quad (ab'-ba')^2+(bc'-cb')^2+(ca'-ac')^2$

$$=(a^2+b^2+c^2)(a'^2+b'^2+c'^2)-(aa'+bb'+cc')^2.$$

可書根號下之量作 $EG-F^2$ 形,其中

$$E=\Sigma\left(\frac{\partial x}{\partial u}\right)^2,\quad F=\Sigma\frac{\partial x}{\partial u}\frac{\partial x}{\partial v},\quad G=\Sigma\left(\frac{\partial x}{\partial v}\right)^2.$$

然則 S 之面積由重積分

(26) $$S=\iint_A\sqrt{EG-F^2}\,du\,dv$$

表之 $\sqrt{EG-F^2}\,du\,dv$ 名爲曲面 S 之面積元素.

函數 E,F,G 於曲面之研究甚重要. 若取 dx, dy, dz 等之平方加之,則得

(27) $$ds^2=dx^2+dy^2+dz^2=E\,du^2+2\,F\,du\,du+F\,dv^2$$

尋常卽據此公式以求 E, F, G 也.

特例. 1°). 設曲面之方程式爲 $z = f(x, y)$, 其上一域 S 投射於 xy 面上之射影爲 A, 且設 $f(x, y)$ 及 $P = \dfrac{\partial f}{\partial x}$, $q = \dfrac{\partial f}{\partial y}$ 連續於 A 內; 若取 x, y 爲自變數, 則有

$$E = 1 + p^2, \qquad F = pq, \qquad G = 1 + q^2,$$

而 S 之面積爲

$$(28) \qquad S = \iint_A \sqrt{1 + p^2 + q^2} \, dx \, dy.$$

亦卽

$$S = \iint_A \frac{dx \, dy}{\cos \gamma}.$$

γ 表曲面之法線與 oz 所成之銳角.

2°) 設一轉成面 S 並與其軸正交之二平行面. 試求 S 在此二平面間之面積. 取曲面之軸爲 z 軸, 並命 $z = f(x)$ 爲曲面於 xz 面上之母線, 則曲面上任一點之位標爲

$$x = r \cos \omega, \qquad y = r \sin \omega, \qquad z = f(r),$$

而於 xy 面上取位標量 r, ω 爲自變數, 則有

$$ds^2 = [1 + f'^2(r)] dr^2 + r^2 \, d\omega^2$$

故

$$F = 1 + f'^2(r), \qquad F = 0, \qquad G = r^2,$$

於是曲面限於半徑爲 r_1 與 r_2 $(r_1 < r_2)$ 之二平行圓間之面積等於

$$S = \int_{r_1}^{r_2} dr \int_0^{2\pi} r \sqrt{1 + f'^2(r)} \, d\omega.$$

或

$$(29) \qquad S = 2\pi \int_{r_1}^{r_2} r \sqrt{1 + f'^2(r)} \, dr.$$

若命 s 表曲面經線之弧, 則有

$$ds^2 = dr^2 + dz^2 = {}^2[1+f'^2(r)]\,dr^2.$$

而上式可書作

$$S = \int_{r_1}^{r_2} 2\,\pi r\,ds.$$

其幾何意義甚明,例有拋物線 $x^2 = 2\,pz$ 於 oz 周轉成之曲面,其限於尖點與半徑爲 R 之平行圓間之面積爲

$$S = 2\,\pi \int_0^R \frac{r}{p}\sqrt{r^2+p^2}\,dr = \frac{2\pi}{3p}[(R^2+p^2)^{\frac{3}{2}}-p^3].$$

160.　維亞尼氏問題 (Viviani's problem).

設以原點爲心之一球,以其一半徑 $OA = R$ 爲直徑繪一圓 C 於 xy 面內,並作一柱面以 C 爲正截痕. 試求是球限於柱面內之部分之體積 V 與面積 S. 吾等有

$$V = 4\iint_{\mathbf{A}}\sqrt{R^2-x^2-y^2}\,dx\,dy$$

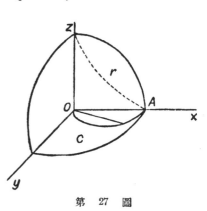

第 27 圖

A 表 OCA 半圓.易爲極位標則有

$$V = \int_0^{\frac{\pi}{2}} d\omega \int_0^{R\cos\omega} r\sqrt{R^2-r^2}\,dr$$

$$= -4\int_0^{\frac{\pi}{2}}\frac{1}{3}\Big[(R^2-r^2)^{\frac{2}{3}}\Big]_0^{R\cos\omega}\,d\omega,$$

或
$$V = \frac{4}{3} \int_0^{\frac{\pi}{2}} (R^3 - R^3 \sin^3 \omega)\, d\omega = \frac{4}{3} \frac{R^4}{3}\left(\frac{\pi}{2} - \frac{2}{3}\right).$$

若自球體積減去限於此柱面及與此對稱於 oz 之柱面內之部分,則得

$$\frac{4}{3}\pi R^3 - \frac{8}{3}\frac{R^3}{3}\left(\frac{\pi}{2} - \frac{2}{3}\right) = \frac{16}{9} R^3.$$

又球面積限於柱面內之部分為

$$S = 4 \iint \sqrt{1 + p^2 + q^2}\, dx\, dy.$$

代 p, q 以其值 $-\dfrac{x}{z}$, $-\dfrac{y}{z}$, 並改用極位標,則有

$$S = 4 \int_0^{\frac{\pi}{2}} d\omega \int_0^{R\cos\omega} \frac{R r\, dr}{\sqrt{R^2 - r^2}} = -4 \int_0^{\frac{\pi}{2}} R \left[\sqrt{(R^2 - r^2)}\right]_0^{R\cos\omega} d\omega,$$

或
$$S = 4 K^2 \int_0^{\frac{\pi}{2}} (1 - \sin\omega)\, d\omega = 4 R^2\left(\frac{\pi}{2} - 1\right).$$

若自球面積減去限於上所云兩柱面內之部分,則得

$$4\pi R^2 - 8 R^2\left(\frac{\pi}{2} - 1\right) = 8 R^2.$$

IV. 廣義重積分

161. 在無限域內之重積分.

設一函數 $f(x, y)$, 在一迴線 C 外之無限域 A 內為囿的, 試取包圍 C 之任意迴線 Γ. 若此函數在 C 與 Γ 間之域 D 為可積而無論 Γ 如何擴大皆然,且若展布於 D 域內之重積分

$$I(C,\Gamma) = \int\int_D f(x, y)\, dx\, dy$$

於 Γ 由 各 方 無 限 擴 張 時 趨 於 定 限 I, 則 吾 人 稱 I 為 $f(x, y)$ 展 布 於 無 限 域 A 的 重 積 分, 而 由 $\int\int_A f(x,y) dx\, dy$ 表 之. 吾 等 亦 可 先 設 重 積 分 符 號 $\int\int_A f(x, y)\, dx\, dy$ 而

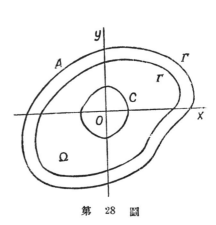

第 28 圖

於 其 有 定 限 I 時 謂 其 有 意 義 或 收 斂. 一 迴 線 Γ 由 各 方 無 限 擴 張 云 者, 乃 任 於 面 上 作 一 圓 (無 論 如 何 大). Γ 終 能 擴 大 以 超 於 其 外 也.

收 斂 條 件. 設 Γ, Γ' 為 C 外 任 二 迴 線, Γ' 在 Γ 外, 欲 $\int\int_A f(x, y) dx\, dy$ 收 斂, 必 須 而 即 須 當 此 二 迴 線 由 各 方 無 限 擴 張 時, 差 數 $I(C, \Gamma') - I(C, \Gamma)$ 趨 於 零.

此 條 件 顯 為 必 須 者; 今 欲 證 其 為 充 足, 請 設 一 貫 迴 線 C, $\Gamma_1, \Gamma_2, \cdots\cdots, \Gamma_n$ 使 Γ_1 在 C 外, Γ_2 在 Γ_1 外, 以 至 Γ_n 在 Γ_{n-1} 外, 使 於 $n \to \infty$ 時 Γ_n 由 各 方 擴 張 至 無 限. 按 所 設 以 m, n 表 任 意 二 整 數, 則 $I(C, \Gamma_n) - I(C, \Gamma_m)$ 於 $m \to \infty$ 及 $n \to \infty$ 時 趨 於 零. 是 故 準 級 數 理 可 斷 $I(C, \Gamma_n)$ 趨 於 一 限 I. 更 任 設 一 迴 線 Γ' 由 各 方 無 限 擴 張. 據 所 設 $I(C, \Gamma_n) - I(C, \Gamma')$ 趨 於 零, 故 $I(C, \Gamma')$ 亦 趨 於 定 限 I, 而 無 論 Γ' 擴 張 之 情 狀 何 如.

無 限 積 分 域 亦 可 為 平 面 上 之 一 部, 例 為 xoy 角. 上 述 之 理

於此情形自仍適用; 只須就 xoy 及一變移曲線 Γ 所限之域論之.

由收斂條件, 立可推得定理: <u>若 $|f(x, y)|$ 在 A 無限域的重積分有意義, 則 $f(x, y)$ 者亦然.</u>

例. 作一圓 C_0 以 o 爲心 a 爲半徑 (a 可甚小) 而取 C_0 外之無窮域 A 以論積分

$$(30) \qquad \iint_A \frac{dx\,dy}{(x^2+y^2)^a}$$

以 o 爲心任作二圓 C 與 C' 依次以 r 與 r' $(r'>r)$ 爲半徑, 則展布於此二圓間之重積分爲 (換爲極位標)

$$I(C,\,C') = \iint \frac{dx\,dy}{(x^2+y^2)^a} = \iint \frac{r\,dr\,d\omega}{r^{2a}} = 2\,\pi \int_r^{r'} \frac{dr}{r^{2a-1}}.$$

於是可知 $a>1$, $I(C,\,C')$ 於 C 無限擴張時趨於零. 且也若作包圍 C_0 圓之任意二迴線 Γ, Γ' (Γ' 在 Γ 外), 吾等可設其位於二圓之間, 是則 $I(\Gamma,\,\Gamma')$ 亦於 Γ 無限擴大時趨於零. 可斷 (30) 於 $a>1$ 時有意義. 反之, 若 $a=1$ 則無意義.

積分 (30) 每可取爲比較標準. 例有

$$(31) \qquad \iint_A \frac{\phi(x,\,y)}{(x^2+y^2)^a}\,dx\,dy,$$

A 同上, $\phi(x, y)$ 則設其圍於 A 內且在 A 內之高低界 M, m 同號. 若是由

$$I(\Gamma,\,\Gamma') = \iint \frac{\phi(x,\,y)}{(x^2+y^2)^a}\,dx\,dy = \mu \iint \frac{dx\,dy}{(x^2+y^2)^a},\ (m<\mu<M)$$

可斷重積分 (31) 於 $a>1$ 有意義, 而於 $a\leqq 1$ 則否.

注意. 設 $f(x, y)$ 在 A 內有定號(設其爲正). 則但須對於特別一族曲線 C_n, $I(C, C_n)$ 趨於定限, 卽可判斷 $\iint_A f(x,y)\, dx\, dy$ 有意義. 蓋命 Γ_m 爲他族曲線, 吾等可設 Γ_m 位於 C_n 與 C_{n+p} 之間, 而有

$$I(C, C_n) < I(C, \Gamma_m) < I(C, C_{n+p})$$

也. 但 $f(x, y)$ 倘無定號, 且 $|f(x, y)|$ 在 A 內之重積分有爲無窮, 則 $I(C, \Gamma)$ 之限將因 Γ 擴張之情狀不同而異. 茲舉凱烈(Caylev)氏例以明之:

設 $f(x, y) = \sin(x^2 + y^2)$. 先於 ox, oy 上作邊爲 l 之正方形而於其內取積分, 得

$$\int_0^l dx \int_0^l \sin(x^2 + y^2) dy = \int_0^l \sin x^2\, dx \int_0^l \cos y^2\, dy +$$

$$\int_0^l \cos x^2\, dx \int_0^l \sin y^2\, dy.$$

於 $l \to \infty$, 右端積分均變爲伏氏積分而有定值; 吾等可證明其等於 $\dfrac{1}{2}\sqrt{\dfrac{\pi}{2}}$, 故上式右端以 $\dfrac{\pi}{4}$ 爲限. 今若作半徑爲 R 之圓而取 xoy 角所限於圓內之部分域, 則得

$$\int_0^{\frac{\pi}{2}} d\,a \int_0^R r \sin r^2\, dr = -\frac{\pi}{4}\Big[\cos r^2\Big]_0^R = -\frac{\pi}{2}(1 - \cos R^2),$$

於 $R \to \infty$ 時無定限.

162. 非囿性函數的重積分.

　　設 $f(x, y)$ 於 A 域之一點 P 或沿其一線 Γ 變爲無窮；吾等

於 P 點以一小迴線 γ 範圍之，或於 Γ 則於其兩旁作相鄰之

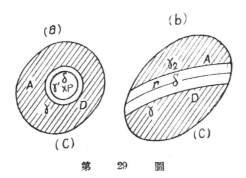

第　29　圖

二曲線 γ_1, γ_2 夾之，以分 A 爲二域 D 及 δ 如圖 29. 若 γ 由各方

無限縮小，或 γ_1 與 γ_2 趨近 Γ 時，重積分 $\iint_D f(x, y)\, dx\, dy$ 恆有意

義而趨於一定限 I, 則此限名爲 $f(x, y)$ 展布於 A 域內的重

積分，仍由符號 $\iint_A f(x, y)\, dx\, dy$ 表之.

　　命 $I(\gamma, \gamma')$ 表 $f(x, y)$ 展布於 γ 與 γ' 間之重積分，可仿前節

證明.

　　欲 $\iint_A f(x, y)\, dx\, dy$ 有意義，在圖 29 (a), 必須而卽須 $I(\gamma, \gamma')$

於 γ 無限縮減時趨於零；而在圖 29 (b), 必須而卽須 $I(\gamma_1, \gamma_1')$

與 $I(\gamma_2, \gamma_2')$ 於 γ_1 與 γ_2 趨近 Γ 時趨於零.

　　吾等亦如在無窮域之重積分易明. 若 $f(x, y)$ 於間斷點或

間斷線附近有定號，則用以範圍此間斷點或線之曲線，其形

狀無論如何，所得結論均同. 反之，若 $f(x, y)$ 在彼處無定號，則

重積分可無定值.

例 1. 設重積分

$$(32) \qquad \iint_A \frac{dx\,dy}{[(x-a)^2+(y-b)^2]^a},$$

A 爲含 (a, b) 點之一域,被積函數於 (a, b) 變爲無窮,但在是點有定號;今以是點爲心作二小圓 C, C' 依次以 ρ, ρ' 爲半徑,並命 $x-a=r\cos\omega,\, y-b=r\sin\omega$, 則展布於 C, C' 間之重積分

$$\iint \frac{dx\,dy}{[(x-a)^2+(y-b_{'}{}^2)]^a} = 2\pi \int_\rho^{\rho'} \frac{dr}{r^{2a-1}}.$$

由是可判斷重積分 (32) 於 $a<1$ 有意義.而於 $a\geqq 1$ 則否.

由此重積分吾等可推論重積分

$$\iint_A \frac{\phi(x,y)\,dx\,dy}{[(x-a)^2+(y-b)^2]^a}.$$

$\phi(x, y)$ 設爲在 (a, b) 點附近爲圍函數且有定號.

例 2. 設

$$(33) \qquad \iint_A \frac{dx\,dy}{(x-y)^a}$$

A 爲 $y=0,\, y=x,\, x=a$ 三直線所成三角形.被積函數在 A 內亦有定號;試引與 OB 鄰近並平行之一線 CB', 則展布於 $C\,a\,B'$ 三角形之重積分爲

$$I' = \int_h^a dx \int_0^{x-h} \frac{dy}{(x-y)^a}.$$

吾等知若 $a<1$, 則於 $h\to 0$ 時 $\int_0^{x-h} \frac{dy}{(x-y)^a}$ 有定限;因之 I' 亦

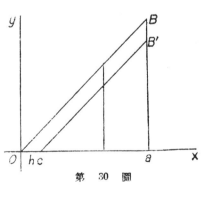

第 30 圖

然,而重積分(33)有意義;反之,於 $a \geqq 1$ 時 則 否. 據 (33) 可 判 斷 次 之 重積分收斂或否:

$$\int \int_A \frac{\phi(x, y)}{(x-y)^a} \, dx \, dy,$$

$\phi(x, y)$ 圍 於 A, 且 在 OB 附 近 有 定 號.

若 已 明 非 圍 性 之 函 數 之 積 分 有 意 義, 則 可 照 常 法 求 其 值. 例 如 設 $a < 1$,

$$\int \int_A \frac{\phi(x, y)}{(x-y)^a} \, dx \, dy = \int_0^a dx \int_0^x \frac{\phi(x, y)}{(x-y)^a} \, dx \, dy.$$

V. 面 積 分

163. 面 積 分 (Surface integrals).

首 宜 注 意 者, 由 一 迴 線 或 數 迴 線 範 圍 之 一 部 分 曲 面 可 判 別 爲 表 裏 兩 方 面 或 否. 果 爾, 則 由 此 方 面 之 一 點 沿 一 連 續 曲 線 至 彼 方 面 之 一 點, 必 經 過 邊 線, 於 下 所 論, 恆 爲 有 兩 方 面 之 曲 面.

命 S 爲 曲 面 $z = f(x, y)$ 之 一 部, 限 於 迴 線 Γ 內; 並 設 其 與 oz 之 任 意 一 平 行 線 僅 相 遇 於 一 點. 若 是, S 顯 分 爲 兩 方 面: 其 一 方 面 有 其 半 法 線 與 oz 成 銳 角 γ, 吾 等 名 之 爲 S 之 表 面, 或 上 方 面, 他 方 面 其 半 法 線 與 oz 成 鈍 角, 則 爲 裏 面 或 下 方 面. 今 設 函 數 $R(x, y, z)$ 在 包 有 S 之 一 域 內 爲 連 續, 若 A 表 S 於 xy 面 上 之 射 影, 則 按 所 設 $f(x, y)$ 連 續 於 A 域; 以 之 代 z 於 $R(x, y, z)$, 則

亦得一連續函數而重積分

(34)
$$\iint_A R[x, y, f(x, y)] \, dx \, dy$$

有一確切之意義,現令積分號下顯出面積元素 $d\sigma$, 卽代 dx dy 以 $\cos \gamma \, d\sigma$, 則可書爲

(35)
$$\iint R(x, y, z) \cos \gamma \, d\sigma.$$

此形狀含意較廣:設 γ 爲銳角(卽取上方面之法線),則 (35) 與 (34) 等. 但設 γ 爲鈍角(取下方面之法線),(35) 亦有確當意義, 而與

$$-\iint_A R[x, y, f(x, y)] \, dx \, dy$$

等. 若是視 γ 爲銳角或鈍角,吾人分別稱 (35) 爲 $R(x, y, z)$ 展布; 於曲面 S 上方面或下方面的面積分:

(36)
$$\iint R(x, y, z) \, dx \, dy.$$

於曲面可被 oz 平行線穿過數點時,只須分爲數部論之, 同理可定面積分

(37)
$$\iint P(x, y, z) \, dy \, dz, \qquad \iint Q(x, y, z) \, dz \, dx.$$

此二積分依次等於

$$\iint P(x, y, z) \cos a \, d\sigma, \qquad \iint Q(x, y, z) \cos \beta \, d\sigma.$$

a, β 以次爲所取方面之法線與 ox, oy 所成之角.

舉 (36), (37) 三積分加之,則得常見於應用之面積分

312

(38)
$$\int\int P\,dy\,dz + Q\,dz\,dx + R\,dx\,dy,$$

或 即 書 如:

(39)
$$\int\int [P\cos\alpha + Q\cos\beta + R\cos\gamma]d\sigma.$$

若 S 由 方 程 式

$$x=\phi(u,v), \quad y=\psi(u,v), \quad z=\pi(u,v)$$

表 之, 吾 等 知 $d\sigma = \sqrt{EG-F^2}\,du\,dv$, 並

$$\frac{\cos\alpha}{\dfrac{\partial(y,z)}{\partial(u,v)}} = \frac{\cos\beta}{\dfrac{\partial(z,x)}{\partial(u,v)}} = \frac{\cos\gamma}{\dfrac{\partial(x,y)}{\partial(u,v)}} = \frac{\pm 1}{\sqrt{EG-F^2}}$$

末 端 取 $+$ 或 $-$ 號, 視 所 論 S 之 方 面 而 定. 若 是, (39) 等 於

$$\pm\int\int_A \left[P\frac{\partial(y,z)}{\partial(u,v)} + Q\frac{\partial(z,x)}{\partial(u,v)} + R\frac{\partial(x,y)}{\partial(u,v)} \right] du\,dv,$$

$\pm$ 號 視 S 方 面 而 定. A 爲 uv 平 面 上 與 S 相 應 之 域.

　　例. 於 球 面 $x^2+y^2+z^2=1$ 上 取 合 於 不 等 式

$$x^2+y^2-x\leqq 0, \qquad z\geqq 0$$

之 部 分 S, 而 求 展 布 於 S 外 方 面 之 面 積 分

$$I=\int\int x^2\,dy\,dz + y^2\,dz\,dx + z^2\,dx\,dy.$$

　　球 面 向 外 之 法 線, 其 定 向 餘 弦 顯 爲 x,y,z, 而 有

$$I=\int\int_S (x^3+y^3+z^3)\,d\sigma.$$

若 注 意 S 域 對 稱 於 xz 平 面, 則 知 $\int\int_\delta y^2 d\sigma = 0$ 而 $\int\int_\delta (x^3+z^3)\,d\sigma$

之 元 素 兩 兩 相 加, 是 故

$$I = 2 \iint_{S_1} (x^3 + z^3) \, d\sigma,$$

S_1 表 S 位 於 $oxyz$ 三 稜 角 內 之 部 分. 試 以 球 位 標

$$x = \sin \theta \cos \phi, \quad y = \sin \theta \sin \phi, \quad z = \cos \theta$$

入 算, 若 是 有

$$dx = \cos \theta \cos \phi \, d\theta - \sin \theta \sin \phi \, d\phi,$$

$$dy = \cos \theta \sin \phi \, d\theta + \sin \theta \cos \phi \, d\phi,$$

$$dz = - \sin \theta \, d\theta,$$

而
$$ds^2 = d\theta^2 + \sin^2 \theta \, d\phi^2;$$

因 之 得
$$E = 1, \qquad F = 0, \qquad G = \sin^2\theta,$$

$$d\sigma = \sqrt{EG - F^2} \, d\theta \, d\phi = \sin \theta \, d\theta \, d\phi.$$

然 則
$$I = 2 \iint_{\mathbf{A}} (\sin^3\theta \cos^3\phi + \cos^3\theta)\sin \theta \, d\theta \, d\phi$$

$$= 2 \int_0^{\frac{\pi}{2}} \sin \theta \, d\theta \int_0^{\frac{\pi}{2} - \theta} (\sin^3\theta \sin^3\phi + \cos^3\theta) \, d\psi.$$

演 之, 得
$$I = \frac{38}{105} + \frac{5\pi}{32}.$$

注意. 於 代 (38) 以 (39), 吾 人 係 設 曲 面 S 於 每 點 有 一 切 面, 其 方 位 隨 切 點 連 續 然 移 動, 但 曲 面 上 亦 可 有 一 種 角 線, 如 平 曲 線 上 之 有 角 點 然. 蓋 如 曲 面 有 二 部 S_1 與 S_2 相 交 於 一 線 Σ, 而 沿 Σ 有 不 同 之 切 面, 則 展 布 於 S 上 的 面 積 分, 按 定 義 為 展 布 於 S_1 與 S_2 上 的 面 積 分 之 和 也.

164. 士 鐸 克 斯 氏 (Stokes formula) 公 式.

命 Γ 表一空間曲線並 $P(x, y, z), Q(x, y, z), R(x, y, z)$ 爲沿 Γ 之連續函數.仿 139 節論之,可定線積分

$$\int_{\Gamma} P\,dx + Q\,dy + R\,dz.$$

今設曲面域 S 限於一迴線 Γ, 而判爲兩方面,吾等於每方面可定 Γ 之一正向.今規定之如次:於 Γ 上一點 M, 引所取方面之法線 MN 假設之人依 MN 立(足位於 M 首位於 N),沿 Γ 進行見 S 曲面在其左,則其進行一向爲正向.如是 S 兩方面之正向顯然反對.

此義明,吾往論面積分與線積分間之一關係.取 S 域如上,並設其僅能被 oz 之任一平行線穿於一點.爲方便計,取位標軸之轉向如圖 31. 若是, Γ 與其在 xy 上之射影 C 之正向有如前號所示.於是取函數 $P(x, y, z)$, 而設其在包含 S 之一域內爲連續.若 $z = \phi(x, y)$ 爲 S 之方程式,則見線積分

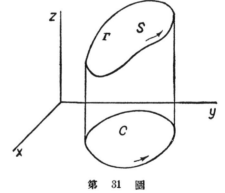

第 31 圖

$$\int_{\Gamma} P(x, y, z)\,dx$$

與線積分

(40)
$$\int_{C} P[x, y, \phi(x\,y)]\,dx$$

等.於積分 (40), 吾等可引用林氏公式化之, 命

$$\overline{P}((x, y) = P[x, y, \phi(x\ y)],$$

有 $\qquad \dfrac{\partial P(x, y)}{\partial y} = \dfrac{\partial P}{\partial y} + \dfrac{\partial P}{\partial z}\dfrac{\partial \phi}{\partial y} = \dfrac{\partial P}{\partial y} - \dfrac{\partial P}{\partial z}\dfrac{\cos \beta}{\cos \gamma},$

α, β, γ 表 S 上面法線與位標軸所成角. 於是

$$\int_C \overline{P}(x, y)dx = \iint_A \left(\dfrac{\partial P}{\partial z}\cos \beta - \dfrac{\partial P}{\partial y}\cos \gamma\right)\dfrac{dx\ dy}{\cos \gamma},$$

A 爲 C 所限之域. 察右端重積分即在 S 上方面的面積分

$$\iint \left(\dfrac{\partial P}{\partial z}\cos \beta - \dfrac{\partial P}{\partial y}\cos \gamma\right) d\sigma,$$

是吾等可寫

$$\iint_\Gamma P(x, y, z)dx = \iint_S \dfrac{\partial P}{\partial z}\ dz\ dx - \dfrac{\partial P}{\partial y}\ dx\ dy.$$

若改換 S 之方面, 則只須同時改換周線 Γ 上之方向公式仍合. 此公式亦似格氏公式可推廣於任意曲面.

同理得

$$\int_\Gamma Q(x, y, z)\ dy = \iint_S \dfrac{\partial Q}{\partial x}\ dx\ dy - \dfrac{\partial Q}{\partial z}\ dy\ dz,$$

$$\int_\Gamma R(x, y, z)\ dz = \iint_S \dfrac{\partial R}{\partial y}\ dy\ dz - \dfrac{\partial R}{\partial x}\ dz\ dx,$$

令此三式相加, 即得士鐸克斯氏之普通公式:

(39) $\qquad \displaystyle\int_\Gamma P\ dx + Q\ dy + R\ dz$

$$= \iint_S \left(\dfrac{\partial Q}{\partial x} - \dfrac{\partial P}{\partial y}\right) dx\ dy + \left(\dfrac{\partial R}{\partial y} - \dfrac{\partial Q}{\partial z}\right) dy\ dz + \left(\dfrac{\partial P}{\partial z} - \dfrac{\partial R}{\partial x}\right) dz\ dx,$$

線積分沿 Γ 在 S 相當方面之正向取.

165. 面積分於體積之應用.

面積分可用以表體積,亦若線積分之可以表平面積然.
試取一閉面 S, 暫設 oz 之一平行線只遇之於兩點 M_1, M_2; 命
$z_1 = f_1(x, y)$, $z_2 = f_2(x, y)$ 依次爲 M_1, M_2, 畫成之二部曲面 S_1,
S_2 $(f_1 < f_2)$, 則命 A 爲 S 於 xy 上之射影,吾等知 S 閉面所限之
體積等於

$$V = \int\int_A f_2(x, y) \, dx \, dy - \int\int_A f_1(x, y) \, dx \, dy.$$

第一積卽表展布於 S_2 上方面的面積分 $\int\int z \, dx \, dy$, 而第二
積分卽表展布於 S_1 上方面的面積分 $\int\int z \, dx \, dy$, 其差適爲展
布於 S 全面外方面的面積分 $\int\int z \, dx \, dy$. 於是按對稱性吾
人有

(40) $$V = \int\int_S x \, dy \, dz = \int\int_S y \, dx \, dz = \int\int_S z \, dx \, dy.$$

公式可推廣於任一閉面.

習 題

1. 設 $f(x, y)$ 爲 x 與 y 之連續函數,而命

$$F(X, Y) = \int_a^X dx \int_b^Y f(x, y) \, dy,$$

則

(a) $$\frac{\partial^2 F}{\partial x \, \partial y} = f(X, Y);$$

反之,若知一函數 F 合於 (a), 則有

$$\int_a^X dx \int_b^Y f(x, y)\, dy = F(X, Y) - F(a, Y) - F(X, b) + F(a, b).$$

2. 橢圓位標(Elliptic coordinates). 設共焦點之圓錐線

(1)
$$\frac{x^2}{\lambda} + \frac{y^2}{\lambda - c^2} = 1,$$

其中λ爲一參變數;凡於平面上每點有錐線二過之,一爲橢圓而一爲雙曲線,因於 x, y 之一組值,(1)式有二實根λ與μ也. λ, μ 是爲 (x, y) 點之橢圓位標,求示

$$x = \frac{\sqrt{\lambda\mu}}{c}, \qquad y = \frac{\sqrt{(\lambda - c^2)(c^2 - \mu)}}{c},$$

$$\frac{\partial(x, y)}{\partial(\lambda, \mu)} = \frac{-1}{4} \frac{\lambda - \mu}{\sqrt{\lambda\mu(\lambda - c^2)(c^2 - \mu)}},$$

並論 x, y 與λ, μ 相應之情形.

3. 求展布於不等式

$$x \geqq 0, \qquad y \geqq 0, \qquad x^3 + y^3 \leqq 1.$$

所定之域 A 內的重積分

$$\iint_A x^2 y \sqrt[3]{1 - x^3 - y^3}\, dx\, dy. \qquad\qquad 答: \frac{\pi\sqrt{3}}{81}.$$

4. 有三正交軸 $oxyz$, 設一直線 D 依據 oz 軸及

$$y = a, \qquad x^2 + z^2 = r^2$$

圓 C 並平行於 xoy 平面, 以作一脊椎面(Conoid) S. 試求限於 S 內及 oz 與 C 圓間之體積. $\qquad\qquad 答: \dfrac{\pi a r^2}{2}$

5. 試求位於 xy 面上方,而含於

$$\frac{z}{c} = 1 - \frac{x^2}{a^2} - \frac{y^2}{b^2} \quad 及 \quad \frac{x^2}{a^2} + \frac{y^2}{b^2} = m^2$$

二曲面間之體積;吾等設 $m^2 < 1$. 若 $m^2 > 1$, 則所得結果將何所表示?

(Licence, Lille, 1864), $\qquad 答: V = \pi\, abcm^2\left(1 - \frac{m^2}{2}\right)$

6. 求限於 xoy 平面及次二柱面

$(S_1) \qquad\qquad\qquad x^2 + y^2 = 2y$

$(S_2) \qquad\qquad\qquad z = y^2$

間之體積,並求 S_1 限於 xoy 及 S_2 間之曲面積.

7. 求限於球面 $x^2+y^2+z^2=R^2$ 及橢面

$$x^2\frac{\sin^2 a}{\sin^2 \beta}+y^2\frac{\cos^2 a}{\cos^2 \beta}+z^2=h^2$$

內之體積,式中設 $0<a<\beta<\dfrac{\pi}{2}$.　　　　　　　(Licence, Montpellier 1930).

答: $\dfrac{4}{3}h^3\left(\pi-2\beta+2a\dfrac{\sin 2\beta}{\sin 2a}\right)$.

8. 求

$$\frac{x^2}{12}+\frac{y^2}{36}=2z,$$

$$\frac{x^2}{6}+\frac{y^2}{12}=2(2-z)$$

二拋物面體積之公共部分　　　　　(Licence Toulause 1905)　　答: 24π.

9. 設直線 AB: $x+y=1$ 與位標軸所成之三角形;試求展布於此三角形內之重積分

$$\iint \frac{(x+y)\log\left(1+\frac{y}{x}\right)}{\sqrt{1-x-y}}\,dx\,dy.$$

授意:可以過原點之直線及 AB 之平行線分三角形為元素演之.

(清華選送留美專科生試題, 1929).　　　　　　答: 16/15.

10 有橢面　　　　　$\dfrac{x^2}{a^2}+\dfrac{y^2}{b^2}+\dfrac{z^2}{c^2}=1$

及拋面　　　　　$\dfrac{y^2}{b^2}+\dfrac{z^2}{c^2}=\dfrac{x-\lambda}{u-\lambda}\cdot\dfrac{a^2-\mu^2}{a^2}$,

式中設 $-a<\lambda<\mu<a$;試明拋面剖分橢面體積為二部而求其每部之值,並定 λ 使此二部體積相等.　　　　　　(Licence, Montpellier, 1902).

$$V_1=\frac{2}{3}\pi bc(a-\mu)+\frac{\pi bc}{6a^2}(a^2-\mu^2)(\mu-3\lambda),$$

$$V_2=\frac{4}{3}\pi abc-V_1,\qquad \lambda=-\mu\frac{3a^2+\mu^2}{3(a^2-\mu^2)}.$$

11. 取錐面 $x^2=y^2+z^2$ 之位於 xy 面上方,且射於 xoy 角與曲線 $(x^2+y^2)^2=2a^2xy$ 內之部分而求其面積.　　　　　　(東南大學試題).

答: $\dfrac{a^2}{4}[\sqrt{2}+\log(\sqrt{2}+1)]$

12. 設有拋面及柱面

$$\frac{x^2}{a}+\frac{y^2}{b}=2z,$$

$$(a>0,\ b>0)$$

$$\frac{x^2}{a^2}+\frac{y^2}{b^2}=c^2.$$

試求拋面位於柱面內之部分之面積,並求柱體含於 xy 面與拋面間之體積。

答: $S=\dfrac{2\pi}{3}(1+c^2)^{\frac{3}{2}}ab-\dfrac{2\pi}{3}ab,\quad V=\dfrac{\pi ab}{3}(a+b)c^4.$

13. 以二法求 $\qquad (x-y)^n\ f(y)$

展布於 $y=x_0,\ y=x_1,\ x=X$ 三線所限之三角形內的重積分,以證

$$\int_{x_0}^{x}dx\int_{x_0}^{x}dx\cdots\cdots\int_{x_0}^{x}f(x)\,dx=\frac{1}{(n-1)!}\int_{x_0}^{x}(x-y)^{n-1}f(y)\,dy.$$

14. 求重積分

$$\iint\frac{dx\,dy}{(1+x^2+y^2)^2}$$

分別展布於下列拋物線內外兩域之值。 (Licence, Paris 1919)

$$y^2=2x.$$ 答: $\dfrac{\pi\sqrt{2}}{4}$ 及 $\dfrac{4-\sqrt{2}}{4}\pi.$

15. 由二不同之法求重積分

$$\int_{0}^{+\infty}\int_{0}^{+\infty}e^{-xy}\sin ax\,dx\,dy$$

以證

$$\int_{0}^{+\infty}\frac{\sin ax}{x}dx=\pm\frac{\pi}{2} \qquad\qquad (a\neq0).$$

16. 於球面 $x^2+y^2+z^2=1$ 上取一弧三角形 S 以 $(0,\ 0,\ 1)$, $(0,\ 1,\ 0)$, $\left(\dfrac{1}{\sqrt{2}},\ 0,\ \dfrac{1}{\sqrt{2}}\right)$ 等點為頂點;試求展布於 S 上方面之面積分

$$\iint(x^2+y^2)d\sigma,\qquad \iint(x^2+z^2)d\sigma,\qquad \iint(y^2+z^2)d\sigma,$$

(Licence, Paris, 1918). 答: $\dfrac{\pi-1}{6},\ \dfrac{\pi}{6},\ \dfrac{\pi+1}{6}.$

17. 設有二正交軸 $ox,\ oy$, 及 oy 上之二定點 A 與 B;試沿自 A 至 B 之任

意 路 線 AMB 取 線 積 分

$$\int [\phi(y)e^x - my]\, dx + [\phi'(y)e^x - m]\, dy.$$

式 中 m 爲 常 數, $\phi(y)$ 爲 已 知 函 數, 吾 等 並 設 $AMBA$ 面 積 爲 已 知 而 等 於 S.

18. 求 展 布 於 曲 面 上

$$x = (a + b \cos \theta) \cos \phi \qquad\qquad (0 < \theta < 2\pi)$$

$$y = (a + b \cos \theta) \sin \phi \qquad\qquad (0 < \phi < 2\pi)$$

$$z = b \sin \theta$$

的 面 積 分

$$\iint x\, dy\, dz + y\, dz\, dx + z\, dx\, dy.$$

(Licence, Lyon, 1911). 答: $6\pi^2 ab^2$

第 八 章

多 次 重 積 分

I. 三次重積分

166. 三次重積分 (Triple integrals).

三重積分之定義與重積分者類似,只須以空間域代平面域及以平面積代體積論之.設一空間有限域 D, 並命 $F(x, y, z)$ 爲囿於其內之一函數;任由一法分 D 爲 n 個小域 $d_1, d_2, \cdots\cdots d_n$, 依次以 $v_1, v_2, \cdots\cdots, v_n$ 爲體積,且若命 M_i, m_i 爲 F 於 d_i 內之高低界,則易知和數:

$$S = \sum_{i=1}^{n} M_i \, v_i,$$

$$s = \sum_{i=1}^{n} m_i \, v_i$$

於 $n \to \infty$ 以使每小域由各方趨於零時依序趨於二限 I 與 I', 而 $I \geqq I'$.

若有 $I = I'$, 則 $F(x, y, z)$ 稱爲可積於 D 域,而 I 與 I' 之公共值 I 按定義爲 $F(x, y, z)$ 展布於 D 域的三重積分:

$$I = \iiint_D F(x, y, z) dx \, dy \, dz.$$

I 亦為和數

(1)
$$S' = \sum_{i=1}^{n} F(\xi_i,\, \eta_i,\, \zeta_i) v_i$$

之限,式中 $(\xi_i,\, \eta_i,\, \zeta_i)$ 為 d_i 內任一點.

　　凡連續函數為可積者;凡圍函數若其所具間斷點能含於一體積可小至所欲之一域內亦為可積者,如圍函數之一個或數個間斷面者是.

167. 求法.

　　先設 $F(x,\, y,\, z)$ 於 D 域內為連續,並係以 $z = z_0$ 與 $z = Z$ 二平面(平行於 $z = 0$),及平行於 oz 之一柱面為疆界.此柱面於 xy 面之截痕為一迴線 C; 吾等命 A 表 C 包圍之平面域.試分 A 為 n 個小域以 $a_i (i = 1, 2, \cdots\cdots n)$ 為面積而取 a_i 等為底作與 oz 平行之 n 個柱形,並於 $z = z_0$ 與 $z = Z$ 二平行面間作 $m-1$ 個平面以 $z < z_1 \cdots\cdots < z_{m-1}$ 為緯標,使 D 分為小柱形域,而試就小柱形域之疊於 a_i 一域上者論之.命 (ξ_i, η_i) 為 a_i 之任一點,和數 S' 中來自此堆小域之部分,可書作

(2)
$$a_i \sum_{k=1}^{m} F(\xi_i,\, \eta_i,\, \zeta_{i,\,k})(z_k - z_{k-1}).$$

$\zeta_{i,\,k}$ 表 z_{k-1} 與 z_k 間之任一數,吾等可擇其值使上式 (2) 適可書作 $a_i\, \Phi(\xi_i,\, \eta_i)$,其 $\Phi(\xi_i,\, \eta_i)$ 為

(3)
$$\Phi(x,\, y) = \int_{z_0}^{Z} F(x,\, y,\, z)\, dz$$

之值.於是

$$S' = \sum_{i=1}^{n} \Phi(\xi_i, \eta_i) a_i$$

而

$$(4) \qquad I = \int\!\!\int\!\!\int_D F(x, y, z)dx\,dy\,dz = \int\!\!\int_A \Phi(x, y)dx\,dy$$

$$= \int\!\!\int_A dx\,dy \int_{z_0}^{Z} F(x, y, z)\,dz.$$

如是欲求三重積分,可先視 x, y 爲常數而就 z 積之,繼以已知之法求所得重積分.例如 D 爲限於 $x=x_0$, $x=X$, $y=y_0$, $y=Y$, $z=z_0$, $z=Z$ 等六平面內之六面形,則

$$(5) \qquad I = \int_{x_0}^{X} dx \int_{y_0}^{Y} dy \int_{z_0}^{Z} F(x, y, z)\,dz.$$

於此特例,顯然可任意更換求積分之次序.

今若 D 域含有一個或數個曲面,使 $F(x, y, z)$ 於其上失其連續性,但保存其圍性,則公式(4)仍合用.例設有如是之曲面二 S_1, S_2.

(S_1) \qquad\qquad\qquad $z = \phi_1(x, y),$

(S_2) \qquad\qquad\qquad $z = \phi_2(x, y),$

ϕ_1, ϕ_2 爲二函數連續於 A 內($z_0 < \phi_1 < z$)此二曲面 S_1, S_2 劃 D 爲三域,於每域內 F 皆爲連續.設

1°). 於 $z = z_0$ 平面與 S_1 間, $F = f_1(x, y, z)$,

2°). 於 S_1 與 S_2 間 $F = f_2(x, y, z)$,

3°). 於 S_2 與 $z = z_1$ 平面間 $F = f_3(x, y, z)$.

於是仿 151 節討論,可見命

$$\int_{z_0}^{Z} F(x, y, z)\, dz$$

$$= \int_{z_0}^{\phi_1} f_1(x, y, z)dz + \int_{\phi_1}^{\phi_2} f_2(x, y, z)\, dz + \int_{\phi_2}^{Z} f_3(x, y, z)dz$$

仍得公式 (4).

現若設 D 域限於如前之一柱面及二曲面 $z_1 = \phi_1(x, y)$,
$z_2 = \phi_2(x, y)$ (ϕ_1, ϕ_2) 連續於 A 內並 $(\phi_1 < \phi_2)$ 間,則連續函數 $F(x, y, z)$ 展布於是域之三重積分甚易. 據上所言得一求之之法,蓋取二補助平面 $z = z_0$, $z = Z$ $(z_0 < \phi_1, \phi_2 < Z)$,並一補助函數 $G(x, y, z)$ 在 D 內與 $F(x, y, z)$ 等,而在外爲零,則仿 152 節演論便得

$$\iiint_D F(x, y, z)\, dx\, dy\, dz = \iint_A dx\, dy \int_{\phi_1}^{\phi_2} F(x, y, z)dz.$$

若 A 之周線 C 由 $x = a$ 與 $x = b$ $(a < b)$ 二平行線段及 $y_1 = \psi_1(x)$ 與 $y_2 = \psi_2(x)$ $(\psi_1 < \psi_2)$ 二曲線弧合成,則有

$$(6) \quad \iiint_D F(x, y, z)\, dx\, dy\, dz = \int_a^b dx \int_{\psi_1}^{\psi_2} dy \int_{\phi_1}^{\phi_2} F(x, y, z)\, dz$$

積分限 ϕ_1, ϕ_2 爲 x, y 之函數而 a, b 則爲常數.

若 D 之疆界爲一閉面 Σ,且每軸之平行線至多僅遇之於兩點,則求積分之次序可任意;但積分限通常隨積分次序而異.

例. 取球面 $x^2 + y^2 + z^2 = R^2$ 與三面角 $oxyz$ 所限之域 D,而

求 $\iiint z\, dx\, dy\, dz$. 先就 z 繼就 y 末就 x 積之,有

$$I = \iiint_D z\, dx\, dy\, dz = \int_0^R dx \int_0^{\sqrt{R^2-x^2}} dy \int_0^{\sqrt{R^2-x^2-y^2}} z\, dz.$$

實行演之,以次得

$$\int_0^{\sqrt{R^2-x^2-y^2}} z\, dz = \frac{1}{2}(R^2-x^2-y^2)$$

$$\frac{1}{2}\int_0^{\sqrt{R^2-x^2}} (R^2-x^2-y^2)\, dy = \left[\frac{1}{2}(R^2-x^2)y - \frac{1}{6}y^3\right]^{\sqrt{R^2-x^2}}$$

$$= \frac{1}{3}(R^2-x^2)^{\frac{3}{2}},$$

於是求積分 $\frac{1}{2}\int_0^R (R^2-x^2)^{\frac{3}{2}}dx$, 即得結果. 命 $x=R\cos\phi$, 此積分變爲

$$\frac{1}{3}\int_0^{\frac{\pi}{2}} R^4 \sin^4\phi\, d\phi, = \frac{R^4}{3}\cdot\frac{1\cdot3}{2\cdot4}\cdot\frac{\pi}{2}$$

而吾等得 $I = \dfrac{\pi R^4}{16}$.

注意. 於上節所論,吾等尙可以次法求計 S' 之限:設 D 爲一圍域,含於 $z=z_0$ 與 $z=Z$ 二平行面間;先以緯標爲 $z_0 < z_1 < \cdots\cdots < z_{m-1} < Z$ 之平行面剖 D 爲 m 層,繼分每層爲柱形小塊,則可證明若在每小域選適當之點 ξ, η, ζ, 則和數 S' 來自 $z=z_i$ 與 $z=z_{i-1}$ 二平面間之小域之部分,可書作

$$(z_i - z_{i-1})\iint_{A_{i-1}} F(x,\, y,\, z_{i-1})\, dx\, dy,$$

A_{i-1} 表 $z = z_{i-1}$ 面 與 D 域 所 公 有 之 平 面 域. 若 命

$$\Psi(z) = \iint_{A(z)} F(x, y, z)\, dx\, dy,$$

則 三 重 積 分 等 於 $\int_{z_0}^{Z} \psi(z)\, dz$, 即 得 公 式

(7) $\qquad \iiint F(x, y, z)\, dx\, dy\, dz = \int_{z_0}^{Z} dx \iint_{A(z)} F(x, y, z)\, dx\, dy.$

若 D 爲 任 意 域, 吾 人 可 分 之 爲 多 數 如 上 所 言 之 域 論 之.

168. 阿 士 托 戞 斯 基 氏 公 式 (Ostrogradsky's theorem).

此 由 格 林 公 式 推 廣 而 得, 亦 名 黎 曼 氏 公 式. 命 S 爲 一 閉 面 並 設 oz 之 一 平 行 線 只 遇 之 於 兩 點; 此 閉 面 於 xy 平 面 上 之 射 影 爲 一 域 A, 由 一 迴 線 C 限 之. 於 A 域 一 點, 有 S 上 二 點 應 之; 命 $z_1 = \phi_1(x, y)$, $z_2 = \phi_2(x, y)$ 爲 其 緯 標. 若 是 S 分 爲 二 部 S_1, S_2 依 次 與 z_1, z_2 相 應, 吾 設 $z_1 < z_2$. 於 是 若 取 函 數 $R(x, y, z)$ 連 續 於 S 所 限 之 域 D 內, 並 設 其 於 D 內 有 連 續 偏 紀 數 $\dfrac{\partial R}{\partial z}$, 則 三 重 積 分

$$\iiint_D \frac{\partial R}{\partial z} dx\, dy\, dz$$

等 於

$$\iint_A [R(x, y, z_2) - R(x, y, z_1)]\, dx\, dy.$$

$\iint R(x, y, z_2)\, dx\, dy$ 即 在 S_2 上 方 面 的 面 積 分,

$$\iint_{S_2} R(x, y, z)\, dx\, dy.$$

而一 $\iint R(x, y, z) \, dx \, dy$ 卽 $R(x, y, z)$ 在 S_1 下方面的面積分

$$\iint_{S_1} R(x, y, z) \, dx \, dy.$$

然則得三重積分與面積分之關係

(8) $\qquad \iiint_D \frac{\partial R}{\partial z} \, dx \, dy \, dz = \iint_S R(x, y, z) \, dx \, dy,$

面積分展布於 S 外方面.

　　若 S 面於 S_1, S_2, 二部外尙有一部分爲平行於 oz 之柱面, 則關係 (8) 仍合理, 蓋展布於此柱面上之面積分 $\iint \frac{\partial R}{\partial z} \, dx \, dy$ 等於零也. 此結果且易推及於任意形狀之閉域.

　　同法得

(9) $\qquad \begin{cases} \iiint_D \dfrac{\partial P}{\partial x} \, dx \, dy \, dz = \iint_S P(x, y, z) \, dy \, dz, \\[2mm] \iiint_D \dfrac{\partial Q}{\partial y} \, dx \, dy \, dz = \iint_S Q(x, y, z) \, dz \, dx. \end{cases}$

　　擧 (8) 與 (9) 三式加之, 則得

(10) $\qquad \iiint_D \left(\frac{\partial P}{\partial x} + \frac{\partial R}{\partial y} + \frac{\partial R}{\partial z} \right) dx \, dy \, dz$

$$= \iint_S P(x, y, z) \, dy \, dz + Q(x, y, z) \, dz \, dx + R(x, y, z) \, dx \, dy,$$

是爲阿氏公式, 面積分展布於 S 外方面.

　　設 $P = x, Q = R = 0$, 或 $Q = y, P = R = 0$ 或 $R = z, P = Q = 0$. 復得見於前之體積公式.

169. 變數之替換.

設關係

(11)
$$\begin{cases} x = f(u, v, w), \\ y = \phi(u, v, w), \\ z = \psi(u, v, w) \end{cases}$$

於正位標制 $oxyz$ 及 $ouvw$ 內確定點點相應之二域 V 與 V_1,並設 f, ϕ, ψ 在 V_1 內爲連續,且有連續偏紀數.若 $F(x, y, z)$ 爲 V 內之可積函數,則有變數替換公式

(12)
$$\iiint_V P(x, y, z)\, dx\, dy\, dz$$

$$= \iiint_{V_1} F(f, \phi, \psi) \left| \frac{\partial(f, \partial, \psi)}{\partial(u, v, w)} \right| du\, dv\, dw$$

欲證之,可如 156 節注意若公式對於二種或數種特別替換眞,則對於此等替換相續而成之替換亦眞.又若於數域眞,則於其合成之總域亦眞.

繼證公式於替換

(13)
$$x = f(X, Y, Z), \quad y = Y, \quad z = Z,$$

及

(14)
$$x = X, \quad y = \phi(X, Y, Z) \quad z = \psi(X, Y, Z)$$

均眞.於是命 $X = u, Y = y, Z = z$,則由 (11) 有

(15)
$$X = u, \quad Y = \phi(u, v, w), \quad Z = \psi(u, v, w),$$

並由末二式可解出 v 與 w 對於 Y, Z 及 u 之值;以之代於 $f(u, v, w)$ 且以 X 代 u,則得僅含 X, Y, Z 之一函數 $f_2(X, Y, Z)$,

而有

(16) $$x = f_1(X, Y, Z), \quad y = Y, \quad z = Z.$$

可見替換 (11) 與 (16),(15) 相當,即與形如 (13) 與 (14) 之兩替換相當也.公式 (12) 既於替換 (13),(14) 眞,則於普通替換 (11) 亦眞.演證與 156 節者極類似,玆不詳述.

170. 體積元素 (Element of volume).

取函數 $F(x, y, z) = 1$, 則公式 (10) 變爲

$$\iiint_V dx\, dy\, dz = \iiint_{V_1} \left| \frac{\partial(x,\, y,\, z)}{\partial(u,\, v,\, w)} \right| du\, dv\, dw,$$

此式左端適爲 V 域之體積 V_1. 引用中值公式於左端,得

(17) $$V = V_1 \left| \frac{\partial(f,\, \phi,\, \psi)}{\partial(u,\, v,\, w)} \right| \xi,\, \eta,\, \zeta,$$

V_1 爲 V 域體積,(ξ, η, ζ) 爲其內一點.

若於公式 (11) 中視 u, v, w 爲弧位標,則分別取 $u = \mathrm{const.}$, $v = \mathrm{const.}$, $w = \mathrm{const.}$ 得三族曲面;吾人可以之分 V 域爲曲面六方體,限於相鄰六曲面 $(u), (u+du), (v), (v+dv), (w), (w+dw)$ 內之體積等於

$$\Delta V = \left[\left| \frac{\partial(f,\, \phi,\, \psi)}{\partial(u,\, v,\, w)} \right| + \varepsilon \right] du\, dv\, dw.$$

ε 與 du, dv, dw 同時爲無窮小,其主值

$$dV = \left| \frac{\partial(f,\, \phi,\, \psi)}{\partial(u,\, v,\, w)} \right| du\, dv\, dw$$

名爲關於弧位標 u, v, w 之**體積元素**.

命 ds 爲 在 此 弧 位 標 制 內 之 線 弧 元 素,則 吾 人 由 (11) 式 有

$$dx = \frac{\partial f}{\partial u} du + \frac{\partial f}{\partial v} dv \frac{\partial f}{\partial w} dw,$$

$$dy = \frac{\partial \phi}{\partial u} du + \frac{\partial \phi}{\partial v} dv \frac{\partial \phi}{\partial w} dw,$$

$$dz = \frac{\partial \psi}{\partial u} du + \frac{\partial \psi}{\partial v} dv + \frac{\partial \psi}{\partial w} dw;$$

因 之 得

(18) $$ds^2 = H_1 du^2 + H_2 dv^2 + H_3 dw^2$$
$$+ 2F_1 dv\, dw + 2F_2 dw\, du + 2F_3 du\, dv,$$

式 中 命

(19) $$H_1 = \sum \left(\frac{\partial x}{\partial u}\right)^2, \quad H_2 = \sum \left(\frac{\partial x}{\partial v}\right)^2, \quad H_3 = \sum \left(\frac{\partial x}{\partial w}\right)^2$$

$$F_1 = \sum \frac{\partial x}{\partial v} \frac{\partial x}{\partial w}, \quad F_2 = \sum \frac{\partial x}{\partial w} \frac{\partial x}{\partial u}, \quad F_3 = \sum \frac{\partial x}{\partial u} \frac{\partial x}{\partial v}.$$

dV 之 值 甚 易 由 關 於 ds^2 之 公 式 推 得. 蓋

$$\begin{vmatrix} \dfrac{\partial x}{\partial u}, \dfrac{\partial y}{\partial u}, \dfrac{\partial z}{\partial u} \\[2mm] \dfrac{\partial x}{\partial v}, \dfrac{\partial y}{\partial v}, \dfrac{\partial z}{\partial v} \\[2mm] \dfrac{\partial x}{\partial w}, \dfrac{\partial y}{\partial w}, \dfrac{\partial z}{\partial w} \end{vmatrix}^2 = \begin{vmatrix} H_1 & F_3 & F_2 \\ F_3 & H_2 & F_1 \\ F_2 & F_1 & H_3 \end{vmatrix} = M;$$

是 有 $dV = \sqrt{M}\, du\, dv\, dw$ 也.

　　於 此 有 一 重 要 特 例, 即 $(u), (v), (w)$ 三 曲 面 族 成 互 相 正 交 者 是, 欲 其 如 此, 此 等 曲 面 之 交 線 必 兩 兩 正 交, 而 吾 等 有 $F_1 = F_2 = F_3 = 0$; 此 條 件 亦 顯 然 充 足. 然 則

(20)
$$ds^2 = H_1du^2 + H_2dv^2 + H_3dw^2,$$

而

(21)
$$dV = \sqrt{H_1H_2H_3}\ du\ dv\ dw.$$

此二公式亦易由微分幾何理推得. 設 du, dv, dw 甚小, 而視上所言之小域爲一平行六面體. 則其三邊爲 $\sqrt{H_1}\ du$, $\sqrt{H_2}\ dv$, $\sqrt{H_3}\ dw$ (略去高級無窮小). 於是取其對角線爲線長元素及其體積爲體積元素, 即得公式 (20), (21). 又六面體一面之面積如 $\sqrt{H_1H_2}\ du\ dv$ 爲曲面 (w) 之面積元素.

例 1. 於極位標

(22)
$$x = \rho \sin\theta \cos\phi, \quad y = \rho \cos\theta \sin\phi, \quad z = \rho \cos\theta,$$

吾等有

(23)
$$ds^2 = d\rho^2 + \rho^2 d\theta^2 + \rho^2\sin^2\phi\ d\phi^2;$$

因之得

(24)　$dV = \rho^2\sin\theta\ d\rho\ d\theta\ d\phi.$

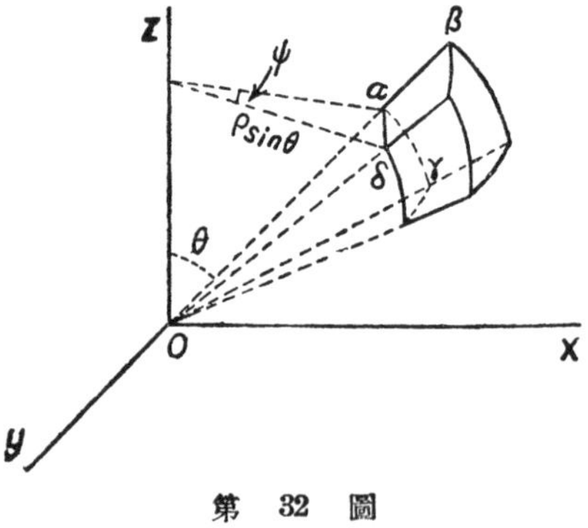

dV 之值亦甚易由幾何理求出. 蓋 $\rho = $ const. 表 O 爲心之一球面; $\theta = $ const. 表 oz 爲軸而 O 爲尖之一族圓錐面; 又 $\psi = $ const. 表過 oz 之一

第 32 圖

族平面. 此三族曲面顯然彼此正交. 每族中取相隣之二面, 則得一六面體 $\alpha\beta\gamma\delta$, 如圖 32. 此可視爲一平行六面體, 其邊 $\alpha\beta = d\rho$, $\alpha\gamma = \rho\ d\theta$, $\alpha\delta = \rho\sin\theta\ d\psi$, 於是仍得體積元素公式 (24).

例. 於圓柱位標

$$(24) \qquad x = r \cos \omega, \quad y = r \sin \omega, \quad z = z,$$

有

$$(25) \qquad ds^2 = dr^2 + r^2 d\omega^2 + dz^2;$$

因之得

$$(26) \qquad dV = r \, dr \, d\omega \, dz.$$

此公式亦易由幾何得之.

II. n 次重積分

171. n 次重積分之定義 (n-tuple integrals).

二次三次重積分之分析定義顯可推廣而得所謂 n 次重積分. 於此雖幾何之圖表不可能, 但吾人仍可假用幾何名詞以便解說.

命 $x_1, x_2, \dots, x_n$ 為 n 個之一組自變數; 吾人稱此等自變數之一組值 $x^0_1, x^0_2, \dots, x^0_n$ 為 n 元或 n 緯空間內之一點. 吾等仿在三元空間內, 謂關係 $f(x_1, x_2, \dots, x_n) = 0$(其左端為一連續函數)表一曲面, 而於 f 為一次式時則表一平面. 又凡合於一種不等式

$$(27) \qquad \phi_i(x_1, x_2, \dots, x_n) \leqq 0, \quad (i = 1, 2, \dots, k)$$

之點合成 n 元空間之一域 D. 若 D 內任何點之位標 x_t 均絕對小於一定數, 則稱為圍域, 更特別言之, 若規定 D 之不等式呈下形

(28) $\qquad x^0{}_1 \leqq x_1 \leqq X_1, \quad x^0{}_2 \leqq x_2 \leqq X_2, \cdots\cdots, x^0{}_n \leqq x_n \leqq X_n,$

則此域名曰矩體 (prismoid). 而差數 $X_i - x^0{}_i$ 稱爲矩體之 n 元. 若函數 ϕ_i 中至少有其一對於 D 之一點爲零,則此點稱爲位 於 D 域之疆界上.

　　此等定義旣明,試取圍域 D,並連續於其內之一函數 $F(x_1, x_2, \cdots\cdots, x_n)$. 設想由平行於平面 $x_i = 0(i = 1, 2, \cdots\cdots, n)$ 之平 面劃分 D 爲小域;設 d_i 爲完全在 D 內之一小域. 以 $\Delta x_1, \Delta x_2$, $\cdots\cdots, \Delta x_n$ 爲其元;繼於 d_i 內任取一點 $(\xi_1, \xi_2, \cdots\cdots, \xi_n)$ 而作和數

(29) $\qquad S = \Sigma F(\xi_1, \xi_2, \cdots\cdots, \xi_n) \Delta x_1 \Delta x_2 \cdots\cdots \Delta x_n,$

Σ 包括 D 內所有 d_i 域言. 於小矩體之數無限加多以使其諸 元同趨於零時,此和數趨於一限 I,是爲 $F(x_1, x_2, \cdots\cdots, x_n)$ 展布 於 D 域的 n 次重積分,或簡稱 n 重積分,而由符號

$$I = \int \int \cdots\cdots \int_D F(x_1, x_2, \cdots\cdots, x_n)\, dx_1\, dx_2 \cdots\cdots dx_n$$

表之.

　　n 重積分之求法可由二重三重積分者推廣而得;卽可 化爲 n 個單積分而連求之. 欲明此理,設其對於 $n-1$ 重積分 然,推證對於 n 重積分亦然. 夫 $(x_1, x_2, \cdots\cdots, x_{n-1})$ 點在 $n-1$ 元空 間作一域 D' 與 D 相應;設對於 D' 內每點,於 D 域界上只有兩 點 $(x_1, x_2, \cdots\cdots, x_{n-1}, x'_n)$ 與 $(x_1, x_2 \cdots\cdots, x_{n-1}, x''_n)$ 應之. x'_n 與 x''_n 爲 $x_1, x_2, \cdots\cdots, x_{n-1}$ 等 $n-1$ 個自變數於 D' 內之連續函數(若此條 件未滿足,則吾等可分 D 爲數域使之對於各域滿足). 今取 D

內與 $(x_1, x_2, \cdots\cdots, x_{n-1})$ 點相應之一類矩體,易知 S 中來自此項矩體之部分可書作

$$\Delta x_1 \Delta x_2 \cdots\cdots \Delta x_{n-1} \Big[\int_{x'_n}^{x''_n} F(x_1, x_2, \cdots\cdots, x_n)\, dx_n + \varepsilon \Big],$$

$|\varepsilon|$ 於 Δx_i 各量至小時,可小至所欲.若命

$$(30) \qquad \Phi(x_1, x_2, \cdots\cdots, x_{n-1}) = \int_{x'_n}^{x''_n} F(x_1, x_2, \cdots\cdots, x_n) dx_n,$$

則 I 等於和數

$$\Sigma \Phi(x_1, x_2, \cdots\cdots, x_{n-1}) \Delta x_1 \Delta x_2 \cdots\cdots \Delta x_{n-1}$$

之限,即在 D' 內之 $n-1$ 重積分

$$(31) \qquad I = \int\int \cdots\cdots \int \Phi(x_1, x_2, \cdots\cdots, x_{n-1}) dx_1\, dx_2 \cdots\cdots dx_{n-1}$$

明所欲證.

　　吾等亦可如次演算:先設 x_n 有定值而 $x_1, x_2, \cdots\cdots, x_{n-1}$ 變,則此 $n-1$ 個變數於 $n-1$ 元空間作一域 D_1,命 x^0_n 與 X_n 為 x_n 在 D 內之低界與高界,則易知

$$(32) \qquad I = \int_{x^0_n}^{X_n} dx_n \int\int \cdots\cdots \int_{D_1} F(x_1, x_2, \cdots\cdots, x_n) dx_1\, dx_2 \cdots\cdots dx_{n-1}.$$

　　特別如 D 為不等式

$$x^0_1 \leqq x_1 \leqq X_1, \cdots\cdots, x^0_i \leqq x_i \leqq X_i, \cdots\cdots, x^0_n \leqq x_n \leqq X_n$$

規定之矩體,則 n 重積分可書如

$$I = \int_{x^0_1}^{X_1} dx_1 \int_{x^0_2}^{X_2} dx_2 \cdots\cdots \int_{x^0_n}^{X_n} F(x_1, x_2, \cdots\cdots x_n)\, dx_n.$$

吾人於此可任意更換積分次序而積分限不變,但普通論之,積分之限自因求積分之次序不同而異.

變數替換公式亦易推及於 n 重積分.如

$$(33) \qquad x_i = \phi_i(x'_1, x'_2, \cdots\cdots, x'_n) \qquad\qquad (i = 1, 2, \cdots\cdots, n)$$

爲替換關係,確定一域 D' 與 D 點點相應,則有

$$(34) \qquad \int\int \cdots\cdots \int_{D'} F(x_1, x_2, \cdots\cdots, x_n)\, dx_1\, dx_2\cdots\cdots dx_n$$

$$= \int\int \cdots\cdots \int_{D'} F(\phi_1, \phi_2, \cdots, \phi_n) \left| \frac{\partial(\phi_1, \phi_2, \cdots, \phi_n)}{\partial(x'_1, x'_2, \cdots, x'_n)} \right| dx'_1\, dx'_2\cdots\cdots dx'_n.$$

演證二三重積分者彷彿,略分三層如次:

1°) 若公式 (34) 對於二種替換眞,則對於其相續而成之替換亦眞;

2°) 任意替換可由次之二替換相續而成:

$$(35) \quad x_1 = \phi_1(x'_1, \cdots\cdots, x'_n), \cdots\cdots, x_{n-1} = \phi_{n-1}(x'_1, \cdots\cdots, x'_n), x_n = x'_n,$$

$$(36) \quad x_1 = x'_1, x_2 = x'_2, \cdots\cdots, x_{n-1} = x'_{n-1}, x_n = \psi_n(x'_1, x'_2, \cdots\cdots x'_n),$$

3°) 若假設公式 (34) 於 $n-1$ 次重積分已正確,則其合於替換 (35) 可由公式 (32) 之化狀而知.又此公式合於 (36) 亦可由公式 (31) 而明.

III. 全微分之積分法

172. 尋常解法.

命 $P(x, y)$ 與 $Q(x, y)$ 爲 x 與 y 之函數; 吾等往論 $P\,dx + Q\,dy$ 式於若何條件之下爲 x 與 y 之一恰當微分 du, 並求定 u, 假如有函數 u 存在, 使

(37)
$$du = P\,dx + Q\,dy,$$

卽使

(38)
$$\frac{\partial u}{\partial x} = P(x, y), \qquad \frac{\partial u}{\partial y} = Q(x, y),$$

必須有

(39)
$$\frac{\partial P}{\partial y} = \frac{\partial Q}{\partial x}.$$

今吾謂此必須條件亦爲充足者, 試證之: 察方程組 (38) 與關係 (37) 相當, 今先求一函數 $u(x, y)$ 合於 (38) 第一式, 吾等立得

$$u = \int_{x_0}^{X} P(x, y)dx + Y$$

x_0 爲任意定數, 而 Y 爲 y 之任一函數, 繼定 Y 使 u 更合於第二式. 欲其然, 必須而卽須

$$\int_{x_0}^{X} \frac{\partial P}{\partial y}dx + \frac{dY}{dy} = Q(x, y).$$

準 (39) 有

$$\int_{x_0}^{X} \frac{\partial P}{\partial y}dx = \int_{x_0}^{Y} \frac{\partial Q}{\partial x}dy = Q(x, y) - Q(x_0, y)$$

上式於是變爲

$$\frac{dY}{dy} = Q(x_0, y),$$

而得

$$Y = \int_{y_0}^{Y} Q(x_0, y)\, dy + C.$$

y_0 爲 y 之任一特別值, C 爲一泛定常數, 然則有無窮個函數合於 (37) 方程式, 而由次列公式定之

(40)
$$u = \int_{x_0}^{X} P(x, y)\, dx + \int_{y_0}^{Y} Q(x_0, y)\, dy + C.$$

例設

$$(2x^2 + 2xy + y^2)\, dx + (x^2 + 2xy + 3y^2)\, dy$$

於此 $\dfrac{\partial P}{\partial y}$ 與 $\dfrac{\partial Q}{\partial x}$ 均等於 $2x + 2y$; 可知是一恰當微分 du 取 $x_0 = 0$, $y_0 = 0$, 則由公式 (40) 得

$$u = \int_{0}^{X} (2x^2 + 2xy + y^2)\, dx + \int_{0}^{Y} 3y^2\, dy + C.$$

$$= \frac{2}{3} x^3 + xy^2 + xy^2 + y^3 + C.$$

上述之理可推及於任若干變數之問題, 兹再就三變數之例論之. 命 P, Q, R 爲 x, y, z 之函數; 全微分方程式

(41)
$$du = P\, dx + Q\, dy + R\, dz$$

與方程組

(42)
$$\frac{\partial u}{\partial x} = P, \quad \frac{\partial u}{\partial y} = Q, \quad \frac{\partial u}{\partial z} = R.$$

相當. 欲問題爲可能, 必須

(43)
$$\frac{\partial P}{\partial y} = \frac{\partial Q}{\partial x}, \quad \frac{\partial P}{\partial z} = \frac{\partial R}{\partial x}, \quad \frac{\partial Q}{\partial z} = \frac{\partial R}{\partial y}.$$

逆推之, 此等條件若滿足, 則準適所論者, 並據 (43) 第一關係

可 知 函 數

$$u = \int_{x_0}^{X} P(x, y, z)\,dx + \int_{y_0}^{Y} Q(x_0, y, z)\,dy + Z$$

合 於 (42) 前 二 方 程 式, 而 Z 爲 z 之 任 一 函 數. 於 是 只 須 求 定 Z 以 使 u 兼 合 於 第 三 方 程 式. 卽 須

$$\int_{x_0}^{X}\frac{\partial P}{\partial z}\,dx + \int_{y_0}^{Y}\frac{\partial Q(x_0, y, z)}{\partial z}\,dy + \frac{\partial Z}{\partial z} = R(x, y, z)$$

準 (43)

$$R(x, y, z) - R(x_0, y, z) + R(x_0, y, z) - R(x_0, y_0, z) + \frac{dZ}{dz} = R,$$

或

$$\frac{dZ}{dz} = (x_0, y_0, z) \quad Z = \int_{z_0}^{Z} R(x_0, y_0, z)\,dz + C$$

然 則 得 公 式

(44) $\quad u = \int_{x_0}^{X} P(x, y, z)\,dx + \int_{y_0}^{Y} Q(x_0, y, z)\,dy + \int_{z_0}^{Z} R(x_0, y_0, z)\,dz + C$

$x_0,\ y_0,\ z_0$ 爲 任 意 選 取 之 三 數, 而 C 爲 一 泛 定 常 數.

173. 積 分 $\int_{M_0}^{M} P\,dx + Q\,dy$ 之 討 論.

前 節 問 題 尙 可 就 他 方 面 討 論, 且 可 由 是 求 得 新 結 果, 設 $P(x, y)$ 與 $Q(x, y)$ 二 函 數 在 唯 一 周 線 C 所 範 圍 之 域 A 內 爲 連 續, 且 有 初 級 偏 紀 數 (C 亦 可 擴 大 至 無 限). 命 L 爲 完 全 位 於 A 內 之 一 曲 線, 而 設 線 積 分

$$\int_{L} P\,dx + Q\,dy.$$

通常此積分之值視路線 L 為轉移. **今試求一適當** 條件使其僅關係於 L 之兩端 $M_0(x_0, y_0)$ 與 $M(x, y)$, 而與路徑無涉. 別取任一路線 L' 連 M_0 於 M; 暫設 L' 與 L 於 M_0 與 M 間不相交, 而合成一迴線 Γ 以範圍一域 A. 若是欲沿 L 的線積分與沿 L' 者等, 顯然必須且亦只須此線積分沿迴線 Γ 為零. 然則所欲論之問題即為: 欲積分 $\int P\,dx + Q\,dy$ 沿位於 A 內之任一迴線 Γ 為零, 條件當若何? 其解立由格林氏公式

$$(45) \qquad \int_{\Gamma} P\,dx + Q\,dy = \int\int_{\mathbf{A}} \left(\frac{\partial Q}{\partial x} - \frac{\partial P}{\partial y}\right) dx\,dy$$

而得: 設 P, Q 於 A 內合於條件 (39), 則左端線積分恆等於零, 是 (39) 為所欲求之**充足**條件. 逆推之, 此亦為必須者, 假若 $\dfrac{\partial P}{\partial y} - \dfrac{\partial Q}{\partial x}$ 不於 A 內恆為零, 則按所設此為 A 內之一連續函數, 而吾人必能得一至小之域 A, 使其在 A 內有定號. 若是則沿 A 之周線 Γ 之線積分準 (45) 不能為零明矣.

　　故條件 (39) 若滿足, 則沿同始末 M_0 與 M 之二路線 L 與 L' 之線積分 $\int P\,dx + Q\,dy$ 必相等, 即使 L 與 L' 相交亦然. 蓋別取與 L, L' 均不相交之一路線 L'' 為輔助線, 即可證明.

　　此理明, 設 $M_0(x_0, y_0)$ 為定點, 而令 $M(x, y)$ 於 A 內變移; 沿 A 內任一路線的線積分

$$(46) \qquad F(x, y) = \int_{(x_0, y_0)}^{(x, y)} P\,dx + Q\,dy$$

於是僅為末點位標 x, y 之函數, 吾謂此函數之偏紀數適為

$P(x, y)$ 與 $Q(x, y)$. 例取 $F'_x = P$ 證之. 吾等可書

$$F(x+\Delta x, y) = F(x, y) + \int_{(x, y)}^{(x+\Delta x, y)} P(x, y)\, dx.$$

蓋由 (x_0, y_0) 點至 $(x+\Delta x, y)$ 點, 可設先至 (x, y) 點繼循 ox 之平行線, 再至 $(x+\Delta x, y)$ 點也.

於是準中值公式可書

$$\frac{F(x+\Delta x, y) - F(x, y)}{\Delta x} = P(x+\theta\,\Delta x, y), \qquad (0<\theta<1).$$

令 $\Delta x \to 0$ 即得 $F'_x = P$. 同理 $F'_y = Q$. 然則線積分 $F(x, y)$ 合於微分方程式 (37), 但須加一泛定常數於下, 即得此方程式之普通積分矣.

此法較前法為普通, 蓋公式 (40) 可取一特別路線由 (46) 推得. 欲明之, 設 $M_0\,x_0, y_0)$ 與 $M_1(x_1, y_1)$ 為始點與末點. 吾等可取 $N\,(x_0, y_1)$ 點而以 $M_0 N M_1$ 為積分路線. 若是則沿 $M_0 N$, 有 $x=x_0$, $dx=0$, 沿 $N M_1$ 有 $y=y_1$, $dy=0$. 故積分顯然等於

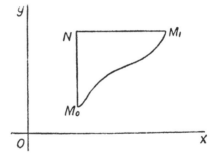

第 33 圖

$$\int_{y_0}^{y_1} Q(x_0, y)\, dy + \int_{x_0}^{x_1} P(x, y_1)\, dx,$$

即為吾等所欲之結果

但欲定 F 之值, 時或以取其他路線 Γ 為佳. 命 $x = f(t)$, $y =$

$\phi(t)$ 為 Γ 之方程式, t_0 與 t_1 為 t 於 M_0 與 M_1 點之值,則

$$(47) \qquad \int_{M_0}^{M_1} P\, dx + Q\, dy = \int_{t_0}^{t_1} [Pf'(t) + Q\phi'(t)]\, dt.$$

例如取直線為積分路線,則命 $x = x_0 + t(x_1 - x_0)$, $y = y_0 + t(y_1 - y_0)$ 而令 t 由 0 變至 1.

若已知方程式 (37) 之一解 $U(x, y)$, 則線積分之值可由公式

$$\int_{(x_0,\ y_0)}^{(x,\ y)} P\, dx + Q\, dy = U(x, y) - U(x_0, y_0)$$

而得.

以上結果甚易推及於空間之線積分.

於三緯空間內設由唯一閉面 S 範圍之一域 E, 並命 $P, Q,$ R 表於 E 內為連續,且有連續初級偏紀數之函數而設積分

$$(48) \qquad \int_L P\, dx + Q\, dy + R\, dz,$$

L 為連 E 內任意二點 $M_0(x_0,\ y_0,\ z_0)$ 與 $M(x,\ y,\ z)$ 之一曲線,試求此線積分之值僅與 M_0, M 二點有關而與路線 L 無涉之條件.問題仍變為討論線積分沿 E 內任一迴線 Γ 之值於若何條件之下為零.按士氏公式

$$\int_\Gamma P\, dx + Q\, dy + R\, dz$$

$$= \int\int_\Sigma \left(\frac{\partial Q}{\partial x} - \frac{\partial P}{\partial y}\right) dx\, dy + \left(\frac{\partial R}{\partial y} - \frac{\partial Q}{\partial z}\right) dy\, dz + \left(\frac{\partial P}{\partial z} - \frac{\partial R}{\partial x}\right) dz\, dx,$$

Σ 為以 Γ 為口之一曲面,欲此面積分無論周線 Γ 如何恆等於零,顯然必須而亦卽須

(49)
$$\frac{\partial P}{\partial y}=\frac{\partial Q}{\partial x}, \frac{\partial Q}{\partial z}=\frac{\partial R}{\partial y}, \frac{\partial R}{\partial x}=\frac{\partial P}{\partial z}.$$

若是條件(49)果爾滿足,則線積分(48)僅與 M_0 與 M' 二點有關,而與路線無涉.設 M_0 固定,則此線積分為 x, y, z 之一函數:

$$F(x, y, z)=\int_{(x_0, y_0, z_0)}^{(x, y, z)} P\, dx + Q\, dy + R\, dz.$$

且吾等易知在此條件之下 $dF = P\, dx + Q\, dy + R\, dz$ 若已知

$$du = P\, dx + Q\, dy + R\, dz$$

之一解 $U(x, y, z)$,則有

$$F(x, y, z) = U(x, y, z) - U(x_0, y_0, z_0).$$

174. 面積分僅與曲面周界有關之條件.

吾等於面積分亦可討論與上彷彿之一問題.仍取上節所言之區域 E 而設 A, B, C 為於 E 內連續且有連續初級偏紀數之函數.吾等欲知面積分

$$\int\int_{\Sigma} A\, dy\, dz + B\, dz\, dx + C\, dx\, dy$$

於若何條件之下(Σ 表位於 E 內之一曲面)僅與 Σ 面之周界有關,而與曲面無涉.欲其如此,吾等易知重積分展布於 E 內任一閉面上之值應為零.此條件立可由阿氏公式而得.蓋此

面積分等於展布於閉面所範圍之區域 V 內之三重積分

$$\iiint_v \left(\frac{\partial A}{\partial x} + \frac{\partial B}{\partial y} + \frac{\partial C}{\partial z}\right) dx\, dy\, dz.$$

欲此三重積分等於零而無論 V 若何, 顯然必須

$$\frac{\partial A}{\partial x} + \frac{\partial B}{\partial y} + \frac{\partial C}{\partial z} = 0,$$

而此條件自亦充足.

習 題

1. 討論函數

$$F(X, Y, Z) = \int_{x_0}^X dx \int_{y_0}^Y dy \int_{z_0}^Z f(x, y, z)\, dz.$$

2. 設共焦點之二次曲面

$$\frac{x^2}{\lambda-a} + \frac{y^2}{\lambda-b} + \frac{z^2}{\lambda-c} = 1, \qquad\qquad (a > b > c > 0),$$

λ 為一參變數. 於空間每點 $M(x, y, z)$, 有三曲面過之, 其一為橢面, 其一為兩體雙曲面, 又其一為單體雙曲面, 與上方程式關於 λ 之三根 $\lambda_1, \lambda_2, \lambda_3$ 相應. 此三數稱為 M 之橢面位標 (elliptic coordinates). 試明曲面族中過每點之三曲面彼此正交, 並求體積元素.

3. 求展布於橢體 $\frac{x^2}{9} + \frac{y^2}{4} + z^2 = 1$ 內的三次重積分

$$\iiint (2x+3y+6z)^2 dx\, dy\, dz. \qquad\qquad 答: \frac{864}{5}\pi$$

4. 求三重積分

$$\iiint [5(x-y)^2 + 3az - 4a^2] dx\, dy\, dz$$

展布於不等式 $x^2+y^2-az < 0$, $x^2+y^2+z^2-2a^2 < 0$ 確定之域內.

(Licence, Montpellier, 1895). 答: $\frac{1}{12}\pi a^5$.

5. 求曲面 $(x^2+y^2+z^2)^3 = 3a^3 xyz$

限 於 三 稜 角 $oxyz$ 內 之 體 積. 答 $\dfrac{a^3}{8}$

6. 命 $\rho=F(\theta,\phi)$ 爲 一 閉 面 S 之 極 位 標 方 程 式, 試 證 此 曲 面 所 包 體 積 V 等 於 展 布 於 S 外 方 面 之 面 積 分

$$\frac{1}{3}\iint \rho\cos(\rho,n)d\sigma.$$

$d\sigma$ 爲 曲 面 積 元 素, (ρ,n) 爲 徑 矢 (radius vector) 與 S 引 向 外 方 面 之 法 線 所 成 之 角.

7. 杲 士 氏 積 分 (Gauss' integral): 命 S 爲 一 閉 面, M 爲 一 定 點, ρ 爲 M 之 徑 矢 並 (ρ,n) 爲 徑 矢 與 S 外 方 面 法 線 所 成 之 角. 若 是 視 M 位 於 S 內, 或 S 上, 抑 S 外, 則 面 積 分

$$\iint_S \frac{\cos(\rho,n)d\sigma}{\rho^2}$$

等 於 4π, 或 0, 抑 2π.

8. 試 定 k 使

$$\frac{(1+ky^2)\,dx+(1+kx^2)\,dy}{(1+xy)^2}$$

爲 一 恰 當 微 分 du. 並 求 u, 繼 設 k 爲 任 意 常 數 而 於 平 面 上 取 $A(1,0)$, $B(1,1)$ 二 點 以 求 沿 AB 直 線 段, 及 AOB 折 線 之 線 積 分

$$\int \frac{(1+ky^2)\,dx+(1+kx^2)\,dy}{(1+xy)^2},$$

並 驗 明 於 兩 結 果 相 等 時 k 值 爲 前 層 所 定 之 值.

9. 試 求 沿 橢 圓

$$x^2+4y^2-2x\sqrt{3}-1=0$$

之 線 積 分

$$\int \frac{y\,dx}{x^2+y^2},$$

應 取 之 向 爲 正 向. 答: $-\dfrac{4}{3}\pi$

10. 求 定 一 函 數 $f(x,y)$ 使 其 於 $x=0$ 時 化 簡 爲 $\dfrac{1}{1+y^2}$, 並 使 線 積 分

$$I=\int f(x,y)[2xy\,dx+(1-x^2)\,dy]$$

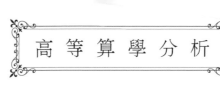

沿不含有 $f(x, y)$ 之異點之任意週線之値爲零.

繼設以 $(1, 0)$ 爲心而半徑小於 2 之一圓;求上設線積分沿此圓之値 I_1, 應取之向仍爲正. (Licence, Pairs, 1916).

$$答: f(x, y) = \frac{1}{(1-x^2)+y^2}, \qquad I_1 = 2\pi.$$

11. 求定有連續偏紀數之連續函數 $P(x, y)$ 與 $Q(x, y)$ 使沿任一週線的積分

$$\int P(x+a, y+\beta)\, dx + Q(x+a, y+\beta)\, dy$$

與常數 a, β 無涉, 但僅與周線有關. (Licence, Paris, 1900).

12. 設展布於以週線 Γ 爲邊界之曲面 S 上之面積分

$$\iint (1-x^2)\phi(x)dy\, dz + 4zy\, \phi(x)dz\, dy - 4vz\, dx\, dy,$$

試定函數 $\phi(x)$ 使此積分之値僅與 Γ 有關而與 S 無涉.

(清華選送留美專科生試題, 1919).

$$答: \phi(x) = 2 + C(1-x^2).$$

13. 設有三正交軸 ox, oy, oz 命 $U(x, y)$ 表有連續偏紀數之一函數; 試定 x, y, z 三變數之一函數 $V(x, y, z)$, 使展布於任一不與 z 軸相遇之閉面上之面積分

$$I = \iint \frac{U(x \cos a + y \cos\beta) + V \cos \gamma}{x^2 + y^2}\, d\sigma$$

等於零, a, β, γ 表曲面向外之法線與三軸所成之角.

設函數 V 已適合上述條件, 於是取與 oz 相遇於兩點 A 與 B 之一閉面 S, 而挖去其位於以 oz 爲軸及一小量 r 爲半徑之柱面內之兩小部分. 如是得之曲面以 S_1 表之, 試求展布於 S_1 上之積分 I 於 $r \to 0$ 時所趨近之限 I_1. 若在 S 上挖去含 A 點與 B 點之部分之形狀爲任意者, 則所得積分之限是否相同? (Licence, Paris, 1921).

$$答: V = -z\left[x\frac{\partial U}{\partial x} + y\frac{\partial U}{\partial y}\right] + \Phi(x, y), \quad I_1 = 2\pi\, \overline{AB}\, U(0, 0).$$

第 九 章

尤 拉 氏 積 分

I. 基 本 特 性

勒 讓 德 氏 (Legendre) 稱 積 分

$$\int_0^1 x^{a-1}(1-x)^{b-1}\,dx, \qquad \int_0^{+\infty} x^{a-1}e^{-x}\,dx$$

爲 尤 拉 氏 第 一 種 及 第 二 種 積 分, 前 者 確 定 a, b 之 一 函 數 名 爲 beta 函 數, 由 $B(a, b)$ 表 之; 後 者 確 定 a 之 一 函 數 名 爲 gamma 函 數 由 $\Gamma(a)$ 表 之. 二 者 均 常 見 於 應 用 問 題, 在 幾 率 學 上 尤 爲 重 要.

175. 函 數 $\Gamma(a)$.

尤 氏 第 二 種 積 分

$$\int_0^{+\infty} x^{a-1}e^{-x}\,dx$$

於 $a>0$ 恆 有 意 義 (但 於 $a<0$ 時 則 否). 欲 明 之, 試 設 積 分

$$\int_\varepsilon^1 x^{a-x}e^{-x}\,dx \quad 與 \quad \int_1^l x^{a-1}e^{-x}\,dx,$$

ε 爲 甚 小 正 數 而 l 爲 甚 大 正 數. 若 注 意 x 大 之 至 可 有 $x^{a-1}e^{-x}$ $<\dfrac{1}{x^2}$ 卽 明 第 二 積 分 於 $l\to+\infty$ 有 一 限 致 第 一 積 分, 則 因 $x^{1-a}f(x)$

於 $x \to 0$ 趨 於 1, 可 知 欲 其 有 一 限, 必 須 亦 只 須 $1-a<1$, 卽 $a>0$. 此 見 於 $a>0$ 尤 氏 第 二 種 積 分 有 意 義 而 確 定 a 之 一 函 數, 卽

(1)
$$\Gamma(a)=\int_0^{+\infty} x^{a-1}e^{-x}\,dx.$$

吾 等 易 知 此 函 數 於 $0<a<+\infty$ 隔 間 內 爲 連 續.

176. Γ 函 數 之 第 一 特 性.

設 $a>1$; 據 部 分 求 積 分 法 吾 等 有

$$\Gamma(a)=-\left[x^{a-1}e^{-x}\right]_0^{+\infty}+(a-1)\int_0^{+\infty} x^{a-2}e^{-x}\,dx,$$

旣 設 $a>1$, 右 端 第 一 項 爲 零, 而 得 公 式

(2)
$$\Gamma(a)=(a-1)\Gamma(a-1).$$

若 $a>2$ 而 等 於 $p+a_1$, 其 p 爲 一 正 整 數 並 a_1 爲 介 於 0 與 1 間 之 數, 則 連 用 此 公 式 可 得 關 係

$$\Gamma(a)=(a-1)(a-2)\cdots\cdots(1+a_1)a_1\,\Gamma(a_1).$$

此 見 求 $\Gamma(a)$ 變 爲 求 $\Gamma(a_1)$. 後 者 之 <u>元 量</u> (argument) 僅 在 0 與 1 間.

若 a 爲 一 整 數 n, 則 注 意

$$\Gamma(1)=\int_0^{+\infty} e^{-x}\,dx=\left[-e^{-x}\right]_0^{+\infty}=1,$$

有 公 式

(3)
$$\Gamma(n)=(n-1)(n-2)\cdots\cdots 2\cdot 1=(n-1)!$$

<u>注 意</u>. 由 $\Gamma(a+1)=a\,\Gamma(a)$ 可 見 於 $a \to 0$ 時, $a\,\Gamma(a) \to 1$, 是 知 $\Gamma(a)$ 應 趨 於 無 窮.

177. 函數 $B(a, b)$.

吾等易知尤氏第一種積分

$$\int_0^1 x^{a-1}(1-x)^{b-1}\, dx$$

於 $a>0$ 及 $b>0$ 有意義(而於 $a<0$, $b<0$ 則否), 而確定 a 與 b 之一函數, 卽

(4) $$B(a, b) = \int_0^1 x^{a-1}(1-x)^{b-1}\, dx.$$

若易 x 爲 $1-x$, 積分形狀仍不改, 所異者僅 a 與 b 之位置互換而已. 可知

$$B(a, b) = B(b, a).$$

卽明 $B(a, b)$ 於 a, b 爲對稱.

$B(a, b)$ 函數尚可呈他形狀, 亦常見於應用, 茲更述之. 命

$$x = \cos^2 \phi, \quad 1-x = \sin^2 \phi, \quad dx = -2\cos\phi\sin\phi\, d\phi,$$

有

(5) $$B(a, b) = 2\int_0^{\frac{\pi}{2}} \cos^{2a-1}\phi \sin^{2b-1}\phi\, d\phi,$$

又命

$$t = \frac{x}{1-x}, \quad x = \frac{t}{1+t}, \quad dx = \frac{dt}{(1+t)^2},$$

得

(6) $$B(a, b) = \int_0^{+\infty} \frac{t^{a-1}\, dt}{(1+t)^{a+b}}$$

若書

$$\int_0^{+\infty} \frac{t^{a-1}\, dt}{(1+t)^{a+b}} = \int_0^1 \frac{t^{a-1}\, dt}{(1+t)^{a+b}} + \int_1^{+\infty} \frac{t^{a-1}\, dt}{(1+t)^{a+b}},$$

而於末項積分易 t 爲 $\dfrac{1}{t}$, 則有

(7)
$$B(a, b) = \int_0^1 \frac{t^{a-1} + t^{b-1}}{(1+t)^{a+b}} dt.$$

復顯出 B 於 a 與 b 之對稱性.

178. B 函數與 Γ 函數之關係.

B 函數可由 Γ 函數表之. 試於尤氏第二種積分中易 x 爲 x^2 或 y^2, 則有

$$\Gamma(a) = 2 \int_0^{+\infty} e^{-x^2} x^{2a-1} dx,$$

$$\Gamma(b) = 2 \int_0^{+\infty} e^{-y^2} y^{2b-1} dy.$$

舉此二式相乘, 則得

$$\Gamma(a)\Gamma(b) = 4 \int_0^{+\infty} e^{-x^2} x^{2a-1} dx \int_0^{+\infty} e^{-y^2} y^{2a-b} dy.$$

若引 $x=l$ 及 $y=l(l>0)$ 二直線使與 ox, oy 成一正方形 A, 則上式右端可視作重積分

$$4 \iint e^{-x^2-y^2} x^{2a-1} y^{2a-b} dx\, dy$$

於 $l \to +\infty$ 所趨近之限. 按 $f(x, y) = e^{-x^2-y^2} x^{2a-1} y^{2b-1}$ 在 oxy 角內恆爲正, 可知吾等若以 o 爲心作一圓, 使與 xoy 角範圍一域 R, 則重積分

$$4 \iint_R e^{-x^2-y^2} x^{2a-1} y^{2b-1} dx\, dy$$

於圓半徑 $r \to +\infty$ 時亦趨於是限. 易爲極位標, 此重積分變爲

$$4\int_0^r e^{-\rho^2}\,\rho^{2a+2b-1}\,d\rho \int_0^{\frac{\pi}{2}}\cos^{2a-1}\theta\,\sin^{2b-1}\theta\,d\theta.$$

然則

$$\Gamma(a)\Gamma(b)=4\int_0^{+\infty}e^{-\rho^2}\,\rho^{2a+2b-1}\,d\rho\int_0^{\frac{\pi}{2}}\cos^{2a-1}\theta\,\sin^{2b-1}\theta\,d\theta$$

即 得 公 式

$$(8) \qquad B(a,b)=\frac{\Gamma(a)\Gamma(b)}{\Gamma(a+b)}.$$

179 Γ 函 數 之 第 二 特 性：餘 元 關 係.

設 $b=1-a,\,(0<a<1)$ 有

$$B(a,1-a)=\frac{\Gamma(a)\Gamma(1-a)}{\Gamma(1)}=\Gamma(a)\Gamma(1-a).$$

準 公 式 (7)

$$B(a,1-a)=\int_0^1\frac{x^{a-1}+x^{-a}}{1+x}dx,$$

此 積 分 之 值 可 以 求 出：據 關 係

$$\frac{1}{1+x}=1-x+x^2-\cdots\cdots+(-1)^nx^n+(-1)^{n+1}\frac{x^{n+1}}{1+x}$$

化 之 有

$$B(a,1-a)=\int_0^1(x^{a-1}+x^{-a})[1-x+x^2-\cdots\cdots+(-1)^nx^n]\,dx$$
$$+(-1)^{n+1}\int_0^1\frac{x^{n+a}+x^{n-a+1}}{1+x}\,dx,$$

或 $\qquad B(a,1-a)=\dfrac{1}{a}-\dfrac{1}{1+a}+\dfrac{1}{1-a}+\dfrac{1}{2-a}-\cdots\cdots$

$$+(-1)^n\frac{1}{n+a}-(-1)^n\frac{1}{n-a}+(-1)^n\frac{1}{n-a+1}$$
$$+(-1)^{n+1}\int_0^1\frac{x^{n+1}+x^{n-a+1}}{1+x}dx.$$

準中值公式,末端積分可書如

$$\int_0^1 \frac{x^{n+a} + x^{n-a+1}}{1+x}\,dx = \frac{1}{1+\theta}\Big(\frac{1}{n+a+1} + \frac{1}{n-a+2}\Big), \qquad (0<\theta<1)$$

而於 $n\to\infty$ 趨於零,可知

$$B(a, 1-1) = \frac{1}{a} - \frac{1}{1+a} + \frac{1}{1-a} + \frac{1}{2+a} - \frac{1}{2-a} + \cdots\cdots$$

$$+ (-1)^n \frac{1}{n+a} - (-1)^n \frac{1}{n-a} + \cdots\cdots$$

於是按三角函數公式 (1)

$$\operatorname{cosec} z = \frac{1}{z} - \frac{1}{z+\pi} - \frac{1}{z-\pi} + \frac{1}{z+2\pi} + \frac{1}{z-2\pi} - \cdots\cdots$$

$$+ (-1)^n \frac{1}{z+n\pi} + (-1)^n \frac{1}{z-n\pi} + \cdots\cdots$$

得 $B(a, 1-a) = \dfrac{\pi}{\sin n\pi}$,即得公式

(9) $$\Gamma(a)\Gamma(1-a) = \frac{\pi}{\sin a\pi},$$

是為餘元關係(法文 Relation des compléments).

特別於 $a = \dfrac{1}{2}$,得

$$\Big[\Gamma\Big(\frac{1}{2}\Big)\Big]^2 = \pi, \quad 即 \ \Gamma\Big(\frac{1}{2}\Big) = \sqrt{\pi}.$$

但此結果亦可直接由積分得之.蓋

$$\Gamma\Big(\frac{1}{2}\Big) = \int_0^{+\infty} e^{-x} \frac{dx}{\sqrt{x}}.$$

命 $x = y^2$,此積分即變為

---

(1) 可參攷 Hobson, Trigonometry p. 335.

$$2\int_0^{+\infty} e^{-v^2}\, dy = \sqrt{\pi}.$$

180 Γ 函數之第三特性.

由公式(8)及(7)

$$B(a, a) = \frac{\Gamma^2(a)}{\Gamma(2a)} = 2\int_0^1 \frac{x^{a-1}\, dx}{(1+x)^{2a}}$$

命 $x = \dfrac{1-y}{1+y}$, $dx = -\dfrac{2dy}{(1+y)^2}$, 則

$$B(a, a) = \frac{1}{2^{2a-2}}\int_0^1 (1-y^2)^{a-1}\, dy$$

或易 y 爲 $\sqrt{y}$,

$$B(a, a) = \frac{1}{2^{2a-1}}\int_c^1 (1-y)^{a-1} y^{-\frac{1}{2}}\, dz = \frac{1}{2^{2a-1}} B\left(a, \frac{1}{2}\right)$$

於是準公式(8)並代 $\Gamma\left(\dfrac{1}{2}\right)$ 以 $\sqrt{\pi}$, 則此關係化爲

$$\Gamma(a)\Gamma\left(a + \frac{1}{2}\right) = \frac{\sqrt{\pi}}{2^{2a-1}} \Gamma(2a).$$

又易 a 爲 $\dfrac{a}{2}$, 則得

(10)
$$\Gamma(a) = \frac{2^{a-1}}{\sqrt{\pi}} \Gamma\left(\frac{a}{2}\right)\Gamma\left(\frac{a+1}{2}\right).$$

名爲勒讓德氏公式;而表明 Γ 函數之一重要特性,即利用此公式及餘元關係,可縮小求 $\Gamma(a)$ 之隔間爲 $\left(0, \dfrac{1}{2}\right)$.

181. 尤拉氏乘積.

以 n 表一正整數而於公式(9)內連續令 $a = \dfrac{1}{n}, \dfrac{2}{n}, \cdots, \dfrac{n-1}{n}$ 並乘其結果,得

$$\left[\Gamma\left(\frac{1}{n}\right)\Gamma\left(\frac{2}{n}\right)\cdots\cdots\Gamma\left(\frac{n-1}{n}\right)\right]^2 = \frac{\pi^{-1}}{\sin\frac{\pi}{n}\sin\frac{2\pi}{n}\cdots\cdots\sin\frac{n-1}{n}\pi}.$$

取三角函數公式 (1)

$$\frac{\sin n\theta}{\sin\theta} = 2^{n-1}\sin\left(\theta+\frac{\pi}{n}\right)\sin\left(\theta+\frac{2\pi}{n}\right)\cdots\cdots\sin\left(\theta+\frac{n-1}{n}\pi\right)$$

而令 $\theta\to 0$, 則有

$$n = 2^{n-1}\sin\frac{2\pi}{n}\sin\frac{2\pi}{n}\cdots\cdots\sin\frac{n-1}{n}\pi,$$

據此則上之關係變爲

(11) $$\Gamma\left(\frac{1}{n}\right)\Gamma\left(\frac{2}{n}\right)\cdots\cdots\Gamma\left(\frac{n-1}{n}\right) = \frac{(2\pi)^{\frac{n-1}{2}}}{n^{\frac{1}{2}}}.$$

即尤氏乘積公式,杲氏更得一較普通之公式,於後再述及之.

II. $D\log\Gamma(a)$ 與 $D^2\log\Gamma(a)$ 及 $\Gamma(a)$ 之無窮乘積式

182. $D\log\Gamma(a)$ 之歌西氏公式.

此公式爲

(12) $$\frac{d}{da}\log\Gamma(a) = \frac{\Gamma'(a)}{\Gamma(a)} = \int_0^{+\infty}\left[e^{-x} - \frac{1}{(1+x)^a}\right]\frac{dx}{x}.$$

吾等易知萊氏積分號下求紀法可施於確定 $\Gamma(a)$ 之積分,故 $\Gamma(a)$ 因之 $\log\Gamma(a)$ 確有紀數存在.欲求 (12),吾從哈達馬氏 (M. J. Hadamard) 書

$$\frac{\Gamma'(a)}{\Gamma(x)} = \lim_{h\to 0}\frac{\Gamma(a-h)-\Gamma(a)}{-h\,\Gamma(a)}$$

(1) 見 Hobson.—Trigonometry, p. 117.

而令 h 由正數值趨於零,若注意 $h\,\Gamma(h)$ 於 $h\to 0$ 時以 1 爲限,則此式尚可書如

$$\frac{d}{da}\log\Gamma(a)=\lim_{h\to 0}\frac{\Gamma(a)-\Gamma(a-h)}{\Gamma(a)}\,\Gamma(h)$$

$$=\lim_{h\to 0}\left[\Gamma(h)-B(a-b,\,h)\right].$$

於是準公式 (1) 與 (6) 立得

$$\frac{d}{da}\log\Gamma(a)=\lim_{h\to 0}\int_0^{+\infty}\left[e^{-x}-\frac{1}{(1+x)^a}\right]x^{h-1}\,dx.$$

今若分末端積分爲二 $\displaystyle\int_0^1$ 與 $\displaystyle\int_1^{+\infty}$,並注意被積函數於 $x>0$ 與 $h>0$ 爲連續,且於 $x=0,\,h=0$ 亦有定值,則易明積分 $\displaystyle\int_0^1$ 於 $h\geqq 0$ 一致收歛,而 $\displaystyle\int_1^{+\infty}$ 於 $0\leqq h\leqq k<1$ 亦一致收歛. 於是欲定此積分之限,但須於積分號下逕令 $h\to 0$ 卽可. 如是立得公式 (12).

183. 昊士氏公式.

於公式 (12) 內令 $a=1$,得

$$(13)\qquad\qquad \Gamma'(1)=\int_0^{+\infty}\left[e^{-x}-\frac{1}{1+x}\right]\frac{dx}{x}$$

以與 (12) 相減並以 C 代表 $-\Gamma'(1)$,則有

$$\frac{\Gamma'(a)}{\Gamma(a)}+C=\int_0^{+\infty}\left(\frac{1}{1+x}-\frac{1}{(1+x)^a}\right)\frac{dx}{x};$$

再命 $1+x=\dfrac{1}{y}$,則得公式

$$(14)\qquad\qquad \frac{\Gamma'(a)}{\Gamma(a)}+C=\int_0^1\frac{1-y^{a-1}}{1-y}\,dy.$$

名爲杲氏公式

若 a 爲有理數,則積分可實行求出.今若 a 特別爲一正整數 n,則有

$$\frac{\Gamma'(n)}{\Gamma(n)} + C = \int_0^1 (1+y+\cdots\cdots+y^{n-2})\,dy.$$

或

(15) $$C = 1 + \frac{1}{2} + \frac{1}{3} + \cdots\cdots + \frac{1}{n-1} - D\log\Gamma(n).$$

吾等於後證明常數 C, 卽 77 節所論之尤氏常數,其差近值卽可據此公式利用 $D\log\Gamma(n)$ 之差近值以求之.

184. 杲氏乘積.

此爲尤氏乘積之推廣式.命 n 與 k 表二正整數而於公式 (14) 內換 a 爲 $a+\dfrac{k}{n}$, 繼設 $y=x^n$, 有

$$\frac{\Gamma'\left(a+\dfrac{k}{n}\right)}{\Gamma\left(a+\dfrac{k}{n}\right)} + C = \int_0^1 \frac{1-y^{a+\frac{k}{n}-1}}{1-y}\,dy = n\int_0^1 \frac{x^{n-1}-x^{na-1+k}}{1-x^n}\,dx.$$

令 $k=0, 1, \cdots\cdots, (n-1)$, 而加其結果,

$$\sum_{k=1}^{n-1} \frac{\Gamma'\left(a+\dfrac{k}{n}\right)}{\Gamma\left(a+\dfrac{k}{n}\right)} + nC = n\int_0^1 \frac{nx^{n-1}-x^{na-1}(1+x+\cdots\cdots+x^{n-1})}{1-x^n}\,dx,$$

$$= n\int_0^1 \left(\frac{nx^{x-1}}{1-x^n} - \frac{x^{na-1}}{1-x}\right)dx.$$

又由公式 (14) 有

$$n\,\frac{\Gamma'(na)}{\Gamma(na)} + nC = n\int_0^1 \frac{1-x^{na-1}}{1-x}\,dx$$

以與上式相減, 則得

$$(16) \qquad \sum_{k=0}^{n-1} \frac{\Gamma'\left(a+\dfrac{k}{n}\right)}{\Gamma\left(a+\dfrac{k}{n}\right)} - n\,\frac{\Gamma'(na)}{\Gamma(n+a)} = n\int_0^1 \left(\frac{nx^{n-1}}{1-x^n} - \frac{1}{1-x}\right) dx.$$

命 $x = e^{-t}$ 末端積分變爲

$$I = \int_0^{+\infty} \left(\frac{ne^{-nt}}{1-e^{-nt}} - \frac{e^{-t}}{1-e^{-t}}\right) dt.$$

吾可求其值如次:

$$I = \lim_{\varepsilon \to 0} \left[\int_\varepsilon^{+\infty} \frac{nt\,e^{-nt}}{1-e^{-nt}} \cdot \frac{dt}{t} - \int_\varepsilon^{+\infty} \frac{e^{-t}}{1-e^{-t}} dt\right]$$

於括鈎內前項易 nt 爲 t,

$$I = \lim_{\varepsilon \to 0} \left[\int_{n\varepsilon}^{+\infty} \frac{e^{-t}}{1-e^{-t}} dt - \int_\varepsilon^{+\infty} \frac{e^{-t}}{1-e^{-t}} dt\right] = \lim_{\varepsilon \to 0} \int_{n\varepsilon}^{\varepsilon} \frac{e^{-t}}{1-e^{-t}} dt;$$

繼準中值公式,

$$I = \lim_{\varepsilon \to 0} \frac{\xi\, e^{-\xi}}{1-e^{-\xi}} \int_{n\varepsilon}^{\varepsilon} \frac{dt}{t} = \lim_{\varepsilon \to 0} \frac{\xi\, e^{-\xi}}{1-e^{-\xi}} \log\frac{1}{n},$$

ξ 爲介於 $n\xi$ 與 ε 間之一數而隨 ε 趨於零. 可知 $I = -\log n$ 而 關係 (16) 變爲

$$(17) \qquad \sum_{k=0}^{n-1} \frac{\Gamma'\left(a+\dfrac{k}{n}\right)}{\Gamma\left(a+\dfrac{k}{n}\right)} - n\,\frac{\Gamma'(na)}{\Gamma(na)} = -n\log n$$

將兩端求積分, 則有

$$\log\frac{\Gamma(a)\Gamma\left(a+\dfrac{1}{n}\right)\cdots\cdots\Gamma\left(a+\dfrac{n-1}{n}\right)}{\Gamma(na)} = -an\log n + \log C,$$

或 $$\Gamma(a)\Gamma\left(a+\frac{1}{n}\right)\cdots\cdots\Gamma\left(a+\frac{n-1}{n}\right)=C_n{}^{-na}\,\Gamma(na).$$

欲定常數 C，命 $a=\dfrac{1}{n}$；若是左端變爲尤氏乘積，而

$$C=\sqrt{n}\,(2\,\pi)^{\frac{n-1}{2}}$$

於是得杲氏公式

(18) $$\Gamma(a)\Gamma\left(a+\frac{1}{n}\right)\cdots\cdots\Gamma\left(a+\frac{n-1}{n}\right)=(2\pi)^{\frac{n-1}{a}}\frac{\Gamma(na)}{n^{na-\frac{1}{2}}}$$

命 $n=a$ 復得公式 (9)．若陸續命 $n=3,4,\cdots\cdots$，則據此公式可逐漸收縮求 $\Gamma(a)$ 之值之必要隔間．

注意． 設 $a=1$，公式 (17) 可書如

$$\frac{\Gamma'(n)}{\Gamma(n)}-\log n=\frac{1}{n}\sum_{k=0}^{n-1}\frac{\Gamma'\left(1+\dfrac{k}{n}\right)}{\Gamma\left(1+\dfrac{k}{n}\right)}$$

令 $n\to+\infty$，則有

$$\lim_{n\to\infty}\left[\frac{\Gamma'(n)}{\Gamma(n)}-\log n\right]=\int_0^1\frac{\Gamma'(1+x)}{\Gamma(1+x)}\,dx$$

$$=\Big[\log\Gamma(1+x)\Big]_0^1=0.$$

據此則見於 184 節之常數

$$C=-\Gamma'(1)=1+\frac{1}{2}+\cdots\cdots+\frac{1}{n-1}-\frac{\Gamma'(n)}{\Gamma(n)}$$

$$=\lim_{n\to\infty}\left[1+\frac{1}{2}+\cdots\cdots+\frac{1}{n-1}-\log n\right]-\lim_{n\to\infty}\left[\frac{\Gamma'(n)}{\Gamma(n)}-\log n\right]$$

$$=\lim_{n\to\infty}\left[1+\frac{1}{2}+\cdots\cdots+\frac{1}{n-1}-\log n\right]$$

而確爲77節所謂之尤氏常數.

185. $D^2 \log \Gamma(a), D \log \Gamma(a)$ 及 $\log \Gamma(a)$ 之展式.

於杲氏公式中命 $y = e^{-x}$ 有

$$\frac{d}{da} \log \Gamma(a) + C = \int_0^{+\infty} \frac{e^{-x} - e^{-ax}}{1 - e^{-x}} dx,$$

積分號下求紀法於右端積分顯然適用,而吾等有

$$\frac{d^2}{da^2} \log \Gamma(a) = \int_0^{+\infty} \frac{x e^{-ax}}{1 - e^{-x}} dx.$$

於被積函數,代 $1/(1 - e^{-x})$ 以其展式

$$1 + e^{-x} + e^{-2x} + \cdots\cdots + e^{-(n-1)x} + \frac{e^{-nx}}{1 - e^{-x}},$$

得

$$\frac{d^2}{da^2} \log \Gamma(a) = \sum_{k=0}^{n-1} \int_0^{+\infty} x e^{-(a+k)x} dx + \int_0^{+\infty} \frac{x e^{-(a+n)x}}{1 - e^{-x}} dx$$

$$= \sum_{k=0}^{n-1} \frac{1}{(a+k)^2} + R_n(a).$$

注意命 b 表任一正數,

$$R_n(a) = \int_0^{+\infty} \frac{x e^{-(a+n)x}}{1 - e^{-x}} dx > \int_0^b \frac{x e^{-nx}}{1 - e^{-x}} dx$$

又準中值公式,

$$\int_0^b \frac{x e^{-nx}}{1 - e^{-x}} dx = e^{-n\xi} \int_0^b \frac{x}{1 - e^{-x}} dx, \qquad (0 < \xi < b).$$

可知於 $n \to +\infty$ 時 $R_n(a)$ 趨於零而無論正數 a 爲何, 然則得

(19) $\quad \dfrac{d^2}{da} \log \Gamma(a) = \dfrac{1}{a^2} + \dfrac{1}{(a+1)^2} + \dfrac{1}{(a+2)^2} + \cdots\cdots + \dfrac{1}{(a+n)^2} + \cdots\cdots$

右端級數於 $a>0$ 一致收歛.

若將(19)式之兩端自 1 至 a 求積分, 則得

(20)
$$\frac{d}{da}\log\Gamma(a) = -C + \left(1 - \frac{1}{a}\right)$$

$$+ \left(\frac{1}{2} - \frac{1}{a+1}\right) + \cdots\cdots + \left(\frac{1}{n+1} - \frac{1}{a+n}\right) + \cdots\cdots$$

右端級數仍對於 a 之任何正數值爲收歛. 再將此式自 1 至 a 求積分得

(21)
$$\log\Gamma(a) = -C(a-1) + \sum_{n=0}^{\infty}\left(\frac{a-1}{1+n} - \log\frac{a+n}{1+n}\right)$$

或易 a 爲 $a+1$.

(21')
$$\log\Gamma(a+1) = -Ca + \sum_{n=1}^{\infty}\left(\frac{a}{n} - \log\frac{a+n}{n}\right).$$

右端仍爲收歛級數. 吾等尙可汰去常數 C. 只須於(21)內令 $a=2$ 而取所得結果

$$0 = -C + \sum_{n=0}^{\infty}\left(\frac{1}{1+n} - \log\frac{2+n}{1+n}\right)$$

與 $a-1$ 之積以與(21)相減, 卽得

(22)
$$\log\Gamma(a) = \sum_{n=0}^{\infty}\left[(a-1)\log\left(1 + \frac{1}{1+n}\right) - \log\left(1 + \frac{a-1}{1+n}\right)\right]$$

186. Γ 函數之變跡及圖線.

命
$$y = \Gamma(x) = \int_{0}^{+\infty} e^{-t}t^{x-1}\,dt, \qquad (x>0).$$

吾等知 $\Gamma(x)$ 於 $x>0$ 爲連續, 而於 $x\to 0$ 或 $x\to +\infty$ 時趨於 $+\infty$.

今由關係 (19) 知 $D^2 \log \Gamma(x)$ 於 $x>0$ 恆為正,因之函數 $D \log \Gamma(a)$ 即 $\Gamma'(x)/\Gamma(x)$ 為一增函數,而據 (20) 知其於 $x=0$ 之值為 $-\infty$,並於 $x=+\infty$ 時者為 $+\infty$. 又因 $\Gamma(x)$ 恆為正,可見 $\Gamma'(x)$ 於 x 自 0 變至 $+\infty$ 時由正變為負一次,而限於一次. 然則於 x 自 0 變至 $+\infty$,$\Gamma(x)$ 自 $+\infty$ 連續減小至某一正值 m,然後自 m 連續增大至無窮,而以 m 為極小. 按 $\Gamma(1)=\Gamma(2)=1$ 可知極小 m 應介於 $x=1$ 與 $x=2$ 之間,而其值小於 1. 吾等於是知圖線之大體[1],如圖 34.

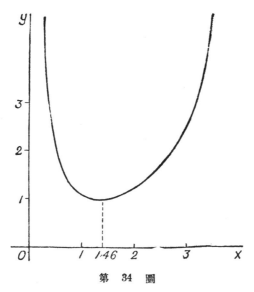

第 34 圖

187. 維氏公式:尤氏公式及杲氏函數 Π.

---

(1) 於極小之求法可參考 Serret. Cours de Calcul differentiel et integral, Tom. II, p. 181 及 Edwards.—A Treatise on the integral Calculus Vol. II. p. 108. 於較確切之圖線可參閱 Edwards 氏書.

將公式 (21') 去 log 號, 立得

(23)
$$\frac{1}{\Gamma(a+1)} = e^{Ca} \prod_{1}^{\infty} \left(1 + \frac{a}{n}\right) e^{-\frac{a}{n}},$$

名爲維氏 (Weierstrass) 公式, 此式表 $\dfrac{1}{\Gamma(a+1)}$ 以一無窮乘積, 其各因子稱爲一初因子 (primary factor). 此乘積可用作根據以推廣 $\Gamma(a)$ 於 a 爲虛數時之定義.

又公式 (22) 可書如

$$\log \Gamma(a) = \lim_{m \to +\infty} \left[(a-1) \log m + \sum_{n=0}^{m-2} \log \frac{1+n}{a+n} \right];$$

去 log 號,

$$\Gamma(a) = \lim_{m \to +\infty} m^{a-1} \frac{1 \cdot 2 \cdots (m-1)}{a(a+1) \cdots (a+m-2)}.$$

吾等尙可乘以 $\dfrac{m}{a+m-1}$. 因此分數於 $m \to +\infty$ 時趨於 1 也. 若是得

(24)
$$\Gamma(a) = \lim_{m \to +\infty} \frac{1 \cdot 2 \cdots (m-1)m}{a(a+1) \cdots (a+m-1)} m^{a-1};$$

卽爲尤氏所得公式, 杲氏復自求得之. 此乘積亦可爲 $\Gamma(a)$ 函數定義推廣之根據. 易 a 爲 $a+1$ 卽得所謂之杲氏函數 Π (Causs' Π function), 卽

(25)
$$\Pi(a) = \lim_{m \to +\infty} \frac{1 \cdot 2 \cdots m}{(a+1)(a+2) \cdots (a+m)} m^a$$

由定義可知 $(\Pi a) = \Gamma(a+1)$.

III. 幾近值公式

138. 拉阿伯氏積分 (Raabe's integral).

積分

$$I(a) = \int_0^1 \log \Gamma(a+x)\, dx = \int_a^{a+1} \log \Gamma(x)\, dx$$

名曰拉氏積分,其值可由基本函數表之. 求紀並代 $\Gamma(a+1)$ 以 $a\,\Gamma(a)$ 得

$$I'(a) = \log \Gamma(a+1) - \log \Gamma(a) = \log a;$$

由是

$$I(a) = \int \log a\, da + C - a \log a - a + C.$$

欲定常數 C, 命 $a=0$; 若是有 $C = I(0)$, 而

$$I(o) = \int_0^1 \log \Gamma(x)\, dx = \int_0^1 \log \Gamma(x)\, dx + \int_{\frac{1}{2}}^1 \log \Gamma(x)\, dx,$$

卽

$$I(0) = \int_0^{\frac{1}{2}} [\log \Gamma(x) + \log \Gamma(1-x)]\, dx = \int_0^{\frac{1}{2}} \log\left(\frac{\pi}{\sin x\,\pi}\right) dx.$$

吾等知

$$\int_0 \log \sin(x\,\pi)\, dx = \frac{1}{\pi} \int_0^{\frac{\pi}{2}} \log \sin y\, dy = -\frac{1}{2} \log 2,$$

可見

$$I(0) = \frac{1}{2} \log \pi + \frac{1}{2} \log 2 = \log \sqrt{2\,\pi}.$$

於是

$$(26) \qquad I(a) = \int_0^1 \log \Gamma(a+x)\, dx = a \log a - a + \log \sqrt{2\,\pi}.$$

此積分於 Γ 函數理極重要.

189 $\log \Gamma(a)$ 由定積分表出之式.

取 歌 氏 公 式

(12)
$$\frac{\Gamma'(a)}{\Gamma(a)} = \int_0^{+\infty} \left[e^{-t} - \frac{1}{(1+t)^a} \right] \frac{dt}{t}.$$

吾 謂 右 端 **積 分** 於 $a \geqq k > 0$ (k 爲 一 定 數, 可 甚 小) 爲 一 致 收 歛.
蓋 書 之 如

$$\int_0^1 \left[e^{-t} - \frac{1}{(1+t)^a} \right] \frac{dt}{t} + \int_1^{+\infty} e^{-t} \frac{dt}{t} - \int_1^{+\infty} \frac{dt}{(1+t)^a t}$$

則 首 **項** 爲 一 尋 常 積 分, 第 二 項 爲 一 收 歛 的 無 窮 **積** 分 與 a 無
涉, 而 末 項 無 窮 積 分 甚 易 知 其 於 $a > k$ 爲 一 致 收 歛 也. 於 是 積
分 號 下 求 積 分 法 可 施 之 於 (12) 右 端. 今 將 (12) 兩 端 自 1 至 a
求 積 分, 則 有

$$\log \Gamma(a) = \int_0^{+\infty} \left[(a-1)e^{-t} - \frac{(1+t)^{-1} - (1+t)^{-a}}{\log(1+t)} \right] \frac{dt}{t},$$

積 分 仍 爲 一 致 收 歛. 命 $a = 2$, 有

$$0 = \int_0^{+\infty} \left[e^{-t} - \frac{(1+t)^{-2} t}{\log(1+t)} \right] \frac{dt}{t}$$

乘 以 $-(a-1)$ 而 以 與 上 式 相 加, 則 得

$$\log \Gamma(a) = \int_0^{+\infty} \left[\frac{a-1}{(1+t)^2} - \frac{(1+t)^{-1} - (1+t)^{-a}}{t} \right] \frac{dt}{\log(t+1)},$$

更 命 $\log(t+1) = x$, 因 之 $t = e^{x-1}$, 則 此 式 變 爲

(27)
$$\log \Gamma(a) = \int_0^{-+\infty} \left[(a-1)e^{-x} - \frac{e^{-x} - e^{-ax}}{1 - e^{-x}} \right] \frac{dx}{x}$$

卽 所 欲 求 之 式. 右 端 積 分 仍 於 $a > k$ 爲 一 致 收 歛.

　　注意. 將 (27) 兩 端 自 a 至 $a+1$ 求 積 分, 則 得 拉 阿 伯 氏 積
分 之 又 一 式

$$(28)\quad I(a)=\int_a^{a+1}\log\Gamma(a)\,da=\int_0^{+\infty}\Big[\Big(a-\frac{1}{2}\Big)e^{-x}=\frac{e^{-x}}{1-e^{-x}}+\frac{e^{-ax}}{x}\Big]\frac{dx}{x}.$$

160. 畢訥氏函數 (Binet's function) 及 $\log\Gamma(a)$ 之幾近值.

舉公式 (27) 與 (28) 相減, 有

$$\log\Gamma(a)-I(a)=\int_0^{+\infty}\Big[-\frac{1}{2}\,e^{-x}+\frac{e^{-ax}}{1-e^{-x}}-\frac{e^{-ax}}{x}\Big]\frac{dx}{x}$$

$$=\int_0^{+\infty}\Big(\frac{1}{1-e^{-x}}-\frac{1}{x}-\frac{1}{2}\Big)e^{-ax}\frac{dx}{x}-\int_0^{+\infty}\frac{e^{-x}-e^{-ax}}{2}\frac{dx}{x}.$$

末項積分由積分號下求微分法易得其值爲 $\frac{1}{2}\log a$. 然則有

$$\log\Gamma(a)-I(a)+\frac{1}{2}\log a=\int_0^{+\infty}\Big(\frac{1}{1-e^{-x}}-\frac{1}{x}-\frac{1}{2}\Big)e^{-ax}\frac{dx}{x}.$$

右端積分爲 a 之一函數稱爲畢納氏函數由 $\Omega(a)$ 表之:

$$(29)\qquad \Omega(a)=\int_0^{+\infty}\Big(\frac{1}{1-e^{-x}}-\frac{1}{x}-\frac{1}{2}\Big)e^{-ax}\frac{dx}{x}$$

於是代 $I(a)$ 以其由 (26) 確定之值, 得

$$(30)\qquad \log\Gamma(a)=\log\sqrt{2\pi}+\Big(a-\frac{1}{2}\Big)\log a-a+\Omega(a).$$

當 $a\to\infty$, 顯然 $\Omega(a)\to 0$. 故於 (30) 式中略去 $\Omega(a)$, 可得 $\log\Gamma(a)$ 之一差近值, 是卽 $\log\Gamma(a)$ 之一 幾近值 (asymptotic value).

191. 司特領氏級數及公式 (Stirling's series and formula).

吾人可以數法展 $\Omega(a)$ 爲級數. 吾等以後證明

$$(31)\quad\Big(\frac{1}{1-e^{-x}}-\frac{1}{x}-\frac{1}{2}\Big)\frac{1}{x}=\frac{B_1}{2!}-\frac{B_2}{4!}x^2+\cdots\cdots+(-1)^{n-1}\frac{B_n}{(2n)!}x^{2n-2}$$

$$+(-1)^n\frac{B_{n+1}}{(2n+2)!}\theta x^{2n}$$

$B_1, B_2, \cdots\cdots, B_n$ 等常數稱爲伯努義氏數 (Bernoullian numbers)

據此有

$$\Omega(a) = \frac{B_1}{2!} \int_0^{+\infty} e^{-ax}\, dx - \frac{B_2}{4!} \int_0^{+\infty} x^2\, e^{-ax}\, dx + \cdots\cdots$$

$$+ (-1)^{n-1} \frac{B_n}{(2n)!} \int_0^{+\infty} x^{2(n-1)} e^{-ax}\, dx + R,$$

$$R = (-1)^n \frac{B_{n+1}}{(2n+2)!} \int_0^{+\infty} \theta\, x^{2n} e^{-ax}\, dx$$

而

$$\int_0^{+\infty} x^{2p}\, e^{-ax}\, dx = \frac{\Gamma(2p+1)}{a^{2p+1}} = \frac{(2p)!}{a^{2p+1}}.$$

並準中值公式

$$R = (-1)^n \frac{B_{n+1}}{(2n+2)!}\, \theta' \int_0^{+\infty} x^{2n} e^{-ax}\, dx, \qquad (0 < \theta' < 1)$$

然則得

$$(32) \quad \Omega(a) = \frac{B_1}{1 \cdot 2}\, \frac{1}{a} - \frac{B_2}{3 \cdot 4}\, \frac{1}{a^3} + \cdots\cdots + (-1)^{n-1} \frac{B_n}{(2n-1)2n}\, \frac{1}{a^{2n-1}} + R,$$

$$R = (-1)^n \frac{B_{n+1}}{(2n+1)(2n+2)}\, \frac{\theta'}{a^{2n+1}} \qquad (0 < \theta' < 1)$$

即爲司氏級數, 此級數若無限延展係一發散級數, 但只須 a 甚大, 其起始諸項卽減殺甚速, 又由 R 可知取前若干項爲差近值所發生之舛差小於略去之第一項. 故截止於已將減小之項, 則可得一足用之切近值, 而精切之程度不難知之. 吾人因稱司氏級數爲僞收斂 (psendo-convergent).

特別設 $n = 0$, 並按 $B_1 = \frac{1}{6}$ (見後), 得

$$\Omega(a) = \frac{B_1}{1 \cdot 2} \cdot \frac{\theta}{a} = \frac{\theta}{12a}, \qquad 0 < \theta < 1$$

以此代於(30), 則得司氏公式

$$(33) \qquad \log \Gamma(a) = \log \sqrt{2\pi} + \left(a - \frac{1}{2}\right) \log a - a + \frac{\theta}{12a},$$

$$(34) \qquad \Gamma(a) = \sqrt{2\pi} \cdot a^{a-\frac{1}{2}} e^{-a+\theta/12a}.$$

若 a 爲一正整數 m, 則以 m 乘末式兩端可書如

$$(35) \qquad m! = \sqrt{2\pi m} \left(\frac{m}{e}\right)^m e^{\frac{\theta}{12m}}.$$

此結果於幾率上至是爲重要, 因 $\sqrt{2\pi m}\left(\dfrac{m}{e}\right)^m$ 可取爲 $m!$ 於

甚大時之差近值也. 相對舛差可甚小, 但絕對舛差可甚大.

192. $D \log \Gamma(a)$ 之幾近值.

將公式(30)求紀有

$$(36) \qquad \frac{d}{da} \log \Gamma(a) = \frac{\Gamma'(a)}{\Gamma(a)} = \log a - \frac{1}{2a} + \Omega'(a).$$

而

$$\Omega'(a) = -\int_0^{+\infty} \left(\frac{1}{1-e^{-x}} - \frac{1}{x} - \frac{1}{2}\right) e^{-ax} dx$$

準公式(31),

$$\Omega'(a) = -\frac{B_1}{2!} \int_0^{+\infty} x e^{-ax} dx + \frac{B_2}{4!} \int_0^{+\infty} x^3 e^{-ax} dx - \cdots\cdots$$

$$+ (-1)^n \frac{B_n}{(2n)!} \int_0^{+\infty} x^{2n-1} e^{-ax} dx$$

$$+ (-1)^{n+1} \frac{B_{n+1}}{(2n+2)!} \int_0^{+\infty} \theta \, x^{2n+1} e^{-ax} dx,$$

或

$$(37) \quad \Omega'(a) = -\frac{B_1}{2a^2} + \frac{B_2}{4a^4} - \cdots\cdots + (-1)^n \frac{B_n}{2na^{2n}} + (-1)^{n+1} \frac{\theta'}{2n+2} \frac{B_{n+1}}{2n+2},$$

$$(0 < \theta' < 1)$$

此結果適與直接就公式 (32) 求紀而得者同. 若 $n \to +\infty$ 仍得一僞收歛級數與司氏級數彷彿.

據公式 (36) 及 (37) 吾人可求尤氏常數 C 之差近值. 蓋按 183 節公式 (15)

$$C = 1 + \frac{1}{2} + \cdots\cdots + \frac{1}{m-1} - D \log \Gamma(m)$$

只須取 m 甚大而求 $D \Gamma(m)$ 之一差近值, 差近程度可大至人之所欲.[1]

IV. Γ 函數於求定積分之應用

193. 單積分例.

往往定積分可由 Γ 函數表之, 例如

$$I = \int_0^1 x^{m-1}(1-x^p))^{n-1} \, dx.$$

此積分於 $m>0$, $n>0$, $p>0$ 有意義, 命 $x^p = y$, 則變爲

$$I = \frac{1}{p} \int_0^1 y^{\frac{m}{p}-1} (1-y)^{n-1} \, dy = \frac{1}{p} B\left(\frac{m}{p}, n\right) = \frac{1}{p} \frac{\Gamma\left(\frac{m}{p}\right)\Gamma(n)}{\Gamma\left(\frac{m}{p}+n\right)}.$$

茲再舉一例; 設

$$J = \int_0^1 \frac{dx}{(x-a)^5 \sqrt{x^2(1-x)^3}}.$$

命 $\qquad x = a\frac{1-y}{a-y}, \qquad dx = \frac{a(1-a)}{(a-y)^2} \, dy.$

---

(1) 可參閱 Serret—Cours de Calcul differentiel et integral, tome II,

得

$$J=\int_1^0 \frac{dy}{a^{\frac{5}{2}}(a-1)^{\frac{3}{5}}y^{\frac{3}{5}}(1-y)^{\frac{2}{5}}}$$

$$=a^{-\frac{5}{2}}(1-a)^{-\frac{3}{5}}\int_0^1 y^{-\frac{3}{5}}(1-y)^{-\frac{2}{5}}dy$$

$$=a^{-\frac{5}{2}}(1-a)^{-\frac{3}{5}}B\left(\frac{2}{5},\frac{3}{5}\right)=a^{-\frac{5}{2}}(1-a)^{-\frac{3}{5}}\Gamma\left(\frac{2}{5}\right)\Gamma\left(\frac{3}{5}\right).$$

準餘元關係 $\Gamma(p)\,\Gamma(1-p)=\dfrac{\pi}{\sin p\pi}$，立得

$$J=a^{-\frac{5}{2}}(1-a)^{-\frac{3}{5}}\frac{\pi}{\sin\dfrac{2\pi}{5}}.$$

194. 狄里克來氏積分 (Dirichlet's integral).

吾等就三重積分論之. 狄氏積分即

$$I=\iiint_D x^p y^q z^r (1-x-y-z)^s\,dx\,dy\,dz,$$

D 域係位標面及平面 $x+y+z=1$ 所成之菱體, p,q,r,s 均爲正數. 試命

$$x+y+z=\xi,\qquad y+z=\xi\eta,\qquad z=\xi\eta\zeta;$$

而取 ξ,η,ζ 爲新變數. 將此等關係就 ξ,η,ζ 解出, 有

$$\xi=x+y+z,\quad \eta=\frac{y+z}{x+y+z},\quad \zeta=\frac{z}{y+z}.$$

反之, 就 x,y,z 解出, 有

$$x=\xi(1-\eta),\quad y=\xi\eta(1-\xi),\quad z=\xi\eta\zeta.$$

當 $x\geqq0,\,y\geqq0,\,z\geqq0,\,x+y+z\leqq1$, 易知 ξ,η,ζ 皆含於 0 與 1 間. 反

之, 當 ξ, η, ζ 含於 0 與 1 間, 吾人有 $x \geqq 0,\ y \geqq 0,\ z \geqq 0,\ x+y+z \leqq 1$. 然則菱體 D 由邊爲 1 之立方體代之.

欲求札氏式, 命 $X = \xi,\ Y = \xi\eta,\ Z = \xi\eta\zeta$. 由此 $x = X - Y,\ y = Y - Z,\ z = Z$, 而有

$$\frac{\partial(x,\,y,\,z)}{\partial(\xi,\,\eta,\,\zeta)} = \frac{\partial(x,\,y,\,z)}{\partial(X,\,Y,\,Z)} \cdot \frac{\partial(X,\,Y,\,Z)}{\partial(\xi,\,\eta,\,\zeta)} = \xi^2\,\eta.$$

三重積分 於是變爲

$$\int_0^1 d\xi \int_0^1 d\eta \int_0^1 \xi^{p+q+r-1}(1-\xi)^{s-1}\,\eta^{q+r-1}(1-\eta)^{p-1}\,\xi^{r-1}(1-\xi)^{q-1}\,d\xi.$$

或

$$\int_0^1 \xi^{p+q+r-1}(1-\xi)^{s-1}\,d\xi \int_0^1 \eta^{q+r-1}(1-\eta)^{p-1}\,d\eta \int_0^1 \xi^{r-1}(1-\xi)^{q-1}\,d\xi.$$

於是引用 Γ 函數, 則有

$$I = \frac{\Gamma(p+q+r)\Gamma(s)}{\Gamma(p+q+r+s)} \cdot \frac{\Gamma(q+r)\Gamma(p)}{\Gamma(p+q+r)} \cdot \frac{\Gamma(r)\Gamma(q)}{\Gamma(q+r)};$$

約之, 得

(38)
$$\iiint_D x^{p-1}\, y^{q-1}\, z^{r-1}(1-x-y-z)^{s-1}\,dx\,dy\,dz$$
$$= \frac{\Gamma(p)\Gamma(q)\Gamma(r)\Gamma(s)}{\Gamma(p+q+r+s)}.$$

例求橢體

$$\frac{x^2}{a^2} + \frac{y^2}{b^2} + \frac{z^2}{c^2} = 1$$

限於 $Oxyz$ 棱角內之體積 V; 命

$$\frac{x^2}{a^2} = \xi, \qquad \frac{y^2}{b^2} = \eta, \qquad \frac{z^2}{c^2} = \zeta$$

即爲積分

$$V = \iiint_{V_1} \left| \frac{D(x, y, z)}{D(\xi, \eta, \zeta)} \right| d\xi \, d\eta \, d\zeta = \frac{1}{8} \, adc \iiint \xi^{-\frac{1}{2}} \eta^{-\frac{1}{2}} \zeta^{-\frac{1}{2}} \, d\xi \, d\eta \, d\zeta$$

V_1 爲 $0 \xi \eta \zeta$ 位標面與 $\xi + \eta + \zeta = 1$ 平面所限之體積,而積分爲一狄氏積分,準 (38) 立得

$$V = \frac{1}{8} \, abc \, \Gamma^3\left(\frac{1}{2}\right) \Big/ \Gamma\left(\frac{5}{2}\right).$$

因 $\Gamma\left(\frac{1}{2}\right) = \sqrt{\pi}$, 並

$$\Gamma\left(\frac{5}{2}\right) = \frac{3}{2} \cdot \frac{1}{2} \, \Gamma\left(\frac{1}{2}\right) = \frac{3}{4} \sqrt{\pi}$$

故
$$V = \frac{1}{8} \, \pi \, abc.$$

195. 狄氏 n 重積分.

茲更推廣而論積分

$$(39) \qquad \iint \cdots\cdots\int x_1^{p_1 - 1} x_2^{p_2 - 1} \cdots\cdots x_n^{p_n - 1} (1 - x_1 - \cdots\cdots$$
$$- x_n)^{q-1} \, dx_1 \, dx_2 \cdots\cdots dx_n,$$

積分域 D 由不等式:

$$0 \leqq x_1, \ 0 \leqq x_2, \cdots\cdots, \ 0 \leqq x_n, \ x_1 + \cdots\cdots + x_n \leqq 1$$

而定, $p_1, \cdots\cdots, p_n$ 及 q 均爲正數.

命 $\quad x_1 + x_2 + \cdots\cdots + x_n = \xi_1, \ x_2 + x_3 + \cdots\cdots + x_n = \xi_1 \, \xi_2, \cdots\cdots,$

$$x_n = \xi_1 \xi_2 \cdots\cdots \xi_n,$$

則 D 域由不等式:

$$0 \leqq \xi_1 \leqq 1, \quad 0 \leqq \xi_2 \leqq 1, \cdots\cdots, \quad 0 \leqq \xi_n \leqq 1$$

確定之域 D' 代之. 仿前節易得

$$\frac{\partial(x_1, x_2, \cdots\cdots, x_n)}{\partial(\xi_1, \xi_2, \cdots\cdots, \xi_n)} = \xi_1{}^{n-1}\, \xi_2{}^{n-1}\cdots\cdots\xi_{n-1}.$$

於是原設積分 1 變為

$$\int_0^1 \xi_1{}^{p_1+\cdots\cdots+p_n-1}(1-\xi_1)^{p-1}\, d\,\xi_1 \cdots\cdots \int_0^1 \xi_n{}^{p_n-1}(1-\xi_n)^{p_n-1}\, d\,\xi_n$$

即得

(40) $$I = \frac{\Gamma(p_1)\Gamma(p_2)\cdots\cdots\Gamma(p_n)\Gamma(q)}{\Gamma(p_1+p_2+\cdots\cdots+p_n+q)}.$$

例 求 積 分

(41) $$J = \iint\cdots\cdots\int x_1{}^{p_1-1}\, x_2{}^{p_2-1}\cdots\cdots x_n{}^{p_n-1}\, dx_1\, dx_2\cdots\cdots dx_n,$$

積分域由不等式

$$0 \le x_1,\ 0 \le x_2, \cdots\cdots,\ 0 \le x_n.\ \left(\frac{x_1}{a_1}\right)^{a_1} + \left(\frac{x_2}{a_2}\right)^{a_2} + \cdots\cdots + \left(\frac{x_n}{a_n}\right)^{a_n} \le 1.$$

而定,並 $p_1, \cdots\cdots, p_n, a_1, \cdots\cdots, a_n$ 及 $a_1, \cdots\cdots, a_n$ 均為正數. 命

$$X_1 = \left(\frac{x_1}{a_1}\right)^{a_1},\ X_2 = \left(\frac{x_2}{a_2}\right)^{a_2},\cdots\cdots, X_n = \left(\frac{x_n}{a_n}\right)^{a_n},$$

則

$$\frac{\partial(X_1, X_2, \cdots\cdots, X_n)}{\partial(x_1, x_2, \cdots\cdots x_n)} = \frac{a_1 a_2 \cdots\cdots a_n}{a_1 a_2 \cdots\cdots a_n}\, X_1{}^{1-\frac{1}{a_1}}\, X_2{}^{1-\frac{1}{a_2}}\cdots\cdots X_n{}^{1-\frac{1}{a_n}},$$

$$J = \frac{a_1{}^{p_1} a_2{}^{p_2}\cdots\cdots a_n{}^{p_n}}{a_1 a_2 \cdots\cdots a_n}\iint\cdots\cdots\int X_1{}^{\frac{p_1}{a_1}-1}\, X_1{}^{\frac{p_2}{a_2}-1}\cdots\cdots$$

$$X_n{}^{\frac{p_n}{a_n}-1}\, dX_1\, dX_2\cdots\cdots dX_n$$

積分域由不等式

$$0 \le x_1,\ 0 \le x_2 \cdots\cdots,\ 0 \le x_n,\ x_1 + x_2 + \cdots\cdots + x_n \le 1$$

而定. 於是按公式 (40), 得

(42)
$$J = \frac{a_1{}^{p_1} a_2{}^{p_2}\cdots\cdots a_n{}^{p_n}}{a_1 a_2 \cdots\cdots a_n} \cdot \frac{\Gamma\left(\dfrac{p_1}{a_1}\right)\Gamma\left(\dfrac{p_2}{a_2}\right)\cdots\cdots\Gamma\left(\dfrac{p_n}{a_n}\right)}{\Gamma\left(\dfrac{p_1}{a_1}+\dfrac{p_2}{a_2}+\cdots\cdots+\dfrac{p_n}{a_n}+1\right)}.$$

特別言之, 若 $a_1 = a_2 = \cdots\cdots = a_n = a$, 並 $a_1 = a_3 = \cdots\cdots = a_n = 1$, 則

(43)
$$\iint\cdots\cdots\int x_1{}^{p_1-1} x_2{}^{p_2-1}\cdots\cdots x_n{}^{p_n-1}\, dx_1\, dx_2\cdots\cdots dx_n$$

$$= a^{p_1+p_2+\cdots\cdots+p_n} \frac{\Gamma(p_1)\Gamma(p_2)\cdots\cdots\Gamma(p_n)}{\Gamma(p_1+p_2+\cdots\cdots+p_n+1)}$$

積分域爲

$$0 \leq x_2,\ 0 \leq x_2,\cdots\cdots,\ 0 \leq x_n,\ x_1+x_2+\cdots\cdots+x_n \leq a.$$

由是更立得公式

(44)
$$\iint\cdots\cdots\int x_1{}^{p_1-1} x_2{}^{p_2-1}\cdots\cdots x_n{}^{p_n-1}\, dx_1\, dx_2\cdots\cdots dx_n$$

$$= (b^{p_1+p_2+\cdots\cdots+p_n} - a^{p_1+p_2+\cdots\cdots+p_n})\frac{\Gamma(p_1)\Gamma(p_2)\cdots\cdots(p_n)}{\Gamma(p_1+p_2+\cdots\cdots+p_n+1)}$$

(a 與 b 爲二正數) 積分域確定如:

$$0 \leq x_1,\ 0 \leq x_2,\cdots\cdots,\ 0 \leq x_n,\ a \leq x_1+x_2+\cdots\cdots+x_n \leq b.$$

196. 柳徽氏之推廣 (Liouville's extension)

設

(45)
$$\int\cdots\cdots\int x_1{}^{p_1-1} x_2{}^{p_2-1}\cdots\cdots x_n{}^{p_n-1} f(x_1+x_2+\cdots\cdots$$

$$+ x_n)\, dx_1\, dx_2\cdots\cdots dx_n,$$

積分域 D 由

$$0 \leq x_1,\cdots\cdots 0 \leq x_n,\ a \leq x_1+x_2+\cdots\cdots+x_n \leq b$$

而定, a 與 b 爲二正數, 被積函數中之 $p_1,\cdots\cdots, p_n$ 仍與上同, 而

f 爲 D 域內之一連續函數.

命 $u = x_1 + x_2 + \cdots\cdots + x_n$, 並命 δu 表 u 之無窮小增量而先求展布於

$$0 \leqq x_1, \cdots\cdots, \ 0 \leqq x_n, \ u \leqq x_1 + x_2 + \cdots\cdots + x_n \leqq u + \delta u$$

域內之積分. 按公式 (44) 吾等易知其主值爲

$$u^{p_1 + p_2 + \cdots\cdots + p_n - 1} f(u) \frac{\Gamma(p_1)\Gamma(p_2)\cdots\cdots\Gamma(p_n)}{\Gamma(p_1 + p_2 + \cdots\cdots + p_n)} \delta u$$

於是令 u 自 a 變至 b, 則得公式

$$(46) \qquad I = \frac{\Gamma(p_1)\Gamma(p_2)\cdots\cdots\Gamma(p_n)}{\Gamma(p_1 + p_2 + \cdots\cdots + p_n)} \int_a^b u^{p_1 + p_2 + \cdots\cdots + p_n - 1} f(a)\, du.$$

習 題

1. 試明 $\Gamma(a)$ 函數亦等於積分

$$\int_0^1 \left(\log \frac{1}{x}\right)^{a-1} dx$$

2. 試證

$$2^n\, \Gamma\left(n + \frac{1}{2}\right) = 1 \cdot 3 \cdot 5 \cdots\cdots (2n-1)\sqrt{\pi},$$

n 爲一正整數. (Public Exam, Oxford Univ., 1888).

3. 設展布於 xoy 角內之重積分

$$\iint x^{a-1} y^{b-1} e^{-x-y}\, dx\, dy;$$

試作變數替換 $x + y = u, \ y = uv$ 以證

$$\Gamma(a)\Gamma(b) = \Gamma(a+b)\, B(a, b)$$

4. 命 $xy = u, \ y = u + v$ 以明

$$\int_0^1 \int_0^1 \frac{(1-x)^{m-1} y^m (1-y)^{n-1}}{(1-xy)^{m+n-1}}\, dx\, dy = B(m, n)$$

(Cambridge Colleges, 1901).

5. 據積分 $\int_0^1 x^{m-1}(1-x^a)^n\,dx$ 以證

$$\frac{1}{(m)n!}-\frac{1}{(m+a)(n-1)!\,1!}+\frac{1}{(m+2a)(n-2)!\,2!}-\cdots\cdots+\frac{(-1)^n}{(m+na)\,n!}$$

$$=\frac{a^n}{m(m+a)(m+2a)\cdots\cdots(m+na)}.$$

並明積分之值可表如

$$n!\,\Gamma\!\left(\frac{m}{a}\right)\!\Big/a\,\Gamma\!\left(\frac{m}{a}+n+1\right).$$

(St. John's College, Cambridge, 1884).

6. 設 $x>0$, 證

$$2^{2x-1}\,B(x,x)=\sqrt{\pi}\,\frac{\Gamma(x)}{\Gamma\!\left(x+\dfrac{1}{2}\right)}=\sum_{n=0}^{\infty}\frac{2n!}{2^{2n}n!\,n!}\,\frac{1}{x+n}.$$

(Math. Tripos Exam., Cambridge, 1897).

7. 求曲線

$$\left(\frac{x}{a}\right)^{\frac{2}{3}}+\left(\frac{y}{b}\right)^{\frac{2}{3}}=1$$

所限之面積.　　　　　　　　　　　　　　　　　　答: $\dfrac{3}{8}\pi\,ab$.

8. 求沿 $x^2+y^2-2y=0$ 圓周之線積分

$$\int xy^2\,dy-yx^2\,dx.$$　　　　　　　　　　答: $\dfrac{3\pi}{2}$.

9. 設三正交軸 $oxyz$ 及平面

(P)　　　　　　　　　　$\dfrac{x}{a}+\dfrac{y}{b}+\dfrac{z}{c}=1,$

a,b,c 均 >0; 試求位標面與 (P) 面所成四面體之質量, 其密度 (density) 爲

$\rho=\mu\,xyz$.　　　　　　　　　　　答: $\dfrac{1}{720}\,\mu\,a^2b^2c^2$.

10. 設正交軸 $o.xyz$ 及二平面

(P_1)　　　　　　　　　　$\dfrac{x}{a}+\dfrac{y}{b}+\dfrac{z}{c}=d_1,$

(P_2)　　　　　　　　　　$\dfrac{x}{a}+\dfrac{y}{b}+\dfrac{z}{c}=d_2.$

a,b,c,d_1,d_2, 均爲正數, 試求位標面及 (P_1) 與 (P_2) 二面所限之體之重心. 是

體密度設爲 $\rho=\mu(x^2+y^2+z^2)$.

答: $\overline{x}=\dfrac{a}{6}\cdot\dfrac{3a^2+b^2+c^2}{a^2+b^2+c^2}\cdot\dfrac{d_1^6-d_2^6}{d_1^5-d_2^5}$, ...

11. 求限於 $oxyz$ 三棱角內與曲面

$$z=\frac{1}{a^2}\,xy\,\sqrt{a^2-x^2-y^2}$$

及柱面 $x^2+y^2=a^2$ 間之體積, 並此體之重心.

(Rennes, Epreuve pratique, 1906).

答: $V=\dfrac{a^3}{15}$, $\overline{x}=\overline{y}=\dfrac{5}{32}\,\pi\,a,\overline{z}=\dfrac{5}{256}\,\pi\,a.$

12. 求積分

$$\iiint xyz\,\cos\,(x+y+z)\,dx\,dy\,dz$$

積分域確定如

$$0\leqq x,\ 0\leqq y,\ 0\leqq z,\ x+y+z\leqq \frac{\pi}{2}.$$

(Cambridge Colleges, 1887).

答: $\dfrac{1}{5!}\Big(\dfrac{\pi}{2}\Big)^5-\dfrac{1}{3!}\Big(\dfrac{\pi}{2}\Big)^3+\dfrac{\pi}{2!}-1.$

13. 設積分

$$I=\iint\cdots\cdots\int x_1{}^{p_1-1}\cdots\cdots x_n{}^{p_n-1}f\Big[\Big(\dfrac{x_1}{a_1}\Big)^{a_1}+\cdots\cdots+\Big(\dfrac{x_n}{a_n}\Big)^{a_n}\Big]\,dx_1\cdots\cdots dx_n.$$

積分域由

$$0\leqq x_1\cdots\cdots,\ 0\leqq x_n,\ h\leqq\Big(\dfrac{x_1}{a_1}\Big)^{a_1}+\cdots\cdots+\Big(\dfrac{x_n}{a_n}\Big)^{a_1}\leqq k$$

確定, $p_1,\cdots\cdots,\ p_n,\ a_1,\cdots\cdots,\ a_n,\ a_1,\cdots\cdots,\ a_n,$ 以及 $h,\ k$ 均爲正數; 試求以一單積分表之.

14. 設展布於由 $x^2{}_1+x^2{}_2+\cdots\cdots+x^2{}_n\leqq C^2$ 確定之區域內之積分

$$I=\iint\cdots\cdots\int F(a_1x_1+a_2x_2+\cdots\cdots+a_nx_n)dx_1\,dx_2\cdots\cdots dx_n;$$

試求以一單積分表之.

(Boole)

第 十 章

變 分 法 大 意

I. 線積分之極大極小

197. 變分 (Variations).

於下所論,函數概設爲連續者,此條件雖非必要的,然於通常問題殆皆滿足.

設有曲線

(C) $\qquad\qquad\qquad y = f(x)$

與

(C_1) $\qquad\qquad\qquad y = f_1(x),$

欲以(C)與(C_1)比較,吾等可使之同屬於一族曲線

(a) $\qquad\qquad\qquad y = F(x,\ a),$

$F(x,\ a)$對於a特別之二數值a_0與a_1以次變爲$f(x)$與$f_1(x)$,例如可取

$$F(x,\ a) = \frac{a_1 - a}{a_1 - a_0}\, f(x) + \frac{a - a_0}{a_1 - a_0}\, f_1(x).$$

若是,令a由a_0連續變易至a_1,則曲線(a)之形狀與位置連續變移,初與(C)疊合,終乃與(C_1)疊和

設欲比較 (C) 與 (C_1) 於 $x=x_0$ 及 $x=x_1$ 二直線間之二弧 AB 與 A_1B_1, 吾等恆可視 AB 弧各點沿 oy 之平行線移至 A_1B_1

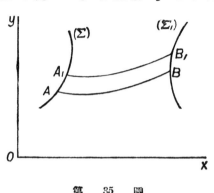

第 35 圖

弧上.

今設 (C) 與 (C_1) 之任意二相當弧 AB 與 A_1B_1; 吾等可任意取二曲線 (Σ) 與 (Σ_1) 以為 A 與 B 移動至 A_1 與 B_1 之路線, 並可仿前使 (Σ) 與 (Σ_1) 同屬於一族曲線

$$(t) \qquad\qquad y=G(x, t),$$

t 為一參變數, (Σ) 與 (Σ_1) 由 t 之二特別值 t_0, t_1 規定, 曲線族 (a) 與 (t) 可確定平面上各點. 蓋與 x, y 以定值, 此二方程式確定 t 與 a 之值也. 於是視 x, y 為 t, a 之函數有

$$(1) \qquad\qquad x=\phi(t, a), \qquad y=\psi(t, a).$$

視 t 為變數而 a 為常數, 則得 (a) 族中之一線. 反之, 視 a 為變數而 t 為常數, 則得 (t) 族中之一線. 特別於 $t=t_0$ 與 $t=t_1$ 得 (Σ) 與 (Σ_1) 二線. 若是 AB 上一點即視為沿 (t) 族中之一線移動至 A_1B_1 弧上.

現設 AB 弧由 $a=a_0$ 確定如上 (t 自 t_0 變至 t_1), 若與 a 值以一微小增量 δa, 則 AB 弧變移至 $A'B'$ 與 AB 極鄰近. 由 (a_0) 曲線變至 $(a_0+\delta a)$ 曲線之過程稱爲一 <u>變分</u> (variation).

$x, y, y', y'', \cdots\cdots$ 等與 δa 相當之增量, 其主值 (卽其關於自變數 a 之微分) 依次稱爲 $x, y, y', \cdots\cdots$ 等之變分, 而由 $\delta x, \delta y, \delta y', \cdots\cdots$ 表之, 至其與 dt 相當之增量, 其主值仍稱爲微分, 而如常以 $dx, dy, dy', \cdots\cdots$ 表之. 若是有

$$\delta x=\frac{\partial \phi}{\partial a}\delta a, \qquad \delta y=\frac{\partial \psi}{\partial a}\delta a,$$

$$dx=\frac{\partial \phi}{\partial t}dt, \qquad dy=\frac{\partial \psi}{dt}dt;$$

因之

$$d\,\delta x=\frac{\partial^2 \phi}{\partial a\,\partial t}\delta a\;dt=\frac{\partial^2 \phi}{\partial t\,\partial a}dt\,\delta a=\delta\,dx,\; d\,\delta y=\delta\,dy.$$

此見 d 與 δ 可換置.

又 $\delta y', \delta y'', \cdots\cdots$ 亦易求出. 如

$$\delta\frac{dy}{dx}=\frac{\delta\,dy}{dx}-\frac{dy}{dx^2}\delta\,dx=\frac{d\,\delta y}{dx}-y'\frac{d\,\delta x}{dx},$$

卽

$$\delta y'=\frac{d}{dx}(\delta y-y'\delta x)+y''\delta x.$$

更推廣設函數 $F(x, y, y', y'', \cdots\cdots)$ 論之; F 沿 AB 弧爲 t 之一確定函數, 其與 δa 相當之增量主值 (卽於自變數 a 之全微分) 爲其變分, 而由 δF 表之. 吾等有

$$\delta F=\frac{\partial F}{\partial y}\delta y+\frac{\partial F}{\partial y'}\delta y'+\cdots\cdots,$$

致於在確定之 (a_0) 線上令 t 變,則有

$$dF = \frac{\partial F}{\partial x} dx + \frac{\partial F}{\partial y'} dy' + \cdots\cdots t.$$

於此吾等仍可書

$$d \delta F = \delta dF.$$

198. 積分之變分.

今設線積分

$$(2) \qquad I = \int_{A\boldsymbol{B}} F(x,\, y,\, y',\, \cdots\cdots) dx$$

或書之如

$$(2') \qquad I = \int_{t_0}^{t_1} F(x,\, y,\, y',\, \cdots\cdots) \frac{dx}{dt} dt.$$

若由 AB 弧移至 $A'B'$,則此積分之值 I 受一增量 δI,是爲積分 I 之變分.準萊氏求微分定則而注意 t_0 與 t_1 非 a 之函數有

$$\delta I = \int_{t_0}^{t_1} \delta\left(F \frac{dx}{dt} \right) dt = \int_{t_0}^{t_1} \frac{\delta F\, dx + F \delta dx}{dt} dt,$$

或

$$\delta I = \int_{A B} \delta F\, dx + Fd\, \delta x.$$

據部分求積公式可書

$$\int_{A B} Fd\, \delta x = \left[F \delta x \right]_{\boldsymbol{A}}^{\boldsymbol{B}} - \int_{A B} \delta x\, dF.$$

由是

(3)
$$\delta I = \left[F \delta x \right]_{A}^{B} + \int_{AB} \left(\delta F - \frac{dF}{dx} \delta x \right) dx.$$

如 設 F 僅 含 x, y, y', 而 命

$$X = \frac{\partial F}{\partial x}, \quad Y = \frac{\partial F}{\partial y}, \quad Y' = \frac{\partial F}{\partial y'},$$

則 有

$$\delta F = X \delta x + Y \delta y + Y' \delta y',$$

$$\frac{dF}{dx} = X + Y y' + Y' y''.$$

因 之

$$\delta F - \frac{dF}{dx} \delta' x = Y(\delta y - y' \delta x) + Y'(\delta y' - y'' \delta x),$$

爲 簡 便 計, 命

$$\omega = \delta y - y' \delta x,$$

求 微 分 有

$$d\omega = \delta dy - y' \delta dx - dy' \delta x;$$

但

$$\delta dy = \delta(y' dx) = \delta y' dx + y' \delta dx, \quad dy' = y'' dx,$$

是 則

$$\omega = \delta y' - y'' \delta x,$$

而

$$\delta F - \frac{dF}{dx} \delta x = Y \omega + Y' \omega'.$$

求 積 分, 則 變 分 (3) 於 是 變 爲

$$\delta I = \left[F \delta x \right]_A^B + \int_{AB} Y \omega + Y' \omega') \, dx.$$

再準部分求積公式化之,則得終結公式:

(4)
$$\delta I = \left[F \delta x + Y' \omega \right]_A^B + \int_{AB} \left(Y - \frac{d Y'}{dx} \right) \omega \, dx.$$

  ω 有一幾何意義. 設 M' 爲 $A'B'$ 線上與 AB 線上 M 相當
之點,並 MT 爲 AB 曲線於 M
點之切線,則於圖 36 內有

$$MH = \delta x, \quad HM' = \delta y,$$

$$HT = y \, \delta x.$$

因 TN 爲一高級無窮小,足
見 ω 可視爲由 NM' 表之.

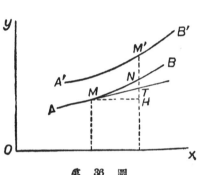

第 36 圖

  現更設函數 F 繫有 y, z
二應數及其若干紀數,並設曲線族

$$x = f(t, a), \qquad y = \phi(t, a), \qquad z = \psi(t, a);$$

於族中一線上取一弧 AB,則積分

$$I = \int_{AB} F(x, y, z, y', z', \cdots\cdots) \, dx$$

之變分亦可仿上求之. 如 F 僅含 x, y, z, y', z',則於上所用之
符號外更命

$$Z = \frac{\partial F}{\partial z}, \quad Z' = \frac{\partial F}{\partial z} \; 及 \; \eta = \delta z - z' \delta x$$

得

(5)　$\delta I=\left[F\,\delta\,x+Y'\omega+Z'\eta\right]_A^B+\int_{AB}\left(\left(Y-\dfrac{dY'}{dx}\right)\omega+\left(Z-\dfrac{dZ'}{dx}\right)\eta\right]dx.$

上所論列自可推廣而設 F 含有多數之應數 $y,\,z,\,u,\cdots\cdots$ 及其紀數;演算自亦彷彿.

199. 積分之極大極小.

變分法之主要目的在已知函數 $F(x,\,y,\,y',\cdots\cdots,\,z,\,z',\cdots\cdots)$ 而求定 x 之未知函數 $y,\,z,\cdots\cdots$ 等以使積分

$$I=\int_{x_0}^{x_1}F\,dx$$

爲極大或極小.此問題之充足條件討論甚難,茲但略述必要之條件.於有極值存在時,此條件往往卽足定之.

吾等恆可設欲定之積分係於關係

$$y=f(x,\,\alpha)\qquad z=\phi(x,\,\alpha),\cdots\cdots$$

中與 α 以一特別值如 $\alpha=0$ 而得,於是 I 爲 α 之函數,而於 $\alpha=0$ 爲極大或極小;因之應有

$$\frac{\delta I}{\delta\alpha}=0\ \text{或}\ \delta I=0,$$

就 F 僅含未知應數 y 之情況論之.問題乃爲:<u>於連 $A,\,B$ 二點之曲線中求定其沿線積分</u>

$$I=\int_{AB}F(x,\,y,\,y')\,dx$$

<u>爲極值者.</u>

由(4)確定之 δI 對於所求曲線當等於零而無論關於是線上各點之增量 $\delta x,\ \delta y$ 如何.

但於 $A,\ B$ 二點 $\delta x,\ \delta y$ 通常非完全爲任意者,而有所謂界限條件 (conditions at the limits). 例如 A 爲定點而 B 位於曲線 $\Phi(x,\ y)=0$ 上,則 $\delta x,\ \delta y$ 於 A 爲零,而於 B 合於關係

$$\frac{\partial \Phi}{\partial x}\delta x + \frac{\partial \Phi}{\partial y}\delta y = 0.$$

然可注意者:於 A 於 B 之 $\delta x,\ \delta y$ 變分中,恆特別有 $\delta x=0$ 與 $\delta y=0$ 一組值爲問題所容許.

今於 A 及 B 均設 $\delta x=0,\ \delta y=0$, 則公式(4)變爲

$$\delta I = \int_{AB}\left(Y-\frac{dY'}{dx}\right)\omega\,dx.$$

吾謂欲 δI 對於某曲線 C 之 δI 值爲零,必須於 C 上有

(6)
$$Y-\frac{dY'}{dx}=0.$$

蓋 $Y-\dfrac{dY'}{dx}$ 若異於零,則吾等可於 C 上給與 $\delta x,\ \delta y$ 以適當之值使 ω 恆與 $Y-\dfrac{dY'}{dx}$ 同號,而因之積分不能爲零矣.方程式(6)稱爲主要方程式或尤拉氏方程式 (Euler's equation).

尤氏方程式之積分曲線,均稱爲極值曲線 (extremals). 欲確定何者適合於所求,則須就界限條件論之.

方程式(4)現變爲

(7)
$$\left. F\delta x + Y'\omega \right|_A^B = 0,$$

其中於 A 與 B 二點之 $\delta x, \delta y$ 值當適合界限條件,方程式(7)因名爲<u>界限方程式</u>.適所言未定之情形,即由此定之也.

今若積分號下之函數爲 $F(x, y, z, y', z')$, 則仿上論之得二主要方程式

$$(8) \qquad Y - \frac{dY'}{dx} = 0, \qquad Z - \frac{dZ'}{dx} = 0$$

及一界限方程式

$$(9) \qquad \left| F \delta x + Y' \omega + Z' \eta \right|_A^B = 0.$$

200. 實際運算簡便法.

實際運算往往以次述之法直接求出積分之變分爲便先就

$$I = \int_{x_0}^{x_1} F(x, y, y')\, dx$$

論之. 取 t 爲自變數而以 $\frac{dy}{dx}$ 代 y', 可書

$$I = \int_{t_0}^{t_1} F_1(x, y, dx, dy)$$

F_1 對於 dx, dy 爲一次齊次式;若命 X, Y, X', Y' 以次表 F_1 對於 x, y, dx, dy 之偏紀數,則有

$$\delta I = \int_{t_0}^{t_1} \delta F_1 = \int_{t_0}^{t_1} (X \delta x + Y \delta y + X' \delta\, dx + Y' \delta\, dy).$$

於括弧中末二項交換 δ 與 d 之位次而用部分法積之, 則上式之形變爲

(10)
$$\delta I = L_1 - L_0 + \int_{t_0}^{t_1} (P \delta x + Q \delta y),$$

其中 L_1 與 L_0 表積出之部分對於 t_0 與 t_1 之值, 而

$$P = X - dX', \qquad Q = Y - dY'.$$

於是主要方程式爲

(11)
$$P \delta x + Q \delta y = 0,$$

而界限方程式爲 $L_1 - L_0 = 0$. 若注意 δx 與 δy 係判立之不定數, 則知主要方程式當析爲 $P = 0$ 及 $Q = 0$ 二式. 但此二式並非判別而適相當, 可明之如次: 於 (4) 式中積分號下之量代 ω 以 $\delta y - y' \delta x$, 則所得應與 $P \delta x + Q \delta y$ 等, 而無論 δx, δy 若何, 即

$$P = -y'\left(Y - \frac{dY'}{dx}\right)dx = -\left(Y - \frac{dY'}{dx}\right)dy, \quad Q = \left(Y - \frac{dY'}{dx}\right)dx,$$

可見 $P = 0$ 與 $Q = 0$ 均與尤氏方程式 $Y - \dfrac{dY'}{dx} = 0$ 相當, 任取其一解之可也.

又可注意者, 若設 y 及界限之量不變而令 x 獨變, 則

$$\delta I = \int_{t_0}^{t_1} P \delta x,$$

因得主要方程式 $P = 0$, 仿之令 y 獨變, 可得 $Q = 0$,

現更就

$$I = \int_{x_0}^{x_1} F(x, y, y', z, z')dx = \int_{t_0}^{t_1} F_1(x, y, z, dx, dy, dz)$$

論之. 仿上有

$$\delta I = \int_{t_0}^{t_1} \delta F_1 = \int_{t_0}^{t_1} (X\,\delta x + Y\,\delta y + Z\,\delta z + X'\,\delta dx + Y'\,\delta dx + Z\,\delta dz)$$

$$= \Gamma_1 - \Gamma_0 + \int_{t_0}^{t_1} (P\,\delta x + Q\,\delta y + R\,\delta z).$$

由是得界限方程式 $\Gamma_1 - \Gamma_0 = 0$ 及主要方程式

(12) $$P\delta x + Q\delta y + R\delta z = 0$$

於後者可有兩種情況,當區別論之: $1°$) 若於 x, y, z 間無關係,則 (12) 變爲三方程式 $P=0, Q=0, R=0$, 但易知其中僅兩式爲判別者; $2°$) 若有一關係 $\Phi(x, y, z) = 0$, 則有

(13) $$\frac{\partial \Phi}{\partial x}\delta x + \frac{\partial \Phi}{\partial y}\delta y + \frac{\partial \Phi}{\partial z}\delta z = 0,$$

而吾等可用未定係數法演之. 由 $(12), (13)$ 得

$$\left(F + \lambda\frac{\partial \Phi}{\partial x}\right)\delta x + \left(Q + \lambda\frac{\partial \Phi}{\partial y}\right)\delta y + \left(R + \lambda\frac{\partial \Phi}{\partial z}\right)\delta z = 0.$$

若選擇 λ 以使 δy 及 δz 之係數爲零,則 δx 之係數亦爲零. 然則有

$$P + \lambda\frac{\partial \Phi}{\partial x} = 0, \quad Q + \lambda\frac{\partial \Phi}{\partial y} = 0, \quad R + \lambda\frac{\partial \Phi}{\partial z} = 0,$$

此三式及 $\Phi = 0$ 確定 y, z 及 λ 對於 x 之值.

注意. 於上所論之積分,如

$$I = \int_{AB} F(x, y, y')dx = \int_x^x F[x, y(x), y'(x)]dx$$

其值因連 A, B 二點之曲線 C 而變,卽因 (x_0, x) 間之函數 $y(x)$ 而變,名爲 C 或 $y(x)$ 之一函數(法文 fonctionnelle). 函分法(法文

Calcul functionnel) 乃近代分析學之一新領域,變分法僅其一章也.

II. 重要問題舉例

201. 問題 1.

求空間兩點間之最短線

命 x_0, y_0, z_0 及 x_1, y_1, z_1 為兩端 A 及 B 之位標;連 A, B 二點之曲線之長為

$$(14) \qquad s = \int_{x_0}^{x_1} \sqrt{1+y'^2+z'^2}\, dx.$$

問題即欲定未知應數 x 與 z 使積分 s 為極小. 於此

$$F = \sqrt{1+y'^2+z'^2}, \qquad dF = \frac{y'dy'+z'dz'}{\sqrt{1+y^2+z^2}}$$

$$X = 0, \qquad Y = 0, \qquad Z = 0,$$

$$Y' = \frac{y'}{\sqrt{1+y'^2+z'^2}}, \qquad Z' = \frac{z'}{\sqrt{1+y'^2+z'^2}}$$

而主要方程式為

$$\frac{dY'}{dx} = 0, \qquad \frac{dZ'}{dx} = 0.$$

由是立有

$$Y' = \text{const.}, \qquad Z' = \text{const.},$$

因之

$$y' = a, \qquad z' = \beta.$$

a, β 為二泛定常數.再求積分得

(15) $$y = \alpha x + \lambda, \qquad z = \beta x + \mu,$$

λ, μ 亦爲二泛定常數,此見所求爲一直線.

若 A, B 爲確定之二點,則在界限之變分爲零,而常數 α, β, λ, μ 之值由表示直線過此二點之條件定之.在其他較普通之情況,則須取界限方程式

$$\left[F\,\delta\,x + Y'\,\omega + Z'\,\eta \right]_{t_0}^{t_1} = 0,$$

卽

$$\left[(F - Y'y' - Z'z')\,\delta\,x + Y'\,\delta\,y + Z'\,\delta\,z \right]_{t_0}^{t_1} = 0,$$

論之.命 s 爲所求之線自某原點計算之弧長,可書

$$F - Y'y' - Z'z' = \frac{dx}{ds}, \quad Y' = \frac{dy}{ds}, \quad Z' = \frac{dz}{ds}.$$

而上式變爲

(16) $$\left[\frac{dx}{ds}\,\delta\,x + \frac{dy}{ds}\,\delta\,y + \frac{dz}{ds}\,\delta\,z \right]_{t_0}^{t_1} = 0.$$

若 (x_0, y_0, z_0) 點與 (x_1, y_1, z_1) 點彼此無涉,則 (16) 判爲二式如:

(17) $$\begin{cases} \left(\dfrac{dx}{ds}\right)_1 \delta x_1 + \left(\dfrac{dy}{ds}\right)_1 \delta y_1 + \left(\dfrac{dz}{ds}\right)_1 \delta z_1 = 0, \\[2mm] \left(\dfrac{dx}{ds}\right)_0 \delta x_0 + \left(\dfrac{dy}{ds}\right)_0 \delta y_0 + \left(\dfrac{dz}{ds}\right)_0 \delta z_0 = 0. \end{cases}$$

設限制 A 位於曲面

(Σ_0) $$\phi(x_0, y_0, z_0) = 0$$

上, 則應復有

(18)
$$\frac{\partial \phi}{\partial x_0}\delta x_0 + \frac{\partial \phi}{\partial y_0}\partial y_0 + \frac{\partial \phi}{\partial z_0}\delta z_0 = 0.$$

由此式及 (17) 第二式得關係

$$\frac{\left(\frac{dx}{ds}\right)_0}{\frac{\partial \phi}{\partial x_0}} = \frac{\left(\frac{dy}{ds}\right)_0}{\frac{\partial \phi}{\partial y_0}} = \frac{\left(\frac{dz}{ds}\right)_0}{\frac{\partial \phi}{\partial z_0}},$$

表明最短直線與曲面 Σ_0 正交.

若設 A 位於 Σ_0 及

(Σ'_0) $\qquad\qquad \psi(x_0, y_0, z_0) = 0$

所確定之曲線 Γ_0 上,則於關係 (18) 外尚有

(19)
$$\frac{\partial \psi}{\partial x_0}\delta x_0 + \frac{\partial \psi}{\partial y_0}\delta y_0 + \frac{\partial \psi}{\partial z_0}\delta z_0 = 0.$$

可知最短直線當為 Γ_0 之法線.

凡此情形於 B 端自亦相同.

<u>法二</u>. 茲再以直接求

$$s = \int_{t_0}^{t_1}\sqrt{dz^2 + dy^2 + dz^2} = \int_{t_0}^{t_1} ds$$

之變分之法演之.

$$\delta I = \int_{t_0}^{t_1}\delta \, ds = \int_{t_0}^{t_1}\frac{dx \, d \, \delta x + dy \, d \, \delta y + dz \, d \, \delta z}{ds}$$

$$= \left[\frac{dx \, \delta x + dy \, \delta y + dz \, \delta z}{ds}\right]_{t_0}^{t_1} = \int_{t_0}^{t_1}\left(\delta x d\frac{dx}{ds} + \delta \, y d\,\frac{dy}{ds} + \delta \, z d\,\frac{dz}{ds}\right)$$

若注意應數 x, y, z 間無關係,而其變分為判別者,則見主要

方程式

$$\delta x d\frac{dx}{ds} + \delta y d\frac{dy}{ds} + \delta z d\frac{dz}{ds} = 0$$

分解爲三式

$$d\frac{dx}{ds} = 0, \quad d\frac{dy}{ds} = 0, \quad d\frac{dz}{ds} = 0.$$

求一次積分得

(20)
$$\frac{dx}{ds} = a, \qquad \frac{dy}{ds} = b, \qquad \frac{dz}{ds} = c.$$

此見所求極值曲線之切線有定向,卽知其爲直線也.界限之討論與前題同.

202 問題 II. 設同在一平面上之二點 A 與 B 及一直線 Δ' 試定連 A 與 B 之一曲線使於 Δ 線之周旋轉而成之曲面有極小面積.

取 Δ 爲 x 軸及其一垂線爲 y 軸;命 x_0, y_0 及 x_1, y_1 依次爲 A 及 B 之位標,並視 x, y 爲 t 之函數如前,則欲求極小之積分爲

$$I = \int_{t_0}^{t_1} y \, ds, \ \text{其} \ ds = \sqrt{dx^2 + dy^2}$$

用直接求變分法有

$$\delta I = \int_{t_0}^{t_1} (\delta y \, ds + y \delta \, ds) = \int_{t_0}^{t_1} \left(\delta y \, ds + y\frac{dx}{ds}\delta \, dx + y\frac{dy}{ds}\delta \, dy\right).$$

於右端括弧中之末二項互換 δ 與 d 之位次,且用部分法積之有

(21)
$$\delta I = \left[\frac{y(dx\,\delta x + dy\,\delta y)}{ds} \right]_{t_0}^{t_1} + \int_{t_0}^{t_1} \left[d\left(-\frac{y\,dy}{ds} \right)\delta y - d\left(y\frac{dx}{ds} \right)\delta x \right]$$

主要方程式爲

$$d\left(s - \frac{y\,dy}{ds} \right) = 0, \ \ 或 \ \ d\left(y\frac{dx}{ds} \right) = 0.$$

此兩式彼此相當;取末式有

$$y\frac{dx}{ds} = a \ \ 或 \ \ y\,dx = a\sqrt{dx^2 + dy^2}$$

(a 爲一泛定常數),分離變數,可書如

$$\frac{d\,\dfrac{y}{a}}{\sqrt{\left(\dfrac{y}{a} \right)^2 - 1}} = d\,\frac{x}{a},$$

而得

$$\log\left(\frac{y}{a} + \sqrt{\frac{y^2}{a^2} - 1} \right) = \frac{x-b}{a}$$

卽

(22)
$$y = \frac{a}{2}\left(e^{\frac{x-b}{a}} + e^{-\frac{x-b}{a}} \right).$$

然則極值曲線係以 x 軸爲基線之纜線 (catenaries).

　若 A, B 爲確定之二點,則無界限方程式.但須表明纜線經此二點,其方程式 (22) 中 a, b 之值卽可確定.

　現設 A, B 可依次於曲線 Γ_0 及 Γ_1 上移動.因 A 與 B 無相互關係,可知界限方程式判離爲二:

(23)
$$dx_0\,\delta x_0 + dy_0\,\delta y_0 = 0, \ \ \ dx_1\,\delta x_1 + dy_1\,\delta y_1 = 0.$$

足以規定未定數 a, b 第一式表明 A 於 Γ_0 上之微小移動 δx_0, δy_0 與其在極值線上之移動 dz_0, dy_0 方向彼此正交第二式表明 B 點亦有同樣情形;故所求曲線爲纜線之與 Γ_0, Γ_1 正交者.

203. 問題 III.

捷線 (Brachistochrone). **求一質點於最短時間自一點 A 達他點 B 所應遵循之路線.**

吾等設原速率爲零,若取三正交軸 $oxyz$,其 ox 爲縱線且向下,則命 x, y, z 表動點 P 於 t 時之位標,則 P 點速率可書爲 $y = \sqrt{2g(x-x_0)}$,而其自 A 至 B 所需時間爲

$$T = \int_{x_0}^{x_0} \frac{ds}{v} = \frac{1}{\sqrt{2g}} \int_{x_0}^{x_1} \frac{ds}{\sqrt{x-x_0}}.$$

於是問題卽爲求定積分

$$I = \int_{x_0}^{x_1} \frac{ds}{X}$$

之極小,式中 $X = \sqrt{x-x_0}$, 注意 x_0 亦可變易,有

$$(24) \qquad \delta I = \int_{x_0}^{x_1} \left[\frac{1}{X} \frac{dx\,\delta\,dx + dy\,\delta\,dy + dz\,\delta\,dz}{ds} - \frac{\delta x - \delta x_0}{2X^3} ds \right]$$

$$= \left[\frac{dx\,\delta x + dy\,\delta y + dz\,\delta z}{X\,ds} \right]_{x_0}^{x_1} + \frac{\delta x_0}{2} \int_{x_0}^{x_1} \frac{ds}{X^3}$$

$$- \int_{x_0}^{x_1} \left[\delta x \left(d\frac{dx}{X\,ds} + \frac{ds}{2\,X^3} \right) + \delta\,y d\frac{dy}{X\,ds} + \delta\,z d\frac{dz}{X\,ds} \right]$$

主要方程式有三

(25) $$d\frac{dx}{X\,ds}+\frac{ds}{2\,X^3}=0, \quad d\frac{dy}{X\,ds}=0, \quad d\frac{dz}{X\,ds}=0.$$

但判別者實僅二式. 由末二式有

(26) $$dy = aX\,ds, \qquad dz = \beta X\,ds;$$

(a, β 為二泛定數)而得

$$\beta\,dy = a\,dz, \qquad \beta y = az + \gamma.$$

可見極值曲線位於一縱平面內.

於是取其面為 xy 面,並取 A 為原點,則由 (25) 第二式即 (26) 第一式,有

$$\frac{dy}{dx}=\sqrt{\frac{a^2x}{1-a^2x}}=\sqrt{\frac{x}{2a-x}}, \quad \left(\frac{1}{a^2}=2a\right)$$

命

(27) $$x = a(1-\cos t),$$

則注意 x, y, 於 A 點均隨 t 為零,得

$$dy = a\sin t\sqrt{\frac{1-\cos t}{1+\cos t}}\,dt = a(1-\cos t)\,dt,$$

(28) $$y = a(t - \sin t).$$

觀 (27),(28) 式之形,可知所求為一輪輾線 (cycloid),由半徑為 a 之一圓自下方輾於經 A 點(即 O 點)之水平線而成.

若 A, R 為已知之定點,則 C 已過 A 點,若再表示其過 B 點,則方程式中之量 a 即定,吾等亦可以幾何法定之如次:設 $a=1$ 之輪輾線已繪出為 C_1,則連 OB 之直線割 C_1 於 B_1,因各輪輾線相像,立即有 $a=\dfrac{OB}{OB_1}$.

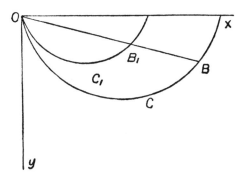

第 37 圖

若 A 與 B 非定點而僅被限制位於曲線 Γ_0 與 Γ_1 上,則吾等須取界限條件論之. 因在 A 之變分與在 B 者無關, 界限條件判爲二式:

$$dx_1\,\delta x_1 + dy'_1\,\delta y_1 + dz_1\delta z_1 = 0,$$

$$\delta x_0\left[\int_{x_0}^{x_1}\frac{ds}{2\,X^3} - \left(\frac{dx}{X\,ds}\right)\right] - \delta\,y_0\left(\frac{dy}{X\,ds}\right) - \delta\,z_0\left(\frac{ds}{X\,ds}\right)_0 = 0.$$

前式表明輪輾線與 Γ_1 正交於其末點 B; 欲解釋第二式,可將 (25) 各式自 x_0 至 x_1 求積分,而以所得之值

$$\int_{x_0}^{x_1}\frac{ds}{2\,X^3} = -\left[\frac{dx}{X\,ds}\right]_{x_0}^{x_1} = \left(\frac{dx}{X\,ds}\right)_0 - \left(\frac{dx}{X\,ds}\right)_1$$

$$\left(\frac{dy}{X\,ds}\right)_0 = \left(\frac{dy}{X\,ds}\right)_1, \qquad \left(\frac{dz}{X\,ds}\right)_0 = \left(\frac{dz}{X\,ds}\right)_1$$

代入, 則斯式變爲

$$dx_1\,\delta x_0 + dy_1\,\delta y_0 + dz_1\,\delta z_0 = 0.$$

可見所求曲線於終點 B 之切線應與 Γ_0 於其起點 A 之切線

互相正交.

III.　相對的極大極小;等周問題

204.　相對的極值.

於求極值之積分

$$(29) \qquad I = \int_{x_0}^{x_1} F\,dx,$$

中 F 所含變數間,可有一已知關係,前已論及,此條件方程式尚可含有未知應數之紀數或定積分.茲就其中簡單之一問題述之,卽

求定 F 內之未知函數,使積分 I 爲極大或極小,且同時使他一積分

$$(30) \qquad k = \int_{x_0}^{x_1} \Phi\,dx$$

有定值 l.

此類問題因起源於幾何學之等周問題,故統稱曰等周問題 (Isoperimetric problems) 於此所言極值稱爲相對或連繫極值,上所論者則爲絕對極值.吾等可將相對極值問題化歸絕對極值問題解之.

設諸未知應數屬於含參變數 a 之一組應數,並設諸變數均由與 a 無涉之變數 t 表之.若是積分

$$J = \int_{t_0}^{t_1} F \frac{dx}{dt}\,dt. \qquad K = \int_{t_0}^{t_1} \Phi \frac{dx}{dt}\,dt$$

爲 a 之函數.後者應有定值不因 a 而變.可知 $\delta k = 0$. 又欲 J 爲

極值必 $\delta J=0$.

就 F 與 Φ 僅含一未知應數 y 之情況論之，δJ 與 δk 之形在此爲

$$(31)\qquad \delta J=L+\int_{x_0}^{x_1}E\,\omega\,dx,\quad \delta K=H+\int_{x_0}^{x_1}G\,\omega\,dx$$

L,H 爲求出積分之部分，僅與界限有關，命

$$(32)\qquad \int_{x_0}^{x}G\,\omega\,dx=\psi(x),$$

因之

則
$$G\omega=\psi'(x),\qquad \omega=\frac{\psi(x)}{G}.$$

$$(33)\qquad \delta K=H+\psi(x_1),$$

$$\delta J=L+\int_{x_0}^{x_1}\frac{E}{G}\psi(x)\,dx.$$

施以部分求積分法並注意 $\psi(x_0)=0$，則

$$(34)\qquad \delta J=L+\frac{E_1}{G_1}\psi(x_1)-\int_{x_0}^{x_1}\frac{d}{dx}\Big(\frac{E}{G}\Big)\psi(x)dx,$$

E_1, G_1 表 E, G 於 x_1 之值.

函數 $\psi(x)$ 爲任意者，但於 $x=x_0$ 爲零，由 (33) 知 $\delta K=0$ 與 $\psi(x_1)=-H$ 相當，而 (34) 由是可化作

$$\delta J=L-\frac{E_1}{G_1}H-\int_{x_0}^{x_1}\frac{d}{dx}\Big(\frac{E}{G}\Big)\psi(x)\,dx.$$

$\psi(x)$ 既爲泛定之函數，則欲 $\delta J=0$，必須

$$L-\frac{E_1}{G_1}H=0\quad 及\quad \frac{d}{dx}\Big(\frac{E}{G}\Big)=0.$$

末式積之爲 $\dfrac{E}{G}=\lambda$, 卽

(35) $$E-\lambda G=\mathbf{0}$$

而前式因之變爲

(36) $$L-\lambda H=0.$$

(35)與(36)爲所求相對極值之必要條件,可視爲求積分

(37) $$J-\lambda k=\int_{x_0}^{x_1}(F-\lambda\Phi)\,dx$$

之絕對極值之必要條件,於是得:

定則. 求積分 J 之相對極值(使積分 K 有定值 l)可視作求積分 $J-\lambda k$ 之絕對極值,常數 λ 由條件 $K=l$ 定之.

於 F, Φ 含有數個未知應數 y, z,……等時,理亦同,可仿上推論之.

205. 問題 I.

於平面內設二點 A 與 B: 連 A, B 以有定長 $2l$ 之曲線. 試求其使 AB 弧與 AB 弦間之面積爲最大者.

試取 AB 直線爲 x 軸及其於 AB 中點之垂線爲 y 軸. 命 $OA=a$, 則問題卽求

$$S=\int_{-a}^{+a}y\,dx$$

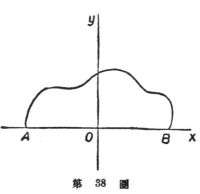

第 38 圖

之極大而使 $\int_{AB} ds = 2l$.

準定則設積分

$$I = \int_{AB} (y\,dx - \lambda\,ds)$$

而求其極值,注意於界限之變分爲零,吾等有

$$\delta I = \int \delta\,yd\left(x + \lambda\frac{dy}{ds}\right) - \delta\,xd\left(y - \lambda\frac{dx}{ds}\right).$$

由是得相當之二主要方程式

$$d\left(x + \lambda\frac{dy}{ds}\right) = 0, \quad d\left(y - \lambda\frac{dx}{ds}\right) = 0,$$

而立有

$$x - a = -\lambda\frac{dy}{ds}, \quad y - \beta = -\lambda\frac{dx}{ds}$$

(a, β 爲二泛定常數)將此二式平方相加得

$$(x-a)^2 + (y-\beta)^2 = \lambda^2.$$

可見極值曲線爲一族圓,欲確定所求之線,設 $y = 0$, $x = \pm a$. 如是得 $a = 0$, $\beta = \pm\sqrt{\lambda^2 - a^2}$, $\pm$ 號表明有二解,對稱於 x 軸 再者 AB 弧應等於 $2l$. 命 2θ 爲對 AB 之圓心角,有 $\theta\lambda = l$ 與 $\lambda\sin\theta = a$. 於是消去 λ 則得

$$\frac{\sin\theta}{\theta} = \frac{a}{l}.$$

以定 θ.

若設 a 爲無窮小,則上所論足證等周之迴線中以圓所範

圍之面積爲最大.

206. 問題 II.

於連 xy 面內 A 與 B 二點之等長曲線中,求其轉於 x 軸周成極大或極小面積之曲面者.

按題意,即依條件 $\int_{AB} ds = l$ 論 $\int_{AB} y\, ds$ 之極值.據定則設

$$I = \int_{AB} (y - \lambda)\, ds$$

此與 202 節之積分相同,不過易 x 爲 $y - \lambda$ 而已.是知極值曲線爲纜線

$$y - \lambda = \frac{a}{2}\left(e^{\frac{x-\beta}{a}} + e^{-\frac{x-\beta}{a}} \right).$$

常數 a, β 及 λ 由表示曲線過 A, B 二點及以 $2l$ 爲長之條件定之.

207. 問題 III.

在 xy 面上連 A, B 二點以等長之曲線.試於其中求能繞於 x 軸點周成最大或最小體積者.

按題旨即據條件 $\int_{AB} ds = l$ 以論

$$V = \pi \int_{AB} y^2\, dx \quad \text{或} \quad J = \int_{AB} y^2\, dx$$

之極值;是即求次列積分之絕對極值

$$I = V - \lambda J = \int_{AB} (y^2 \, dx - \lambda \, ds)$$

也. A 與 B 爲二定點,可知界限變分爲零. 欲得主要方程式,吾
等可僅令 y 變; 如是有

$$\delta I = \int \left(2y \, \delta y \, dx - \lambda \frac{dy \, \delta \, dy}{ds} \right) = 0,$$

或

$$\int \left(2y \, dx + \lambda \, d \frac{dy}{ds} \right) \delta y = 0,$$

而主要方程式爲

$$2y + \lambda \frac{d}{dx} \left(\frac{dy}{d \, s} \right) = 0,$$

展之變爲

(38)
$$2y + \lambda \frac{y''}{(1+y^2)^3} = 0.$$

於 λ 取一適當之正負號,此關係卽表明弧徑 ρ 與緯標 y 成反
比. 曲線爲 **彈性線** (elastic curve). 若取 y 爲自變數,則(38)可書如

(39)
$$2y - \lambda \frac{x''}{(1+x'^2)^{\frac{3}{2}}} = 0.$$

注意

$$\frac{x''}{(1+x'^2)^{\frac{3}{2}}} = \frac{1}{\left(1+\dfrac{1}{x'^2}\right)^{\frac{3}{2}}} \frac{x''}{x'^3} = \frac{d}{dy} \left(1+\frac{1}{x'^2}\right)^{-\frac{1}{2}},$$

立可求一次積分而得

$$y^2 - \lambda \frac{x'}{\sqrt{1+x'^2}} = C,$$

(40) $$x - C' = \int \frac{(y^2 - C)\, dy}{\sqrt{\lambda^2 - (y^2 - C)^2}}.$$

末端爲一橢圓積分.

IV. 重積分之極值

203. 重積分之極值.

吾等僅取簡單之例論之. 命 z 表 x, y 一函數, 並 p, q 爲其初級偏紀數而設重積分

$$I = \iint F(x,\ y,\ z,\ p,\ q)\, dx\, dy,$$

積分域 D 由一確定迴線 C 範圍之. 函數 F 爲已知, 並函數 z 於 C 上之值亦爲已知. 求定在 D 域之函數 z 使積分 I 爲極大或極小.

欲解此問題, 吾等亦設 z 繫有一參變數. 對此參變數之一增量, z 受變分 δz, 而 I 受變分 δI. 若 I 爲極值, 則當有 $\delta I = 0$. 今求 δI; 命 Z, P, Q 依次表 F 對於 z, p, q 之偏紀數, 則有

$$\delta F = Z\delta z + P\delta q + Q\delta q = Z\delta z + P\frac{\partial \delta z}{\partial x} + Q\frac{\partial \delta z}{\partial y}$$

因之

$$\delta I = \iint Z\delta z\, dx\, dy + \int dy \int P\frac{\partial \delta z}{\partial x}\, dx + \int dx \int Q\frac{\partial \delta z}{\partial y}\, dy$$

準部分求積分法, 並注意 δz 於 C 上爲零, 則有

(41)
$$\delta I = \iint \left[Z - \left(\frac{\partial P}{\partial x} \right) - \left(\frac{\partial Q}{\partial y} \right) \right] \delta z \; dx \, dy.$$

式中 $\left(\frac{\partial P}{\partial x} \right), \left(\frac{\partial Q}{\partial y} \right)$ 表視 P, Q 爲 x, y 之函數之偏紀數,卽

$$\left(\frac{\partial P}{\partial x} \right) = \frac{\partial P}{\partial x} + \frac{\partial P}{\partial z} p + \frac{\partial P}{\partial p} r + \frac{\partial P}{\partial q} s,$$

$$\left(\frac{\partial Q}{\partial y} \right) = \frac{\partial Q}{\partial y} + \frac{\partial Q}{\partial z} q + \frac{\partial Q}{\partial p} s + \frac{\partial Q}{\partial q} t,$$

在右端之紀數乃視 P, Q 爲 x, y, z, p, q 之函數而得.

於是由(41)得極值條件

(42)
$$Z - \left(\frac{\partial P}{\partial x} \right) - \left(\frac{\partial Q}{\partial y} \right) = 0$$

以定 z, 是爲尤氏方程式.

209. 極小面積之曲面 (Surfaces of minima area).

於同過固定周線 Γ 之曲面中,求其面積最小者.

命 $z = f(x, y)$ 爲曲面方程式,其面積由展布於一定域 D 之重積分

$$\iint \sqrt{1 + p^2 + q^2} \, dx \, dy$$

表之. 於此有

$$Z = 0, \quad P = \frac{p}{\sqrt{1 + p^2 + q^2}}, \quad Q = \frac{q}{\sqrt{1 + p^2 + q^2}}.$$

$$\left(\frac{\partial P}{\partial x} \right) = \frac{r(1 + q^2) - pqs}{(1 + p^2 + q^2)^{\frac{3}{2}}}, \quad \left(\frac{\partial Q}{\partial y} \right) = \frac{t(1 + p^2) - pqs}{(1 + p^2 + q^2)^{\frac{3}{2}}},$$

而尤氏方程式爲

$$(1+q^2)r - 2\,p\,q\,s + (1+p^2)t = 0.$$

卽極小曲面之偏微分方程式 [1]. 吾等可注意者:據微分幾何理, 曲面 $z = f(x, y)$ 於其一點之 **主要曲率徑** (principal radii of curvature) 由方程式

$$(rt - s^2)\rho^2 - \sqrt{1+p^2+q^2}\,[(1+p^2)t - 2pqs + (1+q^2)r]\rho + (1+p^2+q^2)^2 = 0$$

定之, 於此變簡爲

$$\rho^2 = (1+p^2+q^2)^2/(s^2 - rt).$$

若命 ρ_1 與 ρ_2 表其二根, 則有 $\dfrac{1}{\rho_1} + \dfrac{1}{\rho_2} = 0$, 卽表明折衷曲率爲零.

210. 相對極值.

對於重積分之相對極值, 求法亦與單積分者類似. 吾等可證明欲積分 $J = \displaystyle\iint F(x, y, z, p, q)\, dx\, dy$ 爲極值, 而同時積分 $K = \displaystyle\iint \Phi(x, y, z, p, q)\, dx\, dy$ 等於一定量 a, 只須求積分 $J + \lambda k$ 之絕對極值.

例. **試求面積爲極值而體積爲定量 a 之曲面按上所述** 只須求

$$\iint (\sqrt{1+p^2+q^2} + \lambda z)\, dx\, xy$$

之絕對極值. 演之得

$$\lambda + \frac{(1+q^2)r - 2\,p\,q\,s + (1+p^2)t}{(1+p^2+q^2)^{\frac{3}{2}}} = 0.$$

---

(1) 關於極小曲面之詳細討論可參考 Darboux. Theorie Generale de Surfaces, tome I.

曲面之二主要曲率之和 $\dfrac{1}{\rho_1}+\dfrac{1}{\rho_2}$ 於此等於定量 λ.

習 題

1. 於平面 xoy 內設有可移動之二點 (x_1, y_1) 與 (x_2, y_2)；設其彼此距離恆等於定量 a，則於何種移動狀況之下，吾等可恆有

$$x_1\,\delta x_1+x_2\,\delta x_2+y_1\,\delta y_1+y_2\,\delta y_2=0?$$

(De Morgan)

答：此兩點恆位於以 o 爲心 a 爲直徑之一圓之直徑兩端.

2. 求定連原點於 $(a, 1)$ 點之一曲線 C，使積分

$$\int_C (n^2 y^2+y'^2)\,dx$$

爲極小. 答：$y=\sin\mathrm{h}\,nx/\sin\mathrm{h}\,na$.

3. 於 xy 平面內設二定點 $A(x_0, y_0)$ 與 $B(x_1, y_1)$ 均位於 x 軸之上方或均位於其下方；求定一曲線連之，使沿是線之積分

$$I=\int_{AB}\frac{1}{y}\sqrt{1+y'^2}\,dx$$

爲極小或極大. 答：一圓.

4. 設一光線行經某境域，其於 $P(x, y)$ 點之速率爲 x 與 y 之函數 $V(x, y)$ 而不因所循方向而變. 試明此光線自一點 $A(x_0, y_0)$ 至他點 $B(x_1, y_1)$ 所需之時爲

$$t=\int_{x_0}^{x_1}\frac{\sqrt{1+y'^2}}{V(x,\,y)}\,dx$$

罷所經路線爲次列微分方程式之一解：

$$\frac{V\,y''}{1+y'^2}-V'\,xy'+\sqrt{1+y'^2}\,V'y=0.$$

特別設 $V(x, y)=kx$ 論之，k 爲一常數.

5. 於平面 xoy 內設一質點 M 受一力 F 其方向與 y 軸平行而其量與 M 與 x 軸之距離成正比. 今欲 M 移動於一光滑之曲線上以最短時間自 O 點達於他點 B，此線之形當若何？ 答：曲線爲一圓.

6. 求證於球面上最短之曲線爲大圜.

7. 求證於圓柱面上最短之曲線爲螺旋線.

8. 於平面內設一軸 Δ 並二點 A 與 B, 設連此二點之曲線轉於 Δ 之周; 今欲轉成之曲面有一定面積而包含最大體積, 其曲線之微分方程式爲何? 試求之; 又若轉成之曲面爲一閉面, 則是一球面, 並證之.

9. 於平面上二點 A 與 B 間求過一曲線使範圍於此曲線與其**外展線** (evolute) 及 A, B 二點之曲率徑間之面積爲極小.　　　　(De Morgan)

答: 爲一輪展線.

10. 欲函數 $F(x, y\, y', y'', \dots, y^{(n)})$ 爲 $x, y, y', \dots, y^{(n-1)}$ 之恰當微分而無論應數 y 如何, 當有若何條件? 試定之.

11. 於 $oxyz$ 空間命 $r = OM$ 而設函數 $f(r)$; 試求一曲線使沿是線之積分 $\int f(r)\, ds$ 爲極值的.

特別設 $f(r) = \dfrac{1}{r^2 \pm l^2}$ 論之, l 爲一常數.

12. 若 u 爲 x, y 之函數使在一域 A 內之重**積分**

$$\iint \left[\left(\frac{\partial u}{\partial x} \right)^2 + \left(\frac{\partial u}{\partial y} \right)^2 \right] dx\, dy$$

爲極小, 則有

$$\frac{\partial^2 u}{\partial x^2} + \frac{\partial^2 u}{\partial y^2} = 0.$$

13. 命 r, θ 表極位標, 則仿上設有函數 u, 使

$$\int_A \left[\left(\frac{\partial u}{\partial r} \right)^2 + \frac{1}{r^2} \left(\frac{\partial u}{\partial \theta} \right)^2 \right] r\, dr\, d\theta$$

爲極小, 可證明

$$r^2 \frac{\partial^2 u}{\partial r^2} + r \frac{\partial u}{\partial r} + \frac{\partial^2 u}{\partial \theta^2} = 0.$$

14. 設 u 爲 x, y, z 之未知函數, p, q, r 爲其初級偏紀數; 試證展布於體積 V 之積分

$$\iiint_V F(x, y, z, u, p, q, r)\, dv$$

之尤拉氏方程式爲

$$U-\left(\frac{\partial P}{\partial x}\right)-\left(\frac{\partial Q}{\partial y}\right)-\left(\frac{\partial R}{\partial z}\right)=0.$$

式中

$$U=\frac{\partial F}{\partial u}, \quad P=\frac{\partial F}{\partial p}, \quad Q=\frac{\partial F}{\partial q}, \quad R=\frac{\partial F}{\partial r}.$$

15. 若 u 爲令

$$\iiint_V \left[\left(\frac{\partial u}{\partial x}\right)^2+\left(\frac{\partial u}{\partial y}\right)^2+\left(\frac{\partial u}{\partial z}\right)^2\right] dv$$

爲極小之函數,則有

$$\frac{\partial^2 u}{\partial x^2}+\frac{\partial^2 u}{\partial y^2}+\frac{\partial^2 u}{\partial z^2}=0.$$

16. 若 u 爲令

$$\iiint_V \left[\left(\frac{\partial u}{\partial \phi}\right)^2+\frac{1}{\rho^2}\left(\frac{\partial u}{\partial \psi}\right)^2+\frac{1}{\rho^2\sin^2\psi}\left(\frac{\partial u}{\partial \theta}\right)^2\right] dv$$

爲極小之函數,則有

$$\frac{\partial}{\partial \rho}\left(\rho^2\sin\psi\;\frac{\partial u}{\partial \rho}\right)+\frac{\partial}{\partial \psi}\left(\sin\psi\;\frac{\partial u}{\partial \psi}\right)+\frac{1}{\sin\psi}\;\frac{\partial^2 u}{\partial \theta^2}=0.$$

第 十 一 章

無窮級數與無窮乘積

I. 正項級數斂性判斷法

級數之斂散性,有歌氏普通條件御之,已於第16節述及.
然實際不易引用,而有賴於特殊法則,茲往舉重要者論之.

211. 比較法.

設各項均爲正數之級數

(1) $$u_0 + u_1 + \cdots\cdots + u_n + \cdots\cdots.$$

欲決其爲斂爲散,普通之法,乃以與他一已知之正項級數

(2) $$v_0 + v_1 + \cdots\cdots + v_n + \cdots\cdots$$

比較論之.比較之法普通有二:

I. 若已知級數 (2) 爲收斂,且若自某項起恆有 $u_n < v_n$,
則級數(1)收斂,反之,若已知(2)發散並設自某項起恆有 $u_n > v_n$,
則 (1) 亦發散.

蓋如條件自第一項起卽滿足,(否則可將前端若干項删
去論之),則命

$$S_n = \sum_{\nu=0}^{n} u_\nu, \qquad S' = \sum_{\nu=0}^{\infty} v_\nu,$$

有 $$S_n < S'$$

而 S_n 乃 n 之恆增函數, 可知其有一限 $S < S'$.

反之, 命 $S'_n = \sum_{\nu=0}^{n} v_\nu$ 有 $S_n < S'_n$, 而 S_n 隨 S'_n 趨於 $+\infty$.

II. 若自某項起恆有 $\frac{u_{n+1}}{u_n} < \frac{v_{n+1}}{v_n}$, 且若級數 (2) 爲收斂, 則級數 (1) 亦爲收斂. 反之, 若自某項以後恆有 $\frac{u_{n+1}}{u_n} > \frac{v_{n+1}}{v_n}$ 且 (2) 爲發散, 則 (1) 亦爲發散.

證:假定於 $n \gtreqless p$ 有 $\frac{u_{n+1}}{u_n} < \frac{v_{n+1}}{v_n}$. 因以一常數乘級數之各項, 此級數之性不變, 是其二項之比亦不變. 吾等可設 $u_p < v_p$; 於是按題設有 $u_{p+1} < v_{p+1}$, 因之有 $u_{p+2} < v_{p+2}$ 且可如是類推, 即明級數 (1) 隨 (2) 收斂. 於發散一層, 亦可同法證之.

212. 歌氏定則 (Cauchy's test).

設以 u_n 爲普通項之正項級數;若自某項起 $\sqrt[n]{u_n}$ 恆小於一定數 $k < 1$, 則級數收斂. 反之, 若自某項起 $\sqrt[n]{u_n}$ 恆大於或等於 1, 則級數發散.

按題意前節, 於 $n > p$ 有 $\sqrt[n]{u_n} < k < 1$. 因之 $u_n < k^n$, 而 $\sum_{n=p}^{\infty} k^n$ 爲一收斂等比級數, 可斷 $\sum_{n=p}^{\infty} u_n$ 爲收斂, 即可斷 $\sum_{n=0}^{\infty} u_n$ 爲收斂. 反之, 若自某項起 $\sqrt[n]{u_n} > 1$, 即 $u_n > 1$, 則級數普通項不趨於零, 而級數爲發散. 於 $\sqrt[n]{u_n}$ 趨於一限時, 此定則可改如下而

引用甚便:

若 $\sqrt[n]{u_n}$ 於 $n \to \infty$ 趨於一限 l. 則視 $l<1$ 或 $l>1$ 可判斷級數爲收斂或發散.

若 $l=1$. 則不能決. 但 $\sqrt[n]{u_n}$ 若由大於 1 之值趨於 1, 則可判斷級數爲發散.

213. 達氏定則 (D'alembert's test)

設以 u_n 爲普通項之一正項級數; 若自某項起 $u_{n+1}/u_n<1$, 則級數收斂. 反之, 若 $u_{n+1}/u_n>1$, 則級數發散.

設自某項起有 $\dfrac{u_{n+1}}{u_n}<k$. 此不等式可書作

$$\frac{u_{n+1}}{u_n}<\frac{k^{n+1}}{k^n},$$

而 Σk^n 爲一收斂級數; 然則所論級數爲收斂. 反之, 若自某項起恆有 $\dfrac{u_{n+1}}{u_n} \geqq 1$, 則普通項 u_n 顯然不趨於零, 而所論級數發散.

由此則立可推出次理:

若 $\dfrac{u_{n+1}}{u_n}$ 於 $n \to \infty$ 趨於一限 l, 則級數因 $l<1$ 或 $l>1$ 爲收斂或發散. 若 $l=1$. 則不能決; 但 $\dfrac{u_{n+1}}{u_n}$ 若由大於 1 之值趨於 1, 則級數發散.

214. 前二定則之比較.

I. 歌氏定則與達氏定則皆取一等比級數爲比較標

準而得；但前者較後者爲普通．試設一級數 Σu_n 使於 $n \geqq p$, 時 $u_n < A r^n (A$ 爲常數, $r<1.)$ 若是有 $\sqrt[n]{u_n} < r A^{\frac{1}{n}}$, 而此不等式右端於 $n \to \infty$ 以 r 爲限．命 k 爲介於 r 與 1 間之一常數, 則自某項起有 $\sqrt[n]{u_n} < k$, 可見歌氏定則恆可用．致達氏定則未必．蓋 $\frac{u_{n+1}}{u_n}$ 可有大於 1 之值而無論 n 若何大也．例如級數

$$1 + r |\sin x| + r^2 |\sin 2\alpha| + \cdots\cdots + r^n |\sin n\alpha| + \cdots\cdots,$$

其中 $r<1$ 並 α 爲常數．於此級數吾等有 $\sqrt[n]{u_n} = r \sqrt[n]{\sin n\alpha} < r,$

致

$$\frac{u_{n+1}}{u_n} = r \left| \frac{\sin(n+1)\alpha}{\sin n\alpha} \right|,$$

則於 $n \to \infty$ 時可有無窮個大於 1 之值．

但達氏定則應用往往較便, 故亦有其價值．例如對於級數

$$1 + \frac{x}{1} + \frac{x^2}{2!} + \frac{x^3}{3!} + \cdots\cdots + \frac{x^n}{n!} + \cdots\cdots$$

$\frac{u_{n+1}}{u_n} = \frac{x}{n+1}$ 於 $n \to \infty$ 以零爲限；致 $\sqrt[n]{u_n} = \frac{x}{\sqrt[n]{n!}}$, 則於 n 增大時不易知其限若何？

II. 當 $\sqrt[n]{u_n}$ 與 $\frac{u_{n+1}}{u_n}$ 各有一限時, 此二限常相等．欲明之, 設旁助級數

(x) $\qquad u_0 + u_1 x + u_2 x^2 + \cdots\cdots + u_n x^n + \cdots\cdots,$

式中 x 爲正數．若命 l 表 $\frac{u_{n+1}}{u_n}$ 於 $n \to \infty$ 時之限, 則此級數一項與前項之比以 lx 爲限．若有 $x < \frac{1}{l}$, 則級數 (x) 爲收斂的；反之, 若 $x < \frac{1}{l}$, 則爲發散的．仿此命 l' 爲 $\sqrt[n]{u_n}$ 之限, 則 $\sqrt[n]{u_n x^n}$ 以

$l'x$ 爲限,而級數 (x) 因 $x<\dfrac{1}{l'}$ 或 $x>\dfrac{1}{l'}$ 爲收斂的或發散的. 以此結果與前者相比,顯然應有 $l=l'$.

III. 當 $\dfrac{u_{n+1}}{u_n}$ 趨於一限 l, 則 $\sqrt[n]{u_n}$ 亦趨於此限 l. 欲明之, 設自某項起

$$\frac{u_{n+1}}{u_n},\qquad \frac{u_{n+2}}{u_{n+1}},\cdots\cdots,\qquad \frac{u_{n+p}}{u_{n+p-1}}$$

等分數均介於 $1-\varepsilon$ 與 $1+\varepsilon$ 間 (ε 爲一正數,可小至所欲).若是亦有

$$(1-\varepsilon)^p<\frac{u_{n+p}}{u_n}<(l+\varepsilon)^p,$$

或

$$u_n^{\frac{1}{n+p}}(1-\varepsilon)^{\frac{p}{n+p}}<\sqrt[n+p]{u_{n+p}}<u_n^{\frac{1}{n+p}}(1+\varepsilon)^{\frac{p}{n+p}}$$

命 n 固定而 $p\to\infty$, 則上式兩端趨於 $1-\varepsilon$ 與 $1+\varepsilon$. 然則對於 m 大於某值恆有

$$1-2\varepsilon<\sqrt[m]{u_m}<1+2\varepsilon,$$

卽見 $\sqrt[m]{u_n}$ 以 l 爲限.

但吾等須注意者:於 $\sqrt[n]{u_n}$ 有一限時 $\dfrac{u_{n+1}}{u_n}$ 未必有一限.例如級數

$$1+a+ab+a^2b+a^2b^2+\cdots\cdots+a^nb^{n-1}+a^nb^n+\cdots\cdots$$

其一項與其前項之比循環爲 a 爲 b, 而 $\sqrt[n]{u_n}$ 則於 $n\to\infty$ 以 $\sqrt{ab}$ 爲限.

本節所述可借以求一種無定式之限.例如 $\sqrt[n]{1,2\cdots\cdots n}$ 以 $+\infty$ 爲限而 $\sqrt[n]{\log n}$ 以 1 爲限.

215. 最 大 限 之 應 用.

歌 氏 就 較 廣 之 義 立 其 定 則 如 次:命 a_n 爲 級 數 普 通 項;若 貫 數

(3) $$a_1, \ a_2^{\frac{1}{2}}, \ a_3^{\frac{1}{3}}, \cdots\cdots, \ a_n^{\frac{1}{n}}, \cdots\cdots$$

無 高 界, 則 a_n 不 趨 於 零 而 級 數 Σa_n 發 散. 反 之, 若 (3) 成 一 囿 集 則 命 G 爲 其 最 大 限 而 有 歌 氏 廣 意 定 則:

若 $G<1$ 則 級 數 Σa_n 收 歛;反 之,若 $G<1$. 則 Σa_n 發 散.

欲 證 第 一 層,命 $1-\alpha$ 爲 介 於 G 與 1 間 之 一 數,按 最 大 限 定 義, 貫 數 (3) 僅 能 有 一 定 個 數 之 項 大 於 $1-\alpha$. 是 則 自 某 項 起 恆 有 $\sqrt[n]{a_n}<1-\alpha$, 而 Σa_n 爲 收 歛 級 數. 反 之, 若 $G<1$, 則 命 $1+\alpha$ 表 介 於 1 與 G 間 之 一 數, 貫 數 (3) 有 無 窮 項 大 於 $1+\alpha$, 卽 級 數 有 無 窮 個 之 項 大 於 1, 故 爲 發 散, 於 $G=1$, 則 不 能 決.

216. 歌 氏 定 理 (Cauchy's theorm).

無 窮 級 數 與 無 窮 積 分 性 頗 類 似. 歌 氏 比 較 二 者 得 一 重 要 定 理 如 次:

命 $\phi(x)$ 爲 一 正 函 數,自 一 值 a 起 恆 減 殺,而 於 $x\to\infty$ 趨 於 0; 如 是 則 級 數

(4) $$\phi(a)+\phi(a+1)+\cdots\cdots+\phi(a+n)+\cdots\cdots$$

爲 收 歛 或 發 散 視 定 積 分 $\int_a^l \phi(x)dx$ 於 $l\to\infty$ 有 一 限 與 否 而 定.

證:設 x 介 於 $a+p-1$ 與 $a+p$ 間, p 爲 一 正 整 數 則 由

$$\phi(a+p-1)>\phi(x)>\phi(a+p)$$

得 $\qquad \phi(a+p-1) > \displaystyle\int_{a+p-1}^{a+p} \phi(x)dx > \phi(a+p).$

以次命 $p=1, 2, \cdots\cdots n$ 而加其所得結果, 則有

$$\phi(a)+\phi(a+1)+\cdots\cdots+\phi(a+n-1) > \int_a^{a+n} \phi(x)\,dx$$

與 $\qquad \phi(a+1)+\phi(a+2)+\cdots\cdots+\phi(a+n) < \displaystyle\int_a^{a+n} \phi(x)\,dx$

於是若 $\displaystyle\int_a^l \phi(x)dx$ 於 $l\to\infty$ 時趨於一限 L, 則 $\displaystyle\sum_{p=0}^n \phi(a+p)$ 恆小於

$\phi(a)+L$ 而趨於一限, 即明級數 (4) 爲收歛. 反之, 若 $\displaystyle\int_a^{a+p} \phi(x)\,dx$

能大於任何限, 則 $\displaystyle\sum_{p=0}^n (a+p)$ 亦然, 而級數 (2) 爲發散.

例取 $\phi(x)=\dfrac{1}{x^\lambda}(\lambda<0$ 及 $a=1)$. 因積分 $\displaystyle\int_1^l \dfrac{dx}{x^\lambda}$ 於 $\lambda>1$ 趨於一

限, 而於 $\lambda\leqq 1$ 則否, 可知級數

(S_0) $\qquad\qquad 1+\dfrac{1}{2^\lambda}+\dfrac{1}{3^\lambda}+\cdots\cdots+\dfrac{1}{n^\lambda}+\cdots\cdots$

於 $\lambda>1$ 爲收歛, 而於 $\lambda\leqq 1$ 爲發散.

再令 $a=2$ 而設

$$\phi(x)=\frac{1}{x(\log x)^\lambda}, \qquad\qquad (\lambda>0).$$

吾人於 $\lambda\neq 1$ 有

$$\int_2^n \frac{dx}{x(\log x)^\lambda} = \frac{-1}{\lambda-1}\Big[(\log n)^{1-\lambda}-(\log 2)^{1-\lambda}\Big].$$

若 $\lambda>1$, 則右端有一限. 若 $\lambda<1$, 則右端趨於無窮. 再於 $\lambda=1$

亦易知積分趨於無窮.若是級數

$$(S_1) \qquad \frac{1}{2\log 2} + \frac{1}{3(\log 3)^\lambda} + \cdots + \frac{1}{n(\log n)^\lambda} + \cdots$$

對 於 $\lambda > 1$ 爲 收 歛 而 於 $\lambda \leqq 1$ 爲 發 散.

推之,命 $\log_2 n,\ \log_3 n, \cdots$ 以 次 表 $\log(\log n),\ \log(\log_2 n), \cdots$, 則 級 數

$$(S_p) \qquad \sum \frac{1}{n \log n \log_2 n \cdots \log_{p-1} n \, (\log_p n)^\lambda}$$

於 $\lambda > 1$ 收 歛 而 於 $\lambda \leqq 1$ 發 散. 式 中 吾 等 自 應 設 n 自 一 相 當 大 之 值 起 始 使 $\log n,\ \log_2 n, \cdots \log_p n$ 不 爲 負 數.

級 數 $(S_0),\ (S_1), \cdots,\ (S_p)$ 稱 爲 貝 特 昂 氏 (Bertrand) 級 數, 其 歛 散 以 次 較 緩. 吾 等 可 取 作 標 準 級 數.

217. 對 數 定 則 (Logarithmic criteria).

取 白 氏 級 數 爲 比 較 標 準 而 引 用 普 通 項 直 接 比 較 法 可 得 一 羣 之 定 則 曰 對 數 定 則: 先 取 級 數 (S_0) 論 之 有:

設 級 數 Σu_n; 若 自 某 項 起 $\log\dfrac{1}{u_n} \Big/ \log n$ 恆 大 於 一 定 數 $k > 1$, 則 級 數 爲 收 歛; 反 之,若 $\log\dfrac{1}{u_n} \Big/ \log n$ 恆 小 於 1, 則 級 數 爲 發 散.

若 $\log\dfrac{1}{u_n} \Big/ \log n$ 於 $n \to \infty$ 趨 於 一 限 l, 則 級 數 於 $l > 1$ 收 歛 而 於 $l < 1$ 發 散. 當 $l = 1$ 則 不 能 決.

證: 若 有 $$\log\frac{1}{u_n} > k \log n$$

故 於 $k > 1$ 級 數 爲 收 歛.

今·若設
$$\log \frac{1}{u_n} < \log n,$$

則 $u_n > \dfrac{1}{u}$ 而級數發散.

仿上以次取白氏級數 (S_1), (S_2),…… 爲比較標準論之,則得無窮個定則,其詞只須於上述定則內依次代 $\log \dfrac{1}{u_n} \Big/ \log n$

以
$$\frac{\log \dfrac{1}{nu_n}}{\log_2 n}, \qquad \frac{\log \dfrac{1}{nu_n \log n}}{\log_3 n}, \dots\dots,$$

因白氏級數 (S_1), (S_2)…… 歛散依次漸緩,是類定則爲用亦以次漸廣.

218. 哈白氏與都阿梅氏定則 (Raabe's and Duhamel's test).

仍取白氏級數爲標準但不直以普通項相較而以相續二項之比較之,則復得一類定則,其普偏性雖遜於前者,然爲用則恆較便,設級數 Σu_n, 而其 $\dfrac{u_{n+1}}{u_n}$ 由小於 1 之數趨於 1 則可書 $\dfrac{u_{n+1}}{u_n} = \dfrac{1}{1 + a_n}$, a_n 爲一正數, 於 $n \to \infty$ 時趨於零, 如是有定則:

若自某項起 $n\,a_n$ 恆大於一定數 $k > 1$, 則級數爲歛的;反之,若自某項起 $n\,a_n$ 恆小於 1, 則級數爲散的.

證: 定則第二層其理甚易證明.蓋有
$$\frac{1}{1 + a_n} > \frac{n}{n+1},$$

卽見 $\dfrac{u_{n+1}}{u_n}$ 大於調和級數之一項與其前項之比也.

欲證第一層,設自某項起 $u\,a_n>k>1$. 命 λ 爲介於 1 與 k 之間之一數,若自某項起能有

$$u_n<n^{-k}$$

則

$$\frac{u_{n+1}}{u_n}<\frac{(n+1)^{-\lambda}}{n^{-\lambda}},$$

卽

$$(5) \qquad\qquad \frac{1}{1+a_n}<\frac{1}{\left(1+\dfrac{1}{n}\right)^{\lambda}},$$

則 $\Sigma\,u_n$ 必爲歛的,試以泰氏公式展 $\left(1+\dfrac{1}{n}\right)^{\lambda}$ 而書 (5) 爲

$$1+\frac{\lambda}{n}+\frac{\theta_n}{n^2}<1+a_n,$$

θ_n 於 n 無限增大時常小於一定數,此條件變爲

$$\lambda+\frac{\theta_n}{n}<n\,a_n,$$

式之左端於 $n\leftarrow\infty$ 趨於 λ,故 n 大之至,此不等式爲合理,卽明所欲證. 由上立可推出次理:

　　若 $n\,a_n$ 於 $n\rightarrow\infty$ 趨於一限 l,則級數於 $l>1$ 收歛而於 $l<1$ 發散;若 $l=1$,則不能決;但 na_n 由小於 1 之數趨於 1 時級數爲散者.

　　對於未決之例,卽可書 $a_n=\dfrac{1}{n}+\dfrac{\beta_n}{n}$ 時 $(\beta_n$ 於 $n\rightarrow\infty$ 趨於零$)$,吾人可取白氏級數 (S_1) 爲比較標準而由次定則解決之:

　　若自某項起 $\beta_n\log n$ 恆大於一定數 $k>1$,則級數收歛;反

之, 若 $\beta_n \log n$ 恆 小 於 1, 則 級 數 發 散.

欲 證 定 則 第 一 層, 設 λ 為 介 於 1 與 k 間 之 一 數, 於 是 但 須 能 證 明

$$(6) \qquad \frac{u_{n+1}}{u_n} < \frac{n}{n+1} \left[\frac{\log n}{\log(n+1)} \right]^{\lambda}$$

即 可. 此 式 可 書 作

$$1 + \frac{1}{n} + \frac{\beta_n}{n} > \left(1 + \frac{1}{n}\right) \left[1 + \frac{\log\left(1 + \frac{1}{n}\right)}{\log n} \right]^{\lambda}.$$

或 準 泰 氏 公 式 書 作

$$1 + \frac{1}{n} + \frac{\beta_n}{n} > \left(1 + \frac{1}{n}\right) \left\{ 1 + \frac{\lambda \log\left(1 + \frac{1}{n}\right)}{\log n} + \theta_n \left[\frac{\log\left(1 + \frac{1}{n}\right)}{\log n} \right]^2 \right\}$$

θ_n 於 $n \to \infty$ 時 終 小 於 一 定 數, 簡 之 得

$$(7) \qquad \beta_n \log n > \lambda(n+1) \log\left(1 + \frac{1}{n}\right) + \frac{\theta_n(n+1)\left[\log\left(1 + \frac{1}{n}\right)\right]^2}{\log n}.$$

按 泰 氏 公 式 可 書

$$(8) \qquad (n+1)\log\left(1 + \frac{1}{n}\right) = 1 + \frac{1}{2n}(1 + \varepsilon),$$

ε 於 $n \to \infty$ 趨 於 零, 是 則 $(n+1)\log\left(1 + \frac{1}{n}\right) \to 1$. 而 (7) 式 右 端 趨 於 λ, 其 左 端 $\beta_n \log n$ 既 可 大 於 $k > \lambda$, 則 自 n 甚 大 之 值 起 (7) 式 果 能 合 理, 即 明 欲 證.

欲 明 定 則 第 二 層, 只 須 取 級 數 $\sum \dfrac{1}{n \log n}$ 為 標 準 而 證

$$\frac{u_{n+1}}{u_n} > \frac{n}{n+1} \frac{\log n}{\log(n+1)},$$

此式可書如

$$1 + \frac{1}{n} + \frac{\beta_n}{n} < \left(1 + \frac{1}{n}\right)\left[1 + \frac{\log\left(1 + \frac{1}{n}\right)}{\log n}\right].$$

或

$$\beta_n \log n < (n+1)\log\left(1 + \frac{1}{n}\right).$$

準 (8) 此式右端由大於 1 之值趨於1,而自某項起此式左端不能大於 1. 然則自某項起此不等式必可合理.

由上定則尚可推出次定則:

若 $\beta_n \log n$ 於 $n \to \infty$ 趨於一限 l, 則級數對於 $l>1$ 為歛的, 而於 $l<1$ 為散的. 致對於 $l=1$ 則不能決. 但若 $\beta_n \log n$ 由小於 1 之值趨於1, 可知級數為散的.

當 $\beta_n \log n$ 由大於 1 之值趨於 1 時, 吾人書

$$\frac{u_{n+1}}{u_n} = \frac{1}{1 + \frac{1}{u} + \frac{1 + \delta_n}{n \log n}}$$

(δ_n 於 $n \to \infty$ 趨於零) 而取 $\gamma_n \log_2 n$ 論之, 得與上定則相似之定則, 并可如是類推.

系. 若於級數 Σu_n 能書

$$\frac{u_{n+1}}{u_n} = 1 - \frac{r}{n} + \frac{H_n}{n^{1+\lambda}},$$

λ 為正數, r 為常數, H_n 於 $n \to \infty$ 時絕對小於一定數, 則於 $r>1$ 時, 級數為歛的, 而於 $r \leqq 1$ 時為散的.

證: 仍設 $\dfrac{u_{n+1}}{u_n}=\dfrac{1}{1+a_n}$, 可書

$$n\,a_n=\left(r-\frac{H_n}{n^\lambda}\right)\Big/\left(1-\frac{r}{n}+\frac{H_n}{n^{1+\lambda}}\right)$$

於 $n\to\infty$ 時, $n\,a_n\to r$. 然則若 $r>1$, 則級數爲斂的,而於 $r<1$ 爲散的, 至於 $r=1$, 命

$$\frac{u_{n+1}}{u_n}=\frac{1}{1+\dfrac{1}{u}+\dfrac{\beta_n}{n}},$$

有
$$\beta_n\log n=\frac{\dfrac{\log n}{n}-\dfrac{n+1}{n}H_n\dfrac{\log n}{n^\lambda}}{1-\dfrac{1}{n}+\dfrac{H_n}{n^{1+\lambda}}}.$$

此式右端於 $n\to\infty$ 趨於零而無論 λ 若何小,然則級數爲散的.

例設
$$\frac{u_{n+1}}{u_n}=\frac{n^p+a_1n^{p-1}+a_2n^{p-2}+\cdots\cdots}{n^p+b_1n^{p-1}+b_2n^{p-2}+\cdots\cdots}.$$

由除法可書
$$\frac{u_{n+1}}{u_n}=1+\frac{a_1-b_1}{n}+\frac{R(n)}{n^2},$$

$R(n)$ 爲 n 之一有理函數,於 $n\to\infty$ 趨於一定限,準前系理,欲級數爲收斂者必須而卽須

$$b_1>a_1+1.$$

此爲杲士(Gauss)氏定則,惟杲氏係由他法得之.

219. 枯墨爾氏定理(Kummer's theorem).

I. 凡正項級數 Σu_n, 若於 $n\geqq p$ 有

(9)
$$a_n u_n-a_{n+1}u_{n+1}>\mu\,u_{n+1}.$$

則收歛, 式中 a_n 爲 n 之正函數, 而 μ 爲正常數.

II. 若於 $u \geqq p$ 有

(10) $$a_n u_n - a_{n+1} u_{n+1} < 0,$$

且若 $\Sigma \dfrac{1}{a_n}$ 爲發散級數, 則 Σu_n 發散.

證: 由 (9) 有

$$u_{n+1} < \frac{1}{\mu}\Big(a_n u_n - a_{n+1} u_{n+1}\Big),$$

因之有

$$u_{p+1} + u_{p+2} + \cdots\cdots + u_{p+q} < \frac{1}{\mu}\Big(a_p u_p - a_{p+q} u_{p+q}\Big) < \frac{1}{\mu} a_p u_p$$

而無論 q 若何大; 定理第一層以明.

繼自 (10) 式有 $\qquad a_n u_n > a_p u_p,$

即 $$u_n > a_p u_p \frac{1}{a_p}.$$

$\Sigma \dfrac{1}{a_n}$ 既爲發散, 可知 Σu_n 亦然.

特例. 取 $a_n = 1$, 則得達氏定則; 取

$$a_n = n \log n, \qquad n \log n \log_2 n, \cdots\cdots$$

則得白特昂氏定則; 又設 $a_r = n$, 則得哈氏與都氏定則.

220. 絕對收歛級數 (Absolutely convergent series).

今取任意級數論之. 若其各項盡爲負, 則其歛散性顯然與改號所得之正項級數同. 又若級數自某項以後有定號, 則將是項以前之各項刪去即可歸入上例. 故須討論者僅爲有無窮個正項與無窮個負項之級數.

設 級 數

(11)
$$u_0 + u_1 + \cdots\cdots + u_n + \cdots\cdots$$

命 $U_n = |u_n|$ 而 設 級 數:

(12)
$$U_0 + U_1 + \cdots\cdots + U_n + \cdots\cdots;$$

若 此 級 數 (12) 收 歛, 則 級 數 (11) 亦 收 歛. 蓋 有

$$|u_n + u_{n+1} + \cdots\cdots + u_{n+p}| < |U_n + U_{n+1} + \cdots\cdots + U_{n+p}|$$

右 端 於 n 甚 大 時 可 小 至 所 欲 而 無 論 p 若 何. 因 之 左 端 亦 然. 級 數 (11) 於 此 稱 爲 絕 對 收 歛.

於 絕 對 收 歛 之 級 數, 吾 人 可 任 意 更 換 其 項 之 位 次 而 不 變 其 和 數 之 值. 欲 明 之, 吾 先 論 正 項 級 數. 設 有 正 項 歛 級 數 $S = \Sigma u_n$; 並 設 更 換 其 項 之 位 次 得 一 級 數 $S' = \Sigma v_n$.

命 S'_n 與 S'_m 依 次 表 級 數 S 前 n 項 之 和 與 級 數 S' 前 m 項 之 和. 已 與 m, 吾 人 可 取 n 甚 大, 使

$$S'_m < S_n < S.$$

足 見 S'_m 於 $m \to \infty$ 趨 於 一 限 $S' \leqq S$. 反 之, 可 證 $S \leqq S'$. 然 則 $S' = S$. 同 理 可 明 若 Σu_n 與 Σv_n 二 級 數 之 一 爲 發 散 者, 則 他 級 數 亦 然.

又 於 正 項 歛 級 數, 吾 人 亦 可 任 意 歸 併 其 項, 而 不 變 其 和. 假 如 於 正 項 級 數 Σu_n 中 取

$$\sigma_0 = u_0 + u_1 + \cdots\cdots + u_p,$$

$$\sigma_1 = u_{p+1} + u_{p+2} + \cdots\cdots + u_q,$$

$$\sigma_2 = u_{q+1} + u_{q+2} + \cdots\cdots + u_q.$$

而作級數

(13) $$\sigma_0 + \sigma_1 + \cdots\cdots + \sigma_m + \cdots\cdots,$$

則此級數前 $m+1$ 項之和 S'_m 等於 Σu_n 前 $N+1$ 項之和 $S_N (N>m)$. 當 $m \to \infty$, 亦有 $N \to \infty$, 而 S'_m 與 S_N 同趨於 S.

參用上述二種手續, 則知一正項級數, 可以他一級數代之, 新級數之每項爲舊級數任意數項之和, 但須舊級數每項只用於此等和數中一次卽可.

今若注意 $u_n = (u_n + |u_n|) - |u_n|,$

則知絕對歛級數, 可視作二正項歛級數之差. 於是上之手續於此等級數亦可施用.

221. 半收歛級數或附件收歛級數 (Conditionally convergent series).

任意級數可爲收歛而非絕對收歛, 例如更號歛級數 (Alternating series) 之合於次述條件者是: 1° 任一項小於其前項; 2° 普通項 u_n 於 $n \to \infty$ 以零爲限. 此爲吾等所熟知, 茲不贅證.

凡收歛而非絕對收歛之級數曰半歛級數或附件斂級數, 例如

(14) $$S = 1 - \frac{1}{2} + \frac{1}{3} - \frac{1}{4} + \cdots\cdots + (-1)^{n-1}\frac{1}{n} + \cdots\cdots$$

對於此種級數, 吾人不能遷移其項, 亦不能歸併其項. 蓋此等運算手續可令級數之和變易, 甚且可使一歛級數化爲一散級數也. 例如於上列級數內, 更換其項之位次, 可得級數

(15)
$$S' = 1 + \frac{1}{3} - \frac{1}{2} + \frac{1}{5} + \frac{1}{7} - \frac{1}{4} + \frac{1}{9} + \frac{1}{11} + \cdots\cdots$$
$$+ \frac{1}{4n-3} + \frac{1}{4n-1} - \frac{1}{2n} + \cdots\cdots.$$

吾往證 S' 異於 S. 命 S_n 與 S'_n 依次表 (14) 與 (15) 二級數前 n 項之和, 幷設

$$\sigma_n = 1 + \frac{1}{2} + \cdots\cdots + \frac{1}{n},$$

則
$$S_{2n} = 1 - \frac{1}{2} + \frac{1}{3} - \frac{1}{4} + \cdots\cdots + \frac{1}{2n-1} - \frac{1}{2n} = \sigma_{2n} - \sigma_n,$$

$$S'_{3n} = 1 + \frac{1}{3} - \frac{1}{2} + \frac{1}{5} + \frac{1}{7} - \cdots\cdots + \frac{1}{4n-2} - \frac{1}{4n-1} - \frac{1}{2n}$$

$$= \sigma_{4n} - \frac{1}{2}\sigma_{2n} - \frac{1}{2}\sigma_n = (\sigma_{4n} - \sigma_{2n}) + \frac{1}{2}(\sigma_{2n} - \sigma_n).$$

由是得
$$S_{3n} = S_{4n} + \frac{1}{2}S_{2n}.$$

令 $n \to \infty$, 則
$$S' = S + \frac{1}{2}S = \frac{3}{2}S.$$

此見半斂級數之和可因其項位次之變更而改變, 甚且吾等可證明: 於一半斂級數, 吾等恆能更換其項次使其和等於任與之一數 [1].

222. 狄氏定則 (Dirichlet's test).

此定則足以判斷一特種級數之斂性, 茲述於次:

設有級數 Σu_n 使無論 n 若何, 恆有

$$|u_0 + u_1 + \cdots\cdots + u_n| < A,$$

---

[1] 見 Goursat, Cours d'analyse mathematique, Tome I.

(A 爲定數) 並有一漸減而趨於零之貫數,

$$\varepsilon_0 > \varepsilon_1 > \cdots\cdots > \varepsilon_n > \cdots\cdots$$

則級數

(16) $\qquad \varepsilon_0 u_0 + \varepsilon_1 u_1 + \cdots\cdots + \varepsilon_n u_n + \cdots\cdots$

爲收斂的.

　　證: 按所設有

$$|u_{n+1} + u_{n+2} + \cdots\cdots + u_{n+p}| < 2A.$$

而無論若何. 於是準亞貝氏引有

$$|u_{n+2}\varepsilon_{n+1} + \cdots\cdots + u_{n+p}\varepsilon_{n+p}| < 2A\varepsilon_{n+1}.$$

因於 $n \to \infty$ 時 $\varepsilon_{n+1} \to 0$, 故可取 n 甚大, 使

$$|\varepsilon_{n+1}u_{n+1} + \cdots\cdots + \varepsilon_{n+p}u_{n+p}| < \varepsilon.$$

例如級數 $\quad \dfrac{\sin\theta}{1} + \dfrac{\sin 2\theta}{2} + \cdots\cdots + \dfrac{\sin n\theta}{n} + \cdots\cdots.$

命 $\qquad u_1 = \sin\theta_1, \quad u_2 = \sin 2\theta, \cdots\cdots, \quad u_n = \sin n\theta,$

$$\varepsilon_1 = 1, \quad \varepsilon_2 = \frac{1}{2}, \cdots\cdots, \quad \varepsilon_n = \frac{1}{n}.$$

準三角學公式有

$$u_1 + u_2 + \cdots\cdots + u_n = \frac{\sin\dfrac{n\theta}{1}\sin\left(\dfrac{n+1}{2}\theta\right)}{\sin\dfrac{\theta}{2}}.$$

此式絕對小於 $\dfrac{1}{\left|\sin\dfrac{\theta}{2}\right|}$. 按上定則可斷對於 θ 異於 $2k\pi$ 之一

切值所設級數爲收斂的,而對於 $\theta = 2k\pi$ 則級數各項皆爲零,是亦爲收斂的.

系. 設有收斂級數

$$u_0 + u_1 + \cdots\cdots + u_n + \cdots\cdots,$$

並貫數 $\qquad a_0, \quad a_1, \cdots\cdots, \quad a_n, \cdots\cdots,$

其項遞增以往或遞減以往,而於 $n \to \infty$ 趨於一數 $k \neq 0$. 若是則級數

(17) $\qquad a_0 u_0 + a_1 u_1 + \cdots\cdots + a_n u_n + \cdots\cdots$

爲收斂的.

證: 設如貫數 a_i 爲增進者;吾人可書

$$a_0 = k - \varepsilon_0, \quad a_1 = k - \varepsilon_1, \cdots\cdots, \quad a_n = k - \varepsilon_n, \cdots\cdots,$$

$\varepsilon_0, \varepsilon_1, \cdots\cdots, \varepsilon_n, \cdots\cdots$ 成一貫正數,其值以次遞減而於 $n \to \infty$ 時趨於零.吾等知

$$ku_0 + ku_1 + \cdots\cdots + ku_n + \cdots\cdots,$$

$$\varepsilon_0 u_0 + \varepsilon_1 u_1 + \cdots\cdots + \varepsilon_n u_n + \cdots\cdots.$$

兩級數皆收斂,故級數(17)亦收斂.

II. 複 數 項 級 數

223. 定義.

設有級數

(18) $\qquad u_0 + u_1 + u_2 + \cdots\cdots + u_n + \cdots\cdots$

其 諸 項 爲 複 數

$$u_0 = a_0 + b_0 i, \quad u_1 = a_1 + b_1 i, \cdots\cdots, \quad u_n = a_n + b_n i, \cdots\cdots$$

若 級 數

(19) $$a_0 + a_1 + a_2 + \cdots\cdots + a_n + \cdots\cdots,$$

(20) $$b_0 + b_1 + b_2 + \cdots\cdots + b_n + \cdots\cdots$$

均 爲 收 斂, 則 吾 人 稱 級 數 (18) 爲 收 斂. 如 S' 與 S'' 依 次 爲 級 數 (19), (20) 之 和, 則 級 數 (18) 之 和 按 定 義 爲 $S' + iS''$. 此 和 數 顯 然 亦 爲 級 數 (18) 前 n 項 之 和 於 $n \to \infty$ 之 限.

若 級 數

(21) $$\sqrt{a_0{}^2 + b_0{}^2} + \sqrt{a_1{}^2 + b_1{}^2} + \cdots\cdots + \sqrt{a_n{}^2 + b_n{}^2} + \cdots\cdots,$$

爲 收 斂 的, 則 顯 然 級 數 (19), (20) 亦 皆 爲 收 斂 的. 蓋

$$|a_n| \leqq \sqrt{a_n{}^2 + b_n{}^2}, \qquad |b_n| \leqq \sqrt{a_n{}^2 + b_n{}^2}.$$

於 級 數 (21) 爲 收 斂 時, 則 級 數 (18) 稱 爲 絕 對 收 斂. 對 於 絕 對 收 斂 之 級 數. 吾 人 可 遷 移 其 項 或 合 併 其 項 而 不 變 其 和.

判 斷 正 項 級 數 收 斂 性 之 定 則, 即 足 以 判 斷 任 意 項 (或 實 或 虛) 級 數 之 絕 對 收 斂 性.

224. 廣 義 幾 何 級 數 (Hypergeometric series).

此 爲 形 如 次 之 級 數. 於 微 分 方 程 上 甚 重 要. 茲 試 論 其 收 斂 性.

$$F(a, b, c, z) = 1 + \frac{a \cdot b}{1 \cdot c} z + \frac{a(a+1) b(b+1)}{1 \cdot 2 \cdot c(c+1)} z^2 + \cdots\cdots$$

$$+ \frac{a(a+1)\cdots\cdots(a+n-1) b(b+1)\cdots\cdots(b+n-1)}{1 \cdot 2 \cdot 3 \cdots\cdots nc(c+1)\cdots\cdots(c+n-1)} z^n + \cdots\cdots,$$

式中設 a, b, c 不為負整數.

$$\left|\frac{u_{n+1}}{u_n}\right| = \left|\frac{(a+n-1)(b+n-1)}{n(c+n-1)}z\right|$$

於 $n \to \infty$ 時以 $|z|$ 為限. 然則準達氏定則可判斷級數 $|z|<1$ 時為絕對收歛而於 $|z|>1$ 為發散.

惟於 $|z|=1$ 一層, 則尚不能決. 吾等可書

$$\left|\frac{u_{n+1}}{u_n}\right| = \left|\left(1+\frac{a-1}{n}\right)\left(1+\frac{b-1}{n}\right)\left(1+\frac{c-1}{n}\right)^{-1}\right| = \left|1+\frac{a+b-c-1}{n}+\frac{A_n}{n^2}\right|$$

A_n 於 $n \to \infty$ 時趨於一定數. 命

$$a=a'+a''i, \quad \eta=b'+b''i, \quad c=c'+c''i, \quad A_n=A'_n+A''_n i,$$

則

$$\left|\frac{u_{n+1}}{u_n}\right| = \left|1+\frac{(a'+b'-c'-1)+i(a''+b''-c'')}{n}+\frac{A'_n+A''_n i}{n^2}\right|$$

$$= \left[\left(1+\frac{a'+b'-c'-1}{n}+\frac{A'_n}{n^2}\right)^2+\left(\frac{a''+b''-c''}{n}+\frac{A''_n}{n^2}\right)^2\right]^{\frac{1}{2}}$$

$$= 1+\frac{a'+b'-c'-1}{n}+\frac{B_n}{n^2},$$

式中 A'_n, A''_n, B_n 皆於 $n \to \infty$ 時小於一定數. 於是可斷定若

$$-(a'+b'-c'-1)>1$$

卽 $$a'+b'-c'<0,$$

則級數為絕對收歛.

225. 級數乘法 (Multiplication of series).

設

(22) $$u_0 + u_1 + u_2 + \cdots\cdots + u_n + \cdots\cdots$$

(23) $$v_0 + v_1 + v_2 + \cdots\cdots + v_n + \cdots\cdots$$

二級數而以一切可能之法取前者之一項乘後者之一項,而將乘積 $u_i v_j$ 之足碼之和 $i+j$ 相等者集合之,則得一新級數如:

(24) $$u_0 v_0 + (u_0 v_1 + u_1 v_0) + (u_0 v_2 + u_1 v_1 + u_2 v_0)$$
$$+ (u_0 v_n + u_1 v_{n-1} + \cdots\cdots + u_n v_0) ;$$

歌氏證明若 (22), (23) 二級數均絕對收歛,則級數 (24) 收歛而以前二者之和之乘積爲其積.

其後麥滕氏 (Mertens) 復稍推廣其理,而謂 (22), (23) 兩級數中有其一爲絕對收歛即可,他級數可僅爲收歛.

試設 (22) 爲絕對收歛述之. 若命

$$w_n = u_0 v_n + u_1 v_{n-1} + \cdots\cdots + u_n v_0,$$

則只須證明差數

$$\delta_n = w_0 + \cdots\cdots + w_{2n} - (u_0 + u_1 + \cdots\cdots + u_n)(v_0 + v_1 + \cdots\cdots + v_n)$$

$$\delta'_n = w_0 + w_1 + \cdots\cdots + w_{2n+1} - (u_0 + u_1 + \cdots\cdots + u_{n+1})(v_0 + v_1 + \cdots\cdots + v_{n+1})$$

均於 $n \to \infty$ 趨於零即可. 試書

$$\delta_n = u_0(v_{n+1} + \cdots\cdots + v_{2n}) + u_1(v_{n+1} + \cdots\cdots + v_{2n-1}) + \cdots\cdots + u_{n-1}v_{n+1}$$

$$+ u_{n+1}(v_0 + \cdots\cdots + v_{n-}) + u_{n+2}(v_0 + \cdots\cdots + v_{n-2}) + \cdots\cdots + u_{2n}v_0,$$

因設級數 (22) 爲絕對收歛,可知無論 n 若何大,恆有

$$U_0 + U_1 + \cdots\cdots + U_n < A,$$

其中 $U_i = |u_i|$，並 A 爲定數. 又因級數 (23) 爲收斂有

$$|v_0 + v_1 + \cdots\cdots + v_n| < B,$$

B 爲定數. 任與正數 ε, 吾等可得一正整數 N 使 $n \geqq N$ 時有

$$U_{n+1} + \cdots\cdots + U_{n+p} < \frac{\varepsilon}{A+B},$$

$$\left| v_{n+1} + \cdots\cdots + v_{n+p} \right| < \frac{\varepsilon}{A+B}$$

而無論 p 若何；由是易得 $|\delta_n|$ 之一大限如

$$|\delta_n| < U_0 \frac{\varepsilon}{A+B} + U_1 \frac{\varepsilon}{A+B} + \cdots\cdots + U_{n-1} \frac{\varepsilon}{A+B}$$

$$+ U_{n+1}B + U_{n+2}B + \cdots\cdots + U_{2n}B,$$

或 $$|\delta_n| < \frac{\varepsilon}{A+B}(U_0 + U_1 + \cdots\cdots + U_n U_{n-1})$$

$$+ B(U_{n-1} + \cdots\cdots + U_{2n}) < \frac{\varepsilon A}{A+B} + \frac{\varepsilon B}{A+B}.$$

故 $$|\delta_n| < \varepsilon.$$

仿之可證 δ'_n 亦趨於零.

III. 多 進 級 數

226. **重級數** (Double series).

設有限於上於左而於下於右,則無疆之表如

$$
\begin{array}{c}
0 \qquad\qquad\qquad\qquad\qquad\qquad\qquad x \\
\end{array}
$$

$$
\begin{array}{ccccc}
a_{00} & a_{01} & a_{02} & \cdots\cdots & a_{0n} & \cdots\cdots \\
a_{10} & a_{11} & a_{12} & \cdots\cdots & a_{1n} & \cdots\cdots \\
a_{20} & a_{21} & a_{22} & \cdots\cdots & a_{2n} & \cdots\cdots \\
& & & & & \\
(T) & & & & & \\
& & & & & \\
a_{m0} & a_{m1} & a_{m2} & \cdots\cdots & a_{mn} & \cdots\cdots \\
y & & & & &
\end{array}
$$

表中之數如 a_{ik} 係位於橫行 i 號縱行 k 號.

吾人謂此表確定一**重級數**或**二進級數**

(25)
$$
\sum_{i=0}^{\infty} \sum_{k=0}^{\infty} a_{ik}.
$$

先設表中各項爲實的正的.

設於表中作一族曲線 $C_1, C_2, \cdots\cdots, C_n \cdots\cdots$ 以次擴大而達於無限.只 $S_1, S_2, \cdots\cdots, S_n$ 依次爲表中位於 $C_1, C_2, \cdots\cdots C_n$ 各線以內諸項之和; 若 S_n 於 $n \to \infty$ 時趨於一定限 S, 則吾等謂重級數(25)爲收歛而以 S 爲其和.

欲此定義正確,必須 S 與曲線族之形無涉.試證其如此.如 $C'_1, C'_2, \cdots\cdots, S'_m, \cdots\cdots$ 爲他任一族曲線並 $S'_1, S'_2, \cdots\cdots, S'_m, \cdots\cdots$ 爲相關和數.令 n 甚大使 C_n 位於 C'_m 外,則見 $S'_m < S_n < S$, 而

S'_m 隨 m 增大. 可斷 S'_m 趨於一限 $S' \leqq S$. 仿之, 若取 m 甚大可證 $S \leqq S'$, 故 $S' = S$.

於是欲論重級數 (25) 之歛性. 吾等僅須取特別一族曲線論之. 例取與表之二邊成正方形之折線而論和數

$$a_{00} + (a_{10} + a_{11} + a_{01}) + \cdots\cdots + (a_{n0} + a_{n1} + \cdots\cdots + a_{nn} + \cdots\cdots + a_{0n}),$$

或取與表二邊成等腰三角形之直線而論和數

$$a_{00} + (a_{10} + {}_{01}) + (a_{20} + a_{12} + a_{02} + a_{11} + a_{02}) + \cdots\cdots$$
$$+ (a_{n0} + a_{n-1,1} + \cdots\cdots + a_{0n}).$$

若知此二和數之一於 $n \to \infty$ 有一限 S, 則 (25) 為收歛而以 S 為和數.

吾等尚可取 (T) 任一邊之平行線論之, 卽可按橫行或縱行加諸項. 試設 (25) 為收歛而以 S 為和, 則加 (T) 內一橫行而得之級數

$$(26) \qquad a_{i0} + a_{i1} + \cdots\cdots + a_{in} + \cdots\cdots, \qquad (i = 1, 2, \cdots\cdots)$$

亦收歛, 因其前 n 項之和 $< S$ 數又隨 n 增大也.

今命 $\sigma_0, \sigma_1, \cdots\cdots, \sigma_i \cdots\cdots$ 為此等級數之和, 可證級數

$$(27) \qquad \sigma_0 + \sigma_1 + \cdots\cdots + \sigma_n + \cdots\cdots$$

亦收歛. 試於 (T) 表中取和數 Σa_{ik} 而設 $i \leqq p$, $k \leqq r$. 此和數恆小於 S. 令 p 固定而使 r 無限增大, 則以

$$\sigma_0 + \sigma_1 + \cdots\cdots + \sigma_p$$

為限, 後之和數小於 S, 又隨 p 增大; 是可斷級數 (27) 有一限 $\Sigma \leqq S$. 反之, 若 (26) 諸級數收歛並自是而得之級數 (27) 亦收

欲而以 Σ 爲和,則 (T) 內任若干項之和顯然小於 Σ,於是亦見 $S \leqq n$, 故 $n \leqq S$.

於正項重級數,有與正項單級數相類之定理.例如一正項重級數各項若小於一收歛正項重級數之相當項,則此級數亦收歛.

一正項重級數若非收歛則稱爲發散.其相當表 (T) 中限於一曲線內諸項之和,於是線由各方無限擴張時將無限增大.

現設 (T) 表中之數不盡爲負;但若僅有一定個數之數爲正,或僅有一定個數之數爲負,則皆顯然可歸於上例,不必討論,是應設 (T) 有無窮個正數與無窮個負數論之.試取 (T) 表一數之絕對值別作一表 (T_1),其普通項爲 $|a_{ik}|$. 若 (T_1) 表收歛,則 (T) 表稱爲絕對收歛.若是之一表具有正項表所具有之一切特性.

欲明此理,設二補助表 (T'), (T'') 如次: (T') 表設爲於 (T) 表內保存正項而易負項爲零得之; (T'') 表乃於 (T) 表易正項爲零並改負項號而得.若 (T_1) 收歛,則 (T), (T'') 皆然,蓋如 (T'') 之一項至大僅等於 (T_1) 之相當項也. (T) 表位於一曲線內諸項之和等於 (T') 與 (T'') 二表位於同曲線內諸項之和之差.後之二和數旣各趨於定限,則前者當亦趨於一限 S,且此限與曲線拓展之狀態無關. S 卽稱爲 T 表之和數.吾等尚可如正項表證明可依橫行或縱行加之.然則絕對收斂之表性質與正項表同.但半收斂者則不然.

吾等尚可設複數項之二進級數論之.若有複數項之表 (T), 則吾等可取諸項之實的部分及 i 之係數依次作二表 (T') 及 (T''), 並取複數之模作一表 (T_1). 若 (T_1) 表收斂, 則 (T') 與 (T'') 均收斂, 而 (T) 稱爲絕對收斂, 而其範圍於迴線 C 內諸項之和有一限 S, 與 C 拓展至無窮之狀態無關, S 爲 (T) 之和數, 亦可依橫行或縱行求之.

227. 多重級數 (Multiple series).

由二重級數之義, 尚可推廣以得多重級數或多進級數. 吾等可設級數 $\sum\limits_{i=-\infty}^{+\infty} \sum\limits_{k=-\infty}^{+\infty} a_{ik}$. 但此級數可由如上所論之四個表顯之, 無更討論之必要. 今由他方面推廣之. 設一級數其普通項 $a_{m1,\, m2,\,\cdots\cdots,\, m_p}$ 繫有 p 個足碼各自 0 變至 $+\infty$ (或自 $-\infty$ 至 $+\infty$, 亦可合於某不等式). 於此雖幾何之表示不可能, 但上述之理亦不難由理想證明.

先設各項爲正的實的. 設想先取級數之若干項之和名之爲 S_1, 繼於 S_1 增益其餘項中之若干項, 則得一和數 S_2, 復於 S_2 增益之得 S_3, 如是類推可至得一和數 S_n. 只須 n 大之至, 級數之任何項皆可屬於 S_n. 今若於 $n \to \infty$ 時 S_n 趨於一限 S, 則級數爲收斂, 而以 S 爲其和. 此和數 S 與 S_n 增大之情狀無關.

任意之多重級數 (其項爲正負實數或爲複數) 可仿前

論 之.

228. 歌 氏 定 理 之 推 廣.

命 $f(x, y)$ 爲 x, y 之 一 函 數, 於 一 迴 線 Γ 外 恆 爲 正, 且 設 於 (x, y) 點 離 遠 原 點 時, 其 值 逐 漸 減 小. 繼 作 任 意 迴 線 C 包 圍 Γ 而 取 展 布 於 Γ 與 C 間 面 積 A 內 之 重 積 分 $\iint f(xy)dx\,dy$, 他 方 面 則 設 重 級 數 $\Sigma f(m, n)$, 其 中 m, n 以 一 切 正 負 整 數 爲 值, 但 使 (m, n) 點 位 於 Γ 外, 於 是 可 證: 若 重 積 分 於 C 由 各 方 無 限 擴 張 時 有 一 限, 則 重 級 數 爲 收 歛; 逆 論 之 亦 然.

證: 以 直 線 $x = 0$, $x = \pm 1$, $x = \pm 2$, ⋯⋯ 及 $y = 0$, $y = \pm 1$, $y = \pm 2$, ⋯⋯ 分 A 爲 正 方 形 及 殘 缺 正 方 形; 若 於 每 形 取 其 尖 之 距 0 最 遠 者, 則 顯 然 $\Sigma f(m, n) < \iint_A f(x, y)\,dx, dy$. 若 此 重 積 分 有 一 限 S, 則 由 是 可 知 重 級 數 任 若 干 項 之 和 恆 小 於 一 定 限, 故 收 歛. 同 法 可 證 若 重 級 數 收 歛, 則 重 積 分 恆 小 於 一 定 數, 而 因 之 有 一 定 限. 此 定 理 尚 可 推 及 於 多 進 級 數.

例 如 普 通 項 爲 $\dfrac{1}{(m^2 + n^2)^\lambda}$ 之 重 級 數 (其 m, n 以 一 切 整 數 爲 值, 惟 $m = n = 0$ 除 外.) 於 $\lambda > 1$ 收 歛, 而 於 $\lambda \leqq 1$ 發 散. 因 在 心 爲 原 點 之 一 圓 外 的 重 積 分

$$(28) \qquad \iint \frac{dx\,dy}{(x^2 + y^2)^\lambda}$$

於 $\lambda > 1$ 有 定 值, 而 於 $\lambda \leqq 1$ 趨 於 無 窮 也.

推 之, 可 證 普 通 項 爲

$$\frac{1}{(m_1{}^2+m_2{}^2+\cdots\cdots+m_p{}^2)^\lambda}$$

之級數於 $2\lambda>p$ 時收歛,式中 $m_1, m_2,\cdots\cdots, m_p$ 爲任意整數,惟 $m_1=m_2=\cdots\cdots=m_p=0$ 除外.

229. 變數項的多進級數;一致收歛性.

設一 p 進級數,其項爲 n 個變數 $x, y, z\cdots\cdots$ 之函數,並設此級數在一域 D 內絕對收歛.吾人謂其在 D 內爲一致收歛者,乃任與一數 ε,能得級數中之 N 項,使級數之和 S 與其含有此 N 項之任 n 項之和 S_n 之差 $S-S_n$ 絕對小於 ε,而對於 D 中任何組數值 $x, y, z\cdots\cdots$ 皆然也.

吾等可仿單級數理證明各項爲在 D 域之連續函數之級數,若爲一致收歛,則其和爲在 D 內之連續函數.吾等並可就含於 D 域內之一 q 緯域 δ 內 $(q<p)$ 逐項求積分.吾等亦可將一絕對收歛級數逐項求紀若干次,但須所得級數均爲一致收歛即可.

一多進級數,若其任一項絕對值小於或等於各項爲正的常數之一收歛級數之相當項,則爲一致收歛

IV 無窮乘積

230. 定義與通性.

設有一實的或虛的無窮貫數

$$u_0, \quad u_1,\cdots\cdots, \quad u_n,\cdots\cdots,$$

並設一貫乘積如

$$P_0 = (1+u_0), \ P_1 = (1+u_0)(1+u_1), \cdots\cdots, \ P_n = (1+u_0)(1+u_1)\cdots\cdots(1+u_n).$$

若乘積 P_n 於 $n \to \infty$ 時趨於一限 P，則吾人謂無窮乘積

(29)
$$\prod_{n=0}^{+\infty}(1+u_0) = (1+u_0)(1+u_1)\cdots\cdots(1+u_n)\cdots\cdots$$

爲收歛而以 P 爲其值.

　　若任一因數 $1+u_m$ 爲零，則 P_n 於 $n \geqq m$ 皆爲零；是則 $P=0$. 但無一因數 $1+u_m$ 爲零時，P_n 亦可趨於零. 例如 $1 \cdot \dfrac{1}{2} \cdot \dfrac{1}{3} \cdots\cdots \dfrac{1}{n}$ 是.判斷無窮乘積收歛之法則於此種特例不能恆合.吾等因以收歛之名專用於無窮積 P_n 之趨於一限 $P \neq 0$ 者,而於 P_n 以零爲限時,則直言其值之爲零.若 P_n 不趨於一限,亦不趨於零,則無窮乘積稱爲發散.

　　收歛之必要條件. 欲一無窮積收歛而不爲零,必須 u_n 趨於零.蓋 $P_n \to P$,則差數 $P_n - P_{n-1} = P_{n-1}u_n$ 應趨於零,夫 P_{n-1} 既異於零,故 u_n 應趨於零.若乘積爲零,則此理論不適用.即如於上舉之例,易知 u_n 不趨於零也.

　　凡無窮乘積之歛散問題,可變作一級數之歛散問題論之.命 $v_0 = 1+u_0$，並於 $n>0$ 時,命

(30)
$$v_n = P_n - P_{n-1} = (1+u_0)(1+u_1)(1+u_{n-1})u_n,$$

而取級數

(31)
$$v_0 + v_1 + \cdots\cdots + v_n + \cdots\cdots,$$

則和數 $\Sigma_n = v_0 + v_1 + \cdots\cdots + v_n$ 顯然等於 P_n. 是故此級數與無窮

積 $\Pi(1+u_n)$ 同收歛或發散.當級數收歛時,則其和 Σ 等於無窮積之值 P.

231. 絕對收歛乘積.

先設 u_n 概爲正的實的. P_n 隨 n 增進;欲證其有一限,僅須證其無論 n 若何大恆小於一定數.吾等一方面有

(32)
$$P_n>1+u_0+u_1+\cdots\cdots+u_n,$$

而他方面則有

(33)
$$P_n<e^{v_0+u_1+\cdots\cdots+u_n}.$$

蓋命 u 表一正數有 $1+u<e^u$ 也.據 (32),若 P_n 趨於一限 P,則見 $u_0+u_1+\cdots\cdots+u_n<P$. 是則正項級數

(34)
$$u_0+u_1+\cdots\cdots+u_n+\cdots\cdots$$

爲收歛;反之,設此級數收歛而以 S 爲和,則準 (33) $P_n<e^s$, 可斷 P_n 趨於一限. 結論之,<u>無窮積 $\prod\limits_{0}^{+\infty}(1+u_n)$(其中 u_n 概爲實的正的)與級數 $\sum\limits_{0}^{+\infty}u_n$ 同收歛或發散.</u>

現設 u_n 爲任意數(實的或虛的).命 $U_i=|u_i|$;若級數

(35)
$$U_0+U_1+\cdots\cdots+U_n+\cdots\cdots$$

爲收歛,則無窮積 $\prod\limits_{0}^{+\infty}(1+u_i)$ 亦然.蓋如上有

$$v_n=(1+u_0)(1+u_1)\cdots\cdots(1+u_{n-1})u_n,$$
$$V_n=(1+U_0)(1+U_1)\cdots\cdots(1+U_{-1})U_n.$$

準上所論者,級數 ΣU_i 旣收歛,則無窮積 $\Pi(1+U_i)$ 亦收歛;因之級數

(36) $$V_0 + V + \cdots\cdots + V_n + \cdots\cdots$$

亦然.

察 $|U_n| < V_n$,然則級數

(37) $$v_0 + v_1 + \cdots\cdots + v_n + \cdots\cdots$$

絕對收歛,而其和爲乘積

$$P_n = (1+u_0)(1+u_1)\cdots\cdots(1+u_n)$$

於 $n \to \infty$ 時之限. 於此情形無窮積 $\sum_{n=0}^{+\infty}(1+u_n)$ 稱爲絕對收歛.

絕對收歛之無窮積. 與絕對收歛之級數頗多類似之點. 如於一絕對收歛之無窮積可更換其因數之位次而不變其值. 吾先證對於如是之一無窮積任與正數 ε,吾人可應以一整數 n,使其任若干因數之積

$$(1+u_\alpha)(1+u_\beta)\cdots\cdots(1+u_\lambda)$$

與 1 之差,於 $\alpha, \beta, \cdots\cdots \lambda$ 均大於 n 時絕對小於 ε. 此理甚易證明. 吾人有

$$|(1+u_\alpha)(1+u_\beta)\cdots\cdots(1+u_\lambda)-1| < (1+u_\alpha)(1+u_\beta)\cdots\cdots(1+u_\lambda)-1$$

(設兩端乘積展開即明). 因之

$$|(1+u_\alpha)(1+u_\beta)\cdots\cdots(1+u_\lambda)-1| < e^{U_\alpha+U_\beta+\cdots\cdots+U_\lambda}-1.$$

級數之 U_i 旣收歛,吾人可取 n 至大使 $\alpha, \beta, \cdots\cdots, \lambda$ 皆大於 n 時和數 $U_\alpha + U_\beta + \cdots\cdots + U_\lambda < \log(1+\varepsilon)$,然則當 n 大之至準前不等

式 $$|(1+u_a)(1+u_\beta)\cdots\cdots(1+u_\lambda)-1|<\varepsilon.$$

吾等可順便注意一絕對收歛之無窮積,若非其一因子爲零,斷不爲零.蓋取大數 n, 使無論 p 若何有

$$|(1+u_{n+1})(1+u_{n+2})\cdots\cdots(1+u_{n+p})-1|<\delta,$$

(δ 爲小於 1 之一正數)則顯然無窮積 $\displaystyle\prod_{\nu=1}^{+\infty}(1+u_{n+\nu})$ 絕對大於

$1-\delta$, 而 P 係等於此數與 P_n 之積, 故不能爲零.

此理明,歸入本題而設絕對收歛無窮積

$$(38) \qquad (1+u_0)(1+u_1)\cdots\cdots(1+u_n)\cdots\cdots,$$

$$(39) \qquad (1+u'_0)(1+u'_1)\cdots\cdots(1+u'_n)\cdots\cdots.$$

爲另一無窮積,其因數與 (38) 者同,惟因數之位次與前者異.後之無窮積亦爲絕對收歛.因級數 $\Sigma U'_i$ 與級數 ΣU_i 由相同之數組成也. 命 P, P' 依次表 (38) 與 (39) 二積之值,並 P_n 與 P'_m 表其 (38) 前 $n+1$ 個或 $m+1$ 個因子之積,吾人可取一數 $m>n$ 使 P'_m 含有 P_n 中各因子.於是有

$$\frac{P'_m}{P_n}=(1+u_a)(1+u_\beta)\cdots\cdots(1+u_\lambda),$$

$a, \beta, \cdots\cdots, \lambda$ 大於 n. 準適所論及之理,吾等可選 n 大之至,使

$$\frac{P'_m}{P_n}-1<\varepsilon,$$

而無論 ε 若何小. 但當 n 無限增大時 m 亦無限增大,可知 $\dfrac{P'_m}{P_n}$ 以 $\dfrac{P'}{P}$ 爲限. 然則應有 $P'=P$.

例有無窮積

$$\left(I-\frac{z^2}{\pi^2}\right)\left(1-\frac{z^2}{2^2\pi^2}\right)\cdots\cdots\left(1-\frac{z^2}{n^2\pi^2}\right)\cdots\cdots$$

級數 $\displaystyle\sum_{n=1}^{\infty}\frac{z^2}{n^2\pi}$ 於 z 之一切值顯爲絕對收歛. 可知此積爲絕對收歛. 吾等可證明此乘積表函數 $\dfrac{\sin z}{z}$.

若書此積如

$$\left(1-\frac{z}{\pi}\right)\left(1+\frac{z}{\pi}\right)\left(1-\frac{z}{2\pi}\right)\left(1+\frac{z}{2\pi}\right)\cdots\cdots\left(1-\frac{z}{n\pi}\right)\left(1+\frac{z}{n\pi}\right)\cdots\cdots$$

則相關級數變爲

$$-\frac{z}{\pi}+\frac{z}{\pi}-\frac{z}{2\pi}+\frac{z}{2\pi}-\cdots\cdots$$

而非絕對收歛, 因之無窮積於此形狀非絕對收歛. 吾等不能貿然更動因子之位次.

232. 一致收歛性.

今於無窮積

(38) $$\sum_{n=0}^{+\infty}(1+u_n)=(1+u_0)(1+u_1)\cdots\cdots(1+u_n)\cdots\cdots$$

內設 $u_0, u_1, \cdots\cdots u_n\cdots\cdots$ 爲變數 x 於隔間 (a, b) 內之連續函數; 若通項爲 $\quad v_n=(1+u_0)(1+u_1)\cdots\cdots(1+u_{n-1})u_n$ 之級數在 (a, b) 內爲一致收歛, 則乘積 (38) 稱爲在 (a, b) 域內一致收歛. 若是則其值 P 爲一連續函數.

定理. 設有無窮乘積 (38); 苟級數

(40)
$$U_0 + U_1 + \cdots\cdots + U_n + \cdots\cdots, \qquad U_n = |u_n|$$

在 (a, b) 內爲**一致收歛**. 則 (38) 在 (a, b) 內爲收歛.

證: 吾等有

$$v_{n+1} + v_{n+2} + \cdots\cdots + v_{n+p} = P_{n+p} - P_n = P_n[(1+u_{n+1})\cdots\cdots(1+u_{n+p})],$$

又顯然有

$$|P_n| < (1+U_0)\cdots\cdots(1+U_n) < e^{U_0+U_1+\cdots+U_n},$$

$$|(1+u_{n+1})(1+u_{n+2})\cdots\cdots(1+u_{n+p}) - 1| < e^{U_{n+1}+U_{n+2}+\cdots\cdots+U_{n+p}}.$$

夫級數 (40) 於 (a, b) 內爲一致收歛, 因之表一連續函數, 而小於一限 M. 吾可取一大數 N 使 a 爲一正數時, 則在 (a, b) 不等式 $n \geqq N$ 牽涉不等式

$$U_{n+1} + U_{n+2} + U_{n+p} < a,$$

而無論 p 若何. n 之值如是確定, 則

$$|v_{n+1} + v_{n+2} + \cdots\cdots + v_{n+p} < e^M(e^a - 1).$$

此見**級數** Σv_n **一致收歛**. 蓋任與若何小之正數 ε, 吾等可取 a 使 $M(e^a - 1) < \varepsilon$ 而無論 x 爲在 (a, b) 內之何值也.

吾等尚可設 $u_0, u_1, \cdots\cdots, u_n, \cdots\cdots$ 爲一複變數 z 之函數或爲數個變數 $x, y, \cdots\cdots$ 之函數論之.

推廣. 上理不難推及於二進無窮積 $\Pi(1+u_{m, n})$ 其中每因數具有二足碼 m, n 各可由 0 變至 $+\infty$. 若重級數 $\Sigma u_{m, n}$ 爲收歛, 則此無窮積有一定值, 而與其因數之個數增多之方法無關. 吾等知凡絕對收歛之二進級數可以無數之法變爲一單級數; 於無窮乘積情形亦同. 凡如上之二進無窮積, 可以無數

之法變爲絕對收斂之單無窮積.若 $u_{m,n}$ 盡爲變數 $x, y, \cdots\cdots$ 之連續函數,並若級數 $\Sigma\, U_{m,n}$ 一致收斂於一域 D 內,則無窮積 $\Pi(1+u_{m,n})$ 亦一致收斂,而表 $x, y, \cdots\cdots$ 之一函數,連續於 D 內.

233. 無窮行列式 (Infinite determinants).

設絕對收斂重級數 $\displaystyle\sum_{i,k} a_{ik}$ (其足碼 i, k 自 $-\infty$ 變至 $+\infty$),而作行列式

$$D_m = \begin{vmatrix} 1+a_{-m,-m} & \cdots\cdots & a_{-m,0} & \cdots\cdots & a_{-m,m} \\ a_{-m+1,-m} & \cdots\cdots & a_{-m+1,0} & \cdots\cdots & a_{-m+1,m} \\ \cdots\cdots\cdots\cdots\cdots\cdots\cdots\cdots\cdots\cdots\cdots\cdots\cdots \\ a_{0,-m} & \cdots\cdots & 1+a_{0,0} & \cdots\cdots & a_{0,m} \\ \cdots\cdots\cdots\cdots\cdots\cdots\cdots\cdots\cdots\cdots\cdots\cdots\cdots \\ a_{m,-m} & \cdots\cdots & a_{m,0} & \cdots\cdots & 1+a_{m,m} \end{vmatrix}.$$

乘積 $\displaystyle\Pi_m = \Pi_{i,k}(1+|a_{ik}|)\,(i, k$ 自 $-m$ 變至 $+m)$ 於 $m\to\infty$ 有一限.察 $|D_m|$ 中之任一項於 Π_m 內恆有一項爲其模,而 Π_m 尚有其他之正項,可知 $|D|<\Pi_m$.同樣可知

$$|D_{m+p}-D_m|<\Pi_{m+p}-\Pi_m.$$

於是可判斷 D_m 有一限.

習 題

1. 證普通項列下之各級數爲收斂者;

$$\frac{1}{n(n+1)}, \quad \frac{1}{n(n+1)(n+2)}, \quad \frac{1}{n(n+1)\cdots\cdots(n+p)}.$$

2. 證:

$$\frac{\pi}{4} = \text{arc tan } \frac{1}{3} + \text{arc tan} \frac{1}{7} + \cdots\cdots\text{arc tan } \frac{1}{n^2+n+1} + \cdots\cdots.$$

3. 討論普通項如下之級數

$$u_n = \frac{x^n}{1 + \frac{1}{2} + \frac{1}{3} + \cdots\cdots + \frac{1}{n}}.$$

4. 試論以

$$u_n = \left[\tan\left(a + \frac{a}{n}\right) \right]^n,$$

爲普通項之級數, 其中 a 介於 0 與 $\frac{\pi}{2}$ 間.

5. 論級數 $\Sigma \frac{x^n}{n^{n+1}}$.

6. 設 $\phi(n)$ 爲 n 之正函數, 於 $n \to \infty$ 以零爲限. 試證普通項如

$$u_n = \log[1 + \phi(n)], \qquad \upsilon_n = \phi(n)$$

之兩級數同性.

7. 試論普通項如

$$u_n = \frac{1}{n^p} e^{-\left(1 + \frac{1}{2} + \frac{1}{3} + \cdots\cdots + \frac{1}{n}\right)}$$

之級數於 $p > 0$ 收斂, 而於 $p \leqq 0$ 發散.

8. 命 $F(a, \beta, \gamma, x)$ 爲廣義幾何級數於收斂時之和數; 試證明

$$(1+x)^m = F(-m, 1, 1, -x),$$

$$\log(1+x) = x\, F(1, 1, 2, -x),$$

$$\text{arc sin } x = x\, F\left(\frac{1}{2}, \frac{1}{2}, \frac{3}{2}, x^2\right),$$

$$\text{arc tan } x = x\, F\left(\frac{1}{2}, 1, \frac{3}{2}, -x^2\right),$$

$$e^x = F\left(1, k, 1, \frac{x}{k}\right),$$

$$\cos x = F\left(k, k, \frac{1}{2}, -\frac{x^2}{4k^2}\right),$$

$$\sin x = x\, F\left(k, k, \frac{3}{2}, -\frac{x^2}{4k^2}\right),$$

於末三式中令 $k \to \infty$.

9. 試論級數

$$\frac{n!}{(x+1)(x+2)\cdots(x+n)}$$

之斂散性,並於其收斂時求其和.

10. a, b, c 爲正數,試證級數

$$1+\frac{a+c}{b+c}+\frac{(a+c)(2a+c)}{(b+c)(2b+c)}+\cdots+\frac{(a+c)(2a+c)\cdots(na+c)}{(b+c)(2b+c)\cdots(nb+c)}+\cdots$$

於 $a < b$ 收斂而於 $a \nearrow b$ 發散.

11. 論級數

$$\Sigma u_n = \Sigma \left[\frac{1}{n^p} - \frac{1}{(n+1)^p}\right]\log n.$$

12. 級數

$$\Sigma u_n = \Sigma \left[\frac{\log(n+1)}{\log n} - 1\right]^p$$

於 $p > 1$ 收歛,而於 $p \leqq 1$ 發散,試論之.

13. 歌西氏定理:設正項級數 $\sum\limits_{n=1}^{\infty} a_n$;若其項成一單調賞數,則其斂散

性與級數

$$a_1 + 2a_2 + 4a_4 + \cdots + 2^k a_{2^k} + \cdots$$

同.試證明之,並引以討論白特昂氏級數.

14. 試證下列級數之和等於尤氏常數 C:

$$\left(1 - \log\frac{2}{1}\right) + \left(\frac{1}{2} - \log\frac{3}{2}\right) + \cdots + \left(\frac{1}{n} - \log\frac{n+1}{n}\right) + \cdots.$$

15. 設更號級數

$$1 - \frac{1}{\sqrt{2}} + \frac{1}{\sqrt{3}} - \frac{1}{\sqrt{4}} + \cdots + (-1)^{n-1}\frac{1}{\sqrt{n}} + \cdots;$$

試明遷移其項而得之級數

$$1 - \frac{1}{\sqrt{3}} - \frac{1}{\sqrt{2}} + \frac{1}{\sqrt{5}} + \frac{1}{\sqrt{7}} - \frac{1}{\sqrt{4}} + \cdots$$

$$+ \frac{1}{\sqrt{4n-4}} + \frac{1}{\sqrt{4n-1}} - \frac{1}{\sqrt{2n}} + \cdots$$

爲發散者.

16. 將前題級數 $\Sigma(-1)^{n-1}\dfrac{1}{\sqrt{n}}$ 依歌西氏法平方之而證明所得級數爲發散者.

17. 證級數 $\quad 1-\dfrac{1}{2^r}+\dfrac{1}{3^r}-\dfrac{1}{4^r}+\cdots\cdots+(-1)^{n-1}\dfrac{1}{n^r}+\cdots\cdots$

$(r>0)$ 之自乘積於 $r>\dfrac{1}{2}$ 爲收斂,而於 $r\leqq\dfrac{1}{2}$ 爲發散.

18. 以二法作一重級數之和而證下列各式:

$$\dfrac{q}{1-q}+\dfrac{q^3}{1-q^3}+\dfrac{q^5}{1-q^5}+\cdots\cdots=\dfrac{q}{1-q^2}+\dfrac{q^2}{1-q^4}+\dfrac{q^3}{1-q^6}+\cdots\cdots,$$

$$\dfrac{q}{1-q}+\dfrac{2q^2}{1-q^2}+\dfrac{3q^3}{1-q^3}+\cdots\cdots=\dfrac{q}{(1-q)^2}+\dfrac{q^2}{(1-q^2)^2}+\dfrac{q^3}{(1-q^2)^3}+\cdots\cdots,$$

$$\dfrac{\sqrt{q}}{1+q}-\dfrac{\sqrt{q^3}}{3(1+q^3)}+\dfrac{\sqrt{q^5}}{5(1+q^5)}+\cdots\cdots$$

$$=\operatorname{arc\,tan}\sqrt{q}-\operatorname{arc\,tan}\sqrt{q^3}+\operatorname{arc\,tan}\sqrt{q^5}-\cdots\cdots,$$

式中設 $|q|<1.$

19. 證無窮乘積

$$(1+q)(1+q^2)(1+q^4)(1+q^8)\cdots\cdots(1+q^{2n})\cdots\cdots$$

爲收斂,而以 $\dfrac{1}{1-q}$ 爲值.

20. 求次列無窮乘積之值

$$\cos a\cos\dfrac{a}{2}\cos\dfrac{a}{2^2}\cdots\cdots\cos\dfrac{a}{2^n}\cdots\cdots.$$

21. 證無窮乘積

$$\dfrac{\sin x}{x}\cdot\dfrac{\sin\dfrac{x}{2}}{\dfrac{x}{2}}\cdot\dfrac{\sin\dfrac{x}{3}}{\dfrac{x}{3}}\cdots\cdots\dfrac{\sin\dfrac{x}{n}}{\dfrac{x}{n}}\cdots\cdots$$

爲絕對收斂.

22. 證 $\displaystyle\prod_{n=1}^{\infty}\left(1-\dfrac{x}{c+n}\right)^{\frac{x}{n}}$ 於 C 不爲負整數時爲絕對收斂

23. 命 q 爲 o 與 1 間之一數,試證

$$\prod_{n=1}^{\infty}(1-q^{2n})=\prod_{n=1}^{\infty}(1-q^{4n})\prod_{n=1}^{\infty}(1-q^{4n-2}).$$

24. 設 q 如 前 題,並 命

$$Q_1 = \Pi(1+q^{2n}), \quad Q_2 = \Pi(1+q^{2n-1}), \quad Q_3 = \Pi(1+q^{2n-2});$$

求 證 $Q_1 Q_2 Q_3 = 1$.

25. 證 次 列 各 無 窮 乘 積 於 任 一 有 限 隔 間 內 爲 一 致 收 斂

$$\Pi\left[1+(-1)^n \frac{x}{n}\right], \qquad \Pi \cos \frac{x}{n}, \qquad \Pi\left(1+\sin^2 \frac{x}{n}\right).$$

26. 無 窮 乘 積 $\Pi(1+u_n)$ 於 級 數

$$\sum_{n=m+1}^{\infty} \log(1+u_n)$$

(m 爲 一 適 當 之 正 整 數) 收 斂 時 (或 絕 對 收 斂) 爲 收 斂 (或 絕 對 收 斂), 反 之 亦然. 且 若 S 爲 級 數 之 和 數, 則 有

$$\prod_{n=1}^{\infty}(1+u_u) = (1+u_1)(1+u_2)\cdots\cdots(1+u_m)e^S.$$

27. 設 $\Pi(1+u_n(x))$; 若 各 函 數 $u_n(x)$ 於 一 隔 間 (a, b) 內 有 一 紀 數 $u'_n(x)$, 且級 數 $\Sigma u_n(x)$ 與 $\Sigma u'_n(x)$ 均 於 (a, b) 內 一 致 收 斂, 則 無 窮 積 所 表 之 函 數 $F(x)$ 於 (a, b)內 每 點 亦 有 一 紀 數 $F'(x)$ 由

$$\frac{F'(x)}{F(x)} = \sum_{n=1}^{\infty} \frac{u'_n(x)}{1+u_n(x)}$$

定 之.

第 十 二 章

冪 級 數

吾等於第三章見函數 $f(x)$ 或 $F(x, y, \cdots\cdots, z)$ 可據泰氏公式展爲形如 $\Sigma a_n(x-x_0)^n$ 或 $\Sigma a_n(x-x_0)^p(y-y_0)^q \cdots\cdots(z-z_0)^r$ 之級數,卽一冪級數(power series),只須吾等能證明尾量 R_n 於 $n \to \infty$ 時趨於零卽可. 此種展式在分析學上甚重要. 仰尾量之討論普通甚難,故由是法所得之冪級數頗屬有限. 今往直接討論此種級數之特性,由是可得求展函數爲冪級數之新方法焉.

I. 單元冪級數

234. 收歛隔間 (Interval of convergence).

吾等先就僅含一變數 x 之冪級數論之. 此種級數形如

(1) $$a_0 + a_1 x + a_2 x^2 + \cdots\cdots + a_n x^n + \cdots\cdots.$$

(1′) $$a_0 + a_1(x-x_0) + a_2(x-x_0)^2 + \cdots\cdots + a_n(x-x_0)^n + \cdots\cdots.$$

吾等稱之爲單元冪級數, $a_0, a_1, \cdots\cdots, a_n, \cdots\cdots$ 稱爲冪級數之係數. 今就形如 (1) 之級數論之.

首須研究者爲冪級數之收歛性. 視係數之形狀,該級數

可對於 x 之任何值為收斂,例如 $\Sigma \dfrac{1}{n^2} x^n$,亦可對於 x 之任何值 (除 $x=0$ 外) 為發散.例如 $\Sigma_n! x^n$. 此外則時為收斂時為發散,欲散之區域可由次述定理明之:

定理 1. 若級數 (1) 於 $x=x_0$ 收斂,則對於絕對值小於 $|x_0|$ 之各 x 值均絕對收斂.

證: 為簡便計吾等令 $A_n = |a_n|$ 及 $X = |x|$ 而設補助級數

(2) $$A_0 + A_1 X + A_2 X^2 + \cdots\cdots + A_n X^n + \cdots\cdots,$$

級數 (1) 既於 x_0 為收斂,則可設

$$A_n |x_0|^n < M,$$

M 為一定數.於是有

$$A_n X_n = A_n |x_0|^n \left(\frac{X}{|x_0|}\right)^n < M\left(\frac{X}{|x_0|}\right)^n.$$

若 $X < |x_0|$,則末端為一收斂幾何級數之普通項,而由此知級數 (2) 為收斂,即明所欲證.

注意. 於上證理中無須 $\Sigma a_n x_0^n$ 收斂,但須 $|a_0 x^n|$ 有一大限 M 即可.

系 若級數 (1) 於 x_0 發散,則於絕對值小於 $|x_0|$ 之各 x 值均發散.

蓋倘若級數 (1) 對於絕對值 $> |x_0|$ 之一值 x_1 為收斂,則準上述定理級數 (1) 將對於絕對值 $< |x_0|$,之各 x 值收斂,因之於 x_0 收斂而與所設矛盾矣.

注意 於 $|x| > |x_0|$,準上注意之點吾等尚可知 $|a_n x^n|$ 趨

於無窮.

欲得確定級數(1)之收歛範圍,試將令(1)為收歛之各正數歸入一類 A,而將令(1)為發散之正數歸為一類 B,此二類數顯然成一正實數的分割,$(A \mid B)$,蓋凡正的實數不屬於 A 即屬於 B,又凡 A 部之數準上定理及系均小於 B 部之數也. 此分割確定一正實數 R,而吾等得基本定理.

定理 II. 級數(1)於隔間 $(-R, +R)$ 內之每點絕對收歛而於其外各點則發散.

蓋設 x 為 $(-R, +R)$ 內之一數,吾等可於確定 R 之 A 部中求得一數 x_1 使 $|x| < x_1$. 級數(1)於 x_1 為收歛,故於 x 為絕對收歛.反之設 x 在 $(-R, +R)$ 外;若(1)於 x 為收歛,則可於 B 部中得小於 $|x|$ 之一數 x_2 使(1)為收歛,是與 R 之定義違背矣.

隔間 $(-R, +R)$ 稱為級數(1)之收歛隔間而 R 為其收歛半徑 (radius of convergence). 按定義 R 為令(1)收歛之 x 值之高界.

注意. 當(1)對於 x 之任何值皆為收歛或皆為發散(除 $x=0$ 時),則吾等視 R 為 $+\infty$ 或 0. 又在定理 II 中吾等並未論及於 $\pm R$ 二點之情形. 在此二點(1)可為絕對收歛或半收歛抑為發散.例如

$$\sum_{n=0}^{\infty}, x^n, \quad 1 + \sum_{n=1}^{\infty} \frac{1}{n} x^n, \quad 1 + \sum_{n=1}^{\infty} \frac{1}{n^2} x^n,$$

三級數均有 $R=1$. 第一級數於 $x = \pm 1$ 均發散,第二級數於 $x=1$

發散,而於 $x=-1$ 收歛,至第三級數則於 $x=\pm1$ 均絕對收歛.

欲求 R, 通常只須引用前章所述之收歛定則於級數 (2),如於達氏定則有

$$\frac{u_{n+1}}{u_n}=\frac{A_{n+1}}{A_n}\,X.$$

若 A_{n+1}/A_n 趨於一限 l. 則 $u_{n+1}/u_n\to l\,X$; 於是知 $R=1/l$.

又如於 $\sqrt[n]{A_n}$ 趨於一限 l 時,則

$$\sqrt[n]{u_n}=X\sqrt[n]{A_n}\to l\,X.$$

而由歌氏定則知 $R=1/l$.

吾等於此可注意 A_{n+1}/A_n 與 $\sqrt[n]{A_n}$ 均有一限時彼此必相等,若此二限均無,則有較普通之定理如次:

定理 III [1]. 級數 (1) 之收歛半徑 R 等於貫數 $A_1,\sqrt{A_2},$ ...., $\sqrt[n]{A_n},$ ......之最大限 G 之倒數.

證: 先設 $X>1/G$; 任與正數 ε, 可得一大數 N 使於 $n>N$ 時 $\sqrt[n]{A_n}$ 恆 $<G+\varepsilon$. 因之 $\sqrt[n]{u_n}<X(G+\varepsilon)$. 但 $X(G+\varepsilon)$ 可 <1, 因 $\frac{1}{X}>G$ 可取 ε 使 $\varepsilon<\frac{1}{X}-G$ 也. 故按歌氏定則可知 $\Sigma A_n X^n$ 收歛. 繼設 $X>\frac{1}{G}$; 任與 $\varepsilon>0$, 可得大數 N 使 $n<N$ 牽涉 $\sqrt[n]{A_n}>G-\varepsilon$, 因之 $\sqrt[n]{u_n}>X(G-\varepsilon)$. 而吾等可取 ε 甚小使 $X(G-\varepsilon)>1$, 是知 $u_n>1$ 而級數發散.

235. 冪級數之連續性.

---

(1) 此重要定理首由歌西氏 (Cauchy) 闡明,見於所著 Analyse algebrique, 但未為學者所注意,近時哈達馬氏 (Hadamard) 乃復發明之.

設冪級數

$$(3) \qquad f(x) = a_0 + a_1 x + \cdots\cdots + a_n x^n + \cdots\cdots$$

以 $(-R, +R)$ 為收歛隔間, 則 $f(x)$ 於其內為連續, 由次定理明之:

定理. 冪收數 (3) 於含於 $(-R, +R)$ 內之任一隔間 $(-r, +r)$ 內為一致收歛, 而其和 $f(x)$ 於 $(-R, +R)$ 內為連續函數.

證: 於 $(-r, +r)$ 內之任一數值 x 有 $|a_n x^n| \leqq A_n r^n$; r 既位於 $(-R, +R)$ 內, 可知 $\Sigma A_n r^n$ 為收歛, 故 (3) 於 $(-r, +r)$ 內為一致收歛.

今吾謂 $f(x)$ 於 $(-R, +R)$ 內任一值 x_0 為連續. 蓋 $|x_0| < R$, 可於 $|x_0|$ 與 R 間取一數 r 使 $(-r, +r)$ 位於 $(-R, +R)$ 內而含有 x_0, 按適所證明之理, (3) 於 $(-r, +r)$ 內一致收歛, 故 $f(x)$ 於 x_0 為連續.

上之證理於 $-R$ 與 $+R$ 二數則不適用, 但若級數於此為收歛, 則 $f(x)$ 仍連續. 例如級數 $\Sigma a_n R^n$ 為收歛, 則其和適為 $f(x)$ 於 x 由 $<R$ 之值趨於 R 時之限. 欲明此理, 只須求證級數 (3) 於 $(0 \leqq x \leqq R)$ 為一致收歛即可. 任與正數 ε, 吾等可取 n 甚大使無論 p 如何, 有

$$|a_{n+1} R^{n+1} + a_{n+2} R^{n+2} + \cdots\cdots + a_{n+p} R^{n+p}| < \varepsilon.$$

命 x 為 $<R$ 之一正數可寫 $v_n x^n = a^n R^n \left(\dfrac{x}{R}\right)^n$ 準亞貝爾氏引有

$$\left|a_{n+1} x^{n+1} + \cdots\cdots a_{n+p} x^{n+p}\right| < \varepsilon \left(\frac{x}{R}\right)^{n+1} < \varepsilon$$

而無論 p 若何.

以此不等式與上不等式合論之,卽明 (3) 在 $(0, R)$ 全隔間內爲一致收歛,而 $f(x)$ 於 R 亦連續.

同理若級數於 $-R$ 爲收歛,則 $f(x)$ 於 $-R$ 亦連續.

236. 冪級數之紀數及積分.

設冪級數 (3) 如前,並逐項求紀而設級數

$$(4) \qquad a_1 + 2\,a_2\,x + \cdots\cdots + n\,a_n\,x^{n-1} + \cdots\cdots,$$

則有次述定理

定理. 由冪級數 (3) 逐項求紀而得之冪級數 (4) 與 (3) 同以 $(-R, +R)$ 爲收歛隔間,且其和於此隔間內卽爲 $f(x)$ 之紀數.

如前命 $A_n = |a_n|$ 與 $X = |x|$,吾等僅須證明級數

$$(5) \qquad A_1 + 2\,A_2\,X + \cdots\cdots + n\,A_n\,X^{n-1} + \cdots\cdots$$

於 $X<R$ 收歛,而於 $X>R$ 發散卽可.

先設 $X<R$;若於 X 與 R 間取一數 r,則於補助級數

$$\frac{1}{r} + \frac{2}{r}\,\frac{X}{r} + \left(\frac{X}{r}\right)^2 + \cdots\cdots + \frac{n}{r}\left(\frac{X}{r}\right)^{n-1} + \cdots\cdots$$

有 $\dfrac{u_{n+1}}{u_n} = \dfrac{X}{r} < 1$,而知其爲收歛者,今以小於一定數之數 $A_1 r$,$A_2\,r^2, \cdots\cdots, A_n r^n, \cdots\cdots$ 依次乘其諸項,則所得亦顯爲一收歛級數,如是得

$$A_1 + 2\,A_2\,X + \cdots\cdots + n\,A_n\,X^{n+1} + \cdots\cdots,$$

卽級數 (5).

今設 $X_1 > R$; 若

$$A_1 + 2 A_2 X + \cdots + n A_n X_1{}^{n+1} + \cdots$$

收歛,則

$$A_1 X_1 + 2 A_2 X + \cdots + n A_n X_1{}^{n-1} + \cdots.$$

亦然;因之 $\sum_{n=0}^{\infty} A_n X_1{}^n$ 亦然,而 R 不能爲冪級數 (2) 收歛之 X 值之高界矣.

夫級數 (4) 之和 $f_1(x)$ 亦於 $-R$ 與 $+R$ 間爲連續,因 (4) 於 $(-r, +r)$ 爲一致收歛 ($r < R$). 可斷 $f_1(x)$ 爲 $f(x)$ 在此隔間內之紀數,且因 r 可逼近 R 如吾人之所欲,卽明 $f(x)$ 於 $-R$ 與 R 間各 x 值均有紀數:

(6) $$f'(x) = a_1 + 2 a_2 x + \cdots + n a_n x^{n-1} + \cdots.$$

廣續引用此定理,可明 $f(x)$ 在 $(-R, +R)$ 有二級紀數以及高級紀數

$$f''(x) = 2 a_2 + 6 a_3 x + \cdots + n(n-1)a_n x^{n-2} + \cdots$$

$$\cdots\cdots\cdots\cdots\cdots\cdots\cdots\cdots\cdots\cdots\cdots$$

(7) $$f^{(n)}(x) = 1 \cdot 2 \cdots n a_n + 2 \cdot 3 \cdots n(n+1)a_{n+} x + \cdots.$$

若令 $x = 0$, 則有

$$u_0 = f(0),\ a_1 = f'(0),\ a_2 = \frac{f''(0)}{2},\ \cdots a_n = \frac{f^{(n)}(0)}{1 \cdot 2 \cdots x},$$

而復得馬氏公式

$$f(x) = f(0) + \frac{x}{1} f'(0) + \frac{x^2}{1 \cdot 2} f''(0) + \cdots \frac{x^n}{n!} f^{(n)}(0) + \cdots$$

同理若將一冪級數逐項求積分,則得一新級數(含一泛

定量)與原有級數同收歛於一隔間內,而以之爲紀數,再將此級數逐項求積分,則得一新級數,其前二項係數爲泛定量,如是類推.

例 1. 於 -1 與 $+1$ 間級數

$$1-x+x^2-x^3+\cdots+(-1)^n\,x^n+\cdots$$

爲收歛而以 $\dfrac{1}{1+x}$ 爲和.若自 0 至 $x(|x|<1)$ 逐項積之,則得公式

$$(8)\qquad \log(1+x)=\frac{x}{1}-\frac{x^2}{2}+\frac{x^3}{3}-\cdots+(-1)^n\frac{x^{n+1}}{n+1}+\cdots.$$

此公式於 $x=1$ 亦合理,因右端級數於 $x=1$ 爲收歛也.

例 2. 對於 $-1<x<+1$ 有

$$\frac{1}{1+x^2}=1-x^2+x^4-x^6+\cdots+(-1)^nx^{2n}+\cdots.$$

自 0 至 $x\,(|x|<1)$ 求積分有

$$(9)\qquad \mathrm{arc\,tan}\,x=\frac{x}{1}-\frac{x^3}{3}-\frac{x^5}{5}-\cdots+(-1)^n\frac{x^{2n+1}}{2n+1}+\cdots.$$

級數於 $x=1$ 仍收歛,可斷定

$$(10)\qquad \frac{\pi}{4}=1-\frac{1}{3}+\frac{1}{5}-\frac{1}{7}+\cdots(-1)^n\frac{1}{2n+1}+\cdots$$

例 3. 級數

$$1+\frac{m}{1}x+\frac{m(m-1)}{1\cdot 2}x^2+\cdots+\frac{m(m-1)\cdots(m-n+1)}{1\cdot 2\cdots n}x^n+\cdots$$

(其 m 爲任意數)於 -1 與 $+1$ 間爲收歛.命 $F(x)$ 表其和而求紀,有

$$F(x)=m\left[1+\frac{m-1}{1}x+\cdots+\frac{(m-1)\cdots(m-n+1)}{1\cdot 2\cdots(n-1)}x^{n-1}+\cdots\right];$$

以 $(1+x)$ 乘兩端而準關係

$$\frac{(m-1)\cdots\cdots(m-n+1)}{1\cdot2\cdots\cdots(n-1)}+\frac{(m-1)\cdots\cdots(m-n)}{1\cdot2\cdots\cdots n}=\frac{m(m-1)\cdots\cdots(m-n+1)}{1\cdot2\cdots\cdots n}$$

集合同冪項, 得

$$(1+x)F(x)=m\left[1+\frac{m}{1}x+\frac{m(m-1)}{1\cdot2}x^2+\cdots\cdots\right.$$

$$\left.+\frac{m(m-1)\cdots\cdots(m-n+1)}{1\cdot2\cdots\cdots n}x^n+\cdots\cdots\right],$$

即 $$(1+x)F'(x)=m\,F(x);$$

或書如 $$\frac{F'(x)}{F(x)}=\frac{m}{1+x}.$$

由是可明 $F(x)$ 呈下形

$$F(x)=C(1+x)^m$$

欲定 C 可注意 $F(0)=1$; 因之 $C=1$, 而得 $(1+x)^m$ 之展式

(11) $$(1+x)^m=1+\frac{m}{1}x+\frac{m(m-1)}{2!}x^2+\cdots\cdots$$

$$+\frac{m(m-1)\cdots\cdots(m-n+1)}{n!}x^n+\cdots\cdots.$$

例 4. 於上公式易 x 爲 $-x^2$, m 爲 $-\frac{1}{2}$, 則有

$$\frac{1}{\sqrt{1-x^2}}=1+\frac{1}{2}x^2+\frac{1\cdot3}{2\cdot4}x^4+\cdots\cdots+\frac{1\cdot3\cdot5\cdots\cdots(2n-1)}{2\cdot4\cdot6\cdots\cdots2n}x^{2n}+\cdots\cdots$$

此式對於 -1 與 $+1$ 間一切數均合理, 於 0 與 x 間 $(|x|<1)$ 求積分, 則得 $\operatorname{arc\,sin}x$ 之展式:

(12) $$\operatorname{arc\,sin}x=\frac{x}{1}+\frac{1}{2}\cdot\frac{1\cdot3}{2\cdot4}\cdot\frac{x^5}{5}+\cdots\cdots$$

$$+\frac{1\cdot3\cdot5\cdots\cdots(2n-1)}{2\cdot4\cdot6\cdots\cdots2n}\frac{x^{2n+1}}{2n+1}+\cdots\cdots.$$

456

注意. 上所論關於 x 正冪級數之理,不難推及於 $x-a$ 之正冪級數,或任一連續函數 $\phi(x)$ 之正冪級數,只須視爲一函數的函數論之[$\phi(x)$ 爲其中間函數] 卽可.例如函數 $\sqrt{x^2-a}=\pm x\left(1-\dfrac{a}{x^2}\right)^{\frac12}$ 於絕對大於 $\sqrt{a}$ 之 x 值 $\left(1-\dfrac{a}{x^2}\right)^{\frac12}$ 可依 $\dfrac{1}{x^2}$ 之冪展之而得

$$\sqrt{x^2-a}=x-\frac{1}{2}\,\frac{a}{x}-\frac{1}{2\cdot4}\,\frac{a^2}{x^3}-\cdots\cdots-\frac{1\cdot3\cdots\cdots(2p-3)}{2\cdot4\cdot6\cdots\cdots2p}\,\frac{a^p}{x^{2p-1}}\cdots\cdots.$$

當 $x<-\sqrt{a}$ 時,右端級數仍收歛,而以 $-\sqrt{x^2-a}$ 爲和.

II. 長函數及冪級數之運算

冪級數於其收歛隔間內頗與多項式彷彿.吾等於上已見其可逐項求微分與積分.再則因冪級數於其收歛隔間內爲絕對收歛,立知加法乘法亦可施行,所得冪級數於原設諸冪級數之最小收歛隔間內必爲收級.今吾等更往論冪級數之代入法及除法.首先當述長函數.

237. 長函數 (Dominant functions).

設由冪級數表示之函數

$$f(x)=a_0+a_1 x+\cdots\cdots+a_n x^n+\cdots\cdots$$

及

$$\phi(x)=a_0+a_1 x+\cdots\cdots+a_n x^n+\cdots\cdots$$

均於原點附近爲連續,第二級數之係數 a_i 設其概爲正數;若

$$|a_0|\leqq a_0,\quad |a_1|\leqq a_1,\cdots\cdots,\quad |a_n|\leqq a_n,\cdots\cdots,$$

則吾人稱 $\phi(x)$ 爲對於 $f(x)$ 之 **長 函 數**,而書如

$$f(x) \leqq \phi(x).$$

命 $P_n(a_0, a_1, \cdots, a_n)$ 爲含 $f(x)$ 前 $n+1$ 個係數之一多項式,其係數爲實的與正的;據定義顯有

$$|P_n(a_0, a_1, \cdots, a_n)| \leqq P_n(a_0, a_1, \cdots a_n).$$

準此可知若 $\phi(x)$ 爲對於 $f(x)$ 之一長函數,則 $[\phi(x)]^2$ 爲對於 $[f(x)]^2$ 之長函數,$\cdots [\phi(x)]^n$ 爲 $[f(x)]^n$ 之長函數. 又若 ϕ 與 ϕ_1 爲 f 與 f_1 之長函數,則 $\phi\phi_1$ 爲 ff_1 之長函數,如是類推.

已與一冪級數 $f(x)$ 以 $(-R, +R)$ 爲收歛隔間, 其長函數至無定形,不過擇甚簡者用之耳. 例如命 r 爲一正數 $<R$ (但可逼近 R 如人之所欲),則級數旣於 $x=r$ 爲絕對收歛,則其諸項絕對值有一高界 M,而

$$|a_n| = A_n \leqq \frac{M}{r^n};$$

然則級數

$$(13) \qquad M + M\frac{x}{r} + \cdots + M\frac{x^n}{r^n} + \cdots = \frac{M}{1-\dfrac{x}{r}},$$

爲 $f(x)$ 之一長函數,此爲吾人所常用者,當 $a_0 = 0$ 時,吾人可取

$$(14) \qquad \frac{M}{1-\dfrac{x}{r}} - M$$

爲長函數,r 爲 $<R$ 之任一數. 於 r 減小時通常 M 亦顯然減小,但不能 $<A_0$. 若 $A_0 \neq 0$, 吾人可得一正數 $\rho < R$ 使 $\dfrac{A_0}{1-\dfrac{x}{\rho}}$ 於 $f(x)$

為長函數. 欲明之, 試先取長函數

$$M + M\frac{x}{r} + M\frac{x^2}{r^2} + \cdots\cdots + M\frac{x^n}{r^n} + \cdots\cdots$$

$(M > A_0)$, 繼取一數 $\rho < r\dfrac{A_0}{M}$; 設 $n \geqq 1$, 可寫

$$|a_n \rho^n| = |a_n r^n| \left(\frac{\rho}{r}\right)^n < M\frac{\rho}{r} \left(\frac{\rho}{r}\right)^{n-1}.$$

此見 $|a_n \rho^n| < A_0$, 然則

$$(15) \qquad A_0 + A_0\frac{x}{\rho} + A_0\frac{x^2}{\rho^2} + \cdots\cdots + A_0\frac{x^n}{\rho^n} + \cdots\cdots$$

於 $f(x)$ 為長函數. 推論之, 吾人可任以 $\geqq A_0$ 之一數代 M.

同理可見於 $a_0 = 0$ 時, 可取 $\dfrac{\mu x}{\mu - x}$ 為一長函數, μ 為任意正數.

238. 級數代入法 (Substitution of one series in another).

設冪級數

$$(16) \qquad z = f(y) = a_0 + a_1 y + a_2 y^2 + \cdots\cdots + a_n y^n + \cdots\cdots$$

以 $(-R, +R)$ 為收斂隔間, 並設

$$(17) \qquad y = \phi(x) = b_0 + b_1 x + b_2 x^2 + \cdots\cdots + b_n x^n + \cdots\cdots$$

以 $(-r, +r)$ 為收斂隔間: 設於 (16) 內代 $y, y^2, y^3 \cdots\cdots$ 以 (17) 之 x 增冪展式, 則得二進級數

$$(18) \qquad a_0 + a_1 b_0 + a_2 b_0{}^2 + \cdots\cdots + a_n b_0{}^n + \cdots\cdots$$
$$+ a_1 b_1 x + 2 a_2 b_0 b_1 x + \cdots\cdots + n a_n b_0{}^{n-1} b_1 x + \cdots\cdots$$
$$+ a_1 b_2 x^2 + a_2(b_1{}^2 + 2 b_0 b_2) x^2 + \cdots$$
$$+ \cdots\cdots\cdots\cdots\cdots\cdots\cdots\cdots\cdots\cdots\cdots$$

試論此收數能絕對收歛否? 欲其然,首須級數

$$a_0 + a_1 b_0 + a_2 b_0^2 + \cdots\cdots + a_n b_0^n + \cdots\cdots$$

絕對收歛, 或卽須 $|b_0| < R$, 吾謂此條件亦爲充足者, 蓋可取

$\dfrac{m}{1 - \dfrac{x}{\rho}}$ 形之式爲 $\phi(x)$ 之長函數, m 爲 $> |b_0|$ 之任意正數. 然則

可取 $m < R$; 繼命 R' 爲 m 與 R 間之一數, 則函數 $f(y)$ 以

$$\frac{M}{1 - \dfrac{y}{R'}} = M + M\frac{y}{R'} + M\frac{y}{R'^2} + \cdots\cdots$$

爲一長函數. 試於其內代 y 以 $\dfrac{m}{1 - \dfrac{x}{\rho}}$, 而將結果展開依 x 冪之

升勢列之, 則得二進級數

(19)
$$M + M\left(\frac{m}{R'}\right) + \cdots\cdots + M\left(\frac{m}{R'}\right)^n + \cdots\cdots$$

$$+ M\left(\frac{m}{R'}\right)\frac{x}{\rho} + \cdots\cdots + n\,M\left(\frac{m}{R'}\right)^n\frac{x}{\rho} + \cdots\cdots$$

$$+ \cdots\cdots\cdots\cdots\cdots\cdots\cdots\cdots\cdots\cdots,$$

其係數爲正且大於級數(18)相當係數之絕值. 蓋級數(18)之
任何係數皆由僅施加與乘之手續於 $a_0, a_1, a_2\cdots\cdots, b_0, b_1, b_2,$
$\cdots\cdots$ 而得也. 然則若級數(19)絕對收歛, 則級數(18)亦然.

今於重級數(19)內代 x 以其絕對值 $|x|$; 欲所得級數爲
收歛, 必須其任意一行爲一收歛級數, 是須 $|x| < \rho$, 倘此條件
滿足, 則第 $(n+1)$ 行之和爲

$$M\left[\frac{m}{R'\left(1-\frac{|x|}{\rho}\right)}\right]^n.$$

繼須
$$m < R'\left(1-\frac{|x|}{\rho}\right),$$

即

(20)
$$|x| < \rho\left(\frac{m}{R'}\right).$$

但條件 (20) 牽涉條件 $|x| < \rho$. 是則 (20) 即爲重級數 (19) 絕對收斂之必要與充足條件,而重級數 (18) 對於適合不等式 (20) 之 x 值爲絕對收斂.吾等可注意級數 $\phi(x)$ 對於此等 x 值收斂. 並 y 之相當值絕對小於 R', 因不等式

$$|x| < \frac{m}{1-\frac{|x|}{\rho}}, \quad \frac{|x|}{\rho} < 1-\frac{m}{R'}$$

牽涉不等式 $|y| < R'$ 也.

按縱行取重級數 (18) 之和,則有

$$a_0 + a_1\phi(x) + a_2[\phi(x)]^2 + \cdots\cdots + a_n[\phi(x)]^n + \cdots\cdots,$$

即 $f[\phi(x)]$. 若就橫行求之,則得 x 之冪級數

(21)
$$f[\phi(x)] = c_0 + c_1 x + c_2 x^2 + \cdots\cdots + c_n x^n + \cdots\cdots,$$

$c_0, c_1, c_2, \cdots\cdots c_n$ 由次公式定之:

(22)
$$\begin{cases} c_0 = a_0 + a_1 b_0 + a_2 b_0{}^2 + \cdots\cdots + a_n b_0{}^n + \cdots\cdots \\ c_1 = a_0 b_1 + 2 a_2 b_1 b_0 + \cdots\cdots + n a_n b_1 b_0{}^{n-1} + \cdots\cdots \\ c_2 = a_1 b_2 + a_2(b_1{}^2 + 2 b_0 b_2) + \cdots\cdots \\ \cdots\cdots\cdots\cdots\cdots\cdots\cdots\cdots\cdots \end{cases}$$

特例. 1°. R' 可逼近 R 如吾人之所欲, 是則祇須有 $|x|<$ $\rho\left(1-\dfrac{m}{R}\right)$, 公式 (21) 即合用. 若 $R=+\infty$, 則祇須 $|x|<r$. 因可設 ρ 近於 r 如吾人所欲也. 更進一層, 若 $r=+\infty$, 則公式 (21) 無論 x 若何恆成立.

2° 若 $b_0=0$, 則可取

$$\frac{m}{1-\dfrac{x}{\rho}}-m$$

爲 $\phi(x)$ 之長函數, 其中 $\rho<r$, m 爲任意正數. 仿普通例推論, 可明祇須

$$(23) \qquad\qquad |x|<\rho\,\frac{R'}{R'+m},$$

公式 (2) 亦可用, R' 可逼近 R 如吾人之所欲, 由此不等式規定之隔間較 (20) 式規定者爲大.

此特例常見於實際問題. 於此不等式 $|b_0|<R$ 自然適合, 而係數 c_n 僅與 $a_0, a_1, \dots\dots, a_n, b_1, b_2, \dots\dots, b_n$ 有關

$$c_0=a_0,\ c_1=a_1 b_1,\ c_2=a_1 b_2+a_2 b_1{}^2, \dots\dots, c_n=a_1 b_n+\dots\dots+a_n b_1{}^n.$$

例. 歌西氏證明二項式之展式可求自 $\log(1+x)$ 者. 蓋可書 $(1+x)^\mu=e^{\mu\log(1+x)}$; 命

$$y=\mu\log(1+x)=\mu\left(\frac{x}{1}-\frac{x}{2}+\frac{x^3}{3}-\dots\dots\right)$$

則 $\qquad\qquad (1+x)^\mu=1+\dfrac{y}{1}+\dfrac{y^2}{1\cdot 2}+\dots\dots$

以 y 之展式代入, 有

$$(1+x)^\mu=1+\mu\left(\frac{x}{1}-\frac{x^2}{2}+\frac{x^3}{3}-\dots\dots\right)+\frac{\mu^2}{1\cdot 2}\left(\frac{x}{1}-\frac{x^2}{2}+\frac{x^3}{3}-\dots\dots\right)^2+\dots.$$

若依 x 冪升列之,則 x^n 之係數顯然爲 μ 之一 n 次多項式 $P_n(\mu)$. 此多項式應於 $\mu = 0, 1, 2, \cdots\cdots, n-1$ 爲零,並於 $\mu = n$ 爲 1, 可知

$$R_n(\mu) = \frac{\mu(\mu-1)\cdots\cdots(\mu-n+1)}{1 \cdot 2 \cdots\cdots n}.$$

239. 冪級數之除法.

設

$$(24) \qquad f(x) = \frac{1}{1 + b_1 x + b_2 x^2 + \cdots\cdots}.$$

分母級數以 1 爲首項,並以 $(-r, +r)$ 爲收歛隔間. 命

$$(25) \qquad y = b_1 x + b_2 x^2 + \cdots\cdots$$

(24) 可書爲

$$f(x) = \frac{1}{1+y} = 1 - y + y^2 - y^3 + \cdots\cdots$$

以 (25) 展式代於此式, 則得 $f(x)$ 之冪展式:

$$(26) \qquad f(x) = 1 - b_1 x + (b_1^2 - b_2) x^2 + \cdots\cdots,$$

適用於某隔間內.

同法可展任意冪級數之倒數,其級數首項可爲異於零之任一常數.

現設二收歛冪級數之分數

$$(27) \qquad \frac{\phi(x)}{\psi(x)} = \frac{a_0 + a_1 x + a_2 x^2 + \cdots\cdots}{b_0 + b_1 x + b_2 x^2 + \cdots\cdots}.$$

若 $b_0 \neq 0$, 可書

$$\frac{\phi(x)}{\psi(x)} = (a_0 + a_1 x + a_2 x^2 + \cdots\cdots)\frac{1}{b_0 + b_1 x + b_2 x^2 + \cdots\cdots};$$

於是準適所言者,右端爲二冪級數之積,而分數可展作一冪級數

(28)
$$\frac{a_0 + a_1\,x + \cdots\cdots}{b_0 + b_1\,x + \cdots\cdots} = c_0 + c_1\,x + c_2\,x^2 + \cdots\cdots,$$

於零之隣近爲收歛.

若去分母而令兩端同冪項係數相等,則可得

(29) $a_n = b_0\,c_n + b_1\,c_{n-1} + \cdots\cdots + b_n\,c_0 \quad (n = 0,\,1,\,2,\cdots\cdots)$

以定係數 c_0, c_1, c_2, $\cdots\cdots c_n$. 吾人可注意此等係數適與按多項式除法規則令所設之兩級數相除而得之係數相同.

當 $b_0 = 0$, 結果稍異. 試就普通情形設 $\psi(x) = x^k\psi_1(x)$, k 爲一正整數並 $\psi_1(x)$ 爲一冪級數,其常數項異於零. 如是

$$\frac{\phi(x)}{\psi(x)} = \frac{1}{x^k}\,\frac{\phi(x)}{\psi_1(x)}$$

而準上所言者有

$$\frac{\psi(x)}{\psi_1(x)} = c_0 + c_1 + \cdots\cdots c_{k-1}x^{k-1} + c_k x^k + c_{k+1}x^{k+1} + \cdots\cdots$$

於是

$$\frac{\phi(x)}{\psi(x)} = \frac{c_0}{x^k} + \frac{c_1}{x^{k-1}} + \cdots\cdots + \frac{c_{x-1}}{x} + c_k + c_{k+1}\,x.$$

然則展式由二部合成,其一部爲一有理分數式,於 $x = 0$ 爲無窮;他部則爲一冪級數,於含原點之一隔間內爲收歛.

未定係數法. 有時用未定係數法以求所欲之級數較便.

例 取全等式

$$(a_0 + a_1 x + \cdots\cdots + a_n x^n + \cdots\cdots)^m = c_0 + c_1 x + \cdots\cdots + c_n x^n + \cdots\cdots$$

兩 端 之 對 數 紀 數 並 去 分 母, 則 另 得 一 全 等 式

(30) $m(a_1+2a_2x+\cdots+na_nx^{n-1}+\cdots)(c_0+c_1x+\cdots+c_nx^n+\cdots)$

$= (a_0+a_1x+\cdots+a_nx^n+\cdots)(c_1+2c_2x+\cdots+nc_nx^{n-1}+\cdots).$

若 表 示 兩 端 全 等, 則 得 一 貫 之 關 係, 足 以 根 據 a_0 以 陸 續 求 c_1,

$c_2, \cdots, c_n, \cdots,$ 而 $c_0 = a_0{}^m$ 甚 明.

240. $(1-2xz+z^2)^{-\frac{1}{2}}$ 之 展 式.

命 $y=2xz-z^2$ 而 設 $|y|<1$, 有

$$\frac{1}{\sqrt{1-y}} = (1-y)^{-\frac{1}{2}} = 1 + \frac{1}{2}y + \frac{1\cdot3}{2\cdot4}y^2 + \cdots$$

$$+ \frac{1\cdot3\cdots(2m-1)}{2\cdot3\cdots2m}y^m + \cdots$$

祇 須 代 y 以 其 值 而 展 開 二 項 式 $2xz-z^2$ 之 冪 並 集 合 之, 卽 得 所 欲 求 之 結 果, 形 狀 當 如

(31) $$\frac{1}{\sqrt{1-2xz-z^2}} = 1 + X_1z + \cdots + X_nz^n + \cdots,$$

式 中 X_n 爲 x 之 一 多 項 式, 茲 往 定 其 值. 對 於

$$\frac{1\cdot3\cdots(2m-1)}{2\cdot4\cdots2m}(2xz-z^2)^m$$

祇 須 於 $\frac{n}{2} \leqq m \leqq n$ 時 展 出 含 z^n 之 項

$$\frac{1\cdot3\cdots(2m-1)}{2\cdot4\cdots2m} \cdot \frac{1\cdot2\cdots m}{1\cdot2\cdots(n-m)\cdot1\cdot2\cdots(2m-n)}(2x)^{2m-n}(-1)^{n-m}z^n$$

$$= \frac{1\cdot3\cdots(2m-1)2^{2m-n}(-1)^{n-m}}{1\cdot2\cdots(n-m)1\cdot2\cdots2m} \cdot \frac{d^n x^{2m}}{dx^n}z^n.$$

因 $\dfrac{1\cdot3\cdots\cdots(2m-1)}{1\cdot2\cdots\cdots2m}=\dfrac{1}{2\cdot4\cdots\cdots2m}$, 此數尚可書如

$$\frac{1}{2\cdot4\cdots\cdots2n}\frac{d^n}{dx^n}\left[(-1)^{n-m}\frac{1\cdot2\cdots n}{1\cdot2\cdots\cdots m\cdot1\cdot2\cdots\cdots(n-m)}x^{2m}\right]z^m.$$

今舉含 z^n 之各項加之, 有

$$X_n=\frac{1}{2\cdot4\cdots\cdots2n}\frac{d^n}{dx^n}\sum_m\left[(-1)^{n-m}\frac{1\cdot2\cdots\cdots n}{1\cdot2\cdots\cdots m\cdot1\cdot2\cdots\cdots(n-m)}x^{2m}\right].$$

吾等可設此和數包括 $m<\dfrac{n}{2}$ 之各項, 因其 n 級紀數等於零也. 若是則得

$$X_n=\frac{1}{2\cdot4\cdots\cdots2n}\frac{d^n}{dx^n}(x^2-1)^n$$

諸 X_n 數為勒讓德氏多項式.

於 $X_{n-1},\ X_n,\ X_{n+1}$ 間有一線性關係可如次求之試取(31)而就 z 求紀有

$$(x-z)(1-2xz+z^2)^{-\frac{3}{2}}=X_1+\cdots\cdots+nX_nz^{n-1}+\cdots\cdots$$

以 $1-2xz+z^2$ 乘兩端, 並代 $(1-2xz+z^2)^{-\frac{1}{2}}$ 以其展式, 則可書如

$$(x-z)(1+X_1z+\cdots\cdots+X_nz^n+\cdots\cdots)$$
$$=(1-2xz+z^2)(X_1+\cdots\cdots+nX_nz^{n-1}+\cdots\cdots).$$

等寫兩端 z^n 之係數, 即得

$$x\,X_n-X_{n-1}=(n+1)X_{n+1}-2nx\,X_n+(n-1)X_{n-1},$$

或

(32) $$\qquad(n+1)X_{n+1}-(2n+1)x\,X_n+n\,X_{n-1}=0.$$

241. $x/(e^x-1)$ 之 展 式; 伯 努 義 氏 數.

吾 等 若 注 意

$$(33) \qquad \frac{x}{e^x-1}+\frac{x}{2}=\frac{x}{2}\,\frac{e^x+1}{e^x-1}$$

爲 偶 函 數, 則 知 其 展 式 呈 下 形

$$(34) \qquad \frac{x}{2}\,\frac{e^x+1}{e^x-1}=A+\frac{B_1}{2!}x^2-\frac{B_2}{4!}x^4+\cdots\cdots+(-1)^{n-1}\frac{B_n}{(2n)!}x^{2n}+\cdots\cdots$$

以 e^x-1 乘 兩 端 並 代 e^x 以 其 展 式, 則 有

$$\frac{x}{2}\left(2+\frac{x}{1}+\frac{x^2}{2!}+\cdots\cdots+\frac{x^n}{n!}+\cdots\cdots\right)$$

$$=\left(\frac{x}{1}+\frac{x^2}{2!}+\cdots\cdots+\frac{x^n}{n!}+\cdots\cdots\right)\left(A+\frac{B_1}{2!}x^2-\frac{B_2}{4!}x^4+\cdots\cdots\right.$$

$$\left.+(-1)^{n-1}\frac{B_n}{(2n)!}x^{2n}+\cdots\cdots\right)$$

表 示 兩 端 全 等, 卽 得

$$1=A, \qquad \frac{1}{2\cdot2!}=\frac{A}{3!}+\frac{B_1}{2!}, \qquad \cdots\cdots,$$

$$\frac{1}{2(2n)!}=\frac{A}{(2n+1)!}+\frac{B_1}{2!\,(2n-1)!}-\frac{B_2}{4!\,(2n-3)!}+\cdots\cdots$$

$$+(-1)^{n-1}\frac{B_n}{(2n)!},\cdots\cdots$$

以 定 A, B_1, B_2, $\cdots\cdots$ 等 之 值. 如 是 求 得

$$B_1=\frac{1}{6}, \quad B_2=\frac{1}{30}, \quad B_3=\frac{1}{42}, \quad B_4=\frac{1}{30}, \quad B_5=\frac{5}{66}, \quad B_6=\frac{691}{2736}, \quad \cdots\cdots$$

是 爲 伯 氏 數 吾 等 於 Γ 函 數 章 已 遇 之. 展 式 (33) 於 是 可 書 爲

$$(35) \qquad \frac{x}{e^x-1}-1+\frac{x}{2}=\frac{B_1}{2!}x^2-\frac{B_2}{4!}x^4+\cdots\cdots+(-1)^{n-1}\frac{B_n}{(2n)!}x^{2n}+\cdots\cdots$$

此展式尚可以次法求之:取著名之三角函數展式[1]

$$\cot z = \frac{1}{z} - \sum_{1}^{\infty} \frac{2z}{k^2 \pi^2 - z^2}$$

(右端級數除於 $z = k\pi$ 外恆為絕對收歛)而命 $z = \frac{xi}{2}$, 並準尤拉氏公式[2]

$$\cos z = \frac{e^{zi} + e^{-zi}}{2}, \quad \sin z = \frac{e^{zi} - e^{-zi}}{2i}$$

則有

$$\frac{e^x + 1}{e^x - 1} = \frac{2}{x} + \sum_{1}^{\infty} \frac{4x}{4\,k^2 \pi^2 + x^2};$$

於是按(33)得

(36) $$\frac{x}{e^x - 1} + \frac{x}{2} = 1 + 2x^2 \sum_{1}^{\infty} \frac{1}{4\,k^2 \pi^2 + x^2}.$$

今設 $x > 0$, 而於公式

$$\frac{x}{1+x} = -\sum_{1}^{n-1} (-x)^p - \frac{(-x)^n}{1+x} = -\sum_{1}^{n-1}(-x)^p - \theta(-x)^n \quad (0 < \theta < 1),$$

內代 x 以 $\frac{x^2}{4\,k^2 \pi^2}$, 則設 x 為實數, 有

$$\frac{x^2}{4\,k^2 \pi^2 + x^2} = -\sum_{p=1}^{n-1}\left(-\frac{x^2}{2\,k^2 \pi^2}\right)^p - \theta\left(-\frac{x^2}{4\,k^2 \pi^2}\right)^n.$$

繼代此展式於公式(36)內而命

---

(1) 見 Hobson, Trigonometry Art. 293.

(2) 此為關於復變數函數之尤氏公式,根據 cos z, sin z 及 e^z 之定義立可求得.可參考 Goursat, Mathematical Aalysis, Vol. II-Part I, page 27.

$$S_p = 1 + \frac{1}{2^p} + \frac{1}{3^p} + \cdots\cdots + \frac{1}{4^p},$$

則得

$$(37) \qquad \frac{x}{e^x - 1} - 1 + \frac{x}{2} = -2\sum_{p=1}^{n-1} S_{2p}\left(-\frac{x^2}{4\pi^2}\right)^p - 2\theta\, S_{2n}\left(-\frac{x^2}{4\pi^2}\right)^n.$$

式中 $0 < \theta < 1$, 若 $n \to \infty$, 則 $S_{2n} \to 1$ 而右端末項祇須設 $|x| < 2\pi$ 便趨於 0, 故若 $|x| < 2\pi$, 有展式

$$(38) \qquad \frac{x}{e^x - 1} - 1 + \frac{x}{2} = 2\left[\frac{S_2 x^2}{(2\pi)^2} - \frac{S_4 x^4}{(2\pi)^4} + \cdots\cdots + (-1)^{n-1}\frac{S_{2n}}{(2\pi)^{2n}} x^{2n} + \cdots\cdots\right]$$

以 (38) 與 (35) 比較有

$$B_n = \frac{2(2n)\,!}{(2\pi)^{2n}}\, S_{2n}$$

此見於 n 增大時 B_n 值增長甚速.

利用伯氏數, 公式 (37) 可書如

$$(39) \qquad \frac{x}{e^x - 1} - 1 + \frac{x}{2} = \frac{B_1}{2\,!} x^2 - \frac{B_2}{4\,!} x^4 + \cdots\cdots + (-1)^n \frac{B_{n-1}}{(2n-2)\,!} x^{2n-2}$$

$$+ (-1)^{n+1}\theta\frac{B_n}{(2n)\,!} x^{2n}.$$

III.　多元冪級數

242.　收歛區域與特性.

$$(40) \qquad\qquad \Sigma\, a_{m,\,n}\, x^m\, y^n.$$

定理.　若於一組值 $x_0\, y_0$, 級數 (40) 任何項小於一定數 M. 則對於一切適合 $|x| < |x_0|$, $|y| < |y_0|$ 不等式之 xy 值級數皆

469

絕對收歛.

蓋設

$$|a_{mn}\, x_0{}^m\, y_0{}^n| < M,\ 即\ |a_{mn}| < \frac{M}{\left|x_0\right|^m\left|y_0\right|^n},$$

則重級數 (40) 之各項絕對小於重級數 $\Sigma\, M\left|\dfrac{x}{x_0}\right|^m\left|\dfrac{y}{y_0}\right|^n$ 之相當項而後之級數對於 $|x| < |x_0|\ |y| < |y_0|$ 收歛, 並以

$$\frac{M}{\left(1-\left|\dfrac{x}{x_0}\right|\right)\left(1-\left|\dfrac{y}{y_0}\right|\right)}$$

爲和數也.

命 r 與 ρ 爲二正數使級數 $\Sigma\,|a_{m,\,n}|\, r^m\, \rho^n$ 收歛, 並命 R 表 $x = \pm r,\ y = \pm \rho$ 四直線所定之矩形; 對於 R 內或其邊上任一點, 級數 (40) 之各項絕對小於 $\Sigma\,|a_{mn}|\, r^m\, \rho^n$ 之相當項. 然則 (40) 絕對的且一致的收歛於 R 內 [1], 而爲在 R 內之一連續函數 $F(x,\,y)$.

仿單元整級數討論之, 可見重級數 (40) 於 R 內可逐項求其紀數若干次. 例如 $\Sigma\, m\, a_{m,n}\, x^{m-1} y^n$ 等於 $\dfrac{\partial F}{\partial x}$, 因將此級數與級數 (40) 依 x 冪升列之, 則見此級數之每項等於 (40) 之相當項之紀數也. 推之 $\dfrac{\partial^{m+n} F}{\partial x^m \partial y^n}$ 等於一重級數之和, 其常數項爲 $m!\, n!\, a_{mn}$; 由是 a_{mn} (置一數目係數不論) 等於 $F(x,\,y)$ 之偏紀數於 $x = 0,\ y = 0$ 之值, 而 F 之展式呈下形

---

(1) 關於級數 40) 之確切收斂區域之討論, 可參看 Goursat, Cours d'Analyse, Tome I, p 465.

(41)
$$F(x, y) = \Sigma \frac{\left(\frac{\partial^{m+n} F}{\partial x^m \partial y^n}\right)_0}{m!\,n!}\, x^m y^n.$$

若依 x 與 y 之冪規列之,則得單級數

(42)
$$F(x, y) = \phi_0 + \phi_1 + \cdots\cdots + \phi_n + \cdots\cdots,$$

ϕ_n 表 x, y 之一 n 次齊式,可以符號表之,如

$$\phi_n = \frac{1}{n!}\left(x\frac{\partial F}{\partial x} + y\frac{\partial F}{\partial y}\right)^{(n)}.$$

此展式與泰氏公式同.

今設 (x_0, y_0) 爲 R 內一點,並 (x_0+h, y_0+k) 爲其一隣點使 $|x_0| + |h| < r, |x_0| + |k| < \rho$. 若是,在直線

$$x = x_0 \pm (r - |x|), \quad y = y_0 \pm (\rho - |y_0|)$$

所限之矩形內任何點 (x, y), F 可展爲 $x-x_0$, $y-y_0$ 之冪級數

(43)
$$F(x_0+h, y_0+k) = \Sigma \frac{\left(\frac{\partial^{m+n} F}{\partial x^m \partial y^n}\right)_0}{m!\,n!}\, h^m k^n.$$

蓋重級數

$$\Sigma a_{mn}(x_0+h)^m (y_0+k)^n$$

每因數由其於 h 與 k 之展式代入,則另得一重級數,在所定條件之下爲絕對收歛也.於是按 h, k 之冪規列之,即得 (43).

上述之理不難推及於多進冪級數.

243. 長函數.

設有 n 個變數之級數 $f(x, y, z, \cdots\cdots)$; 他一級數 $\phi(x, y, z, \cdots\cdots)$ 稱爲此級數之長函數者,乃 $\phi(x, y, z, \cdots\cdots)$ 之每項係數

爲正,且大於 $f(x, y, z, \cdots\cdots)$ 之相當項係數之對絕值也.例設級數

$$\Sigma\,|\,a_{mn}\,x^m\,y^n\,|$$

於 $x=r,\ y=\rho$ 收歛,則函數

$$(44)\qquad \phi(x)=\frac{M}{\left(1-\dfrac{x}{r}\right)\left(1-\dfrac{y}{\rho}\right)}=M\Sigma\left(\frac{x}{r}\right)^m\left(\frac{y}{\rho}\right)^n$$

爲 $\Sigma\,a_{mn}\,x^m\,y^n$ 之一長函數,式中 M 大於 $\Sigma\,|\,a_{mn}\,r^m\rho^n\,|$ 級數之各項.

又 $\psi(x, y)=\dfrac{M}{1-\left(\dfrac{x}{r}+\dfrac{y}{\rho}\right)}\cdot$ 亦爲 $\Sigma\,a_{mn}\,x^m\,y^n$ 之一長函數,因其

$x^m\,y^n$ 之係數適爲 $M\left(\dfrac{x}{r}+\dfrac{y}{\rho}\right)^{m+n}$ 中 $x^m\,y^n$ 之係數,因之至小等

於 $\phi(x, y)$ 中之相當項之係數也.

仿之設三重級數

$$f(x, y, z)=\Sigma a_{mnp}\,x^m\,y^n\,z^p.$$

若於 $x=r,\ y=r',\ z=r''$ 三正值收歛,則有長函數

$$\phi(x, y, z)=\frac{M}{\left(1-\dfrac{x}{r}\right)\left(1-\dfrac{y}{r'}\right)\left(1-\dfrac{z}{r''}\right)}.$$

及

$$\psi(x, y, z)=\frac{M}{1-\left(\dfrac{x}{r}+\dfrac{y}{r'}+\dfrac{z}{r''}\right)},$$

$$\pi(x, y, z)=\frac{M}{\left(1-\dfrac{x}{r}\right)\left[1-\left(\dfrac{y}{r'}+\dfrac{z}{r''}\right)\right]}.$$

等.

若 $f(x, y, z)$ 無常數項, 則可取上式之一與 M 之差爲長函數.

單元級數代入之理, 亦可推及多元級數:

設有含 p 個變數 $y_1, y_2, \cdots\cdots y_p$ 之收斂冪級數; 並此 p 個變數又展爲 q 變個數 $x_1, x_2, \cdots\cdots x_q$ 之收斂冪級數而缺常數項, 則代後述諸級數於前級數之結果, 可書作 $x_1, x_2, \cdots\cdots x_q$ 之一冪級數, 僅須此等變數絕小於某某定限卽可.

今就一特例證之, 通例證法亦可類推. 設

$$(45) \qquad F(y, z) = \Sigma a_{mn}\, y^m\, z^n.$$

於 $|y| \leqq r, |z| \leqq r'$ 收斂, 並設

$$(46) \qquad \begin{cases} y = b_1\, x + b_2\, x^2 + \cdots\cdots + b_n\, x^n + \cdots\cdots \\ z = c_1\, x + c_2\, x^2 + \cdots\cdots + c_n\, x^n + \cdots\cdots \end{cases}$$

於 $|x| < \rho$ 收斂. 若以 (46) 兩級數代入級數 (45), 則得 x 之一冪級數, 爲一三重級數, 其係數乃僅施加乘之手續於 a_{mn}, b_n, c_n 而得. 吾往論此三重級數於某域內絕對收斂.

吾可取

$$(47) \qquad \Phi(y, z) = \frac{M}{\left(1 - \dfrac{y}{r}\right)\left(1 - \dfrac{z}{r'}\right)} = \Sigma M \left(\frac{y}{r}\right)^m \left(\frac{z}{r'}\right)^n$$

爲 $F(y, z)$ 之長函數, 並

$$(48) \qquad \frac{N}{1 - \dfrac{x}{\rho}} - N = \sum_{n=1}^{+\infty} N \left(\frac{x}{\rho}\right)^n$$

為 (46) 兩函數之長函數,其中 M, N 為二正數. 今若在 (47) 代 y, z 以展式 (48),而將每 $y^m z^n$ 項依 x 冪展開,則所得三重級數其各係數皆為實的與正的,且大於前三重級數之相當項.然則祇須證明後之三重級數對於 x 之相當小之正值為收歛即可.察將 (47) 各項之展式集合為一項,則仍得一二重級數以

$$M \frac{N^{m+n}}{r^m r'^n} \frac{\left(\dfrac{x}{\rho}\right)^{m+n}}{\left(1-\dfrac{x}{\rho}\right)^{m+n}}$$

為普通項.此級數適為

$$\sum \left(\frac{N}{r}\right)^m \left(\frac{\dfrac{x}{\rho}}{1-\dfrac{x}{\rho}}\right) \quad 與 \quad \sum \left(\frac{N}{r'}\right)^n \left(\frac{\dfrac{x}{\rho}}{1-\dfrac{x}{\rho}}\right)^n$$

二級數之積,所異者不過多一係數 M. 此二級數依次於

$$(49) \qquad |x| < \rho \frac{r}{r+N}, \qquad |x| < \rho \frac{r'}{r'+N}$$

時為收歛,故於條件 (49) 滿足時,代 (46) 於 (45) 所得之三重級數,可按 x 之升冪次序列之.

　　注意. 上理於 (45) 含有 b_0, c_0 項亦合理,但須 $|b_0| < r$ 及 $|c_0| < r'$. 蓋代 (45) 以按 $y - c_0$ 及 $z - c_0$ 之冪列寫之式,仍歸入前例也.

習 題

1. 試定次列各級數之收歛隔間

$$x - \frac{x^3}{3} + \frac{x^5}{5} - \cdots\cdots + (-1)^n \frac{x^{2n+1}}{2n+1} + \cdots\cdots.$$

$$1-x^2+\frac{x^4}{2!}-\frac{x^6}{3!}+\cdots\cdots+(-1)^n\frac{x^{2n}}{n!}+\cdots\cdots,$$

$$x-\left(1+\frac{1}{2}\right)x^2+\left(1+\frac{1}{2}+\frac{1}{3}\right)x^3-\cdots\cdots+(-1)^{n+1}\left(1+\frac{1}{2}+\cdots\cdots+\frac{1}{n}\right)x^n+\cdots\cdots$$

2. 冪級數

$$\Sigma\frac{1}{\sqrt{n}}x^n,\quad \Sigma a\sqrt{n}\,x^n,\quad \Sigma\frac{2^n\cdot n!}{n^n}x^n$$

之收歛隔間爲何?其中 a 爲一正數.

3. 設 x 介於 -1 與 $+1$ 間;試求冪級數

$$\frac{x^2}{2\cdot3}-\frac{2x^3}{3\cdot4}+\frac{3x^4}{4\cdot5}-\cdots\cdots+(-1)^{n+1}\frac{nx^{n+1}}{(n+1)(n+2)}+\cdots\cdots.$$

答: $\left(1+\dfrac{2}{x}\right)\log(1+x)-2.$

4. 命 m 爲一正整數,並設 x 介於 -1 與 $+1$ 間;試求

$$\frac{x}{m+1}+\frac{x^2}{2(m+2)}+\cdots\cdots+\frac{x^n}{n(m+n)}+\cdots\cdots$$

之和.

答: $\dfrac{(1-x^m)\log(1-x)}{mx^m}+\dfrac{1}{mx^m}\left[x+\dfrac{x^2}{2}+\cdots+\dfrac{x^m}{m}\right].$

5. 求證公式

$$\frac{1}{1\cdot2\cdot3}+\frac{1}{5\cdot6\cdot7}+\cdots\cdots+\frac{1}{(4n+1)(4n+2)(4n+3)}+\cdots\cdots=\frac{1}{4}\log 2.$$

$$\frac{1}{1\cdot2\cdot3\cdot4}+\frac{1}{3\cdot4\cdot5\cdot6}+\cdots\cdots+\frac{n!x^n}{(2n+1)(2n+2)(2n+3)(2n+4)}+\cdots\cdots=\frac{2}{3}\log 2-\frac{5}{12}.$$

6. 試證明於 $|x|<4$ 級數

$$1+\frac{x}{2\cdot3}+\frac{2!x^2}{3\cdot4\cdot5}+\cdots\cdots+\frac{n!x^n}{(n+1)(n+2)\cdots\cdots(2n+1)}+\cdots\cdots$$

爲收斂,而其和等於定積分

$$\int_0^1\frac{dt}{1-(t-t^2)x}.$$

7. 求公式

$$\frac{\log(1+x)}{1+x}=x-\left(1+\frac{1}{2}\right)x^2+\left(1+\frac{1}{2}+\frac{1}{3}\right)x^3-\left(1+\frac{1}{2}+\frac{1}{3}+\frac{1}{4}\right)x^7+\cdots\cdots$$

8. 試證明於 $x>-\dfrac{1}{2}$, 有

$$\frac{x}{\sqrt{1+x}}=\frac{x}{1+x}+\frac{1}{2}\Big(\frac{x}{1+x}\Big)^2+\frac{1\cdot3}{2\cdot4}\Big(\frac{x}{1+x}\Big)^3+\cdots\cdots$$

9. 於 $|x|<1$ 有

$$x=\frac{1}{2}\cdot\frac{2x}{1+x^2}+\frac{1}{2\cdot4}\Big(\frac{2x}{1+x^2}\Big)^3+\frac{1\cdot3}{2\cdot4\cdot6}\Big(\frac{2x}{1+x^2}\Big)^5+\cdots\cdots$$

若 $|x|>1$, 則級數之和何如?

10. 推求公式

$$(a+x)^{-n}=\frac{1}{a^n}\Big[1-\frac{nx}{a+x}+\frac{n(n-)}{1\cdot2}\Big(\frac{x}{a+x}\Big)^2-\frac{n(n-1)(n-2)}{1\cdot2\cdot3}\Big(\frac{x}{a+x}\Big)^3+\cdots\cdots\Big]$$

11. 證公式 (Borda's series)

$$\log(x+2)=2\log(x+1)-2\log(x-1)+\log(x-2)$$
$$+2\Big[\frac{2}{x^3-3x}+\frac{1}{3}\Big(\frac{2}{x^3-3x}\Big)^3+\frac{1}{5}\Big(\frac{2}{x^3-3x}\Big)^5+\cdots\cdots\Big]$$

12. 證公式 (Haro's series)

$$\log(x+5)=\log(x+4)+\log(x+3)-2\log x$$
$$+\log(x-3)+\log(x-4)-\log(x-5)$$
$$-2\Big[\frac{72}{x^4-25x^2+72}+\frac{1}{3}\Big(\frac{72}{x^4-25x^2+72}\Big)^3+\cdots\Big].$$

第 十 三 章

三角級數及多項式級數

三角級數在分析學及物理學上甚重要,其見於應用似自伯努義氏(Daniel Bernoulli)之振弦問題始,繼尤拉氏(Euler)首先明示一求定係數之法,伏利野氏(Fourier)更於其 Theorie Analytique de la Chaleur 書中表明此種級數在分析學上之重要,並確立狄里克來氏(Dirichlet)所闡發之學理之基礎焉.

244. 伏氏級數定義(Fourier's series).

設有確定於一隔間內之函數 $f(x)$; 吾等可設此隔間為 $(-\pi, +\pi)$, 蓋若為 (a, b), 則可取 $[2\pi x - (a+b)\pi]/(b-a)$ 為新變數以化之也. 今若對於 $-\pi$ 與 $+\pi$ 間之各 x 值有

$$(1) f(x) = \frac{a_0}{2} + (a_1\cos x + b_1\sin x) + \cdots\cdots$$

$$+ (a_m\cos mx + b_m\sin mx) + \cdots\cdots,$$

則其係數 $a_0, a_1, b_1, \cdots\cdots, a_m, b_m, \cdots\cdots$ 可準尤氏法定之如次:

設 m 與 n 為 $\geqq 0$ 之整數,吾等易知

(2)
$$\begin{cases} \int_{-\pi}^{+\pi} \cos mx \cos nx \, dx \begin{cases} = 0 & \text{於 } m \neq n, \\ = \pi & m = n > 0, \\ = 2\pi & m = n = 0, \end{cases} \\ \int_{-\pi}^{+\pi} \cos mx \sin nx = 0, \\ \int_{-\pi}^{+\pi} \sin mx \sin nx \, dx \begin{cases} = 0 & \text{於 } m \neq n, \\ = \pi & m = n > 0, \end{cases} \end{cases}$$

故於 $-\pi$ 與 $+\pi$ 間將 (1) 求積分, 則有

$$\int_{-\pi}^{+\pi} f(x) \, dx = \frac{a_0}{2} \int_{-\pi}^{+\pi} ax = \pi a_0,$$

又若以 $\cos mx$ 或 $\sin mx$ 先乘 (1) 之兩端然後積之, 則準 (2) 得

$$\int_{-\pi}^{+\pi} f(x) \cos mx \, dx = \pi a_m, \qquad \int_{-\pi}^{+\pi} f(x) \sin mx \, dx = \pi b_m,$$

由是有

(3)
$$a_0 = \frac{1}{\pi} \int_{-\pi}^{+\pi} f(x) \, dx, \; a_m = \frac{1}{\pi} \int_{-\pi}^{+\pi} f(x) \cos mx \, dx,$$

$$b_m = \frac{1}{\pi} \int_{-\pi}^{+\pi} f(x) \sin mx \, dx,$$

定義. 凡準公式 (3) 求自一函數 $f(x)$ 之級數

$$\frac{a_0}{2} + (a_1 \cos x + b_1 \sin x) + \cdots + (a_m \cos mx + b_m \sin mx) + \cdots$$

稱爲一伏氏級數; 吾等用呼維慈氏 (M. Hurwitz) 之符號書

$$f(x) \sim \frac{a_0}{2} + (a_1 \cos x + b_1 \sin x) + \cdots$$

$$+ (a_m \sin mx + b_m \sin mx) + \cdots$$

而讀曰: $f(x)$ 有伏氏級數 $\frac{a_0}{2} + (a_1 \cos x + b_1 \sin x) + \cdots$.

於可積於 $(-\pi, +\pi)$ 內之一函數 $f(x)$, 恆可得一伏氏級數,

然未必爲收斂,而以 $f(x)$ 爲和,卽未必可以 = 號代 ~ 號,惟有可注意者: 若二函數 $f(x)$ 與 $\phi(x)$ 可由其伏氏級數表之.則函數 $Af(x)+B\phi(x)$ 亦然,而無論常數 A, B 若何.今往述 $f(x)$ 可展爲伏氏級數之條件.

245. 狄 氏 條件 (Dirichlet's conditions).

此 爲 函數 $f(x)$ 可由其伏氏級數表之之一充足條件,可分二層述之如次:

1°) 可分 $(-\pi, +\pi)$ 爲一定個數之開口隔間,使於每間內 $f(x)$ 爲單調的.

2°) $f(x)$ 於隔間內僅有有法間斷點,

吾等往證於此條件滿足時伏氏級數前 $2m+1$ 項之和於 $m \to +\infty$ 以 $f(x)$ 爲其限. 按

$$S_{2m+1} = \frac{1}{\pi} \int_{-\pi}^{+\pi} f(x) \left[\frac{1}{2} + \cos(a-x) + \cos 2(a-x) + \cdots\cdots \right.$$
$$\left. + \cos m(a-x) \right] da,$$

準三角公式

$$\frac{1}{2} + \cos \theta + \cos 2\theta + \cdots\cdots + \cos m\theta = \frac{\sin \frac{2m+1}{2}}{2 \sin \frac{\theta}{2}}$$

得
$$S_{2m+1} = \frac{1}{\pi} \int_{-\pi}^{+\pi} f(x) \frac{\sin \frac{2m+1}{2}(a-x)}{2 \sin \frac{a-x}{2}} dx;$$

或命 $a = x + 2y$,

(4)
$$S_{2m+1} = \frac{1}{\pi} \int_{-\frac{\pi+x}{2}}^{+\frac{\pi-x}{2}} f(x+2y) \frac{\sin(2m+1)y}{\sin y} dy.$$

由是引起次節之討論.

246. 積分 $\int_0^h f(x) \frac{\sin nx}{\sin x} dx$ 之討論.

吾等先就視爲根據之數點述之,吾等知定積分

$$\int_0^h \frac{\sin x}{x} dx \qquad (h>0)$$

之値爲正,至大等於 $A = \int_0^\pi \frac{\sin x}{x} dx$, 並於 $h \to +\infty$ 趨於 $\frac{\pi}{2}$. 又積分

$$\int_a^b \frac{\sin nx}{x} dx$$

(a 與 b 爲任意二正數) 於 $n \to +\infty$ 時趨於零,蓋如 $a<b$, 則準第二値公式

$$\int_a^b \frac{\sin nx}{x} dx = \frac{1}{a} \int_a^\xi \sin nx \, dx = \frac{1}{a} \frac{\cos na - \cos n\xi}{n},$$

其絕對値小於 $\frac{2}{na}$. 此見積分對大於 a 之一切 b 値爲一致趨於 0.

今設積分

(5)
$$J = \int_0^h \phi(x) \frac{\sin nx}{x} dx \qquad (h>0)$$

$\phi(x)$ 爲 $(0, h)$ 間之增函數. 按積分 $\int_a^b \phi(x) \frac{\sin nx}{x} dx$ 於 $n \to \infty$ 以 0 爲限. 蓋設 $a<b$ 而準第二中值公式有

$$\left| \int_a^b \phi(x) \frac{\sin nx}{x} \, dx \right| = \phi(a) \left| \int_a^\xi \frac{\sin nx}{x} \, dx \right| < \frac{2\phi(a)}{na}.$$

今欲得 J 之限, 試命 c 爲一甚小正數, 而書

$$J = \int_0^c \phi(x) \frac{\sin nx}{x} \, dx + \int_c^h \phi(x) \frac{\sin nx}{x} \, dx.$$

末端第二積分準適所言之理爲零; 致第一積分之限求之稍

難. 但若注意在 $(0, c)$ 內 $\phi(x)$ 與 $\phi(+0)$ 甚相近, 可逆料此積分

之限與 $\int_0^c \phi(+0) \frac{\sin nx}{x} \, dx$ 者同, 卽等於 $\frac{\pi}{2} \phi(+0)$ 也. 試本此意

切實證之. 吾等有

$$J - \frac{\pi}{2} \phi(+0) = \phi(+0) \left(\int_0^c \frac{\sin nx}{x} \, dx - \frac{\pi}{2} \right)$$
$$+ \int_0^c \left[\phi(x) - \phi(+0) \right] \frac{\sin nx}{x} \, dx + \int_0^h \phi(x) \frac{\sin nx}{x} \, dx.$$

函數 $\phi(x) - \phi(+0)$ 在 $(0, c)$ 爲遞減的, 但其號爲負. 試書末端第

二積分爲

$$\int_0^c \left[\phi(c) - \phi(+0) \right] \frac{\sin nx}{x} \, dx + \int_0^c \left[\phi(x) - \phi(c) \right] \frac{\sin nx}{x} \, dx.$$

$\phi(x) - \phi(c)$ 爲正的遞減函數, 準第二中值公式有

$$\left| \int_0^c \left[\phi(x) - \phi(c) \right] \frac{\sin nx}{x} \, dx \right| < 2A[\phi(+0) - \phi(c)].$$

於是任與正數 ε, 吾等可求一相當甚小正數 c 使

$$2A[\phi(+0) - \phi(c)] < \frac{\varepsilon}{3}.$$

c 如是定, 更求一甚大整數 N 使 $\frac{2\phi(c)}{Nc} < \frac{\varepsilon}{3}$, 並於 $n \geqq N$ 時

$$\phi(+0)\left|\int_0^c \frac{\sin nx}{x}\,dx - \frac{\pi}{2}\right| < \frac{\varepsilon}{3}.$$

因之
$$\left|J - \frac{\pi}{2}\phi(+0)\right| < \varepsilon.$$

誠有

(6)
$$\lim_{n=\infty} J = \frac{\pi}{2}\phi(+0).$$

於上限制函數 $\phi(x)$ 之條件未盡爲必要者. 茲更伸論之，若 $\phi(x)$ 於 $(0, h)$ 內爲減函數，但不恆爲正，則命

$$\psi(x) = \phi(x) + c.$$

可知上述之理於 $\psi(x)$ 合用而關係

$$\int_0^h \phi(x)\frac{\sin nx}{x}\,dx = \int_0^h \psi(x)\frac{\sin nx}{x}\,dx - c\int_0^h \frac{\sin nx}{x}\,dx$$

右端以 $\dfrac{\pi}{2}\psi(+0) - \dfrac{\pi}{2}c$ 即 $\dfrac{\pi}{2}\phi(+0)$ 爲限，故左端亦然. 若 $\psi(x)$ 於 $(0, h)$ 內爲增函數，則 $-\phi(x)$ 爲減函數，而積分

$$\int_0^h \phi(x)\frac{\sin nx}{x}\,dx = -\int_0^h -\phi(x)\frac{\sin nx}{x}\,dx$$

亦以 $\dfrac{\pi}{2}\phi(+0)$ 爲限.

仿此可證積分

$$\int_a^b \phi(x)\frac{\sin nx}{x}\,dx \qquad (a>0,\ h>0)$$

在 $\phi(x)$ 爲 (a, b) 內之單調函數時，於 $n\to\infty$ 亦趨於零.

復次僅設 $\phi(x)$ 爲圍函數. 惟設 $(0, h)$ 可分爲一定個數之隔間 $(0, a), (a, b), \cdots\cdots, (e, h)$ 使於每隔間內 $\phi(+0)$ 爲單調函數，

則 $\int_0^a \frac{\sin nx}{x} dx$ 亦以 $\frac{\pi}{2} \phi(+0)$ 爲限, 而

$$\int_a^b \phi(x) \frac{\sin nx}{x} dx, \cdots\cdots, \int_e^k \phi(x) \frac{\sin nx}{x} dx$$

均趨於零, 然則公式(6)仍可用.

現論積分

(7) $$I = \int_0^k f(x) \frac{\sin nx}{\sin x} dx \qquad (0 < h < \pi).$$

可書之如

$$I = \int_0^k f(x) \frac{x}{\sin x} \frac{\sin nx}{x} dx.$$

若 $f(x)$ 於 $(0, h)$ 爲正的遞增的, 則 $f(x) \frac{x}{\sin x}$ 亦然, 而

(8) $$\lim_{n \to \infty} I = \frac{\pi}{2} \phi(+0) = \frac{\pi}{2} f(+0),$$

仿上論之可陸續證:

1° 公式(8)適用於在 $(0, h)$ 內之任何單調函數.

2° 積分

$$\int_a^b f(x) \frac{\sin nx}{\sin x.} dx \qquad (a, b \text{ 爲小於 } \pi \text{ 之正數})$$

在設 $f(x)$ 爲 (a, b) 內之單調函數時趨於零.

3° 若可分 $(0, h)$ 爲一定個數之小隔間, 使於每小間內爲單調函數, 則

(9) $$\lim \int_0^k f(x) \frac{\sin nx}{\sin x} dx = \frac{\pi}{3} f(+0), \qquad (0 < h < \pi)$$

247. **可展爲伏氏級數之函數.**

現仍取可積於 $(-\pi, +\pi)$ 內之圜函數 $f(x)$ 論之, 於其相關

之伏氏級數其前 $2m+1$ 項之和 S_{2m+1} 可書如(分積分隔間爲二)

(10)
$$S_{2m+1}=\frac{1}{\pi}\int_0^{\frac{\pi-x}{2}}f(x+2y)\frac{\sin(2m+1)y}{\sin y}\,dy$$

$$+\frac{1}{\pi}\int_0^{\frac{\pi+x}{2}}f(x-2z)\frac{\sin(2m+1)z}{\sin z}\,dz.$$

當 x 介於 $-\pi$ 與 $+\pi$ 間,此兩積分限亦介於 0 與 π 間;於是 $f(x)$ 若滿足狄氏條件第一層,則 y 之函數 $f(x+2y)$ 於 $\left(0,\frac{\pi-x}{2}\right)$ 內亦滿足是項條件,而據上節所述之理(10)之前一積分以

$$\frac{1}{\pi}\left[\frac{\pi}{2}f(x+0)\right]=\frac{1}{2}f(x+0)$$

爲限,而末一積分則以 $\frac{1}{2}f(x-0)$ 爲限,因之於 $-\pi<x<+\pi$ 有

$$\lim S_{2m+1}=\frac{f(x+0)+f(x-0)}{2}.$$

繼須設 $x=\pm\pi$; 試就 $x=-\pi$ 論之. 吾等有

$$S_{2m+1}=\frac{1}{\pi}\int_0^{\frac{\pi}{2}}f(-\pi+2y)\frac{\sin(2m+1)y}{\sin y}\,dy$$

$$+\frac{1}{\pi}\int_{\frac{\pi}{2}}^{\pi}f(-\pi+2y)\frac{\sin(2m+1)y}{\sin y}\,dy$$

前積分以 $\frac{1}{2}f(-\pi+0)$ 爲限,而於末積分則命 $y=\pi-z$ 得

$$\frac{1}{\pi}\int_0^{\frac{\pi}{2}}f(\pi-2z)\frac{\sin(2m+1)z}{\sin z}\,dz$$

而見其以 $\frac{1}{2}(\pi-0)$ 爲限. 然則伏氏級數之和於 $x=-\pi$ 爲

$\dfrac{f(\pi-0)+f(-\pi+0)}{2}$. 對於 $x=\pi$, 結果亦顯然相同.

結論之. *若 $f(x)$ 合於狄氏條件第一層, 則所生伏氏級數收斂而其和於 $-\pi<x<\pi$ 等於 $\dfrac{f(x+0)+f(x-0)}{2}$, 並於 $x=\pm\pi$ 爲 $\dfrac{f(-\pi+0)+f(\pi-0)}{2}$.*

若復設 $f(x)$ 僅具有有法間斷點, 則於 $-\pi<x<+\pi$ 恆有

(11) $$f(x)=\dfrac{f(x+0)+f(x-0)}{2}.$$

又吾等可取

(12) $$f(-\pi)=f(\pi)=\dfrac{f(-\pi+0)+f(\pi-0)}{2},$$

蓋以半徑爲 1 之圓代直軸以表 x, 則 (12) 與 (11) 之意義適相同也.

然則*凡在 $(-\pi,\pi)$ 內合於狄氏條件之函數 $f(x)$ 在此隔間內可展爲伏氏級數.*

今設確定於幅爲 2π 之隔間 $(a,a+2\pi)$ 內並滿足狄氏條件之一函數 $f(x)$, 吾等顯然可得他一函數 $F(x)$ 具有週數 2π, 並於 $(a,a+2\pi)$ 內與 $f(x)$ 符合, 此函數 $F(x)$ 對於各 x 值可以一三角級數表之, 其係數由公式

$$a_m=\dfrac{1}{\pi}\int_{-\pi}^{+\pi}F(x)\cos mx\,dx,\qquad b_m=\dfrac{1}{\pi}\int_{-\pi}^{+\pi}F(x)\sin mx\,dx$$

而定. 吾等可書

$$a_m=\dfrac{1}{\pi}\int_a^{\pi}F(x)\cos mx\,dx+\dfrac{1}{\pi}\int_{-\pi}^{a}F(x)\cos mx\,dx$$

$$= \frac{1}{\pi} \int_a^\pi F(x) \cos mx\, dx + \frac{1}{\pi} \int_\pi^{a+2\pi} F(x) \cos mx\, dx$$

$$= \frac{1}{\pi} \int_a^{a+2\pi} F(x) \cos mx\, dx.$$

同法可化 b_m, 而吾等有

(13)
$$\begin{cases} a_m' = \dfrac{1}{\pi} \displaystyle\int_a^{a+2\pi} f(x) \cos mx\, dx, \\[2mm] b_m = \dfrac{1}{\pi} \displaystyle\int_a^{a+2\pi} f(x) \sin mx\, dx. \end{cases}$$

此 見 若 設 $f(x)$ 確 定 於 幅 爲 2π 之 任 意 隔 間 內, 則 不 必 化 隔 間 爲 $(-\pi, \pi)$, 而 伏 氏 級 數 可 逕 由 公 式 (13) 得 之.

例 1. 設 欲 求 一 伏 氏 級 數 使 其 和 於 $-\pi < x < 0$ 爲 -1 而 於 $0 < x < \pi$ 爲 $+1$. 由 公 式 (3) 有

$$a_0 = \frac{1}{\pi} \int_{-\pi}^0 -dx + \frac{1}{\pi} \int_0^\pi dx = 0$$

$$a_m = \frac{1}{\pi} \int_{-\pi}^0 -\cos mx\, dx + \frac{1}{\pi} \int_0^\pi \cos mx\, dx = 0$$

$$b_m = \frac{1}{\pi} \int_{-\pi}^0 -\sin mx\, dx + \frac{1}{\pi} \int_0^\pi \sin mx\, dx = \frac{2 - \cos mx - \cos(-m\pi)}{m\pi}$$

b_m 於 m 爲 偶 數 時 爲 零 而 於 m 爲 奇 數 時 等 於 $\dfrac{4}{m\pi}$. 若 以 $\dfrac{\pi}{4}$ 乘 各 係 數, 則 得 級 數

(13)
$$y = \frac{\sin x}{1} + \frac{\sin 3x}{3} + \cdots\cdots + \frac{\sin(2m+1)x}{2m+1} + \cdots\cdots$$

而知其於 $-\pi < x < 0$ 間以 $-\dfrac{\pi}{4}$ 爲和,並於 $0 < x < \pi$ 間以 $+\dfrac{\pi}{4}$ 爲

和. 致 $x=0$ 爲一間斷點, 而級數於是點之和等於零.

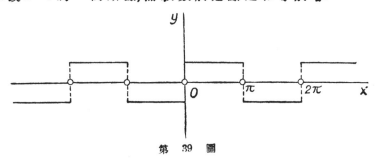

第 39 圖

普通於 $\sin x > 0$ 有 $y' = \dfrac{\pi}{4}$ 而於 $\sin x < 0$, 有 $y = -\dfrac{\pi}{4}$ 又於 $\sin x$

$=0$, 有 $y=0$. 方程式 (13) 之圖線由與 x 軸平行之無窮個線

段及 $(x=k\pi, y=0)$ 無窮個孤點合成之.

例 2.　求於 $(0, 2\pi)$ 內展 x 爲伏氏級數. 由公式 (13) 有

$$a_0 = \frac{1}{\pi} \int_0^{2\pi} x \, dx = 2\pi$$

$$a_m = \frac{1}{\pi} \int_0^{2\pi} x \cos mx \, dx = \left[\frac{x \sin mx}{m\pi} \right]_0^{2\pi} - \frac{1}{m\pi} \int_0^{2\pi} \sin mx \, dx = 0$$

$$b_m = \frac{1}{\pi} \int_0^{2\pi} x \sin mx \, dx = -\left[\frac{x \cos mx}{m\pi} \right]_0^{2\pi} + \frac{1}{m\pi} \int_0^{2\pi} \cos mx \, dx$$

$$= -\frac{2}{m}$$

而得　　　$$\frac{x}{2} = \frac{\pi}{2} - \frac{\sin x}{1} - \frac{\sin 2x}{2} - \frac{\sin 3x}{3} - \cdots\cdots$$

此關係對於 $0 < x < 2\pi$ 之各 x 值皆合. 方程式

$$y = \frac{\pi}{2} - \frac{\sin x}{1} - \frac{\sin 2x}{2} = \cdots\cdots$$

487

之圖線由平行於 $y = \dfrac{x}{2}$ 直線之無窮個線段及無窮個孤點所合成,有如圖40所示.

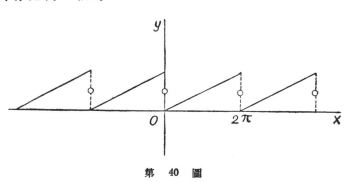

第 40 圖

注意. 1°. 若 $f(x)$ 在 $(-\pi, +\pi)$ 內爲偶函數使 $f(-x) = f(x)$,

則
$$\int_{-\pi}^{0} f(x) \sin mx \, dx = -\int_{0}^{\pi} f(x) \sin mx \, dx$$

而各 b_m 係數皆等於零,因之 $f(x)$ 可展爲餘弦級數.反之,若 $f(x)$ 爲奇函數即 $f(-x) = -f(x)$,則各 a_m 係數爲零,而 $f(x)$ 可展爲正弦級數.

又若一函數 $f(x)$ 僅確定於 $(0, \pi)$ 內,吾等可設其於 $(-\pi, 0)$ 內由

$$f(-x) = f(x) \quad 或 \quad f(-x) = -f(x)$$

確定.故 $f(x)$ 可於 $(0, \pi)$ 內展爲一正弦級數或餘弦級數.

例欲於 $(0, \pi)$ 隔間內展 $\sin px$ (p 爲整數) 爲餘弦級數,於此若 p 爲偶數,則 $f(x) = -f(\pi - x)$,立知 $a_2 k = 0$,而

$$a_{2k+1} = \frac{4}{\pi} \int_{0}^{\frac{\pi}{2}} \sin px \cos (2k+1) x \, dx = \frac{4p}{\pi} \frac{1}{p^2 - (2k+1)^2}.$$

若 p 爲奇數, 則 $f(x) = f(\pi - a)$ 而 $a_{2k+1} = 0$,

$$a_{2k} = \frac{4}{\pi} \int_0^{\frac{\pi}{2}} \sin\ px \cos 2kx\ dx = \frac{4p}{\pi} \frac{1}{p^2 - (2k)^2}$$

於是 p 在 $(0, \pi)$ 內得: 於 p 爲偶數

$$\sin\ px = \frac{4p}{\pi} \Big[\frac{\cos x}{p^2 - 1} + \frac{\cos 3x}{p^2 - 3^2} + \cdots\cdots + \frac{\cos(2k+1)}{p^2 - (2k+1)^2} + \cdots\cdots \Big],$$

而於 p 爲奇數

$$\sin\ px = \frac{4p}{\pi} \Big[\frac{1}{2p^2} + \frac{\cos 2x}{p^2 - 2^2} + \cdots\cdots + \frac{\cos 2kx}{p^2 - (2k)^2} + \cdots\cdots \Big],$$

$2°.$　設 $f(x)$ 可於 $(-\pi, +\pi)$ 內展爲伏氏級數,

$$f(x) = \frac{a_0}{2} + (a_1 \cos x + b_1 \sin x) + \cdots\cdots$$
$$+ (a_m \cos mx + b_m \sin mx) + \cdots\cdots$$

若易 x 爲 $-x$, 則

$$f(-x) = \frac{a_0}{2} + (a_1 \cos x - b_1 \sin x) + \cdots\cdots$$
$$+ (a_m \cos mx - b_m \sin mx) + \cdots\cdots$$

由此二式可決定

$$\frac{a_0}{2} + a_1 \cos x + \cdots\cdots + a_m \cos mx + \cdots\cdots,$$
$$b_1 \sin x + \cdots\cdots + b_m \sin mx + \cdots\cdots$$

兩級數在 $(-\pi, +\pi)$ 內爲收斂, 而依次表函數:

$$\phi(x) = \frac{f(x) + f(-x)}{2}, \qquad \psi(x) = \frac{f(x) - f(-x)}{2}.$$

吾等易於驗知適爲關於此兩函數之伏氏級數.

248.　**充足條件之推廣.**

狄氏條件僅爲充足的而絕非必要的, 吾等尚可代以意

義較廣之條件,如 $f(x)$ 爲於 $(-\pi, +\pi)$ 內之圍變函數,則可書爲二單調函數 $f_1(x)$ 與 $f_2(x)$ 之和,命 $S(x), S_1(x), S_2(x)$ 依次表此三函數所生之伏氏級數;準上所論,$S_1(x)$ 與 $S_2(x)$ 在 $(-\pi, +\pi)$ 內爲收斂,並對於 $-\pi < x < +\pi$ 之各 x 值有

$$S_1(x) = \frac{f_1(x+0) + f_1(x-0)}{2} \qquad S_2(x) = \frac{f_2(x+0) + f_2(x-0)}{2}.$$

再則因 $S(x)$ 之每項等於 S_1 與 S_2 相當項之和,可知 $S(x)$ 亦收斂而等於 $S_1(x) + S_2(x)$,卽 $\dfrac{f(x+0) + f(x-0)}{2}$ 同理於 $x = \pm\pi$ 時級數亦收斂,而以 $\dfrac{f(\pi-0) + f(-\pi+0)}{2}$ 爲和,是知在 $(-\pi, +\pi)$ 內之一圍變函數所生之伏氏級數於 $-\pi$ 與 $+\pi$ 間之各 x 值爲收斂,其和等於 $\dfrac{f(x+0) + f(x-0)}{2}$,並於 $x = \pm 1$ 等於

$$\frac{f(\pi-0) + f(-\pi+0)}{2}.$$

今若再設 $f(x)$ 僅有有法間斷點,則於 $-\pi$ 與 $+\pi$ 間各 x 值伏氏級數之和等於 $f(x)$.

249. 伏氏係數之性質及伏氏級數之一致收斂性.

爲簡便計,吾等稱伏氏級數之係數爲伏氏係數;茲往論其對於無窮小 $\dfrac{1}{m}$ 之級. 設於 $(-\pi, +\pi)$ 內之圍變函數 $f(x)$,並設 $(-\pi, +\pi)$ 可分爲一定個數之隔間

$$(-\pi, a_1), (a_1, a_2), \cdots\cdots, (a_{p-1}, a_p), (a_p, +\pi)$$

使於每小隔間內 $f(x)$ 及其前二級紀數 $f'(x), f''(x)$ 均爲連續的與圍變的;如是有

$$\pi\, a_m = \int_{-\pi}^{a_1} f(a)\, \cos ma\, da + \int_{a_1}^{a_2} f(a)\, \cos ma\, da + \cdots\cdots$$

$$+ \int_{a_p}^{\pi} f(a)\, \cos ma\, da$$

用部分法求積, 得

$$\pi\, a_m = \left[\frac{1}{m} f(a) \sin ma\right]_{-\pi}^{a_1} + \left[\frac{1}{m} f(a) \sin ma\right]_{a_1}^{a_2} + \cdots\cdots$$

$$+ \left[\frac{1}{m} f(a) \sin m\, a\right]_{a_p}^{\pi}$$

$$-\frac{1}{m}\int_{-\pi}^{a_1} f'(a) \sin ma\, da - \int_{a_1}^{a_2} f'(a) \sin ma\, da - \cdots\cdots$$

$$-\frac{1}{m}\int_{a_p}^{\pi} f'(a) \sin ma\, da$$

若命

$$(15) \qquad \pi\, A_m = \sum_{i=1}^{p} \sin m\, a_i\, [\, f(a_i - 0) - f(a_i + 0)\,]$$

則可書

$$(16) \qquad a_m = \frac{A_m}{m} - \frac{b'_m}{m}$$

而 b'_m 卽係 $f'(x)$ 之伏氏係數之一.

仿之, 命

$$(15') \qquad \pi\, B_m = -\sum_{i=1}^{p} \cos m\, a_i\, [\, f(a_i - 0) - f(a_i + 0)\,]$$

$$- \cos m\, \pi\, [\, f(\pi - 0) - f(-\pi + 0)\,]$$

則有

$$(16') \qquad b_m = \frac{B_m}{m} + \frac{a'_m}{m}$$

而 a'_m 爲 $f'(x)$ 之伏氏係數之一.

如上法就 $f'(x)$ 論之, 則有

(17)
$$a'm = \frac{A'_m}{m} - \frac{b''_m}{m} m, \qquad b'_m = \frac{B'_m}{m} + \frac{a''_m}{m},$$

其中 a''_m, b''_m 爲關於 $f''(x)$ 之伏氏係數, 並

(18)
$$\begin{cases} \pi A'_m = \sum_{i=1}^{k} \sin m\, a_i\, [f'(a_i-0) - f'(a_i+0)], \\ \pi B'_m = -\sum_{i-1}^{k} \cos m\, a_i\, [f'(a_i-0) - f'(a_i+0)] \end{cases}$$

$$-\cos m\, \pi [f'(\pi-0) - f(-\pi+0)].$$

於是由 (16), (16') 及 (17) 得

(19)
$$a_m = \frac{A_m}{m} - \frac{B'_m}{m^2} - \frac{A''_m}{m^2}, \qquad b_m = \frac{B_m}{m} + \frac{A'_m}{m^2} - \frac{b''_m}{m^2}.$$

若令 $m \to \infty$, 則 $A_m, B_m\, A'_m, B'_m$ 均小於一定數, 又確定 $a'_m,$ $b'_m\, a''_m, b''_m$ 等值之積分之被積函數均爲圍的, 是知 $a'_m, b'_m,$ a''_m, b''_m 等亦均小於一定數.

由 (16) 與 (16') 二式可知普通 a_m 與 b_m 與 $\frac{1}{m}$ 同級. 然則圍變函數之伏氏級數之收斂普通受其項之改號影響較受其項絕對值之減小速度影響爲多.

今若 $A_m = 0$ 及 $B_m = 0$, 則關於 $f(x)$ 之伏氏級數爲絕對一致收斂.

欲 $A_m = 0, B_m = 0$, 必須並祇須

$$f(a_i-0) = f(a_i+0), \qquad f(\pi-0) = f(-\pi+0),$$

即 $f(x)$ 爲 連 續 函 數.

然 則 設 $f(x)$ 爲 在 $(-\pi, +\pi)$ 內 之 圍 變 函 數, 若 並 設 其 爲 連 續 的, 則 所 生 之 伏 氏 級 數 在 $(-\pi+\delta, +\pi-\delta)$ 內 一 致 收 斂, 而 其 和 等 於 $f(x)$.

伏 氏 級 數 可 求 微 分 之 充 足 條 件. 設 函 數 $f(x)$ 於 $(-\pi, \pi)$ 內 爲 連 續 並 有 紀 數 $f(x)$, 且 $f(x)$ 與 $f'(x)$ 同 於 $(-\pi, \pi)$ 內 爲 圍 變 函 數, 而 僅 具 有 一 定 個 數 之 有 法 間 斷 點, 則 $f(x)$ 可 逐 項 求 紀.

蓋 將 $f(x)$ 之 伏 氏 級 數

$$\frac{a_0}{2} + a_1 \cos x + b_1 \sin x + \cdots\cdots + a_m \cos mx + b_m \sin mx + \cdots\cdots$$

逐 項 求 紀, 得

$$b_1 \cos x - a_1 \sin x + \cdots\cdots + m\, b_m \cos mx - m a_m \sin mx + \cdots\cdots$$

準 $f(x)$ 爲 連 續 之 假 定 吾 等 有 $A_m = B_m$, 並 可 取 $\int_{-\pi}^{+\pi} f'(x)\, dx = 0$, 於 是 由 (14) 與 (16') 立 知 此 級 數 即 $f(x)$ 所 生 之 伏 氏 級 數:

$$\frac{a_0}{2} + a_1' \cos x + b_1' \sin x + \cdots\cdots + a_m' \cos mx + b_m' \sin mx + \cdots\cdots$$

伏 氏 級 數 於 所 表 函 數 $f(x)$ 之 間 斷 點 失 其 爲 一 致 收 斂 之 情 形, 亦 可 由 次 理 而 明: 吾 等 知 各 項 爲 連 續 函 數 之 級 數, 若 一 致 收 斂 則 爲 連 續, 今 伏 氏 級 數 其 各 項 均 係 連 續 函 數, 故 不 能 於 含 有 $f(x)$ 之 間 斷 點 之 隔 間 內 一 致 收 斂.

250. 可 積 的 圍 函 數 之 伏 氏 係 數.

若 吾 等 不 設 函 數 $f(x)$ 爲 圍 變 的, 而 僅 設 其 爲 圍 的 與 可 積的, 則伏氏級數可不爲收斂. 但有極可注意者: 伏氏係數 a_m 與 b_m 於 $m \to \infty$ 時仍趨於零, 試就

$$b_n = \frac{1}{\pi} \int_0^{2\pi} f(x) \sin nx \, dx$$

論之.

按函數 $f(x)$ 於 (a, b) 內爲可積 (黎曼氏意義) 之必要與充足條件爲於各小隔間 $\delta_i \to 0$ 時,

$$S - s = \sum_{i=1}^{n} (M_i - m_i) \delta_i \to 0$$

M_i, m_i 爲 $f(x)$ 於 δ_i 內之高低界 (見 105 及 107 節). 今分 $(0, 2\pi)$ 爲 n 等分而命 M_k, m_k 爲 $f(x)$ 於第 $k+1$ 分

$$\left[k \frac{2\pi}{n}, (k+1) \frac{2\pi}{n} \right]$$

中之高界低界. 若將此隔間以其中點 $\left(k+\frac{1}{2}\right) \frac{2\pi}{n}$ 分之爲二, 則在其前部 $\sin nx > 0$, 而有

$$(20) \qquad \frac{2m_k}{n\pi} = \frac{m_k}{\pi} \int_{k\frac{2\pi}{n}}^{\left(k+\frac{1}{2}\right)\frac{2\pi}{n}} \sin nx \, dx$$

$$\leqq \frac{1}{\pi} \int_{k\frac{2\pi}{n}}^{\left(k+\frac{1}{2}\right)\frac{2\pi}{n}} f(x) \sin nx \, dx \leqq \frac{N_k}{\pi} \int_{k\frac{2\pi}{n}}^{\left(k+\frac{1}{2}\right)\frac{2\pi}{n}} \sin nx \, dx = \frac{2M_k}{n\pi}$$

又於此隔間之後部內 $\sin nx < 0$, 而有

$$(21) \qquad -\frac{2M_k}{n\pi} \leqq \frac{1}{\pi} \int_{\left(k+\frac{1}{2}\right)}^{(k+1)\frac{2\pi}{n}} f(x) \sin nx \leqq -\frac{2m_k}{n\pi}.$$

令 (20) 與 (21) 兩結果之各端相加而命 $\omega_k = M_k - m_k$, 則得

$$-\frac{2\omega_k}{n\pi} \leqq \frac{1}{\pi} \int_{k\frac{2\pi}{n}}^{(k+1)\frac{2\pi}{n}} f(x) \sin nx \, dx \leqq \frac{2\omega_k}{n\pi}.$$

吾等顯然有

$$|b_n| \leqq \sum_{k=0}^{n-1} \left| \frac{1}{\pi} \int_{k\frac{2\pi}{n}}^{(k+1)\frac{2\pi}{n}} f(x) \sin nx \, dx \right| \leqq \sum_{k=0}^{n-1} \frac{2\omega_k}{n\pi},$$

卽

(22) $$|b_n| \leqq \frac{1}{\pi^2} \sum_{k=0}^{n-1} \omega_k \frac{2\pi}{n},$$

但 $\Sigma \omega_k \frac{2\pi}{n}$ 卽分 $(0, 2\pi)$ 爲 n 等分而得之 $f(x)$ 之相關差數 $S-s$, 既設 $f(x)$ 爲可積, 故知此差趨於零, 因之由 (22) 知 $b_n \to 0$.

同法可證 a_n 於 $n \to \infty$ 時趨於零.

251. 伏氏級數於一間斷點附近之狀態: 基卜斯氏現象 (Cibbs' phenomenon).

伏氏級數於一間斷點附近有一奇特之狀態係基卜斯氏所闡明者因稱爲基氏現象. 茲卽就基氏之一例明之.

在 $(0, 2\pi)$ 內求展 $\frac{\pi-x}{2}$ 爲伏氏級數有

(23) $$\frac{\pi-x}{2} = \frac{\sin 2x}{1} + \frac{\sin 2x}{2} + \cdots\cdots + \frac{\sin nx}{n} + \cdots\cdots$$
$$= S_n(x) + R_n(x)$$

內設

$$S_n(x) = \frac{\sin x}{1} + \frac{\sin 2x}{2} + \cdots\cdots + \frac{\sin nx}{n}.$$

吾等知 $S_n(x)$ 在 $(+\varepsilon, 2\pi-\varepsilon)$ 內一致趨於 $\frac{\pi-x}{2}$ 而無論正數 ε 如何小. 試令 n 無限增大, 並 x 由適當之值趨於零以討論 $S_n(x)$ 之變狀.

吾等有

$$S_n(x) = \int_0^x (\cos \alpha + \cos 2\alpha + \cdots\cdots + \cos n\alpha)\, d\alpha$$

$$= \int_0^x \left[-\frac{1}{2} + \frac{\sin\left(n+\frac{1}{2}\right)\alpha}{2\sin\dfrac{\alpha}{2}} \right] d\alpha$$

$$= -\frac{x}{2} + \int_0^x \frac{\sin\left(n+\frac{1}{2}\right)\alpha}{2\sin\dfrac{\alpha}{2}}\, d\alpha.$$

而據 (22) 得

$$(24) \qquad R_n(x) = \frac{\pi}{2} - \int_0^x \frac{\sin\left(n+\frac{1}{2}\right)\alpha}{2\sin\dfrac{\alpha}{2}}\, d\alpha.$$

$R_n(x)$ 隨 x 而變 (n 為固定) 之情形不難討論, 其紀

$$R_n'(x) = -\frac{\sin\left(n+\frac{1}{2}\right)x}{2\sin\dfrac{x}{2}}$$

以 $x_k = 2kx/(2n+1)$ 為限, 吾等立知 $R_n(x)$ 於 $x_1, x_3, \cdots\cdots, x_{2p+1}, \cdots\cdots$ 點為極小, 而於 $x_2, x_4, \cdots\cdots, x_{2p}, \cdots\cdots$ 點為極大.

由一甚易之變數替換可代 (24) 右端之積分以較易討論之積分：

$$\int_0^x \frac{\sin\left(n+\frac{1}{2}\right)a}{a}\,da$$

試書

(25)
$$R_n(x) = \frac{\pi}{2} - \int_0^x \frac{\sin\left(n+\frac{1}{2}\right)a}{a}\,da$$

$$+ \int_0^x \left[\frac{\sin\left(n+\frac{1}{2}\right)a}{a} - \frac{\sin\left(n+\frac{1}{2}\right)a}{2\sin\frac{a}{2}}\right]da$$

$$= \frac{\pi}{2} - \int_0^{\left(n+\frac{1}{2}\right)x} \frac{\sin a}{a}\,da + I_n(x)$$

其中

(26)
$$I_n(x) = \int_0^x \sin\left(n+\frac{1}{2}\right)a\left[\frac{1}{a} - \frac{1}{2\sin\frac{a}{2}}\right]da$$

$$= \int_0^x \frac{2\sin\frac{a}{2} - a}{2\,a\sin\frac{a}{2}} \sin\left(n+\frac{1}{2}\right)a\,da.$$

設 x 介於 0 與小於 π 之任一正數 h 間；吾謂 I_n 隨 $\frac{1}{n}$ 趨於零,且其級可與 $\frac{1}{n}$ 者比擬.

蓋用部分求積法有

$$I_n(x) = \frac{x - 2\sin\frac{x}{2}}{2x\sin\frac{x}{2}} \cdot \frac{\cos\left(n+\frac{1}{2}\right)x}{n+\frac{1}{2}}$$

$$+\frac{1}{n+\frac{1}{2}}\int_0^x \frac{a^2\cos\frac{a}{2}-4\sin^2\frac{a}{2}}{4\,a^2\sin^2\frac{a}{2}}\cos\left(n+\frac{1}{2}\right)a\,da.$$

於 a 近於 0 時 $\left(a^2\cos\frac{a}{2}-4\sin^2\frac{a}{2}\right)/4\,a^2\sin^2\frac{a}{2}$ 仍爲連續. 可知

(26) 中之積分無論 x 爲 0 與 h 間之何值皆爲圍於上之函數.

又 $\dfrac{x-2\sin\frac{x}{2}}{2x\sin\frac{x}{2}}\cos\left(n+\frac{1}{2}\right)x$ 亦於 $0\leqq x\leqq h$ 圍於上. 於是吾等

可判斷於 $0\leqq x\leqq h$.

$$(27)\qquad\qquad |I_n(x)|<\frac{M}{n+\frac{1}{2}},$$

M 爲一定數.

現仍就公式

$$R_n(x)=\frac{\pi}{2}-\int_0^{\left(n+\frac{1}{2}\right)x}\frac{\sin x}{x}\,dx+I_n(x)$$

$$S_n(x)=\frac{\pi-x}{2}-R_n(x)$$

論之. 此等式對於 $x\neq 0$ 成立.

試與 x 以令 $R_n(x)$ 爲極大或極小之值 $x_k=2k\,\pi/(2n+1)$, 有

$$R_n(x_k)=\frac{\pi}{2}-\int_0^{k\pi}\frac{\sin x}{x}\,dx+I_n\left(\frac{2k\,\pi}{2n+1}\right).$$

設 k 固定而令 $n\to\infty$, 則據 (27) 知 $R_n(x_k)$ 趨於定數

$$P_k=\frac{\pi}{2}-\int_0^{k\pi}\frac{\sin x}{x}\,dx.$$

吾等可書

$$\frac{\pi}{2}\int_0^\pi \frac{\sin x}{x}\,dx = u_0 - u_1 + u_2 - \cdots\cdots + (-1)^k u_k + \cdots\cdots,$$

其中

$$u_0 = \int_0^\pi \frac{\sin x}{x}\,dx,\cdots\cdots,(-1)^k u_k = \int_{k\pi}^{(k+1)\pi} \frac{\sin x}{x}\,dx.$$

u_k 為漸減而趨於零之正數. 如是有

(28) $$P_k = (-1)^k (u_k - u_{k+1} + u_{k+2} + \cdots\cdots),$$

P_k 之起始數個值求得為

$$P_1 = -0.2811\cdots\cdots$$

$$P_2 = +0.153\cdots\cdots$$

$$P_3 = -0.104\cdots\cdots$$

$$P_4 = +0.079\cdots\cdots$$

於是例如命 $k=1$, 則有一貫隨 $\frac{1}{n}$ 漸趨於零之點 $2\pi/(2n+1)$; 於此等點

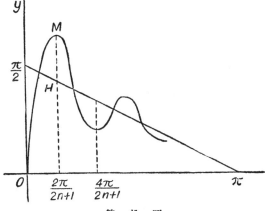

第 41 圖

$$S_n\left(\frac{2\pi}{2n+1}\right) = \frac{\pi - \dfrac{2\pi}{2n+1}}{2} - R_n\left(\frac{2\pi}{2n+1}\right)$$

趨於

$$\frac{\pi}{2} + 0.2811\cdots\cdots$$

就幾何表示言之, 曲線 $y = S_n(x)$ 在 0 與 2π 間纒繞直線 $y = (\pi - x)/2$ 而作波狀, 其波弧於 $(\varepsilon, 2\pi - \varepsilon)$ 隔間內一致降平, 但於諸 $2\pi/(2i+1)$ 點則恆大於一定限, 而此等點於 $n \to \infty$ 時咸趨往聚於間斷點, 又於 $2k\pi/(2n+1)$ 諸點情形亦同.

於 $2\pi/(2n+1)$ 點, 差數 $S_n(x) - \dfrac{\pi - x}{2}$ 於 $n \to \infty$ 不趨於零而趨於 $0.1811\cdots\cdots$ 在圖 41 內, HM 卽表此差數於 $2\pi/(2n+1)$ 點之值, 當 n 增大時 $y = S_n(x)$ 曲線之波弧漸收窄而落於 $0y$ 上, 以及其平行線 $x = 2l\pi$ 上 (l 為一整數). 凡 oy 軸上位於

$$y_1 = -\frac{\pi}{2} + 0.2811\cdots\cdots$$

$$y_2 = \frac{\pi}{2} + 0.2811\cdots\cdots$$

二點間之點均爲 $y = S_n(x)$ 於 $n \to \infty$ 時之限點.

此結果明切顯出 $S_n(x)$ 之斂於 $f(x)$, 在含有間斷點之隔間內非一致的. 並在間斷點附近, $S_n(x)$ 與 $f(x)$ 之間有一確定之距離.

此現象先由都布瓦藹孟氏 (Du Bois Reymond) 發見, 惟所言稍有錯誤, 基氏實澈底闡明之, 故名基氏現象

251. 多項式的級數.

定伏氏級數之係數之法,尚可推廣而用以展一函數 $f(x)$ 爲正交函數之級數,特別用以展 $f(x)$ 爲勒氏多項式之級數. 設有一貫正交函數

$$\phi_0, \ \phi_1, \cdots\cdots, \ \phi_n \cdots\cdots$$

按定義對於任何相異之二正整數 m 與 n 有

(29) $$\int_a^b \phi_m \, \phi_n \, dx = 0.$$

今若函數 $f(x)$ 可展爲在 (a, b) 內一致收斂之級數

(30) $$f(x) = A_0 \, \phi_0 + A_1 \, \phi_1 + \cdots\cdots + A_n \, \phi_n + \cdots\cdots,$$

則係數 $A_0, A_1, \cdots\cdots, A_n$ 極易定之如次: 以 ϕ_n 乘 (30) 兩端並準 (29) 有

$$\int_a^b \phi_n(x) f(x) \, dx = A_n \int_a^b \phi_n{}^2 \, dx;$$

由是便得 A_n. 吾等所須討論者乃如是求得之級數究爲收斂而以 $f(x)$ 爲和否.

吾等知勒氏多項式 X_n 爲在 $(-1, +1)$ 內之正交函數, 故可展一函數爲 X_n 之級數. 見於定係數之公式內之積分於此爲

$$K_n = \int_{-1}^{+1} X_n{}^2 \, dx,$$

甚易求出. 命 a_n 爲 X_n 內 x^n 之係數, 則準關係

$$(n+1) X_{n+1} - (2n+1)x \, X_n + n \, X_{n-1} = 0$$

501

有
$$\int_{-1}^{+1} x_n^2 \, dx = \int_{-1}^{+1} a_n \, x^n \, X_n \, dx$$

$$= \int_{-1}^{+1} a_n \, x^{n-1} \frac{(n+1)X_{n+1} + nX_{n-1}}{2n+1} \, dx$$

$$= \frac{na_n}{2n+1} \int_{-1}^{+1} x^{n-1} \, X_{n-1} \, dx.$$

而命 a_{n-1} 爲 X_{n-1} 內 x^{n-1} 之係數亦有

$$\int_{-1}^{+1} X_{n-1}^2 \, dx = a_{n-1} \int_{-1}^{+1} x^{n-1} \, X_{n-1} \, dx.$$

故 得

$$\frac{K_n}{K_{n-1}} = \frac{na_n}{(2n+1)a_{n-1}} = \frac{2n-1}{2n+1}.$$

於 $n=0, K_0=2.$ 於是易得 $K_n = \dfrac{2}{2n+1}.$

習 題

1. 取以 2π 爲週期之循環函數 $f(x)$ 而設其爲圍的與可積的; 又設有窮三角和數

$$S_n = \frac{a_0}{2} + a_1 \cos x + b_1 \sin x + \cdots\cdots + a_n \cos nx + b_n \sin nx.$$

試定係數 a_i, b_i 以使積分

$$I = \int_0^{2\pi} [f(x) - S_n]^2 \, dx$$

爲極小.

答: a_0, a_i, b_i 適爲伏氏係數.

2. 若 $\phi(x)$ 爲在 $(0, \pi)$ 隔間內合於一適當條件之函數, 則

$$\lim_{m \to \infty} \int_0^\pi \frac{\sin(2m+1)x}{\sin x} \, \phi(x) \, dx = \frac{\pi}{2} [\phi(\pi+0) + \phi(\pi-0)].$$

試證明之.

3. 求證於 $a > 0$

$$\lim_{m \to \infty} \int_0^\infty \frac{\sin(2m+1)x}{\sin x} e^{-ax} = \frac{\pi}{2} \cot h \frac{2\pi}{2}.$$

(Cambridge, Math. Trip. 1894).

4. 求由級數代表之一循環函數以 $4a$ 爲週期, 且自 $x=-2a$ 至 $x=0$ 等於 $a+x$ 而自 $x=0$ 至 $x=2a$ 等於 $a-x$.

(Cambridge, Trin- College 1881).

答: $\dfrac{8a}{\pi^2} \sum\limits_{p=0}^{\infty} \dfrac{1}{(2p+1)^2} \cos \dfrac{(2p+1)\pi x}{2a}$.

5. 求由伏氏級數表一偶函數 $f(x)$ 使自 $x=0$ 至 $x=a(0<a<\pi)$ 等於常數 b 而自 $x=a$ 至 π 等於零, 並繪其圖線.

6. 求由伏氏級數表一奇函數 $f(x)$ 使於 $(0, a)$ 內 $f(x)=\dfrac{bx}{a}$ 而於 (a, π) 內 $f(x)=b(\pi-x)/(\pi-a)$. 繪其圖線.

7. 求以伏氏級數表 $(0, \pi)$ 內等於 x^2 之偶函數, 並繪其圖線.

答: $\dfrac{\pi^2}{3} + 4 \sum\limits_{p=1}^{\infty} (-1)^p \dfrac{1}{p^2} \cos px$, 圖線由拋物線弧合成.

8. 求於 $(0, \pi)$ 內展 $x(\pi-x)$ 爲正弧級數.

(Oxford, 1900).

答: $\dfrac{8}{\pi} \sum\limits_{p=0}^{\infty} \dfrac{1}{(2p+1)^2} \sin(2p+1)x$.

9. 求於 $(0, \pi)$ 內展 $\log\left(2\sin\dfrac{x}{2}\right)$ 爲餘弧級數.

答: $-\sum\limits_{p=1}^{\infty} \dfrac{\cos px}{p}$.

10. 試證 於 $0 \leqq x \leqq \pi$

$$\frac{1}{93} \pi(\pi-2x)(\pi^2+2\pi x-2x^2) = \cos x + \frac{\cos 3x}{3^4} + \frac{\cos 5x}{5^4} + \cdots\cdots$$

(Whittaker, mordern Analysis).

11. 求以 $2l$ 爲週期之一循環函數 $f(x)$, 使其自 $-l$ 至 $-\dfrac{l}{2}$ 等於 $\dfrac{l}{4}$, 自 $-\dfrac{l}{2}$ 至 $+\dfrac{l}{2}$ 等於 $\dfrac{x^2}{2}$, 又自 $\dfrac{l}{2}$ 至 l 等於 $\dfrac{l}{4}$. 繪其圖線.

(Edwards, Calculus .

答: $f(x) = \dfrac{1}{6} + \dfrac{2l}{\pi^2} \sum\limits_{p=1}^{\infty} \left(\dfrac{1}{p^2} \cos \dfrac{p\pi}{2} - \dfrac{2}{\pi p^2} \sin \dfrac{p\pi}{2}\right) \cos \dfrac{p\pi x}{l}$.

12. 設於 $-\pi < x < 0$ 等於定量 $-H$ 而於 $0 < x < \pi$ 等於 $+H$ 之伏氏級數,試就此級數論基氏現象之理.

繼取 $H = \dfrac{\pi}{2}$ 而討論級數首部止於 $\sin 3x$ 項與止於 $\sin 7x$ 項之和 $y = S_3(x)$ 與 $y = S_7(x)$. 於 $(0, \pi)$ 間繪出其圖線.而以與基氏現象理所預示吾等之結果比較之.

(吾等知函數 $\sin x / x$ 自 0 至 π 之定積分等於 1.8519,而其自 0 至 2π 之定積分等於 1.418.)

(G. Julia, Ex. d'Analyse).

13. 凡異於零之連續函數不能有恆等於零之伏氏級數.

演證步驟: 命 a, b 為 0 與 π 間之二數而於 (a, b) 隔間內設 $f(x) > m > 0$,並命

$$\psi = 1 + \cos\left(x - \frac{a+b}{2}\right) - \cos\frac{a-b}{2}.$$

繼求證積分 $\displaystyle\int_0^{2\pi} f(x)\psi^n \, dx$ 無論如何不能為零. (見 Lebesgue, Leçons sur les séries trigonométriques, p. 37.)

由是可推斷相異之二連續函數不能有同一伏氏級數;因之若連續函數 $f(x)$ 所產生之伏氏級數為一致收斂,則此級數之和即等於 $f(x)$.

◎ 编 辑 手 记

本书是我国著名数学家熊庆来先生的一本代表作.

昔日颜回称孔子"仰之弥高,钻之弥坚,瞻之在前,忽焉在后."对于原作者熊庆来先生,笔者除了高坚之叹,更有一重榜样之感.

去年2月3日是熊庆来先生逝世50周年纪念日,仅以此书的再版来纪念这位优秀的数学家.可能许多年轻人并不了解这位中国的著名数学家,这里我们转引他的学生杨乐先生为其写的小传加以介绍①②.

熊庆来(1893—1969),数学家,数学教育家.参与创建东南大学和清华大学数学系,长期担任云南大学校长,致力于复变函数值分布理论的研究,在无穷级整函数与亚纯函数方面有一系列成果,是我国函数论研究的开拓者之一.

---

① 摘自《中国科学技术专家传略 理学编·数学卷1》.中国科学技术协会编,河北教育出版社,1996.

② 文后附杨乐、张广厚早期发表的论文两篇.

熊庆来，字迪之，1893年10月20日生于云南省弥勒县的息宰村，其父熊国栋曾任赵州府学官．熊庆来12岁时即跟随父亲住于任上，受到革新思想的熏陶，对民众疾苦有所了解．1907年，他考入昆明的云南方言学堂，同年学校改名为云南高等学堂．1911年，熊庆来考入云南英法文专修科，学习法语．

1913年初，熊庆来报考云南省留学生考试，以第3名被录取．同年6月到比利时包芒学院预科入学．次年8月，第一次世界大战爆发，德军侵占比利时，熊庆来辗转经荷兰、英国前往法国，途中染上严重的肺病．抵巴黎后，他进入圣路易中学数学专修班．1915年至1920年，他先后就读于格勒诺布洛大学、巴黎大学、蒙柏里耶大学、马赛大学，取得 高等普通数学、高等数学分析、力学、天文学、普通物理学证书，并获蒙柏里耶大学理科硕士学位．

1921年初，熊庆来离欧返回昆明，任云南工业学校、云南路政学校教员．同年秋天，东南大学聘请他为新设立的算学系(即数学系)教授兼系主任．在那里任教的5年间，他开设了许多课程，并自编讲义，共计有《平面三角》《球面三角》《方程式论》《微积分》《解析函数》《微分几何》《力学》《微分方程》《偏微分方程》《高等算学分析》等10余种．其中《高等算学分析》被列为大学丛书，于1933年由商务印书馆出版．

1925年秋，熊庆来曾到西北大学任教1学期，而次年的春季学期仍回东南大学．1926年秋，他应邀北上，任清华大学教授，不久继郑桐荪任算学系主任．1929年，他主持开设清华大学算学研究所，次年录取陈省身等为研究生(1931年入学)，并于理学院院长叶企荪休假出国期间代理院长．1931年招华罗庚至清华大学任助理员．

1932年，熊庆来赴瑞士苏黎世参加国际数学家大会．会

后，他利用清华大学的休假期一年，转赴巴黎从事研究工作，与著名的函数论专家 G. 瓦利隆（Valiron）一起致力于函数值分布理论的研究. 后来又请假一年，以《关于无穷级整函数与亚纯函数》的论文于 1934 年荣获法国国家博士学位.

1934 年，熊庆来返回北京继续担任清华大学算学系主任和教授. 1935 年中国数学会在上海成立，熊庆来为发起人之一，并任首届理事. 他还会同北京、上海等地会员倡议，创办《中国数学会学报》，并任编委.

1937 年夏，熊庆来应聘担任云南大学校长，上任伊始便竭尽全力延聘教授，添置设备，增设院系专业. 在抗战时期极其艰难的条件下惨淡经营，将原来仅有 300 多名学生的学校发展成为有文、法、理、工、医、农五个学院，许多著名教授及 1 000 多名学生的大学.

1949 年 9 月，熊庆来随梅贻琦团长赴巴黎出席"联合国教科文组织"第 4 次大会，会议结束后暂留巴黎做研究工作，不久患脑溢血致半身不遂. 他意志坚强，恢复尚好，用左手写字，坚持从事研究工作. 此后的 7 年中在法国发表论文 20 余篇并著有专著《关于亚纯函数与代数体函数 —— 奈望林纳（Nevanlinna）的一个定理的推广》，后者由巴黎哥特 – 维拉书局于 1957 年出版.

1957 年 6 月，熊庆来返回北京，任中国科学院数学研究所研究员，后来并担任函数论研究室主任，所务委员会委员，所学术委员会委员. 他仍然孜孜不倦地从事研究工作，在《中国科学》《数学学报》《科学记录》等期刊上又相继发表论文 20 余篇. 同时，他招收研究生，指导青年学者，倡导且参加学术交流活动.

1959 年，熊庆来以无党派民主人士的身份被推举为第 3 届全国政治协商会议委员. 1964 年底继续担任第 4 届全国政治协商会议委员，并于次年 1 月任常务委员. 1969 年 2 月 3 日

逝世于北京. 1978 年 4 月,中国科学院为其举行了骨灰安放仪式.

熊庆来的专长是复变函数论,其突出贡献是建立了无穷级整函数与亚纯函数的一般理论.

设 $f(z)$ 为开平面上的一个整函数或亚纯函数,a 为任意复数,函数值分布理论主要是研究方程 $f(z) = a$ 的根的分布情况与性质的学科. 从 19 世纪 80 年代至 20 世纪 20 年代,E. 毕卡(Picard)、É. 波莱尔(Borel)、瓦利隆与其他欧洲数学家对整函数的值分布作了一系列研究. 他们着重研究量 $n(r, f = a)$,即 $f(z) = a$ 在圆 $|z| \leqslant r$ 内根的个数,重根须计算其重数. 他们使用的重要工具则是最大模 $M(r, f)$.

1925 年,奈望林纳建立了亚纯函数值分布理论. 他用

$$N(r, f = a) = \int_0^r \frac{n(t, f = a)}{t} \mathrm{d}t$$

代替 $n(r, f = a)$ 以及引进了特征函数

$$T(r, f) = m(r, f) + N(r, f = \infty)$$

其中

$$m(r, f) = \frac{1}{2\pi} \int_0^{2\pi} \ln^+ |f(re^{i\theta})| \, \mathrm{d}\theta$$

而

$$\ln^+ |f(re^{i\theta})| = \max\{\ln |f(re^{i\theta})|, 0\}$$

$f(z)$ 的特征函数 $T(r, f)$ 刻画了 $f(z)$ 的增长性,例如 $f(z)$ 的级 ρ 可定义为

$$\rho = \limsup_{r \to \infty} \frac{\ln T(r, f)}{\ln r}$$

基于这些概念与记号,奈望林纳建立了两个基本定理,成为函数值分布近代理论的基石. (可参见张广厚著的《整函数和亚纯函数理论 —— 亏值、渐近值和奇异方向》,科学出版社,1986 年.)

当熊庆来于 19 世纪 30 年代初第二次去巴黎时,瓦利隆、

高等算學分析

H. 米洛(Milloux)、A. 布洛克(Bloch)、H. 嘉当(Cartan) 等学者正致力于值分布理论的深入研究. 对于有穷级整函数与亚纯函数, 瓦利隆引入了精确级的概念并获得理想的结果. 然而关于无穷级的函数, 则仅有 O. 布鲁门萨耳(Blumenthal) 的工作. 该项工作不够精密, 且仅限于整函数. 熊庆来引入型函数, 定义了一种无穷级, 得到完美的结果. 精确地说, 他证明了下述的重要定理:

设 $f(z)$ 为开平面上的无穷级亚纯函数, 则必存在函数 $\rho(r)$ 适合:

(a)$\rho(r)$ 是 $(0, \infty)$ 上的连续、非负、非降函数, 且与 r 一起趋于无穷;

(b) 若置 $U(r) = r^{\rho(r)}$, 则

$$\lim_{r \to \infty} \frac{\ln U\left\{r\left(1 + \dfrac{1}{\ln U(r)}\right)\right\}}{\ln U(r)} = 1$$

(c) $\qquad \lim\sup\limits_{r \to \infty} \dfrac{\ln T(r, f)}{\ln U(r)} = 1$

应用所引进的无穷级 $\rho(r)$, 熊庆来对于无穷级整函数与亚纯函数获得了一系列精确的结果. 例如, 他证明了无穷级亚纯函数的波莱尔方向的存在性, 定理可表述如下:

设 $f(z)$ 是开平面上的亚纯函数, 具有无穷级 $\rho(r)$, 则必存在一条方向 $\arg z = \theta_0 (0 \leqslant \theta_0 < 2\pi)$, 使得对于任意正数 ε 与任意复数 a, 恒有

$$\lim\sup_{r \to \infty} \frac{\ln n(r, \theta_0, \varepsilon, f = a)}{\rho(r)\ln r} = 1$$

至多除去两个例外值. 这里 $n(r, \theta_0, \varepsilon, f = a)$ 表示在区域 $(|z| \leqslant r) \cap (|\arg z - \theta_0| \leqslant \varepsilon)$ 上 $f(z) - a$ 的零点数目, 重级零点须计算其重数.

以后 $\rho(r)$ 被称作熊氏无穷级, 成为无穷级整函数与亚纯函数研究中的得力工具.

在亚纯函数结合于其导数的研究方面,熊庆来也作了系统的研究.他首先将奈望林纳关于对数导数的引理推广到一般情况,证明了:

设 $f(z)$ 是 $|z| < R(\leqslant \infty)$ 内的亚纯函数,k 为一正整数,若 $f(0) \neq 0, \infty$,则对于适合 $0 < r < \rho < R$ 的任意两个正数 r 与 ρ 有

$$m\left(r, \frac{f^{(k)}}{f}\right) < C_k \left\{ 1 + \ln^+ \ln^+ \frac{1}{|f(0)|} + \ln^+ \frac{1}{r} + \right.$$
$$\left. \ln^+ \frac{1}{\rho - r} + \ln^+ \rho + \ln^+ T(\rho, f) \right\}$$

其中 C_k 是仅依赖于 k 的常数.

借助于上述结果,熊庆来对奈望林纳第二基本定理作了若干推广.其中之一可表述为:

若 $f(z)$ 为于开平面上的亚纯函数,a, b 与 c 为 3 个有穷复数,b 不等于 c,且均不为零,k 为一正整数,则对于任意正数 r 有

$$T(r, f) < N(r, f = a) + N(r, f^{(k)} = b) + N(r, f^{(k)} = c) -$$
$$N(r, f^{(k+1)} = 0) + S(r, f)$$

在米洛与熊庆来工作的影响下,亚纯函数结合于其导数的值分布研究有了很大发展.例如 1959 年 W. K. 海曼(Hayman)获得了一个十分有趣的基本不等式.

在奈望林纳理论与函数的正规族理论之间存在着十分紧密的联系.早在 20 世纪 20 年代,瓦利隆即注意到从奈望林纳第二基本定理可推导出 F. 肖特基(Schottky)定理与 P. 孟特尔(Montel)的正规定则.同时,布洛克则有一个奇妙想法:对于一个毕卡 – 刘维尔(Liouville)型定理,存在一个相应的正规定则.基于这些思想,熊庆来从他的基本不等式出发,证明了 C. 米朗达(Miranda)的正规定则.即:

设 $\mathscr{F}$ 是域 D 内的一族全纯函数,a 和 b 为两个有穷复数且

b 不为零, k 为一正整数. 若族 $\mathscr{F}$ 中每一函数 $f(z)$ 在 D 内不取 a, 其 k 阶导数 $f^{(k)}(z)$ 不取 b, 则 $\mathscr{F}$ 为 D 内的正规族.

虽然这个结果是已知的, 然而熊庆来使用了一个具有特色的方法: 由函数值分布论中的一个基本不等式出发, 消去余项中的所谓原始值, 从而建立相应的正规定则. 以后, 这种消去原始值的方法被中国学者不断使用与发展, 解决了海曼搜集提出的关于全纯与亚纯函数族的新正规定则方面的大部分问题. 这个方法对英、美学者的研究也有一定影响.

此外, 熊庆来对于代数体函数, 单位圆内的全纯与亚纯函数以及唯一性问题等方面也做了重要研究. 他的专著《亚纯函数与代数体函数 —— 奈望林纳的一个定理的推广》得到同行学者的好评.

熊庆来是我国近代数学的开拓者和奠基人之一. 他从 1921 年至 1937 年先后在东南大学和清华大学创办了数学系, 亲自开设了大量的数学课程, 培育了许多数学家、物理学家与其他学者. 我们只要举出当时他的学生中的几位代表便足以看出他对我国科学发展的影响与贡献. 在东南大学时, 严济慈、赵忠尧、柳大纲、胡坤升等都是他的学生. 而他在清华大学任教时, 华罗庚、陈省身、钱三强、许宝騄、林家翘、柯召、段学复、徐贤修、庄圻泰等都是那一时期成长起来的, 以至有的学者称当时的清华大学为我国科学发展的中心.

严济慈 1923 年由东南大学毕业后赴巴黎攻读博士时, 在数学、物理、法文等方面均有突出的表现, 受到法国教授的好评. 这些都是得益于他在国内时受到熊庆来与何鲁的教育与培养.

另一个为人们所传颂的例子是熊庆来与杨武之等对华罗庚的发现与培养. 1930 年, 华罗庚在上海《科学》杂志第 2 期发表论文《苏家驹之代数的五次方程式解法不能成立之理由》, 受到熊庆来等学者的重视, 邀请华罗庚至清华入学, 担

任算学系助理员,为系里整理图书、资料,抄写文件、卡片.华罗庚在工作之余,旁听大学课程,努力进修,并在杨武之指导下从事数论研究.华罗庚没有大学文凭,但由于熊庆来、杨武之以及叶企荪等的大力支持,他在清华大学由助理员升任助教、讲师,并且有机会于1936年赴英国剑桥大学深造,在解析数论方面做出卓越成绩.

1957年,熊庆来由法国返回北京时已年迈体衰,然而依旧致力于青年人的培养工作.他招收研究生,指导他们与研究实习员、进修教师等组织讨论班,报告奈望林纳、瓦利隆等学者的经典著作,使得这些青年能较快地成长起来.

熊庆来重视数学研究,热心倡导学术交流.早在清华大学期间,他便设立清华大学数学研究所,招收研究生.他还聘请了国际上著名数学家 J. 阿达玛(Hadamard)和 N. 维纳(Wiener)来华讲学,对微分方程与调和分析等近代数学内容在我国的传播与发展有良好的影响.在中国数学会及其会报的创建过程中,熊庆来也发挥了积极的作用.

1932年至1934年期间,熊庆来已是40岁上下,担任国内第一流大学的系主任与教授已逾10年,可是他并不满足已有的成绩,利用休假的机会赴法国深造,在无穷级亚纯函数理论方面作了系统、深入地研究,获得了法国国家博士学位.

20世纪50年代,熊庆来在巴黎患脑溢血致半身不遂,且年已花甲,但他仍坚持数学研究工作,回国后亦复如此.

在他的积极推动下,从1961年至1964年每年都举行了全国或北京市的函数论会议.他认真准备学术报告,并在讨论中热烈发言,针对数学教育与研究中的问题发表自己的见解.

在那一段期间,熊庆来还在自己家中主持北京地区函数论讨论班,每两周一次.参加者有赵进义、范会国、庄圻泰等老一辈数学家,也有中青年数学工作者,济济一堂,切磋学术.

　　熊庆来念念不忘的是发展科学和教育,以此来报效祖国和服务桑梓,为此他付出了毕生精力.他平生十分推崇伟大的法国学者 L. 巴斯德(Pasteur)以自己的科研成果使当时濒于危机的法国蚕丝和酿造业再度繁荣,帮助战败的法国度过经济难关,并常以此勉励自己,也教育学生为祖国复兴而勤奋学习.他的努力结出了累累硕果:卓越的研究成果,培育的许多杰出人才,对中国数学发展和对云南大学的突出贡献,等等.熊庆来品德高尚,待人宽厚,提携青年,为大家所称颂.

主要论著

1. King-Lai Hong. Sur les fonctions méromorphes d'ordre infini, C. R. Acad. Sci. Paris, 1933, 1961:233-242.

2. King-Lai Hong. Sur les fonctions entières et les fonctions méromorphes d'ordre infini, Journ. math. pures et appl., 1935, 14:233-308.

3. King-Lai Hong. Some properties of the meromorphic functions of infinite order, Science Reports of the National Tsing Hua Univ., serie A, 1935, 3:1-25.

4. King-Lai Hong. Sur une extension du second théorème fondamental de R. Nevanlinna, C. R. Acad. Sci. Paris, 1950, 230:1635-1636.

5. King-Lai Hong. Sur les fonctions méromorphes et leure dérivées, C. R. Acad. Sci. Paris, 1950, 231:323-325.

6. King-Lai Hong. Généralisation du théorème fondamental de Nevanlinna-Milloux, Bull. Sci. Math., 2e Série, 1954, 78:1-18.

7. King-Lai Hong. Sur les fonctions holomorphes dont les dérivées admettant une valeurs exceptionnelles, Ann. ec. norm. sup., 3e Serie, 1955, 72:165-197.

8. King-Lai Hong. Sur un théorème fondamental de M. Milloux, C. R. Acad. Sci. Paris, 1955, 241: 271-273.

9. King-Lai Hong. Un théorème d'unicité relatif à la théorie des fonctions méromorphes, C. R. Acad. Sci. Paris, 1995, 241: 1691-1693.

10. King-Lai Hong. Sur les fonctions holomorphes dans le cercle-unité admettant un ensemble de valeurs déficientes, Journ. math. pures er appl., 1955, 34: 303-335.

11. King-Lai Hong. Nouvelle démonstration et amélioration d'une inégalité de M. Milloux, Bull. Sci. Math., 2e Série, 1955, 79: 1-26.

12. King-Lai Hong. Sur la croissance des fonctions algébroides en rapport avec leurs dérivées, C. R. Acad. Sci. Paris, 1956, 241: 3032-3035.

13. King-Lai Hong. Sur les fonctions algébroides et leurs dérivées. Étude des défauts absolus et des défauts relatifs, Ann. ec. norm. sup., 3e Série, 1956, 73: 439-451.

14. King-Lai Hong. Sur la limnitation de $T(r,f)$ sans intervention des pôles, Bull. sci. math., 2e Série, 1956, 80: 1-16.

15. King-Lai Hong. Sur l'impossibilité de quelques relation identiques entre des fonctions entières, C. R. Acad. Sci. Paris, 1956, 243: 222-225.

16. King-Lai Hong. Un cycle simple dans la théorie des famille, normales, C. R. Acad Sci., Paris, 1957, 244: 1440- 1443.

17. King-Lai Hong. Sur la limitation d'une fonction holomorphe sans zéro et admettant une valeur exceptionnelle B, Bull. sci. math., 2e Série, 1957, 81: 1-7.

18. King-Lai Hong. Sur les fonctions méromorphes en rapport avec leurs derivees, Scientia Sinica, 1958, 7:661-685.

19. King-Lai Hong. Sur le cycle de Montel-Miranda dans la théorie des familles normales, Scientia Sinica, 1958, 7:987-1000.

20. King-Lai Hong. On the limitation of a meromorphic function admitting exceptional values B, Bulet. Inst. Poli. Din. lasi, Serie Noua. , V(IX), Fasc, 12959, 3, 4:1-4.

21. King-Lai Hong. Sur les fonctions méromorphes en rapport avec leurs primitives, Journ. math. pures et appl. , 1960, 39:1-31.

22. King-Lai Hong. Inégalités relatives à une fonction meromorphe et à l'une de ses primitives. Applications, Journ. math. pures et appl. , 1962, 41:1-34.

23. King-Lai Hong. Un problème d'unicité relatif aux fonctions méromorphes. Scientia Sinica, 1963, 12:743-750.

24. 熊庆来. 高等算学分析. 北京:商务印书馆, 1933.

25. King-Lai Hong. Sur les fonctions méromorphes et les fonctions algebroides. Mémorial sci. Math. , Fasc. 139, Paris, Gauthier-Villar, 1957.

早在1935年熊先生就已名满天下,所以社会各界对其有了解的渴望,于是他写了如下自述①:

云南光复,同学上书都督府请愿北伐,未许准,"民国"改元后裁高等学堂,设英法文专修科,学生五十余人,大半系

① 摘自《熊庆来纪念集——诞辰百周年纪念》,云南省纪念熊庆来先生百周年诞辰筹备委员会,云南教育出版社,1992.

前高等学生,余亦被取入,该校重军训,以一大队长为监学,管理极严.课程难不高深,但甚切实,余与李君汝哲相善,学识互有长短,磋磨之意大,"民国"二年云南省政府考送留学欧美学生十三人,获选者殆皆英法文专修科学生,予与李君均在其外,余由政府指定赴比习矿学,其时民国建造伊始,当政者似莫不有励精图治之心,培育人材尤加注意,当余与同学出滇时,省长罗佩金氏训话殷恳至三四小时之久,与同学于"民国"二年秋出国,留学同人天资虽非优异,但皆刻苦用功,好学若渴,余与杨君维俊赴丽道旧 liége,过比京未尝稍事游览,到丽后便延师续习法文,逾月,考入 Institut Paumen 学校补习,次年余投考大学,时大战爆发,试未终场,德军已入丽城,余乃于一月后负芨至英,旋赴巴黎入 Lycé Saint Louis 中学算学专修班,预备投考巴黎高等矿业学校,嗣闻该校因战停闭,一时不能开校,遂赴格诺布尔入电工学院,入后两月,以课程不满意,退出,仍入中学算学专班,同时到大学理科旁听,功课极忙,次年1916年在大学考得高等普通算学学证,暑假后转入巴黎大学,但上课两月,即罹咯血症,病势日重,不得已赴瑞调养,年余始就愈,以体弱不能复返巴黎又入法国蒙柏里国立大学,于1919年考得高等微积学、理论力学、理论天文学三学证,因之得理科硕士学位,至是以体格不健、习矿之计划打消,欲更进作算学上之研究,亦觉费时而无大好处故仅思多求理科智诚,庶归国较有益于社会,于是拟再学习物理化学等,法国大学物理一课,大半系两年授毕,惟巴黎、马赛等处一年即可,余求速年,既不能返巴黎,遂赴马赛,习物理及工业电学两学程,于1920年考得高等物理学证,本拟继续留法两年,因家庭催归,云南教育当局欲创办大学,亦力促回滇服务,遂于是年底东归,然云南大学未能实现,余主张办留学预备学校亦未见采纳,于是赋闲省垣,继省政府委任第三科科员,余以与为伍者多俗吏,一月后即辞去,后于省

高 等 算 學 分 析

立路政学校及甲种工业学校担任算学物理功课,但钟点甚少,数月后南京高等师范及东南大学函聘为算学系主任兼教授,遂应聘至金陵,时"民国"十年十一月也,东南大学开办伊始,算学系教授甚少,何鲁先生已辞去职,高深功课殆皆由余担任,甚感繁重,惟学生时颇多优秀,如严济慈、蒋士彰、胡坤升诸君皆当时同学,颇以为幸,余继续服务至"民国"十四年,始改应西北大学聘,任数理化系主任,十五年改应清华大学教授聘,继续服务至今,余以留法时为学无定向,未入研究途径,归国服务,又日碌碌于课务,但读死书,毫无贡献,引以为憾,"民国"二十一年,援校例休假出国,乃立意恢复学生生活,稍事研究工作,到巴黎后除稍稍旁听大学功课外,逐日至普阴加烈学院(Institut princaré)之图书馆探研,并参加法兰西学院阿达玛教授之讨论会,且得与孟特尔、瓦利隆、登若瓦(Denjoy)诸教授不时接触,受益甚多,所得结果之一部,曾先后作提要三篇在法国学术院 Académie des Sceiences 之每周报告 Comptes Rendus 上发表,又以其中大部分撰成一文,送投维拉特(Villat)教授所主编之算学杂志,维拉特先生为余旧师,以余昔日未获博士学位,嘱将是文提出作博士论文,余因从其命提出,得由巴黎大学波莱尔教授主评授予法国国家理科博士学位,然自问所获,实甚有限,不过得稍窥算学上之新境域可引后进者从事探求耳.

对像熊先生这样一位大家,要评价其在数学中的贡献必须要有一位重量级的同行才行.北大的庄圻泰先生曾写过一篇《数学家熊庆来先生》的回忆文章,其中对熊庆来先生的工作做了介绍:

在函数论中有穷级整函数的值分布问题,经波莱尔研究而臻于完善,无穷级整函数虽有布鲁门萨耳的工作而未能与波莱尔对有穷级整函数之理论相比美. 先生①首先证明奈望林纳所引入之函数 $T(r)$ 及逐段解析函数, 继证对每一个亚纯函数 $f(z)$, 存在一个合于波莱尔正规增长性的正的非减函数 $v(r)$, 然后由 $\ln v(r) = \rho(r) \ln r$ 定义函数 $f(z)$ 的无穷级 $\rho(r)$, 借此做成无穷级亚纯函数的一般理论. 此理论有二特点:(1)包括所有无穷级亚纯函数与无穷级整函数;(2)就整函数言, 其表达式的精确性同于波莱尔关于有穷级整函数的研究, 而优于布鲁门萨耳的结果.

在奈望林纳所建立的亚纯函数学理方面, 米洛②与先生③先后各获得一些关于函数结合其导数的基本不等式④⑤⑥, 而先生所得者可用以解决米洛者所不能解决的问题. 此外先生考虑函数结合其原函数(即积分)的问题, 而获得若干基本不等式, 并据以解决亏量唯一性等问题, 先生所得某些不等式被认为是这方面最深入的结果⑦.

孟特耳的正规族理论, 在数学各方面起重要作用, 孟特

———————

① Hiong K L. Sur les fonctions entières et les fonctions méromorphes d'ordre infini, J. Math. Pures et Appl., 1935(14),233-308.

② Milloux H. Les dérivées des fonctions méromorphes et la théorie des défauts, Ann. Ec. Norm. sup., e série, 1946(96),289-316.

③ 熊庆来. 亚纯函数的一个基本不等式及其应用, 数学学报, 1958(8),430-455.

④ Hiong K L. Un théorème fondamental sur les fonctions méromorphes et leurs primitives, C. R. Acad. Sci., 1956(242),53-55.

⑤ Hiong K L. Sur les fonctions méromorphes en rapport avec leurs primitives, J. Math. Pures et Appl., 1960(39),1-29.

⑥ Hiong K L. Inégalités relatives à une fonction méromorphe et à l'une de ses primitives. Applications, J. Math. Pures et Appl., 1962(41),1-33.

⑦ Гольдьерг А А. Современные исследования по неванлинавской теории распределения значений мероморфных функций конерного поряака ("Исследования по современных пробпемам Теории функций комплексного переменного" под редакцией А. И. Маркущевича,406-418.)

耳于1933年前后曾提出一些问题①,经蒲洛(Bureau)长期探研,未能圆满解决,后米朗达②得一完全解法而建立米朗达定理,然而米朗达的证明颇为冗长,虽经瓦利隆改进,仍不完善,先生得一新法,简化米朗达之主要不等式,达到所期待的精密度.

在正规族理论中,需要寻求新而简单的正规性定则,在前有的定则中,缺值起甚大作用.缺值即函数不取或仅取有穷次的值.先生首先注意到函数可取无穷次的例外值,因此引进 B 例外值概念,并考虑奈望林纳亏值与正规性的关系,而获得几个新的简单的正规性定则.

代数体函数是特殊类型的多值函数,研究困难较大,瓦利隆曾推广奈望林纳关于亚纯函数的方法到代数体函数,关于代数体函数第二基本定理,瓦利隆仅指示可以利用一个恒等式得出,但未给出证明,先生补上了证明,并结合导数将其推广.此外,先生曾指出亚纯函数无穷级概念可推广于代数体函数,巴格纳斯所证明关于代数体函数之一个普遍定理,即利用先生所定义之无穷级而获得者.

先生对单位圆内全纯函数及亚纯函数亦有所贡献.又曾著③《关于亚纯函数及代数体函数 —— 奈望林纳的一个定理的推广》一书,为数学界所称道.

1958年熊先生自己也写了一篇关于自己研究工作的介绍,题为《我的工作述要》.

我从事函数论的研究,可略述主要结果如下:

---

①　Montel P. Enseignement mathématique, 1934(33),5-21.
②　Miranda C. Sur un nouveau critére de normalité pour les.
③　法国出版的 Mémorial des Sciences mathématiques. 丛书中一本.

（一）整函数与亚纯函数论—— 这是很基本的理论，在近代有不断地发展，这两类型的函数可大别为有穷级与无穷级二类，前类的整函数关于值分布这个中心问题在著名数学家波莱尔手中已获得美善的定理，但关于无穷级的整函数，虽有德国数学家布鲁门萨耳的理论，但结果的精密性，未能与波氏关于有穷级整函数者比拟，我自己首先证明了奈望林纳引入的特征函数 $T(r)$ 的一个重要特性、$T(r)$ 为逐段解析的函数，继证明对于任意亚纯函数 $f(z)$ 存在一个合于波氏正规增长性的正的非减损的函数 $v(r)$，因之引进了由 $\ln v(r) = \rho(r) \ln r$ 定义的无穷级 $\rho(r)$。据此我遂得从构造一个无穷级的亚纯函数的一般性理论而具有两个特点：(1) 包括所有无穷级亚纯函数而整函数可视为其中的特例。(2) 仅就整函数言，其中表达式所具有的精确性，可与波氏关于有穷级函数的理论者同，而优于布氏理论者。这结果构成我于 1933 年在巴黎大学提出的博士论文的主要部分。瓦利隆所著《亚纯函数的波氏方向》一书曾将我所得这结果摘述于内，庄圻泰、李国平、薄保明、王振宇等于我的理论，先后有补充或推阐的结果，日本九洲帝国大学教授(Hiroshi Okamura)在其整函数的研究上不少涉及我的理论和引用我的结果，瓦氏在其关于平衍区(Flitregion)的论文中与米洛在其关于《单位圆内亚纯函数的理论》论文中则均指出熊庆来无穷级于所论问题可起的作用。

在奈氏于 20 世纪 20 年代所建立的亚纯函数新学理上，米洛氏与我自己先后各获得了一些关于函数结合于其纪数（即导数）的基本不等式，而我所得者较有优点，可用以解决米氏式所不能解决的问题，在最近苏联出版的《复变数函数近代的问题的研究》戈德贝尔格曾述及米氏与我的这些不等式，而特为指出我所得的一些不等式为最深入的结果。另一方面，我考虑了函数结合于其原函数（即积分）的问题也获

得了几个基本的不等式并据之以求出关于亏量与唯一性等问题的结果.

（二）单位圆内的全纯函数与亚纯函数——关于这样的无穷级函数,我则定义级 $\rho\left(\dfrac{1}{1-r}\right)$ 的概念从而获得与上述者相当的结果,关于全纯函数布在布洛克所谓的有穷观点的讨论则得了著名朗道(Landau)定理与肖特基定理的一些新的推广,且在亚纯函数方面,亦有同性质的一些定理.

（三）解析函数集——孟特耳所创的正规族(Familles normales)学理,在近代数学的多方面曾起重要作用,这作者本人于1933年前后提出一个重要问题经现在著名的比数学家 F.蒲洛作过持久的探研,未能完满解决,后意大利人米朗达始得一完全解法,而建立了以其名著称的定理,但其证明虽经过瓦氏改善仍甚繁长,且其中主要的不等式远未达到所期望的精密度,我自己曾得一个新的方法简易地证明了米朗达定理,且相关的主要不等式适合于所期待的形状.

正规族理论中尚存在的一个重要问题是寻求新的正规定则,而简单的定则尤认为难得,在以前有的定则中讨论亏值(Valeurs lacunaires)起很大作用,但仅限于亏值,即函数不取或仅取有限次的值,我首先注意到函数取无穷次的例外值,我导入例外值 B,从而证明了两个新的简单的定则,又在正规性应与奈氏亏值有密切关系的假设下,更证明了一些有趣的定理,且因之得出在单位圆内的全纯函数或亚纯数的一系列的结果,其中一部分构成 n 个新的孟氏所谓的圈属(Cycle).

（四）代数体函数论——这是一个重要类型的多值函数,研究困难较大,近代虽有发展,理论缺陷甚多,问题未解决者自亦不少,我自己于此亦略得结果,首先我所定义关于亚纯函数的无穷级,可推及于代数体函数,因之可得关于无

穷级亚纯代数体函数的值分布的一套定理,这样的结果,我曾于 1933 年巴黎科学院 *Comptes Rendus* 上发表的短文上简单的指出. Baganas 于 1950 年所证明关于代数体函数的一个普泛定理,即用到我这样定义的无穷级而获得的.

在代数体函数的基础上我证明了一个函数结合于其纪数的基本定理,以此为工具,则于代数体函数亦自然地推演出一个相对亏量的理论.

(五)其他——在整函数结合于其纪数的理论上,我吸取波氏著名的初等证明原则,证明了一些恒等式的不可能性,从而由极初等的途径获得了一系列定理.

关于泰氏级数确定的函数,在无穷级的情况,我应用阿达玛引入的多边形法,获得了类似瓦利隆在有穷级情况中的结果.

比氏曾解决在一圆内全纯函数的因数分解问题. 奈氏继在有穷格的亚纯函数情况解决了一部分问题,我自己处理了格 $P > 1$ 及无穷格等未解决的问题.

以上这些结果曾在国内《清华大学理科报告科学纪录》《中国科学》《数学学报》等期刊发表,并在国外发表于法国的《科学院报告》(*Comptes Rendus*)、《理论与应用数学学报》(*Journal Math. Pures et appl*)、巴黎的《高等师范年刊》(*Ann Ec. Norm Sup*)、《数学科学杂志》(*Bull sc. Math*)、荷兰的《皇家科学院汇报》(*Proceedings*)、罗马尼亚的《雅西科技杂志》(*Buletinul din lasi*),一部分结果曾摘要写入我在巴黎选写的 *Sur les fonctions m'eromorphes et les fonctions algébróides* 一书中(Mémorial Sc. Mathématiques 数学科学丛刊 1957 年出版).

辉煌之巨著,法兰西之风格,本书可以说是熊庆来先生早期的一部代表作.

高 等 算 學 分 析

著名数学家徐贤修先生在其题为《纪念迪师百龄诞辰》的回忆文章中指出：

> 熊迪之(庆来)先生是一位高瞻远瞩的教育家，青年时在法国攻读数学，受当时数学大师的教诲与影响. 在法八年，1921年返国，就聘于南京东南大学(中央大学的前身)任教授兼数学系主任. 当时的学生中很多大有成就的学生，如周鸿经、康佩经、胡旭之先生等，都受过他的熏陶. 大约在1928年，特聘熊先生创办数学系并筹设研究所. 第一班研究生中有陈省身、吴大任先生等，大学部在我入清华之前有庄圻泰、陈鸿远、许宝骤、柯召先生等济济一堂. 当时熊先生教学政策是给予大学部学生一般而切实严格的基础训练，所谓三高(高等代数、分析、几何)是二、三年级必修的重要的课程，他有 *Goursat Mathemetial Analysis* 为蓝本，更参考自己的心得，译著《高等分析》一书，于数学名词之订定，费尽苦心，贡献至大. 熊先生常常说："教学最重要的是带学生上路. 一个人能有自己的判断，认清方向，孜孜不倦，终必能发挥他的创造能力的." 他又常说："数学研究工作，最可贵者在牵涉及之." 此实至理名言. 当时在校同学每以"牵涉大了"为戏语，传为美谈.

另据黄延复先生回忆：

> 当时的清华理学院，除算学系外，各系在教学与科学研究上，大都以实验科学为主要发展方向，这在当时国内实验科学尚不发达的状况下，是比较先进的. 但算学系没有实验室，所以在教学上比较注意对学生的运算能力的训练，把它作为使学生掌握与运用数学理论和扩大数学科学视野的主要手段，习题分量多，也较繁重，但对于质地较高的清华学生

的提高来说,都起了较大的促进作用.在课程方面,当时算学系只有纯粹数学课程,而没有实用数学课程,这时期理学院开出了几门反映当时最新科学成就的新课程,对于在国内传播最新科学知识起了很好的作用,其中之一就是熊庆来亲自开出的"近代微分几何".他编的教材《高等算学分析》水平很高,内容丰富,逻辑严密,发扬了法国数学的特长(在分析方面,法国当时一直处于领先地位),被定为大学丛书,和萨本栋的《普通物理学》、陈桢的《普通生物学》等一起,被认为是当时国内理科方面高水平的中文教科书.

1931 年,国际数学会在瑞士召开世界各国数学家会议,熊庆来作为中国代表前往苏黎世出席会议.第二年,正好轮到他休假,会议结束后,他就再次来到巴黎,从事为期一年的研究深造.当时他还没有博士的学衔,他决心结合这次研究撰写一篇博士论文,以取得这项学衔.

这期间,欧洲数学正处于"攻坚"阶段.在函数论的研究中,可分为有穷级函数和无穷级函数两个分支.欧洲数学家波莱尔曾在有穷级整函数的值分布问题上,进行了深入细致的研究,取得了完美的成果.数学家布鲁门达尔曾对无穷级函数进行了研究,但是没有取得能和波莱尔有穷级函数理论相媲美的结果.熊庆来决定把这个题目作为自己"攻坚"的对象.他在卢森堡公园附近租了房子,将儿子秉明带在身边上中学,并协助料理日常生活,便开始了他的具有划时代性的研究工作.他首先证明奈望林纳所引入的函数 $f(z)$ 为逐段解析函数,并在此基础上做成无穷级亚纯函数的一般理论,此理论有二特点:(1) 包括所有无穷级亚纯函数与无穷级整函数;(2) 就整函数而言,其表达式的精确性同于波莱尔关于有穷级整函数的研究,而优于布鲁门达尔的结果.在这个研究的基础上,他写出了他的博士论文《关于整函数与无穷级的亚纯函数》(*Sur les fonctions entières et les fonctions*

méromorphes d'ordre infini),先后在法国学术院《每周报告》和 N. 维纳(N. Wiener)教授主编的《算学杂志》上发表,受到了数学界极大的关注.1933 年因这篇论文的科学水平,熊庆来获得法国国家理科博士学位;他所定义的无穷级,被国际数学界称为"熊氏无穷级",又称"熊氏定理".

1934 年,熊庆来仍然回到清华大学担任算学系系主任,又把清华算学系的发展大大地向前推进了一步.他广聘贤能,加强情报资料工作,购置大量图书、期刊和名家著作.另外,他还于 1936 年主持创办了《中国数学会会刊》(即现在《数学学报》的前身),为数学研究开辟了发表论文和探讨问题的园地.在他的主持下,清华数学系很快就发展成全国第一流的数学系,会聚了一大批杰出的人才.教师中有郑之蕃、杨武之、赵访熊、曾远荣、孙镕、戴良谟、周鸿经、陈鸿远、吴新谋、李杏英、徐贤修、华罗庚、庄圻泰、段学复等;学生和研究生中则有陈省身、吴大任、许宝騄、施祥林等.其中最突出的是他"慧眼识罗庚"和延聘国际上著名的数学大师阿达玛、维纳来清华算学系执教两件事.前者笔者在《怀念师友》一书所收《华罗庚》一文中,已作了较详细的介绍.阿达玛是熊庆来两次留学法国时的良师和挚友,用熊庆来本人的话说,是"国际上数一数二的学者",他来校时身兼巴黎大学副教授、法国中央实验学校教授、巴黎法兰西学院教授、法国国家学术院会员、世界算学会副会长、世界算学教育委员会会长等要职.他的应邀来清华讲学,成为当时轰动中国科教界的一件大事.阿达玛抵京时,由校长梅贻琦、理学院长叶企荪和熊庆来本人亲自到北平车站迎接,熊庆来还为《科学》杂志撰写了题为《阿达玛氏学术方面之经历及工作》的文章,向国内学界介绍阿达玛在近代数学研究中的重大贡献.1936 年 4 月 26 日,在清华大学建校 25 周年庆祝会上,阿达玛作了题为《关于数学任务的几点感想》的学术报告.阿达玛每周为教师和研究生讲课 3 次,主要讲授偏微分方程,华罗庚、吴新谋、许宝騄、庄圻泰等人都曾亲聆教诲.阿达玛的讲稿由吴新谋整理后,又经阿达玛本人多年的补充和完善,写成了《偏微分方程论》书稿,为了表示对中国人民的友好感情,阿达玛于1964 年(阿达玛于该年逝世) 特将书稿送到中国,由科学出版社出版①.这部著作现已成为世界各国研究生的教科书.维纳来清华时,是美国麻省理工学院数学教授,对于近代数学的应用,贡献尤丰.他当时来清华是由算学系和电机系合聘.他后来被誉为现代控制论的创始人,而他本人则把他在清华电机系与李郁荣教授合作研究电网络的成果看作是他毕业对控制论研究成就的起步.

熊庆来先生作为一位著名的教育家,发现、培育、提携了许多人,这些人中许多后来也都成了大家,如1991 年著名数学家陈省身先生就写了一篇题为《忆迪之师》的文章.他写道:

> 我初见迪之师是在 1930 年夏天.那年我从南开毕业,想投考清华数学研究所,曾经拿了姜立夫先生的介绍信,去清华谒见迪之师一次,所以在考场中他认识我.记得在考分析时我一时被积分 $\int dx/\cos^2 x$ 蹩住了,他站在旁边许久不走.分析考题是法国式的,比较复杂.虽然有此穿插,考后觉得录取是没有问题的.
> 等到秋季开学,我去清华报到.办事员见了我的名字,便说:"熊先生要见你."原来那年数学研究所只有我一个学生,算学系决定聘我为助教.
> 1930—1931 年算学系的办公室是在工字厅的"短划"

---

① 这本书法文版后来被刘培杰数学工作室再版了.

上.那是四个小间,中间为一行人道隔开.左边的里间是系主任熊先生的办公室,有南北两扇窗,熊先生同我各占窗前一桌,所以我们同了办公室一年.

熊先生是一个十分慈祥的人.那时事务轻闲,大部分时间用在教学.学校已大力向学术研究发展,熊先生很想聘请几个法国教授来清华.人选包括 A. 当儒瓦(A. Denjoy)、G. 亨伯特(G. Hombert)、孟特尔,都是当时法国有地位的数学家.可惜清华坚持长期的访问,而当时欧亚交通,主要靠轮船,实现有许多困难.来到清华讲学的有美国麻省理工学院维纳教授和法国科学院院士阿达玛教授.

办公室的右边两间是系图书室及教授办公室,不是每个教授都有办公桌的.1931年华罗庚到清华,他的职务就是算学图书室管理员.但不久他就升为助教了.

那时的系很小,但许多人后来在事业上有成就.杰出的学生有施祥林,拓扑学家、哈佛魏特尼(Whitney)的学生,曾任南京大学教授,已去世;柯召,数学家,英国孟特尔的学生,曾任四川大学校长;许宝騄,统计名家,英国 J. 奈曼(J. Neyman) 的学生,曾任北京大学教授,已去世.

真正传了熊先生衣钵的学生,当推庄圻泰.熊先生在法国读书的时候,数学差不多就是分析,而复变函数论,以其优美的性质,深刻的现象及广泛的应用,尤为数学入门必须经过的训练.法国在这方面人才汇集,有毕卡、波莱尔、阿达玛、G. 瓦龙(G. Vahron) 等,照耀数坛.熊先生于20世纪30年代,乘清华休假机会,在巴黎工作两年,圻泰于1936年继去巴黎,都做出了杰出的贡献,为巴黎学派增光.他们回国后继续训练了一群函数论者,以杨乐、张广厚最为杰出.

单复变函数论将永为数学上灿烂的一章.近代数学的进展对于这个题目得了更深刻的了解.在数学史上他是近代数学许多基本观念的源泉.

高 等 算 學 分 析

迪师为人平易,同他接触如坐春风.他在清华一段时期,不动声色,使清华数学系成为中国数学史上光荣的一章.他在复变函数论做了不朽的贡献.经师人师,永垂典范.

1992 年 4 月 5 日,段学复先生在北大数学系回忆:

早在 1932 年秋我考入清华数学系.那年及第二年熊先生在法国,回国后第一年讲授高等数学分析课程,由于我已从赵访熊先生学过,但熊先生教材用的是自编书,内容有所不同,我就有选择地听熊先生的课,是吴新谋先生辅导.1935 年秋,我学习熊先生开设的复变函数课程,教材用的是 E. 古尔萨法文数学分析教程的英译本二分卷一分册①.熊先生讲课从容不迫,严谨细致.虽然已经是五十五年以前的事了,但是我还记得非常清楚.是在清华科学馆的一间小教室里上课,时间是星期一、三、五上午 11 时至 11 时 50 分.但熊先生每次都一口气讲到 12 时 50 分,课后同学几人到校门外小铺吃饭.期中考试,晚上七时开始,熊先生亲自监考,不催交卷,一直到 10 点多钟才结束.课程中用留数计算积分的阶段,做了很多有启发性的难题,留下很深的印象.那年维纳的课和阿达玛的讨论班,我参加了,看见熊先生都很认真地听讲.1936 年上半年,我在熊先生的指导下,围绕着一个专题 —— 一类复系数多项式的根的分布问题(假设非零系数的某些低次项的次数为已定),学习了十几篇论文(英、德、法文都有),写成综合报告,受益匪浅.

国人对熊先生的了解大多是通过华罗庚的传奇经历.

---

① 这部著作共 3 卷,刘培杰数学工作室已经出版.

从金坛到清华①

  关于华罗庚当年从金坛到北平(今北京)进入清华大学的经过,他的校友黄延复这样回忆说:"如果把他(华罗庚)比作一匹驰远鸣高的千里马,那他开始驰骋的第一步是从清华园迈出的."

  他说:"作为一匹千里马,他确曾有过一段'食不饱,力不足','祇辱于奴隶人之手',而且几乎'骈死于槽枥之间'的处境.而以数学系主任熊庆来教授为代表,清华大学正是从这种处境中把他发现的 …… 可贵的是,熊庆来教授生前亲口谈过这段往事."

  事情的经过是这样的:在20世纪60年代初期,清华大学为了编写校史,曾就人才培养问题专门访问过熊庆来教授,当问到他对华罗庚的培养时,熊庆来说:"华罗庚是一个例子,聘他为本系图书馆助理员.当时,华在《科学》杂志写了论文,我发现他有天赋,问系里人知道不知道这个人.后来唐培经说是他的同乡,就介绍他来了.华初来时英文也不好,我们让他进修大学课程.华出国是我在中英庚款委员会做审查委员时推荐的,送他到英国剑桥大学去深造.当时,他在校时很受哈代,尤其是维纳的器重.他受哈代影响,哈代叫他看苏联维诺格拉多夫的数论.当时维纳年轻热情,华留英时,他很热心地把华介绍给哈代.哈代当时是剑桥大学的数学首席教授(从事分析与数论研究).维纳在介绍华的信里说:'华是中国的 Ramanujan(此人是印度大天才数学家).'据说一个英国数学家 —— 可能是哈代,去印度游历时,在一家印度小纸烟铺前见到这个在烟纸上演算数学题的人,发现他很有天赋,便把他带到英国去培养(这段与史实不符,属杜撰),两年

---

  ① 摘自《中国当代著名科学家丛书 华罗庚》,顾迈男著.贵州人民出版社,2004.

高 等 算 學 分 析

以后,他就得了博士,成为皇家学会的会员.因而华深得哈代的重视.后来,维纳在他写的一本书 *I am a mathematic* 中,也曾提到华罗庚和我……"

在华罗庚辞世以后,美国纽约的《美洲华侨日报》发表了题为《华罗庚是青年的楷模》的社论,社论中写道:"华罗庚初中毕业以后,因家庭清寒无法续学,当时在一家小杂货店中做小伙计.1930年,华氏年二十,在业余自修中发现当时一位名教授关于一个代数问题运算的错误,就写了一篇短文投稿于当时上海出版的《科学》月刊发表.事为清华大学数学系主任熊庆来所重视.熊当时就查问这位华君是位留学生?或是哪个大学的教授?谁也没料到他竟是一名失学就业于'烟纸店'里的无名小店员."

社论还说:"熊庆来主任爱才心切,把一名职业卑微的小店员请到清华充任资料助理员.华氏这时即发愤苦读,一面认真工作,一面积极进修,1936年获清华资助前往英国剑桥大学深造……"

社论最后说:"我们纵观华氏的一生,从一位清寒好学的失学青年,以其杰出的天赋,好学不倦,攀登学术界的高峰,已是世所罕见.更难能可贵的是,每当国家兴亡的重要关头,华氏都赴义恐后,其'利'、'义'之分,跟他的学术与人格结合在一起,更令人敬仰.及至最后应邀赴日本讲学,明知近年体弱多病,但精诚所至,公而忘私,将其饱学经纶,毫无保留地传授世人.这也正符合了他'青山处处埋忠骨,何须马革裹尸还'的壮志.一代宗师行谊,真是万世典范."

这张在美洲华侨中有广泛影响的报纸发表的社论,在追述了华罗庚的生平后,指出了两个值得深思的问题:第一,华罗庚年轻时虽然天才横溢,但若无熊庆来的赏识,则恐亦将埋没在工商业界,没有机会在学术上大放异彩.真正是"世有伯乐,然后有千里马;千里马常有,而伯乐不常有".其次,青

年华氏能有机会投稿于《科学》杂志,亦可见20世纪30年代出版事业的蓬勃.也唯有在言论开放,能容纳不同意见发表的地方,才能使有才能的人有机会发挥.社论殷切希望:"对人才拔擢与文化事业发展注意及之,则国家建设才能早日完成."

那么,华罗庚究竟是怎样从故乡金坛的一爿小小的杂货店里,奇迹般地进入中国著名学府清华大学的呢?

华罗庚的好友王时风在1947年6月的《时与文》第14期上曾载文说:"有些文字说华教授之去清华,是他写信给该校算学系主任异想天开地做了一次'毛遂',这是不正确的,华教授之去清华大学,乃是唐培经先生介绍去的.他们是小同乡,然而以前是素未谋面过的.那时,唐先生正在清华大学任算学系教员."这个说法和上述说法是吻合的.

伯乐慧眼识良驹

熊庆来致力于中国数学人才的培养工作,他诲人不倦的精神给人们留下了深刻印象.当时,中国还没有专门的数学教材,他就自己动手编讲义.他说:"我生平最大的乐趣是培养年轻人!"

对于那些不可多得的凤毛麟角般的优秀学生,他更是舍得花工夫.严济慈、钱三强、赵九章、赵忠尧等许多著名的科学家,都曾在他的教导下,受过严格的数学基础训练.

熊庆来回国以后,对中国的落后状况深感焦急.他和竺可桢等一些从科学技术发达国家归来的留学生,自由组合成立了中国科学社,创办了一个名叫《科学》的杂志,由后来的化学家柳大纲的老师王季梁担任这个刊物的主编,柳大纲任编译员.他们以发现人才、追求真理为宗旨,仔细、慎重地处理每一篇来稿,凡是认为重要的稿件都推荐给有关学科的权威人士看.

华罗庚在艰苦的自学生涯中写了许多篇代数、几何和数

学分析方面的文章,寄给《科学》杂志,这些论文引起了柳大纲师生二人的很大兴趣.大约在一两年的时间里,他们不断地收到华罗庚寄来的论文,又不断地把这些论文推荐给熊庆来.

1930年的一天,他们又收到了华罗庚的一篇论文,题目是《苏家驹之代数的五次方程式解法不能成立之理由》.

当时的清华大学数学系教授杨武之(著名美籍物理学家、诺贝尔奖奖金获得者杨振宁教授的父亲)首先读到了华罗庚的这篇论文,他随即把它推荐给了数学系的负责人熊庆来.

后来,熊庆来经过查询,找到了在清华大学数学系工作的江苏金坛籍教员唐培经.在征得校方同意以后,熊庆来向唐培经表示希望聘请华罗庚到清华大学担任图书馆的助理员,同时可以旁听进修.

1931年暑假来临,唐培经回到故乡金坛.他虽然从未和华罗庚谋过面,但很为自己有这么一位竟然引起数学大师熊庆来如此重视的小同乡而喜不自禁.因此,回到金坛后,他不顾旅途的劳累,便急忙来到华罗庚家,向他转达了熊庆来教授的盛意.

正在贫病交加的困境中苦苦挣扎的华罗庚,突然听到这个天大的喜讯,一时间,不免热泪盈盈.可是,大病初愈的华罗庚,穷得家徒四壁,一时间竟凑不起从金坛到北平的路费.他父亲华老祥听说儿子有了出头之日,便求亲告友借了一笔路费,把儿子送出了家门.这时,华罗庚只有21岁.

那天,华罗庚携带简单的行李,一瘸一拐地走进了清华大学.熊庆来教授立刻热情地接待了他.熊庆来发现,站在自己面前的这位身体瘦弱、面带菜色、患有严重腿疾的年轻人,在谈话中,才思敏捷,对答如流.事后,他回忆初次见面的情景时,赞叹华罗庚是"一匹典型的千里驹!"

在这之后，熊庆来遇到的第一个难题是：给华罗庚定什么职称？最好是给他个助教的头衔. 因为在清华大学，如能做一名助教，实际上就是一名在职的研究生，对于进一步培养、深造是十分有利的.

可是，在非常看重资历的当时的清华大学，对华罗庚这样做却是根本不可能的. 他那点微薄的学历（初中毕业），在金坛小县城的中学做个会计、初中教员尚且名不正言不顺，被人非议，何况让他做清华大学的助教！因此熊庆来经过再三考虑，只能安排他先做系里的图书馆助理员. 能做到这一步也并不容易，在当时，通常一个大学毕业生初到图书馆也只能是这个职位. 一个初中毕业生通常的职位只能是"见习生"之类.

但是，所有这些，对于华罗庚来说都并不重要，重要的是他已经跨进了著名学府的大门. 在这里，除了做好本职工作外，他可以旁听大学的课程，业余时间还可以自由地进出图书馆看书……

当时，华罗庚以极大的毅力面对所有的困难. 每天，他拖着一条病腿，整理图书资料，收发文件，代领文具，绘制图表，等等. 业余时间，他就去听数学系的课程.

据人们回忆，在数学课方面，熊庆来本来安排他去听解析几何课. 后来，华罗庚对人说："当时，解析几何对我来说太浅近了，即便是熊先生的分析班我也可以听懂. 不过，当时因为初到学校，新的环境，新的人事，有些话是不便直说的."

有人问华罗庚："你当时数学程度究竟有多高？"

他说："有些问题已经了解到数学系三四年级的程度，有些地方尚差一点."

熊庆来毕竟有伯乐的胸怀，他很快就纠正了自己的做法，免修了华罗庚的解析几何课，允许他到自己的分析班上去听课了.

在那些日子里,业余时间,华罗庚便在图书馆如饥似渴地阅读中外数学书籍.到他前去英国剑桥大学留学时,清华大学图书馆里的几乎所有数学方面的藏书都被他饱览无遗.

熊庆来在回忆中提到的阿达玛和维纳,都是清华数学系聘请的外籍大师.阿达玛是法国人,熊庆来称他是"国际数学界数一数二的学者".当时,他是巴黎大学教授、国家算学院会员、世界算学会副会长、世界算学教育委员会会长.据说,他还是一名法国共产党党员,因此他介绍华罗庚读苏联学派的研究成果.维纳是美国麻省理工学院教授,也是一位杰出的数学家,后来,被誉为现代控制论的创始人.那时,清华大学数学系人才济济,那段时间在这里做研究生或助教的人,有许多后来都成了第一流的大数学家.年轻的华罗庚受到了两位国际数学大师的青睐,足以说明他的才华出众.

经过自身艰苦卓绝的奋斗,并在熊庆来教授的极力推荐下,1933 年,华罗庚被清华大学接纳为正式助教,正式走上了这个著名学府的讲台.后来,有人感慨地说,在当年的清华大学,由职员系统调任至教员系统,几乎是不可能的事情.然而,华罗庚以其卓越的表现打破了这个相传多年的传统.

光阴荏苒,匆匆到了新中国成立之日.华罗庚对熊庆来的感念与日俱增.新中国成立以后,熊庆来之所以毅然从海外归来,也是和华罗庚分不开的.

1949 年秋天,熊庆来作为代表去巴黎参加联合国教科文组织第四次会议,在异国得知他任职的云南大学已经解散,他已无校可归,只能暂留在巴黎,以家庭教师为业.后来,又不幸中风,半身瘫痪,以残疾之躯只身客居巴黎.这时,华罗庚正在国内致力于创建新中国的数学科学,得知熊庆来的不幸遭遇后,多次给他写信,希望他尽快回国.与此同时,他还以数学研究所的名义,请国务院专家局把熊庆来的夫人和孩子从昆明接到北京.熊庆来从夫人的信中知悉这一切之后,

激动得泪水涟涟.就这样,他迅速结束了犹豫和徘徊,踏上了归途.

1957年6月8日,吴有训、严济慈、华罗庚亲自到北京西郊机场迎接归来的熊庆来.

回国以后,华罗庚立刻请来医生给熊庆来治病.不论工作多忙,他总是隔几天就亲自登门看望恩师.熊庆来病体稍好以后,华罗庚又请他在自己领导的数学研究所担任了研究员.

所有这些,都使熊庆来感动不已.他写信给海外的旧交说:"我以残废之身在巴黎过着清苦的生活,工作只是为个人生活,久留异国,殊无甚意义……数学研究所华罗庚所长与我相知深厚,知我有归意,即密切联系,恳切邀我参加所里的工作……"

在数学分析方面,熊庆来是中国少有的权威,他尤其擅长复变函数论.他一生从事教育工作,晚年仍兢兢业业地为国家培养数学人才.回国以后,他除了做研究工作外,还在北京地区组织了函数讨论班.为了表彰他的贡献,1962年9月4日,中国科学院在北京政协礼堂隆重集会,庆祝熊庆来教授70岁寿辰和从事教学、科研工作40年.

四年以后病体缠身的熊庆来,病情日益沉重,不久,便在北京与世长辞了.

华罗庚从外地推广优选法回来,得知恩师过世的噩耗,顿时泪流满面.他立即赶到北京郊区的八宝山革命公墓,下了车,拄着拐杖,跟跟跄跄地一面哭泣,一面直奔焚化间,给熊庆来教授的遗体深深地鞠了三个躬,才哭着离去.

1978年,中国科学院在八宝山革命公墓礼堂隆重举行了熊庆来教授的骨灰安放仪式.

本来对于这样一位国宝级的数学家应该由国家级的大社来负责

纪念与宣传,笔者所在的哈尔滨工业大学出版社只是一个地处边陲的出版社,但出版这个行业只论应不应该出版,值不值得出版,希不希望出版,对资格并不那么看重,也是笔者天真,觉得有责任、有能力把这件对数学界对教育界甚至对整个国家有益的事做好.

If not now, when? If not me, who?

此时此刻,非我莫属.

对于普通人来讲,除了高深的函数论造诣,熊先生至少有三个方面是值得今天全国国人学习的.

一、顽强之精神,惊人之毅力

据原数学所所长杨乐回忆①:

我和张广厚同志于1962年考入数学研究所,成为熊庆来先生的研究生.当时他已是古稀之年,并且1951年初在巴黎时曾患脑溢血致半身不遂,行动不便,步履艰难.然而我们到所后不久,他便组织我们举办讨论班,报告亚纯函数的基本理论.

数学所距熊先生的家稍远,且位于四五层楼上,由于熊先生坚持每次讨论班都要亲自参加,所以我们在离他家较近的福利楼二层(当时科学院的工会俱乐部)商借一个房间充作教室.有时找不到车辆,熊先生便步行前往.对于普通人来说,这段距离大约七八分钟就可以走完,可是熊先生迈着艰难的步伐要走上四五十分钟,上、下楼更是费劲,几乎一步一停.我们在旁边搀扶的年轻人都感到很焦急,可是他仍然十分坚定地向前走着.

熊先生的这种顽强的精神与惊人的毅力也表现在他自

① 摘自《熊庆来纪念集——诞辰百周年纪念》,云南省纪念熊庆来先生百周年诞辰筹备委员会,云南教育出版社,1992.

己的工作中.他二十岁时由云南省选送到比利时学习路矿.不久第一次世界大战爆发,他辗转经伦敦去巴黎,改习数学.回国后在东南大学和清华大学担任了多年的教授和系主任.可是当他四十岁时仍然决心利用休假的机会再度赴法国从事函数论的研究,并且做出了十分出色的工作,获得法国国家博士的学位.在他半身不遂后的二十年中,一直坚持做研究工作.右手已不能握笔,他就用左手写字,右手勉强帮助压纸,有时用左手非常费力地写了十多行字,压纸的右手却不慎将纸扯破,但他毫不气馁,又重新写起.撰写外文稿时,他缓慢地用左手一个字母一个字母地打字.就是这样,他依然做了很多研究工作,发表了不少学术论文.

二、理想之婚姻,道德之楷模

据熊夫人姜菊缘于1980年口述,其子秉群记录①:

　　我和迪之结婚是旧式婚姻,我们十六岁就结婚了,当地有一个规矩,在新娘被引进洞房时,新娘要向新郎叩个头,叫"挑水头",新娘叩了此头后,日后新郎才肯给新娘挑水,叩头之后,新郎还要跨一下新娘的头,这就不清楚有什么说法,总之还是男尊女卑的旧风俗.我当时按旧规矩向迪之叩了一个头,可是他不但没有跨我的头,反而还向我作了揖,亲戚和来宾看了,都赞扬说真有礼貌,我也很感动,心里暗暗生了敬佩之情.

　　我和迪之结婚不到一个月,他就到昆明去读书了,祖母问是不是你们感情不好,迪之说不是,只因读书要紧.

　　我和迪之结婚的第二年,那时还是清朝时期,革命浪潮席卷全国,年轻人剪发以示反对清朝,他也受新思想的影响,

---

　　① 摘自《熊庆来纪念集 —— 诞辰百周年纪念》,云南省纪念熊庆来先生百周年诞辰筹备委员会,云南教育出版社,1992.

约了些同学剪发,但外出时戴着有辫子的帽子.在国外留学时,他也专心学业,他写信回来给父亲说:"戏院酒店舞厅男不喜入,谚语道一寸光阴一寸金,寸金难买寸光阴,努力读书为要."并且他认为跳舞就会和外国女朋友要好,就要和她们结婚,丢掉家里的妻子,这是很不道德的.1957年由国外回到祖国以后,虽年老病多(60余岁,又患高血压,半身不遂,糖尿病),他还兴致勃勃地开始学一门新的外国语——俄语.他认为研究科学必须多掌握几国文字.

他在东南大学任教时,创办了算系,学生都很聪明用功,现在著名的科学家严济慈、赵忠尧、胡坤升都是那时候的学生,当时缺乏教材,他自己编讲义,他编了好多种讲义,我虽然不懂,可是那些名目都记得很清楚,叫微分方程、微积分、高等分析、三角、球面三角、偏微分方程,每种都是油印的一大本,他出的习题很多,学生做的又快,所以不但编讲义的任务大,出习题和改习题的任务也大,当时他又患有严重的痔瘘,在床上趴着工作,每天还要到学校去讲课,系里有个助教名孙唐,因为程度有限,不但不帮着改习题,而且还做习题来让迪之改,他每天工作到深夜,我也陪着他坐着,替孩子们做鞋、织毛衣.我在青年会学会了打毛线、做鸡蛋糕,还学了一点英语.

迪之埋头工作从不为家务分心,我也不让他为此操心,当他第一次出国留学时,我在封建大家庭中要做很繁重的家务,做很多人的饭菜,还要喂猪,但家庭不给零用钱,连做衣服的钱都不给,我只好在把大家庭的事做完后,晚上替人家剥花生米,用砖头碾破花生壳可剥得很快,每晚可以剥一斗,换来的钱买布做衣服给孩子和我自己穿,孩子发高烧生病没钱请医生买药治病,当地有个土办法:捉五个蟑螂(有翅、黄色的那种蟑螂,不要无翅花色的),去掉头、翅、腿、内脏,只要胸部的肉,再放三片生姜在一起煮水给孩子喝,出一身汗,第

二天就退烧了,病就好了,倒很有效.

　　我的祖父是举人(姜小峰),父亲(姜元英)是廪生,可算书香之家,但是对女儿的教育并不关心,大概受"女子无才便是德"的影响.我未结婚之前,认得的字很少,连我姓的"姜"字都不认得.婚后,迪之认真地教我认字、写字,后来会看小说,能自己给迪之写信.不过学习的时间不多,又很短.婆家是个大家庭,有太婆、公婆、伯父婆,有丈夫的兄、弟、妹、侄子、侄女,一家共二十多人,家务很重,迪之在法国留学,我偷空写信,一封信要写好几天,不会写的字得问人,也是很困难的.迪之去法国的第二年,公公便娶了一个品质恶劣的妾,婆婆忠厚软弱,小辈媳妇不但辛苦不堪,还要挨骂受气.迪之离家八年,他回家先接我到昆明,几个月后去南京,算过了三年幸福的日子,不过这三年也不是无忧无虑的.

　　当他在东南大学任教时,曾患肋膜炎住院,因为医院条件差,所以我每天把做好的饭菜送给他吃,我自己吃医院的菜饭,早上送牛奶、面包给他,我吃医院的稀饭、咸菜,然后我回家买菜做饭,喂孩子吃奶,中午又做了合口的菜饭送到医院给他,我又吃医院的饭,晚上也是如此.在他病未出危险期时,需要我陪他住在医院里,当时夏天蚊子很多,医院没有蚊帐,我就把家里的蚊帐给他用,我自己就只好让蚊子叮.

　　他第二次出国深造,家里一切事务都由我一人承担起来,那时大儿子在清华大学念书,二儿子他带到法国,另外三个小的孩子由我带到南京去住,这两年迪之在法国得了国家博士学位,代价很不小,他有教授的薪水,在当时是很高的,在法国的第一年可以享受休假的半薪待遇,但是第二年就没有了,他在国外带着一个孩子,花费不小.我住到南京,因为在南京我们有点平房,可以收点房租,租金约50多元,补贴生活,我每月寄30元到北京供给大儿子和他的五弟(在棠实中学念书)上学,我靠剩余的20多元带着三个孩子生活,我们

高等算學分析

生活非常节省,顶多买点牛肉给孩子吃,我在门前种点瓜豆、蔬菜. 三个孩子曾轮流生病,七岁的女儿患白喉发烧到 40 ℃,去了几个医院,都不肯收了,只好我自己医,正好有一亲戚告诉我说:"你给她擦薄荷锭在喉咙上,每天擦三次就可治好." 我就用这方法果然把孩子的病治好了,另外两个孪生孩子同时上吐下泻,我昼夜守护着他们,熬得精疲力竭,其中一个孩子由上吐下泻转为伤寒病,诊断迟了,最后请一名医夜里来出诊,一次出诊费是 14 元,这医生说孩子病入膏肓无法医治了. 这孩子很聪明,我买了些看图识字挂在墙上,教他的孪生弟弟学,因他病未好没有教他,但他的弟弟还不会,他在旁边已学会了,不幸夭折时他才四岁,我不敢写信告诉迪之,他正在巴黎,我怕这消息影响他工作的情绪. 好多次家里发生事故,迪之都恰好不在,一切困难都要我一个人想法克服.

在清华大学任教时,他工作起来废寝忘食,每天中午我都得打三四次电话给他,催他回家吃饭. 在云大任校长时,校务已经繁忙,他还每周担任几小时的数学课,这完全是尽义务,没有额外报酬. 因为他觉得学生的数学程度低,他要尽可能提高他们的学习质量.

他第三次到法国,住了八年,生活艰苦,又患半身不遂,就在这种情况下他继续做数学研究工作,有不少成绩. 我在国内,因迪之的父亲在家给些田地,我被认为是地主,押回老家关在一间黑屋子里,经受了些苦难和惊骇.1957 年他回到祖国的怀抱,看到祖国欣欣向荣的景象,万分兴奋,作了不少的诗和文章来歌颂新中国. 当他从收音机里听到我国第一颗原子弹爆炸成功的消息时,我坐在他旁边见到他情不自禁地站起来鼓掌,高兴地说:"我国也有原子弹了!" 他虽半身不遂,仍孜孜不倦的用左手写论文,刻苦钻研数学、辛勤培养学生. 在他已是七十高龄的时候,还接收了两名研究生 —— 杨乐和张广厚同志. 这是他一生中最后培养的两名学生. 因他

年老有病,领导照顾他在家里工作.每天吃过早饭他就伏在桌上工作,下午晚上也是如此,自觉地、积极地工作,为祖国贡献出所有的力量.

我们夫妇生活几十年,一直相敬如宾,和睦相处.迪之离开人世已十一年了,但他的精神永远活在我的心中.

三、学术之生命,大学之精神

出版早期的著作一定是有现实的意义,国人对大学今天的表现颇多诟病,我们借此刊发一篇熊老1949年的演讲稿①.

学校可视为一有机体,有其存在,亦有其生命与精神.其生命系表现于所有之教学工作,研究工作,以及师生之种种高尚活动,其精神,内则表现于教学之成绩,研究之结晶,与夫得行之砥砺;外则表现于师生对社会之影响,校友对社会国家服务之努力.吾校成立,迄今凡二十有七年,可贵者,即在此悠长岁月中,其学术生命,未尝稍断;学术精神,则日就发扬,夫大学之重要,不在其存在,而在其学术的生命与精神,吾校同仁及同学,于此义深为重视,而有一卓然之态度,故在个人生活极艰苦之时,或学校环境动荡之际,校内工作每能不受影响,远者兹不论,姑与一年来之情形言之,因时局之剧变,财力艰难,物价狂涨,待遇调整,远不能适应需要,同仁物质生活,每濒绝境,然弦歌从未中辍,而课外之研究工作,继续推动者仍复不少,一般同学在本学期中,读书情绪至佳,清晨傍晚,于田间林下,均时闻其吟诵之声,且因省外大学学生,在此寄读者,联翩而至,全校学生人数激增至千五百人,更加厚学校之弦诵空气,惟校舍缺乏,茅屋陋室,亦皆充

---

① 摘自《熊庆来纪念集 —— 诞辰百周年纪念》,云南省纪念熊庆来先生百周年诞辰筹备委员会,云南教育出版社,1992.

高 等 算 學 分 析

分利用,然同仁以此西南学府之生命力得以加强,精神得以
提高,反觉不改其乐.余忝居之持校政地位,得同仁精神上之
合作,并睹同学对学行之努力,固深感庆幸,然于学校工作上
与同仁生活上最低之需要.未能设法使之满足,实觉不安,且
念及本校欲负起时代使命应有之设施,同仁工作应有之设
备,尤深惭悚,良以今日学术有长足进步,分门别类,穷远探
深,非集众多之专家,固不易言教学,而非有充实之设备,亦
不足以言研究,非有容量广大之校舍,不足以应生活与工作
之需要,环顾吾校,教师虽为整齐,而设备则尚简陋,校舍容
量,尤深感不足,是欲成为一有健全学术生命之大学,距离尚
远,因之在精神上之表现,吾人亦未认为满足.然教育学术为
百年大计,政府自应扶植,社会亦应翊助.甚望热心人士有以
教之,俾补政府力之不足,而使学校蔚成一健全之学府,庶其
存在不致动摇,其学术生命与精神之意义,得发扬光大,以适
应时代之要求也.

(原载《云大二十七周年纪念特刊》.1949 年 4 月 20 日)

以上描述可以视为"民国"教育史上的一段佳话,而那个时期被
称为中国教育的黄金岁月.

1920 年首倡"交通大学"的时任交通总长的叶恭绰告诫交大学子
三件准衡:第一,研究学术当以学术本身为前提,不受外力支配以达学
术独立境界;第二,人类生存世界贵有贡献,必能尽力致用方不负一生
岁月;第三,学术独立斯不难应用,学术愈精,应用愈广.

文学大家陈寅恪先生曾开创了以诗论史的独特研究法,我们也不
妨收录若干熊先生的旧诗作来了解一下他的心路历程①.

___

① 收录于《熊庆来纪念集 —— 诞辰百周年纪念》,云南省纪念熊庆来先生百周年诞
辰筹备委员会,云南教育出版社,1992.

542

高等算學分析

民国二年将出国,有戚人赵氏劝祖母止吾行

1913 年

祖母爱孙爱不溺,出言明达警姻戚.

乘风破浪是前程,起舞正期效祖逖.

群人在村边坡头上相迎

1921 年

堂弟庆宗、弟庆遇杂人群中,经堂兄庆生指乃辨认.子秉信系出国后五月乃生,至是得见,依依不能离.

人群迎我集村边,喜溯欢声趋向前.

两弟身高不复识,亲儿初见紧相牵.

苹里希湖畔偶吟(二首)

1932 年秋,予代表中国数理学会出席举行于瑞士苹里希之国际数学会,各国专家群集,成一时之盛.前年秉明与贝斯达洛伊氏女结褵,贝氏家于苹里邻镇居斯纳,予复于去夏来此为养病并探亲也.今重来,贝氏相待愈厚.

一、1954 年 8 月 30 日

此来苹里是三游,往事追思记从头.

济济衣冠忆昔盛,摇摇杖履叹今忧.

湖山景好足消遣,葭莩情深为连流.

沉疴未许赋归去,岂把杭州作汴州?

二、1954 年 9 月 3 日

置身疑在乌托邦,处处庭园花满窗.

纵步探幽多洁径,驱车致远有康庄.

湖山坐对思今昔,葭蒲往还道短长.

欲解愁怀终不得,桃源究竟是他乡!

中秋月

1958 年

1958 年中秋有风雨.晚,我与妻在京邸(科学院宿舍 31 楼)依旧俗燃烛,陈月饼果枣相对.今子秉信一家与秉衡在滇,女秉慧在邯郸,二子秉明夫妇及孙则在瑞士,幼子秉群亦因任务留邮电学院未回,孙女有德复赴海淀歌咏会;皆不得欢聚,不禁黯然.后幼子与孙女相继归,大喜.惜无月,子出携自国外之圆镜悬窗际,回光皎皎,俨然皓月,乐甚,因得句.

风雨度中秋,一家只二老.思念远离儿,那堪回肠绞.
幼子与孙归,欣然分饼枣.食已谈古今,绵绵谈何了.
月忆去年圆,松菊今最好.何处隐婵娟? 问天天不晓.
宝镜当窗悬,抬头光皎皎.谓是人造星,但嫌不移绕.
月白在我家,外人不足道.毋怪予心乐,良宵还我少.

感　时

1958 年

今日旧邦万象更,功归领导颂贤能.
转坤旋乾比神力,倒海排山利民生.
重点农工皆发展,尖端学术正攀登.
国家前景光千丈,将为和平作路灯.

复杨武之(四首选二)

1964 年 10 月 20 日

武之道足先生足下,拜诵佳作,不胜激动.亦有感得句,不计疏拙,录奉聊供一笑,并希指正.弟熊庆来左手握笔敬上.

其一　步韵
忆同皋比漫图功,门户无分共折衷.

昔日英才今国器,冰成于水属天工.①

其二　　略步韵

燕北教子上青云,群训循循胜昔人.

近代发明若借问,寰中咸道振宁名.

函数讨论班上即兴赋诗

1965 年

带来时雨是东风,成长专才春笋同.

科学莫嗟还落后,百花将见万枝红.

云南大学校歌

1938 年

太华巍巍,拔海千寻;

滇池淼淼,万山为襟;

卓哉吾校,其与同高深.

北极低悬赤道近,节候宜物复宜人;

四时读书好,探研境界更无垠.

努力求新,以作我民;

努力求真,文明允臻.

以作我民,文明允臻.

余生也晚,没能赶上中国古体诗词的盛世,但透过熊先生的不同时期的诗作总是隐约感觉到某种无形的东西在他的头脑中起了束缚作用,从早年的英姿勃发,故乡深情,博大精深的大格局、大气象变成了"泯然众人矣".

本书是中国著名数学家书系中的一本,因其重要,所以精装.

---

① 作者附记:今秋全国性函数论会议举于上海.华罗庚君实主持其事,我亦应召出席.我们三人因得欢聚,今不禁忆及往事.

　　精装书的优点是精美,缺点是沉.1941 年波兰著名数学家胡列维茨(Hurewicz)与沃尔曼的《维数论》问世后,时任驻美国大使的胡适买到了此书,将硬书皮撕去后用航空快件邮寄给身在昆明的江泽涵.

　　出版行业是个特殊的行业,它既看社会效益亦重经济效益,但从根本上说还是要重社会效益,因为如果光想着赚钱,那出版业不是一个理想的行业.

　　所以出版人应该是"手中有面包,心中有理想".2005 年沈昌文先生在为出版人俞晓群的《数与数术札记》一书作序时写道:中国的出版,至今病在谋略太多,机心太重,理想太少.

　　本书的目标读者是那些对熊先生感兴趣的人,对中国民国时期的教育感兴趣的人,亦或是单单喜欢藏书的人(叶中豪先生、单墫教授、朱华伟先生都是此类).笔者亦浸润此道多年,否则根本找不到可靠的底本.

　　人的一生很短,有许多路可走,也有许多爱好可追,笔者觉得:当个藏书家也不错.中国现代藏书家,西版图书首推王强,中版图书首推韦力,王强的一句名言是:"Who am I, with no books."翻成中文就是:没了书,我还会是谁?

　　对藏书家而言,你没了书,你就不是你!

刘培杰

2021 年 4 月 6 日

于哈工大

Special Issue (II)   SCIENTIA SINICA   1979

COMMON BOREL DIRECTIONS OF MEROMORPHIC FUNCTIONS AND THEIR DERIVATIVES

Yang Lo (杨 乐)

(Institute of Mathematics, Academia Sinica)

Received February 2, 1978.

Abstract

A general theorem on common filling regions of meromorphic functions and their derivatives is proved by a direct and simple method. Some important results whose original proofs are very long and complicated can be deduced immediately from this theorem.

For every meromorphic function of positive and finite order in the plane G. Valiron[1] proves that there exists at least a Borel direction. At the same time, he has posed an interesting and difficult problem: whether a meromorphic function and its derivatives have a common Borel direction or not. Concerning this problem, H. Milloux[2] has obtained the following theorem:

If $f(z)$ is an entire function of order λ $(0 < \lambda < \infty)$, then every Borel direction of the derivative $f'(z)$ is also a Borel direction of $f(z)$.

The Milloux's proof is very long and complicated. (His paper is over eighty pages.) Recently K. H. Chang[3] has given a simpler proof for the Milloux theorem and extended it to the case of meromorphic functions having a Borel exceptional value ∞. However, the arrangement for original values in Chang's proof remains complicated.

In this paper we shall prove a general theorem, from which the Milloux's theorem and Chang's theorems can be obtained immediately. The proof of this general theorem is direct and simple.

I. Lemma

Let $f(z)$ be a meromorphic function in $|z| \leqslant R$ $(0 < R < \infty)$. If $|z| \leqslant r$ $(0 < r < R)$ and d is the distance of z from the nearest of the zeros and poles of $f(z)$, then

$$\log\left|\frac{f'(z)}{f(z)}\right| \leqslant \frac{R+r}{R-r}\, m\left(R, \frac{f'}{f}\right) + \{\bar{n}(R, \infty) + n(R, 0)\}\left(\log\frac{1}{d} + \log 2R\right) - \frac{(R-r)^2}{4R^2}\, n(r, f' = 0), \tag{1}$$

where $\bar{n}(R, \infty)$ denotes the number of reduced poles of $f(z)$ in $|z| \leqslant R$. (i. e. every multiple pole is counted only once.)

The Lemma can be proved by applying the Poisson-Jensen formula to $\frac{f'(z)}{f(z)}$. (See [4, 446—447].)

II. Theorem

Suppose that $f(z)$ is a meromorphic function of order λ $(0 < \lambda < \infty)$ in the plane and that $f(z)$ adopts the infinity as a Borel exceptional value in $|\arg z| < \gamma_0$ $(\gamma_0 > 0)$. Let

$$\Gamma_n: \ |z - R_n| < \varepsilon_n R_n, \ \ R_{n+1} > 2R_n, \ \ \lim_{n\to\infty} \varepsilon_n = 0 \tag{2}$$

be a sequence of filling disks[1] of order λ of $f'(z)$. (That is to say, $f'(z)$ takes every complex number at least $R_n^{\lambda - \varepsilon_n'}$ times in Γ_n, except some numbers enclosed in two spherical circles with radii δ_n on the Riemann sphere, where $\lim_{n\to\infty} \varepsilon_n' = \lim_{n\to\infty} \delta_n = 0$.) If we denote

$$\beta_n = \left(\sup_{r > R_n^{\frac{1}{4}}} \frac{\log T(r, f)}{\log r} \right) - \lambda \tag{3}$$

and

$$\varepsilon_n \geq \max \left(\frac{2\varepsilon_n'}{\lambda}, \ \frac{2\beta_n}{\lambda}, \ \frac{1}{(\log R_n)^{\frac{1}{4}}} \right), \tag{4}$$

then the regions

$$G_n: \ \left(\frac{R_n^{1-\eta_n}}{2} < |z| < 2R_n^{1+\eta_n} \right) \cap \left(|\arg z| < 20\pi \eta_n \right), \tag{5}$$

$$\eta_n = 4\pi \varepsilon_n^{\frac{1}{2}}, \tag{6}$$

must contain a subsequence (G_{n_k}) as filling regions of order λ, i.e. $f(z)$ takes every complex number at least $R_{n_k}^{\lambda - \varepsilon_{n_k}''}$ times in G_{n_k}, except some numbers enclosed in two spherical circles with radii δ_{n_k}' on the Riemann sphere, where $\lim_{k\to\infty} \varepsilon_{n_k}'' = \lim_{k\to\infty} \delta_{n_k}' = 0$.

Proof. If the conclusion of the Theorem is not true, then any subsequence of filling regions can not be found from (G_n). We shall start from this fact and derive a contradiction.

Most of the inequalities in the present paper are only valid for sufficiently large values of the indice n. Hereinafter we shall not indicate this point.

Since (Γ_n) is a sequence of filling disks of $f'(z)$, there exists a number a_n such that[2]

$$0 < |a_n| < 1 \ \text{and} \ n(\Gamma_n, \ f' = a_n) > R_n^{1 - \varepsilon_n'}. \tag{7}$$

In the interval $[R_n^{1-\eta_n}, R_n^{1+\eta_n}]$, we take the points

$$r_{n,m}' = R_n^{1-\eta_n}(1 + \eta_n)^m, \ \ \left(m = 0, 1, 2, \cdots, M; \ M = \left[\frac{2\eta_n \log R_n}{\log (1 + \eta_n)} \right] + 1 \right),$$

---

1) We use filling disks instead of the French term cercles de remplissage.

2) $n(D, \ g = \alpha)$ denotes the number of zeros of $g(z) - \alpha$ in D, counting with their multiplicities. When D is $|z - z_0| < r$, the notation $n(r, \ z_0, \ g = \alpha)$ is also used.

where $\left[\dfrac{2\eta_n \log R_n}{\log (1 + \eta_n)}\right]$ denotes the integral part of $\dfrac{2\eta_n \log R_n}{\log (1 + \eta_n)}$.

Put

$$C_{n,m}: \ |z - r'_{n,m}| < 2\eta_n r'_{n,m},$$

$$C'_{n,m}: \ |z - r'_{n,m}| < 40\eta_n r'_{n,m},$$

and

$$G'_n: \ (R_n^{1-\eta_n} < |z| < R_n^{1+\eta_n}) \cap (|\arg z| < \eta_n). \tag{8}$$

It is easy to see that

$$G'_n \subset \left(\bigcup_{m=0}^{M} C_{n,m}\right) \subset \left(\bigcup_{m=0}^{M} C'_{n,m}\right) \subset G_n. \tag{9}$$

Since (G_n) does not contain any subsequence as filling regions of order λ of $f(z)$, we can choose a subsequence (G_{n_k}) having the following properties:

For every positive integer k, there are three distinct complex numbers α_{i,n_k} $(i = 1, 2, 3)$ such that $|\alpha_{i,n_k}, \ \alpha_{j,n_k}| > \delta$ $(1 \leqslant i \neq j \leqslant 3)$ and $\sum_{i=1}^{3} n(G_{n_k}, f = \alpha_{i,n_k}) < R_{n_k}^{\rho_1}$, where δ and ρ_1 $(\rho_1 < \lambda)$ are two positive numbers independent of k.

In fact, we take two sequences of positive numbers ε''_k, δ'_k such that $\lim\limits_{k \to \infty} \varepsilon''_k = \lim\limits_{k \to \infty} \delta'_k = 0$. If the preceding assertion is not true, then a subsequence $(G_{n,1})$ of (G_n) can be found such that all the complex numbers satisfying the inequality $n(G_{n,1}, f = \alpha) < R_{n,1}^{\lambda - \varepsilon''_1}$ can be enclosed in two spherical circles with radii δ'_1 on the Riemann sphere. Similarly, there is a subsequence $(G_{n,2})$ of $(G_{n,1})$ such that all the complex numbers satisfying the inequality $n(G_{n,2}, \ f = \alpha) < R_{n,2}^{\lambda - \varepsilon''_2}$ can be enclosed in two spherical circles with radii δ'_2. By continuing this procedure and taking the diagonal sequence $(G_{k,k})$, the complex numbers satisfying the inequality $n(G_{k,k}, f = \alpha) < R_{k,k}^{\lambda - \varepsilon''_k}$ can be enclosed in two spherical circles with radii δ'_k, where $\lim\limits_{k \to \infty} \varepsilon''_k = \lim\limits_{k \to \infty} \delta'_k = 0$. This means $(G_{k,k})$ is a sequence of filling regions of order λ and we derive a contradiction.

In what follows we shall use (G_n) instead of (G_{n_k}) for the sake of brevity. It is obvious that we can take $\alpha_{3,n} = \infty$ $(n = 1, 2, \cdots)$. Hence, for every n, there are three distinct complex numbers $\alpha_{i,n}$ $(i = 1, 2, 3)$ such that

$$\alpha_{3,n} = \infty, \ \max\left\{|\alpha_{1,n}|, \ |\alpha_{2,n}|, \ \frac{1}{|\alpha_{1,n} - \alpha_{2,n}|}\right\} \leqslant \frac{2}{\delta},$$

and

$$\sum_{i=1}^{3} n(G_n, f = \alpha_{i,n}) < R_n^{\rho_1},$$

where δ and ρ_1 $(\rho_1 < \lambda)$ are two positive numbers independent of n.

By putting

$$h_n(z) = f(z) - a_n z$$

and

$$G_{n,m}(t) = h_n(r'_{n,m} + 40\eta_n r'_{n,m} t),$$

$G_{n,m}(t)$ is meromorphic in $|t| < 1$ and

$$\sum_{i=1}^{3} n(|t| < 1, G_{n,m}(t) = P_{i,n,m}(t)) < R_n^{\rho_1},$$

where $P_{i,n,m}(t) = \alpha_{i,n} - a_n r'_{n,m} - 40 a_n \eta_n r'_{n,m} t$ $(i = 1, 2, 3)$. The functions $P_{i,n,m}(t)$ have no zeros and poles in $|t| < 1$, and

$$\iint_{|t|<1} \log^+ \left(\sum_{i=1}^{2} |P_{i,n,m}(t)| + \sum_{1 \leqslant i \neq j \leqslant 3} \frac{1}{|P_{i,n,m}(t) - P_{j,n,m}(t)|} \right) d\sigma_t$$
$$= O(\log R_n). \tag{10}$$

According to the Rauch Theorem[1,p.21], the inequality $n\left(|t| < \frac{1}{20}, G_{n,m} = \alpha\right) < AR_n^{\rho_1}$ holds for all the complex numbers α, except some α enclosed in one spherical circle with radius $e^{-R_n^{\rho_1}}$. Thus, $n(C_{n,m}, h_n = \alpha) < AR_n^{\rho_1}$ holds for all the α, outside a spherical circle with radius $e^{-R_n^{\rho_1}}$.

Since $M \leqslant 4 \log R_n + 1$, there is a finite complex number b_n, outside the M exceptional circles with spherical radii $e^{-R_n^{\rho_1}}$ such that

$$|b_n| < 1, \quad |f(0) - b_n| > \frac{1}{2},$$
$$n(G'_n, h_n = b_n) < R_n^{\rho}, \quad (\rho < \lambda). \tag{11}$$

Let

$$k_n = \frac{2\eta_n}{\pi} \tag{12}$$

and

$$\zeta = \zeta_n(z) = \frac{z^{\frac{1}{k_n}} - R_n^{\frac{1}{k_n}}}{z^{\frac{1}{k_n}} + R_n^{\frac{1}{k_n}}}. \tag{13}$$

Then the function $\zeta = \zeta_n(z)$ maps $|\arg z| < \eta_n$ to $|\zeta| < 1$. Its inverse is

$$z = z_n(\zeta) = R_n \left(\frac{1 + \zeta}{1 - \zeta} \right)^{k_n}, \tag{14}$$

and we denote $h_n(z_n(\zeta))$ by $H_n(\zeta)$.

When a point ζ is in $|\zeta| \leqslant 1 - \frac{2}{R_n^{\frac{\pi}{2}}}$, its original image z will satisfy

$$R_n^{1-\eta_n} \leqslant |z| \leqslant R_n^{1+\eta_n} \tag{15}$$

by (14) and (12). Since $f(z)$ adopts ∞ as a Borel exceptional value in $|\arg z| < \gamma_0$, (15), (8) and (11) imply

$$n\left(|\zeta| \leqslant 1 - \frac{2}{R_n^{\frac{\pi}{2}}},\ H_n = \infty\right) + n\left(|\zeta| \leqslant 1 - \frac{2}{R_n^{\frac{\pi}{2}}},\ H_n = b_n\right)$$

$$\leqslant n(G_n',\ h_n = \infty) + n(G_n',\ h_n = b_n) < R_n^{\rho'},\quad (\rho' < \lambda). \tag{16}$$

Further, if ζ is the image of an arbitrary point $z = r e^{i\theta} \in \Gamma_n$, then

$$|\zeta| = \left\{ 1 - \frac{4 r^{\frac{1}{k_n}} R_n^{\frac{1}{k_n}} \cos\frac{\theta}{k_n}}{r^{\frac{2}{k_n}} + R_n^{\frac{2}{k_n}} + 2 r^{\frac{1}{k_n}} R_n^{\frac{1}{k_n}} \cos\frac{\theta}{k_n}} \right\}^{\frac{1}{2}}$$

$$\leqslant \left\{ 1 - \frac{4(1 - \varepsilon_n)^{\frac{1}{k_n}} \cos\frac{\theta}{k_n}}{[(1 + \varepsilon_n)^{\frac{1}{k_n}} + 1]^2} \right\}^{\frac{1}{2}}. \tag{17}$$

(12) and (6) give

$$\frac{\varepsilon_n}{k_n} = \frac{\varepsilon_n^{\frac{1}{4}}}{8} \to 0.$$

Hence

$$\frac{\theta}{k_n} \leqslant \frac{\frac{\pi}{2}\varepsilon_n}{k_n} \to 0.$$

Since $(1 - \varepsilon_n)^{\frac{1}{\varepsilon_n}} \to e^{-1}$, we have

$$(1 - \varepsilon_n)^{\frac{1}{k_n}} = \{(1 - \varepsilon_n)^{\frac{1}{\varepsilon_n}}\}^{\frac{\varepsilon_n}{k_n}} \to 1,$$

and

$$1 \leqslant (1 + \varepsilon_n)^{\frac{1}{k_n}} \leqslant \frac{1}{(1 - \varepsilon_n)^{\frac{1}{k_n}}} \to 1.$$

Therefore (17) means that the image of Γ_n under the mapping $\zeta = \zeta_n(z)$ is contained in $|\zeta| < \frac{1}{2}$.

Put

$$\tau_n = 8\varepsilon_n. \tag{18}$$

From (18), (12), (6) and (4), we deduce that

$$R_n^{\frac{\tau_n}{k_n}} \geqslant R_n^{\varepsilon_n^{\frac{1}{2}}} \geqslant e^{(\log R_n)^{\frac{3}{4}}} \to \infty. \tag{19}$$

Consequently, the image of Γ_n is contained in $|\zeta| < 1 - \dfrac{6}{R_n^{\frac{\tau_n}{k_n}}}$ and we have

$$n\left(1 - \frac{6}{R_n^{\frac{\tau_n}{k_n}}}, H_n' = 0\right) \geqslant n(\Gamma_n, f' = a_n) > R_n^{\lambda - \varepsilon_n'} \tag{20}$$

by (7).

In $|\zeta| \leqslant 1 - \dfrac{2}{R_n^{\frac{\pi}{2}}}$, we make some disks, having their centers at every pole and b_n-point of $H_n(\zeta)$ and $d_n = \dfrac{1}{R_n^{\lambda+3}}$ for their radii. The union of these disks is denoted by $(\gamma)_{\zeta,n}$. Then we select $r_{1,n}$ and $r_{2,n}$ such that

$$r_{1,n} = 1 - \frac{6}{R_n^{\frac{\tau_n}{k_n}}}, \tag{21}$$

$$1 - \frac{4}{R_n^{\frac{\pi}{2}}} < r_{2,n} < 1 - \frac{3}{R_n^{\frac{\pi}{2}}}, \quad (|\zeta| = r_{2,n}) \cap (\gamma)_{\zeta,n} = \varnothing. \tag{22}$$

For any point ζ in the region $(|\zeta| \leqslant r_{1,n}) - (\gamma)_{\zeta,n}$, we apply the Lemma and obtain

$$\begin{aligned}
\log\left|\frac{H_n'(\zeta)}{H_n(\zeta) - b_n}\right| &\leqslant \frac{r_{2,n} + r_{1,n}}{r_{2,n} - r_{1,n}} m\left(r_{2,n}, \frac{H_n'}{H_n - b_n}\right) \\
&+ \{\bar{n}(r_{2,n}, H_n = \infty) + n(r_{2,n}, H_n = b_n)\} \\
&\times \left(\log 2 + \log \frac{1}{d_n}\right) - \frac{(r_{2,n} - r_{1,n})^2}{4r_{2,n}^2} n(r_{1,n}, H_n' = 0).
\end{aligned} \tag{23}$$

For the term $m\left(r_{2,n}, \dfrac{H_n'}{H_n - b_n}\right)$, we write

$$\begin{aligned}
m\left(r_{2,n}, \frac{H_n'}{H_n - b_n}\right) &= \frac{1}{2\pi}\int_0^{2\pi} \log^+\left\{\left|\frac{h_n'(z_n(r_{2,n}e^{i\varphi}))}{h_n(z_n(r_{2,n}e^{i\varphi})) - b_n}\right| |z_n'(r_{2,n}e^{i\varphi})| d\varphi\right\} \\
&\leqslant \frac{1}{2\pi}\int_0^{2\pi} \log^+\left|\frac{h_n'(z_n(r_{2,n}e^{i\varphi}))}{h_n(z_n(r_{2,n}e^{i\varphi})) - b_n}\right| d\varphi + \frac{1}{2\pi}\int_0^{2\pi}\log^+|z_n'(r_{2,n}e^{i\varphi})| d\varphi.
\end{aligned} \tag{24}$$

From (14), it is clear that

$$\frac{k_n R_n (1 - r_{2,n})^{k_n-1}}{2^{k_n}} \leqslant |z_n'(r_{2,n}e^{i\varphi})| \leqslant \frac{2^{k_n} k_n R_n}{(1 - r_{2,n})^{k_n+1}}. \tag{25}$$

Thus

$$\frac{1}{2\pi}\int_0^{2\pi} \log^+|z_n'(r_{2,n}e^{i\varphi})| d\varphi \leqslant \log^+\frac{2^{k_n} k_n R_n}{(1 - r_{2,n})^{k_n+1}} \leqslant 3\log^+ R_n. \tag{26}$$

In order to estimate the integral $\dfrac{1}{2\pi}\displaystyle\int_0^{2\pi} \log^+\left|\dfrac{h_n'(z_n(r_{2,n}e^{i\varphi}))}{h_n(z_n(r_{2,n}e^{i\varphi})) - b_n}\right| d\varphi$, we recall the following fact[5,p.37]:

Suppose that $g(z)$ is meromorphic in $|z| \leqslant R$ ($\leqslant \infty$) and that $g(0) \neq 0, \infty$. Then we have

$$\log \left| \frac{g'(t)}{g(t)} \right| \leqslant 5 + 3\log^+ \rho + 3\log^+ \frac{1}{\rho - r} + \log^+ \frac{\Re}{r}$$

$$+ \log^+ \frac{1}{\delta(t)} + \log^+ T(\rho, g) + \log^+ \log^+ \frac{1}{|g(0)|}, \tag{27}$$

for $t = re^{i\theta}$ and $0 < r < \rho < R$, where $\Re = n(\rho, g) + n\left(\rho, \frac{1}{g}\right)$ and $\delta(t)$ is the distance of t from the nearest of all the zeros and the poles of $g(z)$ in $|z| \leqslant \rho$.

When $g(0) = \infty$, set $g(z) = \dfrac{c_\lambda g_1(z)}{z^\lambda}$, where λ and c_λ are chosen such that $g_1(0) = 1$. From

$$\frac{g'(z)}{g(z)} = \frac{g_1'(z)}{g_1(z)} - \frac{\lambda}{z},$$

we have

$$\log^+ \left| \frac{g'(t)}{g(t)} \right| \leqslant \log^+ \left| \frac{g_1'(t)}{g_1(t)} \right| + \log^+ \frac{\lambda}{r} + \log 2.$$

Thus

$$\log^+ \left| \frac{g'(t)}{g(t)} \right| \leqslant 8 + 2\log \lambda + 4\log^+ \rho + \log^+ \frac{1}{r} + 3\log^+ \frac{1}{\rho - r}$$

$$+ \log^+ \frac{\Re}{r} + \log^+ \frac{1}{\delta(t)} + \log^+ T(\rho, g) + \log^+ \log^+ \frac{1}{|c_\lambda|}. \tag{27$'$}$$

Choose

$$g(z) = h_n(z) - b_n, \quad t = z_n(r_{2,n} e^{i\varphi}), \quad \rho = \frac{2^{k_n+1} R_n}{(1 - r_{2,n})^{k_n}}. \tag{28}$$

From (22) and

$$\frac{R_n (1 - r_{2,n})^{k_n}}{2^{k_n}} \leqslant |z_n(r_{2,n} e^{i\varphi})| \leqslant \frac{2^{k_n} R_n}{(1 - r_{2,n})^{k_n}},$$

we have

$$R_n^{1-\eta_n} < |t| = r < \rho < 2R_n^{1+\eta_n}, \quad \rho - r \geqslant \frac{2^{k_n} R_n}{(1 - r_{2,n})^{k_n}} \geqslant R_n^{1-\eta_n}, \tag{29}$$

$$\Re = n\left(\frac{2^{k_n+1} R_n}{(1 - r_{2,n})^{k_n}}, h_n\right) + n\left(\frac{2^{k_n+1} R_n}{(1 - r_{2,n})^{k_n}}, h_n = b_n\right) < R_n^{\lambda+1}, \tag{30}$$

$$T(\rho, g) = T\left(\frac{2^{k_n+1} R_n}{(1 - r_{2,n})^{k_n}}, f - a_n z - b_n\right) < R_n^{\lambda+1}, \tag{31}$$

$$|g(0)| = |f(0) - b_n| > \frac{1}{2}^{\mathfrak{V}}. \tag{32}$$

---

1) When $f(0) = \infty$, we note that $\lim\limits_{z \to 0} f(z)z^\lambda = \lim\limits_{z \to 0} g(z)z^\lambda = c_\lambda$ is a finite and non-zero number.

Now let us estimate the quantity $\delta(t)$. If $\zeta = re^{i\varphi}\left(\frac{1}{2} < r < 1\right)$ is a point in the ζ plane, then we have for its original image z

$$\arg z = k_n \arg\frac{1+\zeta}{1-\zeta} = k_n \arcsin\frac{2r\sin\varphi}{\{(1-r^2)^2 + 4r^2\sin^2\varphi\}^{\frac{1}{2}}}$$

$$\leqslant k_n\frac{\pi}{2}\cdot\frac{2r}{1+r^2} = \eta_n\frac{1}{1+\frac{(1-r)^2}{2r}}$$

$$\leqslant \eta_n\left\{1 - \frac{(1-r)^2}{4r}\right\}.$$

In particular, for a point ζ on $|\zeta| = r_{2,n}$, its original image z must satisfy

$$\arg z \leqslant \eta_n\left\{1 - \frac{\left(\frac{3}{R_n^{\frac{\pi}{2}}}\right)^2}{4\left(1 - \frac{3}{R_n^{\frac{\pi}{2}}}\right)}\right\} \leqslant \eta_n\left(1 - \frac{2}{R_n^{\pi}}\right). \tag{33}$$

If x_j is a pole or b_n-point of $h_n(z)$ in the region $\{(|z| \leqslant \rho)\backslash(|\arg z| < \eta_n)\}$, then

$$|t - x_j| \geqslant R_n^{1-\eta_n}\sin\frac{2\eta_n}{R_n^{\pi}} \geqslant \frac{1}{R_n^{\pi}} \tag{34}$$

by (29) and (33).

For an arbitrary point ζ in $|\zeta| \leqslant 1$, by analogy to the inequality (25), we obtain from (12), (6) and (4)

$$|z_n'(\zeta)| \geqslant \frac{k_n R_n(1-|\zeta|)^{k_n-1}}{2^{k_n}} \geqslant \frac{k_n R_n}{2}$$

$$= 4\varepsilon_n^{\frac{3}{2}}R_n \geqslant \frac{4R_n}{(\log R_n)^{\frac{1}{4}}} \geqslant 1. \tag{35}$$

Suppose that x_j' is a pole or b_n-point of $h_n(z)$ in $|\arg z| < \eta_n$ and that its image $\zeta_n(x_j')$ is in $|\zeta| \leqslant 1 - \frac{2}{R_n^{\frac{\pi}{2}}}$. By (28), $r_{2,n}e^{i\varphi}$ is the image of t, so that

$$|r_{2,n}e^{i\varphi} - \zeta_n(x_j')| = \left|\int_{\overline{tx_j'}}\zeta_n'(z)dz\right|$$

$$\leqslant \left(\max_{z\in\overline{tx_j'}}|\zeta_n'(z)|\right)|t - x_j'| \leqslant \left(\max_{|\zeta|<1}\frac{1}{|z_n'(\zeta)|}\right)|t - x_j'|$$

$$= \frac{|t - x_j'|}{\min_{|\zeta|<1}|z_n'(\zeta)|} \leqslant |t - x_j'|.$$

Since $(|\zeta| = r_{2,n}) \cap (\gamma)_{\zeta,n} = \varnothing$ by (22), we obtain

$$|t - x_j'| \geqslant d_n = \frac{1}{R_n^{\lambda+3}}. \tag{36}$$

Suppose further that x_j'' is a pole or b_n-point of $h_n(z)$ in $|\arg z| < \eta_n$ and that its image $\zeta_n(x_j'')$ is out of $|\zeta| \leqslant 1 - \dfrac{2}{R_n^{\frac{\lambda}{2}}}$. We have as above

$$|r_{2,n} e^{i\varphi} - \zeta_n(x_j'')| \leqslant (\max_{z \in \overline{tx_j''}} |\zeta_n'(z)|)|t - x_j''|$$

$$\leqslant \frac{|t - x_j''|}{\min_{|\zeta|<1} |z_n'(\zeta)|} \leqslant |t - x_j''|,$$

so that

$$|t - x_j''| \geqslant \frac{1}{R_n^{\frac{\lambda}{2}}}. \tag{37}$$

The inequalities (34), (36) and (37) give

$$\log\frac{1}{\delta(t)} = \max\left\{ \log\frac{1}{|t-x_j|}, \ \log\frac{1}{|t-x_j'|}, \ \log\frac{1}{|t-x_j''|} \right\} = O(\log R_n). \tag{38}$$

By substituting the estimations (29), (30), (31), (32) and (38) in (27)[1], we obtain

$$\log^+\left|\frac{h_n'(z_n(r_{2,n} e^{i\varphi}))}{h_n(z_n(r_{2,n} e^{i\varphi})) - b_n}\right| = O(\log R_n). \tag{39}$$

Thus

$$m\left(r_{2,n}, \ \frac{H_n'}{H_n - b_n}\right) = O(\log R_n) \tag{40}$$

by (24), (26) and (39).

From (16), (21), (22), (40) and

$$\frac{(r_{2,n} - r_{1,n})^2}{4r_{2,n}^2} n(r_{1,n}, H_n' = 0) \geqslant \left(\frac{1}{R_n^{\frac{\tau_n}{k_n}}}\right)^2 n(r_{1,n}, \ H_n' = 0) > R_n^{\lambda - t_n' - \frac{2\tau_n}{k_n}}, \tag{41}$$

we have by (23)

$$\log\left|\frac{H_n'(\zeta)}{H_n(\zeta) - b_n}\right| < -\frac{1}{2} R_n^{\lambda - t_n' - \frac{2\tau_n}{k_n}}, \tag{42}$$

where the point ζ is in $|\zeta| \leqslant r_{1,n}$, but out of $(\gamma)_{\zeta,n}$.

Return to the z plane and take

$$D_n: \ (R_n^{1-\frac{\tau_n}{4}} < |z| < R_n^{1+\frac{\tau_n}{4}}) \cap (|\arg z| < \tau_n). \tag{43}$$

---

1) When $f(0) = \infty$, we use (27)′ instead of (27).

For $z = re^{i\theta} \in D_n$, its image ζ has to satisfy

$$|\zeta| \leqslant \left\{ 1 - \frac{4r^{\frac{1}{k_n}} R_n^{\frac{1}{k_n}} \cos\frac{\theta}{k_n}}{(r^{\frac{1}{k_n}} + R_n^{\frac{1}{k_n}})^2} \right\}^{\frac{1}{4}} \leqslant 1 - \frac{(R_n^{1-\frac{\tau_n}{4}})^{\frac{1}{k_n}} R_n^{\frac{1}{k_n}}}{\{2(R_n^{1+\frac{\tau_n}{4}})^{\frac{1}{k_n}}\}^2} < r_{1,n}.$$

Denoting by $(\gamma)_{z,n}$ the original image of $(\gamma)_{\zeta,n}$, we obtain for $z \in (D_n\backslash(\gamma)_{z,n})$

$$\log\left|\frac{h_n'(z)}{h_n(z) - b}\right| = \log\left|\frac{H_n'(\zeta)}{H_n(\zeta) - b_n}\right| + \log\frac{1}{|z_n'(\zeta)|} < -\frac{R_n^{1-\sigma_n'-\frac{2\tau_n}{k_n}}}{2}, \tag{44}$$

where $\log\dfrac{1}{|z_n'(\zeta)|} \leqslant 0$ by (35).

On the other hand, for an arbitrary point $z_{0,n} \in \{(D_n \cap (|z| \leqslant 2R_n^{1-\frac{\tau_n}{4}}))\backslash(\gamma)_{z,n}\}$, the Poisson-Jensen formula gives

$$\log|h_n(z_{0,n}) - b_n| < \frac{3R_n^{1-\frac{\tau_n}{4}} + 2R_n^{1-\frac{\tau_n}{4}}}{3R_n^{1-\frac{\tau_n}{4}} - 2R_n^{1-\frac{\tau_n}{4}}} \, m(3R_n^{1-\frac{\tau_n}{4}}, \; h_n - b_n)$$

$$+ \sum_\mu \log\left|\frac{(3R_n^{1-\frac{\tau_n}{4}})^2 - \bar{c}_\mu z_{0,n}}{3R_n^{1-\frac{\tau_n}{4}}(z_{0,n} - c_\mu)}\right|, \tag{45}$$

where the c_μ's denote the poles of $h_n(z)$ in $|z| \leqslant 3R_n^{1-\frac{\tau_n}{4}}$.

If c_μ is out of $|\arg z| < \eta_n$, then we have

$$|z_{0,n} - c_\mu| \geqslant R_n^{1-\frac{\tau_n}{4}} \sin(\eta_n - \tau_n) \geqslant \frac{\eta_n R_n^{1-\frac{\tau_n}{4}}}{\pi}$$

$$\geqslant 4\varepsilon_n^{\frac{1}{2}} R_n^{1-\frac{\tau_n}{4}} \geqslant \frac{4R_n^{1-\frac{\tau_n}{4}}}{(\log R_n)^{\frac{1}{4}}} \geqslant 1, \tag{46}$$

by (43), (18), (6) and (4).

If c_μ is in $|\arg z| < \eta_n$, its image ζ_μ must be in $|\zeta| \leqslant r_{1,n}$ since $|c_\mu| \leqslant 3R_n^{1-\frac{\tau_n}{4}}$. Denote by $\zeta_{0,n}$ the image of $z_{0,n}$. It is clear that $\zeta_{0,n}$ is out of $(\gamma)_{\zeta,n}$. Thus

$$d_n \leqslant |\zeta_{0,n} - \zeta_\mu| = \left|\int_{\overline{z_{0,n}c_\mu}} \zeta_n'(z)\,dz\right| \leqslant \left(\max_{z \in \overline{z_{0,n}c_\mu}} |\zeta_n'(z)|\right)|z_{0,n} - c_\mu|$$

$$\leqslant \left(\max_{|\zeta|<1}\frac{1}{|z_n'(\zeta)|}\right)|z_{0,n} - c_\mu| = \frac{|z_{0,n} - c_\mu|}{\min\limits_{|\zeta|<1}|z_n'(\zeta)|} \leqslant |z_{0,n} - c_\mu|. \tag{47}$$

By substituting (46) and (47) in (45), we have

$$\log |h_n(z_{0,n}) - b_n| < 5m(3R_n^{1-\frac{\tau_n}{4}}, \ h_n - b_n) + n(3R_n^{1-\frac{\tau_n}{4}}, \ h_n = \infty) \log \frac{6R_n^{1-\frac{\tau_n}{4}}}{d_n}$$

$$< \left(5 + \frac{\log \dfrac{6R_n^{1-\frac{\tau_n}{4}}}{d_n}}{\log \dfrac{4}{3}} \right) T(4R_n^{1-\frac{\tau_n}{4}}, \ h_n - b_n).$$

From $h_n(z) = f(z) - a_n z$, (7), (11), (18), (3) and (4), we obtain

$$\log |h_n(z_{0,n})| < (\lambda + 5)(\log R_n) T(4R_n^{1-2\varepsilon_n}, \ f)$$
$$< 4^{\lambda+1}(\lambda + 5)(\log R_n) R_n^{\lambda - 2\lambda\varepsilon_n + \beta_n - 2\varepsilon_n\beta_n}$$
$$< R_n^{\lambda - \lambda\varepsilon_n}. \tag{48}$$

Every contour of $(\gamma)_{z,n}$ can be covered by a corresponding disk with radius d'_n. The union of these disks will be denoted by $(\gamma)'_{z,n}$. It is easy to see that

$$d'_n \leqslant \left(\max_{|\zeta| < 1 - \frac{2}{R_n^{\frac{\pi}{2}}}} |z'_n(\zeta)| \right) d_n \leqslant \frac{2^{k_n} k_n R_n}{\left(\dfrac{2}{R_n^{\frac{\pi}{2}}} \right)^{k_n+1}} \cdot \frac{1}{R_n^{\lambda+3}} \leqslant \frac{1}{R_n^{\lambda+\frac{1}{4}}}.$$

In view of (16), the total sum of the radii of $(\gamma)'_{z,n}$ does not exceed

$$\left\{ n\left(|\zeta| \leqslant 1 - \frac{2}{R_n^{\frac{\pi}{2}}}, \ H_n = \infty \right) + n\left(|\zeta| \leqslant 1 - \frac{2}{R_n^{\frac{\pi}{2}}}, \ H_n = b_n \right) \right\} d'_n < \frac{1}{R_n^{\frac{1}{4}}}. \tag{49}$$

For an arbitrary point z in $D_n \backslash (\gamma)'_{z,n}$, we may join it to the point $z_{0,n}$ with a segment. If the intersection parts of this segment with $(\gamma)'_{z,n}$ are replaced by the corresponding arcs, then we obtain a curve L_n. By (43) and (49), the length of L_n does not exceed $2R_n^{1+\frac{\tau_n}{4}}$. Thus

$$\left| \log \frac{h_n(z) - b_n}{h_n(z_{0,n}) - b_n} \right| = \left| \int_{L_n} \frac{h'_n(u)}{h_n(u) - b_n} du \right| < e^{-\frac{1}{2}R_n^{\lambda-t'_n - 2\frac{\tau_n}{k_n}}} (2\pi + 1) R_n^{1+\frac{\tau_n}{4}} < 1. \tag{50}$$

Consequently

$$\log |h_n(z) - b_n| < \log |h_n(z_{0,n}) - b_n| + 1 < R_n^{\lambda - \lambda\varepsilon_n} + 1. \tag{51}$$

Combining this inequality with (44), we obtain

$$\log |h'_n(z)| < R_n^{\lambda - \lambda\varepsilon_n} + 1 - \frac{1}{2} R_n^{\lambda - t'_n - \frac{\pi\varepsilon_n}{k_n}} \tag{52}$$

for $z \in (D_n \backslash (\gamma)'_{z,n})$.

Now we choose a point z_n in D_n such that $|z_n - R_n| < 1$ and $z_n \bar{\in} (\gamma)'_{z,n}$. Obviously, D_n contains the disk $|z - z_n| < 4\varepsilon_n R_n$. In the annulus $3\varepsilon_n R_n < |z - z_n| < 4\varepsilon_n R_n$, we choose a circumference $|z - z_n| = r_n$, not intersecting $(\gamma)'_{z,n}$. In view of (49), the above two choices are possible.

According to (52) and (7), we have

$$\log^+ |f'(z)| \leqslant \log^+ |h'_n(z)| + \log^+ |a_n| + \log 2 < R_n^{\lambda - \lambda \varepsilon_n} \tag{53}$$

for every point z on $|z - z_n| = r_n$. It follows that

$$m(r_n, z_n, f') < R_n^{\lambda - \lambda \varepsilon_n}. \tag{54}$$

In the angular domain $|\arg z| < \gamma_0$, $f'(z)$ adopts ∞ as a Borel exceptional value, i. e.

$$n(r_n, z_n, f') < R_n^{\rho_1}, \quad (\rho_1 < \lambda).$$

If c_μ is an arbitrary pole of $f'(z)$ in $|z - z_n| < r_n$, then we have $|c_\mu - z_n| \geqslant d_n$, similar to the inequality (47). Thus

$$N(r_n, z_n, f') \leqslant \int_{d_n}^{r_n} \frac{n(t, z_n. f')}{t}\, dt < R_n^\rho, \quad (\rho < \lambda). \tag{55}$$

Therefore

$$T(r_n, z_n, f') < 2R_n^{\lambda - \lambda \varepsilon_n}. \tag{56}$$

On the other hand, we have for any complex number α

$$n(\Gamma_n, f' = \alpha) \leqslant n\left(\frac{3}{2}\, \varepsilon_n R_n, z_n, f' = \alpha\right) \leqslant \frac{1}{\log 2} N(r_n, z_n, f' - \alpha)$$

$$\leqslant \frac{1}{\log 2}\left\{ T(r_n, z_n, f') + \log^+ |\alpha| + \log \frac{1}{|f'(z_n) - \alpha|} + \log 2 \right\}$$

$$\leqslant \frac{1}{\log 2}\left\{ T(r_n, z_n, f') + \log^+ \frac{1}{|f'(z_n),\ \alpha|} + \log 2 \right\},$$

where $|f'(z_n),\ \alpha|$ denotes the spherical distance between $f'(z_n)$ and α. Substituting (56) in this inequality, we obtain

$$n(\Gamma_n, f' = \alpha) < \frac{3}{\log 2} R_n^{\lambda - \lambda \varepsilon_n}, \tag{57}$$

except some α enclosed in a spherical circle with radius $e^{-R_n^{\frac{\lambda}{2}}}$. But according to the supposition of the Theorem, (Γ_n) is a sequence of filling disks of order λ of $f'(z)$, so that

$$n(\Gamma_n, f' = \alpha) > R_n^{\lambda - \varepsilon'_n} \tag{58}$$

for all the complex numbers α, except some α in two spherical circles with radii δ_n.

Comparing (57) with (58), we derive $R_n^{\lambda \varepsilon_n - \varepsilon'_n} < \frac{3}{\log 2}$. But (4) implies $R_n^{\lambda \varepsilon_n - \varepsilon'_n} \geqslant R_n^{\frac{\lambda \varepsilon_n}{2}} \geqslant e^{\frac{1}{2}(\log R_n)^{\frac{3}{2}}} \to \infty$. This contradiction completes the proof of the Theorem.

III. Corollaries

From the above general theorem, we can obtain four corollaries immediately. Among them, Corollaries 2 and 3 are Chang's results[3], which extend Milloux's theorems[2].

Corollary 1. *Let $f(z)$ be a meromorphic function of order λ $(0 < \lambda < \infty)$ in the plane. Suppose that B: $\arg z = \theta_0$ $(0 \leqslant \theta_0 < 2\pi)$ is a Borel direction of order λ of $f'(z)$ and that $f(z)$ adopts ∞ as a Borel exceptional value in $|\arg z - \theta_0| < \gamma_0$ $(\gamma_0 > 0)$. Then there exists a sequence of positive numbers R_{n_k} tending to ∞ and a sequence of positive numbers η_{n_k} tending to 0 such that*

$$\left(\frac{R_{n_k}^{1-\eta_{n_k}}}{2} < |z| < 2R_{n_k}^{1+\eta_{n_k}} \right) \cap (|\arg z - \theta_0| < \eta_{n_k})$$

is a sequence of filling regions both for $f(z)$ and $f'(z)$.

Without loss of generality we can suppose that $\theta_0 = 0$. Since B: $\arg z = 0$ is a Borel direction of order λ of $f'(z)$, according to the Rauch Theorem[1,p.33], there exists a sequence of filling disks of order λ, Γ_n^*: $|z - z_n| < \varepsilon_n^* |z_n|$, $|z_{n+1}| > 2|z_n|$, $\lim\limits_{n \to \infty} \varepsilon_n^* = 0$, $\lim\limits_{n \to \infty} \arg z_n = 0$ such that $f'(z)$ takes every complex number α at least $|z_n|^{\lambda - \varepsilon_n'}$ times in Γ_n^*, except some numbers enclosed in two spherical circles with radii δ_n on the Riemann sphere, where $\lim\limits_{n \to \infty} \varepsilon_n' = \lim\limits_{n \to \infty} \delta_n = 0$.

Choose

$$\varepsilon_n = \max \left\{ \varepsilon_n^* + \arg z_n, \frac{2\varepsilon_n'}{\lambda}, \frac{2\beta_n}{\lambda}, \frac{1}{(\log R_n)^{\frac{1}{2}}} \right\}, \tag{59}$$

where $R_n = |z_n|$ and β_n are given by (3). It is obvious that every Γ_n: $|z - R_n| < \varepsilon_n R_n$ contains the corresponding disk Γ_n^*. Thus (Γ_n) is a sequence of filling disks of order λ of $f'(z)$ and satisfies the conditions of the above theorem. On putting $\eta_n = 4\pi\varepsilon_n^{\frac{1}{4}}$, then $\left(\frac{R_n^{1-\eta_n}}{2} < |z| < 2R_n^{1+\eta_n} \right) \cap (|\arg z| < \eta_n)$ $(n = 1, 2, \cdots)$ must contain a subsequence of filling regions both for $f(z)$ and $f'(z)$.

Corollary 2. *With the supposition of the Corollary 1, B is a Borel direction of order λ of $f(z)$.*

In fact, from the Corollary 1, G_{n_k}: $\left(\frac{R_{n_k}^{1-\eta_{n_k}}}{2} < |z| < 2R_{n_k}^{1+\eta_{n_k}} \right) \cap (|\arg z - \theta_0| < \eta_{n_k})$ is a sequence of filling regions of order λ of $f(z)$, i.e. $f(z)$ takes all the complex numbers α at least $R_{n_k}^{\lambda - \varepsilon_{n_k}''}$ times, except some numbers enclosed in two spherical circles with radii δ_{n_k}' on the Riemann sphere, where $\lim\limits_{k \to \infty} \varepsilon_{n_k}'' = \lim\limits_{k \to \infty} \delta_{n_k}' = 0$. We can suppose without loss of generality that $\sum\limits_{k=1}^{\infty} \delta_{n_k}'$ is less than a predeterminate positive number τ_0.

Consequently, the inequality $n(G_{n_k}, f = \alpha) > R_{n_k}^{\lambda - \varepsilon_{n_k}''}$ holds for all the positive integers k and all the complex numbers α, except some α enclosed in a sequence of circles, and the total sum of their radii is less than τ_0. For the "normal" numbers α and any positive number ε, we have

$$\lambda \geq \varlimsup_{r \to \infty} \frac{\log n(r, \theta_0, \varepsilon, f = \alpha)}{\log r} \geq \varlimsup_{k \to \infty} \frac{\log n(2R_{n_k}^{1+\eta_{n_k}}, \theta_0, \varepsilon, f = \alpha)}{\log(2R_{n_k}^{1+\eta_{n_k}})}$$

$$\geq \varlimsup_{k \to \infty} \frac{\log R_{n_k}^{\lambda - t''_{n_k}}}{(1 + \eta_{n_k})\log(2R_{n_k})} = \lambda.$$

Therefore

$$\lim_{\varepsilon \to 0} \left\{ \varlimsup_{r \to \infty} \frac{\log n(r, \theta_0, \varepsilon, f = \alpha)}{\log r} \right\} = \lambda \tag{60}$$

for all the "normal" numbers α. But a classical result of Valiron[1,p.32] says that if the set of complex numbers α satisfying the equality (60) has a positive measure, then $\arg z = \theta_0$ must be a Borel direction of order λ of $f(z)$. This gives the conclusion of Corollary 2.

Corollary 3. *Suppose that $f(z)$ is a meromorphic function of order λ $(0 < \lambda < \infty)$ in the plane and that $f(z)$ adopts ∞ as a Borel exceptional value. There exists at least a common Borel direction for $f(z)$ and all its derivatives.*

Corollary 4. *Suppose that $f(z)$ is a meromorphic function of order λ $\left(\dfrac{1}{2} < \lambda < \infty\right)$ in the plane and that $f(z)$ adopts ∞ as a Borel exceptional value. If $f(z)$ has exactly two Borel directions B_1 and B_2, then every $f^{(l)}(z)$ $(l = 1, 2, \cdots)$ takes exactly B_1 and B_2 as its Borel directions too.*

REFERENCES

[1] Valiron, G.: *Directions de Borel des fonctions méromorphes*, Gauthier-Villars, Paris, (1938).
[2] Milloux, H.: Sur les directions de Borel des fonctions entières de leurs dérivées et de leurs integrales, *J. d'Analyse Math.*, **1** (1951), 244—330.
[3] 张广厚: 关于亚纯函数与其各级导数成积分的公共波莱耳方向的研究 (I), 数学学报, **20** (1977), 73—98.
[4] Yang Lo et Chang Kuan-heo: Sur la construction des fonctions méromorphes ayant des directions singulières données, *Sci. Sinica*, **19** (1976), 445—459.
[5] Hayman, W. K.: *Meromorphic Functions*, Oxford Math. Monographs, Oxford University Press, (1964).

Special Issue (II)   SCIENTIA SINICA   1979

DEFICIENT VALUES AND ASYMPTOTIC VALUES
OF ENTIRE FUNCTIONS

Yang Lo (杨 乐) and Zhang Guanghou (张广厚)

(*Institute of Mathematics, Academia Sinica*)

Received July 15, 1977.

Abstract

1. Let $f(z)$ be an entire function of finite lower order μ. If $\sum\limits_{j=-\infty}^{\infty} \sum\limits_{a\neq 0,\infty} \delta(a, f^{(j)}) = 1$, then $\sum\limits_{j=-\infty}^{\infty} p_j \leqslant \mu$, where p_j denotes the number of finite and non-zero deficient values of $f^{(j)}(z)$. Moreover, every deficient value of $f^{(j)}(z)$ $(j = 0, \pm 1, \pm 2, \cdots; f^{(0)} \equiv f)$ is an asymptotic value of $f^{(j)}(z)$ and every deficiency is a multiple of $1/\mu$.

2. If $f(z)$ is an entire function of finite lower order μ, then the series $\sum\limits_{j=-\infty}^{\infty} \sum\limits_{a\neq 0,\infty} \{\delta(a, f^{(j)})\}^{\frac{1}{3}}$ is convergent.

Introduction

For every entire function $f(z)$ of finite order, it follows from a well known fact[6,p.104] that

$$\sum_{j=-\infty}^{\infty} \sum_{a\neq 0,\infty} \delta(a, f^{(j)}) \leqslant 1, \tag{1}$$

where $f^{(j)}$ denote the derivatives of order j of f when $j = 1, 2, \cdots$ and the primitives of order $|j|$ when $j = -1, -2, \cdots$ and $f^{(0)} \equiv f$.

In the paper [10], we have investigated a class of entire functions, for which the equality holds in (1) and the following theorem has been proved:

If $f(z)$ is an entire function of finite lower order μ with

$$\sum_{j=-\infty}^{\infty} \sum_{a\neq 0,\infty} \delta(a, f^{(j)}) = 1, \tag{2}$$

then we have

$$\sum_{j=-\infty}^{\infty} p_j \leqslant 2\mu, \tag{3}$$

where p_j denotes the number of finite and non-zero deficient values of $f^{(j)}(z)$.

The first part of this paper continues the investigation of the entire functions of finite lower order with the condition (2). The upper bound 2μ of the estimate (3) is improved in the best bound μ. Moreover, all the deficient values of $f^{(j)}(z)$ $(j = 0, \pm 1, \pm 2, \cdots)$ are their asymptotic values, and the deficiencies are the multiples of

$1/\mu$. Here we develop the theorems of Pfluger[7], Edrei and Fuchs[4]. In the second part, a relation of deficiencies for every entire function of finite lower order and its derivatives and primitives is established.

I.

We need the following:

Lemma 1. *Let* $f(z)$ *be a meromorphic function of order* ρ *and lower order* μ, $\mu < \rho$. *If* e *is a measurable set in the positive real axis such that* mes $e < \infty$ *and*

$$k_1(f) = \varlimsup_{\substack{r \to \infty \\ r \bar{\in} e}} \frac{N(r, f) + N\left(r, \dfrac{1}{f}\right)}{T(r, f)}, \tag{1.1}$$

then we have

$$k_1(f) \geqslant \frac{2 |\sin \eta \pi|}{A(\eta + 1) + |\sin \eta \pi|}, \tag{1.2}$$

where η *is a number satisfying* $\mu < \eta < \rho$ *and* A *is a positive absolute constant.*

Proof. When η is a positive integer, (1.2) is obvious. Hence, we may suppose η is not a positive integer. Let q be the largest integer less than η. Following Edrei and Fuchs[3], we have

$$m(r, f) + m\left(r, \frac{1}{f}\right) \leqslant \sum_{0 < |d_\nu| \leqslant R} \left\{ m\left(r, E\left(\frac{z}{d_\nu}, q\right)\right) + m\left(r, \frac{1}{E\left(\dfrac{z}{d_\nu}, q\right)}\right)\right\}$$

$$+ C(r^q + \log r) + 14\left(\frac{r}{R}\right)^{q+1} T(2R), \quad \left(r_0 \leqslant r = |z| \leqslant \frac{R}{2}\right), \tag{1.3}$$

where

$$E(u, 0) = (1 - u); \quad E(u, q) = (1 - u)\, e^{u + \frac{u^2}{2} + \cdots + \frac{u^q}{q}} \ (q \geqslant 1),$$

and d_ν denote the zeros and poles of $f(z)$ which do not coincide with the origin.

Similarly as [1], put

$$\varphi(t) = \frac{1}{2\pi} \int_0^{2\pi} \frac{d\theta}{\sqrt{t^2 - 2t\cos\theta + 1}}$$

and

$$n_R^*(t) = \sum_{0 < |a_i| \leqslant \min(t, R)} 1 + \sum_{0 < |b_j| \leqslant \min(t, R)} 1,$$

where a_i and b_j are the zeros and poles of $f(z)$ respectively. Then we deduce from (1.3)

$$(2 - k_1(f) - o(1))\, T(r, f) < r^q \int_0^\infty \frac{n_R^*(t)}{t^{q+1}}\, \phi\left(\frac{t}{r}\right) dt$$

$$+ C(r^q + \log r) + 14\left(\frac{r}{R}\right)^{q+1} T(2r, f), \quad \left(r_0 \leqslant r \leqslant \frac{R}{2},\ r \bar{\in} e\right). \tag{1.4}$$

Let α be a sufficiently small positive number such that $n(\alpha, f = 0) = n(0, f = 0)$ and $n(\alpha, f = \infty) = n(0, f = \infty)$. On posing

$$I(r) = r^q \int_0^\infty \frac{n_R^*(t)}{t^{q+1}} \phi\left(\frac{t}{r}\right) dt,$$

$$n(r) = n(r, f = 0) + n(r, f = \infty),$$

$$N(r) = N(r, f = 0) + N(r, f = \infty),$$

we have from $\varphi(t) \leqslant \dfrac{2}{t}$ (when $t \geqslant 2$)

$$I(r) \leqslant r^q \int_\alpha^R \frac{n(t)}{t^{q+1}} \phi\left(\frac{t}{r}\right) dt + CT(2R, f)\left(\frac{r}{R}\right)^{q+1} \quad \left(r_0 \leqslant r \leqslant \frac{R}{2}, \ r \,\bar\in\, e\right). \quad (1.5)$$

Since

$$n(t) \leqslant (\eta + 1) N\left(t\left(1 + \frac{1}{\eta}\right)\right),$$

and

$$N(r) \leqslant \begin{cases} (k_1(f) + o(1))\, T(r, f), & \text{if } r \,\bar\in\, e, \\ (2e(r) + o(1))\, T(r, f), & \text{if } r \in e, \end{cases}$$

where $c(r)$ is the characteristic function of the set e, we obtain

$$I(r) \leqslant r^q \left(1 + \frac{1}{\eta}\right)^q (\eta + 1) \left\{ \int_{\sigma(1+\frac{1}{\eta})}^{r_0} \frac{N(r_0)}{u^{q+1}} \phi\left(\frac{u}{r\left(1 + \frac{1}{\eta}\right)}\right) du \right.$$

$$+ \int_{r_0}^{R(1+\frac{1}{\eta})} \frac{k_1(f) + 2e(u) + o(1)}{u^{q+1}} \phi\left(\frac{u}{r\left(1 + \frac{1}{\eta}\right)}\right) T(r, u)\, du \Bigg\}$$

$$+ CT(2R, f)\left(\frac{r}{R}\right)^{q+1}, \quad \left(r_0 \leqslant r \leqslant \frac{R}{2}, \ r \,\bar\in\, e\right). \quad (1.6)$$

For every number σ in the open interval (μ, η), we assert that there exists a sequence of positive numbers (r_k) such that

$$\left. \begin{array}{c} r_k \,\bar\in\, e, \quad \lim\limits_{k \to \infty} r_k = \infty, \\[2mm] \dfrac{T(t)}{t^\eta} \leqslant 2\, \dfrac{T(r_k)}{r_k^\eta}, \quad (0 < t_0 \leqslant t \leqslant r_k^{\frac{\eta}{\sigma}}), \\[2mm] \lim\limits_{k \to \infty} \dfrac{T(r_k)}{r_k^\eta} = \infty. \end{array} \right\} \quad (1.7)$$

In fact, if σ' is a number such that $\mu < \sigma' < \sigma$, then by a new form[1] of Polya Lemma, there exists a sequence of positive numbers (r_k') such that

$$\lim_{k \to \infty} r_k' = \infty, \quad \lim_{k \to \infty} \frac{T(r_k')}{r_k'^\eta} = \infty,$$

$$\frac{T(t)}{t^\eta} \leqslant \frac{T(r'_k)}{r'^\eta_k} \qquad (0 < t_0 \leqslant t \leqslant r'^{\frac{\eta}{\sigma}}_k).$$

When $r'_k \bar\in e$, we take $r_k = r'_k$. Otherwise, we may choose r_k in the interval $(r'_k, r'_k + 1 + \text{mes}\, e)$ and $r_k \bar\in e$. Clearly, r_k $(k = 1, 2, \cdots)$ satisfy the above conditions (1.7).

Taking

$$r = r_k, \qquad \left(2 + \frac{1}{\eta}\right) R = \left(2 + \frac{1}{\eta}\right) R_k = \frac{1}{2} r^{\frac{\eta}{\sigma}}_k,$$

we have

$$\int_{r_0}^{R_k\left(1+\frac{1}{\eta}\right)} \frac{T(u)}{u^{q+1}} \phi\left(\frac{u}{r_k\left(1+\frac{1}{\eta}\right)}\right) du$$

$$< 2T(r_k) \left(1 + \frac{1}{\eta}\right)^{\eta-q} r_k^{-q} \int_{\frac{r_0}{r_k\left(1+\frac{1}{\eta}\right)}}^{\frac{R_k}{r_k}} \frac{\phi(t)\, dt}{t^{q-\eta+1}}, \qquad (1.8)$$

$$\int_{r_0}^{R_k\left(1+\frac{1}{\eta}\right)} \frac{2e(u)\, T(u)}{u^{q+1}} \phi\left(\frac{u}{r_k\left(1+\frac{1}{\eta}\right)}\right) du$$

$$< 4T(r_k) \left(1 + \frac{1}{\eta}\right)^{\eta-q} r_k^{-q} \int_{\frac{r_0}{r_k\left(1+\frac{1}{\eta}\right)}}^{\frac{R_k}{r_k}} \frac{\phi(t)}{t^{q-\eta+1}} e\left(tr_k\left(1+\frac{1}{\eta}\right)\right) dt. \qquad (1.9)$$

When $tr_k\left(1 + \frac{1}{\eta}\right)$ varies in the set e, t varies in a corresponding set e' and $\text{mes}\, e' = \dfrac{\text{mes}\, e}{r_k\left(1+\frac{1}{\eta}\right)} \to 0$ $(k \to \infty)$. Thus

$$\int_{\frac{r_0}{r_k\left(1+\frac{1}{\eta}\right)}}^{\frac{R_k}{r_k}} \frac{\phi(t)}{t^{q-\eta+1}} e\left(tr_k\left(1+\frac{1}{\eta}\right)\right) dt = \int_{e'} \frac{\phi(t)}{t^{q-\eta+1}} dt \to 0 \qquad (k \to \infty).$$

Choose $r = r_k$, $R = \dfrac{1}{2\left(2+\frac{1}{\eta}\right)} r^{\frac{\eta}{\sigma}}_k$ in (1.4), divide by $T(r_k)$ and then pass to limit as $k \to \infty$. By taking into account of (1.6), (1.8), (1.9) and

$$\frac{T(2R)}{T(r_k)}\left(\frac{r}{R}\right)^{q+1} \leqslant 2^{\eta+1}\left(\frac{r_k}{\frac{1}{2\left(2+\frac{1}{\eta}\right)} r^{\frac{\eta}{\sigma}}_k}\right)^{q+1-\eta} \to 0 \qquad (k \to \infty),$$

and using the estimate[1]

$$\int_0^\infty \frac{\varphi(t)}{t^{q-\eta+1}}\,dt < \frac{4.4}{|\sin\eta\pi|},$$

it yields

$$2 - k_1(f) \leqslant 2(\eta+1)\frac{4.4}{|\sin\eta\pi|}k_1(f).$$

We are led to (1.2).

Theorem 1. *If $f(z)$ is an entire function of finite lower order μ with*

$$\sum_{j=-\infty}^{\infty}\sum_{a\neq 0,\infty}\delta(a, f^{(j)}) = 1, \tag{1.10}$$

then we have

(ⅰ) *ρ, the order of $f(z)$, equals μ and it is a positive integer.*

(ⅱ) *$\sum_{j=-\infty}^{\infty} p_j \leqslant \mu$, where $p_j(j = 0, \pm 1, \pm 2, \cdots)$ denote the numbers of finite and non-zero deficient values of $f^{(j)}(z)$.*

(ⅲ) *Every deficient value of $f^{(j)}(z)$ $(j = 0, \pm 1, \pm 2, \cdots; f^{(0)} \equiv f)$ is an asymptotic value of $f^{(j)}(z)$.*

(ⅳ) *Every deficiency of $f^{(j)}(z)$ is a multiple of $1/\mu$.*

Proof. (ⅰ) Since we have $\sum_{j=-\infty}^{\infty} p_j \leqslant 2\mu$[10], there exist two integers τ and τ' such that

$$\sum_{j=\tau'}^{\tau}\sum_{h=1}^{p_j}\delta(a_{jh}, f^{(j)}) = 1, \tag{1.11}$$

and

$$\delta(a_{\tau'1}, f^{(\tau')}) > 0, \tag{1.12}$$

where a_{jh} are finite non-zero complex numbers, which are distinct for the same j.

For every $T(r, f^{(j)})$ $(j = \tau', \tau'+1, \cdots, \tau, \tau+1)$ in the interval (r_0, ∞) $(r_0 \geqslant 0)$, it is known[6, p. 38] that

$$T\left(r + \frac{1}{T(r, f^{(j)})},\ f^{(j)}\right) < 2T(r, f^{(j)}),$$

outside a set e_j of r which has linear measure at most 2. Setting

$$e = \bigcup_{j=\tau'}^{\tau+1} e_j, \tag{1.13}$$

we have $\operatorname{mes} e \leqslant 2(\tau + \tau' + 2)$.

If $\mu < \rho$, then Lemma 2 of [10] gives

$$\varlimsup_{\substack{r\to\infty \\ r\bar{\in}e}} \frac{N\left(r, \dfrac{1}{f^{(\tau+1)}}\right)}{T(r, f^{(\tau+1)})} = 0.$$

刘培杰数学工作室
已出版(即将出版)图书目录——高等数学

书　　名	出版时间	定　价	编号
距离几何分析导引	2015－02	68.00	446
大学几何学	2017－01	78.00	688
关于曲面的一般研究	2016－11	48.00	690
近世纯粹几何学初论	2017－01	58.00	711
拓扑学与几何学基础讲义	2017－04	58.00	756
物理学中的几何方法	2017－06	88.00	767
几何学简史	2017－08	28.00	833
微分几何学历史概要	2020－07	58.00	1194
复变函数引论	2013－10	68.00	269
伸缩变换与抛物旋转	2015－01	38.00	449
无穷分析引论(上)	2013－04	88.00	247
无穷分析引论(下)	2013－04	98.00	245
数学分析	2014－04	28.00	338
数学分析中的一个新方法及其应用	2013－01	38.00	231
数学分析例选:通过范例学技巧	2013－01	88.00	243
高等代数例选:通过范例学技巧	2015－06	88.00	475
基础数论例选:通过范例学技巧	2018－09	58.00	978
三角级数论(上册)(陈建功)	2013－01	38.00	232
三角级数论(下册)(陈建功)	2013－01	48.00	233
三角级数论(哈代)	2013－06	48.00	254
三角级数	2015－07	28.00	263
超越数	2011－03	18.00	109
三角和方法	2011－03	18.00	112
随机过程(Ⅰ)	2014－01	78.00	224
随机过程(Ⅱ)	2014－01	68.00	235
算术探索	2011－12	158.00	148
组合数学	2012－04	28.00	178
组合数学浅谈	2012－03	28.00	159
丢番图方程引论	2012－03	48.00	172
拉普拉斯变换及其应用	2015－02	38.00	447
高等代数.上	2016－01	38.00	548
高等代数.下	2016－01	38.00	549
高等代数教程	2016－01	58.00	579
高等代数引论	2020－07	48.00	1174
数学解析教程.上卷.1	2016－01	58.00	546
数学解析教程.上卷.2	2016－01	38.00	553
数学解析教程.下卷.1	2017－04	48.00	781
数学解析教程.下卷.2	2017－06	48.00	782
数学:代数、数学分析和几何(10—11年级)	2021－01	48.00	1250
数学分析.第1册	2021－03	48.00	1281
数学分析.第2册	2021－03	48.00	1282
数学分析.第3册	2021－03	28.00	1283
数学分析精选习题全解.上册	2021－03	38.00	1284
数学分析精选习题全解.下册	2021－03	38.00	1285
函数构造论.上	2016－01	38.00	554
函数构造论.中	2017－06	48.00	555
函数构造论.下	2016－09	48.00	680
函数逼近论(上)	2019－02	98.00	1014
概周期函数	2016－01	48.00	572
变叙的项的极限分布律	2016－01	18.00	573
整函数	2012－08	18.00	161
近代拓扑学研究	2013－04	38.00	239
多项式和无理数	2008－01	68.00	22
密码学与数论基础	2021－01	28.00	1254

书　名	出版时间	定　价	编号
模糊数据统计学	2008—03	48.00	31
模糊分析学与特殊泛函空间	2013—01	68.00	241
常微分方程	2016—01	58.00	586
平稳随机函数导论	2016—03	48.00	587
量子力学原理.上	2016—01	38.00	588
图与矩阵	2014—08	40.00	644
钢丝绳原理:第二版	2017—01	78.00	745
代数拓扑和微分拓扑简史	2017—06	68.00	791
半序空间泛函分析.上	2018—06	48.00	924
半序空间泛函分析.下	2018—06	68.00	925
概率分布的部分识别	2018—07	68.00	929
Cartan 型单模李超代数的上同调及极大子代数	2018—07	38.00	932
纯数学与应用数学若干问题研究	2019—03	98.00	1017
数理金融学与数理经济学若干问题研究	2020—07	98.00	1180
清华大学"工农兵学员"微积分课本	2020—09	48.00	1228
力学若干基本问题的发展概论	2020—11	48.00	1262
受控理论与解析不等式	2012—05	78.00	165
不等式的分拆降维降幂方法与可读证明(第2版)	2020—07	78.00	1184
石焕南文集:受控理论与不等式研究	2020—09	198.00	1198
实变函数论	2012—06	78.00	181
复变函数论	2015—08	38.00	504
非光滑优化及其变分分析	2014—01	48.00	230
疏散的马尔科夫链	2014—01	58.00	266
马尔科夫过程论基础	2015—01	28.00	433
初等微分拓扑学	2012—07	18.00	182
方程式论	2011—03	38.00	105
Galois 理论	2011—03	18.00	107
古典数学难题与伽罗瓦理论	2012—11	58.00	223
伽罗华与群论	2014—01	28.00	290
代数方程的根式解及伽罗瓦理论	2011—03	28.00	108
代数方程的根式解及伽罗瓦理论(第二版)	2015—01	28.00	423
线性偏微分方程讲义	2011—03	18.00	110
几类微分方程数值方法的研究	2015—05	38.00	485
分数阶微分方程理论与应用	2020—05	95.00	1182
N 体问题的周期解	2011—03	28.00	111
代数方程式论	2011—05	18.00	121
线性代数与几何:英文	2016—06	58.00	578
动力系统的不变量与函数方程	2011—07	48.00	137
基于短语评价的翻译知识获取	2012—02	48.00	168
应用随机过程	2012—04	48.00	187
概率论导引	2012—04	18.00	179
矩阵论(上)	2013—06	58.00	250
矩阵论(下)	2013—06	48.00	251
对称锥互补问题的内点法:理论分析与算法实现	2014—08	68.00	368
抽象代数:方法导引	2013—06	38.00	257
集论	2016—01	48.00	576
多项式理论研究综述	2016—01	38.00	577
函数论	2014—11	78.00	395
反问题的计算方法及应用	2011—11	28.00	147
数阵及其应用	2012—02	28.00	164
绝对值方程—折边与组合图形的解析研究	2012—07	48.00	186
代数函数论(上)	2015—07	38.00	494
代数函数论(下)	2015—07	38.00	495

刘培杰数学工作室
已出版(即将出版)图书目录——高等数学

书　　名	出版时间	定　价	编号
偏微分方程论:法文	2015—10	48.00	533
时标动力学方程的指数型二分性与周期解	2016—04	48.00	606
重刚体绕不动点运动方程的积分法	2016—05	68.00	608
水轮机水力稳定性	2016—05	48.00	620
Lévy 噪音驱动的传染病模型的动力学行为	2016—05	48.00	667
铣加工动力学系统稳定性研究的数学方法	2016—11	28.00	710
时滞系统:Lyapunov 泛函和矩阵	2017—05	68.00	784
粒子图像测速仪实用指南:第二版	2017—08	78.00	790
数域的上同调	2017—08	98.00	799
图的正交因子分解(英文)	2018—01	38.00	881
图的度因子和分支因子:英文	2019—09	88.00	1108
点云模型的优化配准方法研究	2018—07	58.00	927
锥形波入射粗糙表面反散射问题理论与算法	2018—03	68.00	936
广义逆的理论与计算	2018—07	58.00	973
不定方程及其应用	2018—12	58.00	998
几类椭圆型偏微分方程高效数值算法研究	2018—08	48.00	1025
现代密码算法概论	2019—05	98.00	1061
模形式的 p-进性质	2019—06	78.00	1088
混沌动力学:分形、平铺、代换	2019—09	48.00	1109
微分方程,动力系统与混沌引论:第3版	2020—05	65.00	1144
分数阶微分方程理论与应用	2020—05	95.00	1187
Galois 上同调	2020—04	138.00	1131
毕达哥拉斯定理:英文	2020—03	38.00	1133
吴振奎高等数学解题真经(概率统计卷)	2012—01	38.00	149
吴振奎高等数学解题真经(微积分卷)	2012—01	68.00	150
吴振奎高等数学解题真经(线性代数卷)	2012—01	58.00	151
高等数学解题全攻略(上卷)	2013—06	58.00	252
高等数学解题全攻略(下卷)	2013—06	58.00	253
高等数学复习纲要	2014—01	18.00	384
超越吉米多维奇.数列的极限	2009—11	48.00	58
超越普里瓦洛夫.留数卷	2015—01	28.00	437
超越普里瓦洛夫.无穷乘积与它对解析函数的应用卷	2015—05	28.00	477
超越普里瓦洛夫.积分卷	2015—06	18.00	481
超越普里瓦洛夫.基础知识卷	2015—06	28.00	482
超越普里瓦洛夫.数项级数卷	2015—07	38.00	489
超越普里瓦洛夫.微分、解析函数、导数卷	2018—01	48.00	852
统计学专业英语	2007—03	28.00	16
统计学专业英语(第二版)	2012—07	48.00	176
统计学专业英语(第三版)	2015—04	68.00	465
代换分析:英文	2015—07	38.00	499
历届美国大学生数学竞赛试题集.第一卷(1938—1949)	2015—01	28.00	397
历届美国大学生数学竞赛试题集.第二卷(1950—1959)	2015—01	28.00	398
历届美国大学生数学竞赛试题集.第三卷(1960—1969)	2015—01	28.00	399
历届美国大学生数学竞赛试题集.第四卷(1970—1979)	2015—01	18.00	400
历届美国大学生数学竞赛试题集.第五卷(1980—1989)	2015—01	28.00	401
历届美国大学生数学竞赛试题集.第六卷(1990—1999)	2015—01	28.00	402
历届美国大学生数学竞赛试题集.第七卷(2000—2009)	2015—08	18.00	403
历届美国大学生数学竞赛试题集.第八卷(2010—2012)	2015—01	18.00	404
超越普特南试题:大学数学竞赛中的方法与技巧	2017—04	98.00	758
历届国际大学生数学竞赛试题集(1994—2020)	2021—01	58.00	1252
历届美国大学生数学竞赛试题集:1938—2017	2020—11	98.00	1256

刘培杰数学工作室
已出版(即将出版)图书目录——高等数学

书　名	出版时间	定　价	编号
全国大学生数学夏令营数学竞赛试题及解答	2007—03	28.00	15
全国大学生数学竞赛辅导教程	2012—07	28.00	189
全国大学生数学竞赛复习全书(第2版)	2017—05	58.00	787
历届美国大学生数学竞赛试题集	2009—03	88.00	43
前苏联大学生数学奥林匹克竞赛题解(上编)	2012—04	28.00	169
前苏联大学生数学奥林匹克竞赛题解(下编)	2012—04	38.00	170
大学生数学竞赛讲义	2014—09	28.00	371
大学生数学竞赛教程——高等数学(基础篇、提高篇)	2018—09	128.00	968
普林斯顿大学数学竞赛	2016—06	38.00	669
考研高等数学高分之路	2020—10	45.00	1203
考研高等数学基础必刷	2021—01	45.00	1251
越过211,刷到985:考研数学二	2019—10	68.00	1115

书　名	出版时间	定　价	编号
初等数论难题集(第一卷)	2009—05	68.00	44
初等数论难题集(第二卷)(上、下)	2011—02	128.00	82,83
数论概貌	2011—03	18.00	93
代数数论(第二版)	2013—08	58.00	94
代数多项式	2014—06	38.00	289
初等数论的知识与问题	2011—02	28.00	95
超越数论基础	2011—03	28.00	96
数论初等教程	2011—03	28.00	97
数论基础	2011—03	18.00	98
数论基础与维诺格拉多夫	2014—03	18.00	292
解析数论基础	2012—08	28.00	216
解析数论基础(第二版)	2014—01	48.00	287
解析数论问题集(第二版)(原版引进)	2014—05	88.00	343
解析数论问题集(第二版)(中译本)	2016—04	88.00	607
解析数论基础(潘承洞,潘承彪著)	2016—07	98.00	673
解析数论导引	2016—07	58.00	674
数论入门	2011—03	38.00	99
代数数论入门	2015—03	38.00	448
数论开篇	2012—07	28.00	194
解析数论引论	2011—03	48.00	100
Barban Davenport Halberstam 均值和	2009—01	40.00	33
基础数论	2011—03	28.00	101
初等数论100例	2011—05	18.00	122
初等数论经典例题	2012—07	18.00	204
最新世界各国数学奥林匹克中的初等数论试题(上、下)	2012—01	138.00	144,145
初等数论(Ⅰ)	2012—01	18.00	156
初等数论(Ⅱ)	2012—01	18.00	157
初等数论(Ⅲ)	2012—01	28.00	158
平面几何与数论中未解决的新老问题	2013—01	68.00	229
代数数论简史	2014—11	28.00	408
代数数论	2015—09	88.00	532
代数、数论及分析习题集	2016—11	98.00	695
数论导引提要及习题解答	2016—01	48.00	559
素数定理的初等证明.第2版	2016—09	48.00	686
数论中的模函数与狄利克雷级数(第二版)	2017—11	78.00	837
数论:数学导引	2018—01	68.00	849
域论	2018—04	68.00	884
代数数论(冯克勤　编著)	2018—04	68.00	885
范氏大代数	2019—02	98.00	1016

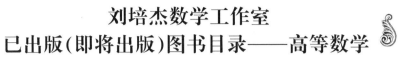

刘培杰数学工作室
已出版(即将出版)图书目录——高等数学

书 名	出版时间	定 价	编号
新编 640 个世界著名数学智力趣题	2014—01	88.00	242
500 个最新世界著名数学智力趣题	2008—06	48.00	3
400 个最新世界著名数学最值问题	2008—09	48.00	36
500 个世界著名数学征解问题	2009—06	48.00	52
400 个中国最佳初等数学征解老问题	2010—01	48.00	60
500 个俄罗斯数学经典老题	2011—01	28.00	81
1000 个国外中学物理好题	2012—04	48.00	174
300 个日本高考数学题	2012—05	38.00	142
700 个早期日本高考数学试题	2017—02	88.00	752
500 个前苏联早期高考数学试题及解答	2012—05	28.00	185
546 个早期俄罗斯大学生数学竞赛题	2014—03	38.00	285
548 个来自美苏的数学好问题	2014—11	28.00	396
20 所苏联著名大学早期入学试题	2015—02	18.00	452
161 道德国工科大学生必做的微分方程习题	2015—05	28.00	469
500 个德国工科大学生必做的高数习题	2015—06	28.00	478
360 个数学竞赛问题	2016—08	58.00	677
德国讲义日本考题.微积分卷	2015—04	48.00	456
德国讲义日本考题.微分方程卷	2015—04	38.00	457
二十世纪中叶中、英、美、日、法、俄高考数学试题精选	2017—06	38.00	783

博弈论精粹	2008—03	58.00	30
博弈论精粹.第二版(精装)	2015—01	88.00	461
数学 我爱你	2008—01	28.00	20
精神的圣徒 别样的人生——60 位中国数学家成长的历程	2008—09	48.00	39
数学史概论	2009—06	78.00	50
数学史概论(精装)	2013—03	158.00	272
数学史选讲	2016—01	48.00	544
斐波那契数列	2010—02	28.00	65
数学拼盘和斐波那契魔方	2010—07	38.00	72
斐波那契数列欣赏	2011—01	28.00	160
数学的创造	2011—02	48.00	85
数学美与创造力	2016—01	48.00	595
数海拾贝	2016—01	48.00	590
数学中的美	2011—02	38.00	84
数论中的美学	2014—12	38.00	351
数学王者 科学巨人——高斯	2015—01	28.00	428
振兴祖国数学的圆梦之旅:中国初等数学研究史话	2015—06	98.00	490
二十世纪中国数学史料研究	2015—10	48.00	536
数字谜、数阵图与棋盘覆盖	2016—01	58.00	298
时间的形状	2016—01	38.00	556
数学发现的艺术:数学探索中的合情推理	2016—07	58.00	671
活跃在数学中的参数	2016—07	48.00	675

刘培杰数学工作室
已出版(即将出版)图书目录——高等数学

书　名	出版时间	定　价	编号
格点和面积	2012—07	18.00	191
射影几何趣谈	2012—04	28.00	175
斯潘纳尔引理——从一道加拿大数学奥林匹克试题谈起	2014—01	28.00	228
李普希兹条件——从几道近年高考数学试题谈起	2012—10	18.00	221
拉格朗日中值定理——从一道北京高考试题的解法谈起	2015—10	18.00	197
闵科夫斯基定理——从一道清华大学自主招生试题谈起	2014—01	28.00	198
哈尔测度——从一道冬令营试题的背景谈起	2012—08	28.00	202
切比雪夫逼近问题——从一道中国台北数学奥林匹克试题谈起	2013—04	38.00	238
伯恩斯坦多项式与贝齐尔曲面——从一道全国高中数学联赛试题谈起	2013—03	38.00	236
卡塔兰猜想——从一道普特南竞赛试题谈起	2013—06	18.00	256
麦卡锡函数和阿克曼函数——从一道前南斯拉夫数学奥林匹克试题谈起	2012—08	18.00	201
贝蒂定理与拉姆贝莫斯尔定理——从一个拣石子游戏谈起	2012—08	18.00	217
皮亚诺曲线和豪斯道夫分球定理——从无限集谈起	2012—08	18.00	211
平面凸图形与凸多面体	2012—10	28.00	218
斯坦因豪斯问题——从一道二十五省市自治区中学数学竞赛试题谈起	2012—07	18.00	196
纽结理论中的亚历山大多项式与琼斯多项式——从一道北京市高一数学竞赛试题谈起	2012—07	28.00	195
原则与策略——从波利亚"解题表"谈起	2013—04	38.00	244
转化与化归——从三大尺规作图不能问题谈起	2012—08	28.00	214
代数几何中的贝祖定理(第一版)——从一道 IMO 试题的解法谈起	2013—08	18.00	193
成功连贯理论与约当块理论——从一道比利时数学竞赛试题谈起	2012—04	18.00	180
素数判定与大数分解	2014—08	18.00	199
置换多项式及其应用	2012—10	18.00	220
椭圆函数与模函数——从一道美国加州大学洛杉矶分校(UCLA)博士资格考题谈起	2012—10	28.00	219
差分方程的拉格朗日方法——从一道 2011 年全国高考理科试题的解法谈起	2012—08	28.00	200
力学在几何中的一些应用	2013—01	38.00	240
高斯散度定理、斯托克斯定理和平面格林定理——从一道国际大学生数学竞赛试题谈起	即将出版		
康托洛维奇不等式——从一道全国高中联赛试题谈起	2013—03	28.00	337
西格尔引理——从一道第 18 届 IMO 试题的解法谈起	即将出版		
罗斯定理——从一道前苏联数学竞赛试题谈起	即将出版		
拉克斯定理和阿廷定理——从一道 IMO 试题的解法谈起	2014—01	58.00	246
毕卡大定理——从一道美国大学数学竞赛试题谈起	2014—07	18.00	350
贝齐尔曲线——从一道全国高中联赛试题谈起	即将出版		
拉格朗日乘子定理——从一道 2005 年全国高中联赛试题的高等数学解法谈起	2015—05	28.00	480
雅可比定理——从一道日本数学奥林匹克试题谈起	2013—04	48.00	249
李天岩—约克定理——从一道波兰数学竞赛试题谈起	2014—06	28.00	349
整系数多项式因式分解的一般方法——从克朗耐克算法谈起	即将出版		

刘培杰数学工作室
已出版(即将出版)图书目录——高等数学

书　　名	出版时间	定　价	编号
布劳维不动点定理——从一道前苏联数学奥林匹克试题谈起	2014—01	38.00	273
伯恩赛德定理——从一道英国数学奥林匹克试题谈起	即将出版		
布查特－莫斯特定理——从一道上海市初中竞赛试题谈起	即将出版		
数论中的同余数问题——从一道普特南竞赛试题谈起	即将出版		
范・德蒙行列式——从一道美国数学奥林匹克试题谈起	即将出版		
中国剩余定理:总数法构建中国历史年表	2015—01	28.00	430
牛顿程序与方程求根——从一道全国高考试题解法谈起	即将出版		
库默尔定理——从一道IMO预选试题谈起	即将出版		
卢丁定理——从一道冬令营试题的解法谈起	即将出版		
沃斯滕霍姆定理——从一道IMO预选试题谈起	即将出版		
卡尔松不等式——从一道莫斯科数学奥林匹克试题谈起	即将出版		
信息论中的香农熵——从一道近年高考压轴题谈起	即将出版		
约当不等式——从一道希望杯竞赛试题谈起	即将出版		
拉比诺维奇定理	即将出版		
刘维尔定理——从一道《美国数学月刊》征解问题的解法谈起	即将出版		
卡塔兰恒等式与级数求和——从一道IMO试题的解法谈起	即将出版		
勒让德猜想与素数分布——从一道爱尔兰竞赛试题谈起	即将出版		
天平称重与信息论	即将出版		
哈密尔顿－凯莱定理:从一道高中数学联赛试题的解法谈起	2014—09	18.00	376
艾思特曼定理——从一道CMO试题的解法谈起	即将出版		
一个爱尔特希问题——从一道西德数学奥林匹克试题谈起	即将出版		
有限群中的爱丁格尔问题——从一道北京市初中二年级数学竞赛试题谈起	即将出版		
糖水中的不等式——从初等数学到高等数学	2019—07	48.00	1093
帕斯卡三角形	2014—03	18.00	294
蒲丰投针问题——从2009年清华大学的一道自主招生试题谈起	2014—01	38.00	295
斯图姆定理——从一道"华约"自主招生试题的解法谈起	2014—01	18.00	296
许瓦兹引理——从一道加利福尼亚大学伯克利分校数学系博士生试题谈起	2014—08	18.00	297
拉姆塞定理——从王诗宬院士的一个问题谈起	2016—04	48.00	299
坐标法	2013—12	28.00	332
数论三角形	2014—04	38.00	341
毕克定理	2014—07	18.00	352
数林掠影	2014—09	48.00	389
我们周围的概率	2014—10	38.00	390
凸函数最值定理:从一道华约自主招生题的解法谈起	2014—10	28.00	391
易学与数学奥林匹克	2014—10	38.00	392
生物数学趣谈	2015—01	18.00	409
反演	2015—01	28.00	420
因式分解与圆锥曲线	2015—01	18.00	426
轨迹	2015—01	28.00	427
面积原理:从常庚哲命的一道CMO试题的积分解法谈起	2015—01	48.00	431
形形色色的不动点定理:从一道28届IMO试题谈起	2015—01	38.00	439
柯西函数方程:从一道上海交大自主招生的试题谈起	2015—02	28.00	440

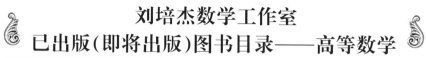

刘培杰数学工作室
已出版(即将出版)图书目录——高等数学

书　　名	出版时间	定　价	编号
三角恒等式	2015—02	28.00	442
无理性判定:从一道2014年"北约"自主招生试题谈起	2015—01	38.00	443
数学归纳法	2015—03	18.00	451
极端原理与解题	2015—04	28.00	464
法雷级数	2014—08	18.00	367
摆线族	2015—01	38.00	438
函数方程及其解法	2015—05	38.00	470
含参数的方程和不等式	2012—09	28.00	213
希尔伯特第十问题	2016—01	38.00	543
无穷小量的求和	2016—01	28.00	545
切比雪夫多项式:从一道清华大学金秋营试题谈起	2016—01	38.00	583
泽肯多夫定理	2016—03	38.00	599
代数等式证题法	2016—01	28.00	600
三角等式证题法	2016—01	28.00	601
吴大任教授藏书中的一个因式分解公式:从一道美国数学邀请赛试题的解法谈起	2016—06	28.00	656
易卦——类万物的数学模型	2017—08	68.00	838
"不可思议"的数与数系可持续发展	2018—01	38.00	878
最短线	2018—01	38.00	879
从毕达哥拉斯到怀尔斯	2007—10	48.00	9
从迪利克雷到维斯卡尔迪	2008—01	48.00	21
从哥德巴赫到陈景润	2008—05	98.00	35
从庞加莱到佩雷尔曼	2011—08	138.00	136
从费马到怀尔斯——费马大定理的历史	2013—10	198.00	I
从庞加莱到佩雷尔曼——庞加莱猜想的历史	2013—10	298.00	II
从切比雪夫到爱尔特希(上)——素数定理的初等证明	2013—07	48.00	III
从切比雪夫到爱尔特希(下)——素数定理100年	2012—12	98.00	III
从高斯到盖尔方特——二次域的高斯猜想	2013—10	198.00	IV
从库默尔到朗兰兹——朗兰兹猜想的历史	2014—01	98.00	V
从比勃巴赫到德布朗斯——比勃巴赫猜想的历史	2014—02	298.00	VI
从麦比乌斯到陈省身——麦比乌斯变换与麦比乌斯带	2014—02	298.00	VII
从布尔到豪斯道夫——布尔方程与格论漫谈	2013—10	198.00	VIII
从开普勒到阿诺德——三体问题的历史	2014—05	298.00	IX
从华林到华罗庚——华林问题的历史	2013—10	298.00	X
数学物理大百科全书.第1卷	2016—01	418.00	508
数学物理大百科全书.第2卷	2016—01	408.00	509
数学物理大百科全书.第3卷	2016—01	396.00	510
数学物理大百科全书.第4卷	2016—01	408.00	511
数学物理大百科全书.第5卷	2016—01	368.00	512
朱德祥代数与几何讲义.第1卷	2017—01	38.00	697
朱德祥代数与几何讲义.第2卷	2017—01	28.00	698
朱德祥代数与几何讲义.第3卷	2017—01	28.00	699

刘培杰数学工作室
已出版(即将出版)图书目录——高等数学

书　　名	出版时间	定　价	编号
闵嗣鹤文集	2011—03	98.00	102
吴从炘数学活动三十年(1951~1980)	2010—07	99.00	32
吴从炘数学活动又三十年(1981~2010)	2015—07	98.00	491
斯米尔诺夫高等数学.第一卷	2018—03	88.00	770
斯米尔诺夫高等数学.第二卷.第一分册	2018—03	68.00	771
斯米尔诺夫高等数学.第二卷.第二分册	2018—03	68.00	772
斯米尔诺夫高等数学.第二卷.第三分册	2018—03	48.00	773
斯米尔诺夫高等数学.第三卷.第一分册	2018—03	58.00	774
斯米尔诺夫高等数学.第三卷.第二分册	2018—03	58.00	775
斯米尔诺夫高等数学.第三卷.第三分册	2018—03	68.00	776
斯米尔诺夫高等数学.第四卷.第一分册	2018—03	48.00	777
斯米尔诺夫高等数学.第四卷.第二分册	2018—03	88.00	778
斯米尔诺夫高等数学.第五卷.第一分册	2018—03	58.00	779
斯米尔诺夫高等数学.第五卷.第二分册	2018—03	68.00	780
zeta 函数,q-zeta 函数,相伴级数与积分	2015—08	88.00	513
微分形式:理论与练习	2015—08	58.00	514
离散与微分包含的逼近和优化	2015—08	58.00	515
艾伦·图灵:他的工作与影响	2016—01	98.00	560
测度理论概率导论,第 2 版	2016—01	88.00	561
带有潜在故障恢复系统的半马尔柯夫模型控制	2016—01	98.00	562
数学分析原理	2016—01	88.00	563
随机偏微分方程的有效动力学	2016—01	88.00	564
图的谱半径	2016—01	58.00	565
量子机器学习中数据挖掘的量子计算方法	2016—01	98.00	566
量子物理的非常规方法	2016—01	118.00	567
运输过程的统一非局部理论:广义波尔兹曼物理动力学,第2 版	2016—01	198.00	568
量子力学与经典力学之间的联系在原子、分子及电动力学系统建模中的应用	2016—01	58.00	569
算术域	2018—01	158.00	821
高等数学竞赛:1962—1991 年的米洛克斯·史怀哲竞赛	2018—01	128.00	822
用数学奥林匹克精神解决数论问题	2018—01	108.00	823
代数几何(德文)	2018—04	68.00	824
丢番图逼近论	2018—01	78.00	825
代数几何学基础教程	2018—01	98.00	826
解析数论入门课程	2018—01	78.00	827
数论中的丢番图问题	2018—01	78.00	829
数论(梦幻之旅):第五届中日数论研讨会演讲集	2018—01	68.00	830
数论新应用	2018—01	68.00	831
数论	2018—01	78.00	832
测度与积分	2019—04	68.00	1059
卡塔兰数入门	2019—05	68.00	1060

刘培杰数学工作室
已出版(即将出版)图书目录——高等数学

书　名	出版时间	定　价	编号
湍流十讲	2018—04	108.00	886
无穷维李代数:第3版	2018—04	98.00	887
等值、不变量和对称性:英文	2018—04	78.00	888
解析数论	2018—09	78.00	889
《数学原理》的演化:伯特兰·罗素撰写第二版时的手稿与笔记	2018—04	108.00	890
哈密尔顿数学论文集(第4卷):几何学、分析学、天文学、概率和有限差分等	2019—05	108.00	891
数学王子——高斯	2018—01	48.00	858
坎坷奇星——阿贝尔	2018—01	48.00	859
闪烁奇星——伽罗瓦	2018—01	58.00	860
无穷统帅——康托尔	2018—01	48.00	861
科学公主——柯瓦列夫斯卡娅	2018—01	48.00	862
抽象代数之母——埃米·诺特	2018—01	48.00	863
电脑先驱——图灵	2018—01	58.00	864
昔日神童——维纳	2018—01	48.00	865
数坛怪侠——爱尔特希	2018—01	68.00	866
当代世界中的数学.数学思想与数学基础	2019—01	38.00	892
当代世界中的数学.数学问题	2019—01	38.00	893
当代世界中的数学.应用数学与数学应用	2019—01	38.00	894
当代世界中的数学.数学王国的新疆域(一)	2019—01	38.00	895
当代世界中的数学.数学王国的新疆域(二)	2019—01	38.00	896
当代世界中的数学.数林撷英(一)	2019—01	38.00	897
当代世界中的数学.数林撷英(二)	2019—01	48.00	898
当代世界中的数学.数学之路	2019—01	38.00	899
偏微分方程全局吸引子的特性:英文	2018—09	108.00	979
整函数与下调和函数:英文	2018—09	118.00	980
幂等分析:英文	2018—09	118.00	981
李群,离散子群与不变量理论:英文	2018—09	108.00	982
动力系统与统计力学:英文	2018—09	118.00	983
表示论与动力系统:英文	2018—09	118.00	984
分析学练习.第1部分	2021—01	88.00	1247
分析学练习.第2部分.非线性分析	2021—01	88.00	1248
初级统计学:循序渐进的方法:第10版	2019—05	68.00	1067
工程师与科学家微分方程用书:第4版	2019—07	58.00	1068
大学代数与三角学	2019—06	78.00	1069
培养数学能力的途径	2019—07	38.00	1070
工程师与科学家统计学:第4版	2019—06	58.00	1071
贸易与经济中的应用统计学:第6版	2019—06	58.00	1072
傅立叶级数和边值问题:第8版	2019—05	48.00	1073
通往天文学的途径:第5版	2019—05	58.00	1074

刘培杰数学工作室
已出版(即将出版)图书目录——高等数学

书　名	出版时间	定　价	编号
拉马努金笔记.第1卷	2019－06	165.00	1078
拉马努金笔记.第2卷	2019－06	165.00	1079
拉马努金笔记.第3卷	2019－06	165.00	1080
拉马努金笔记.第4卷	2019－06	165.00	1081
拉马努金笔记.第5卷	2019－06	165.00	1082
拉马努金遗失笔记.第1卷	2019－06	109.00	1083
拉马努金遗失笔记.第2卷	2019－06	109.00	1084
拉马努金遗失笔记.第3卷	2019－06	109.00	1085
拉马努金遗失笔记.第4卷	2019－06	109.00	1086
数论:1976年纽约洛克菲勒大学数论会议记录	2020－06	68.00	1145
数论:卡本代尔1979:1979年在南伊利诺伊卡本代尔大学举行的数论会议记录	2020－06	78.00	1146
数论:诺德韦克豪特1983:1983年在诺德韦克豪特举行的Journees Arithmetiques数论大会会议记录	2020－06	68.00	1147
数论:1985－1988年在纽约城市大学研究生院和大学中心举办的研讨会	2020－06	68.00	1148
数论:1987年在乌尔姆举行的Journees Arithmetiques数论大会会议记录	2020－06	68.00	1149
数论:马德拉斯1987:1987年在马德拉斯安娜大学举行的国际拉马努金百年纪念大会会议记录	2020－06	68.00	1150
解析数论:1988年在东京举行的日法研讨会会议记录	2020－06	68.00	1151
解析数论:2002年在意大利切特拉罗举行的C.I.M.E.暑期班演讲集	2020－06	68.00	1152
量子世界中的蝴蝶:最迷人的量子分形故事	2020－06	118.00	1157
走进量子力学	2020－06	118.00	1158
计算物理学概论	2020－06	48.00	1159
物质,空间和时间的理论:量子理论	即将出版		1160
物质,空间和时间的理论:经典理论	即将出版		1161
量子场理论:解释世界的神秘背景	2020－07	38.00	1162
计算物理学概论	即将出版		1163
行星状星云	即将出版		1164
基本宇宙学:从亚里士多德的宇宙到大爆炸	2020－08	58.00	1165
数学磁流体力学	2020－07	58.00	1166
计算科学:第1卷,计算的科学(日文)	2020－07	88.00	1167
计算科学:第2卷,计算与宇宙(日文)	2020－07	88.00	1168
计算科学:第3卷,计算与物质(日文)	2020－07	88.00	1169
计算科学:第4卷,计算与生命(日文)	2020－07	88.00	1170
计算科学:第5卷,计算与地球环境(日文)	2020－07	88.00	1171
计算科学:第6卷,计算与社会(日文)	2020－07	88.00	1172
计算科学.别卷,超级计算机(日文)	2020－07	88.00	1173

刘培杰数学工作室
已出版(即将出版)图书目录——高等数学

书　名	出版时间	定价	编号
代数与数论:综合方法	2020—10	78.00	1185
复分析:现代函数理论第一课	2020—07	58.00	1186
斐波那契数列和卡特兰数:导论	2020—10	68.00	1187
组合推理:计数艺术介绍	2020—07	88.00	1188
二次互反律的傅里叶分析证明	2020—07	48.00	1189
旋瓦兹分布的希尔伯特变换与应用	2020—07	58.00	1190
泛函分析:巴拿赫空间理论入门	2020—07	48.00	1191
典型群,错排与素数	2020—11	58.00	1204
李代数的表示:通过 gln 进行介绍	2020—10	38.00	1205
实分析演讲集	2020—10	38.00	1206
现代分析及其应用的课程	2020—10	58.00	1207
运动中的抛射物数学	2020—10	38.00	1208
2—扭结与它们的群	2020—10	38.00	1209
概率,策略和选择:博弈与选举中的数学	2020—11	58.00	1210
分析学引论	2020—11	58.00	1211
量子群:通往流代数的路径	2020—11	38.00	1212
集合论入门	2020—10	48.00	1213
酉反射群	2020—11	58.00	1214
探索数学:吸引人的证明方式	2020—11	58.00	1215
微分拓扑短期课程	2020—10	48.00	1216
抽象凸分析	2020—11	68.00	1222
费马大定理笔记	2021—03	48.00	1223
高斯与雅可比和	2021—03	78.00	1224
π 与算术几何平均:关于解析数论和计算复杂性的研究	2021—01	58.00	1225
复分析入门	2021—03	48.00	1226
爱德华·卢卡斯与素性测定	2021—03	78.00	1227
通往凸分析及其应用的简单路径	2021—01	68.00	1229
微分几何的各个方面.第一卷	2021—01	58.00	1230
微分几何的各个方面.第二卷	2020—12	58.00	1231
微分几何的各个方面.第三卷	2020—12	58.00	1232
沃克流形几何学	2020—11	58.00	1233
彷射和韦尔几何应用	2020—12	58.00	1234
双曲几何学的旋转向量空间方法	2021—02	58.00	1235
积分:分析学的关键	2020—12	48.00	1236
为有天分的新生准备的分析学基础教材	2020—11	48.00	1237

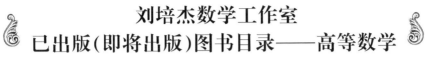

刘培杰数学工作室
已出版(即将出版)图书目录——高等数学

书 名	出版时间	定 价	编号
数学不等式.第一卷.对称多项式不等式	2021—03	108.00	1273
数学不等式.第二卷.对称有理不等式与对称无理不等式	2021—03	108.00	1274
数学不等式.第三卷.循环不等式与非循环不等式	2021—03	108.00	1275
数学不等式.第四卷.Jensen 不等式的扩展与加细	2021—03	108.00	1276
数学不等式.第五卷.创建不等式与解不等式的其他方法	2021—04	108.00	1277
代数、生物信息和机器人技术的算法问题.第四卷,独立恒等式系统(俄文)	2020—08	118.00	1119
代数、生物信息和机器人技术的算法问题.第五卷,相对覆盖性和独立可拆分恒等式系统(俄文)	2020—08	118.00	1200
代数、生物信息和机器人技术的算法问题.第六卷,恒等式和准恒等式的相等 问题、可推导性和可实现性(俄文)	2020—08	128.00	1201
分数阶微积分的应用:非局部动态过程,分数阶导热系数(俄文)	2021—01	68.00	1241
泛函分析问题与练习:第2版(俄文)	2021—01	98.00	1242
集合论、数学逻辑和算法论问题:第5版(俄文)	2021—01	98.00	1243
微分几何和拓扑短期课程(俄文)	2021—01	98.00	1244
素数规律(俄文)	2021—01	88.00	1245
无穷边值问题解的递减:无界域中的拟线性椭圆和抛物方程(俄文)	2021—01	48.00	1246
微分几何讲义(俄文)	2020—12	98.00	1253
二次型和矩阵(俄文)	2021—01	98.00	1255
积分和级数.第2卷,特殊函数(俄文)	2021—01	168.00	1258
积分和级数.第3卷,特殊函数补充:第2版(俄文)	2021—01	178.00	1264
几何图上的微分方程(俄文)	2021—01	138.00	1259
数论教程:第2版(俄文)	2021—01	98.00	1260
非阿基米德分析及其应用(俄文)	2021—03	98.00	1261
古典群和量子群的压缩(俄文)	2021—03	98.00	1263
数学分析习题集.第3卷,多元函数:第3版(俄文)	2021—03	98.00	1266
数学习题:乌拉尔国立大学数学力学系大学生奥林匹克(俄文)	2021—03	98.00	1267
柯西定理和微分方程的特解(俄文)	2021—03	98.00	1268
组合极值问题及其应用:第3版(俄文)	2021—03	98.00	1269
数学词典(俄文)	2021—01	98.00	1271

联系地址:哈尔滨市南岗区复华四道街 10 号　哈尔滨工业大学出版社刘培杰数学工作室
网　　址:http://lpj.hit.edu.cn/
邮　　编:150006
联系电话:0451—86281378　　13904613167
E-mail:lpj1378@163.com